高等学校“十三五”规划教材

# 工业催化

李光兴　吴广文　主编

吴华东　白荣献　杨小俊　胡江林　副主编



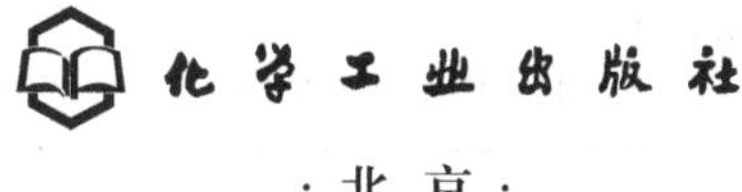


·北京·

本书较为全面、系统地阐述了工业催化学科中所涉及的基础知识及工业催化学科中的工艺技术问题，主要包括三大部分。第一部分催化基本概念及原理，主要介绍了催化原理、催化体系、各类催化剂的特点和作用原理以及催化活性计算、测试及催化反应器简介，是本章教学的基本知识点。其中，准确理解多相催化、均相催化的作用机理以及熟练掌握各类催化活性计算方法是重中之重。第二部分催化反应及工业应用，详细讨论了各类催化剂体系及其工业应用，将众多的催化反应类别梳理为几类催化反应体系，即，酸碱催化反应、金属氧（硫）化物催化反应、金属催化反应、均相催化反应、环保催化体系。第三部分催化剂制备工程，力求从催化剂制备单元操作入手，介绍其基本原理、制备工艺条件对催化剂性能的影响，有关设备以及催化剂工业放大中一些工程技术问题，将催化剂制备原理与工业生产实践结合，为催化剂制备过程提供基础知识。本书可作为高等院校本科学生、研究生教学之用，也可供高等院校、科研院所、相关企业中从事与工业催化相关的其他工程研究与技术人员参考。

**图书在版编目（CIP）数据**

工业催化/李光兴，吴广文主编．—北京：化学工业出版社，2017.8（2023.4 重印）
高等学校“十三五”规划教材
ISBN 978-7-122-30193-2

Ⅰ.①工… Ⅱ.①李… ②吴… Ⅲ.①化工过程-催化-高等学校-教材 Ⅳ.①TQ032.4

中国版本图书馆 CIP 数据核字（2017）第 165358 号

责任编辑：陶艳玲　　文字编辑：陈　雨
责任校对：宋　玮　　装帧设计：韩　飞

出版发行：化学工业出版社（北京市东城区青年湖南街 13 号　邮政编码 100011）
印　　装：北京建宏印刷有限公司
787mm×1092mm　1/16　印张 20¼　字数 494 千字　2023 年 4 月北京第 1 版第 4 次印刷

购书咨询：010-64518888　　售后服务：010-64518899
网　　址：http://www.cip.com.cn
凡购买本书，如有缺损质量问题，本社销售中心负责调换。

**定　　价：49.00 元**

# 序

催化技术在许多工业领域有重要应用，如能源(炼油)工业、石油化工、化肥工业、环保产业、高分子合成及化学药物合成等领域，催化剂催化性能好坏决定了一个生产过程能否实现以及技术经济指标是否先进。催化技术水平高低是衡量现代诸多工业领域技术水平最具有竞争力的重要指标之一。

21世纪以来，催化技术对各种物质加工工业的发展和经济效益的提高起到了至关重要的作用，同时，随着环境不断恶化以及环境治理要求的日益严苛，工业催化更凸显出其强大的生命力。当今，新催化反应体系的开发、新催化剂体系的开发、绿色清洁生产工艺优化以及企业经济效益的总体提升等，都与催化技术的进步和创新密切相关，其中核心部分是催化剂制备技术及催化反应工程的进步与创新。

经过半个多世纪的努力，我国催化技术水平有了极大的提升，在基础研究领域，我国学者在催化各领域均有不俗的表现，新技术创新、发表论文数及大型国际催化会议参会人数方面都有长足的进步。我国催化技术，不但从早年大部分依赖进口发展到国产化，而且逐步实现拥有自主知识产权，在催化裂化、加氢、重整、氨合成、变换反应、聚合、氧化等一系列重要催化技术上达到国际先进水平，而在甲醇制烯烃、超深度加氢脱硫、FT合成、不对称催化领域等催化高新技术领域都处于世界领先水平。

促进我国工业催化领域的进一步进步与发展，加强工业催化的基础教育尤为重要，本科阶段对催化基础知识、催化剂制备技术以及催化反应工程三大方面的深入学习及培养，可以大大提高我国此领域青年学者的学术功底及技术水平，为今后我国涌现出更多优秀的催化研究开发人才打下良好基础。

目前，国内外已出版了若干工业催化教材及专著，大多侧重于催化原理、催化化学、催化反应等，这些教材在我国工业催化教学中起到了很好的作用。但随着催化学科的日新月异、工业催化应用领域不断向深度及广度发展以及化学化工本科教育计划的调整变化，需要对工业催化教材作一定的及时更新。

本书主要编者华中科技大学李光兴教授、武汉工程大学吴广文教授长期从事工业催化领域的教学、科研工作，主持或参加了多种催化基础及工艺研究、工业催化放大等研究开发工作，积累了较为厚实的催化基础知识以及丰富的实践经验。 参编人员也都是具有催化专业背景的中青年学者，在工业催化教学与科研方面有一定学识。 本书将催化体系梳理为催化基本理论、催化剂制备工程及催化反应工程三大板块，并对催化剂制备工程、催化反应工程以及具有代表性的重要催化反应过程工艺等进行了较为详细地讲解。 相信本书的出版，对化工专业的学生与教师会有所裨益，对以催化研究开发为主的广大化工专业师生以及科技工作者会有较大的帮助，特为作序。

**中国科学院院士，厦门大学教授**

万惠霖

**2017-04-05**

# 前言

工业催化技术是利用催化剂加快特定化学反应、更快、更多得到目的产物的工程技术，在国民经济许多行业中具有重要价值。近年来，由于高科技的迅速发展，并与催化化学及其他学科高度融合，使得无数工业催化剂开发成功，新型催化反应工艺正日益广泛深入渗透于能源化工、石油炼制工业、化学工业、环保产业、高分子化工以及化学制药绝大部分工艺过程中，起着举足轻重的作用；对于一些传统催化剂，在深入研究的基础上，也实现了更新换代。简而言之，化工过程的核心技术是工业催化，工业催化的灵魂是催化剂和催化反应工程。

工业催化是以催化化学为理论基础，以催化剂制备工程及催化反应工程为核心内容支撑的一门工程科学。它是21世纪化工及相关行业人才所必备的基本知识之一。正是由于工业催化如此重要，近年来，已经多部优秀工业催化教材出版。但随着教学体制改革、学科发展、教学计划调整以及教学方式的变化，有必要对工业催化教材作一定更新与调整，以更加适合教学需要。这也是我们要新编工业催化教材的初衷。

本书作为教材，为了“教”与“学”的方便与清晰，尝试将主要内容划分为三大板块，即工业催化概论与原理、催化剂与工业应用及催化剂制备工程。

第一部分，首先简要介绍了催化发展史、科学意义以及在国民经济中的重要作用，并介绍了催化原理、催化体系、各类催化剂的特点和作用原理。催化活性计算、测试及催化反应器简介，是本部分教学的基本知识点。其中，准确理解多相催化和均相催化的作用机理，以及熟练掌握各类催化活性计算方法是重中之重，为此，选用了一定数量的例题。

第二部分，详细讨论了主要催化剂体系及其工业应用，这是传统工业催化的主要内容及知识点。为了给学生一个清晰明了的学习方向，我们将众多催化反应类别梳理为几类催化反应体系，即酸碱催化反应、金属氧(硫)化物催化反应、金属催化反应、均相催化反应及环保催化体系。上述分类看似缺乏系统性，有学术分类与应用分类混杂之嫌，但是，无论从知识掌握的角度，还是从实际应用的角度考虑，对于学生及老师而言，都简明扼要，重点突出，易于掌握。由于催化反应系统错综复杂，且日新月异，所有内容不可能在40学时中逐一涉及，但只要掌握了几种代表性的催化剂体系、催化反应基本知识、催化反应工艺及催化反应活性测试技术，就可以举一反三，触类旁通。

第三部分，催化剂制备工程，这也是本书的重点。本书力求从催化剂制备单元操作入手，介绍基本原理、制备工艺条件对催化剂性能的影响，有关设备以及催化剂工业放大中一些工程技术问题，将催化剂制备原理与工业生产实践结合，为催化剂制备过程提供基础知识。本部分的设置及详细讲解，意在使学生摆脱长期以来对于催化剂制备处于“炒菜技艺”阶段的神秘感，消除所谓“know how”传统误区，尽可能提供完整的催化剂制备理论指导和工艺方案。从知识的源头扭转传统催化剂制造水平低、生产成本高、污染严重的现状。

作为教材，讨论题与习题是必不可少的部分，本书也不例外，各章均配有一定数量的习题，供师生参考；文献则选取经典的、重要的、有代表性的。

另外，还必须提到，无论是新催化体系的研究开发，还是传统催化剂的更新换代，催化剂表征都是极其重要的，特别是多相催化剂的表征。催化剂的表征已经成为了解催化作用本质不可或缺的信息，但限于本书篇幅以及认知的循序渐进，作为本科教材，暂未将其列入。再者，催化理论研究进展与新领域开发应用，自然也是人们关心的重点，但作为本科教材，多写嫌其杂，少写则不全，暂且不写。

本书主编李光兴教授、吴广文教授均长期从事工业催化的科研开发工作，在催化基本知识、科研开发方面有一定积累，也主讲工业催化课程多年，具有较为丰富的教学经验；两人负责全书的策划、组织编写及定稿，并执笔撰写部分章节。参编人员也都是本领域的年轻学者，具有较好的催化专业知识和积极的参编热情。

本书的主要作者有李光兴(华中科技大学)、吴广文(武汉工程大学)以及吴华东(武汉工程大学)、白荣献(华中科技大学)、杨小俊(武汉工程大学)、胡江林(万华化学集团股份有限公司)。各章具体执笔分工如下：第1章由李光兴撰写；第2章由吴广文、李光兴撰写；第3章由白荣献、胡江林撰写；第4章由吴华东撰写；第5章由吴华东、杨小俊、刘鹏撰写，第6章由白荣献撰写；第7章由陈丽娟(湖南科技大学)、胡江林撰写；第8章由刘鹏(华中科技大学)、李光兴撰写；第9章由杨小俊、吴广文撰写；第10章由王华军(华中科技大学)撰写。何非等参加了部分章节的整理工作，最后由李光兴、吴广文统稿。

在成书过程中，参考了有关工业催化出版物的大量资料，在此致谢。

最后，由于催化学科体系十分庞杂，新催化剂、新技术、新工艺日新月异，且编者的学术水平有限，经验不足及篇幅所限，全书中难免挂一漏万，敬请各位师生及读者不惜赐教，批评指正。

编者

**2017年6月**

# 目录

## 第1章 绪论



## 第2章 催化作用与催化剂

## 第 3 章 催化作用基本原理



## 第 4 章 固体酸碱催化剂及其工业应用

## 第 5 章　金属氧（硫）化物催化剂及其催化作用



## 第 6 章　金属催化剂及其催化作用

## 第7章　均相催化工业应用

## 第 8 章 环境保护催化

## 第 9 章　催化剂制备工程



## 第 10 章　催化活性测试及催化反应器

# 第1章 绪论

## 1.1 工业催化学科简介

1）工业催化的意义

催化是自然界存在的改变化学反应速率的普遍现象，催化作用几乎遍及整个化学化工领域（包括生物化学中的酶催化），催化是典型的跨学科综合交叉学科，涉及化学、物理、数学、材料、工程等多个领域，位于基础研究和应用研究的交叉点，与人类社会可持续发展紧密相连，催化是化学工业中最重要的科学技术，具有广泛的社会经济影响。催化剂是参与化学反应并改变反应速率的化学物质。能加速反应速率的化学物质称为正催化剂，简称为催化剂；减慢反应速率的物质称为负催化剂。催化剂制备工艺、催化合成工艺、催化反应器及相关技术是组成工业催化的三大主要内容。工业催化技术不仅能促进现代化工产业升级，还是新能源开发、新材料合成、环保新技术、化学药物合成中新技术的核心，催化合成工艺更是现代化学工业的基石，为促进社会经济可持续发展做出了重要贡献。

2）工业催化领域

催化剂的主要作用是改变反应历程，降低化学反应的活化能，加快反应速率，促进目标产物生成，因此被广泛应用于炼油、化工、制药、环保等行业。催化技术进展是推动这些行业发展的最有效的动力之一。一种新型催化材料或新型催化工艺的问世，往往会引发革命性的工业变革，并伴随产生巨大的社会和经济效益。1913 年，铁基催化剂的问世实现了氨的工业合成，从此化肥工业在世界范围内迅速发展；20 世纪 50 年代末，Ziegler-Natta 催化剂开创了聚烯烃合成高分子材料工业；60 年代初，分子筛催化剂凭借其特殊的结构和优越的催化性能引发了炼油工业的一场变革；70 年代，汽车尾气净化催化剂在美国实际应用，并在世界范围内引起了普遍重视与推广；80 年代，金属茂催化剂使得聚烯烃工业出现新的发展机遇；同时，不对称催化也使得化学合成药物进入全新时代。目前，人类正面临着诸多重大挑战，如：自然资源日益减少，需要人们合理开发、综合利用资源，建立和发展资源节约型工业、农业、交通运输以及生活体系；经济发展使环境污染严重、自然生态恶化，要求建立和发展物质全循环利用的生态产业，实现生产到应用的清洁化。这些重大问题的解决无不与催化技术息息相关。因此，许多国家都非常重视新催化剂的研制和催化技术的发展，都将工业催化技术作为新世纪科技优先发展的重点。

工业催化以催化化学为理论基础，研究化学反应或化学合成工艺中催化剂对工艺过程的影响。从工程角度看，工业催化可大体分为催化剂工程和催化反应工程两大部分：催化剂工程是对所涉及的催化剂，尤指固体催化剂的制备方法、工艺、设备及成型方法、产品性能测定等方面进行工程技术研究，也会深入涉及催化剂的微观结构表征及催化反应机理探讨；催化反应工程是指经过实验室研究确定催化剂之后，对整个催化合成工艺全过程处理，主要包括催化反应动力学方程的建立与应用、催化工艺条件的优化、催化反应器的设计及优化合成过程条件优化控制。

在整个工业催化领域，现已开发成功的催化剂有2000多种，每种有不同的型号，所以催化剂的型号有成千上万种，据科学推算，1美元催化剂可生产200美元左右的产品，即全世界至少有1万亿美元贸易产品是利用催化反应生产的。据2016年欧盟发布《欧洲催化科学与技术路线图》最新报告，欧盟“地平线2020”计划列出的七大社会挑战中，有4项的应对策略都要用到催化。催化直接或间接贡献了世界GDP的20%～30%，在最大宗的50种化工产品中有30种的生产需要催化，而在所有化工产品中这一比例是85%。

## 1.2 课程主要内容及任务

### 1.2.1 催化学科主要概念

1）催化化学

从化学反应原理、化学热力学、化学动力学及结构化学的角度出发，研究化学反应体系是否可以通过加入催化剂加快主反应速率，以及反应速率方程式的形式，并计算得到相关的动力学参数，同时，研究催化剂的种类、结构及催化反应机理，从而进一步归纳总结出该类反应的催化原理。

2）催化剂与催化活性

催化剂是一种可加速化学反应而自身不被消耗的物质，它可使化学反应速率增大几个到十几个数量级。只要有化学反应，就有如何改变反应速率的问题，绝大多数情况下就会有关于催化剂的研究。在石油化工、煤化工、有机化工、高分子化工、能源化工、药物合成等领域均有催化剂的作用和贡献。

催化活性是描述催化剂催化性能优劣的术语，一般主要表现在以下几个方面：①转化率；②选择性；③产率；④时空产率；⑤催化剂寿命等。另外，在工业催化领域，还特别关注催化剂的价格及每吨产品生产成本中催化剂的费用。

催化活性中心是描述催化反应机理的一个特定专业用语，在催化科学发展史上具有重要意义。一般情况下，多相催化剂只有微观结构中的局部位点才产生活性，称为活性中心，也称为活性部位。活性中心可以是原子、原子团、离子或表面缺陷等，形式多种多样。在反应中活性中心的数目和结构往往发生变化。活性中心概念于1925年由泰勒（Tayler）提出，他假设那些位于晶体顶点、晶棱或结构缺陷处的原子，由于其本身化合价的不饱和性，亦即存在着表面自由价，因而具有很高的活性，能够化学吸附分子，使其活化，进而发生反应，多相催化体系中，活性中心的确定往往很不容易。在均相催化反应体系中，其活性中心一般为分子、离子或配合物，由于体系相对简单，物种结构明确，其活性中心定位比较确定。

3）均相催化反应

均相催化反应是指催化剂与反应体系（介质）不可区分，与介质中的其他组分形成均匀物相的反应体系，如催化剂和反应物均为气相时，为气相均相催化反应。例如，用来催化分解气体$N_2O_4$为$N_2$和$O_2$的氯气就是气相均相催化剂；目前重要的工业化均相催化反应多为液相均相催化反应，如由酸、碱催化的酯化反应、水解反应、水合反应等，由配位化合物催化的聚合反应、氧化反应、羰基化反应、不对称催化反应等，均为液相均相催化反应。配位催化反应是均相催化中最重要的反应，是催化剂与反应物分子发生配位作用而使其活化，以达到加速反应的目的，所用的催化剂是有机过渡金属化合物。这类反应有烯烃聚合、烯烃加氢、烯烃加成、烯烃氧化、氢甲酰化、羰基化、烷烃氧化、芳烯氢化及酯交换等。

4）非均相催化反应

非均相催化反应是涉及催化剂和反应介质处于不同相的反应，因此又称为多相催化反应，反应物体系可为气固相、气液相或气液固三相的反应，催化剂多为各类固体物质，如固体酸碱（含杂多酸等）、金属或金属复合化合物、分子筛、活性炭、高分子材料等。工业上重要的催化反应大多为多相催化反应，如氨合成反应、水煤气变换反应、合成甲醇、费托（F-T）合成、汽车尾气三元催化反应、催化裂化及催化重整、催化加氢、催化氧化制备硫酸、硝酸等。有的多相催化过程包含了两种或两种以上不同反应机理的反应。例如，用于催化重整的 $Pt/Al_2O_3$，其中 Pt 是氢化还原机理类型反应的催化剂，而 $Al_2O_3$ 是酸碱催化机理类型反应的催化剂，称为双功能（或多功能）催化剂。

5）催化剂结构表征及催化反应机理

采用现代化的物理、化学分析测试手段对催化过程中涉及催化剂（尤指固体催化剂）的化学结构、性质、组成、物理形貌等物理化学性质，进行分析测量、观察和记录此项工作称为催化剂结构表征，这些观察、分析和测量可以是原位的，也可以是离线的。目前发展的趋势是以原位、连续分析测量观察为主，得到的结果往往被用来结合催化活性、寿命测定及化学理论模型相互佐证，以最大限度地阐明催化反应机理。

6）工业催化

工业催化是将催化化学及催化技术应用于化工生产中，实现高效率、低成本、低污染生产化工产品的一门综合性应用学科。工业催化技术是涉及多学科的共性核心技术，覆盖能源化工、石油化工、煤化工、精细化工、生物化工和合成医药等重要产业，是农业化学品、燃料、材料、医药、食品等生产和环境保护的支柱技术之一。

工业催化从化学工程角度出发，研究化学合成工艺中催化剂对工艺过程的影响。工业催化有时也称为应用催化。工业催化虽然包括对现有催化合成工艺的优化改进，但是随着社会进步，人类对化工原料更新换代，化学合成技术、绿色化要求及新能源、新材料开发等领域的研究开发而发展，也会对全新催化合成工艺进行创新研究、开发与设计。

7）催化剂工程

催化剂工程是工业催化的一个重要组成部分。工业催化剂制备涉及大规模生产制备催化剂（一般特指固体催化剂）的各个环节。如化学原料的预处理、配方的确定、制备过程（如沉淀法、浸渍法、离子交换法等）、加工处理（如过滤、干燥及焙烧等）、成型及分级包装过程及设备。催化剂工程大多涉及化学反应工艺、化工反应设备，如反应釜、结晶釜、干燥釜、过滤器等，也会涉及一些物料机械加工过程，如挤条机、压片机、滚球机、喷雾干燥器等。由于催化剂往往是整个化学反应的核心，而催化剂的配方、制备方法及工艺过程、成型加工等会严重影响其最终催化活性。因此，催化剂制备方法及工艺研究开发成果一般予以保密，主要内容仅以专利形式发表并加以保护，一般文献对催化剂配方及制备过程均未作详细说明和讨论。

8）催化剂失活与再生

工业催化剂在实际使用过程中，由于工业原料中杂质（毒物）的毒化作用，反应气流冲刷，反应温度、压力波动，机械设备振动引起催化剂破损粉化，使其活性逐渐降低，最终催化剂失去工业利用价值，此现象称为失活。催化剂失活主要分为暂时性失活和永久性失活。对于暂时性失活的催化剂，可以通过某些物理化学方法恢复部分（或大部分）催化活性，从而可以在原位连续使用，此过程称为再生。而催化剂一旦发生永久性失活，只能将其从反应器中取出，转移至别处回收某些有用成分（如贵金属），再加以利用，此过程称为回收。

9）催化剂组成及性能

不管是多相还是均相工业催化剂大多由多种成分组成；由单一成分组成的催化剂为数不多。根据各组分在催化剂中的作用及性能，可分别定义如下：

（1）主催化剂（main catalyst）：又称催化活性组分（active components），是起催化作用的根本性物质，没有活性组分，催化反应几乎不发生。如氨合成催化剂中，无论有无助剂 $K_2O$ 或 $Al_2O_3$，金属铁总是有催化活性的，只是活性低，寿命短而已，因此，铁在合成氨催化剂中是主催化剂；又如，负载型加氢催化剂 $Pd/Al_2O_3$，$Ni/Al_2O_3$ 中，Pd，Ni 为活性组分，$Al_2O_3$ 则是载体。

（2）共催化剂（cocatalyst）：又称协同催化剂。有些催化剂，其活性组分不止一种，而且能同时起到相互协作催化作用，这种催化剂叫做共催化剂。例如，脱氢催化剂 $Cr_2O_3$-$Al_2O_3$，单独的 $Cr_2O_3$ 就有较好的活性，而单独的 $Al_2O_3$ 也有一定活性，因此，$Cr_2O_3$ 是主催化剂。但在 $MoO_3$-$Al_2O_3$ 型脱氢催化剂中，单独的 $MoO_3$ 和 $\gamma$-$Al_2O_3$ 都只有很小的活性，但把两者组合起来，却是活性很高的催化剂，所以 $MoO_3$ 和 $\gamma$-$Al_2O_3$ 互为共催化剂。

（3）助催化剂（promoter）：在多元催化剂体系中帮助提高主催化剂的活性、选择性，改善催化剂的耐热性、抗毒性、机械强度和寿命等性能的组分，称为助催化剂。简言之，只要添加少量助催化剂，即可达到明显提高催化性能的目的。

（4）载体（support or carrier）：这是多相催化剂所特有的固体组分，主要起分散活性组分的作用。载体还有其他多种功能，如作为活性组分的承载基底，它可以起增大表面积、提高耐热性和机械强度、降低反应体系阻力的作用，有时还能部分担当共催化剂和助催化剂的角色。

### 1.2.2 催化实验研究方法

研究催化过程及催化剂作用的本质，一般可从以下五个方面获得信息，并对相关催化反应机理进行解释：

（1）反应机理：通过检测反应中生成的中间产物和最终产物的分布，配合结构化学知识及量子化学计算，探讨反应路径。对催化反应化学机理的研究，早期使用化学方法，通过收集的产物，分离和检测出含官能团的产物来推断反应的化学机理。后来发展到利用同位素标记方法，近年来这些方法又与色谱-质谱，原位吸-脱附、原位傅里叶变换红外技术等联用，并采用数据处理技术来测定动力学数据、吸附态转化以及吸附中间态结构等，从而对了解反应物的化学路径提供卓有成效的方法。

（2）化学吸附：反应物分子在催化剂表面上吸附是非均相催化过程中的一个关键步骤，其作为催化反应过程中的关键步骤已被广泛认知。吸附研究在非均相催化过程研究中占有重要地位，没有对吸附的深刻理解，催化反应动力学研究就无法进行。吸附主要包括吸附的实质、吸附的种类、吸附平衡及吸附动力学等。

(3) 反应动力学：通过研究反应动力学以及催化剂微观结构表征，明确反应机理。在动力学研究方面，除了通用的动态、静态和流动循环等方法外，现在用色谱法等研究催化反应动力学已相当普遍。

(4) 催化剂表征：研究催化剂表面的物理、物理化学和化学性质，确定影响催化剂性能的主要因素。随着物理、化学发展以及仪器分析技术进步，催化剂表征方法日新月异，如研究固体催化剂的物理和物理化学方法，目前已经包括几乎所有研究固体性能的方法，如XPS、X衍射结构分析、差热-热重分析、吸附法、红外光谱、固体核磁、电子显微镜技术、电子探针显微分析等。

(5) 催化体系的动态分析：在工作条件下追踪催化剂与反应物、产物之间的相互作用，观察催化过程的微观步骤，以及掌握过程中间状态的结构和化学信息。

(6) 工业催化过程的放大及工程化：一个全新的工业催化过程要想在商业规模装置上取得成功，仅仅靠小试的数据是不完全的，在绝大多数情况下也是不能取得成功的，往往要经过放大的过程，放大的规模及模式依靠最终商业装置的规模而定，同时，也取决于新的催化工艺与流程的复杂程度。

## 1.3 学习内容及任务

工业催化是化工专业及其他相关专业的重要必修课，主要任务是使学生掌握催化作用的基本规律，了解催化反应过程工艺，掌握催化剂的制备方法和熟悉工业催化技术的基本特征、要求，为培养化学化工研究者及工程师提供坚实的理论基础及实际技能。工业催化课程的重要性在于学生既可掌握催化作用原理，又可通过所学知识理解典型的工业催化过程，理论联系实际，提高分析问题、解决问题的工程能力。

工业催化课程的内容设置将以催化原理为基础，介绍各种催化剂制备原理与工艺、活性评价与使用，并对化肥催化、石油化工催化、能源化工催化、环境催化、新材料合成催化、化学药物合成等进行专题介绍。其中催化作用机理、催化反应工艺、催化剂制备方法、活性评价及催化反应器作为教学的主要内容，需要重点理解与掌握；本书主要结合催化基本原理，介绍催化过程的工业应用，培养学生的工程观念，将理论与工程实践紧密结合；强调最新的催化学科进展，再推广到新能源利用、新型催化材料、生命医学探索等前沿领域，催化技术之所以具有强大的生命力和发展势头，在于新型催化剂及催化反应工艺的开发。

工业催化是一个应用性很强的工程学科，随着现代科学技术发展，对化工过程“绿色化”的要求日益迫切，许多传统的化工过程需要应用催化技术进行改进，这就使得化学学科的几乎每一个方向都与催化学科密切联系。同时，由于涉及催化剂制备、表征、反应器设计、催化反应工程的优化与应用等，本学科与化学工程、动力学、表面化学、固体物理、材料学以及计算机技术等学科均有交叉，这些学科的新进展也对催化学科的发展起到促进作用。

## 1.4 工业催化发展简史

### 1.4.1 世界催化发展史

1) 20世纪前的萌芽时期

1835年，瑞典化学家J. J. Berzelius将观察到的某种化学变化归结为由一种“催化力”

所引起的，并引入了“催化作用（catalysis）”一词。1875年德国人E.雅各布建立了第一座接触法生产发烟硫酸装置，采用铂催化剂，这是工业催化剂的先驱。铂是第一个科学意义上的工业催化剂，迄今，铂仍然是许多重要工业催化剂的活性组分。

2）20世纪初的奠基时期

在此期间，发现了一系列重要的金属催化剂，催化活性成分由金属扩大到氧化物，液体酸催化剂的使用规模扩大。催化剂研究者发明了许多催化剂制备技术，例如沉淀法、浸渍法、热熔融法等，成为现代催化剂工业中的基础技术。载体的作用及其选择也受到重视，载体包括硅藻土、浮石、硅胶、氧化铝等。为了适应大型固定床反应器的要求，在生产工艺中出现了成型技术，条状和柱状催化剂投入使用。这一时期已有较大的生产规模，但品种较为单一，部分广泛使用的催化剂已作为商品进入市场。

20世纪初以来，在合成氨项目负责人F. Haber的指导下，BASF化学工程师们对氨合成催化剂进行了长期研究，至1911年，他们进行了大约6500次试验，测试了约2500个配方，发现瑞典天然磁铁矿对氨合成反应具有良好的活性，最终找到了以少量钾、镁、铝和钙为助剂的铁催化剂，1913年，德国巴斯夫（BASF）公司以磁铁矿为原料，采用热熔法生产铁系氨合成催化剂。它与当今氨厂广泛使用的催化剂基本相似。因此，F. Haber获得了1918年诺贝尔奖。从1795年希尔布兰德的尝试，到1913年第一个合成氨工厂投产，开发周期长达119年之久。漫长而曲折的开发道路促使了许多新概念、新工艺和新设备的问世，合成氨催化剂及合成工艺开发，是工业催化的正式开端，也是现代化工的奠基石，更是人类科学进步史上的里程碑。

此后，经过技术不断进步，氨合成、烃类蒸气转换、加氢脱硫、高温变换、低温变换、甲烷化等催化体系构成了合成氨系列催化剂。1925年，美国M.雷尼发明骨架镍加氢催化剂，在英国和德国建立了以镍为催化剂的油脂加氢制取硬化油的工厂。1913年德国巴斯夫公司以负载型氧化钒作催化剂，用接触法生产硫酸，其寿命可达几年至十年之久。此后氧化钒迅速取代原有的铂催化剂，并成为大宗商品催化剂。这一变革，为氧化物催化剂开辟了广阔前景。

同时，工业进步也大大推动了催化理论的发展。1925年H. S.泰勒提出活性中心理论，1927年L-H双分子催化吸附理论及动力学方程的建立，1949年第一届国际催化会议在宾夕法尼亚州立大学举行，1962年催化学术期刊Journal of Catalysis诞生，这一系列标志性事件使催化从盲目探索逐步走向光明的科学大道。

3）20世纪30～70年代大发展时期

第二次世界大战前后，由于对战略物资的需要，燃料工业和化学工业迅速发展，新的催化过程不断出现，相应的催化剂工业也得以迅速发展。首先由于对液体燃料的大量需求，促进了石油炼制催化剂生产规模的扩大和技术进步。移动床和流化床反应器的兴起，促进催化剂工业创立新的成型方法，包括小球、微球的生产技术。同时，由于生产合成材料及其单体的过程陆续出现，工业催化剂的品种迅速增多。这一时期开始出现生产和销售工业催化剂的大型工厂。1933年，德国鲁尔化学公司建立从煤合成气制烃的工厂，并生产硅藻土负载型钴催化剂，该工业过程简称费托合成，第二次世界大战期间在德国大规模采用，20世纪40年代又在南非建厂，目前，费托合成仍在南非萨索尔（SASOL）公司大规模生产。

1928年发现的多孔白土催化剂应用于重油催化裂化过程（catalytic cracking）生产高辛烷值燃料，使得二战期间盟军战斗机获得更好的燃料。1936年E.J.胡德利开发成功经过酸处理的膨润土催化剂，用于固定床石油催化裂化过程，生产辛烷值为80的汽油，这是石油炼制工业的重大成就。1942年格雷斯-戴维森公司发明流化床微球形合成硅铝裂化催化剂，不久即成为催化剂工业中产量最大的品种。20世纪60年代，Exxon Mobil公司将沸石分子筛作为新催化材料应用于催化裂化，炼油工业催化裂化技术出现了重大突破。采用稀土改性分子筛裂化催化剂后，炼油装置的生产能力和汽柴油的产量大幅度提高。被誉为“炼油工业的技术革命”。1964年联合石油公司与埃索标准油公司推出负载金属分子筛裂化催化剂。20世纪60年代以后化学工业中开发了许多以分子筛催化剂为基础的重要催化过程，在此期间，石油炼制工业催化剂的另一成就是1967年美国环球油品公司开发的铂-铼/氧化铝双金属重整催化剂，在这种催化剂中，氧化铝不仅作为载体，也是作为活性组分之一的固体酸，为第一个重要的双功能催化剂。1966年ICI公司开发低压合成甲醇催化剂，用铜-锌-铝催化剂代替了以往高压法中用的锌-铬-铝催化剂，使压力降至5～10MPa，达到极大节能效果。20世纪70年代以来固体催化剂的造型日益多样化，出现了诸如加氢精制中用的三叶形、四叶形催化剂，汽车尾气净化用的蜂窝状催化剂，以及合成氨用的球状催化剂。对于催化活性组分在催化剂中的分布也有一些新的设计，例如裂解汽油加氢精制用的钯/氧化铝催化剂，使活性组分集中分布在近外表层。20世纪70年代初期，出现了用于二甲苯异构化的分子筛催化剂，代替以往的铂/氧化铝；开发了甲苯歧化用的丝光沸石（M-分子筛）催化剂。1974年莫比尔石油公司开发了ZSM-5型分子筛，用于择形重整，可使正烷烃裂化而不影响芳烃。20世纪80年代初，开发了从甲醇合成汽油的ZSM-5分子筛催化剂。在以后的石油化工、煤化工、碳一化工开发中，分子筛催化剂都发挥了重要作用。

1953年K.齐格勒发现常压下使乙烯聚合的催化剂$(C_2H_5)_3Al$-$TiCl_4$，1955年投入使用；1954年意大利G.纳塔开发$(C_2H_5)_3Al$-$TiCl_3$体系用于丙烯等规聚合，1957年在意大利建厂投入使用。自从这一组成复杂的均相催化剂进入聚烯烃工业生产后，聚烯烃催化剂的发现及大规模应用极大地推动了高分子工业发展。目前，高分子合成及聚合催化剂已成为国民经济中的一个重要行业。高分子催化的一个重大进展是20世纪70年代开发的高效烯烃聚合催化剂，它是由四氯化钛-烷基铝体系负载在氯化镁载体上形成的负载型络合催化剂，其效率极高，一克钛可生产数十至近百万克聚合物，因此不必从产物中分离催化剂，可大大降低生产过程中的能耗。齐格勒与纳塔两人因在烯烃聚合催化剂上的贡献获1963年诺贝尔化学奖。

高效配位催化剂出现于20世纪60年代，曾用钴配合物作催化剂进行甲醇羰基化制乙酸的过程，但操作压力高，选择性差。70年代孟山都公司推出低压法甲醇羰基化铑催化剂。后来又开发了膦配位基改性的铑催化剂，用于丙烯氢甲酰化制丁醛。这种催化剂与原有的钴络合物催化剂比较，具有很高的正构醛选择性，而且操作压力低。继铂和钯之后，大约经历了一个世纪，铑成为用于催化剂工业的又一重要贵金属，在碳一化学发展中，均相铑催化剂具有重要意义。在均相催化选择性氧化中另一个重要的成就是1960年乙烯直接氧化制乙醛的大型装置投产，用氯化钯-氯化铜催化剂制乙醛的这一方法称为瓦克法。

选择氧化是获得有机化学品的重要方法之一，早期开发的氧化钒和氧化钼催化剂，选择性都不够理想，于是大力开发适于大规模生产用的高选择性氧化催化剂。1960年俄亥俄标准石油公司开发的丙烯氨化氧化合成丙烯腈工业过程投产，使用复杂的铋-钼-磷-氧/二氧化硅催化剂，后来发展成为含铋、钼、磷、铁、钴、镍、钾7种金属组元的氧化物负载在二氧化硅上的催化剂。60年代还开发了用于丁烯氧化制顺丁烯二酸酐的钒-磷-氧催化剂，用于邻二甲苯氧化制邻苯二甲酸酐的钒-钛-氧催化剂，乙烯氧氯化用的氯化铜催化剂等，均属固体负载型催化剂。现代催化剂厂也开始用喷雾干燥技术生产微球型化工催化剂。

环境保护催化剂的工业应用：1975 年美国杜邦公司生产汽车尾气净化催化剂，采用的是铂催化剂，铂用量巨大，1979 年占美国用铂总量的 57%，经过多年不断改进，现在已发展成为著名的机动车三元尾气处理催化剂 Pt-Pd-Rh/载体（TWC）。目前，环保催化剂与化工催化剂（包括合成材料、有机合成和合成氨等生产过程中用的催化剂）、石油炼制催化剂并列为催化剂工业中的三大领域。

### 1.4.2 中国催化研究与发展

20 世纪 30～40 年代，国内仅南京、大连等地有少数关于氨合成，炼油催化剂的研究开发与生产。20 世纪 50 年代初以来，中国科学院、高校和产业部门的研究院组建了以大化所张大煜、吉林大学蔡镏生、厦门大学蔡启瑞、南化公司余祖熙、北京石科院闵恩泽等老一辈科学家为代表的催化研究团队，分别开展了炼油、有机合成、化肥、裂解催化等方面的研究工作。

20 世纪 70 年代末以来，经过中央政府部门精心策划，先后筹建了以郭燮贤、林励吾等为学术带头人的大连化物所催化团队；以蔡启瑞、万惠霖等为学术带头人的厦门大学催化团队，以闵恩泽为学术带头人的石油化工科学研究院团队；以彭少逸等为学术带头人的山西煤炭化学研究所团队及以张鎏等为学术带头人的天津大学工业催化团队，从而形成了一批高素质的中国催化研究队伍。其中，厦门大学于 1957 年开始招收催化研究方向研究生，天津大学于 1971 年设立工业催化专业，1978 年设首批工业催化硕士点，1990 年天津大学与华南理工大学同时被批准为工业催化博士点。

为使中国催化界走向国际催化学术舞台，以中国科学院大连化学物理研究所郭燮贤、南京大学陈懿等人为代表的催化学者积极组织参与国际学术交流，我国催化界专家学者先后参加或主办了“国际催化大会”“国际均相催化大会”“中日美催化会议”等学术交流大会。推动了同美国、日本、欧洲、俄罗斯双边和多边国际科技合作项目。在此期间创刊（或复刊）了“催化学报”“分子催化”“工业催化”等催化杂志以及“石油化工”等相关期刊；恢复成立了催化委员会及常设秘书处，设立了中国催化终身成就奖和青年奖，确立了每两年举办一次的全国催化会议。我国同国际上主流催化研究团队建立了实质性合作关系；几乎所有国际催化主流杂志都有中国催化学者任编委和国际顾问；亚太催化委员会的秘书处常设在中国；蔡启瑞、郭燮贤、陈懿、何鸣元、李灿及包信和代表中国催化学会先后任国际催化理事会理事；2008 年李灿当选国际催化理事会主席，这是中国催化学者首次当选国际催化理事会主席，表明中国催化受到国际催化界的高度重视。闵恩泽院士指导开展新催化材料、催化新反应和新反应工程的导向性基础研究，为炼油、石油化工催化剂制造技术奠定了基础，由于对我国石油炼制、石油化工、绿色化工发展作出了巨大贡献，闵恩泽荣获“中国催化成就奖”和 2007 年度“国家最高科学技术奖”，成为中国催化界的楷模。

关于工业催化剂生产，我国首个催化剂生产车间是创办于 20 世纪 30 年代的南京永利铔厂触媒部（1959 年更名为南化公司催化剂厂），该厂于 1950 年开始生产 A1 型合成氨催化剂、C2 型一氧化碳高温变换催化剂和二氧化硫氧化的钒基催化剂，以后逐步配齐了合成氨工业所需各种催化剂的生产。20 世纪 80 年代中国开始生产天然气及轻油蒸气转化的负载型镍催化剂，90 年代后已有多家单位生产硫酸、硝酸、合成氨工业系列催化剂。

石油化工催化剂方面，20 世纪 50 年代初期，石油三厂开始生产页岩油加氢用的硫化钼-白土、硫化钨-活性炭、硫化钨-白土及纯硫化钨、硫化钼催化剂。石油六厂开始生产费托合成用的钴系催化剂，1960年起生产叠合用的磷酸-硅藻土催化剂。60年代初期，中国发现了丰富的石油资源，开始发展石油炼制催化剂的工业生产，60年代起中国即开始发展重整催化剂，60年代中期石油三厂开始生产铂催化剂，石油裂化催化剂最先在兰州炼油厂生产，1964年小球硅铝催化剂厂建成投产。20世纪70年代我国开始生产稀土-X型分子筛和稀土-Y型分子筛。70年代末长炼厂催化剂分厂开始生产共胶法硅铝载体稀土-Y型分子筛，以后在齐鲁石化公司催化剂厂开始生产高硅比、耐磨半合成稀土-Y型分子筛。70年代先后生产出双金属铂-铼催化剂及多金属重整催化剂。在加氢精制方面，60年代石油三厂开始生产钼-钴及钼-镍重整预加氢催化剂。70年代开始生产钼-钴-镍低压预加氢催化剂，20世纪80年代开始生产三叶形的加氢精制催化剂。

有机化工催化剂方面，20世纪50年代末至60年代初开始制造乙苯脱氢用的铁系催化剂，乙炔加氯化氢制氯乙烯的氯化汞/活性炭催化剂，流化床中萘氧化制苯酐用的氧化钒催化剂，以及加氢用的骨架镍催化剂等。至20世纪80年代已生产多种精制烯烃的选择性加氢催化剂，并开始生产丙烯氨化氧化用的微球型氧化物催化剂，乙烯与醋酸氧化制醋酸乙烯酯的负载型金属催化剂，高效烯烃聚合催化剂以及治理工业废气的蜂窝状催化剂等。

20世纪80年代以后，我国工业催化研究开发技术有了突飞猛进的发展，开始逐步走向国际，在许多领域达到国际先进水平，由于篇幅所限，虽不能一一提及，但以北京石科院闵恩泽等开发的DCC技术、RN-1催化技术等一系列石油化工催化技术、山西煤化所开发的新型F-T合成技术、大化所刘中民等开发的MTO技术以及张涛等开发的航天器推进剂催化分解技术、上海有机所丁奎岭等开发的不对称催化技术等，都处于国际领先水平，被视为中国工业催化的优秀代表。

## 1.5 催化研究开发前景

### 1.5.1 催化技术发展趋势

经过长期发展，工业催化科学与技术已形成如下局面：传统的合成氨及石油化工技术基本趋于成熟，但需要新催化剂来满足化工原料性质变差、工艺及产品升级换代以及日趋苛刻的环保要求；煤化工在经济及环境问题上目前还不能与石油化工竞争，但所涉及的催化技术有很大的相似性，所涉及的领域要不断创新；以环境治理、保护为目的环境催化得到了广泛重视，新型能源化工领域，如电催化、生物质化学、光催化、纳米催化等领域的催化技术正得到极大重视与研究开发。

### 1.5.2 新型催化剂的开发与应用

1）能源与化工催化剂

新型、高效催化剂的研制是能源化工和化学工业实现跨越式发展的基础。近年来，国际上有关催化的研究中，近50%的催化剂研究工作围绕开发新型催化剂展开，且对其重视程度日益增加。新型催化剂的开发与环境友好密切联系，即要求催化剂及催化技术生产化工品的同时，从源头消除污染。从国际论文数量来看，有关新型催化剂的报道自1990年至1999年至少增加了15倍，其中能源化工、绿色催化、选择性氧化等新型催化剂发展极为迅速。

由于对催化剂活性、经济、环保的要求，煤化工催化研发重点已经从传统的合成氨、F-

T合成转到煤直接液化及MTO开发领域，在这些领域中，催化剂性能优劣极大地决定了工艺成败，MTO在我国已取得巨大成功，而直接液化工艺仍在催化剂配方、制备工艺以及液化工艺和反应器开发方面存在巨大挑战。

2）机动车尾气净化催化剂

随着汽车、柴油车等机动车的大量应用，尾气排放及其大气污染日益严重，促使出台了更加严格的大气环保法规，同时促使机动车尾气转化催化剂研究与开发呈高速发展趋势。首先，为提高燃料燃烧效率和减少CO排放，汽车发动机将逐渐采用GDI及贫燃技术。据有关报道，此类发动机比常规发动机的燃料经济性高出20%～25%。由于氧气过剩，$NO_x$排放增加，因而将$NO_x$还原脱除就成为一项技术难题。目前正在研究的解决方案包括$NO_x$捕集、选择性还原（SCR）和电热催化剂等。其次是设计发动机冷启动时能快速预热的CCC催化剂。在欧洲和北美，汽车排放污染物主要是由催化转化器预热之前的早期排放引起的。美国、欧洲和日本生效的更为严格的排放限制主要是针对启动后20～30s尾气的净化。此外，汽车尾气转化催化剂生产商正致力于减少催化剂中的贵金属含量。目前，由于环境治理法规进一步严格，机动车排放到大气中的颗粒物（$PM_{2.5}$）也受到严格控制，因此，机动车尾气排放的三元污染物催化处理（TWC）正在向着更加严格的四元污染物（即CO、HC、$NO_x$、$PM_{2.5}$）治理体系过渡，开发四元催化剂体系（FWC）。

3）烟气脱硫、脱硝等环保催化剂

氮氧化物$NO_x$（包括$N_2O$、NO及$NO_2$）及硫化物$SO_x$对环境危害较大，是形成雾霾的元凶之一。$NO_x$易形成光化学烟雾，破坏高空臭氧层及引起温室效应；同时，$NO_x$和$SO_x$是形成酸雨的主要来源。对$NO_x$和$SO_x$的脱除逐渐引起了人们的重视。

目前烟气脱硫、脱硝装置大多是分步进行的，首先用$NH_3$将$NO_x$催化还原为$N_2$和$H_2O$，称为选择催化还原过程，即$NH_3$-SCR，常用分子筛、$TiO_2$或$TiO_2/SiO_2$作载体，$V_2O_5$、$MoO_3$、$WO_3$和$Cr_2O_3$作活性组分，其中$V_2O_5/TiO_2$最为常用。脱除$NO_x$的烟气再进行脱硫反应，目前工业上主要用钒或者活性炭作催化剂，实现$SO_2$的氧化脱除。除此之外，研究者正在研究开发更有效、更廉价的催化剂，包括单一金属氧化物催化剂，如CeO、MgO及CuO等；尖晶石型复合金属氧化物催化剂，如Mg-Al尖晶石催化剂；以及层状双羟基复合金属氧化物催化剂（水滑石）等。此外，由于烟道气中通常同时含有$NO_x$和$SO_x$，因而开发同时消除$NO_x$和$SO_x$的技术将成为今后的研究重点。

4）光催化剂/能源催化剂

近20年来，由于在太阳能转换、新能源化学、环境治理等诸多领域的潜在应用，光催化及其相关技术得到了快速发展，尤其在污水处理和太阳能转换方面得到了广泛研究。

光催化作为污水治理的新技术有以下优点：一是作为目前研究最为广泛的高活性光催化剂二氧化钛可以吸收4%～5%的太阳光，且具有稳定性好、无毒、廉价等优点；二是除使用空气中的氧气以外，不需要添加其他氧化剂就可以分解有机污染物，也不需要添加其他化学药品。

对于光催化制氢方面，近年来，许多国家纷纷投入巨资进行相关的开发研究，每年都有大量的研究成果。据介绍，目前光催化剂开发的热点主要是：非二氧化钛半导体材料的研究；混合/复合半导体材料的开发研究；掺杂二氧化钛催化剂；催化剂的表面修饰；制备方法和处理途径的探索等。

从光催化剂应用的前景来看，目前的主要应用领域：一是二氧化钛涂层的自洁净功能，将二氧化钛镀在建筑材料、交通工具、室内装修材料的外表，利用太阳光和照明灯光即能分解这些表层的污染物，雨水清洗即实现自洁功能；二是超亲水性能用于制备防雾设备，如涂有超亲水光催化性薄膜的玻璃遇到水汽时表面形成了均匀的水膜，所以镜像保持清晰；三是空气和水资源的净化，水处理的分类有各种不同领域，如对上下水源的处理、工厂排水的处理、农业排水的处理等。

光催化要成为实用技术目前尚存在许多难点，如反应速率慢、量子效率低等，特别需要考虑污染物本身的特征以及可能产生有害副产物。要想从根本上解决以上问题，关键是要改善催化剂本身的性能。因此，开发研究高效可见光催化剂已成为光催化研究的重要课题。利用光催化治理污染的过程不需要能源和化学氧化剂，以及催化剂无毒、廉价、反应活性高，并且可能完全矿化有机物，破坏微生物，如果找到量子效率足够高的光催化剂，该项技术将有十分广阔的发展前景。

新能源催化是近年来人们十分关注的热点话题，目前尚无对能源催化的统一定义，但一般认为能源催化主要涉及人类在开发利用各类新能源过程中的催化反应及催化新材料，主要包括光催化（如光电催化水解制氢反应等）、电催化（如锂离子电池、燃料电池电极催化过程等）、多相催化（如甲烷转换催化反应等）三大部分，每一部分都有广泛的研究内涵及理论课题，各自极具特色，都值得进行深入研究，且有巨大的应用前景。

### 1.5.3 催化剂制备共性技术及新型催化材料的研究开发

催化剂制备科学化是改进和提高催化剂性能的重要途径，而催化新材料则是催化剂更新换代和品种多样化的物质基础。新型催化剂和相应的催化工艺的出现，往往以催化新材料和科学化、精细化制备工艺为重要前提。国际上自20世纪80年代以来，在此方面的研究十分活跃，政府和许多公司投入大量人力和物力从事研究开发，并在相关领域中长期坚持研究。如联碳公司的磷铝、磷硅铝、金属磷铝分子筛和铑催化体系的磷配体，Mobil公司的ZSM分子筛、法国石油研究院的金属有机络合物、杜邦公司的白钨矿结构氧化物、海湾石油公司的层状硅酸盐和硅铝酸盐、BP公司的石墨插层化合物、埃克森公司的双、多金属簇团等。

随着纳米技术在催化剂领域的应用，新研制的催化剂的效能大大提高。如：粒径小于3nm的镍和铜-锌合金纳米颗粒的加氢催化剂的催化效率比常规镍催化剂高10倍。粒径在2～3nm范围的纳米金催化剂更是具有超强的催化氧化能力，彻底改变了人们传统观念中金元素为惰性物质的观点。

在开发新材料的基础上，借助催化剂制造精细化技术，有效调控催化剂孔结构、孔分布、晶粒尺寸、粒径分布、形貌等，并通过控制活性组分与载体间相互作用等方法，提高催化剂性能。由于精准控制分子筛结构使其呈现多样性，以及分子筛的工业应用取得了意想不到的辉煌成就，使人们更加注意新型催化材料和精细化制备技术的开发。目前，较为活跃的研究领域主要有杂多酸、固体酸、固体碱、金属氧化物及其复合物、层状化合物、均相催化剂和酶固载化载体、金属超微粒子和纳米材料等。

## 思考题

1. 催化反应与催化剂的定义？
2. 简述工业催化的意义与作用。

3. 工业催化的应用领域如何?

4. 均相催化与多相催化的区别在哪里?

5. 何谓催化剂工程?

6. 何谓催化剂失活、再生及回收?

7. 简述催化剂的组成及各组分的作用原理及性能要求。

8. 简述助催化剂的分类。

9. 催化过程及催化剂作用的本质研究主要包括哪些方面?

10. 工业催化要掌握的主要内容有哪些?

11. 举 2～3 例说明国内外催化领域的标志性成果。

12. 催化活性金属和负载材料间有哪些主要相互作用?

13. 简述负载催化剂中术语"载体"的意思。

14. 催化剂的哪些性质会受助剂的影响?

15. 钾金属助剂对酸性裂解催化剂有哪些影响?

## 参考文献


[1] Bond G C. Heterogeneous Catalysis, Principle and Applications. London: Oxford Uni. Press, 1974.

[2] Szabo Z B, Kallo D. (Eds), Contact Catalysis. Amsterdam: Elsevier. 1976.

[3] Parshall G W. Homogeneous Catalysis -the Application and Chemistry of Catalysis by Soluble Transition Metal Complexes. New York: Wiley-VCH, 1980.

[4] Thomas J M. Principles and Practice of Heterogeneous Catalysis. New York: Wiley-VCH, 1997.

[5] Bowker M. The Basis and Applications of Heterogeneous Catalysis, London: Oxford, 1998.

[6] Gates B C. Chemistry of Catalytic Process, New York: McGraw-Hill, 1979.

[7] 黄开辉,万惠霖. 催化原理. 北京:科学出版社,1995.

[8] 黄仲涛,耿建铭. 工业催化. 第二版. 北京:化学工业出版社,2006.

[9] 李玉敏. 工业催化原理. 天津:天津大学出版社,2000.

[10] 甄开吉,王国甲,李荣生. 催化作用基础. 北京:科学出版社,2005.


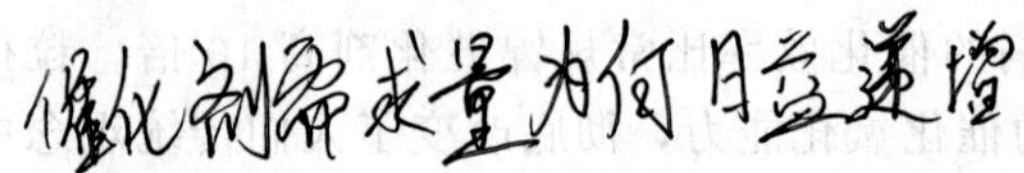

# 第2章 催化作用与催化剂

某个化学反应要在工业上实现，基本要求是该反应要以一定速率进行。也就是说，要求单位时间内能够获得足够数量产品。化学动力学告诉我们欲提高反应速率可以有多种手段，如采用加热方法、光化学方法、电化学方法和辐射化学方法等。加热方法往往缺乏足够的化学选择性，其他的光、电、辐射等方法作为工业使用往往需要消耗额外能量。在研究某个化学反应体系时，有两个必须考虑的问题：第一个是这个反应能否进行，若能进行，它能进行到什么程度？即反应能停止在什么平衡位置，其平衡组成如何？化学热力学能告诉人们这一问题的答案；第二个问题是热力学上可行的反应进行得快慢如何？也就是需要多久能达到平衡位置。这些问题属于化学动力学的范围。从经济上考虑，某个化学过程要付诸工业实践，必须既要有足够大的平衡产率，又要有足够化学选择性下合适的反应速率。应用催化方法，既能提高反应速率，又能对反应方向进行控制，且催化剂原则上是不消耗的。因此，应用催化剂是提高反应速率和控制反应方向较为有效的方法，而对催化作用和催化剂的研究应用，也就成为现代化学工业的重要课题之一。本章主要讨论催化作用的基本概念和原理、催化剂的主要组成和功能，以及工业催化剂的基本要求。以讨论多相催化剂为主，对均相催化剂的特征也进行了介绍。

## 2.1 催化作用定义和特征

催化一词包含三层意思，即催化科学、催化技术与催化作用。一般地说，催化科学是研究催化作用的原理，而催化技术是催化作用原理的具体应用。催化科学研究催化剂为何能使参加反应的分子活化，怎样活化以及活化后的分子的性能与行为，其重要性可以由催化技术的广泛应用来说明。催化技术是现代化学工业的支柱，90%以上的化工过程、80%以上的产品与催化技术有关。因此，可以说催化剂是现代化学工业的心脏。催化科学通过开发新的催化过程革新化学工业，提高经济效益和产品的竞争力。同时通过学科渗透为合成新型材料、开发新能源，创新环保新工艺等作出贡献。不仅如此，催化科学还由于其跨学科性，对生命科学具有更重要的潜在意义。借助催化科学获得的关于活性中心的知识可以推广到分子科学的其他领域，也为开拓催化科学新的应用领域创造条件。

### 2.1.1 定义

1）“催化作用”来源

催化这个概念来源于化学工业生产实践，反过来又推动了化学工业的发展。由最早出现的化学现象，经过实践—理论—实践的多次反复，逐渐形成了催化科学。

1895 年德国化学家 W. Ostwald 指出：应该把起催化作用的物质（催化剂）看成是可以改变某一化学反应速率，而又不存在于产物中的物质。在各种文献中表述最多的催化剂概念如下："催化剂是一种能够改变化学反应速率，而它本身不参与最终产物的物质。催化剂的这种作用叫催化作用。"至于催化作用形成为一门科学则是近百年的事，特别是化学热力学及化学动力学理论，为催化科学的形成奠定了基础。作为一门科学，需有其基本原理及理论基础以及主要有力的研究手段。20 世纪陆续出现的许多化学实验事实以及由之派生出的一些基本概念，如反应中间物的形成与转化、表面活性中心、吸附现象以及许多催化实验研究方法等，对于探索催化作用的本质、改进原有催化剂和研究新催化过程都起到了一定推动作用，自然对催化科学的诞生也是十分重要的。

2）催化作用的定义

根据 IUPAC 于 1981 年提出的定义，催化剂是一种物质，它能够加速反应的速率而不改变该反应的标准 Gibbs 自由焓变，这种作用称为催化作用。涉及催化剂的反应称为催化反应。

催化剂之所以能够加速化学反应趋于热力学平衡点，是由于它为反应物分子提供了一条较易进行的反应途径。以合成氨反应为例，工业上采用熔铁催化剂合成。若不采用催化剂，在通常条件下 $N_2$ 分子和 $H_2$ 分子直接化合是极困难的；即使有反应发生，其速率也极慢。因为这两种分子十分稳定，破坏它们的化学键需要大量能量，在 500℃、常压的条件下，反应的活化能为 334.6kJ/mol，此种情况下氨的产率极低。但采用催化剂后则情况大不相同，这两种反应分子分别通过化学吸附使其化学键由减弱到解离，然后化学吸附的氢（$H\cdot\sigma$）与化学吸附的氮（$N\cdot\sigma$）进行表面相互作用，中间再经过一系列表面作用过程，最后生成氨分子，并从催化剂表面上脱附生成气态氨。

$$H_2+2\sigma \longrightarrow 2H\cdot\sigma \tag{2-1a}$$

$$N_2+2\sigma \longrightarrow 2N\cdot\sigma \tag{2-1b}$$

$$H\cdot\sigma+N\cdot\sigma \longrightarrow (NH)\cdot 2\sigma \tag{2-1c}$$

$$(NH)\cdot\sigma+H\cdot\sigma \longrightarrow (NH_2)\cdot 2\sigma \tag{2-1d}$$

$$(NH_2)\cdot\sigma+H\cdot\sigma \longrightarrow (NH_3)\cdot 2\sigma \tag{2-1e}$$

$$(NH_3)\cdot 2\sigma \longrightarrow NH_3+2\sigma \tag{2-1f}$$

催化反应的速率控制步骤为式（2-1b），即 $N_2$ 分子的解离吸附。它所需的活化能仅为 70kJ/mol，比无催化剂时低得多，所以反应速率得到很大提高，在 500℃、常压的相同条件下，比相应的均相反应高出 13 个数量级（图 2-1）。但是，不论有无催化剂参加，反应初态和终态的焓值不变，故平衡转化率是相同的，催化剂并不影响反应的平衡位置。

### 2.1.2 催化剂基本特征

催化剂的四个基本特征如下：

（1）催化剂只能加速热力学上可能进行的化学反应，而不能加速热力学上不能进行的反应。因此，在判定某反应是否需要催化剂时，要了解该反应在热力学上是否可行，如果是可逆反应，就要解决反应进行的方向和深度，确定反应平衡常数以及它与外界条件的关系。只有热力学允许，平衡常数较大的反应加入适当催化剂才是有意义的。如果某化学反应在给定的条件下属于热力学上不可行的，这就告诉人们不要为它白白浪费人力和物力去寻找高效催

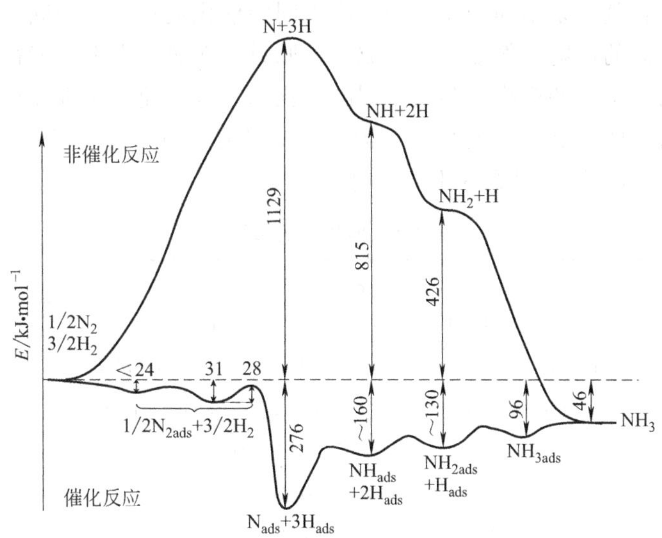


图 2-1 合成氨的反应途径

化剂。例如，在常温、常压、无外界因素影响的条件下，水不能分解生成氢和氧，因而也不存在任何能加快这一反应的催化剂。

（2）催化剂只能改变化学反应的速率，使反应加速趋于平衡态，却不能改变化学平衡的状态，即不能改变平衡常数。这是因为在一定外界条件下，某化学反应产物的最高平衡浓度是受热力学变量所控制的，也就是说，催化剂只能改变达到这一极限值所需的时间，而不能改变这一极限值的大小。根据热力学第二定律，任何一个非平衡体系都可以自发地趋于平衡状态，其间反应放出的能量在热力学上称为反应的自由能变化，当反应达到平衡，即自由能等于零。反应的自由能与反应物、产物所处的状态相关，而与催化剂无关。进一步说，反应物和产物间的能级差一定，则反应的平衡常数一定，催化剂不会改变反应平衡。以乙苯氧化脱氢生成苯乙烯为例，在600℃、常压、乙苯与水蒸气分子的摩尔比为1∶9时，按平衡常数计算，该反应达平衡后苯乙烯的最大产率为72.8%。这是热力学所预示的反应限度，常称为理论产率或平衡产率。为了尽可能实现该产率，可以选择良好的催化剂使反应加速。但在上述条件下，要想用催化剂使苯乙烯产率超过72.8%却是不可能的。根据 $K_{平衡}=K_{正}/K_{逆}$，既然加入催化剂，平衡常数 $K_{平衡}$ 值不会改变，故催化剂必然以相同的比例加速正、逆反应的速率常数。由此可以得出，对于可逆反应，能够催化正方向反应的催化剂，就应该能催化逆方向反应，只有这样才能维持平衡常数不变。例如，脱氢反应的催化剂同时也是加氢反应的催化剂，水合反应的催化剂同时也是脱水反应的催化剂，一般都是如此。这条规则对选择催化剂很有用。利用此推论，我们可以想到，如果某种催化剂对于加氢反应有良好的效果，我们可以推断其对脱氢反应也有效果，这就给我们的科学研究带来了极大的便利。当然这都是理论上的，在实际应用中，要实现反方向上的反应所采用的不同催化剂配方和热力学条件都需经过长时间的摸索研究才能最终确定。例如，由合成气合成甲醇，由氢、氮混合气合成氨，直接研究正方向反应需要高压设备，不方便，故早期研究中利用上述规则在常压下研究甲醇分解反应、氨分解反应，来初步筛选相应的合成用催化剂。

（3）催化剂对反应具有选择性。许多反应物往往因选择不同的催化剂而发生不同的反应，可以用不同的催化剂，使反应有选择性地朝某一个所需要的方向进行。催化剂具有的选择性包含两层意思：其一是不同的反应应选择不同的催化剂；其二是同样的反应选择不同的催化剂，可获得不同的产物。例如，以合成气为原料，在热力学上可能得到甲醇、甲烷、合成汽油、固体石蜡等不同的产物，利用不同的催化剂，可以使反应选择性地向某一个所需的方向进行，生成所需的产品，这就是催化剂对反应具有选择性。表 2-1 给出了合成气（CO ＋$H_2$）在不同催化剂作用下得到的不同产物。

**表 2-1　催化剂的选择性**

| 反应物 | 催化剂及反应条件 | 产物 |
| --- | --- | --- |
| CO＋$H_2$ | Rh/Pt/$SiO_2$，573K，$7\times10^6$Pa | 乙醇 |
| | Cu-Zn-O，Zn-Cr-O，573K，$1.0133\times10^7$～$2.0266\times10^7$Pa | 甲醇 |
| | Rh 络合物，473～563K，$5.0665\times10^7$～$3.0399\times10^8$Pa | 乙二醇 |
| | Cu，Zn，493K，$3\times10^6$Pa | 二甲醚 |
| | Ni，473～573K，$1.0133\times10^5$Pa | 甲烷 |
| | Co，Ni，473K，$1.0133\times10^5$Pa | 合成汽油 |

不同催化剂之所以能促使某一反应向特定产物方向进行，其原因是这种催化剂在多个可能同时进行的反应中，使生成特定产物的反应活化能的降低程度远远大于其他反应活化能的变化，使反应容易向生成特定产物的方向进行。例如，甲醇氧化反应，甲醇可以部分氧化生成甲醛和水，还可以部分氧化生成甲酸或一氧化碳，也可以完全氧化生成二氧化碳和水。

$$2CH_3OH+O_2 = 2HCHO+2H_2O \tag{2-2a}$$

$$2CH_3OH+3O_2 = 2CO_2+4H_2O \tag{2-2b}$$

若使甲醇氧化按部分氧化反应进行，必须加入银催化剂。银催化剂改变上述反应的活化能垒，从而改变其选择性。图 2-2 给出的热反应（完全氧化）和催化反应的能垒变化图可以说明。图中的曲线（c）和（b）代表热反应，粗线（a）和（d）代表催化反应。当甲醇按热反应进行时，完全氧化生成 $CO_2$ 和 $H_2O$ 的能垒（c）比生成甲醛的能垒（b）小很多，因此，反应主要按式（2-2b）进行。相反，在银催化剂存在时，则生成CO和 $CO_2$ 的能垒（d）明显高于生成甲醛的能垒（a），因此，反应就以生成甲醛为主。由此可见，催化剂对某一特定反应具有选择性的主要原因仍然是催化剂可以显著降低主反应的活化能，而副反应的活化能的降低则不明显。除此之外，有些反应由于催化剂的孔隙结构和颗粒大小不同也会引起扩散控制，导致选择性的变化。

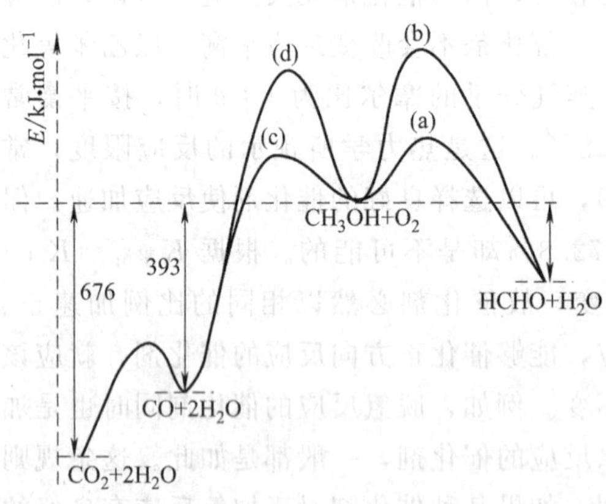

图 2-2　甲醇氧化反应的不同能垒变化示意图

（4）催化剂寿命。催化剂是一种化学物质，催化剂能改变化学反应的速率，其自身最终并不成为反应的产物，在理想情况下不为反应所改变。在完成催化的一次反应后，又恢复到原来的化学状态，因而能不断循环起催化作用。所以，一定量的催化剂可以使大量反应物转化成大量产物。但在实际工业催化反应过程中，催化剂并不能无限期地使用，它自身作为一种参与者，在长期受热、磨损和化学等因素作用下，也会经受一些不可逆的物理和化学变化，如晶相变化、晶粒分散度的变化、易挥发组分的流失、易熔物的熔融及积碳等，这些过程导致催化剂的活性下降。随着反应的持续进行，催化剂要受到亿万次这种作用的侵袭及损失，最后导致催化剂失活。

根据上述催化剂的定义和特征分析，一般认为有三种重要的指标衡量催化剂的好坏：活性、选择性和稳定性。它们之中哪个指标最重要，很难做出一般性的回答，因为每种特定的催化剂有其特定的使用对象和环境。从工业生产的角度来说，强调的是原料和能源的充分利用，多数技术研究都致力于现行流程的改进，而不是开发新的流程。据此，可以认为这三种指标的相对重要性，首先要追求选择性，其次是稳定性，最后才是活性。而对新开发的工艺及其催化剂，首先要追求高活性，其次是高选择性，最后才是稳定性。

事实上，目前的工业催化剂是指一种化学品或多种物质组成的复杂体系，例如酶、配合物（络合物）、气体分子、金属、氧化物、硫化物、复合氧化物等，它们所起的作用是化学方面的。因此，光、电子、热以及磁场等物理因素，虽然有时候也能引发并加速化学反应，但其所起的作用一般也不能成为催化作用。而特殊的催化作用可称为电催化或光催化作用等，专门另作研究。自由基型聚合反应所用的引发剂与催化剂也有区别，它虽可以引发和加速高分子链反应，但是在聚合反应中本身也被消耗，并最终进入聚合产物的组成。阻抑链反应的添加物称为阻聚剂，而不适合称为负催化剂。水和其他溶剂可使两种反应物溶解，并加速两者间的反应，但这仅仅是一种溶剂效应的物理作用，而并不是化学催化作用。

## 2.2　催化剂分类及催化反应分类

### 2.2.1　催化剂分类

目前，各种工业催化剂已达2000多种，且品种、牌号还在不断地增加。为了研究、生产和使用的方便，常常从不同角度对催化剂及其相关的催化反应过程加以分类。

1）根据催化剂聚集状态分类

催化剂是一种物质，所以最早的催化剂分类便是以其所处的聚集状态来考虑的，即分为气、液、固三种，涵盖了从最简单的单质分子到复杂的高分子聚合物及生物质（酶）的所有催化剂。催化剂自身以及被催化的反应物，都可以分别是气体、液体或固体这三种不同的聚集态，在理论上可以有多种催化剂与反应物的相间组合方式，如表2-2。

**表2-2　多相催化的相组合方式**

| 反应类别 | 催化剂 | 反应物 | 工业过程实例 |
|---|---|---|---|
| 均相 | 气体 | 气体 | $NO_2$ 催化的 $SO_2$ 氧化为 $SO_3$ |
| | 液体 | 液体 | 硫酸催化乙酸和乙醇生成乙酸乙酯 $CH_3COOH+C_2H_5OH \xrightarrow{H_2SO_4} CH_3COOC_2H_5$ |
| 多相（非均相） | 液体 | 气体 | 磷酸催化的烯烃聚合 |
| | 固体 | 气体 | 铁催化的氨合成 |
| | 固体 | 液体＋气体 | 钯催化的硝基苯加氢制苯胺 |
| | 固体 | 固体＋气体 | 二氧化锰催化氯酸钾分解为氯化钾与氧气 |

近些年来，均相催化这个词变成专指配位催化作用，它所用的催化剂是可溶性的有机金属化合物，活性中心是有机金属原子，通过金属原子周围的配位体与反应物分子进行交换、重排和与自由配位体分子进行反交换，使得至少有一种反应分子进入配位状态而被活化，从

而促进反应进行。例如，由甲醇经羰基化反应制乙酸，催化剂是以 Rh 为中心原子的配位化合物，它催化了一个插入反应。

$$CH_3OH + CO \xrightarrow{Rh(CO)[P(C_6H_5)]_2 + CH_3I} CH_3COOC_2H_5 \tag{2-3}$$

催化剂和反应物处于不同的相，催化剂与反应物间有相界面将其隔开。有的体系，在固体表面上形成中间化合物，然后中间化合物脱附到气相中进行反应，这样的中间化合物可以在气相引起一个链反应，即链的引发和终止发生在固体表面，链的传递发生在气相。这样的过程被称为多相均相催化。低压下氢气和氧气的反应就有这种情况。

我们可以看出表 2-2 的这种分类方式有明显的缺点。在以聚集状态为标准的分类中不再有均相和非均相催化剂之分；从三态来对催化剂分类并不能反映出催化剂作用于反应的化学本质和内在联系，且过于笼统，不能反映出人们对催化实质认识的有用信息。另外，实用催化剂的研发越来越趋向于向复杂聚集体方向发展，这对于采用聚集状态分类的方法来说就存在很大的困难。

2）按催化剂组成及使用功能分类

在选择或开发一种催化剂时，问题的复杂性有时是难以想象的。按催化剂组成及使用功能分类是一些根据实验事实的归纳整理结果，其中也许并无内在联系或理论依据。但这种以大量事实为基础的信息，可为设计催化剂的专家作系统参考，为评选催化剂提供帮助。这种分类法的最简单实例可见表 2-3。更复杂的例子，在各种设计催化剂的专家系统及其配套数据库中可以找到。

**表 2-3　多相催化剂的分类**

| 类别 | 功能 | 实例 |
| --- | --- | --- |
| 金属 | 加氢<br>脱氢<br>加氢裂解（含氧化） | Fe、Ni、Pd、Pt、Ag |
| 半导体氧化物和硫化物 | 氧化<br>脱氢<br>脱硫（加氢）<br>还原 | NiO、ZnO、$MnO_2$、$Cr_2O_3$、$Bi_2O_3$-$MoO_3$、$WS_2$ |
| 绝缘性氧化物 | 脱水 | $Al_2O_3$、$SiO_2$、MgO |
| 酸、碱 | 聚合<br>异构体<br>裂化<br>烷基化 | $H_3PO_4$、$H_2SO_4$、$SiO_2 \cdot Al_2O_3$ |
| 过渡金属配合物 | 加氢、羰化等<br>氧化<br>聚合 | $PdCl_2$-$CuCl_2$、$TiCl_2$-$Al(C_2H_5)_3$ |

3）按工艺与工程特点分类

催化剂有统一的命名方法，但就工业催化剂的分类而言目前尚无统一的标准。通常将工业催化剂分为石油炼制、无机化工、有机化工、环境保护和其他催化剂五大类。其中无机化工类催化剂主要包括化肥催化剂，涉及制氢、制氨、制无机酸和合成甲醇所用的各类催化剂，而有机化工类催化剂主要包括石油化工用的各类催化剂。中国工业催化剂的细分情况如图 2-3。

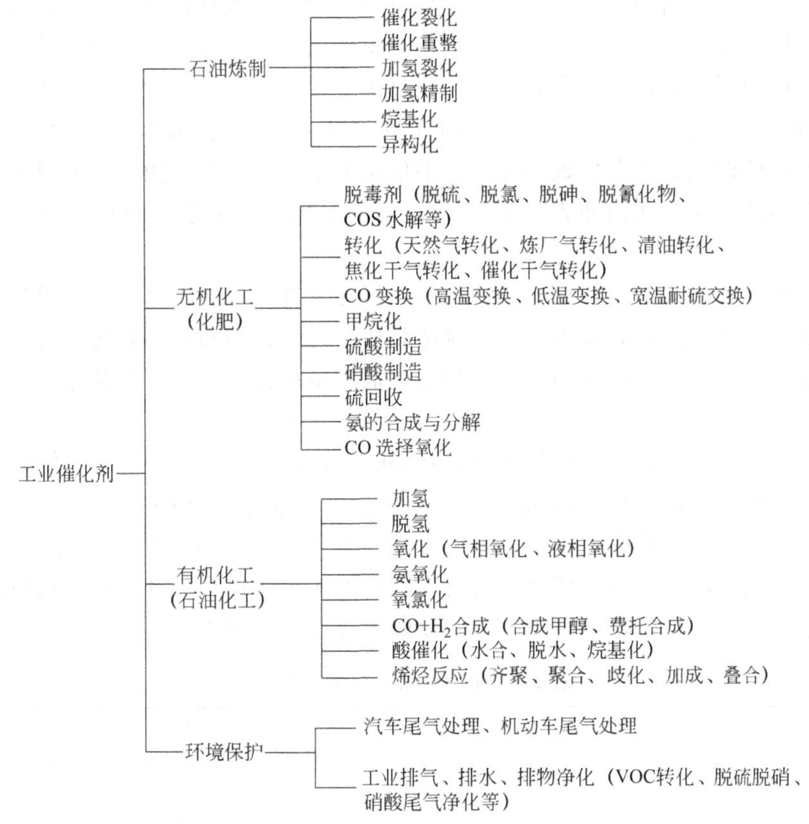


图 2-3 工业催化剂分类

这种分类方法是把目前应用最广泛的催化剂以其组成结构、性能差异和工艺工程特点为依据，分为多相固体催化剂、均相配合物催化剂和酶催化剂三大类，以便于进行“催化剂工程”的研究，这类分类方法是现在应用最普遍的方法。此外有些文献还提到按元素周期表分类等其他方法，这里就不一一列举。

## 2.2.2 催化反应分类

1）按反应体系物相分类

按催化反应体系物相的均一性进行分类，可将催化反应分为均相催化反应、非均相催化反应和酶催化反应。

（1）均相催化反应（homogeneous catalysis）：是催化剂与反应物同处于一均匀物相中的催化反应，有液相和气相均相催化反应。催化剂和反应物均为气相的催化反应称为气相均相催化反应，如 $I_2$、NO 等气体分子催化的一些热分解反应。催化剂和反应物均为液相的催化反应则称为液相均相催化反应，如酸碱催化的水分解反应，乙酸和乙醇在硫酸溶液催化作用下生成乙酸乙酯的反应。

能起均相催化作用的催化剂为均相催化剂（Homogeneous catalyst），主要包括酸碱催化剂和可溶性过渡金属化合物（盐类和配合物）催化剂两大类，此外还有少数非金属分子催化剂等。均相催化剂是以分子或离子水平独立起作用的，活性中心性质比较均一，与反应物结合的中间体比较容易用光谱、波谱以及同位素示踪法进行检测和跟踪，催化反应动力学方程一般也不太复杂，因而相当多的均相催化反应动力学及其机理已经研究得较清楚了。大量实验表明，有机化合物的酸催化反应一般是通过正碳离子机理进行的，而过渡金属化合物催化剂在均相反应中所起的作用，多数情形是通过配位使反应分子（或反应分子之一）中起反应的基团变得比较活泼（配位活化），使其能在配位上进行反应而转化为产物，这就是所谓的络合催化或配位催化。还有少数情况，其中催化剂是通过引发自由基型的反应，并不断再生而起催化作用的。这些作用机制有时也能移植于多相催化体系，而对某些过程作相应的解释。

虽然均相络合物催化剂有良好的催化性能，但在大规模工业生产中会不可避免地引起一系列问题，如催化剂与介质分离困难、反应体系的腐蚀性、体系的不稳定性等，所以从技术开发角度出发提出的负载型催化剂，即均相催化剂的多相化，在配位催化中具有相当广阔的发展前景。

(2) 多相催化反应（又称非均相催化，heterogeneous catalysis）：是催化剂与反应物处于不同相时的催化反应，例如气态或液态反应物与固态催化剂在两相界面上进行的催化反应。催化剂自身以及被催化的反应物，可以分别是气体、液体或固体这三种不同的聚集态。催化剂和反应物处于不同的相，催化剂与反应物间由相界面将其隔开，这样就可能有各种组合。在理论上可以有多种催化剂与反应物的相间组合方式，列于表 2-4。

**表 2-4 多相催化的相组合方式**

| 催化剂 | 反应物 | 工业过程实例 |
|---|---|---|
| 液体 | 气体 | 磷酸催化的烯烃聚合 |
| 固体 | 气体 | 铁催化的氨合成 |
| 固体 | 液体＋气体 | 钯催化的硝基苯加氢制苯胺 |
| 固体 | 固体＋气体 | 二氧化锰催化氯酸钾分解为氯化钾与氧气 |
| 气体 | 气体 | $NO_2$ 催化的 $SO_2$ 氧化为 $SO_3$ |

多相催化反应在工业上有许多重要应用，例如，氨合成催化反应体系、催化裂化反应体系、甲醇合成体系、二氧化硫氧化生成三氧化硫体系等，在这些反应体系中，反应物均会在固体催化剂表面上吸附，生成中间化合物，进而生成产物，然后脱附到气相中，离开反应体系，这样的过程被称为多相催化。

在多相催化反应中，催化剂为固体。气体反应物和固体催化剂组成的反应体系称为气-固多相催化反应。气-固多相催化反应是最常见的、最重要的一类反应，如氨和甲醇的合成、乙烯氧化合成环氧乙烷；丙烷或丙烯氨氧化制丙烯腈等。反应物为液体，催化剂是固体的反应称为液-固多相催化反应，如在 Ziegler-Natta 催化剂作用下的烯烃本体聚合反应、油脂的加氢反应等。由液态和气态两种反应物与固体催化剂组成的反应体系称为气-液-固三相催化反应，如苯在雷尼镍催化剂上加氢生成环己烷的反应。

按反应体系物相分类的方法对于反应系统宏观动力学因素的考虑和工艺过程的组织是有意义的，因为在均相催化反应中，催化剂与反应物是分子与分子之间的接触，通常质量传递过程对动力学的影响较小；而在非均相催化反应中，反应物分子必须从气相（或液相）向固体催化剂表面扩散（包括外扩散和内扩散），表面吸附后才能进行催化反应，在很多场合下都要考虑扩散过程对动力学的影响。因此，在非均相催化反应中，催化剂和反应器的设计与均相催化反应不同，它要考虑传质过程的影响。然而，上述分类并不是绝对的。例如，乙烯和氧气在处于液相的（$PdCl_2$-$CuCl_2$）催化剂中合成乙醛时，由于反应物是气体，在反应器中形成了气、液两相，但是反应却是在反应物溶剂水中才进行的，所以该反应仍被看作均相反应。

又如，对二甲苯氧化制取对苯二甲酸的反应，催化剂乙酸盐和溴化物溶于溶剂冰醋酸中，与一定压力下溶于二甲苯与乙酸中的溶解氧发生反应，初期应视为液相均相反应。然而反应后不久很快有不溶性的产物对苯二甲酸等过饱和结晶析出，于是又可视为液-固相、甚至气-液-固（包括超饱和析出的氧）三相反应。此外，固体负载化的金属有机络合物催化剂或固定化酶催化剂，也具有类似的“均相和多相”的双重性质，此类催化体系也被称为均相催化剂多相化。

近年来，考虑到根据聚集态分类，往往并不能客观地反映出催化剂的作用本质和内在联系，于是又有学者提出了以下一些新的分类方法。这些方法，对新型催化剂的设计有一定参考作用。在此不再赘述。

（3）酶催化反应（enzymatic catalysis）。如果按照生物催化剂的出现看催化化学，那么可以说催化是存在于大自然中的。生物体内有成百上千种生物催化剂，它们具有比一般化学催化剂高得多的催化活性和选择性。这种生物催化剂俗称酶，是一种具有催化作用的蛋白质（包括复合蛋白质）。酶是活细胞的成分，由活细胞产生，但它们能在细胞内和细胞外起同样的催化作用。也就是说，虽然酶是细胞的产物，但并非必须在细胞内才能起作用。正是酶的这种独特的催化功能，使它在工业、农业和医药等领域有着重要的作用。

酶本身是一种胶体，可以均匀地分散在水溶液中，对液相反应物而言，可认为是均相催化反应。但是在反应时，反应物却需在酶催化剂表面上进行积聚，由此而言，又可认为是非均相催化反应。因此，酶催化反应同时具有均相和非均相的性质。酶催化以惊人的效率和选择性为特征，例如，过氧化氢酶分解 $H_2O_2$ 比任何一种无机催化剂快 $10^9$ 倍。酶无疑是生物化学反应的推动力，存在于生命过程中，开发酶催化的工业应用是很有意义的。但一般在工业催化教材中不对酶催化反应予以详细讨论，而是将其安排在生物化学的有关章节讲解。

按照催化反应体系物相的均一性来分类，对于反应体系中宏观动力学因素的考虑及工艺流程的组织是有意义的。在均相催化中，反应物与催化剂是分子-分子（或分子-离子）间接触，一般情况下，质量传递过程在动力学上不占重要地位。但在多相催化中，涉及反应物从气相（或液相）向固体催化剂表面的传质过程，在许多场合，都要考虑传质过程阻力对动力学的影响，因此在催化剂结构和反应器设计中具有重要意义。

从科学研究的角度来看，上述三类体系也各有特点。均相配位催化反应机理涉及的是容易鉴别的物种，借助于金属有机化学的技术在实验室容易研究这类反应，但是实现工业化有较多的困难。液相反应对温度和压力有限制，设备复杂；催化剂分离回收也较困难。

多相催化有单独的催化剂物相，界面现象成为重要的因素，扩散、吸收、吸附对反应速率都有决定性的作用，这些步骤难以与表面化学区分开来，这就使机理复杂化。因此多相体系在实验室研究困难较多，反应物的消失和产物的出现容易跟踪，但一些重要的特征诸如吸附的速率和动力学、活性表面的结构、反应中间体的本质，更要求用不断创新的技术手段对应作出相应试验。常常只能从积累的资料对表面各步骤的序列作推断，带有很多不确定性。在多相催化的每个重要应用中，对其化学的确切细节有许多争论。例如，合成氨工业化已有80年的历史，但关于其催化剂表面的本质仍有争议。由于多相催化剂便于工业应用、易控制管理、产品质量高，所以多数工业催化过程采用这个方法。

2）按化学反应类型分类

可根据催化反应所进行的化学反应类型进行分类，如加氢反应、氧化反应、裂解反应、羰化反应、聚合反应等。这种分类方法不是着眼于催化剂，而是着眼于化学反应。因为同一类型的化学反应具有一定共性，催化剂的作用也具有某些相似之处，这就有可能用一种反应的催化剂来催化同类型的另一种反应。例如，Cu基催化剂是CO加氢生成甲醇反应的催化剂，同样它也可用作CO加氢生成低碳醇反应的催化剂。按反应类型分类见表2-5。

表2-5 按反应类型分类的常用催化剂

| 反应类别 | 常用催化剂 | 反应举例 |
| --- | --- | --- |
| 加氢 | Ni、Pt、Pd、Cu、NiO、$MoS_2$、$WS_2$、$Co(CN)_6^{3-}$ | $C_2H_2+2H_2 \xrightarrow{NiS/载体} C_2H_6$ |
| 脱氢 | $Cr_2O_3$、ZnO、$Fe_2O_3$、Ni、Pt、Pd | $(CH_2)_2CHOH \xrightarrow{ZnO} CH_2COCH_2+H_2\uparrow$ |
| 氧化 | CuO、$V_2O_5$、$MoO_3$、$Co_2O_4$、Ag、Pt、Pd、$PdCl_3$ | $C_2H_4+\frac{1}{2}O_2 \xrightarrow{Ag/载体} C_2H_4O$（环氧乙烷） |
| 羰基化 | $Co_2(CO)_3$、$Ni(CO)_4$、$Fe(CO)_6$、$PdCl(PPh_3)_3$ | $CH_3CHO+CO \xrightarrow{Rh配合物} CH_3COOH$ |
| 聚合 | $CrO_3$、$MoO_3$、$TiC_4$-$Al(C_2H_5)_3$ | 乙烯 $\xrightarrow{TiCl_4，烷基铝，二烷基镁化合物}$ 聚乙烯 |
| 水合 | $H_2SO_4$、$H_3PO_4$、$HgSO_4$、分子筛、离子交换树脂 | $C_3H_6+H_2O \xrightarrow{H_3PO_4} CH_3CH(OH)CH_3$ |
| 烷基化、异构化 | $H_3PO_4$/硅藻土、$AlCl_3$、$BF_3$、$SiO_2$-$Al_2O_3$、沸石分子筛 | 正庚烷 $\xrightarrow{Pt/SiO_2 \cdot Al_2O_3}$ 异庚烷 |
| WGSR | $Fe_3O_4$-$Cr_2O_3$、Cu-ZnO-$Al_2O_3$ | $CO+H_2O \xrightarrow{CuO-ZnO-Al_2O_3} CO_2+H_2$ |
| 合成甲醇 | ZnO-$Cr_2O_3$、Cu-ZnO-$Al_2O_3$、Ni/载体 | $CO+H_2 \xrightarrow{CuO-ZnO-Al_2O_3} CH_3OH$ |

按化学反应类型分类，便于比较同类型反应的共性。例如，$V_2O_5$既可作邻二甲苯氧化为邻苯二甲酸酐的催化剂，也可作苯氧化为顺丁烯二酸酐的催化剂；Ni不仅是烯烃和不饱和脂肪加氢的催化剂，也是苯加氢的催化剂。这样就可能用某一反应的已知催化剂试探同类型的另一个反应，这种方法是开发新催化系统的方法之一。

按化学反应类型分类，也便于比较不同类型反应的相异点。例如，部分氧化反应和脱氢反应都可以用氧化物作催化剂，然而适于作这两类反应的催化剂的氧化物却是不同的，那些化学键是离子键、氧原子容易从晶格中出来或转移到晶格中去的氧化物（如$V_2O_5$、$Fe_2O_3$-$MoO_3$）是部分氧化反应的良好催化剂；而那些氧原子在晶格中被束缚得较紧，且在反应温度下不能被氢还原成金属的氧化物（如$Cr_2O_3$）是脱氢催化剂。因此适于作部分氧化反应催化剂的一般不适于作脱氢反应催化剂。比较部分氧化反应和完全氧化反应的催化剂，发现它们也是各具特点且不能互相通用的，这样，就推动了对反应机理细节作进一步深入研究。

3）按催化作用机理分类

（1）氧化还原催化剂使反应物分子中的键均裂，出现不成对电子，并在催化剂的电子参与下与催化剂形成均裂键。这类反应的重要步骤是催化剂和反应物之间的单电子交换。例如，加氢反应中，$H_2$ 在金属催化剂表面均裂为化学吸附的活泼氢原子如下，其中 M 表示金属。

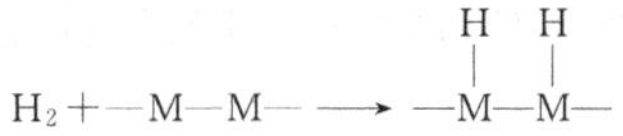

$$H_2 + -M-M- \longrightarrow -\overset{H}{\overset{|}{M}}-\overset{H}{\overset{|}{M}}-$$

对这类反应具有催化活性的固体有接受和给出电子的能力，包括过渡金属及其化合物，在这类化合物中阳离子能被轻易改变价态；还包括非化学计量的过渡金属化合物，最重要的是氧化物和硫化物。这类催化反应包括加氢、脱氢、氧化、脱硫等。

（2）酸碱催化通过催化剂和反应物的自由电子对或在反应过程中由反应物分子的键非均裂形成的自由电子对，使反应物与催化剂形成非均裂键。例如，催化异构化反应中，反应物烯烃与催化剂的酸性中心，生成活泼的碳正离子中间化合物：

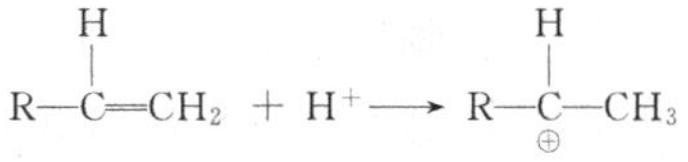

$$R-\overset{H}{\overset{|}{C}}=CH_2 + H^+ \longrightarrow R-\underset{\oplus}{\overset{H}{\overset{|}{C}}}-CH_3$$

这类反应属于离子型机理，可从广义的酸、碱概念来理解催化剂的作用，这类催化剂有主族元素的简单氧化物或它们的复合物以及具有酸、碱性质的盐。这类催化反应包括水合、脱水、裂化、烷基化、异构化、歧化及聚合等。

（3）配位催化（络合催化）催化剂与反应物分子发生配位作用而使后者活化。所用的催化剂是有机过渡金属化合物。这类催化反应有烯烃氧化、烯烃氢甲酰化、烯烃聚合、烯烃加氢、烯烃加成、甲醇羰基化、烷烃氧化等。

经过多年的研究发展，配位催化反应机理有了长足进步，烯烃氧化制备乙醛的反应机理见图 2-4。

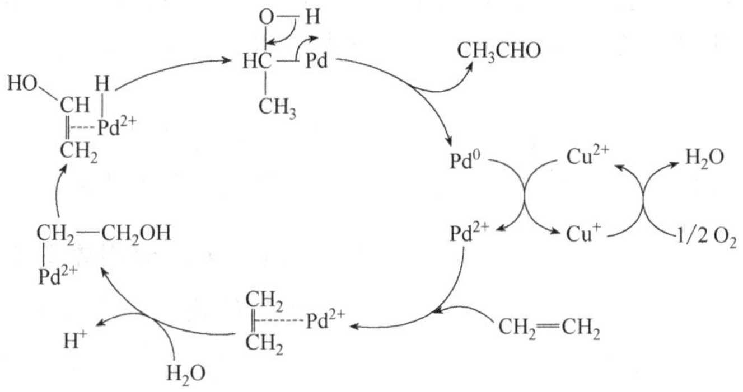

图 2-4 Wacker 法制备乙醛机理图

（4）不对称催化

不对称催化反应是使用非外消旋手性催化剂进行的反应，仅用少量手性催化剂，可将大量前手性底物对映选择性地转化为手性产物，具有催化效率高、选择性高、催化剂用量少、对环境污染小、成本低等优点。经过 40 多年的研究，不对称催化已发展成合成手性物质最经济有效的一种方法。不对称催化领域最关键的技术是高效手性催化剂的开发，因为手性催化剂是催化反应产生不对称诱导和控制作用的源泉。美国孟山都公司的 knowles 在 1968 年开创了不对称催化氢化反应工业应用先河，从此不对称催化反应迅速发展。

（5）双功能或多功能催化

某些催化过程包含了两种或两种以上具有不同反应机理的反应，它所用的催化剂也有不同类型的活性位，称为双功能（或多功能）催化剂。例如，用于催化重整的Pt/酸性$Al_2O_3$，Pt是氧化还原机理类型反应的催化剂，酸性$Al_2O_3$是酸碱催化机理类型反应的催化剂。按照催化剂的作用机理分类，对科学设计和研制催化剂是有帮助的。

4）按行业分类

根据我国现行行业分类，主要分为：石油炼制工业催化剂、化肥工业催化剂、石油化工催化剂、合成树脂工业用催化剂、合成纤维工业用催化剂、合成橡胶工业用催化剂、环境保护用催化剂和有机合成催化剂。而美国将催化剂按行业分为三大类，再按作用细分。

a. 石油炼制。其中又分：催化裂化（生产汽油）、烷基化（生产高辛烷值汽油）、加氢精制（各种混合烃加氢脱氮脱金属、加氢裂化（制内燃机及燃料用油）、催化重整（汽油提高辛烷值）。

b. 化工加工：聚合、烷基化、加氢、脱氢、氧化、氨氧化、合成气。

c. 污染控制：含机动车尾气排放和其他工艺过程尾气排放催化治理。

上述几种从不同角度提出来的分类，反映了催化科学的一定发展水平，随着催化科学的进展，它的分类也会进一步发展、完善。

## 2.3 催化剂组成

### 2.3.1 工业催化剂的组成

工业催化剂既可由单一组分组成，也可由多组分组成。单组分催化剂可以是单质如金属镍或钯等；也可以是化合物如酸、碱、盐、氧化物类，如硫酸、铝酸铁、硅酸铝、氧化铝、氧化锌等；还可以是金属有机化合物，如$RhCl(PPh_3)_3$等。单组分固体催化剂常称为本体催化剂或无载体催化剂。催化剂由多组分组成时，一般为多组分复合物，例如，$CuO\text{-}ZnO\text{-}Al_2O_3$、$P_2O_5\text{-}MoO_3\text{-}Bi_2O_3$等。

催化剂可以呈固态、液态和气态，但工业生产中常用的是固体催化剂和液体催化剂，所用固体催化剂绝大多数是多组分物系，故本书以固体催化剂和液体催化剂做具体说明。

#### 2.3.1.1 多组分固体催化剂

固体催化剂主要由活性组分、助剂和载体三部分构成。其组分与功能的关系如图2-5所示。

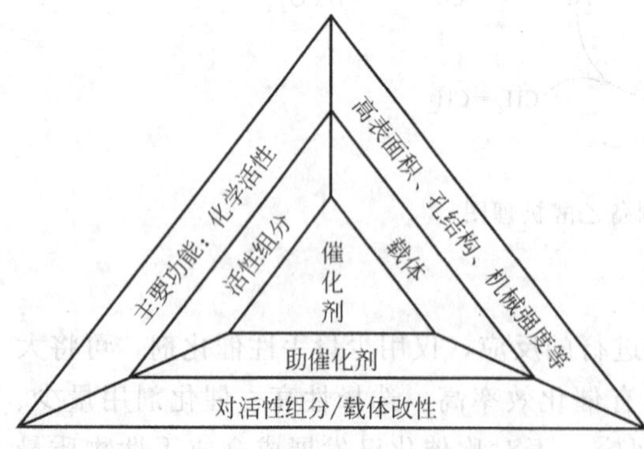

图2-5 催化剂组分与功能的关系

（1）活性组分：又称主催化剂，它是催化剂中产生活性的部分，没有它，催化剂就不能对化学反应起催化作用。例如，在三元合成氨催化剂$Fe\text{-}K_2O\text{-}Al_2O_3$中，无论有无$K_2O$或$Al_2O_3$，金属Fe总是有催化活性的，只是活性较低、寿命较短而已。相反，如果催化剂中缺少了金属铁组分，那么催化剂就完全没有活性了。因此，铁在合成氨催化剂中是主催化剂。选择活性组分是催化剂设计的第一步，根据化学反应在各种材料上的催化机理，选择活性组分变得越来越科学，而且对于较常见的化学反应都可在相关催化工具书上找到目前工业配方中常用活性组分的信息。

研究表明，催化剂中的活性组分并非所有部分都参与反应物到产物间的转化，只有一部分参与了催化转化。这些参与部分称为活性中心或活性部位。固体催化剂的表面是不均匀的，表面各处的物理和化学性质也有所不同，即使是纯金属催化剂，其表面上位于不同部位原子的催化性能也是各不相同的，如在晶格上的缺陷处、棱上、角上及面上的原子其催化性能都是不相同的。催化剂的活性中心形式多种多样，可以是原子、原子团、离子、离子缺陷等。催化剂在使用前和使用时，活性组分的形态也不一定相同。催化剂活性组分的价态、晶粒度及其分布情况对催化剂的活性皆有一定的影响。催化剂活性组分的含量不是越高，活性就越好。通常活性组分有一个最佳含量，其最佳含量往往与所催化的具体反应助剂的种类及数量、载体的品种及形态等有关，也与催化剂的制备方法与控制条件有关。

此外，共催化剂是和活性组分同时起催化作用的组分。例如，丙烯腈的钼-铋催化剂，当其中一种组分单独存在时对反应有一定催化作用，但当两者结合起来共同催化时，催化活性显著提高，所以钼、铋互为共催化剂。脱氢催化剂 $MoO_3$-$Al_2O_3$ 中也具有类似性质，当单独使用 $MoO_3$ 或 $Al_2O_3$ 时都只有很小的反应活性，但结合后却是高活性催化剂，因而 $MoO_3$ 和 $Al_2O_3$ 互为共催化剂。

在寻找和设计某反应所需的催化剂时，活性组分的选择是首要步骤。目前，就催化科学的发展水平来说，虽然有一些理论知识可用作选择活性组分的参考。很早以前，萨巴梯耶(Sabatier) 根据自己的实验工作建立了第一个广义的经验分类。其后的研究者又在其中进行了专门研究。这些关联和分类总结了他们在较窄范围内的研究成果，例如一类反应或者一类催化剂。但他们应用的催化剂概念比较确切，并将实验结果进行动力学处理，使得这些关联和分类变得更为精确。为了方便，曾将活性组分按导电性的不同加以分类，见表 2-6。这样分类主要是为了方便，并没有确定导电性与催化性能之间存在着任何关联。然而，二者都与材料原子的电子结构有关，另外，还有其他分类方法。

**表 2-6　活性组分的分类**

| 类别 | 导电性 | 催化反应举例 | 活性组分 |
|---|---|---|---|
| 金属 | 导电性（氧化、还原反应） | 选择性加氢 | Fe、Ni、Pt |
| | | 选择性氢解 | Pd、Cu、Ni、Pt |
| | | 选择性氧化 | Ag、Pd、Cu |
| 过渡金属氧化物、硫化物 | 半导体（氧化还原反应） | 选择性加氢、脱氢 | ZnO、CuO、NiO、$Cr_2O_3$ |
| | | 氢解 | $MoS_2$、$Cr_2O_3$ |
| | | 氧化 | $Fe_2O_3$-$MoO_3$ |
| 非过渡金属元素氧化物 | 绝缘体（碳离子反应）（酸碱反应） | 聚合、异构 | $Al_2O_3$、$SiO_2$-$Al_2O_3$ |
| | | 裂化 | $SiO_2$-$Al_2O_3$、分子筛 |
| | | 脱水 | 分子筛 |

(2) 助剂：助催化剂简称助剂，其本身没有活性或活性很低。少量助剂加到催化剂中，与活性组分产生作用，从而显著改善了催化剂的活性和选择性等。助剂可以是单质，也可以是化合物。助剂的种类、用量和加入方法不同，得到的效果也不同。助剂所产生的作用是多方面的，加入助剂后，催化剂在化学组成、离子形态、酸碱性、晶体结构、表面结构、孔结构、机械强度和活性组分分散状态等方面都可能发生变化，由此影响催化剂的活性、选择性

及寿命等。就具体的某种工业催化剂而言，往往不止含有一种助剂，有时同时含有两种或数种不同的助催化剂。即使用同一种物质作助剂，在不同催化剂中所起的作用也不一定相同。助剂主要分结构稳定性助剂、选择性助剂、电子型助剂、调变助剂等。

a. 结构稳定性助剂：该助剂的作用是把催化剂活性组分加以很好地分散，增大催化剂的表面积，防止活性组分的晶粒长大烧结，起稳定催化剂结构的作用。例如，制氢、制氨工业中所用的CO高变铁铬系催化剂中的 $Cr_2O_3$ 就是一种结构稳定性助剂。$Cr_2O_3$ 会与 $Fe_2O_3$ 形成固熔体。使还原后的 $Fe_3O_4$ 分散度增加，因而其晶粒大小可由无 $Cr_2O_3$ 时的111nm减少到25～30nm，孔径从25～65nm减少到10～20nm。另外，一些助剂，如，碳、钙、铯、锗等能减少金属表面原子的移动能力，以阻碍金属晶粒的烧结。

b. 选择性助剂：为了抑制催化过程中的副反应，可以在催化剂中加入某种化学物质，选择性地屏蔽能引起副反应的活性中心，从而提高目的反应的选择性。如，用钯或镍作选择加氢催化剂以除去烯烃中少量的炔烃和共轭二烯烃，通常用铅使催化剂上加氢活性高的活性中心中毒，从而达到抑制烯烃继续加氢的目的。铅在此种催化剂中就是一种选择性助剂。

c. 电子型助剂：其作用是改变主催化剂的电子状态，提高催化性能。例如，氨合成催化剂中 $K_2O$ 就是电子型助剂。加 $K_2O$ 后纯Fe的活性几乎可增加10倍，这是由 $K_2O$ 向Fe转移电子，增加了Fe的电子密度，提高了与 $N_2$ 的成键能力。降低了反应的活化能，从而提高了催化剂活性。

d. 调变性助剂：其作用也是提高催化剂的活性。例如，在二氧化硫氧化和萘氧化用的钒催化剂中，像 $K_2SO_4$ 之类的碱金属硫酸盐会与主催化剂 $V_2O_5$ 生成新的化合物，降低 $V_2O_5$ 的熔点，增加表面的流动性，不断更新活性中心。从而延长催化剂的使用寿命，提高催化活性。

有些助剂的作用是多功能性的，例如，合成氨铁催化剂中的氧化铝作为结构性助剂，它能与 $Fe_3O_4$ 发生同晶取代，把铁微晶隔开，增加铁的分散度。氧化铝作为调变性助剂还会与 $Fe_3O_4$ 生成 $FeAl_2O_4$ 簇状物插到 $\alpha$-Fe的结晶中，引起 $\alpha$-Fe的无序分布，增加催化剂的比活性和对杂质的抗毒性能。

在很多情况下，反应活性与选择性的变化不是一致的，所以将某些可以降低副反应活性而提高目标产物选择性，或者说提高目标产物收率的“抑制剂”及延长使用寿命的“稳定剂”都归为助催化剂。实用的工业催化剂往往含有几种不同助剂，而且催化剂的保密性多数集中在助催化剂问题上，所以助催化剂的研究是许多研究工作的探索方向。

(3) 载体：为提高催化剂效率，常把活性组分分散在某种固体物质表面上，这种固体就称为载体。载体是固体催化剂的重要组成组分。载体和助剂所起的作用在有些情况下不易严格区分，一般来说，助剂用量少，载体用量多。

载体作为负载催化剂的骨架，通常采用具有足够机械强度的多孔性物质。人们最初使用载体的目的只是为增加催化剂比表面积，从而提高活性组分的分散度，但后来随着对催化现象研究的深入，发现载体的作用是复杂的。载体的主要作用有：载体主要对催化活性组分起机械承载作用，并可增加有效的催化反应表面并提供合适的孔结构；经常能显著改变催化剂的活性和选择性，能改善催化剂的抗磨蚀、冲击和受压的机械强度，提高催化剂的热稳定性和抗毒能力；减少催化剂活性组分用量以降低催化剂制作成本，并使催化剂具有适宜的形状和粒度，以适应催化反应及反应器的需要。某些载体还能提供活性中心，如 $Al_2O_3$ 载体能提供酸催化中心。

把活性组分及助剂负载在载体上所制成的催化剂为负载型催化剂。在负载型催化剂中，载体与活性组分之间存在着各种不同类型的相互作用。有时甚至是强相互作用导致活性组分性能有较大的变化，甚至会形成具有催化作用的新表面物种，以增强催化活性，改善选择性。载体的种类较多，可以是天然的，也可以是人工合成的。同一品种不同产地的载体，或由不同方法制备的载体其结构有很大的差异。例如，用碱式碳酸镁［$MgCO_3 \cdot Mg(OH)_2$］煅烧制得的轻质氧化镁的堆积密度为0.2～0.3g/$cm^3$，而用菱镁矿（$MgCO_3$）锻烧制得的重质氧化镁载体的堆积密度为1.0～1.5g/$cm^3$。

载体的种类很多，可按比表面大小或酸碱性来分类。按载体物质的比表面大小分类，载体可分为低比表面载体和高比表面载体。

按比表面积大小分类，如，SiC、金刚石等，比表面在20$m^2$/g以下，属于低比表面载体。这类载体对所负载的活性组分的活性没有太大的影响。低比表面载体又分无孔与有孔两种。

无孔低比表面载体，如，石英粉、$SiO_2$及钢铝石等，它们的比表面在1$m^2$/g以下，特点是硬度大、导热性好、耐热性好，常用于热效应较大的氧化反应中。

有孔低比表面载体，如，沸石、SiC的粉末烧结材料、耐火砖、硅藻土等，比表面低于20$m^2$/g。沸石是一种无定形硅酸盐，用酸洗去可溶性物质后，可作为载体。硅藻土是由半无定形$SiO_2$组成的，其含有少量$Fe_2O_3$、CaO、MgO、$Al_2O_3$。我国硅藻土比表面一般在19～6$m^2$/g，比孔容在0.45～0.98$cm^3$/g，孔半径为50～80nm.可先用酸除去酸溶性杂质，这样处理后，可提高$SiO_2$含量，增大比表面及孔容和孔径，也可增加其热稳定性。硅藻土主要用于固定床催化剂载体。

高比表面载体，如，活性炭、$\gamma$-$Al_2O_3$、硅胶、硅酸铝和膨润土等，比表面可高达1000$m^2$/g。也分有孔与无孔两种。

$TiO_2$、$Fe_2O_3$、ZnO、$Cr_2O_3$等是无孔高比表面载体，这类物质常需要添加黏合剂，于高温下焙烧成型。分子筛、$Al_2O_3$、活性炭、MgO、膨润土是有孔高比表面载体，这类载体常具有酸性或碱性，并由此影响催化剂的性能。载体本身有时也提供活性中心。以高比表面载体负载催化剂时，有的先把载体做成一定形状，然后采用浸渍法而得到催化剂，也有的是把载体原料和活性组分混合成型，经焙烧而得到催化剂。部分载体的比表面和比孔容列于表2-7中。

**表2-7 部分载体的比表面和比孔容**

| 分类 | 载体 | 比表面/($m^2$/g) | 比孔容/($cm^3$/g) |
|---|---|---|---|
| 合成载体 | 活性炭 | 900～1200 | 0.3～2.0 |
| | 硅胶 | 400～800 | 0.4～4.0 |
| | $Al_2O_3$-$SiO_2$ | 350～600 | 0.5～0.9 |
| | $\gamma$-$Al_2O_3$ | 100～200 | 0.2～0.3 |
| | 白土 | 150～280 | 0.4～0.52 |
| | SiC | $<1$ | 0.40 |
| | MgO | 30～50 | 0.3 |
| | 丝光沸石 | 300 | 0.17 |

续表

| 分类 | 载体 | 比表面/($m^2/g$) | 比孔容/($cm^3/g$) |
|---|---|---|---|
| 天然载体 | 硅藻土 | 2～80 | 0.5～6.1 |
| | 石棉 | 1～16 | |
| | 钢铝石 | 0.1～1 | 0.03～0.45 |
| | 金刚石 | 0.07～0.34 | 0.08 |
| | 浮石 | <1 | |
| | 耐火砖 | <1 | |
| | 膨润土 | 150～280 | 0.3～0.5 |

载体按酸碱性分类（括号内为熔点,℃）：

碱性材料：MgO (2800)、CaO (1975)、ZnO (1975)、MgO (1600)；

两性材料：$Al_2O_3$ (2015)、$TiO_2$ (1825)、$ThO_2$ (3050)、$Ce_2O_3$ (1692)、$CeO_2$ (2600)、$Cr_2O_3$ (2435)；

中性材料：$MgAl_2O_4$ (2135)、$CaAl_2O_4$ (1600)、$Ca_3Al_2O_4$ (1553 分解)、$MgSiO_2$ (1910)、$Ca_2SiO_4$ (2130)、$CaTiO_2$ (1975)、$CaZnO_3$ (2550)、$MgSiO_3$ (1557)、$Ca_2SiO_3$ (1540)、碳；

酸性材料：$SiO_2$ (1713)、沸石、磷酸铝、碳、$Al_2O_3$。

除了活性组分、助剂及载体三种主要成分外，在工业用固体催化剂中为了增加催化剂的强度还用了一些黏结剂等，为了提高孔隙率还使用一些扩孔剂等，为了便于挤条、打片成型等机械加工，还加了助挤剂、润滑剂等。

### 2.3.1.2 液体催化剂

液体催化剂可以是本身为液态的物质，如硫酸。但有些场合是以固体、液体或气体活性催化物质作为溶质与液态分散介质形成的催化液。分散介质可能是惰性的，仅作为溶媒使用，也可能是用反应物原料（液态）本身作为分散介质。有些溶媒不仅起分散作用，其化学特性，如酸碱性、极性等，可能对催化剂系统的动力学性质有重要影响，例如，含活性氢的溶媒就常会有这种影响。催化剂可能是均一相，即真溶液，也可能是非均一相，如胶体溶液。

从催化剂活性组分的数目来看，有些是单组分系统，例如，硫酸或其水溶液，氢氧化钠的水溶液或醇溶液，它们是酸碱型液体催化系统。钴、锰等金属的乙酸盐，环烷酸盐的乙酸溶液、烃溶液，常用作氧化还原型反应的液体催化系统。有些系统则为多组分系统，例如，$AlCl_3$＋HCl 或 $BF_3$＋HF 的烃溶液为重要的酸碱型液体催化系统。CuCl＋$PdCl_2$ 的水溶液用作乙烯氧化制乙醛的液相催化系统。HI＋RhCl(CPh)$(PO_3)_2$ 的乙酸溶液为甲醇羰基合成乙酸的液相催化系统。

硫酸、氢氧化钠等液体催化剂的构成比较简单，只要确定催化剂的浓度即可。但有些液体催化剂的组成却相当复杂，按各种组分的功能大致可分为四类：

① 溶剂，包括对催化剂组分、作用物、产物的溶解作用外的其他动力学效应；

② 活性组分，如前所述可能为单组分或多组分；

③ 助催化剂，例如，某些均相加氢中用 Pt-Sn 配合物催化剂，Sn 即为助催化剂；

④ 其他添加剂比较重要的有引发剂，如用 Co（AcO)$_2$ 使烃类氧化时，加醛、酮作为引发剂；配位基添加剂（在配位催化中，常往系统中加入配位基添加剂，以保证形成所需要的配合物，例如，在 $RuCl_3$ 中加入膦化合物，形成含膦配位基的配合物，形成加氢、羰化催化系统）；酸碱性调节剂（催化液具有适宜而稳定的酸碱性，除用无机酸碱外，常用羧酸、胺类）；稳定剂（对于某些非均相系统，加入稳定剂以保证相结构的稳定性）。

在液体催化系统中，起催化作用的活性组分形态不一定与配方时的原始形态相同。例如，在羰基合成中用 $Co_2(CO)_8$ 为催化剂前驱体，但其活性形态是与氢作用后所形成的 $HCo(CO)_4$ 或 $HCo(CO)_3$。因此常将配方中所用的形态称为母体或前驱体，母体经历一定的变化后，以另一种形态参与催化循环，该形态称为活性体。

### 2.3.2 载体的功能

载体不仅能对活性组分起到机械承载作用，在一定条件下，对某些反应来说，载体也具有活性。并且载体与活性组分间可以发生化学作用，导致具有催化性能的新的表面物种的形成。载体的作用介绍如下：

1）提供有效的表面和适宜的孔结构

将活性组分用各种方法负载于载体上，可以使催化剂获得大的活性表面和适合的孔结构，催化剂的宏观结构，如比表面、孔结构、孔隙率、孔径分布等，对催化剂的活性和选择性会有很大影响，而催化剂的宏观结构又往往由载体来决定。有些活性组分自身不具备这种结构，就要借助于载体实现，如粉状的金属镍、金属银等，它们对某些反应虽有活性，但不能实际应用，要分别负载于 $Al_2O_3$、沸石或其他载体上，经成型后才可用于工业上。

使活性组分高度分散是载体最重要的功能之一。图 2-6 所示为负载铂催化剂的分散度（八面体晶粒球表面上原子数 $N_S$ 与晶粒中的原子总数 $N_T$ 之比）与微晶粒径的关系。在 1～10nm 之间，分散度迅速减小。理论上铂粒应尽可能地小。但是，在粒径为 0.5～5nm 范围内，铂粒呈胶状铂黑。在 400～500℃下，这种胶粒会迅速烧结或者聚集，因为晶体在其 Hütting 温度（$0.3T_H$）下表面原子具有足够的能量克服表面微弱的晶格间力，进行扩散并形成瓶颈状体。铂的熔点为 2047K，如制成铂黑，在 400℃下 1h 就会聚集成 50nm 的微晶，6 个月就能形成 200nm 微粒，这样的不稳定性铂黑显然不能采用。若将它负载在载体上，烧结和聚集就会大大降低，而载体一般是高熔点物质，热稳定性好。

2）减少活性组分含量、降低成本

使用贵重金属材料（铂、钯、铑）等催化剂时，采用载体将活性组分高度分散，大大提高活性组分的利用率，降低活性组分负载的金属含量；提高催化剂的性能，降低成本，在经济上可获得更大的效益。在维持活性组分高度分散的前提下，负载量的多少对载体的作用是很重要的。对于微小的微晶，烧结是通过表面上的迁移和聚结发生的，除温度以外微晶的浓度和原子在表面的淌度都是很重要的因素。所以，活性组分微晶即使在载体表面上彼此隔离开的情况下也有可能烧结。图 2-7 所示为负载型 $Ni/Al_2O_3$ 催化剂上的负载量效应。随着 Ni 负载量的增加，总镍面积增加，甚至当 Ni 含量达到 40%时，微晶 Ni 仍是彼此足够分开的，以致在还原处理时不发生广泛的烧结。然而，Ni 含量达到 50%以上时，微晶间的相互聚结增强了，微晶长大了，镍总面积减小了。单位催化剂体积的活性越过一极大值点。在超过 50%以上的负载量时，载体的间隔作用仍然有效。

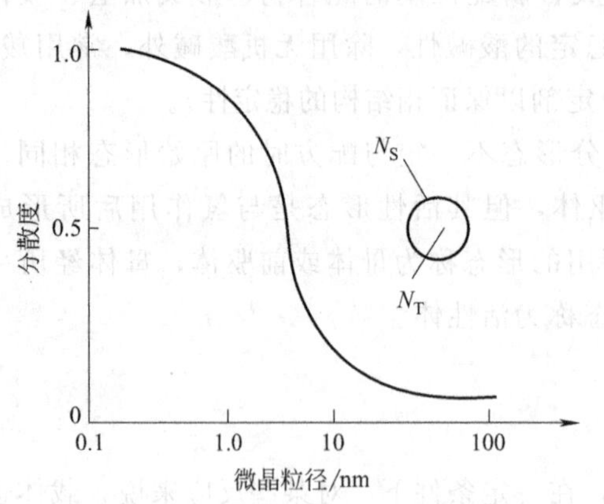


图 2-6　负载铂催化剂的分散度与微晶粒径的关系

注：分散度 $=N_S/N_T$

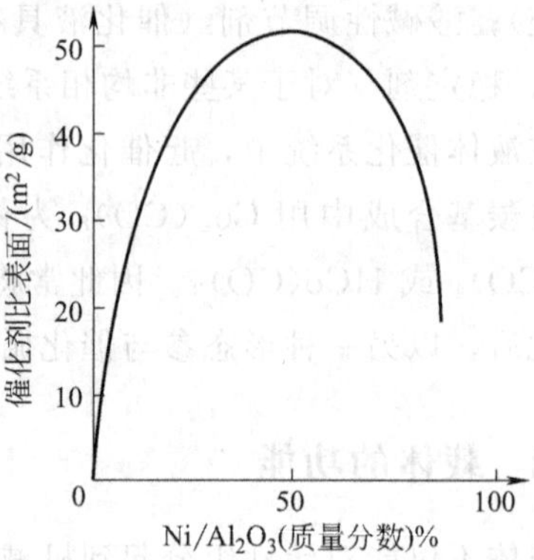

图 2-7　负载型 $Ni/Al_2O_3$ 比表面变化曲线

3）提高催化剂机械强度

对某些活性组分来说，只有把活性组分负载在载体上之后，才能使催化剂得到足够的机械强度和外观形状，才能适应各种反应器的要求，如固定床催化剂应有较好的耐压强度和有利的传热传质条件，流化床的催化剂载体应有较好的耐磨损和冲击强度等。

4）提高催化剂活性和选择性

使用载体可以提高催化剂的比表面，使活性组分微粒化，可增加催化剂的活性表面积。同时，微粒化的结果使晶格缺陷增大，生成新的活性中心，提高催化剂的活性。关于载体与活性组分间，特别是与金属组分间作用的研究，已有了深入的发展，在过渡金属氧化物表面存在着金属-载体强相互作用，产生了协同效应，协同效应有正负，正协同效应使系统的性质优于活性组分和载体的性质，负的则反之。所以，研究协同效应可为催化剂性能的有效发挥提供理论依据。

有时载体也可提供某种活性中心。多功能催化剂是指一种催化剂可以同时用于多种反应，也就是说在催化剂表面有几种活性中心，载体也可以提供某种活性中心并影响反应的方向和选择性。如在加氮反应中需要选择非酸性载体，而在加氢裂解中需要选择酸性载体，载体的酸碱性质影响反应方向。再如 CO 和 $H_2$ 的反应中，将钯负载在碱性载体上作催化剂时，产物为甲醇；若负载在酸性载体上时，产物为甲烷。所以，载体也可以改变反应的方向和选择性。

5）活性组分与载体之间的强相互作用

多相催化中的溢流现象，是 20 世纪 50 年代初研究 $H_2$ 在 $Pt/Al_2O_3$ 上的解离吸附时发现的，现在发现 $O_2$、CO、NO 和某些烃分子吸附时都可能发生这种溢流现象。所谓溢流现象，是指固体催化剂表面的活性中心（原有的活性中心）经吸附产生出一种离子的或自由基的活性物种，它们会迁移到其他活性中心上（次级活性中心）的现象。它们可以化学吸附诱导出新的活性或进行某种化学反应。如果没有原有的活性中心，这种次级活性中心不可能产生出有意义的活性物种，这就是溢流现象。它的发生至少需要两个必要条件：溢流物种发生的主源，接受新物种的受体，它是次级活性中心。前者是 Pt、Pd、Rh 和 Cu 等金属原子，后者是氧化物载体、分子筛和活性炭等。溢流现象的发现和研究，增强了对负载型多相催化剂和催化反应过程的了解。现在了解到，催化剂在使用中处于连续的变化状态，这种状态受温度、催化剂组成、吸附物种和催化环境的影响。

6）延长催化剂的使用寿命

提高催化剂的耐热性、耐毒性、提高传热系数并使活性组分稳定化。

Ⅰ.提高耐热性：载体本身要有一定的耐热性，防止高温下自身晶相变化或因热应力而开裂，所以一般采用耐火材料作载体。

Ⅱ.当不使用载体时，活性组分颗粒接触面上的原子或分子会发生作用，使粒子增大，一般称之为烧结。烧结开始的温度有两种表示方法，在晶体表面有原子开始移动的温度为 $T_H$（即 Hütting 温度），晶格开始松动的温度为 $T_T$（即 Tamrnann 温度）。若以 $T_m$（K）作为熔点，则 $T_H \approx 0.3T_m$。在加氢和氧化反应中使用 Cu 和 Ag 这样熔点低的金属（$T_m \approx$ 1300K）催化剂，大致在 200℃以下即发生烧结，但使用载体后 300～500℃才发生烧结，耐热性大大提高。如利用共沉淀法制得负载在 $Cr_2O_3$ 上的铜催化剂，由于提高了分散度，在约 800℃下工作仍不发生烧结。

Ⅲ.提高耐毒性：使用载体后使活性组分高度分散，增加活性表面，同样量的催化剂毒物对之就变得不敏感了。载体吸附了一部分毒物，甚至可能分解部分毒物，可以提高催化剂的耐毒性，从而延长催化剂的寿命。

Ⅳ.提高传热系数：氧化反应与加氢反应具有很大热效应，在高负荷、大空速下操作时，如果不移去反应热，而使反应热在催化床层累积，易发生烧结而降低活性，反应热的累积，常在固定床反应器中有热点生成，此时易并发副反应，进入不稳定反应操作区域，发生操作上的危险。使用载体后增加了放热面，提高了传热系数，特别是用 SiC 或 $\alpha$-$Al_2O_3$ 等导热性好的载体后，大大提高了散热效率，可防止催化剂床层的过热而导致活性下降。

Ⅴ.催化剂活性组分的稳定化：在较低温度下，某些活性组分如 $MoO_3$、$Re_2O_7$、$P_2O_5$、Te 等易发生升华。在反应中会逸出一部分，使催化剂的组成和化合形态发生变化，并使催化剂的活性和选择性发生变化。烃类部分氧化反应使用的 $V_2O_5$-$MoO_3$ 系催化剂在 350～500℃下使用，蒸气压较高的 $MoO_3$ 在反应中慢慢升华，选择性也逐步减小，成为完全氧化。如果用 $Al_2O_3$ 来负载，就可以大大减少 $MoO_3$ 的升华损失，延长催化剂使用寿命。

### 2.3.3 载体的选择

作为催化剂的载体可以是天然物质（如沸石、硅藻土、白土等），也可以是人工合成物质（如硅胶、活性氧化铝等）。天然物质载体常因来源不同而性质有较大的差异，例如，不同来源的白土，其成分的差别就很大。而且，由于天然物质的比表面及细孔结构是有限的，所以目前工业上所用的载体大都采用人工制备的物质，或在人工制备物质中混入一定量的天然物质后制得。

由于多相催化反应是在催化剂表面上进行的，因此需将有催化活性的物质分散在载体上以获得大的活性表面，这样也可减少活性组分的用量。近年来，由于催化科学的发展，许多与载体有关的催化现象逐渐被人们所认识。在载体参加的某些表面现象中最为重要的是金属与载体的相互作用，载体在双功能催化剂中的作用，以及发生在活性金属及氧化物载体间的溢流作用，即吸附在金属上的氢能够转移至载体上，这在加氢反应中具有重要意义。这三种与载体有密切联系的作用，在多相催化反应机理研究以及表面化学研究中占有相当重要的地位，已引起催化及表面科学工作者的兴趣。

选择载体应注意下列各种性能：

(1) 良好的机械性能：载体应具有一定的强度，如抗磨损、抗冲击以及抗压性能等，适当的体相密度。

(2) 几何状态：载体可以增加催化剂比表面，可以调节催化剂孔隙率，还可调节催化剂晶粒及颗粒大小。

(3) 化学性质：载体能同活性组分作用以改善催化剂的活性，避免烧结现象，抵抗中毒。

(4) 热稳定性：载体在高温下是不会变质的，保持稳定的性质。

以上各条性能只是选择载体的参考因素，并非绝对标准，因为很难有某种载体能同时满足各种要求。人们常不希望载体本身带有催化活性，但大多数广泛应用的载体多少都有些活性。例如，常用载体 $\gamma$-$Al_2O_3$，就是醇脱水为烯的催化剂。如果载体的活性对目的反应有利则可取，否则应将其活性毒化或调节使用温度加以避免，因为有些载体在不同温度下性质差别很大。

许多无机氧化物都可当作载体用，但最后确定某种氧化物是否适用，还需考查待选氧化物的化学性质。例如，$SiO_2$、$Al_2O_3$、$ZrO_2$ 和 $ThO_2$ 等是具有一定酸性的氧化物，而 MgO、CaO 则是具有很强碱性的氧化物，我们应根据具体反应加以选择。此外，一些半导体氧化物也可选为载体，如 $Cr_2O_3$、$TiO_2$、ZnO 等。这些载体也有一定活性，使用时可借温度变化调节其活性。活性炭或无定形碳以及石墨也是良好的载体。活性炭的比表面可达 $1000m^2/g$。除对某些氧化反应和氯化反应外，它基本上是催化惰性的。

## 2.4 催化剂基本性能

性能优良的工业催化剂一般需综合考虑其活性（包括选择性）、稳定性、良好的流体流通性和环保性。这些因素的相对重要性取决于所进行的反应、反应器设计、过程条件和经济。上述方面是相互依存和相互影响的。

催化剂的组成、载体的选择、制备方法、成型加工以及使用环境都会影响催化剂的性能。在评估某种催化剂的价值时，通常认为活性、选择性、寿命和价格四个性能最为重要，其中前面三个性能主要在实验室评价阶段测试，只有在催化剂工业化设计、开发和使用才会一起考虑以上四个主要性能。

### 2.4.1 活性

催化剂的活性，又称催化活性，是指催化剂影响反应进程变化的程度，反映催化剂转化反应物能力的大小。对于工业催化剂，实验室研究其活性满足要求后，还需要将催化剂在小试和中试装置上、在工业生产操作条件（或接近真实）下运行评价，为优化和工业化提供支撑。

对于固体催化剂，工业上常采用给定温度下完成原料的转化率来表达，活性越高，原料转化率的百分数越大。也可以用完成给定的转化率所需的温度表达，温度越低，活性越高。

还可以用完成给定的转化率所需的空速表达，空速越高，活性越高。也有用给定条件下目的产物的时空收率来衡量的。催化剂的活性一般可以用以下几种方法表示。

1）反应速率和反应速率常数表示法

在催化反应动力学的研究中，活性多用反应速率表达。对于反应 A ⟶ P 的反应速率有三种计算方法：

$$r_m=\frac{-\mathrm{d}n_\mathrm{A}}{m\mathrm{d}t}=\frac{\mathrm{d}n_\mathrm{P}}{m\mathrm{d}t}[\mathrm{mol/(g\cdot h)}] \tag{2-4}$$

$$r_V=\frac{-\mathrm{d}n_\mathrm{A}}{V\mathrm{d}t}=\frac{\mathrm{d}n_\mathrm{P}}{V\mathrm{d}t}[\mathrm{mol/(L\cdot h)}] \tag{2-5}$$

$$r_S=\frac{-\mathrm{d}n_\mathrm{A}}{S\mathrm{d}t}=\frac{\mathrm{d}n_\mathrm{P}}{S\mathrm{d}t}[\mathrm{mol/(m^2\cdot h)}] \tag{2-6}$$

式中，反应速率 $r_m$、$r_V$、$r_S$ 分别代表单位时间内单位质量、体积、表面积催化剂上反应物的转化量（或产物的生成量），$m$、$V$ 和 $S$ 分别代表固体催化剂的质量、体积和表面积，$t$ 是反应时间，$n_\mathrm{A}$ 和 $n_\mathrm{P}$ 分别代表反应物和产物的物质的量。

用反应速率表示催化活性时，要求反应温度、压力及原料气组成相同，便于比较。如果知道反应速率与反应物浓度（或压力）的函数关系及具体数值，则可求出反应速率常数 $k$。用反应速率常数比较催化剂活性时，只要求反应温度相同，而不要求反应物浓度和催化剂用量相同，这种表示方法在科学研究中采用较多。

上述各种催化反应的速率表示法是为了便于比较不同研究者的结果（当然在进行比较时，对催化反应进行的条件应该规定得足够详细），因为一般来说催化剂的活性不仅取决于催化剂的化学性质，而且取决于催化剂的结构和纹理组织等，而催化剂的制备方法不同对它们会有很大的影响。表 2-8 列出了不同制备方法的各种铂催化剂对二氧化硫的催化活性。

**表 2-8 铂催化剂的催化活性**

| 催化剂样品 | 比表面/（cm²/g） | 速率常数 $k$/g | 速率常数 $k$/cm² |
|---|---|---|---|
| 铂黑 | $1.7\times10^3$ | 3.9 | $0.23\times10^{-4}$ |
| 铂丝（φ0.1mm） | 28.6 | 0.054 | $0.24\times10^{-4}$ |
| 铂箔 | 6.0 | 0.12 | $1.74\times10^{-4}$ |

从列表数值可见，不同制备方法的同一物质的催化剂，按单位质量计算的活性可以相差很大，按单位表面积计算的活性则很接近。

2）转化率

转化率是工业和实验室中经常采用的表示催化剂活性的术语。若以指定反应物 A 进料量作为计算基准，则转化率表达式为：

$$X(\text{转化率})=\frac{\text{反应物 A 已转化的量}}{\text{反应物 A 的起始量}}\times100\% \tag{2-7}$$

对于间歇过程，反应物的起始量是指反应开始时装入反应器的某反应物量；对于连续过程，一般以反应器进口物料中某反应物的量为起始量。反应物的起始量是指反应器进口物料中该反应物的量。工业上为了提高转化率，往往采用循环流程，转化率又分为单程转化率和全程转化率。

单程转化率是指原料每次通过反应器的转化率，例如，原料中组分 A 的单程转化率为

$$X(\text{单程转化率})=\frac{\text{反应物 A 在反应器中的转化量}}{\text{反应物进口物料中组分 A 的量}}\times 100\%$$

$$=\frac{\text{反应物 A 在反应器中的转化量}}{\text{新鲜原料中组分 A 的量}+\text{循环物料中组分 A 的量}}\times 100\% \tag{2-8}$$

全程转化率（又称总转化率）是指新鲜原料进入反应系统到离开该系统所达到的转化率。例如，原料中组分 A 的全程转化率为

$$X(\text{全程转化率})=\frac{\text{反应物 A 在反应器中的转化量}}{\text{新鲜原料中组分 A 的量}}\times 100\% \tag{2-9}$$

两者相比较，全程转化率必定大于单程转化率。

对于可逆反应，达到平衡时的转化率称为平衡转化率，它是可逆反应所能达到的极限值（最大值）。但是，反应达平衡往往需要相当长的时间，因此，实际转化率会比平衡转化率低。

反应物的转化率可用物质的量消耗的百分数表示。用转化率比较催化活性时要求反应条件（温度、压力、接触时间、原料气浓度等）相同。以下举例详细说明转化率及相关计算方法。

**【例 2-1】** 合成氯乙烯所用的单体氯乙烯，多是由乙炔和氯化氢以氯化汞为催化剂加成反应得到的，反应式如下：

$$C_2H_2+HCl \longrightarrow CH_2=CHCl$$

由于乙炔的价格高于氯化氢，通常使用的原料混合气中氯化氢是过量的，设其过量10%。若反应器出口气体中氯乙烯摩尔分数为 90%，试分别计算乙炔的转化率和氯化氢的转化率。

**解：** 氯化氢与乙炔的化学计量数比为 1，但由于氯化氢过量 10%，因此原料气中乙炔与氯化氢的摩尔比为 1∶1.1。当进入反应器的乙炔为 100mol 时，设反应了 $x$mol，对反应器进口和出口物料中各组分作物料衡算如下：

| 项目 | 乙炔 | 氯化氢 | 氯乙烯 | 总物料 |
|---|---|---|---|---|
| 反应器进口 | 100mol | 110mol | 0 | 210mol |
| 反应器出口 | $(100-x)$mol | $(110-x)$mol | $x$mol | $(210-x)$mol |

又反应器出口气体中氯乙烯的摩尔分数为 90%，故

$$\frac{x}{210-x}\times 100\%=90\%$$

解方程得 $x=99.47$mol

由于是以 100mol 乙炔为计算基准，因此乙炔的转化率为

$$X_{C_2H_2}=\frac{99.47}{100}\times 100\%=99.47\%$$

氯化氢的反应量与乙炔的相同，故氯化氢的转化率为

$$X_{HCl}=\frac{99.47}{110}\times 100\%=90.43\%$$

从上例可以看出，按不同的反应物计算的转化率在数值上是不相同的。若氯化氢不过量，则两者相同。

3）时空产率（Space-time yield）

工业催化剂也常用时空收率（$Y_{T.S.}$）表示其活性。所谓时空收率，是指在一定条件（温度、压力、进料组成、进料空速均一定）下，单位时间内单位体积或单位质量的催化剂所得产物的量，其单位为 kg/(m³·h) 或 kg/(kg·h)。将时空收率乘以反应器装填催化剂的体积或质量、单位时间内生产的产物数量，可直接得到完成一定生产任务所需催化剂的体积或质量。所以，时空收率在生产和设计中使用起来很方便。

**【例 2-2】** 苯加氢生产环己烷，年产 15000t 环己烷的反应器，内装有 $Pt/Al_2O_3$ 催化剂 $2.0m^3$。若催化剂的堆填密度为 $0.66g/cm^3$，计算其时空收率。

**解** 1 年按 300 天生产计算，则以单位体积（$1m^3$）催化剂计算时空收率为

$$Y_{T,S}=\frac{15000\times 1000}{2.0\times 300\times 24}=1041.67kg/(m^3\cdot h)$$

根据堆填密度为 $0.66g/cm^3$，则 $2.0m^3$ 的催化剂重 1320kg，故用单位质量（1kg）催化剂计算时空收率为

$$Y_{T,S}=\frac{15000\times 1000}{1320\times 300\times 24}=1.578kg/(kg\cdot h)$$

时空收率表示活性的方法虽然很直观，但不确切。因为催化剂的生产率相同，其比活性不一定相同；其次，时空收率与反应条件密切相关，如果进料组成和进料速度不同，所得的时空收率亦不同。因此，用它来比较活性应当在相同的反应条件下进行。但是，在生产中要严格控制相同的反应条件是相当困难的，只能达到反应条件相近。故这种活性表示法用于筛选催化剂的好坏不太合理。某种催化剂的生产率低，不一定是由于它的活性组分不当，有可能是表面积和孔结构的不利因素所致。故评价催化剂不能单用时空收率作为活性指标，要同时测定催化剂的总表面积、活性表面积、孔径与孔径分布等。

4）转化数和转化频率

多相催化反应实质是靠反应物与催化剂表面起作用。然而，催化剂表面并不是每个部位都具有催化活性，即使两种催化剂的化学组成和比表面都相同，其表面上的活性中心数也不一定相同，导致催化活性有差异。因此，采用转化数（Turnover number，TON）或转化频率（Turnover Frequency，TOF）来描述催化活性更确切一些。在酶催化反应中，使用 TON 或 TOF 来表示酶的活性更为常见。

转化数又称为催化常数（$K_{cat}$），是一个动力学常数，由瓦勃（O. H. Warburg）提出，其定义为在给定的温度、压力、物料浓度下，每个催化活性中心将底物分子转换成产物的个数，用来表示酶的催化中心的活性。例如，脲酶可得到 46 万的数值。由于一个酶分子中含有数个活性中心时此定义就变得含糊了，因此国际生物化学联合会建议使用分子活性或催化中心活性，这样比较更为精确。

$$转化数=(n_{a_0}-n_a)/A \tag{2-10}$$

转化频率（TOF）是指在给定的温度、压力、物料浓度下，单位时间（如每秒）内每一催化中心（或活性中心）所能转化的底物分子数，或每摩尔酶活性中心单位时间转换底物的物质的量。TOF 可通过式（2-11）进行计算。

$$TOF=(n_{a_0}-n_a)/(At) \tag{2-11}$$

式中，$A$ 为催化剂的总比表面中活性组分占据的内表面积，应该用 BET 法测定的催化剂总比表面积乘以活性组分的覆盖度，如，负载金属催化剂的暴露的金属表面积可以用适当

的吸附物（例如氢或一氧化碳）做选择化学吸附来计算，并换算为覆盖度。大部分工业催化反应中，TOF的范围是$10^{-2}\sim10^{2}s^{-1}$，如环己烯加氢中，气相催化加氢时，TOF为$2\sim6s^{-1}$，液相条件下，TOF为$0.5\sim1.5s^{-1}$；工业上，大部分酶催化反应中，TOF的范围是$10^{3}\sim10^{7}s^{-1}$，例如，碳酸酐酶的TOF为$4\times10^{5}\sim6\times10^{5}s^{-1}$，过氧化氢酶最大为$4\times10^{7}s^{-1}$。

如果用催化剂的总表面积，那应该用BET法测算的面积。当然也可以用别的比表面，例如，负载金属催化剂的金属面积可以用适当的吸附物（例如，氢或一氧化碳）作选择化学吸附来计算。

但是催化剂中真正起作用的是活性位，而不是其全部表面。催化剂的活性位随不同的催化剂而异，它可以是一个质子、配位络合物、表面原子簇、蛋白质上的胶束囊。一般以“*”表示。对固体催化剂而言，它是固体表面的配位不饱和原子或由这样的原子组成的簇，在一系列反应步骤中，反应物或中间物能吸附在其上面。

两种催化剂可能有相同的比表面，但活性位浓度并不相同，因而用在给定温度、压力、反应物比值以及反应程度下，单位时间内单位活性位上发生的过程（基元步骤、反应）次数来表征活性似乎更为可取，这个数值称为转换频率。转换频率随不同的活性位而异，平均来说，一个酶分子1s内催化转化1000个分子，有的更多（注意：一个酶分子可能不止一个活性位）；而对合成的催化剂，最多为$100s^{-1}$，通常则为$1s^{-1}$，最小的仅为$10^{-2}s^{-1}$。

应该指出的是催化剂的活性不仅与反应物和催化剂接触的表面积有关，还与活性组分的分散程度以及是否处于接触表面上、与催化剂晶格缺陷（空穴、缝隙、错位、晶粒边棱）、与催化剂表面的化学物种及其电子结构、与配位数及局部对称性等诸多因素有关。

高活性（包括选择性）当然是首先要考虑的，其通过选择合适的化学组分和适宜的制备方法来达到。尽管目前在化工技术上实现1600K的高温和35MPa的高压已没有什么困难，这样的极端条件对某些反应达到比较好的平衡产率也是必需的，但是使用高温、高压成本较大。如果在较低温度和压力下能够达到好的产率，还是要寻求在尽可能温和的条件下能起作用的催化剂。

在实际工业催化反应器中，催化剂床层的活性和选择性不仅取决于催化剂的本征活性和选择性，还取决于催化反应床层的结构和操作条件。

### 2.4.2 选择性

催化剂的作用不仅在于能加速热力学上可能但速率较慢的反应，更在于它使反应定向进行，得到目的产物，即它的选择性。当某反应物在一定条件下可以按照热力学上几个可能的方向进行反应时，使用特定催化剂就可以使其中某一个方向发生强烈的加速作用，这种专门对某一个化学反应起加速作用的性能称为催化剂的选择性。

有一个容易混淆的问题，即当反应物在热力学上可以向几个方向进行时，自由能降低最大的反应是否最先进行？答案为否。例如，乙烯氧化可能生成三种产物：

$$C_2H_4+O_2\xrightarrow{Ag}H_2C\overset{O}{—}CH_2\quad K_p=1.6\times10^{6}\tag{2-12a}$$

$$C_2H_4+O_2\xrightarrow{PdCl_2-CuCl_2}CH_3CHO\quad K_p=6.3\times10^{13}\tag{2-12b}$$

$$C_2H_4+O_2\longrightarrow CO_2+H_2O\quad K_p=4.0\times10^{120}\tag{2-12c}$$

从平衡常数 $K_p$ 来看，反应式（2-12c）进行的可能性最大，但若用银催化剂，则反应式（2-12a）的速率大为提高，而其他反应的速率仍然很小。只要控制好反应的时间，主要得到环氧乙烷，而若用氯化钯-氯化铜催化剂，则主要按反应式（2-12b）的方向进行，得到的主要产物是乙醛。因此，用不同催化剂从同一反应物可以得到不同的产物，比较典型的例子是乙醇的转化，见表 2-9。从表中还可以看到，使用同一催化剂，但操作条件不同，则得到的产物也不同。这样，选择适当的催化剂和反应条件就可以使反应按照人们所期望的方向进行。

**表 2-9 使用不同催化剂乙醇的转化结果**

| 催化剂 | 温度/℃ | 反应方程式 |
|---|---|---|
| Cu | 200～500 | $C_2H_5OH \longrightarrow CH_3CHO + H_2\uparrow$ |
| $Al_2O_3$ | 350～280 | $C_2H_5OH \longrightarrow C_2H_4\uparrow + H_2O$ |
| $Al_2O_3$ | 250 | $2C_2H_5OH \longrightarrow (C_2H_5)_2O + H_2O$ |
| $MgO\text{-}SiO_2$ | 360～370 | $2C_2H_5OH \longrightarrow CH_2{=}CH \quad CH{=}CH_2 + 2H_2O + H_2\uparrow$ |

这里介绍两种催化剂的选择性表示方法。

（1）选择性（$S$）。对于反应：$aA + bB \longrightarrow cC + dD$，产物 D 对反应物 A 的选择性定义为：

$$S_D = \frac{Q_D/d}{(Q_{A_0} - Q_A)/a} \times 100\% \tag{2-13}$$

式中，$Q_D$ 为某时刻体系中产物 D 的量；$Q_A$ 为某时刻体系中反应物 A 的量；而 $Q_{A_0}$ 为初始时刻反应物 A 的量。也可简化为

$$S = \frac{\text{目的产物所消耗的某反应物 A 的量}}{\text{某反应物 A 已转化的总量}} \times 100\% \tag{2-14}$$

研究与开发过程中还常用产率（Yield）来衡量催化剂的优劣，产率（$Y$）的定义为目的产物消耗反应物的量和该反应物初始量的百分比，可用式（2-15）计算。

$$Y = \frac{\text{目的产物消耗某反应物的量}}{\text{某反应物的初始量}} \times 100\% \tag{2-15}$$

通常，产率、选择性和转化率三者的关系为：

$$\text{产率}(Y) = \text{转化率}(X) \times \text{选择性}(S) \tag{2-16}$$

在工业生产中，为计量方便，产率也有按质量计算的，所以对某些反应，如氧化反应，产率有可能超过百分之百。如烃类的部分氧化［式（2-17）］，在产物分子中引入氧原子，当反应的选择性很高时，产率就可能超过 100%（按质量计算）。在某些工业反应中，产率又常常按体积计算，若产物的密度比反应物的密度小，则产率也会超过 100%。如以下催化反应：

$$\text{邻二甲苯} + O_2 \xrightarrow[300℃]{V_2O_5} \text{邻苯二甲酸酐} + CO_2 + H_2O \tag{2-17}$$

（2）选择性因素（又称选择度）：选择性因素 $S$ 是指反应中主、副反应的表观速率常数或真实速率常数之比，可用式（2-18）表示。这种表示方法在研究中用得较多。

$$S=\frac{k_1}{k_2} \tag{2-18}$$

式中，$k_1$ 为主反应速率常数，$k_2$ 为副反应速率常数。

对单一反应物参与两个以上反应的情况，可用两种方式定义选择度：一是分数选择性，即某一个反应速率与所有反应速率之和的比（$k_i/\sum k_i$）；另一种方式是两个反应之间的相对选择性，即两个反应的速率之比（$k_i/k_j$）。

**【例 2-3】** 在银催化剂上进行甲醇氧化为甲醛的反应：

$$2CH_3OH+O_2 \longrightarrow 2HCHO+2H_2O$$
$$2CH_3OH+3O_2 \longrightarrow 2CO_2+4H_2O$$

进入反应器的原料气中，甲醇：空气：水蒸气＝2：4：1.3（摩尔比），反应后甲醇的转化率达 72.0%，甲醛的产率为 69.2%。试计算：(1) 反应的选择性；(2) 反应器出口气体的组成。

**解**：(1) 反应的选择性为：

$$S=\frac{Y}{X}=\frac{0.692}{0.72}\times 100\%=96.11\%$$

(2) 进入反应器的原料气中，甲醇：空气：水蒸气＝2：4：1.3（摩尔比），当进入反应器的总原料为 100mol 时，反应器的进料组成为：

| 组分 | 摩尔分数 $y_{i0}/100\%$ | 物质的量 $n_{i0}$/mol |
|---|---|---|
| 甲醇 | 2/(2+4+1.3)=0.2740 | 27.40 |
| 空气 | 4/(2+4+1.3)=0.5479 | 54.79 ($O_2$ 11.51, $N_2$ 43.28) |
| 水 | 1.3/(2+4+1.3)=0.1781 | 17.81 |
| 总计 | 1.00 | 100 |

设甲醇的转化率为 $x_A$，甲醛的产率为 $Y_P$，得反应器出口甲醇、甲醛和二氧化碳的物质的量分别为：

$$n_A=n_{A_0}(1-X_A)=7.672\text{mol}$$
$$n_P=n_{A_0}Y_P=18.96\text{mol}$$
$$n_C=n_{A_0}(X_A-Y_P)=0.7672\text{mol}$$

结合上述反应的化学计量式，水、氧气和氮气的物质的量分别为：

$$n_W=n_{W_0}+n_P+2n_C=38.30\text{mol}$$
$$n_O=n_{O_0}-1/2n_P-3/2n_C=0.8788\text{mol}$$
$$n_N=n_{N_0}=43.28\text{mol}$$

所以，反应器出口气体组成为：

| 组分 | $CH_3OH$ | HCHO | $H_2O$ | $CO_2$ | $O_2$ | $N_2$ |
|---|---|---|---|---|---|---|
| 物质的量 | 7.672 | 18.96 | 38.3 | 0.7672 | 0.8788 | 43.28 |
| 摩尔分数/% | 6.983 | 17.26 | 34.87 | 0.6983 | 0.7999 | 39.39 |

对于工业催化剂来说，选择性的重要性有时超过转化率。这是因为选择性不仅影响原料的单耗，还影响反应产物的后处理。当遇到转化率和选择性的要求难以两全时，就应根据生

产过程的实际情况加以评选。如果反应原料昂贵或产物和副产物分离困难时，宜采用高选择性的催化系统；若原料价格便宜，而产物与副产物的分离不困难，则宜在高转化率条件下操作。影响选择性的因素有很多，有化学因素和物理因素。但就催化剂的构造来说，活性组分在表面结构上的定位和分布、微晶的粒度大小、载体的孔结构、孔径分布和孔容都十分重要。对于选择性氧化等连串型的催化反应，降低内扩散的阻力是至关重要的，生成中间物时的传递与扩散是导致选择性变化的重要因素。

**【例 2-4】** 在银催化剂上进行乙烯氧化反应以生产环氧乙烷，主反应和副反应分别如下：

主反应：$2C_2H_4 + O_2 \longrightarrow 2\ \underset{\text{O}}{H_2C-CH_2}$（环氧乙烷）

副反应：$C_2H_4 + 3O_2 \longrightarrow 2CO_2 + 2H_2O$

进入催化反应器的气体各组分的摩尔分数分别为 $C_2H_4$ 15%，$O_2$ 7%，$CO_2$ 10%，Ar 12%，其余为 $N_2$。反应器出口气体中含 $C_2H_4$ 和 $O_2$ 的摩尔分数分别为 13.1%，4.8%。试计算乙烯的转化率，反应的选择性和环氧乙烷的产率。

**解：** 以 100mol 进料为计算基准，并设 $x$ 和 $y$ 分别表示环氧乙烷和二氧化碳的生成量。根据进料组成和反应的化学计量比，对各组分作物料衡算可列出下表：

| 项目 | $C_2H_4$ | $O_2$ | $C_2H_4O$ | $CO_2$ | $H_2O$ | Ar | $N_2$ | 总物料 |
|---|---|---|---|---|---|---|---|---|
| 反应器进口 | 15 | 7 | 0 | 10 | 0 | 12 | 56 | 100 |
| 反应器出口 | $15-x-\frac{y}{2}$ | $7-\frac{x}{2}-\frac{3y}{2}$ | $x$ | $10+y$ | $y$ | 12 | 56 | $100-\frac{x}{2}$ |

由于反应器出口气体中乙烯和氧气的摩尔分数已知，所以可列出下面两个方程：

$$\frac{15-x-\frac{y}{2}}{100-\frac{x}{2}}=0.131,\quad \frac{7-\frac{x}{2}-\frac{3y}{2}}{100-\frac{x}{2}}=0.048$$

解之得 $x=1.504\text{mol}$，$y=0.989\text{mol}$

乙烯的转化量为 $1.504+\frac{0.989}{2}=1.999\text{mol}$

故乙烯的转化率为 $X_{C_2H_4}=\frac{1.999}{15}\times 100\%=13.33\%$

环氧乙烷的产率为 $Y_{C_2H_4O}=\frac{1.504}{15}\times 100\%=10.03\%$

反应的选择性为 $S=\frac{Y_{C_2H_4O}}{X_{C_2H_4}}=\frac{10.03\%}{13.33\%}=0.7524$

由此可见，乙烯的转化率和环氧乙烷的产率都很小，实际生产中是将反应器中出来的气体用水吸收除去环氧乙烷，用碱吸收除去二氧化碳，余下的气体用循环压缩机压缩后与新鲜物料混合，送入反应器中继续反应，这样便构成了一个循环过程，循环流程可提高乙烯的转化率和环氧乙烷的总产率。

### 2.4.3 稳定性和寿命

催化剂的稳定性包括热稳定性、对冲击震动作用的机械稳定性、对反应气氛中毒物等的抗毒稳定性及化学稳定性。

大多数工业用催化剂都有极限使用温度，超过一定的范围，活性就会降低甚至完全损失。耐热稳定性好的催化剂，应能在高温苛刻的反应条件下长期具有一定水平的活性，催化剂耐热的温度越高，时间越长，则表示该催化剂的耐热稳定性越好。

催化剂对有害杂质毒化的抵制能力称为催化剂的抗毒稳定性。各种催化剂对不同的杂质具有不同的抗毒性。即使是同一种催化剂对同一种杂质在不同的反应条件下其抗毒能力也有差异。然而工业催化剂的耐毒稳定性是相对的，耐毒稳定性再好的催化剂也无法抵抗高浓度、多种毒物的长期毒害，催化剂可逆性中毒的长期积累可能变成永久性中毒。对可逆性中毒来说，催化剂活性降到一定容许水平时，用此时反应气体中毒物浓度的数值来表示催化剂抗毒性。此时毒物浓度越高，则催化剂的抗毒性越好。对不可逆中毒来说，当催化剂活性降到一定容许水平时，用此时催化剂吸收的毒物量来表示抗毒性。吸收毒物的数量越多，催化剂的抗毒性能越好。在工业条件下，催化剂的抗毒性不仅与催化剂的本征性能有关，还与反应器结构有关，只有在相同反应器结构条件下比较不同催化剂的抗毒性，才会有实际意义。

化学稳定性即指催化剂能保持稳定的化学组成和化合状态的性能。通常催化剂的使用寿命可以表示其稳定的程度。工业催化剂的使用寿命，是指在给定的设计操作条件下，催化剂能满足工艺设计指标的活性持续时间（单程寿命），或者每次活性下降后经再生而又恢复到许可活性水平的累计时间（总寿命）。常用年、月、日或小时、分、秒来计量。

在使用催化剂过程中，用户往往根据本厂生产的具体技术经济条件来中止催化剂的使用寿命，因此不考虑工厂实际情况仅凭催化剂使用寿命长短来评论催化剂性能的好坏是不可取的。也就是说，只有在相同的操作条件和质量指标条件下，比较催化剂的使用寿命才有实际意义。因此工业上常用单位催化剂（每吨、每千克或每立方米）生产出多少吨（kg）产品；或是用其倒数，即单位产品消耗多少数量的催化剂来表示催化剂的寿命。

此外，还可用失活速率来表示催化剂的稳定程度。工业催化剂在运行过程中其活性将逐渐下降，为了维持相同的转化率以满足生产要求，工业上常采用提高反应温度来达此目的，通常以一定运转时间内温度的升高，即提温速率来表示失活率，常用℃/h 或℃/d 或℃/［t（原料）·kg（催化剂）］来计量。

催化剂的寿命是指催化剂从开始使用至它的活性下降到在生产中不能再用的程度（这个程度取决于生产的具体技术经济条件）所经历的时间。

有时，生产中会通过提高操作温度来维持催化剂的活性，在这种情况下，把寿命定义为达到催化剂（或反应器）所能承受的最高温度所经历的时间。

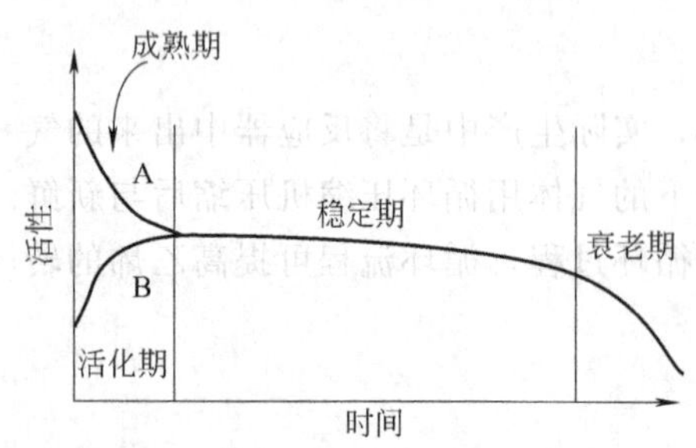


图 2-8　不同催化剂体系寿命曲线

A：多为均相催化体系　B：多为多相催化体系

催化剂在长期使用的过程中，由于加入或失去某些物质导致其组成发生改变，或由于它的结构和纹理组织发生变化，使它的活性随时间的改变逐渐变化。这可以用所谓的“寿命”曲线来表示。图 2-8 是常见的一种催化体系寿命曲线。寿命曲线一般可分为三部分：

（1）成熟期。从制造商那里买来的催化剂或自己制备的催化剂通常要按照严格的操作程序进行预处理，有时也称活化，才能使之转化为催化剂或非常有效的催化剂。预处理可在反应体系之外进行，例如，将催化剂在真空中加热以除去吸附的或溶解的气体（通常称为脱气）就是预处理的一种形式，也可在反应体系中进行，使催化剂在反应介质和一定反应条件下经受一定“锻炼”而成熟。上述预处理和“成熟”的阶段统称为成熟期。经过成熟期后，催化剂的活性趋于稳定。

（2）稳定期。在一定时间内活性维持不变，这就是活性稳定期。

（3）衰老期。随着使用时间的延长，催化剂的活性下降，以致不能再用，这就是衰老期。

对于不同的催化剂，这几个阶段在性质上和时间长短上都极不相同。表 2-10 列举了一些工业催化剂的寿命。

**表 2-10　常见工业催化剂的寿命**

| 反应过程 | 代表性公司 | 催化剂的组成 | 寿命/a |
|---|---|---|---|
| 甲醇空气氧化制甲醛 | IFP | Fe-Mo 氧化物 | 1 |
| 乙烯氧化制环氧乙烷 | Shell | Ag/载体 | 12 |
| 丙烯氨氧化制丙烯腈 | Sohio | Bi-Mo 氧化物/$SiO_2$ | 1～1.5 |
| 萘空气氧化制苯酐 | B. A. S. F | V-P-Ti 氧化物 | 1.5 |
| 乙烯、氧、乙酸制乙酸乙烯酯 | U. S. Ind. Chem. Co | Pd/载体 | 3 |
| 二氧化硫氧化制硫酸 | | $V_2O_5$-$K_2SO_4$ | 10 |
| 催化重整 | Standard Oil | Pt-Re/$Al_2O_3$ | 12 |
| 正丁烷异构化制异丁烷 | B. P | Pt/载体 | 2 |
| 乙苯脱氢制苯乙烯 | Monsanto | Fe 氧化物+$K^+$ | 2 |
| $NO_x$ 用 $NH_3$ 还原 | Monsanto | Fe 氧化物 | 1 |

催化剂寿命对催化过程的工程和经济都有很大的影响，例如，1967 年以 Pt-Re 双金属催化剂代替 20 世纪 40 年代末开发的 Pt 催化重整催化剂，它的寿命长，再生次数少，大大简化了设备的配置，提高了生产能力。

从经济上看，催化剂选择性和寿命往往比活性还重要。因为如果寿命短，就要经常停产拆装设备，既费时又费钱。在长期运转中，用一种贵的但能用得久的催化剂要比用一种便宜的但需经常更换的催化剂更经济。图 2-9 是对这种情况的说明。考虑到总产量=单位时间产量×运转时间，图中的 A、B 两种催化剂无疑以 A 为好。选择性好的催化剂则可以减少生产中用于产物分离提纯和副产物处理的费用。

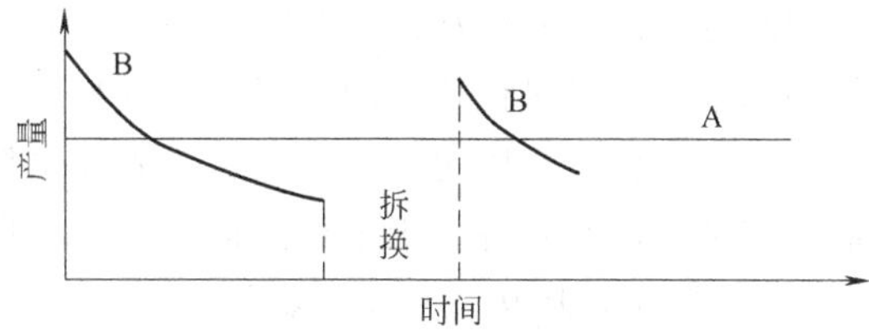

图 2-9　不同活性不同寿命的催化剂的比较

当今，工业优先考虑的重点在于更有效、更经济地利用原料和能源。在化学工业中大部分工作致力于改进已有的方法而不是开发新方法，鉴于此以及当今许多研究工作的方向，许多人认为估量催化剂的价值的三个因素时，其重要性的顺序是：选择性＞寿命＞活性。

（4）工业催化剂失活与再生性。催化剂的性能降低甚至失活后又能再次（或多次）得以部分乃至完全恢复的特性叫催化剂的再生性。而催化剂再生周期的长短与可再生次数的多少是催化剂再生性能的重要标志。催化剂的再生周期可用下式表示：

$$催化剂的再生周期(h)=\frac{末期温度(℃)-初期温度(℃)}{催化剂失活速率(℃/h)} \tag{2-19}$$

一般认为催化剂两次再生间隔的时间越短，则催化剂的可再生性能就越重要。催化剂的可再生性既与催化剂原有的组分构成元素及配比、结构、比表面等有关，也与催化剂的操作工况及实际失活程度有关。有些催化剂不具备再生性，一次性应用后就弃之，如锌钙系脱氯剂等。

(5) 流体流动阻力。流体流动涉及流动的分布、压力降和扩散效应。要充分利用催化剂和很好地控制过程，就要有均匀的流动分布。对填充床来说，催化剂要装填得尽可能均匀，以避免沟流；根据经验，反应器与催化剂颗粒的直径比以 5～10 为宜。反应器的长度至少是颗粒直径的 50～100 倍，这样能保证流动是湍流，均匀并接近活塞流，大部分工业反应器符合这个标准。

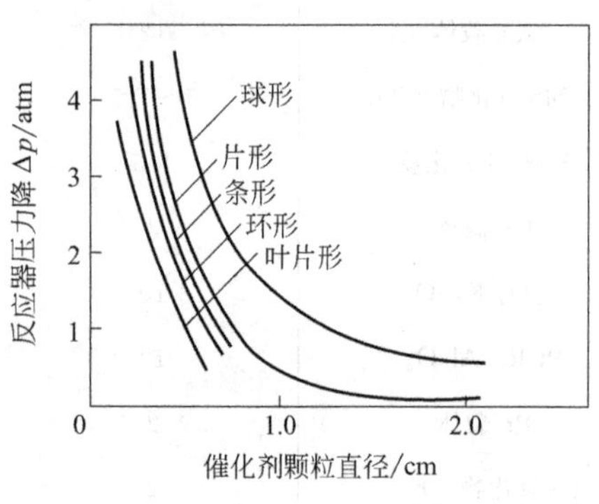


图 2-10　催化剂颗粒不同时的反应压力降 (1atm)

过高的压力降在填充床中造成不应有的压力梯度，而且使流体输送费用提高。床层中一定要有适当的空隙，它不仅与催化剂的粒度有关，而且与其形状有关。在填充床反应器中，可以使用球形、环状、片状、条状和叶片形等各种形状的催化剂。图 2-10 是一定等价直径的不同形状催化剂的床层的压力降比较。

由图 2-10 可见，就压力降而言，叶片形的最小，用于天然气蒸气转化用的催化剂就压制成叶片形。常见的有四叶的和三叶的。在流化床中，为了减少磨损，尽可能使用微球形并具有一定粒度分布的催化剂，以便达到良好的流化状态。在有些场合要用纯金属作催化剂，例如，氨氧化用铂丝编织的网 (铂丝的直径 0.06mm)，催化剂床由 20～30 个直径为 1～4m 的网构成，则压力降取决于网的数目。

催化剂的粒度要适当，一般用于固定床的各种形状的催化剂颗粒中，球形为 1～2mm，条形为 2～10mm，无规则颗粒为 8～14 目至 2～4 目。粒度大些固然可使其生产费用降低，但同时也使流体向颗粒内扩散阻力增大，从而使在颗粒中心的反应速率减小，降低了催化剂的利用率，有时对催化剂的选择性也不利。

还有一种用于固定床的特殊形式的催化剂，即用于汽车尾气处理的所谓单块结构的催化剂。它是一块有着许多细平行孔道的陶瓷材料，孔道可以有不同形状 (例如，蜂窝形、波纹形)，在孔道壁上敷上一薄层多孔物质 (例如 $\gamma$-$Al_2O_3$)，再将活性组分载上。将此陶瓷块插入汽车尾气排气管路中，就形成一个固定床反应器。这样的结构压力降小，可以达到较高的空速，且可避免因催化剂颗粒相互摩擦而导致损耗。

用于流化床和浆态床的催化剂颗粒直径通常在 20～300$\mu$m 之间，一般小于 100$\mu$m。在流化床中，若颗粒过于细，则难以防止细催化剂粉夹带出旋风分离器；若颗粒过于粗，则流化性不好，并可能有扩散限制，在浆态床反应器中，颗粒太粗，难以悬浮，单位质量催化剂的效率也低；太细，则过滤时难以除去。用于浆态床反应器的粉末催化剂，一般粒度比用于流化床的小。

(6) 机械性质。催化剂的机械性质（如磨损率、压碎强度等）和热性质（如热导率、抗热冲击性能等）是其工程性能的一个方面，催化剂在使用前要经过运输过程和装料过程。装置开工后，温度的升高引起反应器的膨胀，催化剂下陷。在停工时，反应器由于冷却而收缩，催化剂就受到严重的侧向应力，因为催化剂床没有足够的流动性，不能向高处移动。在正常运转时，催化剂还会受到空隙中的压力，这就是反应器工作时所受的压力，它倾向于缓冲上述各种应力的作用。上述各种过程会导致同样的后果，即形成细粉和碎粒。它们堵塞了较大颗粒之间的空隙，造成流体流动不均匀，局部阻塞，压力降增大和反应床层的热点，这些反过来使反应状况恶化。

有的催化剂在使用过程中要经受高温和剧烈的温度变化，有的还要在高温和一定的气氛(例如水蒸气）下再生，这些都要求催化剂具备相应的机械性质和热性质。

上述物理外形和机械性能的要求必须与催化剂所使用的条件相匹配。一般来说，条件越苛刻（例如，重质原料、高温、高压、大空速），这些要求就越高。例如，加氢处理用的 $CoMo/Al_2O_3$ 催化剂，可以有各种各样的形状和尺寸，有片状的、条状的、球状的；粒径从 1～10mm，选择哪一种取决于所加工的原料是轻油、柴油或减压渣油。

(7) 工业催化剂的环境友好性。时至今日，社会发展对技术和经济提出了更高的要求。适应于循环经济的催化反应过程，其催化剂属性不仅要有高转化率和高选择性，还要满足可持续发展概念的要求，即应该是无毒无害、对环境友好的，应尽量遵循“原子经济性”，且反应的剩余物与自然相容的要求，也就是“绿色化”的要求。

## 思考题

1. 催化剂有哪些基本特征？它在化工生产中起到什么作用？在生产中如何正确使用催化剂？

2. 何谓转化率？何谓选择性？为什么要同时考虑转化率和选择性两个指标？转化率，转化数，转化频率三者有何不同？

3. 在银催化剂作用下，乙烯被空气氧化成环氧乙烷（$C_2H_4O$），副反应是完全氧化生成 $CO_2$ 和 $H_2O$。已知离开氧化反应器的气体干基组成为：$C_2H_4$ 3.22%，$N_2$ 79.64%，$O_2$ 10.81%，$C_2H_4O$ 0.83%，$CO_2$ 5.5%（均为体积分数）。该气体进入水吸收塔中，其中的环氧乙烷和水蒸气全部溶解于水中，而其他气体不溶于水，由吸收塔顶逸出后少量排放至系统外，其余循环回到氧化反应器中。计算：(1) 乙烯的单程转化率；(2) 生成环氧乙烷的选择性；(3) 循环比；(4) 新鲜原料中乙烯和空气量之比。

4. 将某原料油中的有机硫通过催化加氢转变成 $H_2S$，进而脱除之，油中不饱和烃也加氢饱和。若原料油的进料速率为 $160m^3/h$，密度为 0.9g/mL，氢气（标准状态）的进料速率为 $10800m^3/h$。原料油和产品油的摩尔分数组成如下表：

| 组分 | $C_{11}H_{23}SH$ | $C_{11}H_{24}$ | $C_{10}H_{20}=CH_2$ |
|---|---|---|---|
| 原料油 | 5% | 70% | 25% |
| 产品油 | 0.1% | 96.8% | 3.1% |

求：(1) 消耗的氢气总量；(2) 分离后气体的摩尔分数。

5. 由1-丁烯氧化脱氢制丁二烯的反应中，测得反应前后的物料摩尔分数组成为：

| 项目 | 正丁烷 | 正丁烯 | 丁二烯 | 异丁烷 | 异丁烯 | 正戊烷 | $O_2$ | $N_2$ | $H_2O$ | $CO/CO_2$ |
|---|---|---|---|---|---|---|---|---|---|---|
| 反应前/% | 0.63 | 7.05 | 0.06 | 0.50 | 0.13 | 0.02 | 7.17 | 27 | 57.44 | — |
| 反应后/% | 0.61 | 1.70 | 4.45 | 0.48 | 0.48 | 0.02 | 0.64 | 26.10 | 62.17 | 3 |

求：(1) 1-丁烯的转化率；(2) 丁二烯对原料的选择性；(3) 丁二烯对丁烯的选择性。(提示：$N_2$ 未参与反应)

6. 甲醛和乙炔在催化剂作用下生成丁炔二醇，反应式如下：

$$2HCHO+C_2H_2 \longrightarrow C_4H_6O_2$$

反应在滴流床反应器中进行，原料分离回收循环操作。某工厂生产中测得如下数据：反应器的甲醛含量为10%（质量分数，下同），出反应器的甲醛含量为1.6%，丁炔二醇的初浓度为0，出口含量为7.65%。假设分离回收中无损失，试计算此反应过程中的转化率、选择性、单程收率和总收率。

7. 工业上采用铜锌铝催化剂由一氧化碳和氢合成甲醇，其主、副反应如下：

$$CO+2H_2 \longrightarrow CH_3OH$$

$$2CO+4H_2 \longrightarrow (CH_3)_2O+H_2O$$

$$CO+3H_2 \longrightarrow CH_4+H_2O$$

$$4CO+8H_2 \longrightarrow C_4H_9OH+3H_2O$$

$$CO+H_2O \longrightarrow CO_2+H_2$$

由于化学平衡的限制，反应过程中一氧化碳不可能全部转化成甲醇。为了提高原料的利用率，生产上采用循环操作，即将反应后的气体冷却，可凝组分分离为液体即为粗甲醇，不凝组分如氢气及一氧化碳等部分放空，大部分经循环压缩机压缩后与原料气混合返回合成塔中。下面是生产流程示意图。

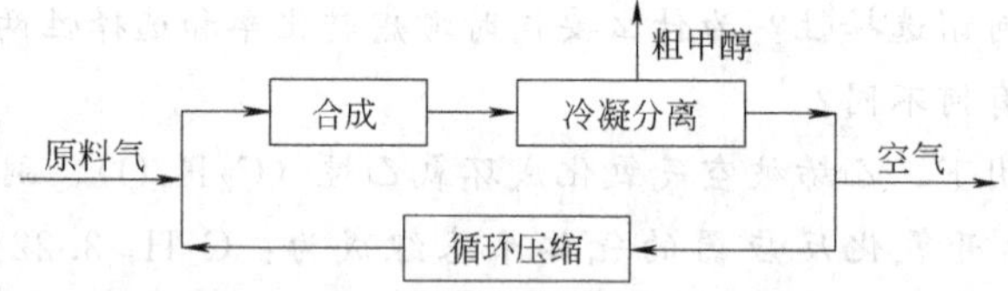


原料气和冷凝分离后的气体中各组分的摩尔分数如下：

| 组成 | CO | $H_2$ | $CO_2$ | $CH_4$ | $N_2$ |
|---|---|---|---|---|---|
| 原料气 | 26.82 | 68.25 | 1.46 | 0.55 | 2.92 |
| 冷凝分离后气体 | 15.49 | 69.78 | 0.82 | 3.62 | 10.29 |

粗甲醇中各组分的质量分数分别为 $CH_3OH$ 89.15%、$(CH_3)_2O$ 3.55%、$C_4H_9OH$ 1.1%、$H_2O$ 6.2%，在操作压力及温度下，其余组分均为不凝组分，但在冷却冷凝中可部分溶解于粗甲醇，对于1kg粗甲醇而言，其溶解量为 $CO_2$ 9.82g、CO 9.38g、$H_2$ 1.76g、$CH_4$ 2.14g，$N_2$ 5.38g。若循环气与原料气之比为7：2（摩尔比），试计算：(1) 一氧化碳的单程转化率和全程转化率；(2) 甲醇的单程收率和全程收率。

## 参考文献

[1] Hagen J. Industrial Catalysis-A Practical Approach. New York：Wiley-VCH，2006.
[2] Wijngaarden R. Industrial Catalysis：Catalysts and Processes. New York：Wiley-VCH，1998.
[3] 吴越. 应用催化剂基础. 北京：化学工业出版社，2009.
[4] 金杏妹. 工业应用催化剂. 上海：华东理工大学出版社，2004.
[5] 高正中. 实用催化. 北京：化学工业出版社，1997.
[6] 孙桂大，闫富山. 石油化工催化作用导论，北京：中国石化出版社，2000.
[7] 王桂茹. 催化剂与催化作用. 大连：大连理工大学出版社，2007.

# 第3章 催化作用基本原理

根据催化剂和反应物所处的相态，催化反应分为均相催化和多相催化。一般来说，催化剂和反应体系处于同一相中进行的催化反应称为均相催化，而多相催化是指反应混合物和催化剂处于不同相态时的催化反应。由于二者在催化作用原理上有明显的差异，下面将分两部分依次进行介绍。

## 3.1 多相催化及吸附动力学

多相催化的特征集中表现为：反应是在催化剂活性表面上发生的，其中反应物为气态和催化剂为固态的多相催化体系在工业中是最重要的。因此，本节所讨论的对象也主要限于这类体系。两种催化反应相比，多相催化因使用固体催化剂具有操作简便、对设备腐蚀小、产物易分离、催化剂可循环使用、对环境友好等优点而在工业催化中占有十分重要的位置。但是多相催化也有催化效率低、反应条件不易控制的缺点，所以要充分发挥多相催化剂的作用，必须掌握多相催化反应动力学的相关规律。

### 3.1.1 多相催化

#### 3.1.1.1 多相催化的步骤

多相催化反应由纯化学反应和物理过程组成。因为催化作用要发生，其反应物必须和催化剂相接触，发生反应，离开催化剂并让出催化活性位。因此，除了真正意义上的化学反应，扩散、吸附和脱附过程对整个反应过程也是重要的。

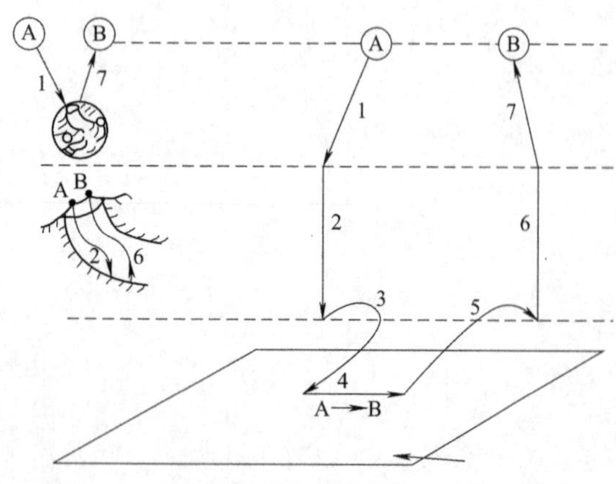


图 3-1 多相催化反应过程中各步骤的示意图

如图 3-1 所示，在多相催化反应过程中，从反应物到产物一般经历下述步骤：

(1) 反应物 A 穿过边界层到催化剂表面的扩散。

(2) 反应物 A 进入孔的扩散（微孔扩散）。

(3) 孔内表面反应物 A 的吸附。

(4) 在催化剂内表面的化学反应生成产物 B。

(5) 产物 B 从催化剂表面脱附。

(6) 产物 B 扩散出孔。

(7) 产物 B 穿过边界层扩散进入气相。

其中第1、7步称为外扩散过程，第2、6步称为内扩散过程，第3、4、5步称为本征动力学过程。以上各步骤中，外扩散1、7过程及内扩散2、6过程均为物理扩散过程，只有3、4、5这三步为化学反应过程。实际上，在颗粒内表面上发生的内扩散和本征动力学是同时进行的，相互交织在一起，因此称为扩散反应过程。

### 3.1.1.2 多相催化的反应速率

多相催化过程是复杂的，一方面多相催化剂的表面结构复杂、多变，催化剂表面能量不是均匀的，有许多缺陷和位错；另一方面，在多相催化剂表面的反应是由一系列基元反应所组成的复杂反应。每步简单反应的反应速率是不同的，表观反应速率也就是有效反应速率决定于最强控制步骤，即反应的最慢步骤。这个最慢步骤（决速步骤）决定了反应级数。有效反应速率 $r_{eff}$ 受许多因素影响，包括相界面的性质、催化剂的堆积密度、孔结构和扩散边界层的转移率。如果物理步骤是决速步骤，那么催化剂的能力就没有被完全利用。例如，薄膜扩散阻力可通过提高反应器中气体流动速率来减弱。如果微孔扩散有决定性的影响，那么从外表面进入内表面的速率就会很小。在这种情况下，减小催化剂的颗粒大小可缩短扩散路径，并且反应速率增大直至它不再依赖孔扩散。通过浓度对孔径的变化图可显示出反应速率受孔径变化的信息。

若反应物的本体浓度用 $c_{Ag}$ 表示，催化剂的表面浓度用 $c_{As}$ 表示，催化剂颗粒中心处的浓度用 $c_{Ac}$ 表示，则多相催化反应过程中球形催化剂颗粒内外的浓度分布如图3-2所示。因相间传质是一个物理过程，反应受外扩散控制时，在边界层厚度的范围内，A的浓度由 $c_{Ag}$ 下降至 $c_{As}$，与距离成线性关系［图3-2（c）］。而当反应受内扩散控制时，在催化剂颗粒内部，化学反应和传递过程同步进行，浓度分布曲线见图3-2（b）。随着化学反应的进行，越深入到颗粒内部，反应物A的浓度越小。催化剂颗粒中心处的浓度 $c_{Ac}$ 对于不可逆反应，可能达到的最小浓度为0，而对于可逆反应则为平衡浓度。

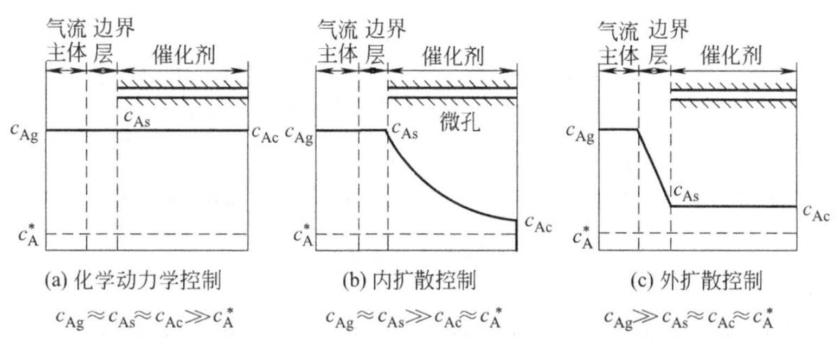


图3-2 多相催化反应过程中球形催化剂颗粒内外的浓度分布示意图

此外，改变温度也可以改变反应的有效速率。在动力学区域，反应速率随温度升高快速增大，反应速率服从Arrhenius规律。微孔扩散区域，虽然反应速率也随温度升高而增大，但因存在扩散阻力，催化剂的效率减小。结果造成反应速率比在动力学区域增大得慢。在薄膜扩散区域，随温度升高，反应速率缓慢增大，由于扩散对温度只有依赖，是非对数关系。实际上没有反应阻力，反应物从催化剂外部扩散到催化剂表面时几乎已经全部转化为产物。

总催化反应进程的数学处理比较复杂，宏观动力学方程需通过许多物理和化学反应步骤联合求解。

## 3.1.2 化学吸附及催化反应动力学

吸附与吸收不同，吸收是一种体相行为，类似于化学反应，在整个体相中进行；而吸附作为物理过程或化学过程是在表面上发生的行为，是一种表相行为。

反应物分子在催化剂表面上的吸附是多相催化过程中一个关键步骤，其作为催化反应过程中的中间阶段已被人们所广泛认知。吸附的研究在多相催化过程研究中占有重要地位，可以说没有对吸附的深刻理解，催化动力学的研究就无法进行。吸附主要包括吸附的本质、吸附作用、吸附平衡及吸附动力学等。

### 3.1.2.1 吸附的本质

固体表面能吸附气体或液体反应物分子，它与表面上的固体分子与内部分子所处的环境不同有关。固体内部的原子或离子被周围的原子或离子所包围，所有价键基本上都被利用，能量上处于平衡状态；而表面上的原子或离子至少朝外的一侧为配位不饱和的，能量上处于不平衡状态，拥有独有的表面能。因而，当反应物分子靠近时，表面上的原子或离子将被吸引而结合，释放出表面能，进入低能量状态。所以，从热力学看，吸附是一种不平衡的非稳态向平衡的稳态转移的过程。或者说固体表面通过吸附气体或液体分子来降低其表面能，提高其稳定性。

固体表面的吸附分为均匀吸附和非均匀吸附，均匀吸附是吸附的理想形式。均匀吸附和非均匀吸附可用其能量分布形式来说明。如图 3-3（a）和（b）所示，可以看到，理想固体的均匀表面上，任何部位同一质点的表面能都具有同一数值。（b）中位能曲线呈周期性变化是因为金属氧化物固体表面由两种离子组成，在表面上，从一种质点到另一种质点，位能作周期性变化，对同一种质点，位能还是处于同样水平。

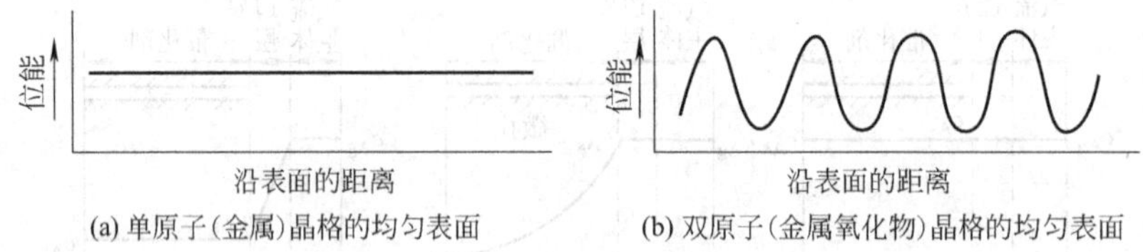

(a) 单原子(金属)晶格的均匀表面　(b) 双原子(金属氧化物)晶格的均匀表面

图 3-3　均匀固体表面的位能分布

实际上，固体催化剂表面都是不均匀的。如前所述，固体结晶不可避免地存在缺陷、畸变，加上固体表面因需降低表面能所吸附的杂质，这些都决定了表面结构和表面能量分布的不均匀性。不均匀固体表面的位能分布如图 3-4 所示，位置不同，位能高低也不同，位能沿表面的距离显示不规则的变化。

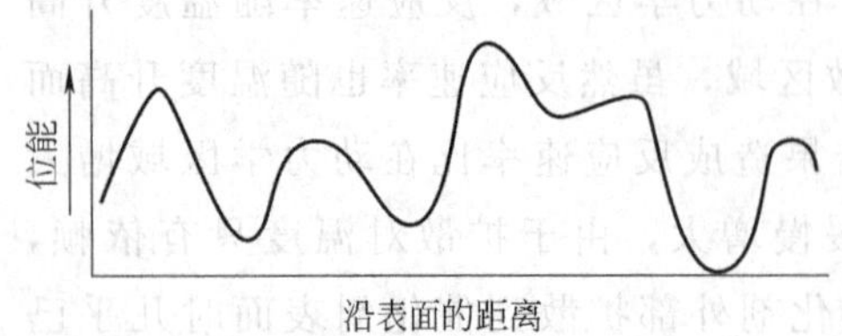

图 3-4　不均匀固体表面的位能分布

固体表面的不均匀性也可以从吸附热随吸附量的变化得到，表 3-1 所示是合成氨铁催化剂上吸附氨的实验数据。氨首先在表面能大的部位吸附，释放出较多的热量，然后逐渐向表面能小的部位转移，放出的热量随之递减。

**表 3-1 合成氨铁催化剂上吸附热随氨吸附量的变化**

| $NH_3$ 吸附量/$cm^3$ | 2 | 4 | 6 | 8 | 10 | 12 | 14 |
|---|---|---|---|---|---|---|---|
| 吸附热/kcal | 18 | 16 | 14 | 12.5 | 11.3 | 10.5 | 9.9 |
| 递增值/kcal | 18 | 2 | 2 | 1.5 | 1.2 | 0.8 | 0.6 |

注：1kcal＝4.18kJ。

### 3.1.2.2 吸附作用

#### 3.1.2.2.1 物理吸附与化学吸附

催化过程中，反应分子要想通过固体催化剂起到催化作用，反应物同催化剂表面发生吸附非常重要，没有发生吸附，催化过程不可能发生，但是，吸附太强，则吸附物种或反应产物脱离不开催化剂，催化循环也就不可能进行，因此，有必要对于多相催化体系发生的吸附现象的本质进行详细讨论。

根据分子在固体表面吸附时的结合力不同，吸附可分为物理吸附与化学吸附。物理吸附是靠分子间作用力，即范德华力实现的。由于这种作用力比较弱，对分子结构影响不大，可把物理吸附看成凝聚现象。化学吸附是气固分子相互作用，改变了吸附分子的键合状态，吸附中心与吸附质之间发生了电子的重新调整和再分配。化学吸附力属于化学键力。由于该作用力强，对吸附分子的结构有较大影响，可把化学吸附看成类似化学反应。化学吸附一般包含着实质的电子共享和电子转移，而不是简单的微扰或弱极化作用。物理吸附与化学吸附的差异如表 3-2 所示。

**表 3-2 物理吸附与化学吸附之比较**

| 项目 | 物理吸附 | 化学吸附 |
|---|---|---|
| 吸附力 | 范德华力 | 化学键力 |
| 吸附热 | 较小，约几千焦每摩尔，近于凝聚热（液化热） | 较大，约几十～几百千焦每摩尔，近于反应热 |
| 选择性 | 无选择性（不定位） | 有选择性（定位） |
| 吸附稳定性 | 不稳定，易解吸 | 较稳定，不易解吸 |
| 分子层数 | 单分子层或多分子层 | 单分子层 |
| 吸附速率 | 不需活化能，较快，不受温度影响 | 需活化能，较慢，一般升高温度加快 |
| 可逆性 | 可逆 | 可逆或不可逆 |

#### 3.1.2.2.2 吸附位能曲线

吸附过程中的能量关系以及物理吸附与化学吸附的转化关系，可以用吸附位能曲线进行说明。吸附位能曲线表示吸附质分子所具有的位能与其距吸附表面距离之间的关系，如图 3-5 所示。横坐标表示分子（原子）与催化剂表面间的距离，横坐标上的点表示分子的位能为零，纵坐标表示位能。曲线 $P$ 表示氢分子以范德华力吸附在 Ni 表面时位能的变化，曲线 $C$ 表示氢分子以化学键吸附在 Ni 表面时位能的变化。从曲线 $P$ 可见，当 $H_2$ 分子距 Ni 表面很远时，位能为 0。当它靠近 Ni 表面时，因 $H_2$ 分子和表面 Ni 原子间存在范德华力作用使位能逐渐降低。达到平衡时位能最小，该位能差 $\Delta H_p$ 即为物理吸附热 $q_p$。越过最低点继续接近 Ni 表面时，位能迅速增大，原因是 H 原子核与 Ni 的原子核发生了正电排斥作用。

从图中 $C$ 曲线可见，当 $H_2$ 分子离表面很远时，即在＞0.5nm 处，$H_2$ 分子解离为 H 原子需要一定能量 $D_{HH}$（即氢气分子的离解能 434kJ/mol），H 原子接近表面时，由于化学键的形成而使位能减小。当形成稳定化学键时，位能减至最小，该位能与 $H_2$ 分子位能之差 $\Delta H_c$ 成为 $H_2$ 的化学吸附热 $q_c$。

从图 3-5 还可以看出物理吸附对化学吸附的重要影响。物理吸附时可使吸附分子以最低的位能接近表面，沿曲线 $P$ 上升，吸收能量 $E_a$ 后成为过渡态，然后吸附分子的位能沿 $C$ 曲线下降至最低点达到化学吸附态。可见，由于物理吸附的存在，不需要事先把氢分子解离为氢原子后再发生化学吸附，而只要提供形成过渡态所需的较低能量 $E_a$ 即可。由于 $D_{HH} > E_a$，化学吸附起到了降低吸附分子离解能的作用。当由化学吸附转为物理吸附时，需要克服更高的能垒 $E_d$，称为脱附活化能。由图可见，$E_d = E_a + q_c$。该式是吸附过程中关联吸附活化能、脱附活化能和吸附热的一个重要公式。

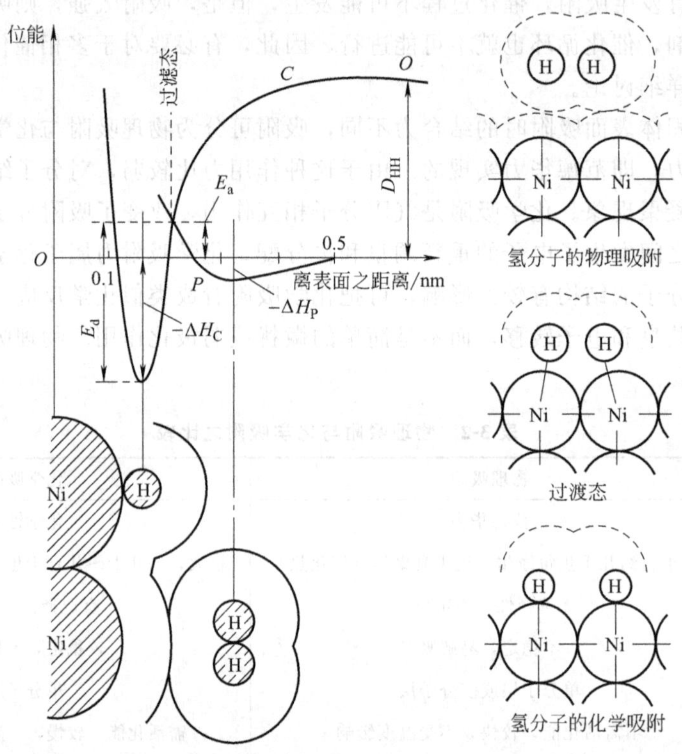


图 3-5　氢分子在镍表面上吸附的位能曲线及表面吸附状态示意图

吸附在固体表面上的分子覆盖了部分固体表面，被覆盖的表面与总表面之比称为覆盖度，覆盖度常用 $\theta$ 表示。当吸附分子在不同覆盖度的催化剂表面上发生吸附时，其位能曲线不同。随着表面覆盖度增加，吸附热减小，吸附活化能增大。在多相催化研究中，常将吸附热随覆盖度的变化作为判断催化剂表面均匀与否的标志。如果吸附热不随覆盖度变化，则认为催化剂表面是均匀的，表面上所有吸附中心处于同一能级；如果吸附热随覆盖度呈线性变化，则吸附中心的数目按吸附热的大小呈指数分布。为此，常把吸附热 $q$ 与覆盖度 $\theta$ 的关系图称为表面能谱图。可以用热脱附法研究催化剂表面及其能量的均一性。

3.1.2.2.3　化学吸附的类型

1）活化吸附与非活化吸附

化学吸附按其所需活化能的大小可分为活化吸附与非活化吸附，其位能图如图 3-6 所示。

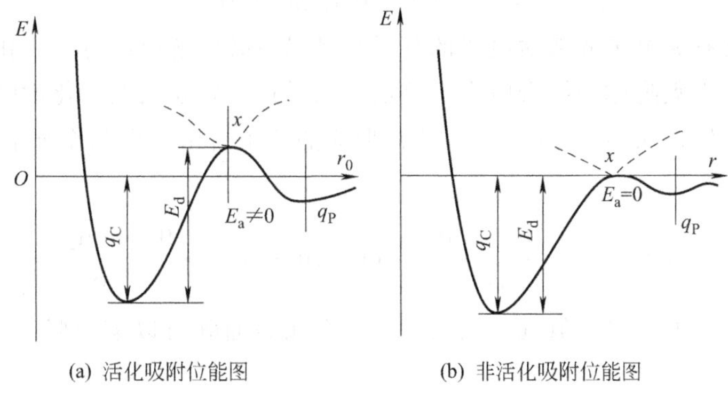


(a) 活化吸附位能图　　(b) 非活化吸附位能图

图 3-6　活化吸附与非活化吸附位能图

活化吸附即气体发生化学吸附时需要外加能量加以活化，吸附所需能量为吸附活化能 $E_a$，其为位能图中物理吸附和化学吸附位能线的交叉 $x$ 所对应的能量。非活化吸附即气体进行化学吸附时不需要外加能量。非活化吸附的特点是吸附速率快，所以有时把非活化吸附称为快化学吸附，相对地，把活化吸附称为慢化学吸附。表 3-3 给出了各种气体在不同金属膜上进行活化吸附和非活化吸附的情况。

**表 3-3　各种气体在不同金属膜上的化学吸附**

| 气体 | 非活化吸附 | 活化吸附 | 0℃以下不发生化学吸附 |
|---|---|---|---|
| $H_2$ | W，Ta，Mo，Ti，Zr，Fe，Ni，Pd，Rh，Pt，Ba | | Cu，Ag，Au，K，Zn，Cd，Al，In，Pb |
| CO | W，Ta，Mo，Ti，Zr，Fe，Ni，Pd，Rh，Pt，Ba | Al | Zn，Cd，In，Sn，Pb，Ag，K |
| $C_2H_4$ | W，Ta，Mo，Ti，Zr，Fe，Ni，Pd，Rh，Pt，Ba，Cu，Au | Al | Zn，Cd，In，Sn，Pb，Ag，K |
| $C_2H_2$ | W，Ta，Mo，Ti，Zr，Fe，Ni，Pd，Rh，Pt，Ba，Cu，Au | Al | Zn，Cd，In，Sn，Pb，Ag |
| $O_2$ | 除 Au 外所有金属 | | Au |
| $N_2$ | W，Ta，Mo，Ti，Zr | Fe | 与 $H_2$ 同，Ni，Pd，Rh，Pt |
| $CH_4$ | | Fe，Co，Ni，Pd | |

2）均匀吸附与非均匀吸附

化学吸附按表面活性中心能量分布的均一性可分为均匀吸附与非均匀吸附。如果催化剂表面活性中心能量都一样，那么化学吸附时所有反应物分子与该表面上的活化中心形成具有相同能量的吸附键，称为均匀吸附；当催化剂表面上活性中心能量不同时，反应物分子吸附会形成具有不同键能的吸附键，这类吸附称为非均匀吸附。

3）解离吸附与缔合吸附

化学吸附按吸附时分子化学键断裂情况可分为解离吸附和缔合吸附。

解离吸附：在催化剂表面上许多分子在化学吸附时都会发生化学键的断裂，断裂既可以是均裂，也可以是异裂。分子以这种方式进行的化学吸附称为解离吸附。例如，氢和饱和烃在金属上的吸附均属于这种类型。

$$H_2+2M \longrightarrow 2HM$$

$$CH_4 + 2M \longrightarrow CH_3M + HM$$

缔合吸附：具有π电子或孤对电子的分子则可以不必先解离即可发生化学吸附。分子以这种方式进行的化学吸附称为缔合吸附。例如，乙烯在金属表面发生化学吸附时，分子轨道重新杂化，碳原子轨道从 $sp^2$ 变成 $sp^3$，这样形成的两个自由价可与金属表面的吸附位发生作用。可表示为：

$$C_2H_4 + 2M \longrightarrow \begin{matrix} H_2C-CH_2 \\ | \quad\ \ | \\ M \quad M \end{matrix} \qquad H_2C{=}CH_2 + M \longrightarrow \begin{matrix} H_2C{=}CH_2 \\ \vdots \\ M \end{matrix}$$

对于某些分子，如氧气、氮气、乙烯等，在金属表面既可以解离吸附又可以缔合吸附。可表示为：

$$O_2 + 2M \longrightarrow \underset{(缔合吸附)}{\begin{matrix} O-O \\ | \quad | \\ M \quad M \end{matrix}} \longrightarrow \underset{(解离吸附)}{\begin{matrix} 2O \\ \| \\ M \end{matrix} \ 或 \ \begin{matrix} O^- \\ | \\ M^+ \end{matrix}}$$

3.1.2.2.4　化学吸附的吸附态

化学吸附态一般是指分子或原子在固体催化剂表面进行化学吸附时的化学状态、电子结构及几何构型。同一种物质在同一固体表面吸附可随条件不同呈现不同的吸附态，吸附态不同，使得催化最终产物不同，吸附态的确定对揭示催化剂作用机理和催化反应机理非常重要。因此，化学吸附态及化学吸附物种的确定对于多相催化的研究具有重要意义。

1）氢的化学吸附态

金属表面上氢的吸附态

氢在金属表面上的离解吸附一般是均裂的。可用下式表示：

$$M-M \underset{}{\overset{H_2}{\rightleftharpoons}} \begin{matrix} H \quad H \\ | \quad\ \ | \\ M-M \end{matrix} \ 或 \ \begin{matrix} H \quad H \\ \diagdown \ \diagup \\ M-M \end{matrix}$$

但是在 Pt 的 $q(111)\times(111)$ 阶梯晶面上发现带电荷的 $H^{\delta-}$，说明氢在 Pt 表面发生了异裂。异裂的示意式如下：

$$H_2 \rightleftharpoons \begin{matrix} H^{\delta+} \\ | \\ *(或2个*) \end{matrix} + \begin{matrix} H^{\delta-} \\ | \\ *(或2个*) \end{matrix}$$

不过也有人认为这是 $H_2$ 均裂后，有电子从 M 原子向 H 原子迁移，形成了 $M^{\delta+}$-$H^{\delta-}$ 表面电离型吸附键。用激光分光法证明了 $H_2$ 分子在 Cu(110) 面上确实存在离子型吸附。

金属氧化物表面上氢的吸附态

氢在金属氧化物表面吸附时会发生异裂。例如，室温下氢在 ZnO 表面上化学吸附和脱附的 IR 谱图显示，在 $3489cm^{-1}$ 和 $1709cm^{-1}$ 处有强吸收带，它们分别对应于 ZnOH 和 ZnH 两种吸附态。

$$H_2 + O-Zn{=}Zn-O \longrightarrow \begin{matrix} H \quad H \\ | \quad\ | \\ O-Zn{=}Zn-O \end{matrix}$$

2）氮的吸附态

金属表面上氮的吸附态

氮在过渡金属表面的吸附比较复杂，而已知合成氨反应中速率决定步骤是 $N_2$ 的吸附，因而 $N_2$ 在 Fe 上的吸附态的研究引起了广泛关注。通过用 ESCA 对Ⅷ族 Ni，Pt，Pd 和 Rh 等金属对氮的弱化学吸附的研究，证明 $N_2$ 分子是以σ双电子在金属原子上垂直吸附，$N_2$

分子键发生极化，$\mathrm{M{-}\overset{\delta+}{N}{\equiv}\overset{\delta-}{N}}$，同时也可能有桥型配位吸附 —M—(N≡N)—M—。进而提出分子态吸附是 σ⇔π 配合物动态吸附平衡。

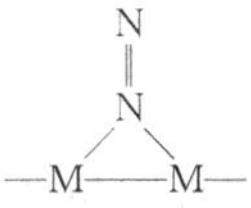

例如，$N_2$ 在合成氨的铁催化剂上，至少有两种吸附态，其一种是在 200℃附近吸附的 L 型稳态吸附物种，另一种是 400℃以上的 H 型吸附态，它们的化学行为很不相同。L 型预吸附比 H 型活泼，这可从合成氨的反应速率上看出。如图 3-7 所示，H 型吸附氮的产氢速率正比于 $P_{H_2}^{0.95}$，L 型则正比于 $P_{H_2}^{1.35}$。

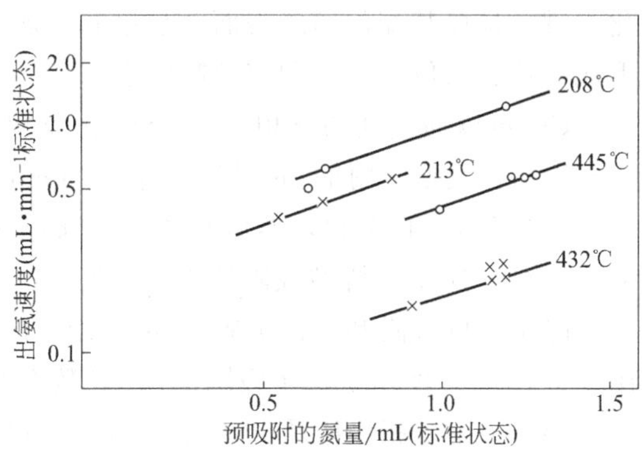


图 3-7 不同温度下预吸附的氮对氨合成速率的影响（加氢温度：208℃（○）和 162℃（×），图中所示为氮预吸附的温度）

3）氧的化学吸附态

金属表面上氧的吸附态

在金属表面上，氧既有非活化的弱化学吸附，也有活化能很高的强化学吸附，甚至可高达 250～300kJ/mol，这种情况可能与氧向金属表面层内扩散有关。氧的吸附态有多种，已经确定的有 $O_2^-$，$O_2^{2-}$，$O^-$，$O^{2-}$ 等负离子吸附态以及电中性的分子氧吸附态，此外，在低温下还有不稳定的 $O_3^-$，化学吸附热分布范围极为广泛，从 80kJ/mol 到 800kJ/mol。

Hall 等人发现 Mo，W，Mn 和 Fe 吸附氧原子后，表面上有正电荷向外的偶极层，在吸附过程中电子逸出功明显下降。他们认为这是因为氧原子向金属表面内层扩散，发生了表面重构。表面重构的示意图如图 3-8 所示。

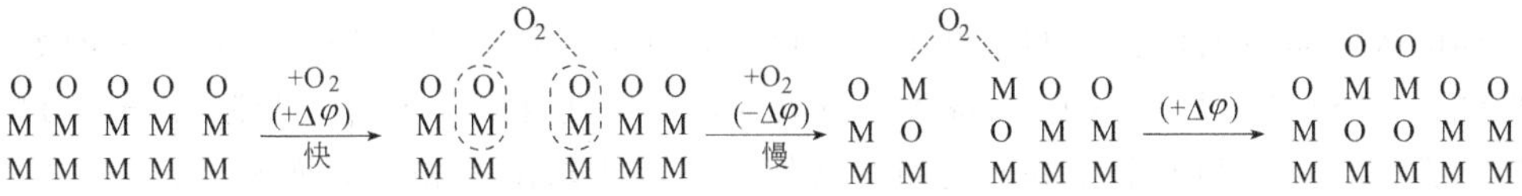

```
                              O2                      O2
                            ╱    ╲                  ╱    ╲                          O O
O O O O O    +O2      O (O)   (O) O O    +O2     O M     M O O      (+Δφ)      O M M O O
M M M M M  ------->   M (M)   (M) M M  ------->  M O     O M M    ------->     M O O M M
M M M M M  (+Δφ) 快   M M      M  M M   (-Δφ) 慢  M M     M M M                M M M M M
```

图 3-8 氧在金属表面重构的示意图

通过表征手段证实，Pd 等金属表面在氧气分子的作用下形成厚达几百个原子层的氧化膜，用光电子能谱（XPS）和 Auger 光电子能谱（Auger）可在这种氧化膜中检测出 $O^-$，$O_2^-$ 和 $M^+$ 等离子。需要注意的是，虽然在氧的化学吸附中伴有电子转移，但并非都是纯粹的离子键。例如，$O_2^-$ 与金属原子间的键合就有相当程度的共价键的性质，而且两个氧原子并不等同。

氧的不同吸附态具有不同的催化能力。例如，$O^-$ 的反应能力强，人们常认为烃类的深度氧化主要与它有关。但是，在乙烯选择氧化制环氧乙烷的 Ag 催化剂上，$O_2^-$ 才是导致主反应的吸附态。所以，在工业上制备环氧乙烷的过程中，在原料气中有意识地添加微量（$10^{-6}$g/g 级）二氯乙烷，可以提高生成环氧乙烷的选择性，原因是二氯乙烷使 Ag 催化剂选择性中毒，从而有利于形成 $O_2^-$，而不是 $O^-$ 或 $O^{2-}$。

金属氧化物表面上氧的吸附态

氧在金属氧化物表面吸附时，可以呈现多种吸附态，包括电中性的分子氧和带负电荷的离子氧。分子氧吸附是可逆的，而离子氧吸附是不可逆的。氧的各种吸附态可依下式相互转化：

$$O_2(气) \longrightarrow O_2(吸) \longrightarrow O_2^- \longrightarrow 2O^- \longrightarrow 2O_2^{2-}$$

最后一种已变成表面或晶格氧离子。

4）CO的化学吸附态

金属表面上*CO*的吸附态

CO在过渡金属表面的化学吸附，本质上是CO和金属表面金属原子的配位，形成表面化学键，是羰基配位形成表面共价键和金属d电子向碳原子的π反馈。CO在金属表面可以形成一位、二位、孪生和离解吸附态。

CO可以通过其的π电子与金属表面的自由价作用形成线型的一位吸附，如图3-9中(a)所示。线型吸附的IR波数大于$2000cm^{-1}$。

CO吸附后再杂化，然后与两个金属原子的自由价形成桥接的二位吸附（桥型），如图3-9中（b）所示。桥型吸附的IR波数小于$2000cm^{-1}$。

除了一位吸附和二位吸附，还会发生1个金属原子吸附2个CO分子，即孪生吸附，如图3-9中（c）所示。孪生吸附的IR波数在$2100cm^{-1}$左右。

离解吸附是指吸附质分子在吸附剂上吸附时解离成原子或自由基的吸附，如图3-9中(d)所示。

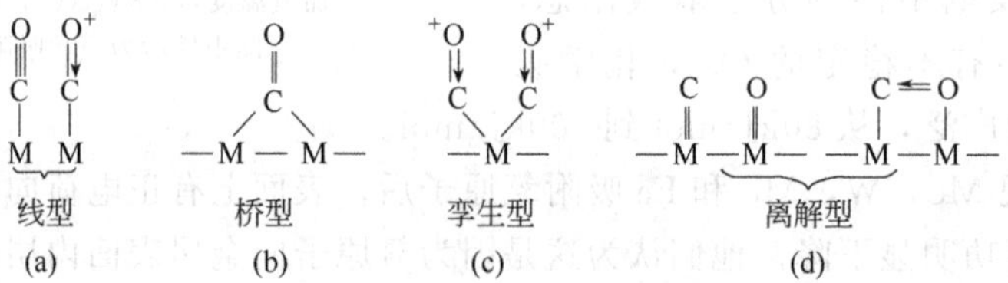


图3-9　CO在金属表面的吸附态

不同的吸附态造成催化剂的活性不同。例如，在Cu和Pt上，CO为线型一位吸附，反应活性低，在Ni和Pd上，CO为桥接二位吸附，反应活性高。此外，吸附分子的吸附状态随金属的类别、载体和覆盖度的改变而改变外，还可能随温度和压力而改变，CO的离解吸附趋势随温度升高而增大。例如，在CO甲烷化反应温度（500～700K），CO主要发生解离吸附。

金属氧化物表面上*CO*的吸附态

CO在不同金属氧化物表面上的吸附是不可逆的，根据IR谱中$2200cm^{-1}$的吸收峰推断，CO与金属离子是以σ键结合的。

5）烃类的吸附态（烷烃、烯烃、炔烃和苯）

金属表面上烃类的吸附态

烷烃在过渡金属上的化学吸附类似于氢的化学吸附，总是发生解离吸附，如甲烷在金属上可按下面的方式发生吸附，（M代表金属原子）。在较高温度下，甚至逐渐脱掉氢发生完全的解离吸附。

$$CH_4 + M \longrightarrow \underset{M}{\overset{CH_3}{|}} + \underset{M}{\overset{H}{|}}$$

烷烃在金属表面上还会发生深度解离吸附。如图3-10所示，图中420K附近的肩峰相应于化学吸附的第一阶段，而665K处的峰相应于吸附的第二阶段，例如吸附的甲基的分解，据此可以预测，金属表面上吸附的氢会阻碍烷烃的化学吸附。

对于烯烃，可以发生解离吸附，也可以发生缔合吸附。如，乙烯在金属上的吸附，在解离吸附时，发生脱氢，甚至会出现自加氢。类似于烷烃，烯烃也会发生完全解离，生成碳和氢。

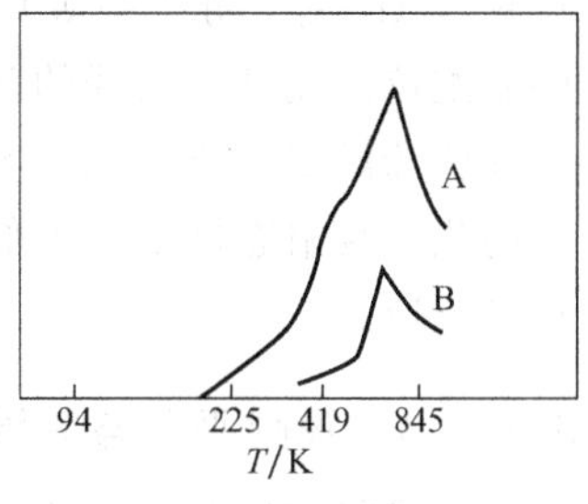


图 3-10 $C_2H_6$ 和 $CH_4$ 在 W 表面的微分闪脱图谱

$$C_2H_4 + 2M \longrightarrow \underset{M}{\overset{HC=CH_2}{|}} + \underset{M}{\overset{H}{|}}$$

在发生缔合吸附时，主要有两种方式：(A) 和 (B)

打开 C=C 双键，碳原子由 $sp^2$ 杂化转变为 $sp^3$ 杂化，以 σ 键与金属键合，以 π 键与金属键合。

CH₂—CH₃ / M (A) H₂C—CH₂ / —M—M— (B) H₂C=CH₂ (↓M)

这两种吸附方式可以通过红外光谱加以识别，如乙烯的 C=C 双键振动吸收为 $\upsilon = 1608cm^{-1}$，而当它以 π 键与金属键合时，如乙烯在 $Pd/SiO_2$ 上的吸附，$\upsilon(C=C) = 1510cm^{-1}$。

在烯烃以 π 键络合方式吸附时，也发生与 CO 类似的情况，过渡金属 d 轨道的电子可能填充到烯烃空的反键 $\pi^*$ 上，形成反馈键，削弱和活化 C=C 双键，这在催化反应中具有重要意义。烯烃吸附时还容易生成烯丙基吸附态。例如，丙烯在催化剂上的吸附态有以下几种：

σ烯丙基　π烯丙基　协同式机理

炔烃在金属表面的吸附比烯烃强，它的强度吸附甚至会使金属表面出现中毒现象，故催化活性不高。乙炔有如下所示的四种吸附态。

HC=CH (M—M)，HC≡CH (↓ M—M)，H—C≡C (M—M, H)，HC≡C—H (M M)

苯在金属上的吸附，主要有六位 σ 吸附、二位 σ 吸附和 [η6π] 吸附态 (*)。例如，苯在 Ni，Fe 和 Pt 膜上，室温时有 $H_2$ 放出，说明发生离解吸附，其离解吸附可用下式表示。

$$C_6H_6 + M—M \rightleftharpoons \underset{M——M}{C_6H_5\quad H}$$

金属氧化物表面上烃类的吸附态

烷烃在金属氧化物表面上的化学吸附类似于氢的化学吸附，总是发生解离吸附。烯烃在金属氧化物表面上吸附时，作为电子给予体吸附在正离子上。这种化学吸附比在金属上的化学吸附要弱一些。因为金属氧化物表面上金属离子的 π 反馈键要比金属 π 反馈键能力弱，这是一种非解离吸附。

在覆盖度低的金属氧化物表面上，烯烃也能发生解离吸附。如丙烯在钼酸铋催化剂上吸附时，可借助金属离子临位的氧负离子脱去一个氢原子，从而形成烯丙基吸附态。在酸性氧化物（$Al_2O_3$、分子筛等）表面上，烯烃与表面B酸中心作用产生正碳离子，也可以与L酸中心配位。此外，烯烃的各种化学吸附态之间在一定条件下可以相互转化。因此，通过吸附可催化烯烃双键异构化、顺反异构化和氢同位素交换等反应。烷基芳烃在酸性氧化物催化剂上的化学吸附态同烯烃类似，形成烷基芳烃正碳离子，它们可以进行异构化、歧化、烷基转移等反应。

#### 3.1.2.3 吸附平衡与等温方程

当吸附速度与脱附速度相等时，固体表面上吸附的气体量维持不变，这种状态即为吸附平衡。吸附平衡与压力、温度、吸附剂的性质等因素有关。一般地，物理吸附达到平衡时很快，而化学吸附则很慢。对于给定的物系，在温度恒定和达到平衡的条件下，吸附质与压力的关系称为吸附等温式或吸附平衡式，绘制的曲线称为吸附等温线。

3.1.2.3.1 吸附等温线

吸附等温线的测定以及吸附等温式的建立，以定量形式提供了气体的吸附量和吸附强度，为多相催化反应动力学的表达式提供了基础，为固体表面积的测定提供了有效方法。实验中所得的等温线形状繁多，但基本上可用5种类型概括，如图3-11所示，图中 $p_0$ 表示饱和压力。

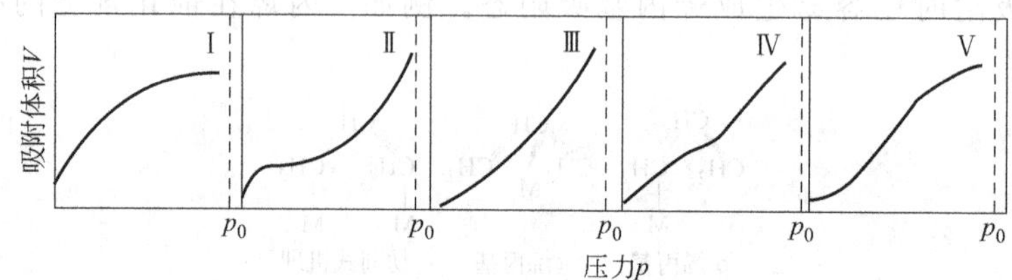


图3-11 吸附等温线类型

类型Ⅰ是孔径＜2nm的微孔固体的吸附特征，其孔径大小与吸附分子大小是同一数量级；类型Ⅱ、Ⅲ是大孔（孔径＞50nm）固体的吸附特征；类型Ⅳ、Ⅴ是过渡性孔（中孔）（孔径2～50nm）固体的吸附特征，这种类型的等温线都伴随有滞后环存在，即在脱附时得到的等温线与吸附时得到的等温线不重合。吸附等温线的形状与吸附质和吸附剂的本质有关。因此，对等温线的研究可以获取有关吸附剂和吸附性质的信息。例如用Ⅱ或Ⅳ型等温线可以计算固体比表面。Ⅳ型等温线是中等孔的特征表现，且同时具有拐点和滞后环，因而被用于中等范围孔的分布计算。

除上述吸附等温线外，吸附平衡规律的描述还有吸附等压线及吸附等量线。吸附等压线是在固定压力下吸附达到平衡时，吸附量与温度的关系曲线。吸附等量线是在固定吸附量时，压力与温度的关系曲线。此外，吸附等温线、等压线和等量线三者是相互关联的，由一类曲线可以求取另一类曲线。

3.1.2.3.2 等温方程

描述等温吸附过程中吸附量和吸附压力的函数关系为等温方程。

1）Langmuir 等温方程

Langmuir 等温方程描述了吸附量与被吸附蒸气压力之间的定量关系。在推导该公式的过程引入了两个重要假设：（Ⅰ）吸附是单分子层的，各吸附中心能量相同；（Ⅱ）固体表面是均匀的，被吸附分子之间无相互作用。

因此，吸附速率 $r_a$、压力 $p$ 及空白位成正比，脱附速率 $r_d$ 只与已覆盖的表面成正比，设 $\theta$ 为覆盖度，$\theta=V/V_m$，$V$ 为吸附体积，$V_m$ 为吸满单分子层的体积。则空白位为 $1-\theta$。吸附达到平衡时，$r_a=r_d$。所以 $r_a=k_a p(1-\theta)$；$r_d=k_d\theta$，$k_a$ 吸附速率常数，$k_d$ 脱附速率常数。

可得 $\theta=\dfrac{ap}{1+ap}$　$a=\dfrac{k_a}{k_d}$。

又 $\theta=\dfrac{V}{V_m}$　$\dfrac{V}{V_m}=\dfrac{ap}{1+ap}$

该公式称为 Langmuir 吸附等温式，式中 $a$ 称为吸附平衡常数，它的大小代表了固体表面吸附气体能力的强弱程度。

符合 Langmuir 吸附等温方程的 $\theta$-$p$ 曲线，其形状如图 3-12 所示。由图可知，开始时吸附量随压力 $p$ 增加而增加，当增加到某个压力以后，吸附达到饱和，即使再增加压力，吸附量也不增加。Langmuir 吸附等温方程只适用于中等覆盖度的吸附过程。

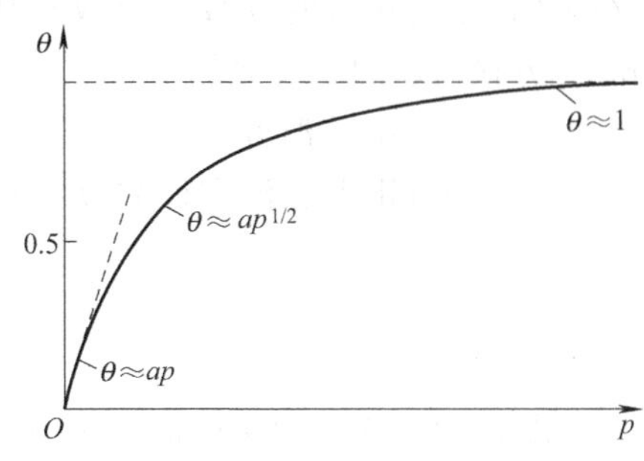

图 3-12　Langmuir 吸附等温线

上面讨论的是吸附时不解离的情况。当一种气体发生解离吸附，且各占一个吸附中心时，可以看成一个吸附分子同时与两个吸附中心建立吸附平衡。若设 * 代表自由吸附部位，下标“ad”表示吸附态，则上述过程可表示为

其化学反应方程式为

$$A_2+2*\underset{k_d}{\overset{k_a}{\rightleftharpoons}}2A_{ad}$$

$$r_a=k_a\ (1-\theta)^2 p$$

$$r_d=k_d\theta^2\qquad 则\ \theta=\frac{a^{1/2}p^{1/2}}{1+a^{1/2}p^{1/2}}$$

又如，对于两种分子的竞争吸附，其中一种发生解离吸附，另一种发生非解离吸附，其化学反应方程式为：

$$A_2+2*\underset{k_{d,A}}{\overset{k_{a,A}}{\rightleftharpoons}}2A_{ad}$$

$$B+*\underset{k_{d,B}}{\overset{k_{a,B}}{\rightleftharpoons}}B_{ad}$$

则有

$$r_{aA}=k_{aA}(1-\theta_A-\theta_B)^2 p_A;r_{dA}=k_{dA}\theta_A^2$$

$$r_{aB}=k_{aB}(1-\theta_A-\theta_B)p_B;r_{dB}=k_{dB}\theta_B$$

$k_{a,A}$，$k_{a,B}$ 分别为 A、B 的吸附平衡常数。

则

$$\theta_A=\frac{a_A^{1/2}p_A^{1/2}}{1+a_A^{1/2}p_A^{1/2}+a_Bp_B}\qquad \theta_B=\frac{a_Bp_B}{1+a_A^{1/2}p_A^{1/2}+a_Bp_B}$$

Langmuir 等温方程是假定吸附剂表面是理想表面的基础上推导而来的，而真实的表面是远偏离理想状况的。所以在 Langmuir 等温方程之后，又有人提出其他等温方程，其中具有代表性的是 Freundlich 等温方程和 Temkin 等温方程。

2）Freundlich 等温方程

Freundlich 等温方程是经验方程，其形式如下：

$$V=kp^{\frac{1}{n}}(n>1)$$

式中，$V$ 为吸附体积；$k$ 为与温度、吸附剂种类及比表面相关的常数；$n$ 是与温度有关的常数。

将 Freundlich 等温方程两边取对数，则得：

$$\lg V=\lg k+\frac{1}{n}\lg p$$

可见，若将 $\lg V$ 对 $\lg p$ 作图应得一线性方程。Freundlich 等温方程所描述的吸附平衡是吸附热随覆盖度的增加而对数下降的吸附体系的规律。它不适合于压力较高的情况。但 Freundlich 等温方程可用在较宽的吸附量区间，并适用于一些不服从 Langmuir 方程的体系。又因吸附量与压力的分数指数成正比，所以在中等覆盖度时，它描述的曲线形式与 Langmuir 方程描述的曲线类似。

3）Temkin 等温方程

与 Freundlich 等温方程类似，Temkin 等温方程也是一个经验型吸附等温方程，它可以写成：

$$\theta=\frac{V}{V_{\mathrm{m}}}=\frac{1}{a}\ln c_0 p$$

式中，$V$，$V_{\mathrm{m}}$ 含义同前；$p$ 为压力；$a$，$c_0$ 为与温度、吸附体系形状相关的常数。

从上式可以看出，若以覆盖度 $\theta$ 对 $\ln p$ 作图应得一线性方程，由此可求得相关常数 $a$ 与 $c_0$。

与 Langmuir 等温方程和 Freundlich 等温方程既适用于物理吸附又适用于化学吸附不同，Temkin 等温方程仅适用于化学吸附，且仅在较小覆盖度范围内才有效，原因是只有表面吸附中心的一部分能产生化学吸附。

### 3.1.2.4 吸附动力学方程

吸附动力学如同吸附平衡一样，在均匀表面或不均匀表面上也具有不同表达形式。吸附速率在均匀表面上可用 Langmuir 等温方程表示，在不均匀表面上可用 Elovich 方程或 Banham 方程表示。三者有着密切的内在联系，其中均匀表面上的 Langmuir 等温方程为后两者的基础。

#### 3.1.2.4.1 均匀表面吸附动力学方程

1）吸附速率通用方程

分子向催化剂表面碰撞与分子向器壁碰撞一样，根据气体分子运动论，吸附分子单位时间向单位表面碰撞的数目 $Z$ 等于：

$$Z=n\sqrt{\frac{k_{\mathrm{B}}T}{2\pi m}}$$

式中，$n$ 为单位体积气体中的分子数目，$k_{\mathrm{B}}$ 为 Boltzmann 常数，$m$ 为分子质量。

根据理想气体状态方程：$p=nk_{\mathrm{B}}T$，则

$$Z=p/(2\pi m k_{\mathrm{B}}T)^{1/2}$$

吸附速率正比于单位时间向单位表面碰撞的分子数目 $Z$。设 $s$ 为能导致化学吸附的碰撞概率，则气体的吸附速率为

$$r_{\mathrm{a}}=\frac{sp}{(2\pi m k_{\mathrm{B}}T)^{1/2}}$$

$s$ 为黏附概率，其值决定于下列三个因素：①吸附活化能 $E_{\mathrm{a}}$。根据 Boltzmann 能量分

3）Banham 吸附速率方程

Banham 吸附速率方程为一经验式，和 Elovich 吸附速率方程类似，只是引入的能量函数不是线性分布而是指数分布。即

$$E_a = E_a^0 + \alpha \ln\theta; \quad E_d = E_d^0 - \beta \ln\theta$$

则吸附和脱附速率方程分别为：

$$r_a = k_a P\theta^{\frac{-\alpha}{RT}}; \quad r_d = k_d \theta^{\beta}$$

其中 $\alpha$、$\beta$ 为常数。该方程同样可以进行直线化处理。

此外，若吸附是可逆的，在研究吸附动力学时，不能忽略解吸过程。吸附总速率是吸附速率与解吸速率的差值。即：

$$r = r_a - r_d$$

所以，只要知道解吸速率方程，就可以给出吸附总速率的完整数学函数式。

求取解吸速率方程基于以下两个基本观点：

不均匀表面上的吸附与均匀表面上的吸附一样，也具有动态特点，达到吸附平衡时，吸附速率等于解吸速率。

速率方程与吸附是否达到平衡无关，平衡时速率方程的数学形式与不平衡时的相同。

3.1.2.4.3 吸附方程的比较及应用

以上介绍了均匀及不均匀表面上的几种吸附速率方程。可见，不均匀表面上的吸附行为是吸附质分子在不同能量分布表面上吸附的统计结果。无论用于平衡或速率，都基于微小均匀表面吸附的假设。差异只是来自表面能量分布函数中参数的选择上。现将所得结果总结于表 3-4 中。

**表 3-4 不均匀表面上各种吸附等温线及吸附速率方程**

| 能量分布 | 分布函数 | 吸附等温式 | | 吸附速率方程 | | |
|---|---|---|---|---|---|---|
| | | 方程名称 | 形式 | 方程名称 | 微分形式 | 积分形式 |
| 线性分布 | $\rho(q)=H$ | Temkin | $\theta=\frac{1}{f}\ln a_0 p$ | Elovich | $r_a=k_{ad}p e^{-bV}$ | $r_a=\frac{1}{b}\ln\frac{t+t_0}{t_0}$ |
| 指数分布 | $\rho(q)=-He^{hq}$ | Freundlih | $\theta=ap^{1/n}$ | Banham | $r_a=k_{ad}p\theta^{-b}$ | $r_a=kt^{\frac{1}{m}}$ |

吸附等温方程及吸附速率方程有着广泛的应用价值。究竟符合哪个吸附方程，可将公式线性化，用数据作图加以检验。如图 3-14 所示，若吸附符合 Elovich 方程，$V-\ln(t+t_0)$ 应为一直线，若符合 Banham 方程，$V-\ln t$ 应为一直线。

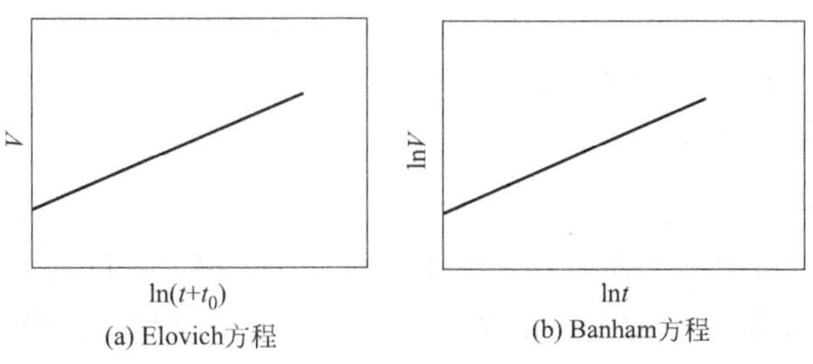


图 3-14 不均匀表面吸附方程的检验

已知氧在 V 催化剂上的吸附动力学行为符合 Elovich 方程，选定合适的 $t_0$，在不同温度下，取编号为 1#，2#，3#，4#，5# 的不同催化剂。以 $\Delta p$ 对 $\ln(t+t_0)$ 作图，得出若干条直线。说明催化剂表面是不均匀的，结果见图 3-15 和图 3-16。

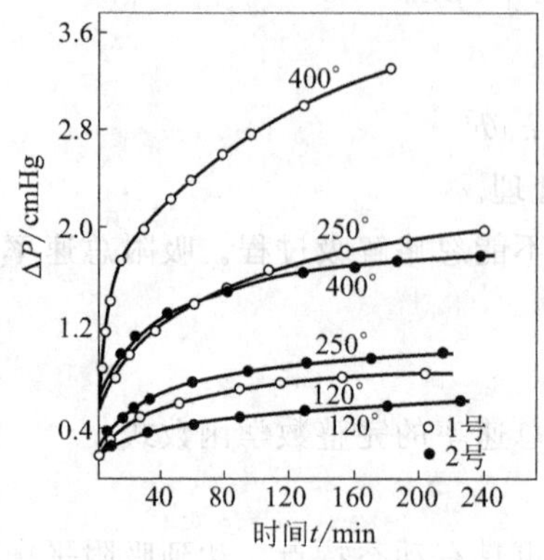


图 3-15 氧在 $V_2O_5$ 上的吸附动力学结果（1cmHg=1.33kPa）

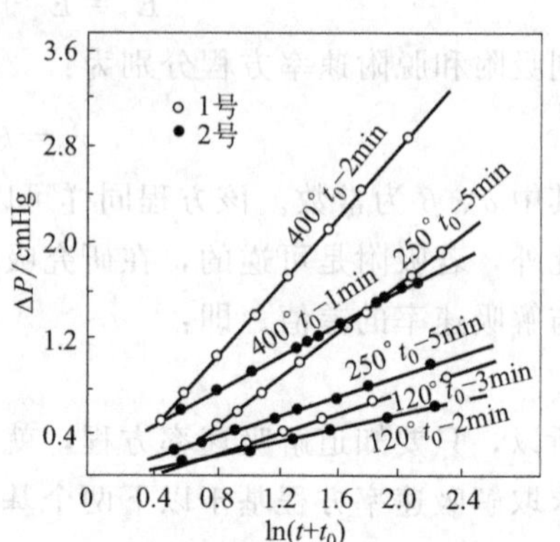


图 3-16 用 Elovich 方程对数据的拟合结果（1cmHg=1.33kPa）

### 3.1.3 均匀表面催化反应动力学

如前所述，大量的吸附试验结果表明，催化剂真实表面的结构和能量分布从本质上讲都是不均匀的。但是可以想象，如果将不均匀的表面划分为尽可能小的面积微元，那么总能够得到无数均匀表面或近似于均匀表面的单元。均匀表面是催化剂表面的理想状态，在表面上的催化反应无不通过吸附进行。所以，Langmuir 方程在理想状态下占有重要地位，均匀表面催化反应动力学是以其为理论基础进行研究的。

#### 3.1.3.1 表面质量作用定律

众所周知，在经典的化学动力学研究中，质量作用定律是一个重要的基本定律。它表达了反应速率和参与反应各组分浓度的量化关系。对多相表面反应来说，质量作用定律同样成立。但因有固体表面参与，反应速率与反应物在表面上的浓度或它们对表面的覆盖度大小密切相关。在表面反应中，质量作用定律呈现出两个特点：

① 速率方程中的浓度项不是组分的物质的量浓度，而是表面浓度。

② 正反应速率是未被吸附的空白表面覆盖度的函数。

如对下列反应来说，

$$a\text{A}+b\text{B}\rightleftharpoons c\text{C}+d\text{D}$$

表面质量作用定律的表达形式为：

正反应速率 $r_+=k_+\theta_A^a\theta_B^b\theta_0^{\Delta v}$

逆反应速率 $r_-=k_-\theta_C^c\theta_D^d$

式中，$\theta_A$，$\theta_B$，$\theta_C$，$\theta_D$ 分别为反应组分 A，B 及产物 C，D 的表面浓度，相当于各自的表面覆盖度，$\theta_0$ 为未被吸附的表面覆盖度。正反应速率应与未被吸附的表面覆盖度 $\theta_0$ 成正比，在式中增加了 $\theta_0^{\Delta v}$ 项。其中，$\Delta v=(c+d)-(a+b)$。

对均匀表面，表面覆盖度遵循 Langmuir 方程，未被吸附的表面覆盖度等于

$$\theta_0=\frac{1}{1+\sum K_i p_i}$$

式中，$K_i$ 为吸附平衡常数。

被各组分吸附的表面覆盖度分别为：

$$\theta_A=\frac{K_A p_A}{1+\sum K_i p_i}=K_A p_A \theta_0,\quad \theta_B=\frac{K_B p_B}{1+\sum K_i p_i}=K_B p_B \theta_0 \cdots$$

而 $\theta_A+\theta_B+\theta_C+\theta_D+\theta_0=1 \quad \sum K_i p_i=K_A p_A+K_B p_B+K_C p_C+K_D p_D$

这一别具特色的质量作用定律称为表面质量作用定律，它被认为是均匀理想吸附状态下催化反应动力学的又一重要基础，在多相反应动力学中的地位相当于质量作用定律在均相反应动力学中的地位。

### 3.1.3.2 反应动力学模型

以上讨论的表面质量作用定律是对整个反应而言的。实际上，多相催化反应都是由若干基元反应所组成。对基元反应，速率方程表达式中就不必包括空白的表面覆盖度。均匀表面上催化反应的动力学模型有各种各样。例如，按数学处理模型方式，有控制段模型与稳态近似模型之分。按参与反应的组分数目，有单组分模型与双组分模型之分。按参与反应的活性中心类似，有单中心模型与双中心模型之分。按气-固接触反应形式，着眼于表面反应本身，有 Langmuir-Hinshelwood 机理模型与 Rideal-Eley 机理模型之分。限于篇幅，本章仅以双组分气-固反应为例，重点介绍最常见和最常用的 Langmuir-Hinshelwood 机理模型与 Rideal-Eley 机理模型。

现以反应 $A_G+B_G \longrightarrow C_G$ 为例进行介绍。

3.1.3.2.1 Langmuir-Hinshelwood 机理

该机理模型假定表面反应发生在两个吸附物种间，而且这步是速控步骤。反应顺序是这样的：

$$A_G \longrightarrow A^* \qquad B_G \longrightarrow B^*$$

$$A^*+B^* \longrightarrow C^*$$

$$C^* \longrightarrow C_G^*$$

Langmuir-Hinshelwood（LH）机理可以用图 3-17 所示的图来描述。

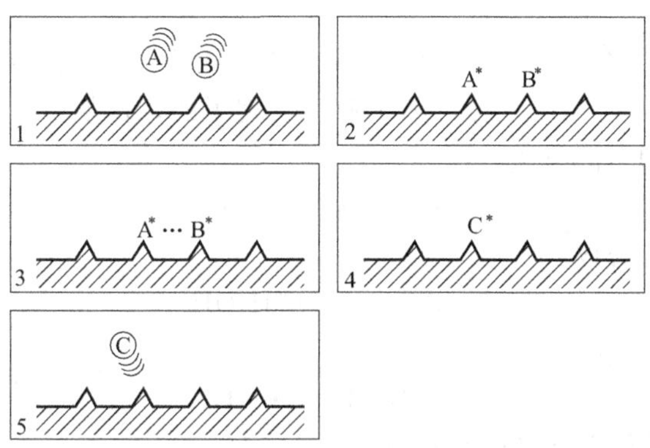


图 3-17 Langmuir-Hinshelwood 机理图

若 A，B，C 的吸附均很显著，按以前类似方法，其总速率方程应为：

$$r_a=k\theta_A\theta_B=\frac{kK_A p_A K_B p_B}{(1+K_A p_A+K_B p_B)^2} \tag{3-3}$$

若 A，B 都只是弱吸附时，那么（$K_Ap_A+K_Bp_B$）远小于 1，并且速率方程变为 $r_a=kK_Ap_AK_Bp_B=k'p_Ap_B$，$k'=kK_AK_B$，$k'$为表观速率常数。反应对两种反应物都是一级的，整体是二级的。类似于单分子表面反应，可求得其表观活化能为：$E'=E_a+Q_A+Q_B$

若 A 的吸附远强于 B 的吸附时，即 $K_Ap_A\gg 1+K_Bp_B$，则 $r=k\dfrac{K_Bp_B}{K_Ap_A}=k'p_B/p_A$，$k'=kK_B/K_A$；$k'$为表观速率常数。

在这种情况下，速率常数隐含了组分 A、B 的吸附常数，而且反应对组分 B 为一级，对组分 A 为负一级。A 阻碍了反应的进行，其分压愈大，反应愈慢。并由 $k=kK_B/K_A$ 关系得知，反应的表观活化能为 $E'=E+Q_B-Q_A$，其中包含了组分 A、B 的吸附热。

如果我们将反应速率视为组分 A 分压的函数，那么，在分压 $p_B$ 固定的情况下：

在低分压 $p_A$ 下，在式（3-3）中，分母的乘积 $K_Ap_A$ 相比于 $1+K_Bp_B$ 是微不足道的，如下所示：

$$r\approx kK_Ap_A\frac{K_Bp_B}{1+K_Bp_B}\approx k'p_A$$

因此这种情况的反应速率是与 $p_A$ 呈比例的。

反应速率在 $\theta_A=\theta_B$ 或 $K_Ap_A=K_Bp_B$ 时达到最大值。

在高分压 $p_A$ 下，式（3-3）分母的 $1+K_Bp_B$ 项与 $K_Ap_A$ 相比是微不足道的，如下所示：

$$r\approx\frac{k'}{K_Ap_A}\approx 1/p_A$$

因此这种情况的反应级数对组分 A 是－1。

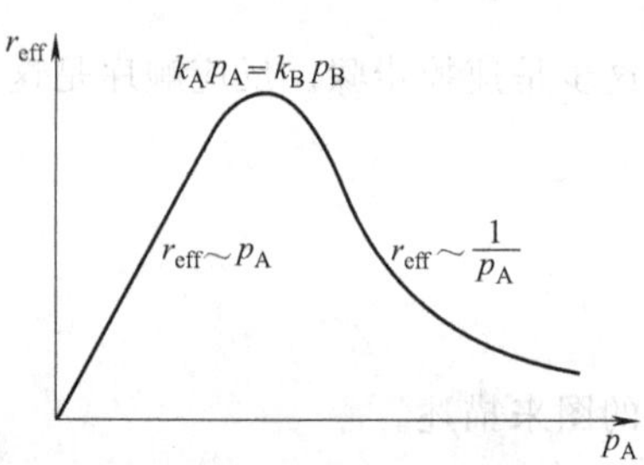

图 3-18 L-H 机理模型的反应速率与压力的关系

图 3-18 定性地描述了上述三种情形。

组分 A 的分压较低时，覆盖率 $\theta_A$ 也低，并且所有的化学吸附分子可以和组分 B 反应。反应速率升至最大，此时表面被组分 A 和 B 同等程度地覆盖（也就是 $\theta_A=\theta_B$）。随着组分 A 分压的升高，表面更多地被 A 占有，和化学吸附的 B 反应的可能性下降。因此可以说表面被 A 堵住了。

Langmuir-Hinshelwood 机理已被许多反应证实，包括一些工业上实现了的，比如：

① CO 在 Pt 催化剂下的氧化：

$$2CO+O_2\longrightarrow 2CO_2$$

② ZnO 催化的甲醇合成：

$$CO+2H_2\longrightarrow CH_3OH$$

③ 乙烯的 Cu 催化氢化：

$$C_2H_4+H_2\longrightarrow C_2H_6$$

④ Pt 或 Au 催化条件下 $N_2O$ 的还原：

$$N_2O+H_2\longrightarrow N_2+H_2O$$

⑤ Pd 催化条件下乙烯氧化为乙醛：

$$2CH_2=CH_2+O_2\longrightarrow 2CH_3CHO$$

3.1.3.2.2 Rideal-Eley 机理

这类反应机理的特点是：气相反应组分中有一个（比如 A）是化学吸附。组分 A 在这种活化状态下和气相原料 B 反应生成化学吸附产物 C。最后一步中产物从催化剂表面脱附。反应顺序为：

$$A_G \longrightarrow A^*$$

$$A^* + B_G \longrightarrow C^*$$

$$C^* \longrightarrow C_G^*$$

在这种情形下，只有气体 A 的覆盖率对反应动力学是决定性的，基于 Langmuir 等温方程，下面的速率方程可以用公式（3-4）表示：

$$r_a = k\theta_A p_B = \frac{kK_A p_A}{1+K_A p_A + K_B p_B} p_B \tag{3-4}$$

若组分 A 的吸附远强于 B，即 $K_A p_A \gg 1 + K_B p_B$ 则速率方程为：

$$r_a = kp_B$$

若组分 A、B 的吸附都很弱，$K_A p_A + K_B p_B \ll 1$。则速率方程为：

$$r_a = kK_A p_A K_B p_B = k' p_A p_B$$

速率常数隐含了组分 A 的吸附常数，$k' = kK_A$，表观活化能 $E' = E_a + Q_A$。

Rideal-Eley（R-E）机理按图 3-19 描述如下：

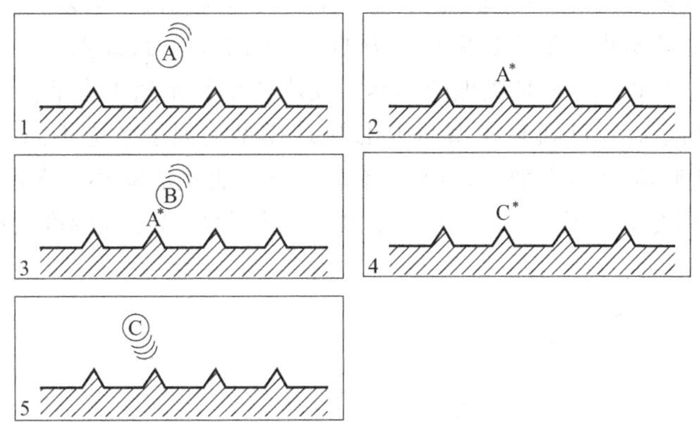


图 3-19 Rideal-Eley 机理示意图

如果我们在 $p_B$ 为常数的条件下视反应速率为组分 A 分压的函数，我们看到 $p_A$ 遵循等温线规律并且最终达到一个常数值（图 3-20）。

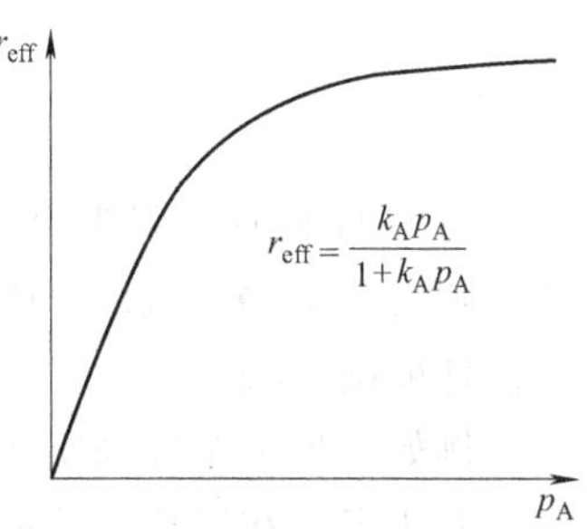


图 3-20 Rideal-Eley 机理模型的反应速率和压力关系

下面给出遵循 Rideal-Eley 机理模型的几个常见反应：

① 乙烯氧化为环氧乙烷：

$$C_2H_4 + O_2^* \longrightarrow CH_2{-}CH_2 \text{（环氧，O 桥连）}$$

在这个工业上重要的氧化反应中，显示了原始阶段分子吸附了的氧气和气态乙烯反应生成环氧乙烷。然而，同时 $O_2$ 中活泼的原子态氧是可解离吸附的，这会导致发生一个额外的副反应，生成氧化产物 $CO_2$ 和 $H_2O$。

② $CO_2$ 和 $H_2$ 的还原：

$$CO_{2,G}+H_2^*\longrightarrow H_2O+CO$$

③ 氨的 Pt 催化氧化：

$$2NH_3+3/2O_2^*\longrightarrow N_2+3H_2O$$

④ 环己烯的还原：

$$\text{环己烯}+H_2^*\longrightarrow\text{环己烷}$$

⑤ 乙炔在 Ni 或 Fe 催化条件下的选择性氢化：

$$HC\equiv CH+H_2^*\longrightarrow H_2C=CH_2$$

3.1.3.2.3 L-H 和 R-E 两种机理模型的判别

机理模型的讨论有着重要意义。它揭示了催化反应的反应级数和活化能因机理与反应条件变化的规律。

① 随着反应机理或反应组分的吸附强弱不同，单组分的反应级数可以在负一级、零级到一级的范围内变化。

② 按 Arrhenius 方程实验给出的活化能并非真正的活化能，而只是表观值，它是真正活化能加减吸附热的结果。可以推测，升高温度或增大反应组分的分压时，活化吸附由弱到强，结果也会引起反应表观活化能的变化。所以，同一反应在同一条件下的反应速率到底符合哪个机理模型，不难从反应级数、活化能的大小及其变化做出判别。

如图 3-18 和图 3-20 所示，L-H 机理模型与 R-E 机理模型的压力效应不同，当 A 组分的分压逐步增大时，对 L-H 机理，反应速率与压力的关系图上有一最高点。低压下，速率与 $p_A$ 成正比；高压下，则成反比。而 R-E 机理则不然，反应速率开始随压力呈正比增大，后来只是逐步减小。如图 3-21 所示，L-H 机理模型与 R-E 机理模型的温度效应不同。当温度升高时，反应组分在表面的活化吸附会逐步增强，由此将导致表观活化能减小，在两个不同反应机理的 Arrhenius 图上直线都发生转折，出现两个活化能，但活化能减小的幅度大小有别。

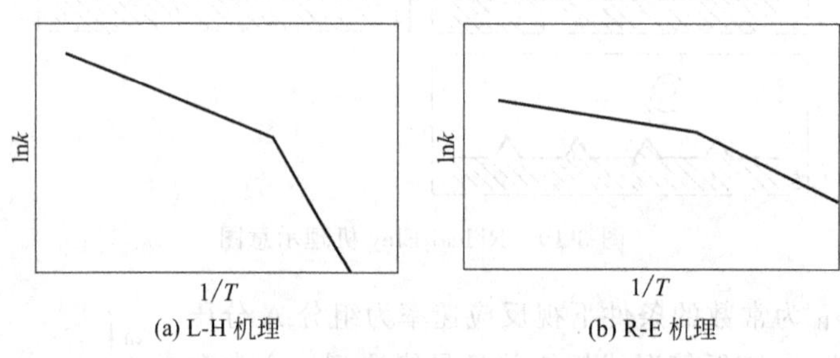

(a) L-H 机理　(b) R-E 机理

图 3-21　表观速率常数的 Arrhenius 关系

对 L-H 机理，强吸附高温区的活化能比弱吸附低温区的活化能大出 $2Q_A$。而对 R-E 机理，则只大出 $Q_A-Q_B$。所以，根据反应的温度影响和压力影响的不同就能够判断反应按哪个机理模型进行。

例如，吴平东等采用活性炭负载钯催化剂对对硝基苯甲酸加氢的本征动力学进行了研究，并假定氢在溶液中的溶解达到平衡，溶解度与氢分压的关系符合 Henry 定律，即 $c_{H_2}=\alpha p_{H_2}$，并在催化剂表面上发生解离吸附。实验数据分别按 L-H 机理模型和 R-H 机理模型处理得到下述两个速率方程式：

$$r=\frac{kc_1^2K_{H_2}\alpha p_{H_2}K_Ac_A}{(1+\sqrt{K_{H_2}\alpha p_{H_2}}+K_Dc_D)^2}\text{(L-H)}$$

$$r=\frac{kc_1^2K_{H_2}\alpha p_{H_2}}{(1+\sqrt{K_{H_2}\alpha p_{H_2}}+K_Dc_D)^2}c_A \text{(R-E)}$$

式中，$k$ 为反应速率常数；$K_{H_2}$，$K_A$ 分别为液相中溶解氢、对硝基苯甲酸在催化剂表面上的吸附平衡常数；$p_{H_2}$ 为氢气分压；$\alpha$ 为氢气的溶解系数；$c_1$ 类似 $\theta$，为催化剂表面上活性中心的总浓度；$c_{H_2}$ 为溶解氢组分的质量浓度；$c_A$ 为对硝基苯甲酸的质量浓度；$c_D$ 为产物对氨基苯甲酸的质量浓度。

为了判断符合哪个机理模型，他们研究了反应的温度效应和压力效应，结果见图 3-22。

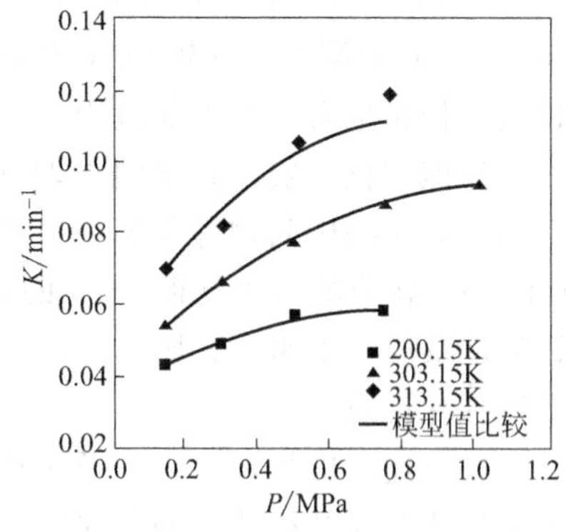

图 3-22　温度、压力对反应速率的影响

如图 3-22 所示，反应速率随温度和压力升高而持续增大，在不同温度下，反应速率与压力的关系图上并不出现最高点。故认为 L-H 机理应予以排除，接着，据氢键理论，假设反应产物的吸附弱于氢的，将 R-E 机理方程简化如下：

$$r=\frac{kc_1^2K_{H_2}\alpha p_{H_2}}{(1+\sqrt{K_{H_2}\alpha p_{H_2}})^2}c_A$$

用此式对实验数据进行拟合，效果很好。实验数据点都落在拟合曲线上。

## 3.2 均相催化及配位作用

均相催化是催化剂与反应物处于均匀物相中的催化作用，具有工业意义的均相催化反应通常在液相中进行。最近一个狭义的定义认为涉及有机金属配合物（organometallic complexes）作催化剂即是均相催化。但应牢记的是，也存在许多有意义的、重要的反应，所采用的均相催化剂是非有机金属配合物。均相催化的基本内容体系如下图：

- 均相催化
  - 硬催化
    - $H^+$（$OH^-$）——酸-碱催化
    - 金属离子
      - 亲电作用（电子阱）
      - 产生亲核攻击中心
      - 形成自由基（链反应）
  - 软催化
    - 过渡金属配合物，包括 π 配合物、原子簇、金属有机物
    - 过渡金属离子与小分子（如 $O_2$、$N_2$、$H_2$）形成分子配合物

均相催化剂以分子、离子或配合物起作用，其活性中心均一，选择性高，副反应少，易于用光谱、波谱、同位素示踪等方法来研究催化机理，反应动力学一般不复杂。化工生产中，均相催化也越来越重要，但均相催化反应体系也存在难以分离、回收和再生、液体介质腐蚀严重等问题。

### 3.2.1 酸碱催化简介

一些重要的化学反应是由 $H^+$ 或 $OH^-$ 进行催化的，例如，羟醛缩合反应、酯化和酯交换反应以及合成硝基芳烃，如 2-甲基-1,3,5-三硝基苯（TNT）。Brønsted 酸通过对亲核位点如 O 或 N 原子上的孤对电子或烯烃的 π 键进行质子化来催化反应，这将激活分子进行亲核进攻，酸的强度和所产生的阳离子的稳定性决定了质子化平衡态。现有两种类型的酸/碱催

化：一般酸催化（general acid catalysis）和特殊酸催化（specific acid catalysis）。一般酸催化是指所有提供质子的物种对反应速率加快均有贡献。相反，在特殊酸催化中，反应速率正比于质子化溶剂分子 $SH^+$ 的浓度。酸催化剂本身仅对通过移动化学平衡 $S+AH \longleftrightarrow SH^+ + A^-$ 得到 $SH^+$ 物种速率的增大有贡献，针对只有溶剂合氢离子（如 $H_3O^+$、$C_2H_5OH_2^+$、$NH_4^+$ 等）或溶剂的共轭碱（如 $OH^-$、$C_2H_5O^-$、$NH_2^-$ 等）才具有催化作用的反应。均相酸碱催化也有一些工业应用。

酸碱催化一般以离子型机理进行，即酸碱催化剂与底物作用形成正碳离子或负碳离子中间物种，这些中间物种与另一底物作用（或本身分解），生成产物并释放出催化剂（$H^+$ 或 $OH^-$），构成酸碱催化循环。在这些催化过程中均以质子转移步骤为特征，因此一些有质子转移的反应，如水合、脱水、酯化、水解、烷基化和脱烷基化等反应，均可使用酸碱催化剂进行催化反应。

在上述反应机理中，质子转移是相当快的过程，这是因为质子不带电子，因而不存在电子结构或几何结构的影响。这就意味着质子在空间运动不受空间效应限制，容易在适当位置进攻底物分子。当质子和反应物分子靠近时，不会发生电子云之间的相互排斥作用，容易极化与它靠近的分子，有利于旧键的断裂与新键的形成。因此，当底物分子含有容易接受质子的中间体（如 N、O 等）或基团时，可形成不稳定的阳离子活性中间物种。对于碱催化剂，底物应为易给出质子的化合物，以便形成阴离子的活性中间物种。

### 3.2.2 有机（小分子）催化

在有机催化（organocatalysis）中，催化剂通常是有机小分子，主要由 C，H，O，N，S 和 P 原子组成。这些分子通常是路易斯酸或碱，所以有机催化是酸催化的一个分支。有机小分子催化剂与有机金属配合物相比，具有一些优点：通常价格低廉，容易获得，而且其中有不少在空气和水中稳定。它们不含有金属本身就是一个优点：在反应结束后没有必要对金属进行分离和回收。此外，有机催化剂通常比它们的有机金属类似物毒性更小。虽然世界上大多数均相催化的研究工作集中于有机金属配合物，但是对于有机小分子催化剂的兴趣也在增加。Knoevenagel 缩合（碳基酸与醛产生 $\alpha,\beta$-不饱和化合物的反应）是由哌啶催化的一个例子，哌啶分子攫取一个酸性氢，形成烯醇中间体，随后与醛反应。近年来，对有机小分子催化的研究有了一些重要进展，但在工业生产中的应用还鲜有报道。

### 3.2.3 配位催化

由过渡金属元素的中心离子或原子与周围具有孤对电子的配位体组成的化合物称为配位（络合）化合物，其所起的催化作用为配位催化。

上述配合物一般分别为羰基化合物、金属配位化合物或其相应的前驱体。配位催化反应一般在气液均相条件下进行。配位催化也有在气液固条件下进行的，其固体催化剂一般为细粉状物质悬浮在反应液中，所以反应过程按均相催化反应处理。

上述配位催化在石油化工、有机合成、药物合成、高分子合成、材料合成化学、能源化学、生命及医药化学等领域有重要应用，其反应机理也得到最为深入的研究。

#### 3.2.3.1 氧化态和电子数

在金属配合物中分配到一个金属原子的形式电荷就是其氧化态，电荷对金属的符号通常是正的，但并非总是如此。它是基于中心金属原子的相对电负性和周围配体来进行分配和判断的。需要注意的重点是，一个完全离子模型是隐含的，并且在该范围内的形式氧化态可能不对应于实际情况。它并没有考虑到共价的贡献，即金属原子和配位体之间被共享的电子，而不是局限于配体或金属上。

特别相关的均相催化体系的几个例子示于图 3-23 中，按照总电子计数排列。

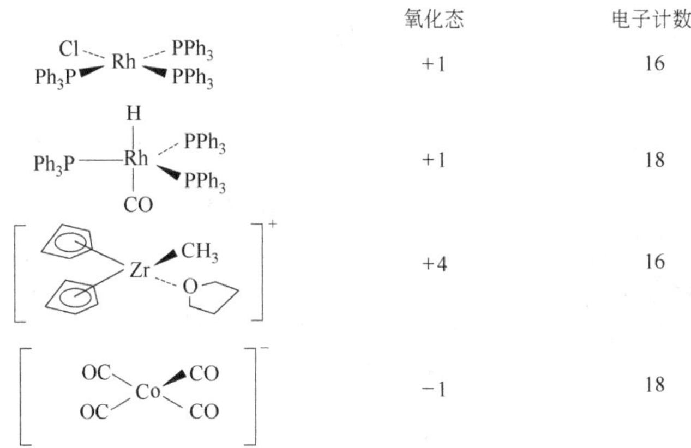


图 3-23 典型配合物氧化态，在某些均相催化剂中金属离子的价电子数

电子计数可以在给金属分配一个氧化态后（即假定离子性质的键）或不给予任何氧化态（即假定全共价和金属的氧化态为零）。在后一种情况下，计数非常类似于 $CH_4$，$NH_3$ 等以八偶体规则（octet rule）进行的电子计数过程。下面对电子计数的这两种方法进行说明。

$RhCl(PPh_3)_3$：氯自由基（Cl·）接受来自金属铑（电子构型 $4d^7 5s^2$）的一个电子给出 $Cl^-$ 和 $Rh^+$，然后提供两个电子给铑离子，以形成配价或配位键。每个 $PPh_3$ 提供磷原子上的一个孤对电子对给铑离子。因此围绕铑的电子总数是 8＋2＋3×2＝16，并且铑的氧化态显然为＋1。计数的另一种方法是取铑的 9 个电子，并添加 1 个电子给氯自由基和 6 个电子给 3 个中性膦配体。这也得出相同的电子总数 16。

同样地，$RhH(CO)(PPh_3)_3$ 中铑的氧化态是＋1，因为氢原子被假定携带一个形式负电荷。5 个配体，$H^-$、CO 和 3 个 $PPh_3$，每个提供两个电子，因此电子计数是 8＋5×2＝18。共价模型中，氢配位体将被视为 1 个自由基，铑被认为是处在零氧化态，电子数为 9＋1＋4×2＝18。

$Co(CO)_4^-$：因为有 1 个净负电荷且 CO 是 1 个中性配体，钴的形式氧化态是 1－。因此，电子数是 10＋4×2＝18。根据共价模型，电子数也为 9＋4×2＋1＝18，但钴被认为是零氧化态，并且一个电子以负电荷形式被添加。

从前面的例子中，只要电子计数的方式一致、明确，任何一种方法都会给出相同的答案。像八偶体规则用于第一行元素，则过渡金属使用 18 电子规则。这一规则背后的原理很简单，就是金属离子可以使用 9 轨道——5 个 d 轨道，3 个 p 轨道和 1 个 s 轨道将电子束缚在其价电子层。甲烷、水等是稳定分子，因为它们具有八个电子围绕中心原子的模型。同样，在外层有 18 个电子的有机金属配合物是稳定的配合物。此规则通常被称为“18 电子规则”或有效原子序数（EAN）规则，这将在下文中继续介绍。

### 3.2.3.2　重要的基元反应

了解有机金属化合物催化的均相反应的基元反应步骤，有利于对整个均相催化循环过程的理解，它们是构建整个反应“背后故事”（即反应机理）的基础单元。相比多相催化来说，由于均相反应中催化剂的分子性质明确简单，中间物种比较易于捕获、鉴定，这些基元反应步骤要容易理解得多。图 3-24 为均相催化中主要的基元反应。

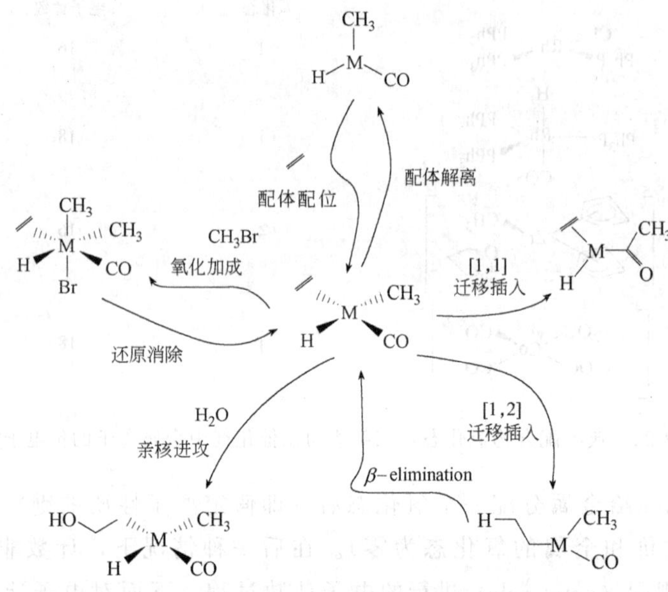


图 3-24　均相催化中主要的基元反应

3.2.3.2.1　配体配位与解离

在催化反应进行前，至少有一个底物必须与催化剂进行配位，这意味着催化剂上必须有一个空缺的活性位点。在均相金属配合物催化过程中，这将是金属原子的配位空缺位点；而在多相催化过程中，这一空缺位点可能是一个金属晶格或催化剂表面的离子。对于多相催化，通常用“吸附”和“脱附”来代替均相催化中的配位与解离。

由于反应并不是在真空中进行，不存在所谓“空位点”。因此，在任何物种能够配位到金属配合物（多相催化中为活性位）上之前，已经占据该位置的物种必须首先离开，这一过程是不断发生的。在多相催化系统中的任何给定时刻，在一些活性位点和载体表面上的相邻处，分子吸附到催化剂上和从催化剂上解吸。同样地，在液相均相催化反应中，溶剂分子、配体和底物同时竞争中心金属上的配位点（图 3-25）。

相对于催化剂来说，高的底物/催化剂比例意味着存在过量的底物（而在反应后续，则是过量的产物）。在均相催化中，常常还有过量的溶剂，有时会是过量的配位体。所有这些物种争夺在活性部位上配合。此竞争能增强反应速率，但也能阻碍反应进行。如果活性位点总是由过剩的配体、溶剂、甚至产物占据，反应就会停止。这样一来，在该催化反应的速率方程中对于配体浓度项的级数为负值。也就是说，在这样的情况下，该配体抑制该反应。

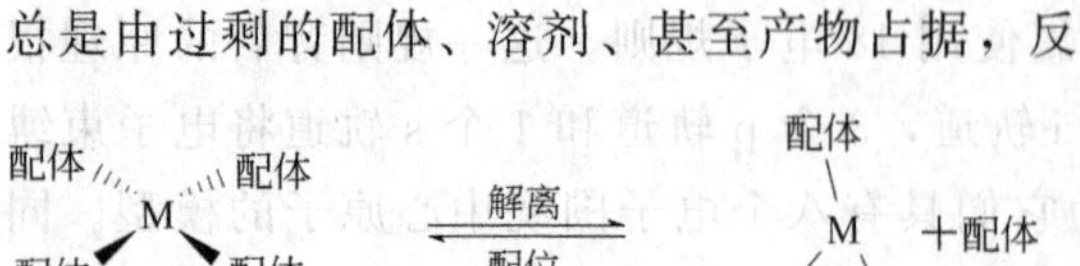

配体(4)M ⇌(解离/配位) 配体(3)M ＋配体

图 3-25　均相催化中配体的配位与解离

在均相催化中，一个物种也能在另一个物种离开之前已经配位到金属上。两种情况

(先解离，然后配位；或先配位，然后解离)类似于SN1和SN2亲核取代的机制。图3-26中采用Ni(CO)$_4$配合物和丙酮(二甲基酮)在THF中反应的例子，对这两种情况进行了解释。在第一种情况下，配体CO从配合物上解离，留下的空位点立即被溶剂分子填补。然后，溶剂被丙酮分子替换。这两个反应都是可逆的过程。第一步为速率控制(慢)步骤，而第二步较快。此SN1型机理也被称为解离机理。在第二种情况下，丙酮分子与Ni原子进行配位，构建了一个五配位的化合物。随后，该化合物解离出一个配体CO，得到产物[Ni(CO)$_3$ (acetone)]。此SN2型机理也被称为配位机理。解离机理对于六配位的18电子物种如Cr(CO)$_6$是常见的；而对于一些配位不饱和的物种如IrCl(CO)[P(C$_6$H$_5$)$_3$]$_2$ (见下文)，则往往是配位机理。

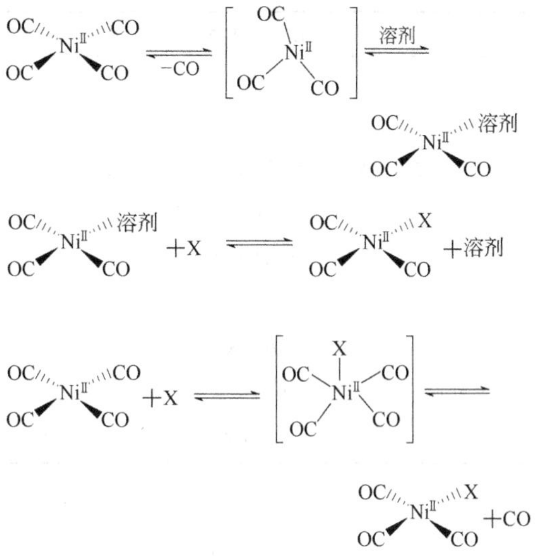

图3-26 Ni(CO)$_4$上配体通过解离和配位进行交换

3.2.3.2.2 氧化加成与还原消除

1) 氧化加成

氧化加成是许多均相催化循环中的关键步骤，通常它是慢步骤(即速控步骤)，这是因为涉及共价键(一般在底物中)的断裂，形成了亚稳态的物种，其很容易在循环中进一步反应。金属M插入化合物X—Y的一个共价键中，该共价键被打断，从而形成了两个新键：M—X和M—Y，金属"失去"两个价电子后得到两个新的配体：X和Y，这一过程被称为氧化加成(oxidative addition)。

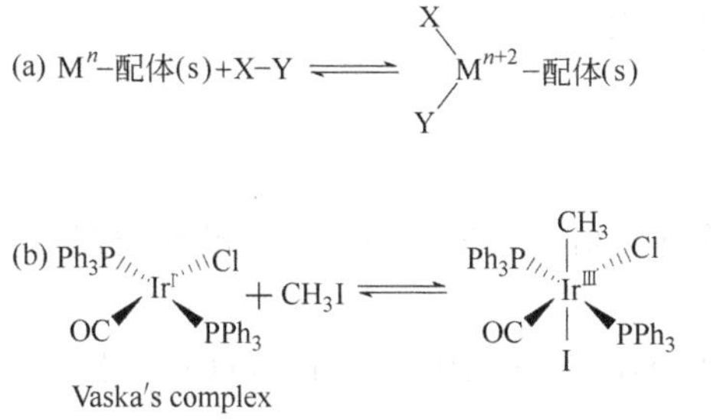

图3-27 (a) 氧化加成反应通式；(b) CH$_3$I与"Vaska化合物"进行氧化加成反应

图3-27给出了氧化加成的反应通式和一个代表性的例子：CH$_3$I加成到反式-IrCl(CO)[P(C$_6$H$_5$)$_3$]$_2$上，这是一种铱的化合物，最早是由Vaska和Di Luzio于1961年制备的，通常被称作"Vaska化合物"。它是一个16电子配位不饱和化合物，很容易与一些化合物经历两电子氧化加成得到一个配位饱和的18电子化合物。这一过程中，金属铱的氧化态从Ir$^{I}$增加到Ir$^{III}$。值得注意的是，起始化合物为16电子、四配位的平面正方形结构，而产物是18电子的八面体结构。

氧化加成反应中一些重要的分子列于表3-5中，并对它们按照加成后是否解离进行了分类。其中，需要加成的分子中含有多重键时将形成$\eta^2$型配体，并没有键的断裂，图3-28给出了形成多重键的三元环配合物。

氧化加成反应中过渡金属的反应活性是比较有意思的内容，对于第Ⅷ族的金属，当以相同配体考虑时，以下图例中给出了这类形式d$^8$→d$^6$的氧化加成反应活性趋势。

表 3-5 氧化加成反应中一些重要的分子

| 存在键断裂 | 无键断裂 |
| --- | --- |
| $H_2$ | $O_2$ |
| $X_2$ | $SO_2$ |
| HX（X＝Hal、CN、RCOO、$ClO_4$） | $CS_2$ |
| $H_2S$ | $CF_2=CF_2$ |
| $C_6H_5SH$ | $(NC)_2C=C(CN)_2$ |
| RX | $R-C\equiv C-R'$ |
| RCOX | $(CF_3)_2CO$ |
| $RSO_2X$ | RNCO |
| $R_3SnX$ | $R_2C=C=O$ |

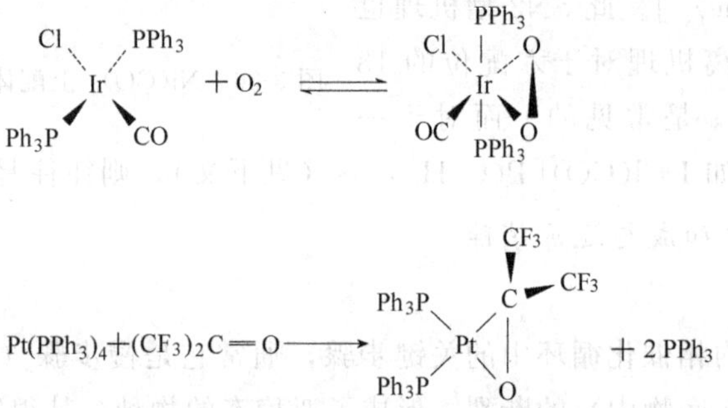

$$IrCl(CO)(PPh_3)_2 + O_2 \rightleftharpoons Ir(O_2)Cl(CO)(PPh_3)_2$$

$$Pt(PPh_3)_4 + (CF_3)_2C=O \longrightarrow (Ph_3P)_2Pt[OC(CF_3)_2] + 2PPh_3$$

图 3-28 氧化加成形成多重键

$$\begin{array}{ccccc} Fe^0 & > & Co^{I} & > & Ni^{II} \\ \wedge & & \wedge & & \wedge \\ Ru^0 & > & Rh^{I} & > & Pd^{II} \\ \wedge & & \wedge & & \wedge \\ Os^0 & > & Ir^{I} & > & Pt^{II} \end{array}$$

（竖箭头：氧化加成；横箭头向左：氧化加成）

同族从上到下同周期从右至左，发生氧化加成的倾向增大，情况与该金属碱性类似。反应活性的许多经验性顺序如下：

$[Ir^{I}(PPh_2Me)_2(CO)Cl] > [Ir^{I}(PPh_3)_2(CO)Cl] > [Rh^{I}(PPh_3)_2(CO)Cl]$；

$[Ir^{I}(PPh_3)_2(CO)Cl] > [Pt^{II}(PPh_3)_2(CO)Cl]^+$；

$Ir^{I} > Pt^{II} > Au^{III}$

氧化加成反应中配体效应也是非常重要的，一个配体向金属中心提供电子的能力增强，有利于氧化加成。这意味着，释放电子（碱性）的配体使金属碱性更强，而吸电子配体则削弱它。下面为配体的影响的一些实例：

$PEt_3>PPh_3$;

$PPhEt_2>PPh_2Me>PPh_3$;

$PPhMe_2>PPh_3>CO$;

$I>Br>Cl$

（箭头向左：σ-供体强度，氧化加成）

烷基膦是好的σ-供体，促进氧化加成，而π-受体配体使得反应更加困难。然而，位阻效应也必须考虑。例如，强碱性、大体积配体三叔丁基膦（$t$-$Bu_3P$）给出低反应速率。

对于平面正方形配合物［$Ir(CO)(PPh_3)_2X$］，其配体效应在下式中可以发现：

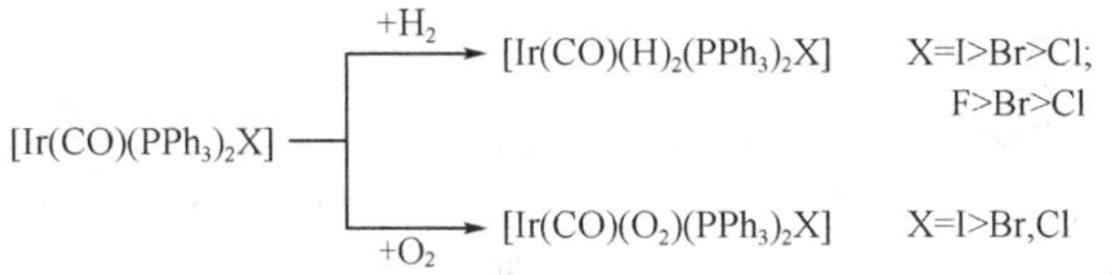

$$[Ir(CO)(PPh_3)_2X] \xrightarrow{+H_2} [Ir(CO)(H)_2(PPh_3)_2X] \quad X=I>Br>Cl;\ F>Br>Cl$$

$$[Ir(CO)(PPh_3)_2X] \xrightarrow{+O_2} [Ir(CO)(O_2)(PPh_3)_2X] \quad X=I>Br,Cl$$

虽然F配体降低了σ-供体的碱性，但是它是一个好的π-供体，能够增加金属的碱性，并且在氢分子的氧化加成反应中后者的效应占主导地位。

配合物［$Ir(CO)(PPh_3)_2Cl$］与氢气在室温下反应，得到二氢化配合物，但类似的铑配合物［$Rh(CO)(PPh_3)_2Cl$］却没有，仅氯配位的［$Rh(PPh_3)_3Cl$］可以形成氢加合物。对比再一次证明了金属碱度效应（Ir＞Rh）以及配体的影响：供体配体（$PPh_3$）提高反应活性，更强π酸配体CO降低它。在更强π酸配体$N_2$相比CO有类似的行为：所述二氮配合物［$IrCl(PPh_3)_2N_2$］不能经历氢加成。σ-供体和π-受体配体是大致平衡的，如在配合物［$Ni(CO)_2(PPh_3)_2$］中，则该化合物是相对稳定的，不朝氧化加成反应方向进行，配体的解离也比较困难。

氧化加成反应可产生反式（trans-）和顺式（cis-）结构的两种产品，取决于加入的物质。例如，卤代烷烃的氧化加成，大多得到反式产物，而与反应途径无关。另一方面，如氢气的氧化加成，与金属配合物形成顺式加成产物。值得注意的是，产物有时可以异构化，从而使得难以从反应途径上来区分（图3-29）。金属中心的电子密度是氧化加成反应的关键参数：σ-供体配体，如烷基膦或烷基卤化物能够增加金属中心的电子密度，从而促进氧化加成。相反地，一些配体（例如，亚磷酸酯、CO或$CN^-$）则能够降低金属中心的电子密度，减缓氧化加成反应。

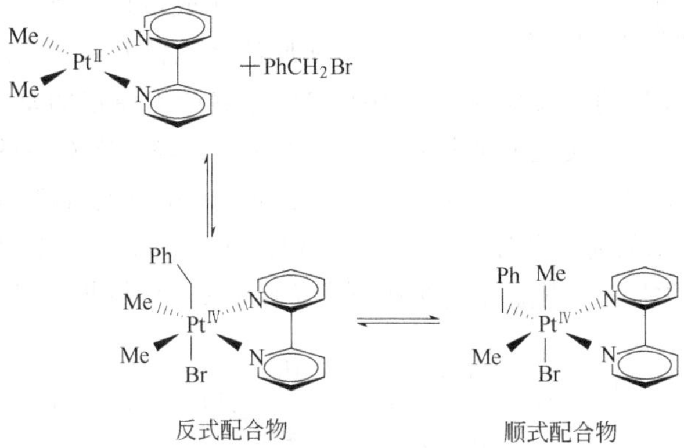

Me, Me, $Pt^{II}$, N, N, $+PhCH_2Br$

Ph, Me, Me, $Pt^{IV}$, Br, N, N

反式配合物

Ph, Me, Me, $Pt^{IV}$, Br, N, N

顺式配合物

图3-29 溴苯与$Pt^{II}$（bipy）$(CH_3)_2$氧化加成得到反式产物，随后异构为顺式结构

环金属化（cyclometallation，也称为氧化偶联）是氧化加成中一种比较特殊的情况。在该反应中，两个不饱和分子：X═Y和X′═Y′，加成到同一个金属原子M上。X—Y键和X′—Y′键均被打断，并形成新的M—X和M—Y′键。然而，新的Y—Y′键也形成了，并且总的结果是形成一个环金属化合物［图3-30（a）］。与氧化加成一样，中心金属的氧化态增加了2。环金属化在炔烃以及一些有吸电子基团活化的烯烃的反应中是比较常见的［图3-30（b）］。

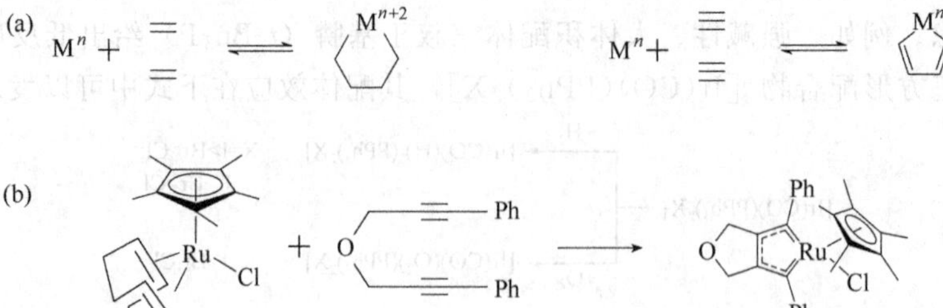

(a) $M^n + $ = = ⇌ $M^{n+2}$ (环)　　$M^n + $ ≡ ≡ ⇌ $M^{n+2}$ (环)

(b) Ru—Cl 配合物 + O(CH₂C≡CPh)₂ ⟶ 产物（Ph, Ru, Cl, O）

图 3-30 (a) 环金属化反应通式；(b) 环戊二烯基-Ru 化合物

2）还原消除

从形式上来讲，还原消除（reductive elimination）是氧化加成的逆过程：从金属 M 与 X 和 Y 键合的两个物种起始，一个新的 X—Y 键形成，同时 M—X 和 M—Y 键断裂。物种 X—Y 从配合物上离去，金属失去两个配位体，从而“获得”两个空价电子。还原消除主要在过渡元素中被观察到，尤其是一些高氧化态（Ⅱ，Ⅲ和Ⅳ）的贵金属如 Pd，Pt，Rh，Ir。在许多催化循环中，反应物在氧化加成步骤进入循环中，并且它的一部分在还原消除步骤离开中间体。图 3-31 示出了一个通用的还原消除反应，以及一个从镍配合物上还原消除 HCN 的例子。

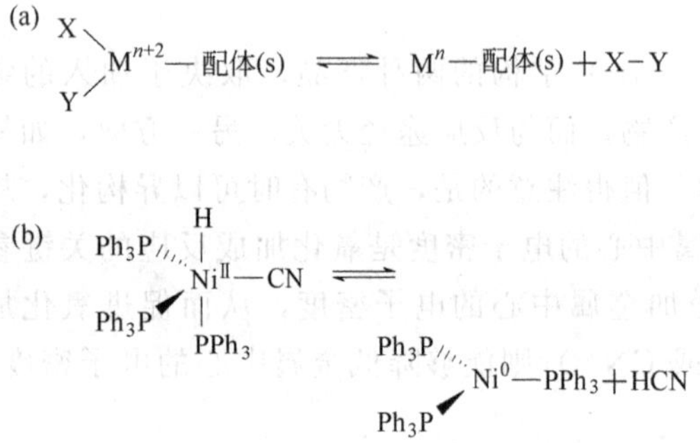

(a) $X, Y\text{—}M^{n+2}\text{—配体(s)} \rightleftharpoons M^n\text{—配体(s)} + X\text{—}Y$

(b) $(Ph_3P)_3Ni^{II}(H)\text{—}CN \rightleftharpoons (Ph_3P)_2Ni^0\text{—}PPh_3 + HCN$

图 3-31 (a) 还原消除反应通式；(b) 从镍配合物上还原消除 HCN

基于微观可逆性原理，还原消除是相应的氧化加成的平衡对照。值得注意的是，虽然氧化加成可以产生顺式和反式产品，但是还原消除只能从顺式构型进行。含有吸电子基团的配体可以提高还原消除反应速率，因为它们能够产生稳定的富电子金属中心。相反，含有给电子基团的配体将减缓还原消除步骤。有些还原消除步骤对应的氧化加成反应并不是已知的，例如，烯烃中的 C—C 键与过渡金属中心加成的反应具有高动力学能垒，另外一个例子就是如图 3-32 所示的通过还原消除产生新脂肪族的 C—C 键，这里，通过创建 Pd-乙基键和 Pd-甲基键得到的能量并不能补偿在断裂脂肪族的 C—C 键损失的能量。

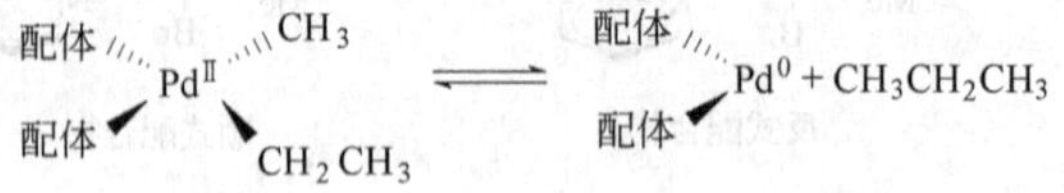

$(配体)_2Pd^{II}(CH_3)(CH_2CH_3) \rightleftharpoons (配体)_2Pd^0 + CH_3CH_2CH_3$

图 3-32 通过一个 Pd 配合物的还原消除来形成 C—C 键

探索能轻易地与脂肪族 C—C 键和 C—H 键进行氧化加成反应的催化剂将对化学工业产生巨大影响：这是因为烷烃是最丰富、最廉价的有机起始原料。如果能有激活这种键的催化剂，我们可以直接在许多工业过程中使用烷烃，这将改变世界各地的化学工业。从很多方面来看，利用均相催化剂直接进行的 C—H 键激活和烷烃的功能化无疑是均相催化研究领域的“圣杯”。

3.2.3.2.3 插入与挤出

插入或迁移步骤（insertion or migration）涉及引入一个不饱和配体到相同配合物的另一个金属-配体键之间。插入和还原消除是常见的键形成步骤，而氧化加成是一种常见的断键步骤。然而，“插入”术语多少存在一些问题，因为近期研究表明，在许多情况下，是“端基”迁移到“要插入的基团”。因此，正确的说法是“迁移插入”，但许多教材中仍然使用简单的“插入”表述。迁移和插入的产物是有差异的，其中的螯合配合物值得关注：插入改变空间构型位置，而迁移不会。例如，在图 3-33 示出的平面正方形钯配合物中，CO 插入 Pd—$CH_3$ 键形成一种与螯合的 P 原子为顺式（cis-）构型。相反地，$CH_3$ 基团的迁移将保留原来的反式（trans-）构型。

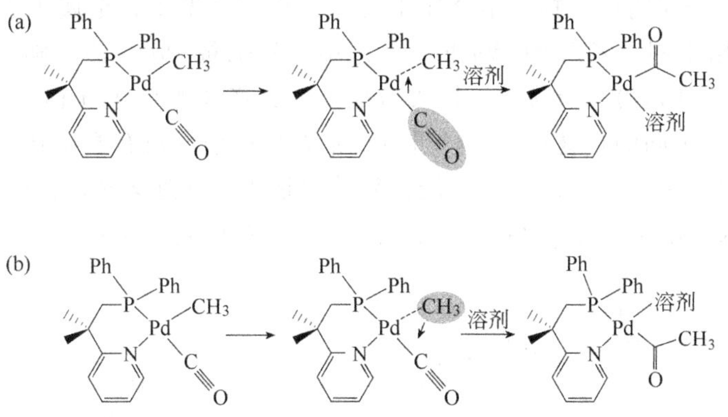

图 3-33 在有 P—N 螯合配体平面正方形 Pd 配合物中，(a) CO 插入；(b) $CH_3$ 迁移

对于（迁移）插入的发生，两个基团必须在顺式（cis-）位置，金属失去一个配体，两个原配体之间形成一个新键。如图 3-34 所示，常见的插入反应是［1，1］类型或［1，2］类型，在［1，1］类型插入中，金属原子和“端基”最终结合到“要插入的基团”中相同的原子上。相反地，在［1，2］类型插入中，金属原子和“端基”分别结合到“要插入的基团”中相邻的原子上。［1，1］类型插入对于 $\eta^1$-键合配体如 CO 非常典型，而 $\eta^2$-键合配体如乙烯则通常经历［1，2］类型插入。

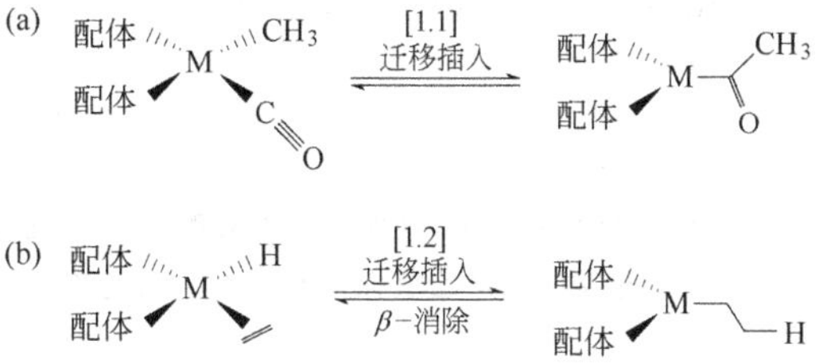

图 3-34 迁移插入反应的两种类型：［1，1］与［1，2］

挤出（de-insertion 或 extrusion），简单地说是插入的逆过程，在挤出基团是烯烃的特殊情况下，该反应被称为 $\beta$-氢消除（或简称 $\beta$-消除）。从 $\beta$-C 攫取一个氢原子，产生一个烯烃和一个新的 M—H 键或 M—R 键（图 3-35）。通常反应经历一个抓氢（agostic）中间体，金属获得一个新的配体（氢化物），配合物的电子数增加了 2。配体插入在配合物上产生了一个空位，而 $\beta$-消除则需要一个，并且必须和消除基团呈顺式（cis-）构型。插入和挤出反应总是处于平衡状态，在某些情况下，使用 NMR（核磁光谱法）有可能测定此平衡。烷基配体如果没有 $\beta$-氢原子，则可能会消除来自 $\alpha$、$\gamma$ 或 $\delta$ 位置上一个氢原子。

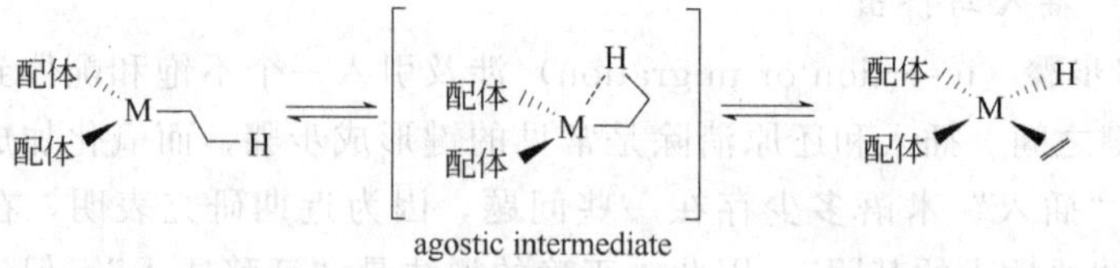

配体 M H 配体 H M 配体 配体 H M
agostic intermediate

图 3-35 过渡金属-烷基配合物的 $\beta$-氢消除反应通式

3.2.3.2.4 对配位底物的亲核进攻反应

当一个分子配位到金属中心时，它的微观电场特性会发生变化。这种变化可以激活该分子，使其易于被另一分子进行亲核或亲电进攻。易于亲核进攻活化是比较常见的，因为在大多数情况下，配位分子将电子提供给金属中心（在许多情况下，金属中心为电正性的）。一个很好的例子是用于制造乙醛的 Wacker 工艺中，乙烯被 Pd 激活，随后被水进攻［图 3-36（a)］。配位的 CO 是另一个易受亲核攻击配体，其产物类似于迁移（或插入）步骤［图 3-36（b)］。然而，不同的是这里的亲核进攻试剂在反应前并没有配位到金属中心。

由醇盐、胺和水的亲核攻击在均相催化领域中是非常有意义的，合成气体系中，一个主要反应是羰基与水转化为金属氢化物和二氧化碳（“变换反应，Shift reaction”），见图 3-37。

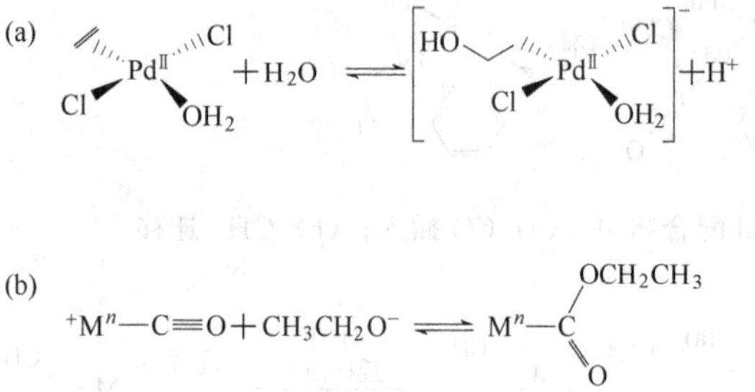

(a) $Pd^{II}$ Cl Cl $OH_2$ $+H_2O$ ⇌ [HO $Pd^{II}$ Cl Cl $OH_2$]$^-$ $+H^+$

(b) $^+M^n—C≡O + CH_3CH_2O^- ⇌ M^n—C(=O)OCH_2CH_3$

图 3-36 (a) Wacker 过程中，水对配位乙烯进行亲核进攻；(b) 乙氧根对配位 CO 的进攻

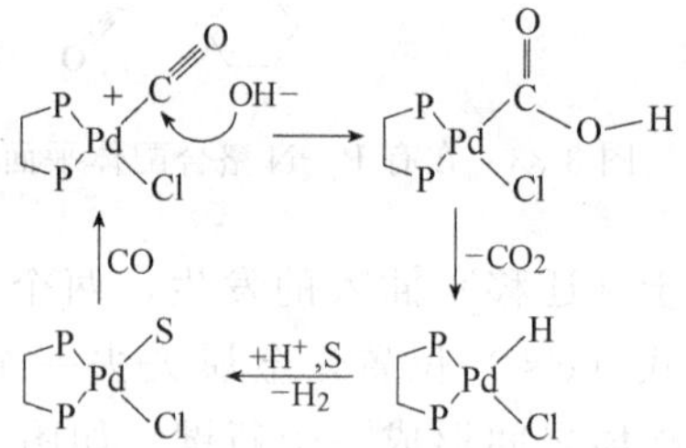

P P Pd Cl C O + $OH^-$ → P P Pd Cl C(O)O—H; $-CO_2$; P P Pd H Cl; $+H^+$,S $-H_2$; P P Pd S Cl; CO

图 3-37 $OH^-$ 进攻，随后消除 $CO_2$（S表示溶剂）

3.2.3.2.5 其他类型反应

除上述四大类型的基元反应，还有一些其他类型，但并不常见。这里着重对氢分子（$H_2$）的活化过程涉及的基元反应进行介绍，因为它们在均相催化中非常常见，同时，通过比较不同类型对于理解各种机制是大有帮助的。三种常见的氢分子活化反应为：氧化加成、异裂（heterolytic cleavage）和 σ-键复分解（σ-bond metathesis）。

氢分子的氧化加成通常涉及 $d^8$-平面正方形金属配合物转变为 $d^6$-八面体金属配合物，或相似转变涉及 $d^2 \rightarrow d^0$，$d^{10} \rightarrow d^8$ 等。氢分子与低价态金属配合物的氧化加成在许多催化循环中非常常见，尽管氢键的强度大，反应仍可以顺利地进行，得到顺式二氢配合物。一个金属-氢键的键能在 200～280kJ · $mol^{-1}$，足以补偿断裂 H—H 键（436kJ · $mol^{-1}$）的损失。氢化物一般被认为 H 带有一个负电荷，这种电子计数方式赋予了氢分子一种氧化剂的角色！氢分子氧化加成到 $d^8$-金属配合物的经典例子是 Vaska 和 Diluzio 发现的反应：

$$\text{trans-IrCl(CO)(PPh}_3)_2 + H_2 \longrightarrow \text{IrH}_2\text{Cl(CO)(PPh}_3)_2$$

对于 Rh 配合物，已经在加氢领域有非常广泛的应用。模型化合物反应：

$$Rh(diphosphine)_2^+ + H_2 \longrightarrow RhH_2(diphosphine)_2^+$$

一个金属二聚体与 $H_2$ 的反应也可视为氧化加成反应。例如，一个 $d^7$ 金属配合物与氢分子发生反应得到两个 $d^6$ 物种，在这个过程中形式上产生两个氢负离子。一个典型的例子是八羰基合二钴转化为四羰基钴氢：

$$Co_2(CO)_8 + H_2 \longrightarrow 2\ HCo(CO)_4$$

在过去，这一过程被认为是氢分子的均裂反应。很明显，氢气被分裂成一个金属氢化物和一个高能量的氢自由基，这是极不可能的，在这个意义上均裂方式是一种误导。

氢分子的异裂一直是很多学者研究和讨论的话题，但只有非常少的情况下有明确的证据，认为氢分子分裂成一个质子和一个与金属结合的氢化物。在理想情况下，异裂是由金属离子催化的，同时碱的存在有助于质子的攫取。在该反应中，金属的氧化态没有正式的变化。该机理是针对如下 Ru（Ⅱ）配合物与氢分子的反应被提出的：

$$RuCl_2(PPh_3)_3 + H_2 \longrightarrow RuHCl(PPh_3)_3 + HCl$$

Ru 具有足够数量的 d 电子来与氢分子进行氧化加成，紧接着还原消除 HCl。

如果碱配位到金属，σ 键复分解是氢分子异裂的另一种可能机制，反应后形成的酸偶联物可以留在金属上或可能会离开金属，如 HCl 和 $CH_3COOH$ 的情况。这种机制将适用于氢分子在固体氧化物上的异裂。如图 3-38 所示，在整个过程中的铂仍然保持二价。

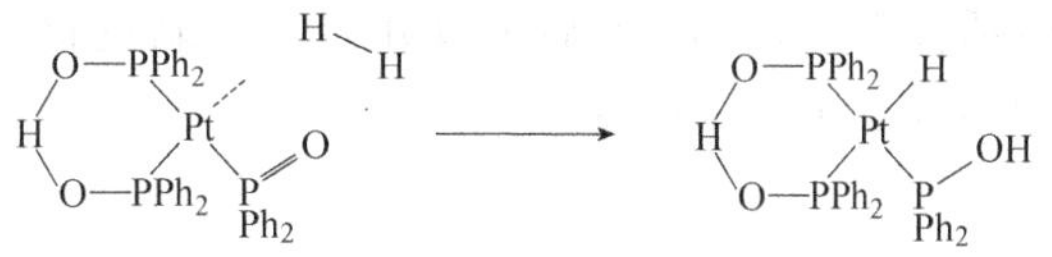

图 3-38 氢分子被“金属-碱”异裂

### 3.2.3.3 16/18 电子规则

正如我们已经看到的，过渡金属催化的反应按照与金属中心的氧化态和配位数有关的一定规则逐步进行。特别有用的是 Tolman 提出的 16/18 电子规则，它已成功地用于阐明均相催化中较优的反应路径。该规则是基于对一些充分表征的反磁性过渡金属配合物（特别是具有 16 或 18 个价电子）的研究。所有配体以共价形式结合到金属中心，提供两个电子到价电子层，并且金属原子提供了所有的 d 电子，对应于它的氧化态。例如：

$[Rh^{I}Cl(PPh_3)_3]$ 有 $8+(4\times2)=16$ 个价电子，其中 $Rh^{I}$ 为 $8e^-$。

$[CH_3Mn^{I}(CO)_5]$ 有 $6+(6\times2)=18$ 个价电子，其中 $Mn^{I}$ 为 $6e^-$。

Tolman 为有机金属配合物和它们的反应确定了以下规则：

① 在正常情况下，过渡金属的反磁性有机金属配合物仅以可测定浓度的 16 或 18 电子的形式存在。

② 有机金属反应，包括催化过程，通过涉及 16 价或 18 价电子的中间体的基元步骤进行。

其中，第二条规则可以示意性地描绘为图 3-39 中均相催化的基元反应。

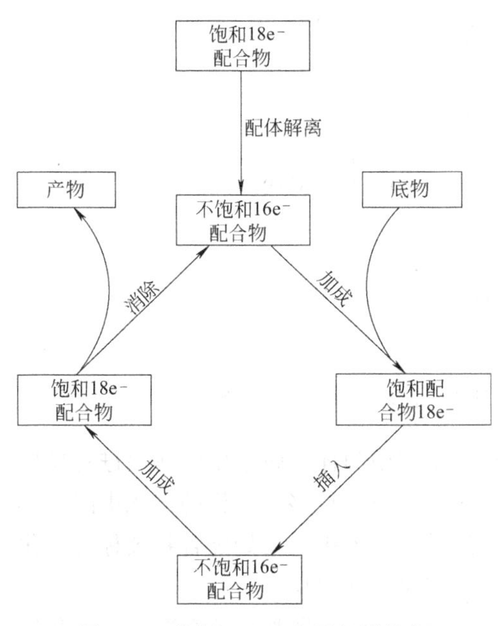


图 3-39 依据 16/18 电子规则的均相催化反应过程

### 3.2.3.4 催化循环反应机理

催化过程可以描述为一个反应循环，其中底物转化为产物的同时催化活性物质得到再生。在该过程结束时，催化剂是以其原始形式存在的。催化过程的循环描述是特别清楚的，也有益于开发新工艺。

了解均相催化的基元反应和16/18电子规则的知识后，均相催化过程可描绘成环状过程。这种方式描述的催化机理也是由Tolman引入的。我们现在讨论工业上重要的端烯烃氢甲酰化反应的循环过程（图3-40）。

该催化剂前体是18电子的四羰基钴氢配合物**A**，它通过解离配体CO，得到16电子活性催化剂**B**，下一步是烯烃的配位，得到18电子配合物**C**。随后是烯烃通过氢的迁移来快速插入到金属-氢键中，以形成Co-烷基配合物**D**，下一步是加上一个来自气相的CO分子，得到18电子四羰基配合物**E**，它经历CO插入，得到16电子酰基配合物**F**，这之后进行$H_2$的氧化加成到$Co^{I}$-酰基配合物形成18个电子的$Co^{III}$-二氢配合物**G**。

最后，催化循环的限速步骤是氢解酰基配合物得到醛，它从配合物上还原消除，重新产生活性催化剂B，然后可以开始一个新的循环。因此，循环由一系列16/18电子过程组成，如图3-40的内圆所示。

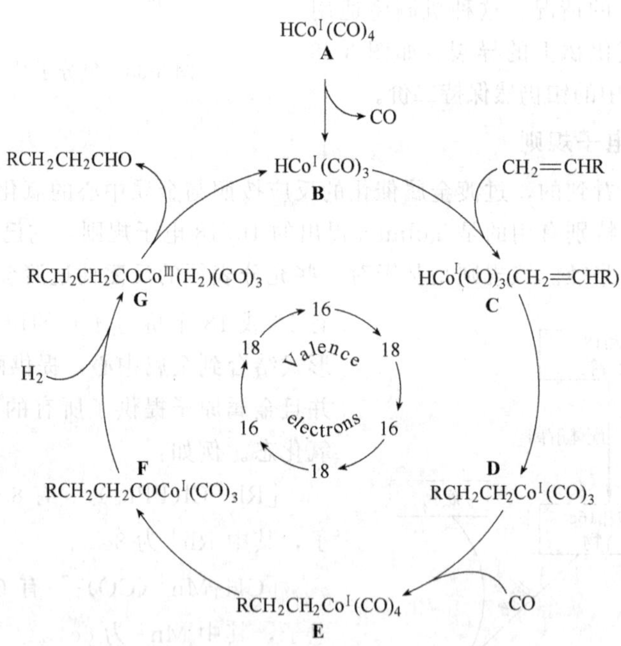


图3-40 Co催化端烯氢甲酰化反应中的活性中心循环：16/18电子规则

正如我们看到的这个工业反应的例子中，钴通过一系列中间体，每个中间体促进总反应中的特定步骤。因此整个过程中存在的不是单一的催化剂，而是很多不一样的催化中间体物种的催化体系，这是典型的均相催化。通常，被引入到反应系统中的初始配合物被称为催化剂，但严格来说，这是不正确的，准确而言，应该称为催化剂前驱体。

在20世纪50年代后期，Consortium电化学公司的研究人员发现，将乙烯、氢气和氧气的混合物通过多相的Pd/C时产生了乙醛，这一发现最终促成了均相Wacker氧化工艺用于氧化烯烃为羰基化合物。正如我们将要看到的，这个过程结合了两种化学反应与催化循环，且使用两个均相催化剂。在随后的几十年中，Wacker 工艺变得越来越重要，因为它提供了简单途径来生产乙醛，用于制造乙酸。当甲醇羰化制乙酸路线开发后，Wacker 法的工业重要性才略有下降。尽管如此，Wacker 氧化是一个很好的例子，它展示了由三个不同的化学计量反应组合构建一套催化循环的概念。

Wacker 工艺有三个主要步骤：在第一步中，乙烯与 $Pd^{II}$ 盐、水反应，得到乙醛、$Pd^0$ 和两个质子；在第二步中，$Pd^0$ 被两当量 $Cu^{II}$ 氧化，得到 $Pd^{II}$ 和两当量的 $Cu^{I}$；最后，将 $Cu^{I}$ 在酸性条件下由氧气重新氧化，得到一当量水并再生 $Cu^{II}$ 盐。如图 3-41 所示，所以这三步均是化学计量反应，但合在一起就形成一种双催化循环。值得注意的是，虽然净反应确实是用氧气氧化乙烯为乙醛，但乙醛分子中的氧原子并不来自氧分子，而是来自于水。

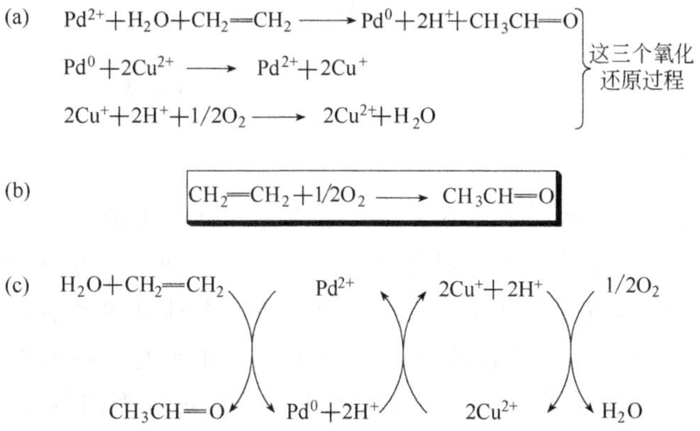

(a)

$$Pd^{2+} + H_2O + CH_2{=}CH_2 \longrightarrow Pd^0 + 2H^+ + CH_3CH{=}O$$
$$Pd^0 + 2Cu^{2+} \longrightarrow Pd^{2+} + 2Cu^+$$
$$2Cu^+ + 2H^+ + 1/2O_2 \longrightarrow 2Cu^{2+} + H_2O$$

这三个氧化还原过程

(b)

$$CH_2{=}CH_2 + 1/2O_2 \longrightarrow CH_3CH{=}O$$

(c)

$H_2O + CH_2{=}CH_2$ → $CH_3CH{=}O$；$Pd^{2+}$ → $Pd^0 + 2H^+$；$Pd^0 + 2H^+$ ← ；$2Cu^+ + 2H^+$ ⇄ $2Cu^{2+}$；$1/2O_2$ → $H_2O$

图 3-41 Wacker 氧化体系：(a) 三个化学计量氧化还原反应；(b) 总反应；(c) 简化的催化循环

其中，针对 Pd 的催化循环如图 3-42 所示，这也展示出了若干个在前文中描述的基元反应。先从 $[Pd^{II}Cl_4]_2^-$ 作为催化剂前体（catalyst precursor）起始，与乙烯和水交换两个氯配体，随后是水对配位的乙烯发生亲核进攻反应，这种亲核进攻是 Wacker 型氧化所特有的，另一个氯配体与水进行交换，随后是 $\beta$-氢攫取乙烯醇的配位，然后乙烯基插入到 Pd—H 键中，最后一个氯配体与水交换，与产物和一个质子一起从配合物上消除，得到 $Pd^0(H_2O)_2$。最后的步骤是复杂的，因为产物不是经历乙烯醇简单的消除和随后互变异构化形成的。当反应在 $D_2O$ 中进行时，乙醛产品不含有氘（D）原子（乙烯醇与 $D_2O$ 会发生快速 H/D 交换，这排除了任何乙烯醇中间体）。

确切的催化循环仍在争论中，模型反应的研究虽然提供了对机理的洞察，但这些模型反应与实际催化循环不同，因此可能会遵循不同的机理途径。动力学研究表明，乙烯的转化率遵循下式中的速率方程。这支持涉及两个氯离子和一个质子的解离的预平衡，因此解释了反应对氯离子存在敏感性。

$$反应速率=\frac{d[C_2H_4]}{dt}=k\frac{[Pd^{II}][C_2H_4]}{[H^+][Cl^-]^2}$$

与多相催化剂相比，在均相过渡金属催化中使用的配合物具有明确的结构，如可以直接通过分析方法来揭示。然而，通常很难确定真正催化活性的物质，这是因为存在许多密切相关的反应，而这往往不能进行独立研究。尽管如此，均相催化的反应机理的详细知识无疑是最佳利用的先决条件。

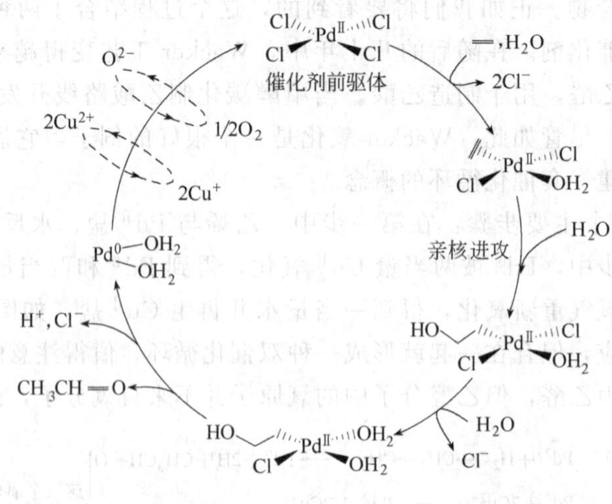

图 3-42　Wacker 氧化过程中 Pd 的催化循环

### 3.2.3.5　构效关系

金属及其周围环境（即配体和溶剂）是控制催化活性的关键因素。我们可以尝试通过研究反应动力学、构建催化循环来对这些因素进行量化，并期望性的预测新的金属-配体化合物的结果。了解这些因素背后的化学意义就像是解决一个神秘的填字游戏——往往最初它看起来是不可能的，一旦你找到正确的答案，你就知道是正确的。在本节中，将给出均相催化的关键结构/活性概念的实质轮廓。在一般情况下，我们可以把结构/活性的影响分为两类：位阻效应和电子效应。

3.2.3.5.1　位阻效应：配体尺寸、咬角和灵活性

配体尺寸和灵活性是主要位阻因素，配体的大小是重要的，因为金属中心周围的空间是有限的。如果配体占用太多空间，则底物不能配位。配体的解离释放出围绕金属的空间的一部分，产生一个反应缺口（reaction pocket），这一反应缺口的大小取决于剩余配体的大小。图 3-43 示出了 $Ni[P(Ph)_3]_4$（不能靠近中心 Ni 原子）和 $Ni[P(Ph)_3]_3$ 的结构。计算出配体的尺寸是困难的，特别是对大的、不对称的配体。托尔曼（Chadwick Tolman）在

$$Ni(PPh_3)_4 \rightleftharpoons Ni(PPh_3)_3 + PPh_3$$

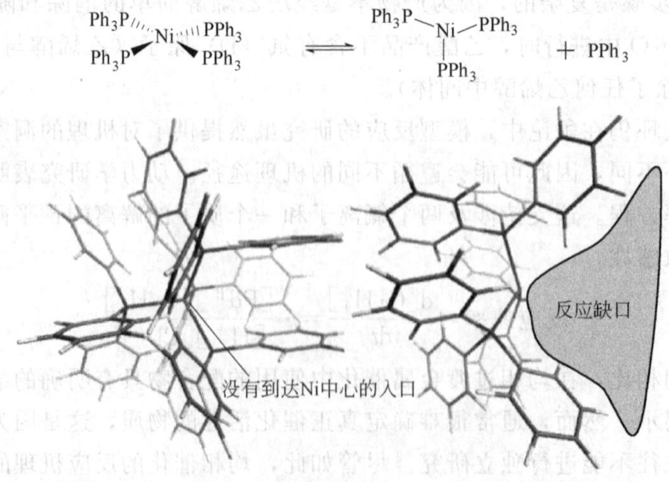


图 3-43　配合物 $Ni[P(Ph)_3]_4$ 的 3D 结构以及解离三苯基膦配体后产生的反应缺口

20 世纪 70 年代提出了一个通用的测量值来确定膦配体的大小。他构建一个“锥形”，包括了配体、在其顶端的金属中心和距离它 0.228nm 的 P 原子（图 3-44）。这一测量，被称为托尔曼锥角（Tolman's cone angle），$\theta$，通常也称为咬角，采用范德华半径并对对称的 $PR_3$ 配体给出了良好的相关性。锥角值通常从 87°（对于 L＝$PH_3$）逐渐上升到 212°（对于 L＝P(mesityl)$_3$）。托尔曼锥角模型精美、直观而简单，但它也有其局限性。键合到相同的金属中心的配体上的取代基可能会啮合，允许比锥角值预期的更为紧密的填充。此外，当配体环境拥挤时，低能量的弯曲变形可能会发生。另一个问题是，配体很少形成完美锥体；某些情况下，邻近金属中心的部分是很重要的，但在另一些情况下远离金属的部分却起着决定性的作用。

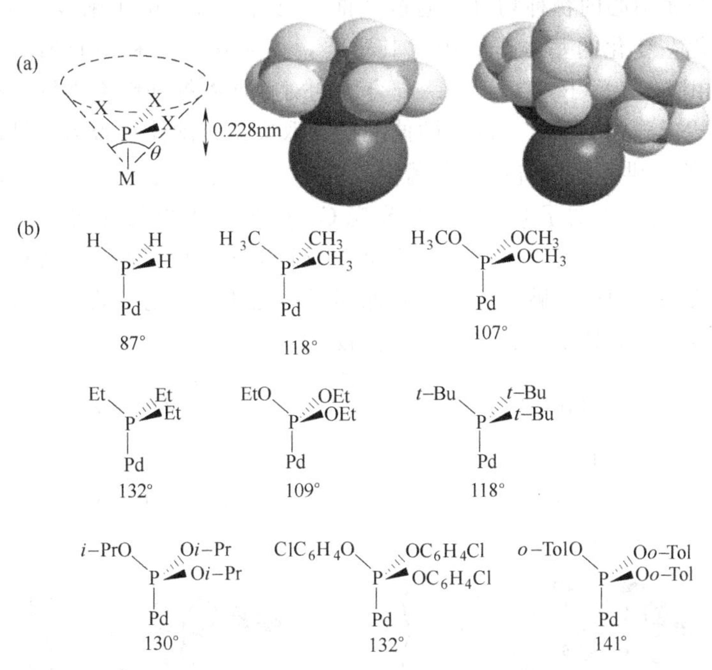


图 3-44　锥角的计算和一些配体的锥角值 $\theta$

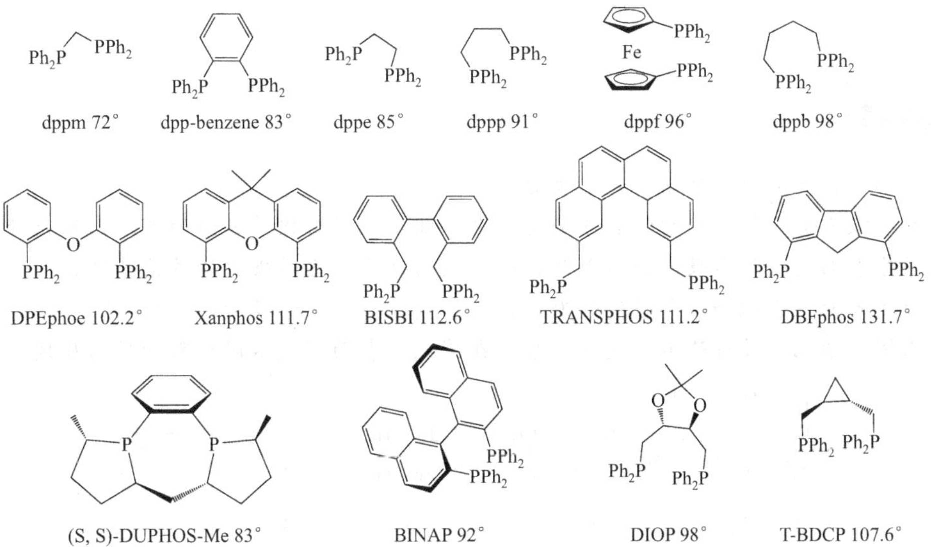


图 3-45　双齿膦配体及其相应的咬角 $\alpha$

配体空间相互作用的概念被扩展到二齿（螯合）配体，在这种情况下，关键参数是配体咬角（bite angle）$\alpha$，荷兰化学家 Piet van Leeuwen 进行了突出研究（图 3-45）。咬角可通过实验测量或用分子建模技术计算。它与一些催化反应中产物的收率有很好的相关性。通常，咬角越大，螯合配体占据更多的空间，从而反应缺口越小。$\alpha$ 的值是配体的优先咬合角度和可从金属获得的 d 轨道的类型、数量之间进行折衷的结果，前者主要由配体骨架所造成的限制以及配位原子和/或配体骨架的取代基之间的空间排斥力来决定的。配体的灵活性可以看作是其在催化循环的过程中改变它的咬角（以及相应的配位状态）的能力。

3.2.3.5.2 配体、底物和溶剂的电子效应

任何配位到金属中心的物种均可以通过“推”或者“拉”电子来改变金属的电子密度，这在涉及金属氧化态变化的基本步骤中尤其重要，如氧化加成和还原消除。托尔曼（Tolman）通过测量相应的 M（P）（CO）$L_2$ 配合物的对称伸缩振动频率来量化膦配体 P 的电子效应，与配体 P 成反式构型的 C—O 键的伸缩振动取决于该配体是否为 $\sigma$-供体或 $\pi$-受体（图 3-46）。一个强大的 $\sigma$-供体配体将增加金属中心的电子密度，反过来，这将导致更多的反馈到 C—O 反键 $\pi^*$ 轨道，削弱了 C—O 键并改变 C—O 伸缩到更长的波长。相反，一个强 $\pi$-受体配体将减少金属中心的电子密度，从而减少反馈到 C—O 反键 $\pi^*$ 轨道，改变 C—O 伸缩移位到较短的波长。因此，膦配体（和其他同系列配体）的电子效应可以使用 C—O 键的伸缩频率进行比较，针对特定的金属来进行比较即可。

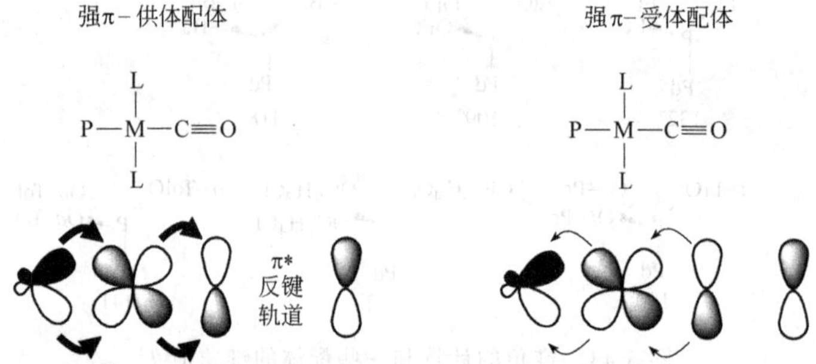


图 3-46 P 配体的供体/受体性质影响与反式构型的 C—O 键

## 思考题

1. 多相催化反应通常包括哪几个步骤？
2. 物理吸附与化学吸附的特点分别是什么？物理吸附与化学吸附的本质区别是什么？
3. 固体表面发生化学吸附的原因是什么？表面反应与化学吸附的关系是什么？
4. 金属表面上甲烷和氢分子的吸附，只能形成解离型化学吸附，为什么？
5. 根据下图比较并讨论不同反应物分子在催化剂表面形成不同吸附物种的原因？

a: $H_3N$—$Al^{3+}$　b: O=C—Pt　c: Pt—C(=O)—Pt　d: H—Pt　H—Pt　e: $CH_3CH_2$—Pt　H—Pt　f: $H^-$—$Zn^{2+}$　$H^+$—$O^{2-}$　g: $H_2C{=}CH_2$—Pt　h: Pt—$H_2C$—$CH_2$—Pt

6. CO 分子的化学吸附都有哪几种可能的吸附态？为什么会存在多种吸附态？

7. 在0℃下，活性炭上吸附CO，在给定压力下，测量到如下吸附气体的量。

| $p$ [mbar] | 133 | 267 | 400 | 533 | 667 | 800 | 933 |
| --- | --- | --- | --- | --- | --- | --- | --- |
| $V$ [$cm^3$] | 10.3 | 19.3 | 27.3 | 34.1 | 40.0 | 45.5 | 48.0 |

（1）判定测量值是否遵循Langmuir等温线

（2）计算常数$K_a$及相应于完全覆盖的体积。

8. 低压下磷化氢$PH_3$在钨催化剂上的分解是一级反应，但是高压下是零级。解释原因。

9. 在Pt催化剂作用下，$CO_2$和$H_2$的反应可以用下述表达式描述：

$$CO_{2(G)}+H_{2(ads)}\longrightarrow H_2O+CO$$

（1）这个加氢反应根据哪个机理进行？

（2）对这类反应一个通用的动力学机理的名称是什么？是基于吸附理论吗？

10. 在大孔聚乙烯磺酸催化作用下，异丁烯（IB）聚合的动力学方程如下：异丁烯浓度较低时，$r=k_1c_{IB}^2$；异丁烯浓度较高时，$r=k_2c_{IB}$，可用哪个模型来解释上述动力学方程？

11. $D_2$在M催化剂表面上发生解离吸附，试通过推导求其吸附达到平衡时的吸附等温式？

12. 在含硫的Ni-Mo/$\gamma$-$Al_2O_3$催化剂作用下，有机硫化合物和$H_2$反应比同等条件下含氮化合物与$H_2$的反应快。然而，当有机硫和有机氮混合化合物和$H_2$反应时，有机氮化合物反应更快，用一个动力学模型解释上述现象？

13. 若混合气体A和$B_2$在表面上发生竞争吸附，其中A为单活性吸附，$B_2$为解离吸附：A+$B_2$+3※⟶A※+2B※，A和$B_2$的气相分压分别为$p_A$和$p_B$，吸附平衡常数为$k_A$和$k_B$。求吸附达到平衡后A的覆盖率$\theta_A$和B的覆盖率$\theta_B$

14. 等温吸附中，Langmuir方程式为$Q=\dfrac{V}{V_m}=\dfrac{\lambda p}{1+\lambda p}$；Freundlich方程为$V=kP^{\frac{1}{n}}$（$n>1$），如何分别求出式中的参数$\lambda$，$V_m$，$k$，$n$，其物理意义如何？

15. 根据77K下$N_2$吸附在硅酸铝催化剂上的实测数据，并以$\dfrac{p}{v(p^0-p)}$对$\dfrac{p}{p^0}$作图，得到直线的斜率与截距分别为$m=8450g/m^3$及$n=98g/m^3$，请计算此催化剂的比表面。（$S_{N_2}=16\times10^{-20}m^2$）

16. 怎么从表观速率常数的Arrhenius方程判断同一双组分反应在同样条件下是符合L-H机理模型还是符合R-E机理模型？

17. 请计算出下面配合物中过渡金属的氧化态：

（a）$[V(CO)_6]^-$　（b）$[Mn(NO)_3CO]$　（c）$[Pt(SnCl_3)_5]_3^-$

（d）$[RhCl(H_2O)_5]^{2+}$　（e）$[(\pi\text{-}C_5H_5)_2Co]^+$　（f）$[H_2Fe(CO)_4]$

（g）$[Ni_4(CO)_9]^{2-}$　（h）$[Fe(CO)_3(SbCl_3)_2]$　（i）$[HRh(CO)(PPh_3)_3]$

18. 请给出下列基元反应的类型：

（a）trans-$[PtCl_2(PEt_3)_2]+HCl\longrightarrow[PtCl_3H(PEt_3)_2]$

（b）$[W(CH_3)_6]\longrightarrow3CH_4+W(CH_2)_3$

（c）$[Co(H)_2\{P(OMe)_3\}_4]^+\rightleftharpoons[Co\{P(OMe)_3\}_4]^++H_2$

（d）$[(\pi\text{-}C_5H_5)W(CO)_3]Na+CH_3I\longrightarrow[(\pi\text{-}C_5H_5)W(CO)_3Me]+NaI$

（e）$[IrCl(CO)(PPh_3)_2]+Me_3O^+BF_4^-\longrightarrow[IrMeCl(CO)(PPh_3)_2]^+BF_4^-+Me_2O$

(f) $[(\pi\text{-}C_5H_5)Mn(CO)_3]+C_2F_4 \longrightarrow [(\pi\text{-}C_5H_5)Mn(CO)_2C_2F_4]+CO$

(g) $[(\pi\text{-}C_5H_5)_2ReH]+BF_3 \rightleftharpoons [(\pi\text{-}C_5H_5)_2ReHBF_3]$

19. 解释下面的配体交换反应，并解释他们彼此之间的区别。

(a) $[W(CO)_6]+Si_2Br_6 \longrightarrow [W(CO)_5SiBr_2]+SiBr_4+CO$

(b) $[Pt(PPh_3)_4]+Si_2Cl_6 \longrightarrow [Pt(PPh_3)_2(SiCl_3)_2]+2PPh_3$

(c) $[Fe(CO)_5]+PEt_3 \longrightarrow [(PEt_3)Fe(CO)_4]+CO$

20. 溴代烃的 Sonogashira 交叉偶联是形成端位炔烃有效方法，它能容忍各种官能团，使用 Pd 和 Cu 的组合催化、经历乙炔化亚铜中间体进行反应：

(a) 通过填充的基元步骤的名称以及缺少的催化中间体，完成下图中的 Sonogashira 反应的催化循环。

(b) 每个中间体中的 Pd 原子氧化状态是多少？

(c) 推荐一个实验方案，能够确定 A，B 或 C 中谁是速率控制步骤。

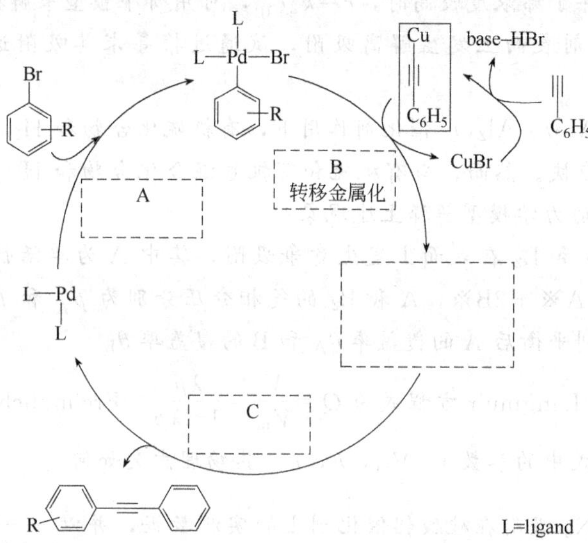


## 参考文献


[1] Wijngaarden R J, Kronberg A, Westerterp K R. Industrial Catalysis: Optimizing Catalysts and Processes, Weinheim: Wiley-VCH, 1998.

[2] Chorkendorff I, Niemantsverdriet J W. Concepts of Modern Catalysis and Kinetics, Weinheim: Wiley-VCH, 2003.

[3] Hagen J. Industrial Catalysis: A Practical Approach, Second Edition, Weinheim: Wiley-VCH, 2006.

[4] Rothenberg G. Catalysis: Concepts and Green Applications. Weinheim: Wiley-VCH, 2008.

[5] 吉林大学化学系. 催化作用基础. 北京：科学出版社，1980.

[6] 邓景发，唐敖庆. 催化作用原理导论. 长春：吉林科学技术出版社，1984.

[7] 吴越. 催化化学. 北京：科学出版社，2000.

# 第4章 固体酸碱催化剂及其工业应用

## 4.1 酸碱催化剂的应用及分类

### 4.1.1 固体酸催化剂的应用

在现代石油炼制及石油化工中，固体酸催化剂得到了广泛应用，在石油产品的生产过程中起到了极其重要的作用，例如，催化裂化、异构化、烷基化、聚合及酯交换等工艺。固体酸催化剂具有易分离回收、重复使用性能好、腐蚀性小及污染少等特点，在环境保护意识日益增强的今天，正逐步取代目前常用的硫酸、氢氟酸、三氯化铝等具有强腐蚀性和严重污染环境的液体酸催化剂。目前常见的固体酸催化剂的工业应用见表4-1，虽然目前碱催化剂的研究也十分活跃，但在工业中的应用较少。

表4-1　工业上常见的固体酸催化剂及催化反应

| 典型催化剂 | 反应类型 | 主要反应 |
|---|---|---|
| 稀土超稳Y分子筛 | 催化裂化 | 重油馏分⟶汽油＋柴油＋液化气＋干气 |
| 卤化铂/氧化铝 | 烷烃异构化 | $C_5/C_6$ 正构烷烃⟶$C_5/C_6$ 异构烷烃 |
| HZSM-5/$Al_2O_3$ | 芳烃异构化 | 间、邻二甲苯⟶对二甲苯 |
| HZSM-5沸石 | 甲苯歧化 | 甲苯⟶二甲苯＋苯 |
| HBeta沸石 | 烷基转移 | 二异丙苯＋苯⟶异丙苯 |
| $AlCl_3$ 或 HZSM-5<br>固体磷酸或HBeta沸石 | 芳烃烷基化 | 苯＋乙烯⟶乙苯<br>苯＋丙烯⟶异丙苯 |
| 改性ZSM-5 | 择形催化烷基化 | 乙苯＋乙烯⟶对二乙苯 |
| Ni/HZSM-5<br>（双功能催化剂） | 柴油临氢降凝 | 直链烷烃⟶小分子烃 |
| GaZSM-5 | 烃类芳构化 | $C_4/C_5$ 烷烯烃⟶芳烃 |
| 固体磷酸 | 乙烯水合 | 乙烯＋水⟶乙醇 |
| $H_2SO_4/H_3PO_4$<br>或离子交换树脂 | 酯化 | $RCOOH+R'OH \longrightarrow RCOOR'+H_2O$ |
| HZSM-5 | 醚化 | $2CH_3OH \longrightarrow CH_3OCH_3+H_2$ |
| ZSM-5、HZSM-5<br>SAPO-34、HCM-22 | 甲醇制烯烃 | $CH_3OH \longrightarrow$ 烯烃＋$H_2O$ |

### 4.1.2 固体酸碱催化剂的分类

固体酸碱催化剂主要是元素周期表中的主族元素从ⅠA到ⅦA的一些氢氧化物、氧化物、盐和酸，也有一部分是副族元素的氧化物和盐，这些物质的特点是反应中电子转移是成对的，即给出一对电子或获得一对电子。ⅠA、ⅡA族元素的电负性小，易被氧化生成氧化物并呈碱性；而ⅢA、ⅣA族元素的卤化物和氧化物具有酸性；ⅤA、ⅥA及ⅦA族元素的电负性大，与氧气生成氧化物呈酸性，水合后为无机酸。常见的固体酸碱和液体酸碱催化剂分类见表4-2和表4-3。

表4-2 固体酸和液体酸催化剂的分类

| 类型 | 分类 |
|---|---|
| 固体酸 | 天然黏土类：高岭土、膨润土、蒙脱土、天然沸石 |
| | 担载类：$H_2SO_4$、$H_3PO_4$、$CH_3COOH$等担载于氧化硅、氧化铝或硅藻土上 |
| | 阳离子交换树脂 |
| | 活性炭经573 K热处理 |
| | 金属氧化物和硫化物：$Al_2O_3$、$TiO_2$、$CeO_2$、$V_2O_5$、$MoO_3$、ZnS、CdS等 |
| | 金属盐：$MgSO_4$、$SrSO_4$、$ZnSO_4$、$NiSO_4$、$Bi(NO_3)_3$、$AlPO_4$、$TiCl_3$、$BaF_2$等 |
| | 复合氧化物：$SiO_2$-$Al_2O_3$、$SiO_2$-$ZrO_2$、$MoO_3$-$Al_2O_3$、杂多酸、合成分子筛等 |
| 液体酸 | $H_2SO_4$、$H_3PO_4$、盐酸、乙酸等 |

表4-3 固体碱和液体碱催化剂的分类

| 类型 | 分类 |
|---|---|
| 固体碱 | 担载类：NaOH、KOH载于$SiO_2$或$Al_2O_3$上，碱金属、碱土金属分散于$SiO_2$或$Al_2O_3$上，$RN_3$、$NH_3$担载于$Al_2O_3$上等 |
| | 阴离子交换树脂 |
| | 活性炭在1173 K下热处理或用$N_2O$、$NH_3$活化 |
| | 金属氧化物：MgO、BaO、ZnO、$Na_2O$、$K_2O$、$TiO_2$、$SnO_2$等 |
| | 金属盐：$Na_2CO_3$、$K_2CO_3$、$CaCO_3$、$Na_2WO_4$、KCN等 |
| | 复合氧化物：$SiO_2$-MgO、$Al_2O_3$-MgO、$SiO_2$-ZnO、$ZrO_2$-ZnO、$TiO_2$-MgO等 |
| | 用碱金属离子或碱土金属离子处理、交换的合成分子筛 |
| 液体碱 | NaOH溶液、KOH溶液、$CH_3ONa$、$CH_3OK$ |

## 4.2 酸碱定义及酸碱中心的形成

### 4.2.1 酸碱定义

人们对酸碱的认识经历了漫长的过程，随着认识的不断深入，目前在催化反应中应用比较广泛的酸碱理论有Brönsted酸碱理论和Lewis酸碱理论。

1) Brönsted酸碱理论

能给出质子的物质称为Brönsted酸（简称B酸）或质子酸；能接受质子的物质称为

Brönsted 碱（简称 B 碱）或质子碱。Brönsted 酸碱（B 酸、B 碱）示例如下：

$$\underset{\text{B碱}}{NH_3} + \underset{\text{B酸}}{H_3O^+} \rightleftharpoons \underset{\text{B酸}}{NH_4^+} + \underset{\text{B碱}}{H_2O}$$

在正向反应中，$H_3O^+$ 给出质子，是 B 酸，$NH_3$ 接受质子，是 B 碱；在逆向反应中，$NH_4^+$ 是 B 酸，$H_2O$ 是 B 碱。$H_3O^+$ 和 $H_2O$，$NH_3$ 和 $NH_4^+$ 分别构成两个酸碱对，$H_3O^+$ 是 $H_2O$ 的共轭酸，$H_2O$ 是 $H_3O^+$ 的共轭碱，同理，$NH_4^+$ 是 $NH_3$ 的共轭酸，$NH_3$ 是 $NH_4^+$ 的共轭碱。

2）Lewis 酸碱理论

能接受电子对的物质称为 Lewis 酸（简称 L 酸）；能给出电子对的物质称为 Lewis 碱（简称 L 碱）。Lewis 酸碱（L 酸、L 碱）示例如下：

$$\underset{\text{L 酸}}{AlCl_3} + \underset{\text{L 碱}}{:NR_3} \longrightarrow \underset{\text{配合物}}{Cl_3Al:NR_3}$$

$AlCl_3$ 接受电子对，是 L 酸，$:NR_3$ 给出电子对，是 L 碱。L 酸和 L 碱形成的产物称为酸碱配合物。

### 4.2.2 酸碱中心的形成

在均相酸碱催化反应中，酸碱催化剂在溶液中可解离出 $H^+$ 或 $OH^-$；在多相酸碱催化反应中，催化剂为固体，可提供 B 酸中心，或 L 酸中心及碱中心。固体催化剂酸碱中心的形成有以下几种类型（以酸中心的形成为例）。

1）固体酸中心的形成

获得固体酸催化剂最简单的方法就是把所需的酸（如 $H_2SO_4$、$H_3PO_4$ 或 $HNO_3$ 等）负载在常规载体（如 $SiO_2$、$Al_2O_3$ 或硅藻土等）上。这种固体酸的酸性与处于溶液形态的无机酸相同，其酸性来自于表面 B 酸，可直接提供 $H^+$，其催化反应发生在催化剂表面，催化作用原理与均相酸催化反应相同。

2）卤化物酸中心的形成

卤化物作酸催化剂时起酸催化作用的是 L 酸中心，为更好地发挥酸中心的催化作用，通常可加入适量的无机酸（如 HCl、HF）或 $H_2O$，使 L 酸中心转化为 B 酸中心，转化作用如下所示：

$$BF_3 + H_2O \rightleftharpoons H^+[HOBF_3]^-$$

3）金属盐酸中心的形成

金属盐，如 Ni、Fe 等的硫酸盐、硝酸盐及其他无机盐，含有少量结晶水时，由于金属离子对水的极化作用，会产生 B 酸中心，进一步脱水得到低配位金属离子产生 L 酸中心。

（1）硫酸盐酸中心的形成。硫酸盐包括酸性盐和中性盐，中性盐没有酸性，但在加热、压缩或辐射的情况下，可以呈现不同的酸性，下面以硫酸镍为例说明其酸中心的形成过程。

$$NiSO_4 \cdot 7H_2O \xrightarrow[30℃以下]{150\sim300℃} NiSO_4 \cdot H_2O \xrightarrow{350℃}$$

NiSO₄·H₂O

$$NiSO_4 \cdot xH_2O \xrightarrow{400\sim500℃} NiSO_4$$

L酸中心

B酸中心

$NiSO_4 \cdot xH_2O$ 中的 $x$ 在 0～1 之间，Ni 的六配位轨道只有五个配位体，还有一个空杂化轨道（$sp^3d^2$）可接受一对电子形成 L 酸中心。在两个 Ni 原子的作用下，水分子易解离出 $H^+$，形成 B 酸中心。在这种情况下，$NiSO_4 \cdot xH_2O$ 具有最大的酸性及催化活性，过渡金属元素的硫酸盐，如 $FeSO_4$、$CoSO_4$、$CuSO_4$ 及 $ZrSO_4$ 具有类似的性质。这些硫酸盐担载在 $SiO_2$ 上也可产生酸中心，对于水合硫酸盐，如 $Al_2(SO_4)_3 \cdot 18H_2O$ 经加压处理可提高其表面酸性，一般认为产生的是 B 酸中心。

(2) 磷酸盐酸中心的形成。各种类型的金属磷酸盐（无定形和结晶型）都可作为酸性催化剂或碱性催化剂，这里以经典的磷酸铝为例说明其酸中心的形成。一般认为，磷酸铝的酸性与 Al/P 比以及羟基的含量有关。Al/P 化学计量比为 1 的样品，经 600℃处理，其表面同时存在 B 酸中心和 L 酸中心。P 上的羟基为酸性羟基，由于与相邻的 Al—OH 形成氢键，使其酸性增强，可视为 B 酸中心。如果高温下抽真空处理，羟基会缩合脱水，材料表面出现 L 酸中心，经脱水后铝磷氧化物中的 O 主要留在 P 原子上，P ═O 键属于共价键性质，所以 O 原子不能视为碱中心。B 酸转化为 L 酸的过程如下：

B酸中心 $\xrightarrow{-H_2O}$ L酸中心

4) 阳离子交换树脂酸中心的形成

阳离子交换树脂酸中心一般是通过引入呈酸性的官能团实现的。例如，苯乙烯与二乙烯基苯共聚可生成三维网络结构的凝胶型共聚树脂，为进一步制备阳离子或阴离子交换树脂，需要向共聚物中引入各种官能团，如：利用硫酸处理可使得苯环磺化而引入磺酸基，得到强酸性离子交换树脂；引入羧酸基团可得到弱酸性离子交换树脂；而向共聚物中引入季铵盐基团可得阴离子交换树脂，呈强碱性。

市场上销售的含—$SO_3^-Na^+$ 官能团的盐类，为使其具有酸性必须用无机酸溶液如 HCl 进行交换，使 $Na^+$ 被 $H^+$ 取代，成为 B 酸催化剂。而具有官能团—$N^+(CH_3)_3X^-$ 的阴离子交换树脂需要利用碱溶液进行交换，即 $X^-$ 交换为 $OH^-$，得到 B 碱催化剂。

5) 氧化物酸中心的形成

大多数金属氧化物以及由它们组成的复合氧化物都具有酸性或碱性，有的甚至两种性质兼备。

（1）单一组分氧化物酸碱中心的形成。ⅠA、ⅡA族元素的氧化物常表现出碱性，而ⅢA和过渡金属氧化物却常呈酸性。例如，$Al_2O_3$ 表面经670 K以上热处理，得到 $\gamma$-$Al_2O_3$ 和 $\eta$-$Al_2O_3$，均具有酸中心及碱中心，形成过程如下：

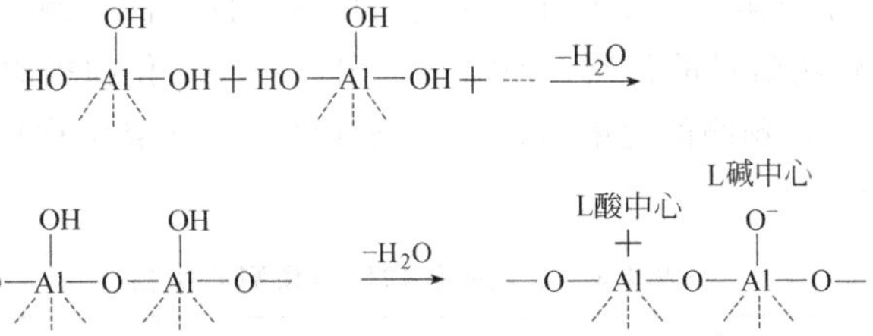
OH
OH
HO—Al—OH + HO—Al—OH + ····
−H₂O
OH
OH
—O—Al—O—Al—O—
−H₂O
L碱中心
L酸中心
O⁻
+
—O—Al—O—Al—O—

但上述L酸中心很容易吸水转变为B酸中心：

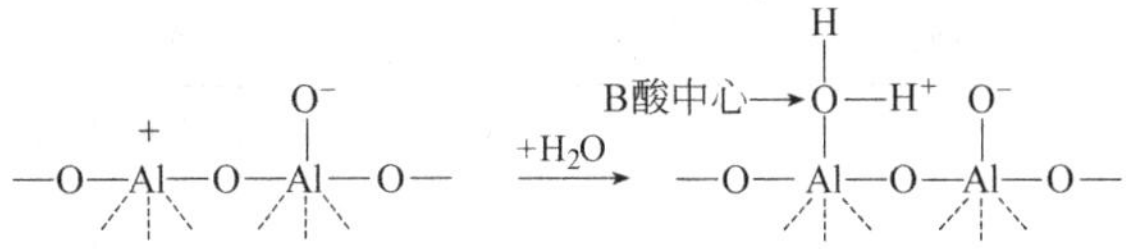
O⁻
+
—O—Al—O—Al—O—
+H₂O
H
B酸中心→O—H⁺
O⁻
—O—Al—O—Al—O—

氧化铝表面主要是L酸中心，B酸及碱性都较弱。又如，$Cr_2O_3$ 表面也主要是L酸中心，脱羟基后，未被覆盖的 $Cr^{3+}$ 空轨道可以与碱性化合物形成配位键，呈现出L酸性质。

一般地，碱土金属氧化物（CaO、MgO、SrO等）能够给出较多碱中心。以CaO为例，其中B碱位90%是 $O^{2-}$（强碱），小部分是孤立的OH基（弱碱），而L碱位为还原性（点缺陷或边位错），显示强的给电子能力，但是L碱位远比B碱位少。

（2）二元复合金属氧化物酸中心的形成。关于二元复合氧化物的酸性起源，田部浩三根据氧化物的电价模型和它们显示酸碱性的长期观测，提出了下述假定：在二元氧化物的模型结构中，负电荷或正电荷的过剩是产生酸性的原因。模型结构的描绘遵循两个原则：当两种氧化物形成复合物时，两种正电荷元素的配位数维持不变；主组分氧化物的负电荷元素（氧）的配位数（指氧的键合数），对二元氧化物中所有的氧维持相同。例如，$TiO_2$ 占主要组分的 $TiO_2$-$SiO_2$ 二元复合氧化物的结构模型和 $SiO_2$ 占主要组分的 $SiO_2$-$TiO_2$ 二元复合氧化物的结构模型，如图4-1所示。在图4-1（a）中，正电荷过剩，应显L酸性；在图4-1（b）中，负电荷过剩，应显B酸性。因为这时需要两个质子维持六个二配位氧造成负二电荷的电中性。故无论在哪种情况下，$TiO_2$ 与 $SiO_2$ 组成的二元复合物都显酸性，因为不是正电荷过剩（L酸），就是负电荷过剩（B酸）。

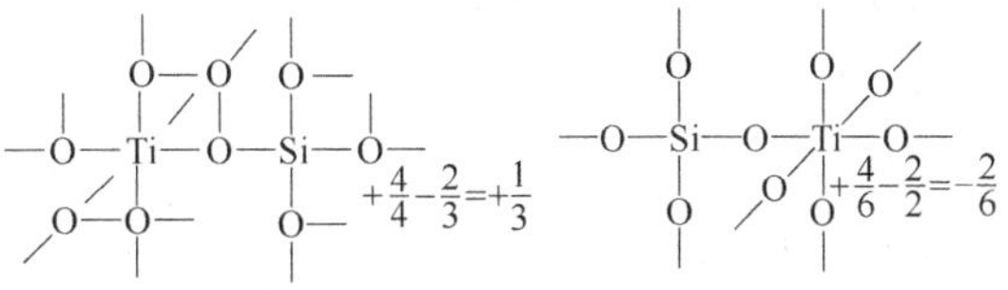
—O—Ti—O—Si—O—
+4/4−2/3=+1/3
—O—Si—O—Ti—O—
+4/6−2/2=−2/6

(a) $TiO_2$为主要组分　(b) $SiO_2$为主要组分

图4-1　$TiO_2$-$SiO_2$ 二元复合氧化物的模型结构

图4-1（a）中，两种氧化物复合时，Si的配位数为4，Ti的配位数为6；Si的4个正电荷分布在4个键上，即每个键一个正电荷；而 $O^{2-}$ 的配位数按上述原则的要求应为3，故2个负电荷分布在3个键上，即每个键为 2/3，故总的电荷差为 $\left(+\frac{4}{4}-\frac{2}{3}\right)\times4=+\frac{4}{3}$。

图4-1（b）中，两种氧化物复合时，Ti的配位数为6，Si的配位数为4；Ti的4个正电荷分布在6个键上，即每个键+4/6电荷；而 $O^{2-}$ 的配位数按上述原则的要求应为2。故2

个负电荷分布在 2 个键上，即每个键为 $-2/2$，故总电荷差为 $\left(+\frac{4}{6}-\frac{2}{2}\right)\times 6=-2$。

又例如，$ZnO\text{-}Sb_2O_3$ 二元氧化物系，无论主要组分为哪种物质，按上述两种原则描绘的模型结构都无过剩电荷，所以该二元氧化物无酸性，实验证实了这种推测。田部浩三对 32 种二元氧化物进行了预测，经实验证明其中 29 种与预测的一致。预测的有效性达 90%。表 4-4 列出了二元氧化物酸量的预测。但需要指出，二元氧化物指的是复合物，机械混合的不遵守这种预测；其次，预测的是酸量，不是酸强度。二元氧化物复合也有增加碱量的，但未发现有规律性。

**表 4-4　二元氧化物酸量预测与实测**

| 二元氧化物 | $\alpha=\frac{V}{C}$ | | 田部浩三预测的酸量增加 | 实验结果 | 预测的有效性 | 二元氧化物 | $\alpha=\frac{V}{C}$ | | 田部浩三预测的酸量增加 | 实验结果 | 预测的有效性 |
|---|---|---|---|---|---|---|---|---|---|---|---|
| 1　2 | $\alpha_1$ | $\alpha_2$ | | | | 1　2 | $\alpha_1$ | $\alpha_2$ | | | |
| $TiO_2\text{-}CuO$ | 4/6 | 2/4 | ○ | ○ | ○ | $Al_2O_3\text{-}MgO$ | 3/6 | 2/6 | ○ | ○ | ○ |
| $TiO_2\text{-}MgO$ | | 2/6 | ○ | ○ | ○ | $Al_2O_3\text{-}B_2O_3$ | | 3/3 | ○ | ○ | ○ |
| $TiO_2\text{-}ZnO$ | | 2/4 | ○ | ○ | ○ | $Al_2O_3\text{-}ZrO_2$ | | 4/8 | × | ○ | × |
| $TiO_2\text{-}CdO$ | | 2/6 | ○ | ○ | ○ | $Al_2O_3\text{-}Sb_2O_3$ | | 3/6 | × | × | ○ |
| $TiO_2\text{-}Al_2O_3$ | | 3/6 | ○ | ○ | ○ | $Al_2O_3\text{-}Bi_2O_3$ | | 3/6 | × | × | ○ |
| $TiO_2\text{-}SiO_2$ | | 4/4 | ○ | ○ | ○ | $SiO_2\text{-}BeO$ | 4/4 | 2/4 | ○ | ○ | ○ |
| $TiO_2\text{-}ZrO_2$ | | 4/8 | ○ | ○ | ○ | $SiO_2\text{-}MgO$ | | 2/6 | ○ | ○ | ○ |
| $TiO_2\text{-}PbO$ | | 2/8 | ○ | ○ | ○ | $SiO_2\text{-}CaO$ | | 2/6 | ○ | ○ | ○ |
| $TiO_2\text{-}Bi_2O_3$ | | 3/6 | ○ | ○ | ○ | $SiO_2\text{-}SrO$ | | 2/6 | ○ | ? | ? |
| $TiO_2\text{-}Fe_2O_3$ | | 3/6 | ○ | ○ | ○ | $SiO_2\text{-}BaO$ | | 2/6 | ○ | ? | ? |
| $ZnO\text{-}MgO$ | 2/4 | 2/6 | ○ | ○ | ○ | $SiO_2\text{-}Ga_2O_3$ | | 3/6 | ○ | ○ | ○ |
| $ZnO\text{-}Al_2O_3$ | | 3/6 | × | ○ | × | $SiO_2\text{-}Al_2O_3$ | | 3/4,3/6 | ○ | ○ | ○ |
| $ZnO\text{-}SiO_2$ | | 4/4 | ○ | ○ | ○ | $SiO_2\text{-}La_2O_3$ | | 3/6 | ○ | ○ | ○ |
| $ZnO\text{-}ZrO_2$ | | 4/8 | × | × | ○ | $SiO_2\text{-}ZrO_2$ | | 4/8 | ○ | ○ | ○ |
| $ZnO\text{-}PbO$ | | 2/8 | ○ | × | × | $SiO_2\text{-}Y_2O_3$ | | 3/6 | ○ | ○ | ○ |
| $ZnO\text{-}Sb_2O_3$ | | 3/6 | × | × | ○ | $ZrO_2\text{-}CdO$ | 4/8 | 2/6 | ○ | ○ | ○ |
| $ZnO\text{-}Bi_2O_3$ | | 3/6 | × | × | ○ | | | | | | |

注：1. $V$—正电元素的价态；$C$—正电元素的配位数；○—预测结果与实测结果一致；×—预测结果与实测结果不一致；?—未确定。

2. 田部浩三假定的正确性：$\frac{29}{32}\times 100\%=90\%$。

影响酸位和碱位产生的因素有：二元氧化物的组成、制备方法及预处理温度。这些因素对脱 $H_2O$、脱 $NH_3$、改变配位数和晶型结构都有影响。典型的二元氧化物有含 $SiO_2$ 的系列，其中以 $SiO_2\text{-}Al_2O_3$ 研究得最为广泛，固体酸和固体酸催化剂的概念就是据此建立的。$SiO_2\text{-}TiO_2$ 也是强酸性的固体催化剂。$Al_2O_3$ 系列二元氧化物中，用得较广泛的是 $Al_2O_3\text{-}MoO_3$。加氢脱硫和加氢脱氮催化剂，就是用 Co 或 Ti 改性的 $Al_2O_3\text{-}MoO_3$ 二元硫化物体系，关于它们的主要催化功能与其酸性的关系也有研究。近年来，对于 $TiO_2$ 系列和 $ZrO_2$ 的二元氧化物也有了一些研究。

6）杂多酸化合物酸中心的形成

杂多酸是由两种或两种以上不同含氧酸通过缩合形成的多聚含氧酸，其是由中心原子（杂原子，如P、Si、Fe、Co等）和金属原子（多原子，如Mo、W、V、Nb、Ta等）通过氧原子桥连而成的多核结构。目前杂多酸的一级结构已发现六种：Keggin结构［$XW_{12}O_{40}$］、Dawson结构［$X_2W_{18}O_{62}$］、Anderson结构［$XW_{24}O_{62}$］、Silverton结构［$XW_{12}O_{42}$］、Strandberg结构［$X_2M_5O_{23}$］和Lindgvist结构［$XM_6O_{24}$］，其中，Keggin结构的杂多酸最稳定，常见的具有Keggin结构的杂多酸有磷钼酸、磷钨酸和硅钨酸。

磷钨酸是由氧钨阴离子和氧磷阴离子缩合而成的：

$$12WO_4^{2-}+HPO_4^{2-}+23H^+ \longrightarrow [PW_{12}O_{40}]^{3-}+12H_2O$$

可见，缩合态的磷钨酸阴离子需要有质子（$H^+$）相互配位，形成强B酸中心。金属杂多酸盐酸性的形成有如下五种可能的机理：

（1）酸性杂多酸盐中的质子给出B酸中心。

（2）制备时材料部分水解给出质子，例如：

$$[PW_{12}O_{40}]^{3-}+3H_2O \longrightarrow [PW_{11}O_{39}]^{7-}+WO_4^{2-}+6H^+$$

（3）与金属离子配位水的酸式解离给出质子。例如：

$$[Ni(H_2O)_m]^{2+} \longrightarrow [Ni(H_2O)_{m-1}(OH)]^+ +H^+$$

（4）金属离子提供L酸中心。

（5）金属离子还原产生质子，例如：

$$2Ag^+ +H_2 \longrightarrow 2Ag+2H^+$$

杂多酸与杂多酸盐的酸强度顺序一般为：H＞Zr＞Al＞Zn＞Mg＞Ca＞Na。

杂多酸是强酸，比构成它们的相应组成元素的简单含氧酸酸性更强，并且其酸强度取决于组成元素，可以通过改变元素进行酸强度调控，从而能够设计与合成具有一定酸强度的酸催化剂。固体杂多酸作为酸催化剂的优点在于具有低挥发性、低腐蚀性、强酸性、高活性与易调变的特点。其常用于烯烃水合、烯烃酯化、异丙苯过氧化氢分解、环氧化物醇解及醇类聚合等反应。

通过以上各种酸催化剂产生酸碱中心的机理可以看出，固体酸表面的酸性质远比液体酸复杂，其表面可同时存在B酸中心、L酸中心及碱中心；酸碱中心所处的环境不同，其酸强度和浓度也不同，因此对于酸中心性质及其测定的研究是非常重要的。

## 4.3 固体表面酸碱的性质及其测定

固体表面酸碱的性质包括酸（碱）类型、酸（碱）强度和酸（碱）浓度三个方面，下面分别介绍这三个方面的性质及相应的测定方法（以酸为例）。

### 4.3.1 酸位的类型及其鉴定

按广义的酸碱定义可将酸分为B酸和L酸，目前广泛用来区分二者的方法是以吡啶分子为吸附质的红外光谱法。

$Al_2O_3$、$SiO_2$及$Al_2O_3$-$SiO_2$等常见的固体酸的酸性来源于催化剂表面的羟基，但并非所有的表面羟基都有酸性，这取决于羟基所处的化学环境和位置，羟基在红外光谱（IR）中表现出不同的振动频率，从而可以利用IR判断固体表面的酸碱中心类型。一般在进行IR

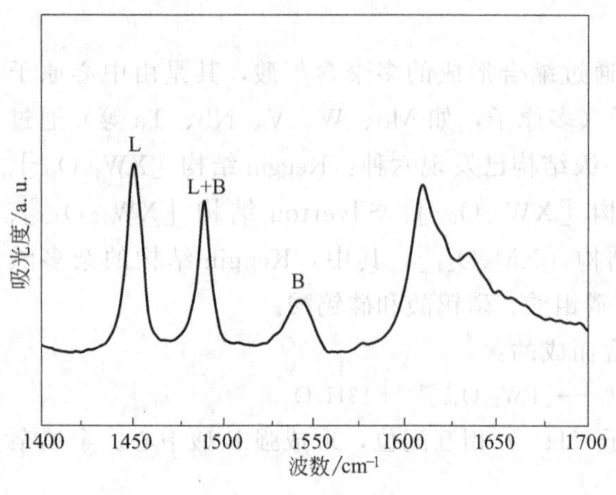

图 4-2 HZSM-5 沸石的吡啶-IR 谱图

表征之前，先在高真空体系中进行脱气处理净化催化剂表面，然后用探针碱性分子（如吡啶）在一定压力下进行吸附，这些碱性分子与催化剂表面不同类型的酸中心形成的吸附物种在 IR 中表现出不同的振动频率，用 IR 测量吸附物种的振动谱带和催化剂表面酸性羟基谱带的变化，就能够鉴定催化剂表面不同类型的酸中心。常用的探针分子为吡啶，吡啶分子与 B 酸中心作用形成吡啶离子（BPY），与 L 酸中心作用形成吡啶配合物（LPY）。

图 4-2 为 HZSM-5 沸石的吡啶-IR 谱图，$1540cm^{-1}$ 峰是吸附在 B 酸中心上的吡啶特征峰，$1450cm^{-1}$ 峰是吸附在 L 酸中心上的特征峰，$1490cm^{-1}$ 峰代表两种酸中心的总和峰，因此可根据吸收峰的位置区分出固体酸的酸类型。

同样，$NH_3$ 吸附在 B 酸中心的 IR 特征峰为 $3120cm^{-1}$ 或 $1450cm^{-1}$，而吸附在 L 酸中心的 IR 特征峰为 $3330cm^{-1}$ 或 $1640cm^{-1}$。现在，也有报道 $^{13}$C-NMR 和 $^{15}$N-NMR 研究的吡啶吸附谱鉴定酸类型。对于其他方法，在此不列举。

### 4.3.2 酸中心的强度及其测定

1）酸中心的强度

酸中心的强度又称酸强度，酸强度是指给出质子能力（B 酸中心）或接受电子对能力（L 酸中心）的强弱。对 B 酸中心来说，给出质子的能力越强，说明固体酸催化剂酸中心的强度越大；相反，给出质子的能力越弱，则酸中心的强度越小。对于 L 酸中心来说，接受电子对的能力越强，表明固体酸催化剂酸中心的强度越大；相反，接受电子对的能力越弱，则酸中心的强度越小。

对于稀溶液中的均相酸碱催化剂，可用 pH 值来度量溶液的酸强度。对于浓溶液或者固体酸催化剂的酸强度的讨论，需要引入一个新的量度函数 $H_0$，称为 Hammett 函数或酸强度函数。

Hammett 于 1932 年提出利用酸度函数 $H_0$ 描述高浓度强酸溶液的酸度，其定义及推导过程如下。

以 B 代表碱性的 Hammett 指示剂，$H^+$ 代表质子，B 接受 $H^+$ 生成共轭酸 $BH^+$，则有：

$$\underset{\text{碱型}}{B+H^+} \rightleftharpoons \underset{\text{酸型}}{BH^+}$$

$BH^+$ 的解离平衡常数 $K_a$ 为：

$$K_a=\frac{a_{H^+}a_B}{a_{BH^+}}=\frac{a_{H^+}[B]f_B}{[BH^+]f_{BH^+}} \tag{4-1}$$

式中，$a_{H^+}$ 代表质子活度；$a_B$、$f_B$ 和 [B] 分别表示指示剂的活度、活度系数和浓度；$a_{BH^+}$、$f_{BH^+}$ 和 $[BH^+]$ 分别表示共轭酸的活度、活度系数和浓度。

定义：
$$H_0=-\lg\frac{a_{H^+}f_B}{f_{BH^+}} \tag{4-2}$$

令：$pK_a=-\lg K_a$

将（4-1）两边取对数并联合（4-2）可得：
$$H_0=pK_a-\lg\frac{[BH^+]}{[B]} \tag{4-3}$$

由式（4-2）可知，当 $f_B/f_{BH^+}$ 为定值时，$H_0$ 值越小，平衡系统中 $a_{H^+}$ 越大。$H_0$ 值可为正或负，$H_0$ 越大，酸度越小；$H_0$ 越小，酸度越大；如 HF 的 $H_0$ 值为－10.2，无机强酸 100%$H_2SO_4$ 的 $H_0$ 值为－11.9，$FSO_3H$ 的 $H_0$ 值可达－15.7。

在稀溶液中，因为 $f_B=f_{BH^+}=1$，故 $H_0=pH$；在浓溶液或固体表面上，$f_B$ 及 $f_{BH^+}\neq 1$，则 $H_0\neq pH$。

2）酸中心强度的测定

（1）Hammett 指示剂的胺滴定法：利用某些指示剂吸附在固体酸表面，根据颜色的变化来测定固体酸表面的酸强度。测定酸强度的指示剂一般为碱性分子，且根据不同指示剂具有不同接受质子或给出电子对的能力，即具有不同的 $pK_a$ 值，见表 4-5。

**表 4-5 用于测定酸强度的指示剂**

| 指示剂 | 碱型色 | 酸型色 | $pK_a$ | 指示剂 | 碱型色 | 酸型色 | $pK_a$ |
|---|---|---|---|---|---|---|---|
| 中性红 | 黄 | 红 | +6.8 | 苯偶氮二苯胺 | 黄 | 紫 | +1.5 |
| 甲基红 | 黄 | 红 | +4.8 | 结晶紫 | 蓝 | 黄 | +0.8 |
| 苯偶氮萘胺 | 黄 | 红 | +4.0 | 对硝基二苯胺 | 橙 | 紫 | +0.43 |
| 二甲基黄 | 黄 | 红 | +3.3 | 二肉桂丙酮 | 黄 | 红 | −3.0 |
| 2-氨基-5-偶氮甲苯 | 黄 | 红 | +2.0 | 蒽醌 | 无色 | 黄 | −8.2 |

测定固体酸强度时可选用多种不同 $pK_a$ 的指示剂，分别滴入装有催化剂的试管中，振荡达到平衡后，若指示剂的颜色由碱型色变为酸型色，说明酸强度 $H_0<pK_a$，若指示剂仍为碱型色，说明酸强度 $H_0>pK_a$。为测定某一酸强度下的酸中心浓度，可用正丁胺滴定法，使酸型色的催化剂再变为碱型色，在此过程中消耗的正丁胺量就是该酸强度下的酸中心浓度。

Hammett 指示剂法以及正丁胺非水溶液滴定的使用可以测定固体酸中心的强度，同时还可以测定某一酸强度下的酸浓度，进而可以得到固体酸表面的酸中心分布。这种方法的优点是简单、直观；缺点是不能辨别出催化剂酸中心的类型，同时也不能用来测量颜色较深的催化剂。

用 $H_0$ 表示的固体酸强度范围可按如下划分：

弱酸：$+6.8\geqslant H_0\geqslant +0.8$

中强酸：$-3.0\geqslant H_0\geqslant -8.2$

强酸：$-8.2>H_0\geqslant -11.1$

超强酸：$H_0<-11.1$。

（2）气相碱性物质吸附法：碱性分子吸附在固体酸性中心上时，酸中心的酸强度越大，分子吸附越牢固，吸附热越大，分子越不容易脱附，当升温脱附时，弱吸附的碱将首先排出。根据吸附热的变化或脱附所需要温度的高低可以测定出酸中心的强度。固体酸表面吸附

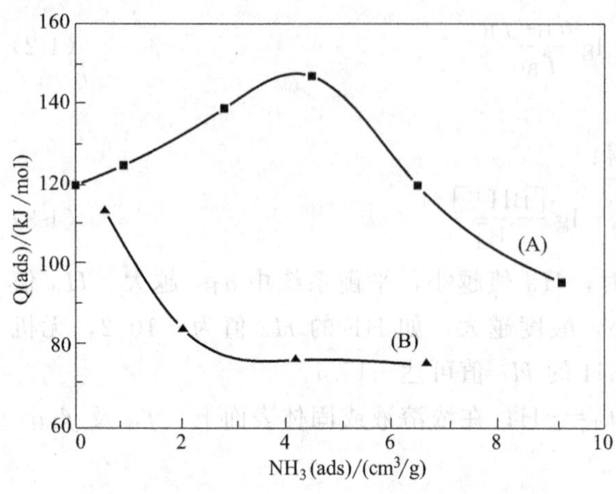


图 4-3 423K 时 $NH_3$ 吸附在 HZSM-5（A）和 NaZSM-5（B）沸石上的吸附热曲线

的碱性气体量就相当于固体酸表面的酸中心数。根据该原理，常用的气相碱性物质吸附测定方法有如下几种。

① 碱吸附量热法：酸与碱反应会放出中和热，中和热的大小与酸强度成正比。Auraux 等首先采用该方法测定了 $NH_3$ 分别吸附在 HZSM-5 及 NaZSM-5 沸石的酸强度。由图 4-3 可见，$NH_3$ 吸附在 HZSM-5 沸石上的中和热要大于吸附在 NaZSM-5 沸石的中和热，这表明 HZSM-5 沸石上存在较强的酸中心。该方法的缺点是不能区分 B 酸及 L 酸的酸类型，且测定时需要较长的平衡时间。

② 碱脱附-程序升温脱附法：程序升温脱附法（Temperature Programmed Desorption, TPD），是将预先吸附了碱性分子的固体酸，在程序升温且通入稳定流速的载气条件下，表面吸附的碱分子逐渐脱附出来，同时用色谱检测器记录碱分子脱附速率随温度变化的过程，所得的信号强度随温度变化的曲线即为 TPD 曲线。

吸附的碱性物质与不同酸强度中心作用时有不同的结合力，当催化剂吸附碱性物质达到饱和时，随着程序升温的进行，吸附在弱酸中心上的碱性物质可在较低温度下脱附，而吸附在强酸中心的碱性物质则需在较高温度下才能脱附，由此，可得到不同温度下脱附出的碱性物质的量，它们代表不同酸强度下的酸浓度（酸量）。用于碱脱附-程序升温脱附法的气态碱性物质一般有 $NH_3$ 和正丁胺等。

目前，$NH_3$-TPD 法已成为一种简单快速表征固体酸性质的方法，但也有局限性，表现在：a. 不能区分 B 酸或 L 酸中心上脱附的 $NH_3$，以及从非酸位（如硅沸石）脱附的 $NH_3$；b. 对于具有微孔结构的沸石，在沸石孔道或空腔中的吸附中心上进行 $NH_3$ 脱附时，由于扩散限制，需要在较高温度下才能解吸。

③ 吸附碱的红外光谱（IR）法：该方法利用红外光谱直接测定固体酸中羟基振动频率，其中 O—H 键越弱，振动频率越低，则酸强度越大。

如图 4-2 所示，以吡啶作吸附质的 IR 法，不仅能区分 B 酸和 L 酸的酸类型，还能通过特征吸收峰的面积进一步计算出 B 酸及 L 酸的酸量。

### 4.3.3 酸中心的浓度及其测定

酸中心的浓度又称酸量。对于稀溶液中的均相酸碱催化，液体酸催化剂的酸浓度是指单位体积内所含酸中心数目的多少，可用 $H^+$ 毫克当量数/mL 或者 $H^+$ mmol/mL 来表示。对于多相酸碱催化，固体酸催化剂的酸浓度是指催化剂单位表面或单位质量所含酸中心数目的多少，可用酸中心数/$m^2$ 或 $H^+$ mmol/g 来表示。

测定酸量的方法有很多，使用较广泛的方法有 Hammett 指示剂-正丁胺滴定法，$NH_3$-TPD 法及吡啶-红外法。

除上述方法外，还可以采用 H-MASNMR 测定羟基酸性，脉冲色谱法、分光光度法等测定固体酸性质。

### 4.3.4 固体碱的强度与碱量

固体碱的强度为表面吸附的酸转变为共轭碱的能力，碱量用单位质量或单位面积碱的毫摩尔数表示，及 mmol/g 或 $mmol/m^2$。碱量也称碱度，即碱中心的浓度。

碱强度和碱量的测定，主要采用吸附法和滴定法。常用的气态酸吸附质是 $CO_2$、NO 或苯酚蒸气。滴定法采用酸性指示剂下的苯甲酸。此外，用 $NH_4^+$ 在红外光谱中伸缩振动的波数位移也能评价与 H 作用的碱位强度。

## 4.4 典型酸碱催化剂及其催化作用

### 4.4.1 酸碱催化作用机理

酸碱催化分为均相酸碱催化和多相酸碱催化两种。硫酸催化环氧乙烷水解为乙二醇，硫酸催化环己酮肟重排为己内酰胺，碱催化环氧氯丙烷水解为甘油等均为均相催化，目前对均相酸碱催化研究得比较成熟，已总结出一些规律；多相酸碱催化近年来发展较快，对其反应机理的研究也正在不断深入。

1）均相酸碱催化

最常见的均相催化反应是在水等溶液中进行，溶液中的 $H^+$、$OH^-$、未解离的酸碱分子、B 酸或 B 碱都可作为催化剂来催化化学反应，常把溶液中只有 $H^+$ 或 $OH^-$ 起催化作用，而其他离子或分子无明显催化作用的过程称为特殊酸催化或特殊碱催化。如果反应过程是由 B 酸或 B 碱催化进行，则称为 B 酸催化或 B 碱催化。

由 $H^+$ 进行催化反应的特殊酸催化通式为：

$$A+H^+ \longrightarrow 产物+H^+$$

双丙酮解离生成丙酮的反应是特殊碱催化，其反应过程为：

$$H_3C-\underset{CH_3}{\overset{OH}{C}}-\overset{H_2}{C}-\overset{O}{\overset{\|}{C}}-CH_3+OH^- \underset{-H_2O}{\overset{快}{\rightleftharpoons}} H_3C-\underset{CH_3}{\overset{O^-}{C}}-\overset{H_2}{C}-\overset{O}{\overset{\|}{C}}-CH_3$$

$$\xrightarrow{慢} H_3C-\overset{O}{\overset{\|}{C}}-CH_3+H_3C-\overset{O}{\overset{\|}{C}}-CH_2^- \xrightarrow[H_2O]{快} H_3C-\overset{O}{\overset{\|}{C}}-CH_3+OH^-$$

值得注意的是，催化剂上可同时具有 B 酸及 L 碱，有时可产生非常显著的协同催化作用。通常酶催化具有很高的效率，可能就是酸碱协同作用的结果。人们曾发现，在 0.05mol/L 的 $\alpha$-羟基吡啶酮溶液中，吡啶型葡萄糖的两种异构体旋光转化速率比在相同浓度的苯酚和吡啶混合溶液中快 7000 倍。

生物柴油生产过程中，利用油脂生产脂肪酸的反应就是均相催化反应，油脂水解反应式如下：

$$\begin{matrix} R_1COO-CH_2 \\ | \\ R_2COO-CH \\ | \\ R_3COO-CH_2 \end{matrix} + 3H_2O \xrightarrow[\triangle]{催化剂} \begin{matrix} CH_2OH \\ | \\ CHOH \\ | \\ CH_2OH \end{matrix} + R_1COOH+R_2COOH+R_3COOH$$

油脂在一定条件下与水反应分解为脂肪酸和甘油。在该水解反应中，常用的酸性催化剂包括无机酸（硫酸）及有机酸（烷基苯磺酸、烷基磺酸等），适用于油脂的常压水解。催化剂在油脂水解反应中的作用是增加水在油中的溶解度及降低反应活化能，加快反应速度。

2）多相酸碱催化

多相酸碱催化通常使用的是固体酸碱催化剂，通常在固体酸碱催化剂的作用下，有机物可生成特定的正离子和负离子，对于烃类的酸催化通常以碳正离子反应为特征，这里首先举例说明碳正离子的形成及反应规律。

(1) 碳正离子的形成。碳正离子的形成过程如下：

① 烷烃、环烷烃、烯烃、烷基芳烃与催化剂 L 酸中心反应生成碳正离子：

$$RH + L \longrightarrow R^+ LH^-$$

$$\text{C}_6\text{H}_{12} + L \longrightarrow \text{C}_6\text{H}_{11}^+ + LH^-$$

$$H—CH_2—CH{=}CH_2 + L \longrightarrow \left[H_2C \overset{H}{\overset{|}{C}} CH_2\right]^+ + LH^-$$

$$CH_3—\underset{C_6H_5}{\overset{H}{C}}—CH_3 + L \longrightarrow CH_3—\underset{C_6H_5}{\overset{+}{C}}—CH_3 + LH^-$$

上述碳正离子的形成特点是以 L 酸中心夺去烯烃上的氢而形成的，但用 L 酸中心活化烃类生成碳正离子需要的能量较大，因此，通常采用 B 酸中心活化反应物分子，采用不同的活化方式也可能得到不同的产物。

② 烯烃、芳烃等不饱和烃与催化剂的 B 酸中心作用生成碳正离子：

$$H_3C—\overset{H}{C}{=}CH_2 + H^+ \longrightarrow H_3C—\underset{+}{\overset{H}{C}}—CH_3$$

$$C_6H_5R + H^+ \longrightarrow [C_6H_6R]^+$$

上述碳正离子的形成特点是以 $H^+$ 与双键（或叁键）加成形成碳正离子，此加成过程要远小于 L 酸从反应物种夺取 H 所需的活化能。因此，烯烃酸催化反应比烷烃快得多。

③ 烷烃、环烷烃、烯烃、烷基芳烃与 $R^+$ 的氢转移，可生成新的碳正离子。例如：

$$R'H + R^+ \longrightarrow R'^+ + RH$$

$$\text{C}_6\text{H}_{12} + R'^+ \longrightarrow \text{C}_6\text{H}_{11}^+ + R'H$$

$$CH_3—\underset{C_6H_5}{\overset{H}{C}}—CH_3 + R^+ \longrightarrow CH_3—\underset{C_6H_5}{\overset{+}{C}}—CH_3 + RH$$

(2) 碳正离子的反应规律。碳正离子的反应规律如下：

① 碳正离子可通过 1，2 位碳上的氢转移而改变碳正离子的位置，或者通过反复脱 $H^+$

或加氢的方式，使碳正离子发生转变，活性位发生迁移，最后脱 $H^+$ 生成双键转移了的烯烃，即产生双键异构化。例如：

$$-C_1=C_2-\overset{H}{C_3}-C_4 \underset{-H^+}{\overset{+H^+}{\rightleftharpoons}} -C_1-\overset{+}{C_2}-\overset{H}{C_3}-C_4- \underset{+H^+}{\overset{-H^+}{\rightleftharpoons}} -C_1-C_2=C_3-C_4-$$

$$\Big\updownarrow \text{氢转移}$$

$$-C_1-\overset{H}{C_2}-\overset{+}{C_3}-C_4- \underset{+H^+}{\overset{-H^+}{\rightleftharpoons}} -C_1-\overset{H}{C_2}-C_3=C_4-$$

② 形成烯烃的顺反异构。碳正离子中的 $C-C^+$ 为单键，因此可自由旋转，当旋转到两边的基团处于相反位置时，再脱去 $H^+$，就会产生烯烃的顺反异构。例如：

$$\underset{\text{顺式丁烯}}{(H_3C)(H)C_1=C(CH_3)(H)} \underset{-H^+}{\overset{+H^+}{\rightleftharpoons}} (H_3C)(H)(H)C_1-\overset{+}{C}(CH_3)(H) \underset{+H^+}{\overset{-H^+}{\rightleftharpoons}} \underset{\text{反式丁烯}}{(H)(H_3C)C_1=C(CH_3)(H)}$$

顺反异构的速度很快，它与双键异构化速率在同一数量级上。

③ 烷基迁移导致烯烃骨架异构。不同的烷基特别是甲基能够发生位置的变化，形成能量更低的空间构型。例如：

$$C-\underset{C}{\overset{C}{C}}-C=C \underset{-H^+}{\overset{+H^+}{\rightleftharpoons}} C-\underset{C}{\overset{C}{C}}-\overset{+}{C}-C \xrightleftharpoons{\text{甲基位移}} C-\underset{C}{\overset{+}{C}}-\underset{C}{C}-C \underset{+H^+}{\overset{-H^+}{\rightleftharpoons}} C-\underset{C}{C}=\underset{C}{C}-C$$

这种烷基在不同位置碳侧链上的位移，相对较容易，而烷基由侧链转移到主链上，需要较高的活化能，相对较难。例如：

$$C-\underset{C}{C}-\underset{C}{C}=C \underset{-H^+}{\overset{+H^+}{\rightleftharpoons}} C-\underset{C}{C}-\underset{C}{\overset{+}{C}}-\overset{H}{C} \xrightleftharpoons{\text{氢位移}} C-\underset{C}{C}-\underset{C}{C}-\overset{+}{C} \xrightleftharpoons{\text{甲基位移}} C-\underset{C}{C}-\overset{+}{C}-\underset{C}{C} \underset{+H^+}{\overset{-H^+}{\rightleftharpoons}} C-\underset{C}{C}=C-\underset{C}{C}$$

反应较难的根本原因可能是由仲碳正离子变为叔碳正离子不容易，因为伯碳正离子的稳定性更高，相应地骨架异构化反应会比较困难，一般需要在较强的酸中心作用下才能进行，因而在烯烃骨架异构化的同时，也会发生顺反异构和双键异构。

④ 碳正离子可与烯烃加成，生成新的碳正离子，后者脱掉 $H^+$，反应生成二聚体。例如：

$$C-\underset{C}{\overset{+}{C}} + C=C-C \longrightarrow C-\underset{C}{C}-C-\overset{+}{C}-C$$

在合适的反应条件下，新的碳正离子还可继续与烯烃加成，导致烯烃聚合。反应条件较高，对反应物的纯度、温度、催化剂条件等要求严格。

⑤ 碳正离子通过氢转移加 $H^+$、脱 $H^+$，可异构化，可发生环的扩大或缩小。例如：

⑥ 碳正离子足够大时，可能发生 $\beta$ 位断裂，生成烯烃以及更小的碳正离子。例如：

$$H_3C-\underset{\substack{+\\ \alpha}}{\overset{H}{C}}-\underset{\beta}{\overset{H_2}{C}}-\overset{H_2}{C}-\overset{H_2}{C}-\overset{H_2}{C}-\overset{H_2}{C}-CH_3 \longrightarrow H_3C-\overset{H}{C}=CH_2 + H_3\underset{+}{C}-\overset{H_2}{C}-\overset{H_2}{C}-\overset{H_2}{C}-CH_3$$

碳正离子的形成一般为反应控制步骤。不同的碳正离子有一个共同的特点，就是参与化学反应的活性比较强，容易发生内部氢转移、异构化或与其他分子反应，这些步骤的反应速率一般要大于碳正离子自身的形成速率。

3）酸位性质与催化作用的关系

酸催化的反应，与酸位性质和酸强度密切相关。不同类型的反应，要求酸催化剂的酸位性质与强度也大不相同。

（1）大多数酸催化反应都是在 B 酸位上发生的。例如，烃的骨架异构化反应，本质上取决于催化剂的 B 酸位性质；单独 L 酸位是没有活性的，有 B 酸位的存在才能起到催化作用，不仅如此，催化反应的速率与 B 酸位的浓度间也存在着密切的关联。

（2）各种有机物的乙酰化反应，要用 L 酸催化，因此常用的催化剂 $AlCl_3$、$FeCl_3$ 等为典型的 L 酸催化剂。

（3）有些反应，如烷基芳烃的歧化反应，不仅要求在 B 酸位上进行，而且要求非常强的 B 酸。有些反应，所用催化剂的酸强度不同，发生不同的转化反应。

（4）催化反应与固体酸催化剂酸位的依赖关系较复杂。有些反应需要 L 酸位和 B 酸位在催化剂表面邻近处共存才能进行。例如，重油的加氢裂化反应，该反应的主催化剂为 Co-$MoO_3/Al_2O_3$ 或 Ni-$MoO_3/Al_2O_3$，在 $Al_2O_3$ 中只有 L 酸位，引入 $MoO_3$ 形成了 B 酸位，引入 Co 或 Ni 是为了阻止 L 强酸位的形成，中等强度的 L 酸位在 B 酸位共存下有利于加氢脱硫的活性。有时，L 酸位在 B 酸位邻近处共存，主要增强了 B 酸位的强度，也就增加了催化剂的催化活性。表 4-6 列出了部分二元氧化物的酸强度、酸类型和催化反应的实例。

**表 4-6　二元氧化物的酸强度、酸类型和催化反应的实例**

| 二元氧化物 | 最大酸强度 | 酸类型 | 催化反应实例 |
|---|---|---|---|
| $SiO_2$-$TiO_2$ | $H_0 \leqslant -8.2$ | B | 1-丁烯异构化 |
| $SiO_2$-ZnO（70%） | $H_0 \leqslant -3.2$ | L | 丁烯异构化 |
| $SiO_2$-$ZrO_2$ | $H_0 = -8.2$ | B | 三聚甲醛解聚 |
| $WO_3$-$ZrO_2$ | $H_0 = -14.5$ | B | 正丁烷骨架异构化 |
| $Al_2O_3$-$Cr_2O_3$（17.5%） | $H_0 \leqslant -5.2$ | L | 加氢异构化 |
| $SiO_2$-$Al_2O_3$ | $H_0 \leqslant -8.2$ | B | 丙烯聚合，邻二甲苯异构化 |
| | | L | 异丁烷裂解 |

4）酸类型与催化活性、选择性的关系

不同的酸催化反应常常需要不同类型的酸中心。例如，乙醇脱水制乙烯的反应中，利用 $\gamma\text{-}Al_2O_3$ 作催化剂时，其中的 L 酸起重要作用。红外吸收光谱及质谱分析表明，乙醇首先与催化剂表面上的 L 酸中心形成乙氧基，乙氧基在高温下与邻近的羟基脱水生成乙烯，而在温度降低或乙醇分压较大的情况下，两个乙氧基相互作用生成乙醚，反应机理如下：

$$C_2H_5OH + \text{—O—}\underset{\text{L酸中心}}{\overset{|}{\underset{+}{\overset{O}{Al}}}}\text{—O—}\overset{|}{\overset{O}{\underset{O}{Al}}}\text{—O—}\ (\text{L碱中心}) \rightleftharpoons \text{—O—}\overset{O}{\underset{O-C_2H_5\ (\text{乙氧基})}{Al}}\text{—O—}\overset{O}{\underset{OH}{Al}}\text{—O—} \xrightarrow{\text{高温}}$$

$$H_2C{=}CH_2 + H_2O + \text{—O—}\overset{O}{\underset{O}{Al}}\text{—O—}\overset{O}{\underset{+}{Al}}\text{—O—}$$

$$\text{—O—}\overset{O}{\underset{O-C_2H_5}{Al}}\text{—O—}\overset{O}{\underset{O-C_2H_5}{Al}}\text{—O—} \xrightarrow{\text{低温}} C_2H_5OC_2H_5 + \text{—O—}\overset{O}{\underset{O}{Al}}\text{—O—}\overset{O}{\underset{+}{Al}}\text{—O—}$$

相反，异丙苯裂解反应则需要 B 酸中心，反应机理如下：

$$C_6H_5\text{—}\overset{H}{C}H(CH_3)_2 + H^+ \rightleftharpoons [C_6H_6\text{—}CH(CH_3)_2]^{\oplus} \longrightarrow C_6H_6 + H_3C\text{—}\underset{+}{\overset{H}{C}}\text{—}CH_3$$

$$H_3C\text{—}\underset{+}{\overset{H}{C}}\text{—}CH_3 \underset{+H^+}{\overset{-H^+}{\rightleftharpoons}} H_3C\text{—}\underset{H}{C}{=}CH_2$$

另外一些反应，如烷基裂化反应，则需要 L 酸与 B 酸中心同时存在。对于主要利用某一酸中心的催化反应，另一类酸中心也不是越少越好。实际生产中催化剂再生时要有少量水蒸气，以保证 L 酸及 B 酸中心兼备。在调节 L 酸和 B 酸比例的过程中，不可避免会对催化剂的抗毒性和再生性能有一定影响，因此要综合考虑。

5）酸强度与催化活性、选择性的关系

固体酸催化剂表面，不同强度的酸位有一定的分布。不同酸位可能有不同的催化活性。如 $\gamma\text{-}Al_2O_3$ 表面同时存在强酸位与弱酸位。强酸位是催化异构化反应的活性部位，弱酸位是催化脱水反应的活性部位。固体酸催化剂表面上存在着一种以上的活性部位，是它们的选择特性所在。在固体超强酸 $MoO_3/ZrO_2$ 催化松节油水合生成 $\alpha$-松油醇的反应中，催化剂的活性及选择性与其酸强度成正比。

不同类型的酸催化反应对于酸中心强度的要求不一样。通过吡啶中毒法使硅铝酸催化剂的酸中心强度逐渐减弱，并利用这种局部中毒的催化剂进行各类反应，其反应活性和选择性会明显不同。

不同的催化反应需要不同强度的酸中心。在某些有机反应中，骨架异构化需要的酸中心强度最强，其次是烷基芳烃脱烷基，然后是异构烷烃裂化和烯烃的双键异构化，脱水反应所需酸中心的强度最弱。

此外，通过调整固体酸的酸强度和酸浓度还可调节催化反应活性和选择性。

6）酸浓度与催化活性的关系

固体酸催化剂表面上的酸浓度与其催化活性有着明显的关系。一般来说，在酸强度一定的范围内，催化活性与酸浓度之间呈线性关系或非线性关系。例如，石油烃裂化活性（汽油收率）和喹啉的吸附量（酸中心浓度）成正比；苯胺在 ZSM-5 分子筛催化剂上与甲醇的烷基化反应，苯胺的转化率与 ZSM-5 催化剂上的酸浓度呈非线性关系。

催化活性与酸浓度的关系，也可由加入碱性物质覆盖了酸性中心使活性下降的结果看出，无机碱的毒性顺序为：$Cs^+ > K^+ \approx Ba^{2+} > Na^+ > Li^+$，这与离子半径大小及碱性有关，离子半径越大，碱性越大，覆盖的酸性中心也越多。有机碱的毒性，随着有机碱吸附平衡常数 $k$ 而变化，一般 $k$ 越大，毒性越大。这表明，反应速率随着酸中心被有机碱覆盖度的增加而减小。

### 4.4.2 典型酸碱催化剂及其催化作用

1）超强酸及其催化作用

超强酸是比 100% $H_2SO_4$ 还强的酸，其 Hammett 函数 $H_0 < -11.9$（100% $H_2SO_4$ 的 Hammett 酸强度函数）。如 $SbF_5$、$NbF_5$、$TaF_5$、$SO_3$ 等都具有很强的电负性，将其加入硫酸或其他酸溶液中能更有效地削弱原酸中的 H—O 键和 H—X 键，因此表现出很强的酸性。但因其具有强腐蚀性和毒性，以及催化剂处理过程中会产生“三废”问题难以在生产实际中应用。普通固体超强酸易于制备和保存，特别是与液体超强酸和含卤素的固体超强酸相比，具有不腐蚀反应设备、不污染环境、可在高达 500℃下使用等特点，引起人们的广泛重视。表 4-7 和表 4-8 分别列出了常见液体超强酸和固体超强酸及其 Hammett 酸强度函数值。

**表 4-7 液体超强酸的酸强度及其 Hammett 酸强度函数值**

| 超强酸 | $H_0$ | 超强酸 | $H_0$ |
|---|---|---|---|
| HF | −10.2 | $FSO_3H$-$TaF_5$（1∶1） | <−18 |
| 100% $H_2SO_4$ | −11.9 | $ClSO_3H$ | −13.8 |
| $H_2SO_4$-$SO_3$ | −14.1 | $H_2SO_4$-$SO_3$（1∶1） | −14.4 |
| $FSO_3H$ | −15.7 | $FSO_3H$-$SO_3$（1∶0.1） | −15.5 |
| HF-$NbF_5$ | −13.5 | $FSO_3H$-$AsF_5$（1∶0.05） | −16.6 |
| HF-$TaF_5$ | −13.5 | $FSO_3H$-$SbF_5$（1∶0.2） | −20 |
| HF-$SbF_5$（1∶1） | <−20 | $FSO_3H$-$SbF_5$（1∶0.05） | −18.2 |
| $FSO_3H$-$TaF_5$（1∶0.2） | −16.7 | HF-$SbF_5$（1∶0.03） | −20.3 |

**表 4-8 固体超强酸的酸强度及其 Hammett 酸强度函数值**

| 超强酸 | $H_0$ | 超强酸 | $H_0$ |
|---|---|---|---|
| $SbF_5$-$SiO_2$·$ZrO_2$ | $-13.75 \geq H_0 > -14.52$ | $SO_4^{2-}$-$ZrO_2$ | $H_0 \leq -14.52$ |
| $SbF_5$-$SiO_2$·$Al_2O_3$ | $-13.75 > H_0 > -14.52$ | $SbF_5$-$SiO_2$ | $H_0 \leq -10.6$ |
| $SbF_5$-$SiO_2$·$TiO_2$ | $-13.16 > H_0 \geq -13.75$ | $SbF_5$-$TiO_2$ | $H_0 \leq -10.6$ |
| $SO_4^{2-}$-$Fe_2O_3$ | $H_0 \leq -12.70$ | $SbF_5$-$Al_2O_3$ | $H_0 \leq -10.6$ |

固体超强酸和液体超强酸相比，具有容易与反应物分离，可重复使用，不腐蚀反应器，减少催化剂公害，良好的选择性等优点。在催化反应中，固体超强酸对烯烃双键异构、醇脱水、酸化及酯化等反应都显示出较高活性。这种催化剂不腐蚀设备，不污染环境，催化反应温度低，制备简便，有广泛的应用前景。

按材料组成，固体超强酸可分为单组分固体超强酸和多组分固体超强酸。

（1）单组分固体超强酸。通过在载体上浸渍硫酸、磷酸或硝酸等得到单组分固体超强酸。例如，$SO_4^{2-}/ZrO_2$ 用于催化苯甲醛与乙酸酐的缩醛反应，固体超强酸 $SO_4^{2-}/Fe_2O_3$ 可用于催化苯和硝酸为原料合成硝基苯。

（2）多组分固体超强酸。在单组分固体超强酸催化剂的应用中，人们发现主要活性组分 $SO_4^{2-}$ 在反应中容易流失，特别是在较高温度下容易失活，因而可加入其他金属或氧化物形成多组分固体超强酸。

按元素组分，固体超强酸主要分为以下几类：

① 负载型固体超强酸，主要是指把液体超强酸负载于金属氧化物等载体上的一类固体超强酸。如 $HF\text{-}SbF_5\text{-}AlF_5$/固体多孔材料、$SbP_3\text{-}Pt$/石墨、$SbP_3\text{-}HF/F\text{-}Al_2O_3$ 等。

② 混合无机盐类，由无机盐复配而成的固体超强酸，如 $AlCl_3\text{-}CuCl_2$、$MCl_3\text{-}Ti_2(SO_4)_3$ 等。

③ 氟代磺酸化离子交换树脂。

④ 硫酸根离子酸性金属氧化物 $SO_4^{2-}/M_xO_y$ 超强酸，如 $SO_4^{2-}/ZrO_2$、$SO_4^{2-}/TiO_2$、$SO_4^{2-}/Fe_2O_3$ 等。

⑤ 负载金属氧化物的固体超强酸，如 $WO_3/ZrO_2$、$MoO_3/ZrO_2$ 等。

上述各类超强酸中，①～③类均含有卤素，在加工和处理中存在着“三废”污染等问题，④、⑤类超强酸不含有卤族原子，不会污染环境，可在高温下重复使用，制法简便。

2）超强碱及其催化作用

强度较中性的物质高出 19 个单位的碱性物质（碱强度函数 $H_- \geqslant 26$）为超强碱。

相对于固体超强酸，对固体超强碱的研究起步较晚，从目前的研究来看，按照载体和碱位性质的不同，固体碱超强大致可以分为有机固体超强碱、有机无机复合固体超强碱以及无机固体超强碱等，其中无机固体超强碱又可分为金属氧化物型和负载型两类。

通常有机固体超强碱主要指端基为叔胺或叔膦基团的碱性树脂，如端基为三苯基膦的苯乙烯和对苯乙烯共聚物。此类固体碱的优点是碱强度均一，但热稳定性差。有机无机复合固体超强碱主要是负载有机胺和季铵碱的分子筛，前者的碱位是能提供孤对电子的氮原子，而后者的碱位是氢氧根离子。由于活性位以化学键和分子筛相结合，所以活性组分不会流失，碱强度也均匀，但不能用于高温反应。

无机固体超强碱制备简单，碱强度分布范围宽且可调，热稳定性好。此类固体碱主要包括金属氧化物、水合滑石类阴离子黏土和负载型固体碱。表 4-9 列出了一些无机固体超强碱。

已知的固体超强碱包括经特殊处理的碱金属和碱土金属氧化物、Na-MgO、K-KOH-$Al_2O_3$ 以及负载型分子筛固体超强碱。具体如下：

（1）氧化物固体超强碱。将碱金属或其盐加入某些氧化物中可形成超强的碱中心，如用金属钾的液氨溶液浸渍 $Al_2O_3$，可得到碱强度 $H_- > 37$ 的固体超强碱 $K(NH_3)/Al_2O_3$，

表 4-9 无机固体超强碱

| 无机固体超强碱 | 预处理温度/K | 强碱度函数 $H_-$ |
|---|---|---|
| CaO | 1173 | 26.5 |
| SrO | 1123 | 26.5 |
| MgO-NaOH | 823 | 26.5 |
| $Al_2O_3$-NaOH-Na | 773 | 37 |

其催化能力很强，在－62℃下，只需 6min 就可使 180mmol 的正戊烯异构化为 2-戊烯，或在 10min 内使 40％的二甲基-1-丁烯转化为二甲基-2-丁烯，活性远高于 Na/$Al_2O_3$ 和 Na/MgO。

（2）分子筛型固体超强碱。如将 10％～20％的 $KNO_3$ 负载在 KL 沸石上并经 873 K 活化后，可得到 $H_-$＝27.0 的固体超强碱。该超强碱可在 273 K 下 1h 内催化转化顺式-2-丁烯，活性超过 KF/$AlPO_4$-5 约 30 倍。目前在固体超强碱的研究中，氧化物超强碱多侧重于增大表面积，而分子筛超强碱多侧重于提高其碱强度，以满足石油化工、精细化工的催化需求。

3）杂多酸化合物及其催化作用

杂多化合物催化剂一般是指杂多酸及其盐类。杂多酸是由杂原子（如 P、Si、Fe、Co 等）和配位原子（即多原子如 Mo、W、V、Nb、Ta 等）按一定结构通过氧原子配位桥联组成的一类含氧多酸，或为多氧簇金属配合物，常用 HPA 表示。

（1）杂多酸的特点。杂多酸兼具酸碱性和氧化还原性，杂多化合物催化剂作为固体酸具有以下特点：

① 可通过杂多酸组成原子的改变来调节其酸性和氧化还原性。

② 一些杂多酸化合物表现出准液相行为，因而具有一些独特的性质。

③ 结构确定，兼具一般配合物和金属氧化物的主要结构特征，热稳定性较好，且在低温下不存在较高活性。

④ 杂多酸是一类环境友好的催化剂。

（2）杂多酸的结构特征。固体杂多酸由杂多阴离子、阳离子（质子、金属阳离子、有机阳离子）、水和有机分子组成，具有确定的结构。通常把杂多阴离子的结构称为一级结构，把杂多阴离子、阳离子和水或有机分子等的三维排列称为二级结构。目前已确定的有 Keggin、Dawson、Anderson、Silverton、Strandberg 和 Lindgvist 结构，具体如下：

Keggin 结构：$XM_{12}O_{40}^{n-}$

Dawson 结构：$X_2M_{18}O_{62}^{n-}$

Anderson 结构：$XM_{24}O_{62}^{n-}$

Silverton 结构：$XM_{12}O_{42}^{n-}$

Strandberg 结构：$X_2M_5O_{23}^{n-}$

Lindgvist 结构：$XM_6O_{24}^{n-}$

其中，X 为杂原子；M 为尖顶原子。

典型杂多酸的结构图如下所示：

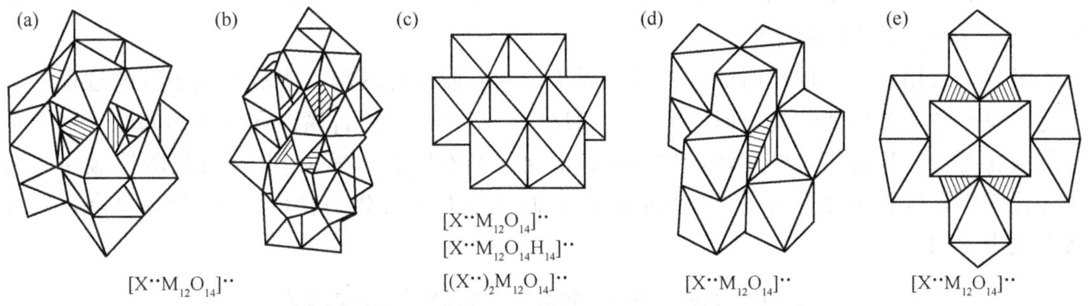


(a) Keggin结构；(b) Dawson结构；(c) Anderson结构；(d) Wangh结构；(e) Strandberg结构

（3）杂多酸的催化性能。固体杂多酸催化剂有三种形式：纯杂多酸，杂多酸盐（酸式盐）和负载型杂多酸（盐）。酸性和氧化还原性是杂多酸化合物与催化作用最密切相关的两种化学性质。

① 酸性杂多酸阴离子的体积大，对称性好，电荷密度小，因而表现出较传统无机含氧酸（$H_2SO_4$、$H_3PO_4$ 等）更强的 B 酸性。传统杂多酸的酸性顺序为：$H_3PW_{12}O_{40}$（$PW_{12}$）$>$ $H_4PW_{11}VO_{40}$ $>$ $H_3PMo_{12}O_{40}$（$PMo_{12}$）$\sim$ $H_4SiW_{12}O_{40}$（$SiW_{12}$）$>$ $H_4PMo_{11}VO_{40}$ $\sim$ $H_4SiMo_{12}O_{40}$（$SiMo_{12}$）$\gg$HCl、$HNO_3$。

杂多酸酸性的调变可以通过选择适当的阴离子的组成元素、部分成盐（酸式盐），形成不同的金属离子盐或分散负载在载体上来实现。

② 除酸性以外，杂多酸催化剂还具有氧化还原性，其阴离子甚至在获得 6 个或更多电子时也不会分解。其氧化还原能力的强弱由杂原子和多原子共同决定，多原子的影响较大。

杂多酸是很强的质子酸（B 酸），而它们的盐既有 B 酸中心，也有 L 酸中心。杂多酸可应用的催化反应主要有水合与脱水、酯化和醚化、烷基化和酰基化、异构化、聚合和缩合、裂解和分解等过程。

（4）杂多酸的催化应用。杂多酸类的催化剂具有良好的活性和稳定性，在甲醇和异丁烯醚化制甲基叔丁基醚（MTBE）的反应中，Sikata 等采用杂多酸催化剂，在 50℃、催化剂 0.5g、$V$（甲醇）：$V$（异丁烯）：$V$（$N_2$）＝1：1：3、总进料速率 90mL/min 的条件下，将甲醇与异丁烯气相合成 MTBE，反应结果见表 4-10。

**表 4-10 各种杂多酸催化剂的比表面、酸强度和催化活性**

| 催化剂 | 比表面/($m^2$/g) | 酸强度/$H_0$ | 甲醇的转化率/% |
|---|---|---|---|
| $H_6P_2W_{18}O_{62}$ | 2.1 | −3.6 | 17.5 |
| $H_3PW_{12}O_{40}$ | 9.0 | −3.4 | 0.2 |
| $H_4SiW_{12}O_{40}$ | 9.0 | −2.9 | 1.3 |
| $H_4GeW_{12}O_{40}$ | 5.3 | −2.9 | 0.6 |
| $H_5BW_{12}O_{40}$ | 0.8 | −1.3 | <0.1 |
| $H_6CoW_{12}O_{40}$ | 3.4 | −0.6 | <0.1 |
| $SO_4^{2-}/ZrO_2$ | 9.3 | — | <0.1 |
| $SiO_2$-$Al_2O_3$ | 546 | — | <0.1 |
| HZSM-5 | 332 | — | <0.1 |

可以看出，虽然杂多酸的比表面较小，但是却表现出较 $SiO_2$-$Al_2O_3$、HZSM-5 和超强酸 $SO_4^{2-}/ZrO_2$ 高得多的活性。

另外，采用杂多酸催化丙烯、丁烯、异丁烯水合制取异丙醇、丁醇和叔丁醇的过程已工业化，虽然杂多酸的活性高，但由于是均相反应，仍会带来设备腐蚀和污染的问题，将杂多酸负载化可很好地解决这些问题，如英国石油化学品有限公司采用 $SiO_2$ 负载磷钨酸和硅钨酸催化剂，在气相条件下实现了烯烃的水合，而且活性比负载 $H_3PO_4$ 的催化剂更高，反应结果见表 4-11。

**表 4-11　负载杂多酸催化剂用于烯烃水合反应的结果**

| 反应 | 反应条件 | | | | 产量 | | |
|---|---|---|---|---|---|---|---|
| | $T$/℃ | $p$/kPa | $n$(水)：$n$(烯烃) | GHSV /[g/(min·cm³)] | $H_3PO_4/SiO_2$ | $SiW/SiO_2$ | $PW/SiO_2$ |
| 乙烯水合制乙醇 | 240 | 6895 | 0.3 | 0.02 | 71.5 | 102.9 | 86.2 |
| 丙烯水合制异丙醇 | 200 | 3895.7 | 0.32 | 0.054 | 179.5 | 190.0 | 204.1 |
| 丁烯水合制仲丁醇 | 200 | 3895.7 | 0.32 | 0.054 | 0.016 | 0.16 | 0.1 |

杂多酸是一个多电子体，具有强氧化性和还原性，在催化氧化过程中有着重要的应用前景。如以分子氧为氧化剂时，活性最好的是 Mo、V 的杂多酸；以环氧化物为氧化剂时，活性最好的是含 W 的杂多酸。杂多酸在以分子氧为反应物时，是氧化反应机理，在均相反应中，有机反应物分子被杂多酸按化学计量比所氧化，而还原后的杂多酸则被分子氧所氧化，构成一个循环。在多相反应中，有机物分子被杂多酸的晶格氧（$O^{2-}$）所氧化，消耗的晶格氧由分子氧补充，也构成了一个循环。在以过氧化物为反应物时，杂多酸活化物种，参与形成环氧化物中间体，但不会直接消耗自身的氧原子。杂多酸在均相氧化反应中大部分是亲电反应，以破坏不饱和键，形成环氧化物或环氧化物中间体。而多相反应一部分是亲核反应，一般不涉及不饱和键，典型的反应是氧化脱氢和选择性氧化。另一部分是亲电反应，主要是饱和醇、醛和酮的气相氧化。

杂多酸催化剂成功工业化的还有甲基丙烯醛氧化为甲基丙烯酸的反应，由于杂多酸催化剂具有酸性和氧化还原性，故其在一些多步反应过程的复杂反应，如低碳烃的选择性氧化中有着极广阔的应用前景。

4）离子交换树脂及其催化作用

离子交换树脂是具有反应基团的轻度交联的体型聚合物，利用其反应性基团实现离子交换反应的一种高分子试剂，是由交联结构的高分子骨架与以化学键结合在骨架上的固定离子基团和以离子键为固定基团以相反符号电荷结合的可交换离子构成的。离子交换树脂根据其基体的种类可分为苯乙烯系树脂和丙烯酸系树脂；根据树脂中化学活性基团的种类分为阳离子交换树脂和阴离子交换树脂两大类，它们可分别与溶液中的阳离子和阴离子进行离子交换，从而形成阳离子、阴离子转型树脂。

(1) 阳离子交换树脂。阳离子交换树脂分子结构中含有酸性基团，如—$SO_3H$、—$PO_3H_2$、—COOH 等，能与溶液中的阳离子进行交换。根据交换基团酸性的强弱，又可把阳离子交换树脂分为以下几类：

① 强酸性阳离子交换树脂，如含官能团—$SO_3H$、—$CH_2SO_3H$ 等的树脂，其容易在溶液中离解出 $H^+$，故呈强酸性。树脂离解后，本体所含的负电基团（如 $SO_3^{2-}$）能吸附结合

溶液中的其他阳离子，这两个反应使树脂中的 $H^+$ 与溶液中的阳离子互相交换。强酸性离子交换树脂的酸性相当于硫酸、盐酸等无机酸，它在碱性、中性，甚至酸性介质中都显示离子交换功能。这类树脂在使用一段时间后，要进行再生处理，即用化学药品使离子交换反应按相反方向进行，使树脂的官能团恢复原来的状态，以供再次使用。上述阳离子交换树脂用强酸进行再生处理，此时树脂放出被吸附的阳离子，再与 $H^+$ 结合而恢复原来的组成。

② 弱酸性阳离子交换树脂，主要为含弱酸性基团—COOH、$—CH_2OH$、—OH 等的树脂。这类树脂能在水中离解出 $H^+$ 而呈酸性，树脂离解后剩下的负电基团，如 R—COO—（R为碳氢基团），能与溶液中的其他阳离子吸附结合，从而产生阳离子交换作用。这种树脂的酸性即离解性较弱，在较小 pH 值下难以离解和进行离子交换，只能在碱性、中性或微酸性溶液中（如 pH＝5～14）起作用。这类树脂也是用酸性进行再生（比强酸性树脂较易再生）的。

③ 中等酸性阳离子交换树脂，其介于强酸性阳离子交换树脂和弱酸型阳离子交换树脂之间，主要含基团$—PO_3H_2$、$—PO_3H_3$、$—AsO_3H_2$ 等。

（2）阴离子交换树脂：阴离子交换树脂一般含有碱性基团，如$—N^+(CH_3)_3OH$、$—N^+(CH_3)_2C_2H_4OH$、$—NH_2$ 等，能与溶液中的阴离子进行交换。阴离子交换树脂根据交换基团碱性的强弱分为以下两类：

① 强碱性阴离子交换树脂，这类树脂含有很强的碱性基团，如$—N^+(CH_3)_3OH$、$—N^+(CH_3)_2C_2H_4OH$ 等，能在水溶液中离解出 $OH^-$ 而呈强碱性。其碱性的强弱程度相当于一般的季铵碱。这种树脂的正电基团能与溶液中的阴离子吸附结合，从而产生阴离子交换作用。这种树脂的离解性很强，在不同的 pH 值下都能正常工作，即在酸性、中性和碱性介质中都可显示离子交换功能，用强碱可进行再生。

② 弱碱性阴离子交换树脂，这类树脂含有弱碱性基团，如$—NH_2$、—NHR、$—NR_2$ 等，它们能在水溶液中离解出 $OH^-$ 而呈弱碱性，其碱性次序为：$—NR_2$＞—NHR＞$—NH_2$。这种树脂的正电基团能与溶液中的阴离子吸附结合，从而产生阴离子交换作用。这种树脂在多数情况下将溶液中的整个其他酸分子吸附。它们只能在中性或酸性条件（如 pH＝1～9）下工作，弱碱性阴离子交换树脂可用 $Na_2CO_3$、$NH_3 \cdot H_2O$ 进行再生。

（3）离子交换树脂的转型。在实际应用中，常将这些树脂转变为其他离子形式，以适应各种需要，如常将强酸性阳离子树脂与 NaCl 作用，转变为钠型树脂再使用。工作时钠型树脂放出 $Na^+$，与溶液中的 $Ca^{2+}$、$Mg^{2+}$ 等阳离子交换吸附，除去这些离子。反应时没有放出 $H^+$，可避免溶液 pH 值减小和由此产生的副作用（如蔗糖转化和设备腐蚀等），这种树脂以钠型运行使用后，可用盐水再生（不用强酸）。又如，阴离子交换树脂可转变为氯型再使用，工作时放出 $Cl^-$ 而吸附交换其他阴离子，它的再生只需要用食盐水溶液即可。

（4）离子交换树脂的催化应用实例：

① 醇与烯烃的醚化反应，甲醇与异丁烯、乙醇与异丁烯、甲醇与2-甲基-1-丙烯可由酸性阳离子树脂催化醚化合成 MTBE（甲基叔丁基醚）、ETBE（乙基叔丁基醚）和 TAME（新戊基甲基醚）。这些都可以作为车用汽油的辛烷值增高剂。Amberlyst-15、Dower-M32 等大孔磺酸树脂已用于大规模生产 MTBE。

② 酯化反应，酯化反应常用硫酸作催化剂，这往往造成副反应多、设备腐蚀严重、后续分离复杂、废液污染环境等问题。而使用离子交换树脂就可以很好地解决上述问题。如马来酸二甲酯（DMM）、马来酸二乙酯（DEM）以及马来酸二丁酯（DBM）是生产聚合物乳

液、热塑性及热固性塑料的重要原料，它们可以分别由顺酐与甲醇、乙醇和丁醇酯化而得到。顺酐与乙醇在酸性离子交换树脂的催化下，酯化收率很高，已由 Rohm&Hass 公司和 BASF 公司实现了工业化。

③ 烷基化反应，Amberlyst-15、Nafion 及 Nafion/$SiO_2$ 树脂可以催化苯与长链烯烃 $C_9$～$C_{13}$ 的烷基化反应，在 80℃时，反应的转化率可达 99%以上。其中 Nafion/$SiO_2$ 树脂比 Amberlyst-15、Nafion 催化剂的活性高约 400 倍。除烯烃烷基化试剂以外，醇、醚、卤代烃与芳香化合物也可进行烷基化反应。Harmer 等用离子交换树脂作催化剂对苯、对二甲苯与苯甲醇的烷基化反应做了研究，结果显示 Nafion/$SiO_2$ 催化剂的活性最高，约为 Nafion 的 2 倍，而 Amberlyst-15 则无催化效果。

④ 离子交换树脂是碱催化的优良催化剂，如在 Knoevenagel 缩合和羟醛缩合反应中的应用。

Knoevenagel 缩合：

$$RCHO + CH_3COCH_2COOC_2H_5 \longrightarrow CH_3CO\underset{\underset{CHR}{\|}}{C}COOC_2H_5 + H_2O$$

$$RCHO + H_2C(COOC_2H_5)_2 \longrightarrow RCH{=}C(COOC_2H_5)_2 + H_2O$$

羟醛缩合：

$$2RCH_2CHO \longrightarrow RCH_2\underset{}{\overset{OH}{\overset{|}{C}}}HCHRCHO$$

$$2RCH_2\overset{O}{\overset{\|}{C}}R' \longrightarrow RCH_2\overset{OH}{\overset{|}{C}}R'CHR\overset{O}{\overset{\|}{C}}R'$$

就上述两类反应而言，含氨基的弱碱性树脂比含季铵盐离子的强碱性树脂更为有效，而强碱性树脂对丙烯腈与醇加成反应更为有效。

$$H_2C{=}CHCN + ROH \longrightarrow ROCH_2CH_2CN$$

典型的阴离子交换树脂在偶极非质子性溶剂 DMF 的作用下对 $CO_2$、环氧丙烷合成碳酸亚丙酯的反应活性更高，而且重复使用仍能保持较高的反应活性。

## 4.5 固体酸催化剂的工业应用

### 4.5.1 分子筛催化剂及催化裂化反应

分子筛或沸石（zeolite）是结晶的硅铝酸盐的含水化合物，加热时结晶水可汽化除去，又称沸石；因其具有均匀的孔隙结构，有筛分不同尺寸分子的能力，故得分子筛的称谓。分子筛是一类用途十分广泛的固体酸碱催化剂，自然界存在的沸石约为 40 种，人工合成的多达数百种。分子筛除用作吸附剂外，也是一类催化剂与载体材料。尤其作为催化剂，在石油天然气化工和精细化工中已获得广泛应用。常用的沸石有：方钠型沸石，如 A-分子筛；八面型沸石，如 X-、Y-型分子筛；丝光沸石（M-型）；高硅沸石，如 ZSM-5 等。分子筛催化剂已被广泛应用于催化反应，包括：石油炼制中的催化裂化、加氢裂化、催化重整、异构化、聚合、烷基化、(非)临氢降凝、润滑油催化脱蜡、甲醇制汽油(MTG)、甲烷氧化偶联制烯烃(OCM)、甲醇制烯烃(MTO)和甲醇制甲胺等。本节将介绍分子筛的结构、常见的分子筛类型及分子筛在催化裂化反应中的应用。

1)分子筛的结构

(1)分子筛的化学组成。分子筛是具有结晶结构的硅铝酸盐,其化学组成通常可表示为:

$$M_{x/n}[(AlO_2)_x(SiO_2)_y]\cdot \omega H_2O$$

式中,M代表阳离子;$n$ 代表阳离子价数;$\omega$ 代表水分子个数;$x$ 和 $y$ 分别代表铝氧和硅氧四面体的个数。$y/x$ 与分子筛结构有关,称为硅铝比($m$),常见分子筛的化学组成见表4-12。

表4-12 分子筛的化学组成及孔径

| 类型 | 孔径/nm | 单元晶胞化学组成 | 硅铝原子比 |
|---|---|---|---|
| 4A | 0.42 | $Na_{12}[(AlO_2)_{12}(SiO_2)_{12}]\cdot 27H_2O$ | 1∶1 |
| 5A | 0.5 | $Na_{3.6}Ca_{4.7}[(AlO_2)_{12}(SiO_2)_{12}]\cdot 31H_2O$ | 1∶1 |
| 13X | 0.8~0.9 | $Na_{86}[(AlO_2)_{86}(SiO_2)_{106}]\cdot 264H_2O$ | (1.5~2.5)∶1 |
| Y | 0.8~0.9 | $Na_{56}[(AlO_2)_8(SiO_2)_{40}]\cdot 24H_2O$ | (2.5~5)∶1 |
| 丝光沸石 | 0.58~0.69 | $Na_8[(AlO_2)_8(SiO_2)_{40}]\cdot 24H_2O$ | 5∶1 |
| ZSM-5 | 0.54×0.56<br>0.51×0.55 | $xM_2O\cdot(1-x)(R_4N)_2O\cdot Al_2O_3\cdot pSiO_2\cdot qH_2O$ | >6 |

注:M为+1价金属原子;$R_4N$ 为季铵离子。

(2)分子筛的基本结构单元。分子筛具有规整的孔道结构、较高的比表面积。分子筛可视为由三级结构单元逐级堆砌而成,一级结构单元构成二级结构单元,二级结构单元构成三级结构单元,三级结构单元构成单元晶胞的骨架。合成分子筛时,得到的微米级晶体是上千单元晶胞的集合体。

① 分子筛的一级结构单元,Si、Al原子通过 $sp^3$ 杂化轨道与氧原子相连,形成的硅氧四面体($SiO_4$)和铝氧四面体($AlO_4$)是构成分子筛的最基本的结构单元,如图4-4所示。

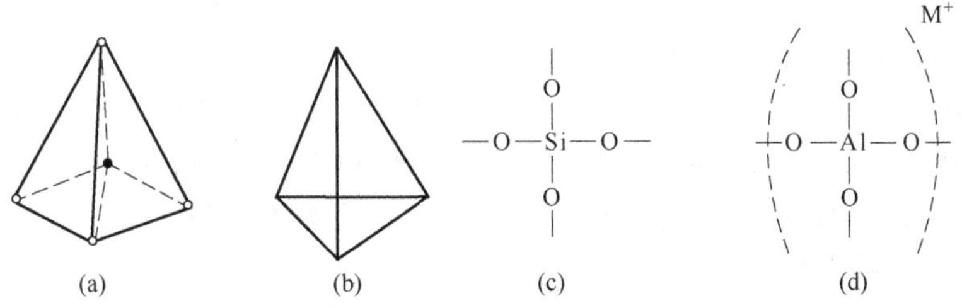


图4-4 分子筛的一级结构单元示意图(硅氧或铝氧四面体)

(a)图中●代表Si或Al原子,○代表氧原子;(b)四面体顶角代表氧原子,Si或Al在四面体内部,图中未标出;(c)硅氧四面体平面示意图;(d)铝氧四面体平面示意图

② 分子筛的二级结构单元,硅氧或铝氧四面体顶角的氧原子,由于价键未饱和,易为其他四面体所共用,相邻的四面体由氧桥连接成环状结构,构成分子筛的二级结构单元。按成环的氧原子数划分为四元环、五元环、六元环、八元环、十元环或十二元环等。如图4-5所示。环是分子筛的通道孔口,对通过的分子起筛分作用。四元环、五元环、六元环、八元环、十元环和十二元环的孔径分别约为0.1nm、0.15nm、0.22nm、0.42nm、0.63nm和0.8~0.9nm。

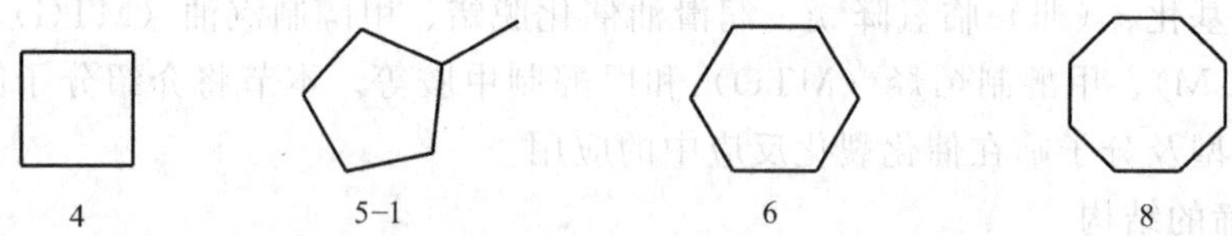


图 4-5　分子筛的二级结构单元（环）示意图

③ 分子筛的三级结构单元，二级结构单元通过氧桥相互联结，形成具有三维空间的中空多面体，称为笼，构成分子筛的三级结构单元，见图 4-6。笼是分子筛结构的重要特征，也是划分分子筛类型的重要依据。

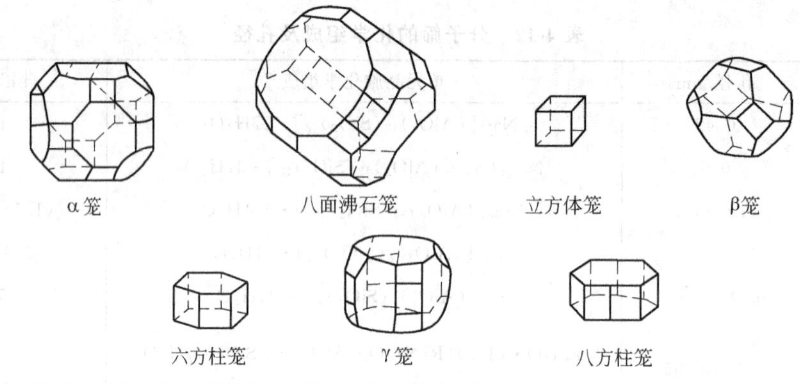


图 4-6　分子筛的三级结构单元示意图

α“笼”是A型分子筛骨架结构的主要孔穴，是由12个四元环、8个六元环和6个八元环组成的二十六面体，平均孔径为1.14nm，空腔体积为0.76nm³；最大窗孔为八元环，孔径为0.41nm，小于0.41nm的分子可通过八元环进入笼内。α笼的饱和容纳量为25个 $H_2O$ 或19～20个 $NH_3$ 或12个 $CH_3OH$ 或9个 $CO_2$ 或4个 $C_4H_{10}$。

八面沸石笼是构成X-型和Y-型分子筛骨架结构的主要孔穴，是由18个四元环、4个六元环和4个十二元环组成的二十六面体，平均孔径为1.25nm，空腔体积为0.85nm³；最大窗孔为十二元环，孔径为0.74nm，饱和容纳量为28个 $H_2O$ 或5.4个苯或4.6个甲苯或4.1个环己烷，八面沸石笼也称为超笼。

β笼主要构成A-型、X-型和Y-型分子筛的骨架结构，其形状宛如削顶的正八面体，是由6个四元环和8个六元环组成的十四面体，空腔体积为0.16nm³；窗口孔径为0.66nm，只允许 $H_2O$、$NH_3$ 等尺寸较小的分子进入，饱和容纳量为4个 $H_2O$ 和0.5个NaOH。

2）常见的分子筛类型

（1）A型分子筛。A型分子筛类似于NaCl的立方晶系结构。将NaCl晶格中的 $Na^+$ 和 $Cl^-$ 全部换成β笼，相邻的β笼用γ笼联结，即得到A型分子筛；8个β笼联结形成方钠石型结构，如图4-7所示，A-型分子筛的中心为α笼，α笼之间通道有一个八元环窗口，直径约为0.4nm，故称为4A分子筛，4A分子筛上70%的 $Na^+$ 被 $Ca^{2+}$ 交换，八元环孔径增至0.5nm，称为5A分子筛。反之，70%的 $Na^+$ 被 $K^+$ 交换，八元环孔径缩小至0.3nm，称为3A分子筛。

（2）X型和Y型分子筛。X型和Y型分子筛结构类似于金刚石的密堆立方晶系结构。若以β笼这种结构单元取代金刚石的碳原子结点，且用六方柱笼将相邻的两个β笼联结，即用4个六方柱笼将5个β笼联结在一起，其中一个β笼位于中心，其余四个β笼位于正四面

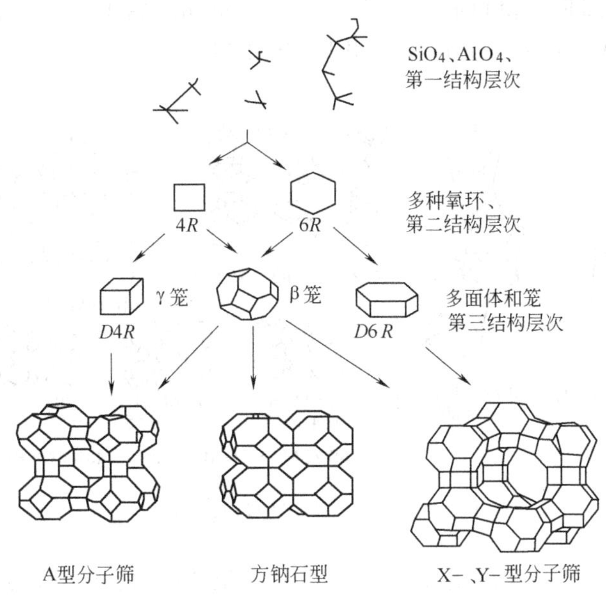


图 4-7 各级分子筛结构与一级、二级、三级结构单元的交联

体的顶点，就形成了八面沸石型的晶体结构，如图 4-6 所示。用这种结构继续桥连下去，就得到 X 型和 Y 型分子筛结构。在这种结构中，由 β 笼和六方柱笼形成的大笼为八面沸石笼，它们相通的窗孔为十二元环，其平均有效孔径为 0.74nm，这就是 X 型和 Y 型分子筛的孔径，两者之间的差异主要是 Si/Al 比不同，X 型为 1～1.5；Y 型为 1.5～3.0。

（3）丝光沸石。丝光沸石是一种特殊的分子筛，具有层状结构，而无笼状结构，结构中含有大量成对相连的五元环，每对五元环通过氧桥与另一对联结，联结处形成四元环，如图 4-8 所示。这种结构单元的进一步联结，就形成了层状结构；层中有八元环和十二元环，后者呈椭圆形，平均孔径为 0.74nm，是丝光沸石的主孔道，而且是一维直通道。

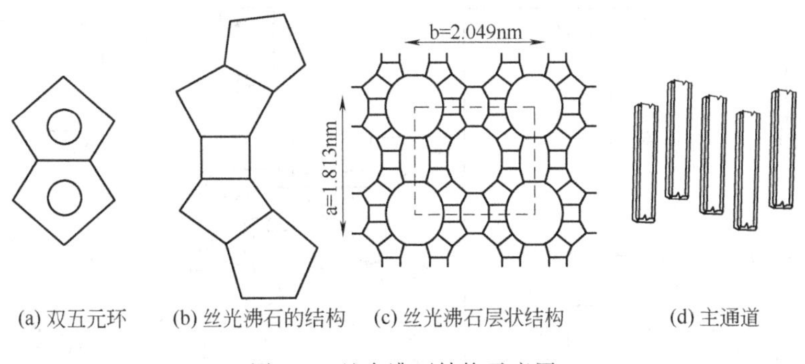


图 4-8 丝光沸石结构示意图

（4）ZSM-5 分子筛。ZSM-5 型分子筛是理想的斜方晶系，与之结构相同的有 ZSM-8、ZSM-11；另一组有 ZSM-21、ZSM-35 和 ZSM-38 等。ZSM-5 常被称为高硅沸石，其硅铝比可达 50 以上，ZSM-8 的硅铝比可高达 100，ZSM 型显示憎水性。它们的结构单元与丝光沸石相似，其结构和通道如图 4-9 所示，由成对的五元环组成，只有通道而无笼状结构的空腔。ZSM-5 有两组交叉的通道，一种为直通道，另一种为“之”字形，相互垂直，均由十

元环构成；通道呈椭圆形，窗口孔径约为 0.55～0.6nm。属于高硅沸石的还有全硅型 Silicalite-1，结构同 ZSM-5；Silicalite-2，结构同 ZSM-11。

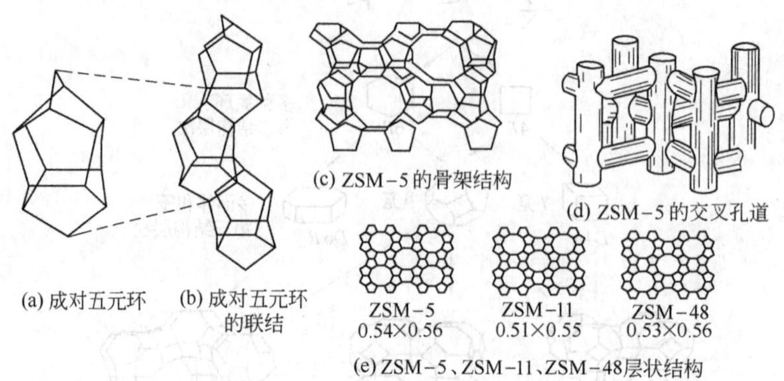


图 4-9　ZSM-5 分子筛结构示意图

（5）磷酸铝系分子筛。磷酸铝分子筛是继 20 世纪 60 年代 Y 型分子筛、70 年代 ZSM-5 型高硅分子筛之后，于 80 年代出现的第三代新型分子筛，包括 AlPO-5（0.7～0.8nm）、AlPO-11（0.6nm）和 AlPO-34（0.4nm）等以及 MAPO-$n$ 系列和 AlPO 经 Si 化学改性而成的 SAPO 系列等。目前已确定的结构类型超过 24 个，骨架结构数达 200 种，孔容 0.18～0.48cm$^3$。

3）分子筛在催化裂化反应中的应用

（1）催化裂化工艺。催化裂化是在催化剂的作用下使较大的烃类分子断裂，生成相对分子量较小的烃分子，同时伴随一些副反应的过程。催化裂化是将石油 200～500℃之间的重馏分油（如减压馏分油、直馏柴油、焦化柴油和蜡油）加工成轻质油品的重要方法之一。催化裂化不仅制得大量汽油，而且汽油质量好，辛烷值达到 80～100。此外，催化裂化过程还能生成大量含烯烃的裂解气体，它们是有机合成工业中的宝贵原料。高低并列式提升管催化裂化装置的工艺流程见图 4-10 所示，一般由三个部分组成，即反应-再生系统、分馏系统、吸收-稳定系统。

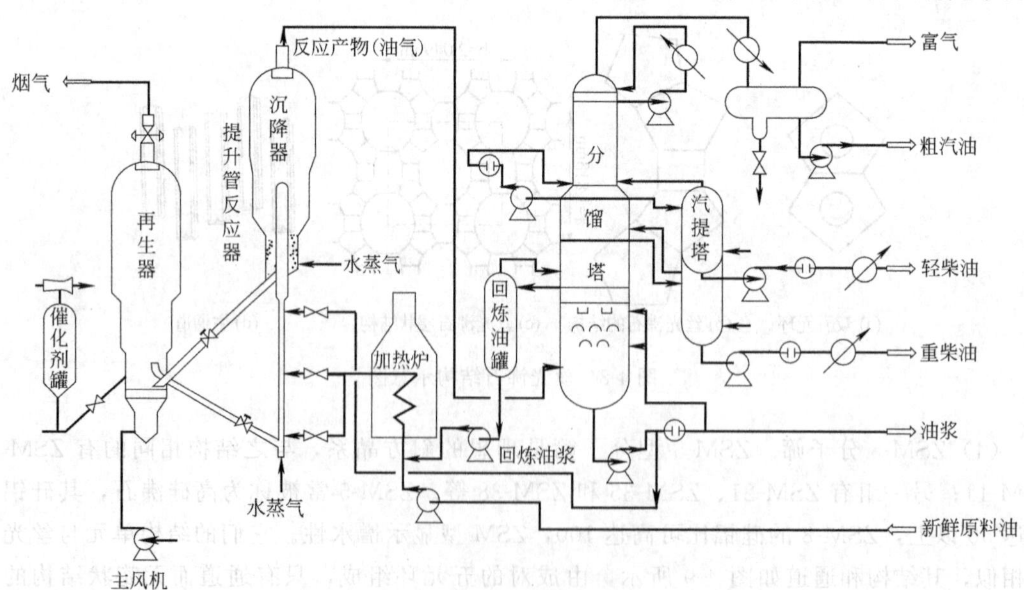


图 4-10　高低并列式提升管催化裂化装置工艺流程图

① 反应-再生系统。新鲜原料油经换热后与回炼油浆混合，经加热炉加热至180～320℃后，至催化裂化提升管反应器下部的喷嘴，原料油由蒸气雾化并喷入提升管内，在其中与来自再生器的高温催化剂（600～750℃）接触，随即汽化并进行反应。油气在提升管内的停留时间很短，一般只有几秒钟。反应产物经旋风分离器分离出夹带的催化剂后，离开沉降器到达分馏塔。

积有焦炭的催化剂（待生催化剂）由沉降器落入下面的汽提段，汽提段内装有多层人字形挡板并在底部通入过热水蒸气，待生催化剂上吸附的油气和颗粒之间的油气被水蒸气置换出而返回上部。经汽提后的待生催化剂通过待生斜管进入再生器。

再生器的主要作用是烧去催化剂上因反应而生成的积炭，使催化剂的活性得以恢复。再生用空气由主风机供给，空气通过再生器下面的辅助燃烧室及分布管进入流化床层。对于热平衡式装置，辅助燃烧室只是在开工升温时才使用，正常运转时并不烧燃料油。再生后的催化剂（称再生催化剂）落入淹流管，经再生斜管送回反应器循环使用。再生烟气经旋风分离器分离出夹带的催化剂后，经双动滑阀排入大气。在加工生焦率高的原料时，例如，加工含渣油的原料时，因焦炭产率高，再生器的热量过剩，必须在再生器中设置取热设施以取走过剩的热量。再生烟气的温度很高，不少催化裂化装置设有烟气能量回收系统，利用烟气的热能和压力能（当设置能量回收系统时，再生器的操作压力应较高些）做功，驱动主风机以节约电能，甚至可对外输出剩余电力。对一些不完全再生的装置，再生烟气中含有5%～10%（体积分数）的CO，可以设置CO锅炉使CO完全燃烧以回收能量。

在生产过程中，催化剂会有损失及失活，为了维持系统内催化剂的装填量和活性，需要定期向系统补充或置换新鲜催化剂。为此，装置内至少应设置两个催化剂储罐。装卸催化剂时采用稀相输送的方法，输送介质为压缩空气。

在流化催化裂化装置的自动控制系统中，除了有与其他炼油装置类似的温度、压力、流量等自动控制系统外，还有一整套维持催化剂正常循环的自动控制系统和当发生流化失常时的自动保护系统。此系统一般包括多个自保系统，例如，反应器进料低流量自保系统、主风机出口低流量自保系统、两器差压自保系统，等等。以反应器进料低流量自保系统为例，当进料量低于某个下限值时，在提升管内就不能形成足够小的密度，正常的两器压力平衡被破坏，催化剂不能按规定的路线进行循环，而且还会发生催化剂倒流并使油气大量带入再生器而引起事故。此时，进料低流量自保系统就自动进行以下动作：切断反应器进料并使进料返回原料油罐（或中间罐），向提升管通入事故蒸气以维持催化剂的流化和循环。

② 分馏系统。由反应器进来的反应物从底部进入分馏塔，经底部的脱过热段后在分馏段分割成几个中间产品：塔顶产品为富气及汽油，侧线产品有轻柴油、重柴油和回炼油，塔底产品是油浆。轻柴油和重柴油分别经汽提后，再经换热、冷却后出装置。

催化裂化装置的分馏塔有以下几个特点：

a. 进料是带有催化剂粉尘的过热油气，因此，分馏塔底部设置有脱过热段，用经过冷却的油浆把油气冷却到饱和状态并洗下夹带的粉尘，以便进行分馏和避免堵塞塔盘。

b. 全塔的剩余热量大而且产品的分离精确度要求比较容易满足。因此一般设置有多个循环回流：塔顶循环回流、1～2个中段循环回流和油浆循环。

c. 塔顶回流采用循环回流而不用冷回流，其主要原因是进入分馏塔的油气含有相当大数量的惰性气体和不凝气，它们会影响塔顶冷凝冷却器的效果；采用循环回流代替冷回流可以降低从分馏塔顶至气压机入口的压降，从而提高气压机的入口压力，降低气压机的功率消耗。

③ 吸收-稳定系统。吸收-稳定系统主要由吸收塔、再吸收塔、解吸塔及稳定塔组成。从分馏塔顶油气分离器出来的富气中带有汽油组分，而粗汽油中则溶解有 $C_3$、$C_4$ 组分。吸收稳定系统的作用就是利用吸收和精馏的方法将富气和粗汽油分离成干气（$\leqslant C_2$）、液化气（$C_3$、$C_4$）和蒸气压合格的稳定汽油。其中的液化气再利用精馏的方法通过气体分馏装置将其中的丙烯、丁烯分离出来，进行化工利用。催化裂化装置的分馏系统及吸收系统在各催化裂化装置中一般并无很大差别。

（2）催化裂化催化剂。催化裂化使用的催化剂是固体酸催化剂，它的发展可分为三个阶段。1936 年开始采用天然黏土催化剂，其性能较差。20 世纪 40 年代后，使用了无定形硅铝酸盐类催化剂，该类催化剂在抗硫性机械性能等方面有了较大的改进，生产出的汽油辛烷值较高，但催化剂的结焦率较高。20 世纪 60 年代，随着晶体硅酸盐（分子筛或沸石）催化剂的研究和工业应用，催化裂化进入了一个新时代。沸石分子筛催化剂被认为是催化裂化工业的一次革命，也是沸石用于工业催化的重大突破。初期的研究发现表明，用适当的金属离子交换钠离子的泡沸石，如 REHX，其活性（经水蒸气处理后）比硅铝催化剂高 200 倍以上。以硅铝氧化物作为基质，加入 10%的 REHX 可以大大改善催化裂化产物的选择性，其中汽油可以提高 14%，焦炭可以减少 40%。

沸石催化剂活性高，为了充分发挥其优点，需要缩短反应的剂油接触时间，于是不同的提升管催化剂设计先后出现，1964 年美国的 Socony Mobil 公司出售耐磨小球（Durabead-5）沸石催化剂，1963 年沸石催化剂开始在流化裂化装置使用，先是风靡北美，接着推向全世界，迅速被各炼油厂采用。

当时的沸石催化剂可分为稀土 X 型（REX）和稀土 Y 型（REY）两大类。Grace 公司 Davison 化学分部首先生产出性能良好的属于 REX 沸石的 XZ-15 催化剂。1965 年，为了进一步降低催化剂生产费用并提高其性能，该公司又开发出了 REX 型沸石催化剂 XZ-25，这种催化剂曾在 20 世纪 60 年代末期畅销全世界。XZ-25 与 XZ-15 相比，除了价格低廉外，其活性也较高。稍后该公司又相继开发出 XZ-36 和 XZ-40 稀土 X 型沸石催化剂，其中 XZ-40 还具有抗金属污染能力。与此同时，活性组分由 X 型沸石发展为稳定性更好的 REY 沸石，因此该公司又生产了 REY 沸石催化剂 DZ-5 和 DZ-7。与 XZ-40 一样，DZ-7 抗金属污染能力强，强度和密度增加，而且具有较好的热稳定性。

沸石催化剂出现的初期，催化剂的研制集中于提高活性，但到 20 世纪 70 年代后期，开始转入研制耐金属污染，提高催化剂的选择性，控制排出物污染和提高汽油辛烷值的新时期。70 年代中后期，Davison 化学分部研制成功了高密度催化剂 Super-D 系列，在工业上获得了广泛的应用，当时全世界的催化裂化装置中，约有 1/4 的装置使用这种催化剂。80 年代以后，该公司又生产了 DA、GX、Titan-E 等系列的催化剂，其中 DA 催化剂使用效果很好，耐磨、水热安全性高和汽油产率可增加 2%～3%。

AKZO 公司 1970 年开始生产 REY 低铝基质催化剂，被普遍采用的主要有 MZ-3 和 DM-1 两种。此后不久，该公司还开发出了 MZ-7 系列的低表面、高密度和高耐磨的催化剂，其中 MZ-7X 适用于重油原料，其活性和稳定性好，在苛刻操作条件下的转化率可大于 75%，且不需大量催化剂。

因此，催化裂化催化剂所采用的沸石类型主要是两大类，其中一类为 X 型沸石，另一类为 Y 型沸石。早期工业应用的是 REX 型（稀土 X 型）分子筛催化剂，Y 型分子筛催化剂开发稍晚。Y 型分子筛催化剂又可细分为 REY（稀土 Y 型）、HY、REHY（稀土氢 Y 型）、REMgY（稀土镁 Y 型）、USY（超稳 Y 型）及 REUSY（稀土超稳 Y 型）分子筛催化剂。国产系列沸石类催化裂化催化剂见表 4-13。

**表 4-13 国产沸石类催化剂**

| 年代 | | 牌号 | 活性组分/基质 | 特点 | |
|---|---|---|---|---|---|
| 20 世纪 | 70 年代 | Y-9<br>LWC-23 | REY/$SiO_2$-$Al_2O_3$ | 用于床层裂化，沸石含量低，中活性 | |
| | | 偏 Y-15<br>LWC-33<br>CGY<br>（共 Y-15） | REY/$SiO_2$-$Al_2O_3$ | 常用于提升管裂化，沸石含量中 | |
| | 80 年代 | Y-7<br>CRC-1<br>KBZ | REY/$Al_2O_3$-白土 | 用于掺渣油的重油裂化，半合成，高密度，抗重金属能力较强 | |
| | | ZCM-7<br>CHZ-7 | REUSY/$Al_2O_3$-白土 | 用于重油裂化，焦选择性优，轻油收率高 | |
| | 90 年代 | LCS-7 | LREHY/$SiO_2$-$Al_2O_3$-白土 | 中堆积密度，焦收率低，轻油收率高 | |
| | | LCH-7 | REUSY/$Al_2O_3$-白土 | 高活性 USY，用于重油裂化，焦选择性优 | |
| | | RHZ-300 | LREHY/$Al_2O_3$-白土 | 用于掺渣油原料，活性选择性均优，轻油收率高，抗氧性好 | |
| | | Orbit-3000 | 复合 REUSY/$Al_2O_3$-白土 | 用于重油催化裂化 | 活性高，选择型号，液油改质能力强 |
| | | Orbit-3300 | | | 轻油收率高，汽油辛烷值高 |
| | | Orbit-3600 | | | 活性选择性均优，抗钒污染 |
| | | GC-20 | REUSY，ZRP/$Al_2O_3$-白土 | | 活性高，选择性好，汽油辛烷值高 |
| | | ZC-7000 | 复合 DR/$Al_2O_3$-白土 | | 活性高，稳定性高，选择性好 |
| | | LK-98 | | | |
| | | RAG-7 | ZRP-复合 Y-$Al_2O_3$-白土 | | ARGG 工艺用催化剂 |
| | | RGD-1 | | | MGD 工艺用催化剂 |
| | | CMOD-200 | | | 可用于 MGD 工艺 |
| 21 世纪 | 初期 | LVR-60 | REHY/REUSY/$Al_2O_3$-白土 | | 重油转化能力强，干气和焦收率低 |
| | | CR005 | REHY/DM/REUSY 基质 | | 活性高，重油转化能力强 |
| | | CHZ-3，4 | ZRP/REHY/REUSY/$Al_2O_3$ | | 重油转化能力强，汽油收率高 |
| | | GOR 系列 LGO | ZRP/DM/REHY/REUSY/$Al_2O_3$ | | 活性高，重油转化能力强 |
| | | DOCO | | | 降 FCC 汽油烯烃能力强 |

(3) 催化裂化反应。裂化反应主要是C—C键的断裂，因此是吸热反应，在热力学上高温是有利的，烃类裂化包括如下反应：

① 烷烃裂化生成烯烃和较小的烷烃

$$C_nH_{2n+2} \longrightarrow C_mH_{2m} + C_{n-m}H_{2(n-m)+2}$$

② 烯烃裂化生成较小的烯烃

$$C_nH_{2n} \longrightarrow C_mH_{2m} + C_{n-m}H_{2(n-m)}$$

③ 烷基芳烃脱烷基生成苯和烯烃

$$C_6H_5\text{—}C_nH_{2n+1} \longrightarrow C_6H_6 + C_nH_{2n}$$

④ 芳烃烷基侧链断裂生成芳烃和烯烃

$$C_6H_5\text{—}C_nH_{2n+1} \longrightarrow C_6H_5\text{—}C_mH_{2m+1} + C_{n-m}H_{2(n-m)}$$

⑤ 除环己烷外环烷烃裂化生成烯烃

$$C_nH_{2n} \longrightarrow C_mH_{2m} + C_{n-m}H_{2(n-m)}$$

⑥ 异构化

$$C_nH_{2n} \longrightarrow Iso\text{-}C_nH_{2n}$$

⑦ 烷基转移

$$H_3C\text{—}C_6H_4\text{—}CH_3 + C_6H_6 \longrightarrow 2\ C_6H_5\text{—}CH_3$$

⑧ 缩合反应

$$C_6H_5\text{—}CH\text{=}CH_2 + H_3CR_1\text{=}CHR_2 \longrightarrow \text{(1-}R_1\text{-2-}R_2\text{-萘)} + 2H_2$$

⑨ 低相对分子质量烯烃歧化

$$2H_2C\text{=}CHCH_2CH_3 \longrightarrow H_2C\text{=}CHCH_3 + H_2C\text{=}CHCH_2CH_2CH_3$$

有固体酸存在时，烃可在酸中心上形成碳正离子：首先为伯碳正离子，经氢转移变为仲碳正离子。

$$R_1CH_2CH_2CH_3 \xrightarrow{\text{L酸中心}} R_1CH_2\overset{+}{C}HCH_3 + H^-L$$

碳正离子按$\beta$断裂，即

$$R_1 \overset{\beta}{\vdots} CH_2\text{—}\overset{+}{C}H\text{—}CH_3 \longrightarrow R_1^+ + H_2C\text{=}CH\text{—}CH_3$$

生成的新碳正离子可继续发生$\beta$断裂，直到$C_3$和$C_4$碳正离子不能进一步形成$C_1$和$C_2$碳正离子，所以催化裂化产物中$C_3$和$C_4$烯烃为主，而甲烷和乙烯较少。由于碳正离子容易发生氢转移和甲基转移，从而使汽油产物中饱和烃、异构烃较多。

而热裂化是按自由基反应机理进行的，包括链的引发、增长及中止，反应通式为：

$$R \longrightarrow R' + \text{烯烃}$$

$$R' \longrightarrow H_2 + \text{烯烃}$$

在400～600℃，大分子烷烃通过脱氢或者断链反应裂解为小分子烷烃和烯烃。

脱氢反应：$RCH_2\text{—}CH_3 \longrightarrow RCH\text{=}CH_2 + H_2$

断链反应：$RCH_2\text{—}CH_3\text{—}R' \longrightarrow RCH\text{=}CH_2 + R'H$

环烷烃则裂解为小分子或脱氢转化成芳烃，其侧链较易断裂；芳环很难断裂，主要发生侧链断裂。

因此，热裂化气体产物的特点是甲烷、乙烷及乙烯组分较多，而$C_4$及以上产物较少。

4）催化剂表面酸性与催化活性的关系

催化裂化催化剂的活性及选择性与催化剂的酸性类型、酸中心密度及酸性分布有关。催化剂酸性可分为质子酸（Brönsted acidity）及非质子酸（Lewis acidity）两类。根据原料性质、反应器结构及对产品分布的要求，可调整催化剂质子酸与非质子酸的比例、酸中心的数目及酸性分布以得到最佳催化效果。

① 质子酸与非质子酸

硅铝催化剂及沸石催化剂都具有质子酸及非质子酸，两种酸可以互相转化。图 4-11 为硅铝催化剂上质子酸与非质子酸的转化过程。在高温下质子酸脱水，暴露了铝离子的接受电子对性质，形成非质子酸。在硅铝催化剂上一个质子酸可以生成一个非质子酸。

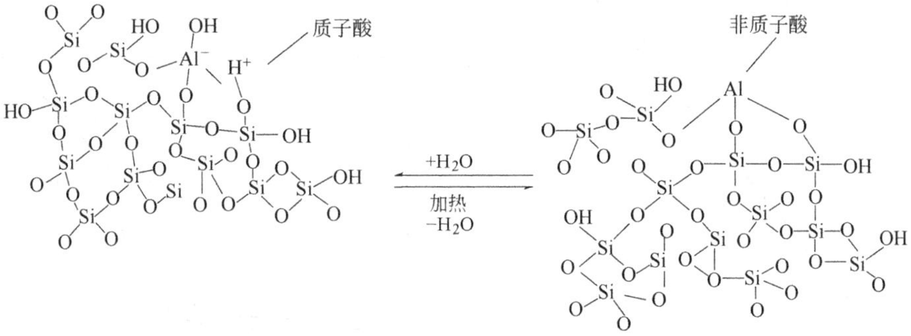

图 4-11 硅铝催化剂上质子酸与非质子酸的转化

图 4-12 为沸石催化剂上质子酸与非质子酸之间的转化过程。加热温度超过 450℃时，质子酸脱水形成非质子酸。沸石上每生成一个非质子酸需要两个质子酸。这种转换可以逆向进行，非质子酸加水也可形成质子酸。

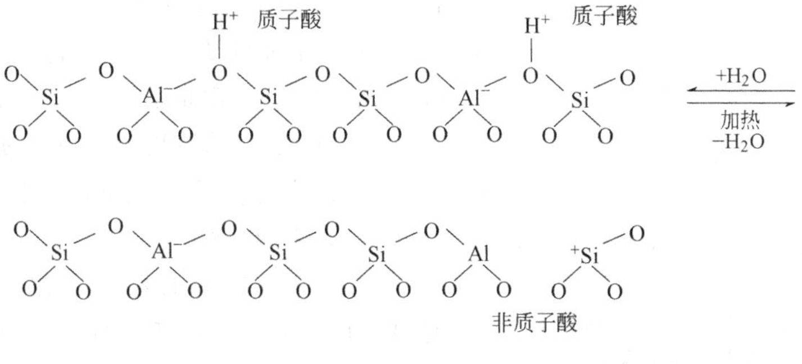

图 4-12 沸石催化剂上质子酸与非质子酸之间的转化

HY 沸石酸中心强度分布较窄，$H_0$ 约在－8～－4 之间。稀土沸石催化剂则具有较宽的酸中心强度分布。酸性随稀土交换程度的增加而增加，高交换程度时强酸性中心增加得更多。高温，特别是水蒸气的存在会减少酸性中心，尤其会减少强酸性中心的数目，中强酸性中心及弱酸性中心仅有少量变化。REY 甚至还有 $H_0 \leqslant -12.8$ 的强酸性中心，而 HY 则几乎没有这种强酸性。硅铝催化剂则仅有 $H_0$ 小于－8，并很可能是小于－12 的强酸性中心。

② 催化剂酸性与活性的关系

有人认为氧化硅既无质子酸也无非质子酸，对催化裂化而言是没有活性的。氧化铝则仅有非质子酸，裂化活性虽很强，但很易失活。保持裂化活性必须要有质子酸，很多纯烃裂化的实例表明了催化活性与酸性的关系。

异丁烷在硅铝催化剂上的裂化结果表明，异丁烷的裂化活性与非质子酸的浓度呈直线关系，如图 4-13 所示。这说明烷烃开始裂化时需从非质子酸中心得到氢负离子以生成碳正离子。

在沸石催化剂上也观察到催化活性与酸性为定量关系。图 4-14 表示了异丙苯在 Y 型沸石上裂化活性与质子酸中心浓度的关系。当 $Ca^{2+}$ 与 $Na^{+}$ 交换到一定程度后质子酸增加，异丙苯的裂化活性则随质子酸的增加而增加。

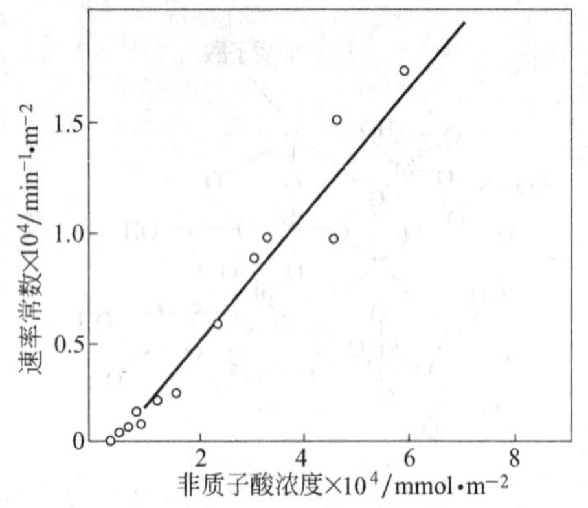


图 4-13 异丁烷在硅铝催化剂上的裂化活性与非质子酸的关系

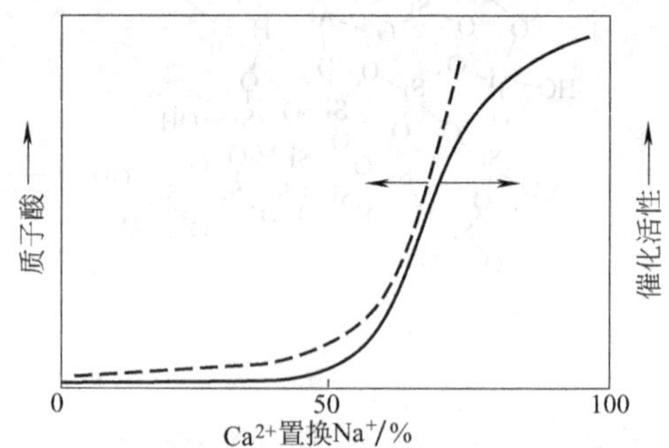


图 4-14 异丙苯在 Y 型沸石上裂化活性与质子酸浓度的关系

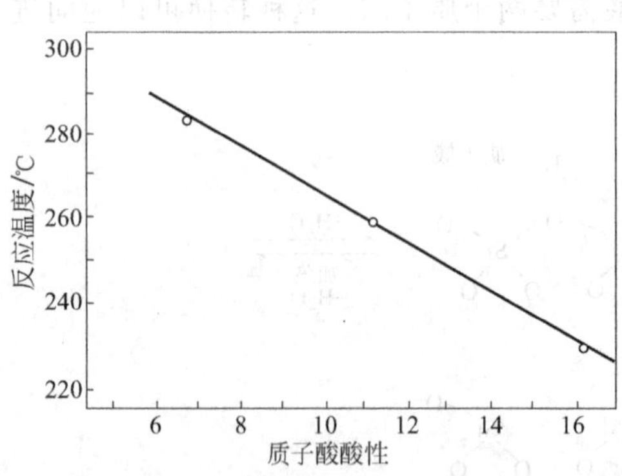


图 4-15 邻二甲苯在稀土 Y 型沸石上异构化活性与质子酸的关系

邻二甲苯在稀土 Y 型沸石上异构化活性与质子酸的关系示于图 4-15。反应温度与质子酸的酸性呈直线关系。反应温度指邻二甲苯转化率为 25%时所需的温度，温度愈低，表示催化活性愈高。此结果与硅铝催化剂是一致的，即异构化活性随质子酸中心的浓度增加而增加。

5）沸石分子筛催化剂反应特点分析

① 催化剂活性

Winter 报导正十六烷裂化时 REHX 的活性是硅铝胶活性的 17 倍，而 REX 用于柴油裂化时活性是硅铝胶的 10 倍。REY 和 REHY 用于正己烷裂化时活性比硅铝胶大 10000 倍。沸石分子筛催化剂高活性的原因在于：

a. 沸石活性中心浓度高，沸石酸中心密度比硅铝胶酸中心密度大 10～100 倍。

b. 由于沸石细微孔结构的吸附性强，在酸中心附近烃浓度较高，即在较高裂化温度下，沸石孔道中的烃浓度大约是在硅铝胶较大孔中的 50 倍。己烷裂化对己烷浓度是一级反应，因此浓度增加 50 倍可使反应速率增加 50 倍。

c. 在沸石孔中，静电作用下，通过 C—H 键极化促使正碳离子的生成和反应。

三者总的结果使得沸石分子筛具有非常高的活性。

② 催化剂选择性

沸石分子筛与硅铝胶相比，最显著的优点不在于活性的改进，而在于选择性较好，用REHX沸石和硅铝胶所得到的产品分布不同，前者产品中 $C_5$～$C_{10}$ 馏分较多，而 $C_3$～$C_4$ 馏分较少，之所以能得到选择性较好的汽油产品是因为沸石催化剂的氢转移活性比链断裂活性大。在沸石催化中较长碳链断裂的终止，是由负氢离子转移到正碳离子或由氢转移至烯烃造成的，这些双分子转移反应的速率比硅铝胶大，因为反应物在沸石孔中的浓度大，使得二级氢转移反应的速率比一级裂化反应速率增大得更快。

沸石催化剂选择性好还表现在沸石催化剂产生气体烃（$<C_4$）产物和生成焦炭都远低于硅铝胶催化剂。

沸石裂化选择性对其酸中心强度的分布十分敏感，酸中心的变化通过高温焙烧和通入水蒸气来达到，或将碱金属（NaOH）加到REY中，这样可除去最强酸中心，从而使焦炭和气体收率减小。由此可见，催化裂化过程并不希望存在很强的酸中心，为此，工业上常采用高温焙烧、水汽处理或预积炭、离子载入等方法调整 $\alpha$ 值$<250$，最好在10～20。

### 4.5.2 甲醇制烯烃

1）甲醇制烯烃工艺

甲醇制烯烃（Methanol to Olefins，简称MTO）技术是甲醇在催化剂作用下生成乙烯、丙烯及其他烯烃的技术。1985年，美孚公司在甲醇制汽油（MTG）的开发过程中，发现 $C_2$～$C_4$ 烯烃是MTG过程的中间产物。控制反应条件（如温度）和调整催化剂的组成，能使反应停留在生产乙烯等低碳烯烃的阶段。1995年，UOP与Norsk Hydro公司合作建成一套甲醇加工能力0.75 t/d的示范装置（示意图见图4-16）。连续运转90 d，甲醇转化率接近100%，乙烯和丙烯的碳基质量收率达到80%。

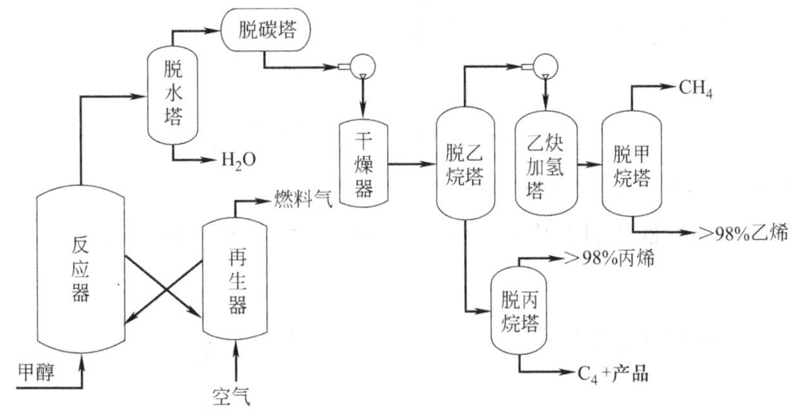


图4-16 UOP/Hydro的MTO工艺流程示意图

该工艺采用流化床反应器和再生器，其核心部分为循环流化床反应系统-再生系统及氧化物回收系统。循环流化床反应器采用湍动流化床，再生器采用鼓泡流化床。反应热通过产生的蒸气带出并回收，失活的催化剂被送到流化床再生器中烧炭再生，然后返回流化床反应器继续使用。在整个产物气流混合物分离之前，通过一个特制的进料气流换热器，清除其中的大部分水分和惰性物质，然后气体产物经气液分离塔进一步脱水、碱洗塔脱 $CO_2$、再经干燥后进入产品回收工段。产品回收工段包含脱甲烷塔、脱乙烷塔、乙炔饱和塔、乙烯分离塔、丙烯分离塔、脱丙烷塔和脱丁烷塔。该工艺的核心部分非常类似于炼油工业中成熟的催化裂化技术，仅仅是反应段（反应-再生系统）的热传递不同，并且操作条件的苛刻度更低，技术风险处于可控之内。该工艺的产品分离段与传统石脑油裂解制烯烃工艺类似，且产物组成更为简单，杂质种类和含量更少，更易实现产品的分离回收。

2004 年，中科院大连化物所与陕西新兴煤化工科技公司、洛阳石油化工工程公司合作建设万吨级甲醇制低碳烯烃中试项目（DMTO 工艺），建设了甲醇制烯烃反应单元、水气急冷分离及废水汽提单元，流程图如图 4-17 所示。此流程的前部分是使甲醇转化为低碳烯烃，总体流程与催化裂解装置相似，包括再生、急冷分馏、气体压缩、烟气能量利用和回收、反应取热、再取热等部分；后半部分为烯烃的精制分离部分，与管式裂解炉工艺的精致分离部分相似，包括碱洗、干燥、压缩、制冷、脱 $C_2$ 塔、炔烃前加氢、脱 $C_1$ 塔、$C_2$ 分馏塔、脱 $C_2$、$C_3$ 分馏塔、脱 $C_4$ 塔等。

2006 年，工业化试验装置一次开车成功，共运行 1150 h。DMTO 中试装置反应器采用密相流化床，反应温度为 460～520℃，反应压力为 0～0.1 MPa，乙烯收率为 40%～50%，丙烯收率为 30%～37%，甲醇转化率大于 99%。平稳运行 241 h 时，乙烯和丙烯平均选择性约为 79.2%，甲醇平均转化率约为 99.5%。

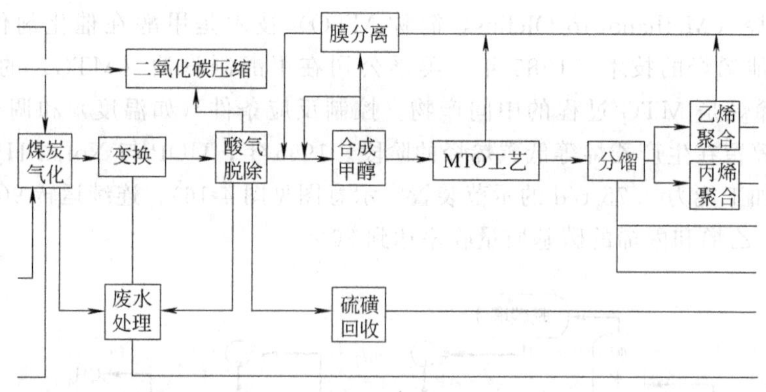


图 4-17　DMTO 工艺流程框图

2）甲醇转化为烯烃的反应模式

甲醇在 ZSM-5 沸石催化剂上转化为各种烃类的途径可归纳为以下 3 种：

（1）

$$2CH_3OH \underset{+H_2O}{\overset{-H_2O}{\rightleftharpoons}} CH_3OCH_3 \xrightarrow{-H_2O} C_2^{=} \sim C_5^{=} \longrightarrow \begin{cases} \text{烷烃} \\ \text{芳烃} \\ \text{环烷烃} \\ C_6+\text{烯烃} \end{cases}$$

（2）

$$2CH_3OH \rightleftharpoons CH_3OCH_3 + H_2O$$

$$2CH_3OH \searrow \text{烯烃} \swarrow CH_3OCH_3$$

（3）

$$2CH_3OH \overset{-H_2O}{\rightleftharpoons} CH_3OCH_3 \rightleftharpoons \begin{matrix} H_2C=CH_2 \\ (H_2C=CHCH_3) \end{matrix} \rightleftharpoons \text{高级燃料}$$

$$\text{芳烃} \dashrightarrow \text{烷烃} \dashrightarrow H_2C=CH_2$$

模式（1）～（3）均是由甲醇→甲醚→产物，二者的区别是模式（3）认为生成的烷烃可能进一步裂解，生成低碳烯烃，模式（2）与模式（1）的不同之处是前者也可由甲醇直接生成烯烃。

3）甲醇转化为烯烃的反应机理

甲醇在酸催化剂上生成烃的反应是由2个关键步骤所组成的，即

$$2CH_3OH \rightleftharpoons CH_3OCH_3 + H_2O$$

$$CH_3OH \text{ 或 } CH_3OCH_3 \rightleftharpoons \text{烯烃} + H_2O$$

有关烯烃生成的机理目前有很多，现介绍比较公认的两种。

（1）碳烯（carbens）和类碳烯机理

Venuto 认为吸附在沸石表面上的甲醇脱水，可生成二价类碳烯物种，然后再聚合成烯烃：

$$H—CH_2OH \longrightarrow H_2O + :CH_2$$

$$n:CH_2 \longrightarrow (CH_2)_n \ (n=2,3,4,5)$$

Swabb 认为甲醇通过 α 消除生成烯烃，其中键的断裂是由沸石晶格上的酸中心和碱中心共同作用的结果：

碱中心 O ---- H — $CH_2$(H) ---- O(H) ---- $\overset{\oplus}{H}$ — O 酸中心

Chang 提出甲醇转化为烯烃是通过碳烯插入的机理，即首先甲醇或二甲醚 α 消除生成亚甲基，接着生成起始表面键合的：$CH_2$，进一步以沸石为媒介，引起 $CH_2$ 和 $CH_3^+$ 相互作用，按如下方式进行：

$$CH_3OH \xrightarrow{H-Zeo} CH_3\overset{+}{O}H_2Zeo \begin{cases} \overset{a}{\rightleftharpoons} [:CH_2 + H_3O^+]\cdot Zeo^- \\ \overset{b}{\rightleftharpoons} [\overset{+}{C}H_3 + H_2O]\cdot Zeo^- \end{cases} \overset{c}{\longrightarrow} H_2C=CH_2$$

式中，a 为 α 消除生成亚甲基（:$CH_2$）；b 为脱水生成碳正离子（$CH_3^+$）；c 为：$CH_2$ 与 $CH_3^+$ 作用生成 $CH_2=CH_2$ 和 $H^+$。

（2）甲基碳离子（$CH_3^{\delta+}$）机理

甲基碳离子机理如下：

$$CH_3OH + HOZ \longrightarrow Z—O^{\delta-} + CH_3^{\delta+} + H_2O$$

$$Z—O^{\delta-}CH_3^{\delta+} + CH_3OH \longrightarrow Z—O—\left[\begin{matrix} H \\ H_3C-CH_2-OH \end{matrix}\right]^+ \longrightarrow$$

$$CH_3CH_2OH(HOZ) \longrightarrow H_2C=CH_2 + H_2O + HOZ$$

除上述机理外，还有链反应机理，氧正离子机理，自由基机理，烃池机理等。

4）甲醇制烯烃常用催化剂

（1）ZSM-5及金属离子改性ZSM-5

ZSM-5是最早开发成功的沸石催化剂，是一种典型的高硅沸石，具有中、大孔结构，甲醇在其上反应通常得到大量芳烃和正构烷烃。由于在大孔沸石上的反应会迅速结焦，乙烯收率通常较低。为了提高催化剂在MTO反应中的乙烯选择性，许多公司通过引入金属离子及限制催化剂扩散参数的方法，改进ZSM-5催化剂性能。金属离子的引入及对催化剂的扩散参数有效限定，可使分子筛的酸性、酸分布和孔径大小发生变化，提高催化剂在高温条件下的稳定性及对乙烯的选择性。

金属（Ni、Ca、Mg等）对HZSM-5进行浸渍改性：

Ni浸渍改性对HZSM-5分子筛的影响。Ni降低了分子筛表面的酸性，使得甲醇转化率减小，催化剂稳定性高，而且再生以后可以完全恢复活性。Ni的质量分数为1%时最合适，可防止甲醇转化率大幅度减小，具有较好的稳定性。

Ca对HZSM-5催化剂的影响。催化剂改性后，转化产物中低碳烯烃的总选择性与催化剂的稳定性均显著提高，丙烯选择性由Ca改性前的30%提高到40%，Ca的加入有效调节了分子筛的酸中心数量和酸中心强度。

（2）SAPO-34型催化剂、DO123和MTO-100

SAPO-34分子筛催化剂是1984年美国UCC公司研制开发的一种结晶磷硅酸铝盐，具有三维交叉孔道，可以有效地抑制芳烃的生成，对低碳烯烃的选择性达到90%以上。与ZSM-5催化剂相比，其具有孔径较小、孔道密度高、可利用的比表面大、MTO反应速度快的优点。此外，SAPO-34还具有较好的吸附性、热稳定性和水稳定性，其测定的骨架崩塌温度为1000℃，在20%的水蒸气环境中，600℃下处理仍可保持晶体结构。

大连化物所使用的SAPO-34分子筛催化剂包括DO123（主产乙烯）和DO300（主产丙烯）是自主研发的。SAPO-34分子筛催化剂专利为UOP/Hydro所有，专利使用费高，所用模板剂昂贵，催化剂成本高，同时催化剂容易失活，耐磨性不理想。我国大连化物所自行研制的DO123，催化性能相当，因此在我国开发SAPO-34催化剂有一定的优势。

1988年，UOP基于SAPO-34研制，开发成功MTO-100型催化剂。该催化剂在分子级上的可选择特性使MTO的乙烯选择性比ZSM-5提高3倍。MTO流化床工艺要求开发一种具有足够强度、耐磨和一定筛分粒度的催化剂，为此UOP放大了催化剂制造规模并生产出几批示范产品。该催化剂在连续流化床工艺条件下考查了耐磨损耗性及稳定性，结果表明，MTO-100催化剂不仅耐磨损耗性相似于或超过其他流化床催化剂，而且可以在小型流化床装置上完成反应，再生450次以上仍然能够维持甲醇转化的高活性和乙烯、丙烯的高选择性。

（3）HMCM-22分子筛

HMCM-22分子筛是一种高硅铝比的分子筛，具有十元环结构，又有较多中强酸中心，由于其结构的特殊性，在甲醇制丙烯（MTP）反应中表现出不同于SAPO-34及HZSM-5的催化性质。其丙烯选择性在初始阶段较低，随着反应时间的延长逐渐升高直至较稳定的值。8h反应后积炭量达10%，酸中心数目大幅减少。P的掺杂可以有效调变HMCM-22分子筛的酸性，提高其在MTP反应中的丙烯选择性，同时也可以起到抑制积炭的作用。

## 思考题

1. 简述固体酸碱的定义。

2. 常见固体酸及固体碱的分类有哪些?

3. 固体酸的酸性来源和酸中心的形成是怎样的?

4. 固体酸的性质包括哪些方面?

5. 酸强度的测定方法有哪些?

6. 均相酸碱催化机理是怎样的?

7. 简述多相催化的反应机理。

8. 碳正离子反应规律是什么?

9. 酸位性质与催化作用的关系有哪些?

10. 什么是超强酸,其应用于催化反应有何优点?

11. 简述超强酸的分类。

12. 简要叙述沸石结构的三个层次。

13. 分子筛催化剂的特点是什么?

14. 分子筛催化剂具有较高活性的原因是什么?

15. 分子筛催化剂的常见工业应用有哪些?分别使用什么类型的分子筛催化剂?

16. 试用二元复合氧化物电价模型计算并判断 $SiO_2$-$TiO_2$ 二元复合氧化物 (a) $TiO_2$ 为主要组分,$SiO_2$ 为次要组分所形成的二元复合氧化物表面酸性;(b) $SiO_2$ 为主要组分,$TiO_2$ 为次要组分所形成的二元复合氧化物表面酸性。

17. Beta 分子筛的化学通式可写为:$M_{x/n}[(AlO_2)_x(SiO_2)_y]\cdot\omega H_2O$,$SiO_2$ 与 $AlO_2$ 的摩尔比(即 $y/x$)称为硅铝比,合成过程中正硅酸四乙酯为硅源($Si(OC_2H_5)_4$,纯度 99%),偏铝酸钠为铝源($NaAlO_2$,纯度 99%),计算要合成出硅铝比为 60 的 Beta 分子筛所需的正硅酸四乙酯与偏铝酸钠的质量比。

## 参考文献

[1] 田部浩三. 新固体酸和碱及其催化作用. 郑禄彬等译. 北京:化学工业出版社,1992.

[2] 吴越. 催化化学. 北京:科学出版社,2000.

[3] 甄开吉,王国甲,李荣生. 催化作用基础. 第 3 版. 北京:科学出版社,2005.

[4] 朱炳辰. 催化反应工程. 北京:中国石化出版社,1999.

[5] 林西平. 石油化工催化概论. 北京:石油工业出版社,2008.

[6] 黄仲涛,耿建铭. 工业催化. 第二版. 北京:化学工业出版社,2006.

[7] Farrauto R J, Bartholomew C H. Fundamentals of Industrial Catalytic Processes. London: Chapman & Hall, 1997.

[8] Auraux A, Vedrine J C. Stud. Surf. Sci. Catal, 1985(20): 311.

[9] Piszkiewizo D. Kinefics of chemical and Enzymecatalyzed Reaction. New York: Oxford Univ, 1997.

[10] Sato M, Aonuma T, Shiba T. Proc 3rd Int Cong Catal. North-Holland: Amsterdam, 1965. 396.

[11] Barthomeuf D. Molecular Seives Ⅱ. Ed by Katzer J R. ACS. Washington D C, 1977.

[12] Iton. M, Hattori. H, Tanabe. K. J. Catal. 1974(35): 225.

[13] 刘中民等. 甲醇制烯烃. 北京:科学出版社,2020.

# 第5章 金属氧(硫)化物催化剂及其催化作用

金属氧化物和金属硫化物有许多相似之处，多为非化学计量型化合物，有相应的金属离子和许多空位，都可作为石油加氢、异构、光催化等多种催化反应的催化剂。金属氧（硫）化物大多数为半导体类型，具有氧化还原功能和酸碱功能。由于 $S^{2-}$ 的电负性较 $O^{2-}$ 小，金属-硫键更具共价性，所以表面硫比表面氧更活泼。$S^{2-}$ 的半径较 $O^{2-}$ 大，金属硫化物在结构上比金属氧化物疏松，在催化性能上与氧化物催化剂有较大的差异。

金属氧（硫）化物催化剂主要为VBⅢ族和ⅠB、ⅡB族元素氧化物，多由两种或多种氧（硫）化物组成。其结构复杂，组分与组分之间可能相互作用，常常多相共存，有所谓的"活性相"概念。金属氧（硫）化物催化剂多具有耐热、光敏、热敏特性，且催化性能适于调变。

相比于金属氧化物，金属硫化物催化剂的"活性相"可通过其氧化态母体硫化而成，其氧化态母体一般没有催化活性，只有硫化后才有催化活性。一般采用 $H_2S/H_2$ 硫化气体或者 $CS_2$ 液体对氧化态催化剂进行了硫化，因而金属硫化物比金属氧化物具有更好的抗硫中毒能力。但是，金属硫化物催化剂在使用过程中存在硫的流失问题，容易导致产品的污染。

本章首先介绍了金属氧化物催化剂的结构、电子特性及氧化还原催化机理，考虑到金属硫化物与金属氧化物结构上的相似性，对于金属硫化物则重点介绍了其在加氢脱硫和水煤气变换中的应用。

## 5.1 金属氧化物的结构

根据催化作用与功能，金属氧化物组分在催化剂中可发挥不同的作用与功能。如 $MoO_3$-$Bi_2O_3$ 中的 $MoO_3$ 作为主催化剂存在，其单独存在就有催化活性；而 $Bi_2O_3$ 作为助催化剂组分，其单独存在无活性或有很低的活性，加入到主催化剂中可使活性增强。助催化剂的功能，可以是调变生成新相，或调控电子迁移速率，或促进活性相的形成等。金属氧化物也可作为载体材料，如常用的载体材料 $Al_2O_3$。

工业用金属氧化物催化剂，单组分的一般不多见，通常都是在主催化剂中加入多种添加剂，制成多组分复合金属氧化物催化剂。这些复合金属氧化物的存在形式可能有三种：

（1）生成复合氧化物，如尖晶石型氧化物、含氧酸盐、杂多酸碱等；

（2）形成固溶体，如 NiO 或 ZnO 与 $Li_2O$ 或 $Cr_2O_3$、$Fe_2O_3$ 与 $Cr_2O_3$ 生成固溶体；

(3) 各成分独立的混合物，即使在这种情况下，由于晶粒界面上的相互作用，也必然会引起催化性能的改变，因而也不能以单独混合物来看待，而要注意到它们的复合效应。

### 5.1.1 单一金属氧化物的晶体结构

按照金属原子与氧原子的比例分配，单一金属氧化物有六种类型：①$M_2O$ 型，有反萤石型，$Cu_2O$ 型和反碘化镉型；②MO 型，有岩盐型和纤锌矿型；③$M_2O_3$ 型，有刚玉型和倍半氧化物型，$Fe_2O_3$、$Al_2O_3$、$V_2O_3$ 都是此类；④$MO_2$ 型，有萤石型、金红石型和二氧化硅型，如 $ZrO_2$、$TiO_2$ 和 $SiO_2$；⑤$M_2O_5$ 型，如 $V_2O_5$、$Nb_2O_5$；⑥$MO_3$ 型，如 $ReO_3$、$MoO_3$ 和 $WO_3$。

(1) $M_2O$ 型金属氧化物。该类金属氧化物的结构特点是：对于金属来说，是直线型 sp 杂化配位结构，而氧原子的配位数是四面体型 $sp^3$ 杂化四配位结构。如 $Cu_2O$，其结构如图 5-1 所示，图中大圆代表氧原子，小圆代表金属原子。

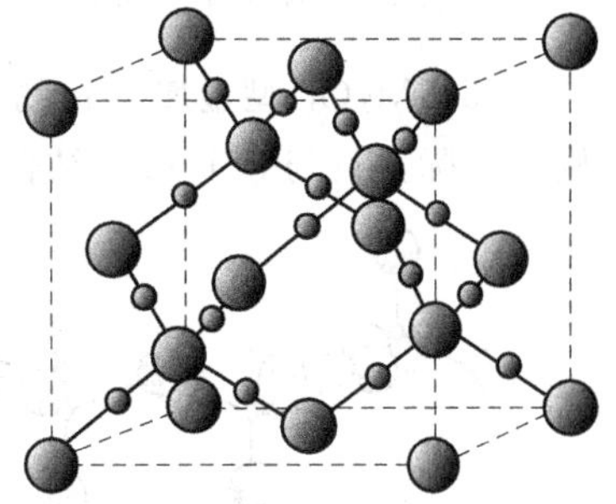

图 5-1 $M_2O$ 型晶体骨架结构

(2) MO 型金属氧化物。MO 型金属氧化物的典型结构有两种：一种是 NaCl 型，以离子键结合。$M^{2+}$ 和 $O^{2-}$ 的配位数都是 6，为正八面体结构，如 TiO、VO、MnO、FeO，其结构如图 5-2 所示。一种是纤锌矿型，金属氧化物中的 $M^{2+}$ 和 $O^{2-}$ 为四面体型的四配位结构，4 个 $M^{2+}—O^{2-}$ 不一定等价，$M^{2+}$ 为 $dsp^2$ 杂化轨道，可形成平面正方形结构，$O^{2-}$ 位于正方形的四个角上，这种类型的化合物有 ZnO、PdO、PtO、CuO 等。

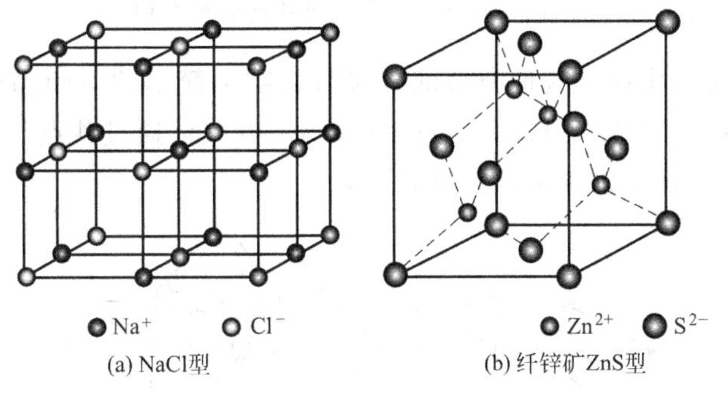


图 5-2 $M_2O$ 型晶体骨架结构

(3) $M_2O_3$ 型金属氧化物。这类氧化物也分为两种：一种是刚玉型，其结构（图 5-3）中氧原子为六方密堆排布，氧原子形成的八面体间隙，有 2/3 被 $M^{3+}$ 占据，$M^{3+}$ 的配位数是 6，$O^{2-}$ 的配位数是 4，这种类型金属氧化物有 $Fe_2O_3$、$Ti_2O_3$、$Cr_2O_3$ 等。另一种为 C-$M_2O_3$ 型，与萤石结构类似，取走其中 1/4 $O^{2-}$，配位数为 6，典型的氧化物有 $Mn_2O_3$、$Sc_2O_3$、$Y_2O_3$ 等。

(4) $MO_2$ 型金属氧化物。这类金属氧化物包括萤石、金红石和硅石三种结构。萤石晶体结构见图 5-4。$M^{2+}$ 位于立方晶胞的顶点及面心位置，形成面心立方堆积，氧原子填充在八个小立方体的体心。三种结构中，萤石结构的阳离子与氧离子的半径比较大，其次是金红石型，小的为硅石型结构。萤石型包括 $ZrO_2$、$CeO_2$、$ThO_2$ 等，金红石型包括 $TiO_2$、$VO_2$、$CrO_2$、$MoO_2$、$WO_2$ 和 $MnO_2$ 等。

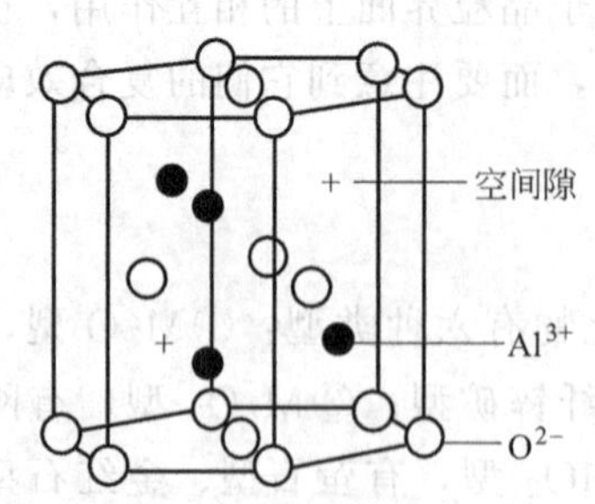


图 5-3　刚玉型金属氧化物骨架结构

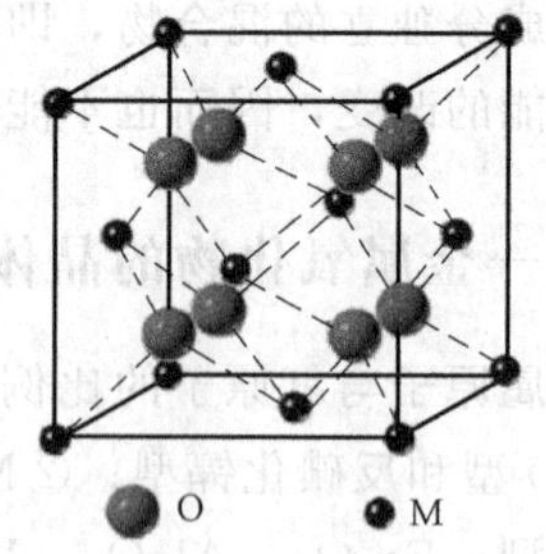


图 5-4　萤石型金属氧化物骨架结构

（5）$M_2O_5$ 型金属氧化物。$M^{5+}$ 被 6 个 $O^{2-}$ 包围，但并非正八面体，而是一种层状结构，实际上只与 5 个 $O^{2-}$ 结合，形成扭曲式三角双锥，其中 $V_2O_5$ 最为典型（图 5-5）。

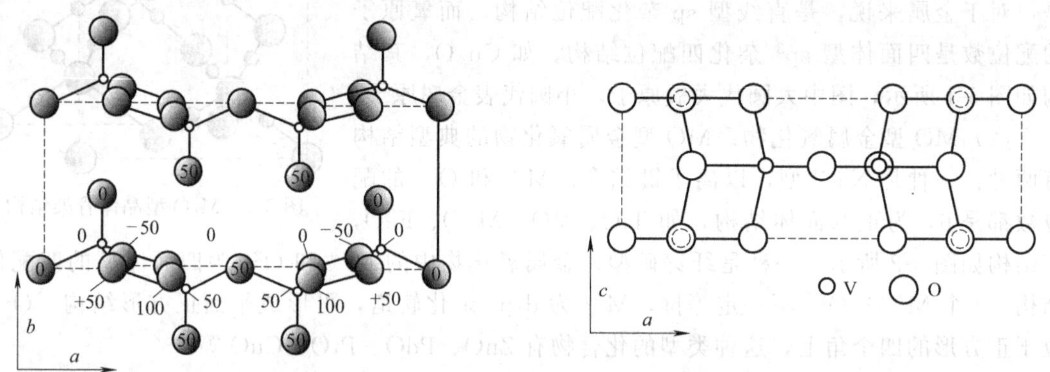


图 5-5　$M_2O_5$ 型金属氧化物骨架结构

（6）$MO_3$ 型金属氧化物。这种类型的金属氧化物最简单的空间晶格是 $ReO_3$ 结构，如图 5-6 所示。$M^{6+}$ 与 6 个 $O^{2-}$ 形成六配位的八面体，八面体通过共点与周围 6 个八面体连接起来。金属氧化物的晶体结构和配位数见表 5-1。

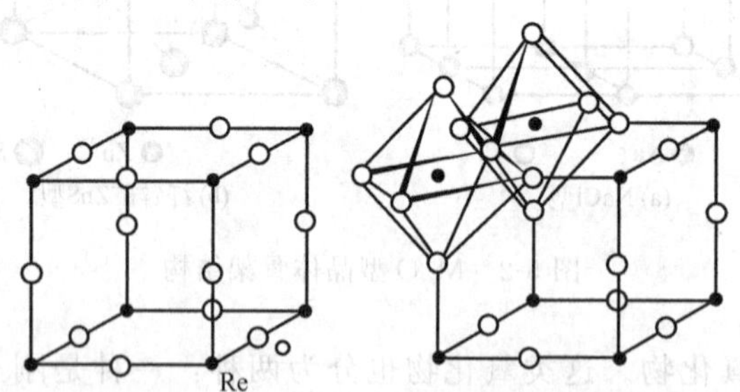


图 5-6　$ReO_3$ 型金属氧化物的晶体结构和八面体单元

**表 5-1　金属氧化物的晶体结构和配位数**

| 结构类型 | 组成 | 配位数 | | 晶体结构 | 例 |
|---|---|---|---|---|---|
| | | M | O | | |
| 三维晶格 | $M_2O$ | 4 | 8 | 反萤石型 | $Li_2O$，$Na_2O$，$K_2O$，$Rb_2O$ |
| | | 2 | 4 | $Cu_2O$ 型 | $Cu_2O$，$Ag_2O$ |
| | MO | 6 | 6 | 岩盐型 | MgO，CaO，SrO，BaO，TiO，VO，MnO，FeO，CoO，NiO |
| | | 4① | 4 | 纤锌矿型 | BeO，ZnO |

续表

| 结构类型 | 组成 | 配位数 | | 晶体结构 | 例 |
|---|---|---|---|---|---|
| | | M | O | | |
| | $M_2O_3$ | 6 | 4 | 刚玉型 | $Al_2O_3$，$Ti_2O_3$，$V_2O_3$，$Fe_2O_3$，$Cr_2O_3$，$Rh_2O_3$，$Ga_2O_3$ |
| | | 7 | 4 | A-$M_2O_3$ 型 | 4f，5f 氧化物 |
| | | 7.6 | 4 | B-$M_2O_3$ 型 | 4f，5f 氧化物 |
| | | 6 | 4 | C-$M_2O_3$ 型 | $Mn_2O_3$，$Sc_2O_3$，$Y_2O_3$，$In_2O_3$，$Tl_2O_3$ |
| | $MO_2$ | 8 | 4 | 萤石型 | $ZrO_2$，$HfO_2$，$CeO_2$，$ThO_2$，$UO_2$， |
| | | 6 | 3 | 金红石型 | $TiO_2$，$VO_2$，$CrO_2$，$MoO_2$，$WO_2$，$MnO_2$，$GeO_2$，$SnO_2$ |
| | $MO_3$ | 6 | 2 | $ReO_3$ 型 | $ReO_3$，$WO_3$ |
| 层状晶格 | $M_2O$ | 3② | 6 | 反碘化镉型 | $Cs_2O$ |
| | MO | 4③ | 4 | PbO（红）型 | PbO，SnO |
| | $M_2O_3$ | 3 | 2 | $As_2O_3$ 型 | $As_2O_3$ |
| | $M_2O_5$ | 5 | 1，2，3 | $V_2O_5$ | |
| | $MO_3$ | 6 | 1，2，3 | | $MoO_3$ |
| 分子格 | | | | | $RuO_4$，$OsO_4$，$Te_2O_7$，$Sb_4O_6$ |

① 平面 4 配位。
② 三角锥 3 配位。
③ 正方锥 4 配位。

### 5.1.2 复合金属氧化物的晶体结构

复合金属氧化物是由两种或两种以上金属氧化物复合而成的多元复杂氧化物。它与单一氧化物相比有更好的性质，在电学、光学、磁学方面性能优异，还具有稳定性好、耐腐蚀、耐高温、高硬度等特点。复合金属氧化物有多种分类方法：按照晶型结构，可以分为钙钛矿型、烧绿石型、尖晶石型、萤石型、白钨矿型和岩盐型等；按照组成中金属元素与非金属元素的化学计量比，可分为整比和非整比复合氧化物；按照化学组成的不同，可分为前过渡元素复合氧化物、稀土复合氧化物、铁基复合氧化物等。在复合金属氧化物中，尖晶石和钙钛矿由于其结构组成多变、性质可调，是两类最受关注的催化材料。

#### 5.1.2.1 尖晶石的晶体结构

具有尖晶石结构的金属氧化物，其结构通式可写成 $AB_2O_4$，其单位晶胞含有 32 个 $O^{2-}$，组成立方紧密堆积，对应于式 $A_8B_{16}O_{32}$。正常的晶格中，8 个 A 原子各以 4 个氧原子以正四面体配位；16 个 B 原子各以 6 个氧原子以正八面体配位；图 5-7 所示为正常尖晶石结构的单位晶胞。A 原子占据正四面体位，B 原子占据正八面体位。有些尖晶石结构的化合物具有反常的结构，其中一半 B 原子占据正四面体位，另一半 B 原子与所有的 A 原子占据正八面体位。还有 A 原子与 B 原子完全混乱分布的尖晶石型化合物。

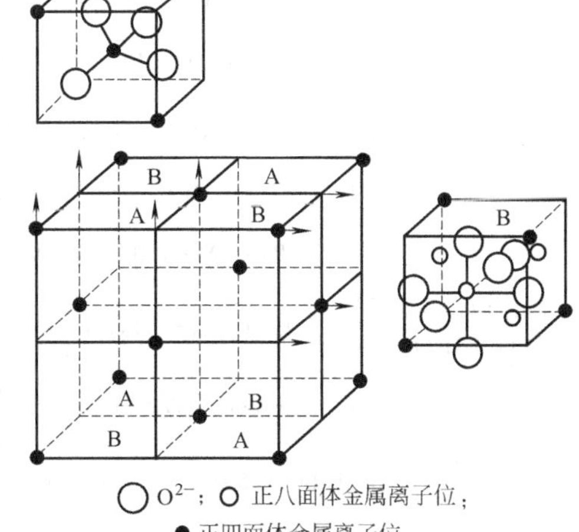

图 5-7 尖晶石的晶体结构

尖晶石型氧化物 $AB_2O_4$，8 个负电荷可用三种不同方式的阳离子结合的电价平衡：（$A^{2+}+2B^{3+}$）、（$A^{4+}+2B^{2+}$）、和（$A^{6+}+2B^{+}$）。$A^{2+}$、$B^{3+}$结合的尖晶石结构占绝大多数，约为80%，阴离子除$O^{2-}$外还可以是$S^{2-}$、$Se^{2-}$或$Te^{2-}$。$A^{2+}$可以是$Mg^{2+}$、$Ca^{2+}$、$Cr^{2+}$、$Mn^{2+}$、$Fe^{2+}$、$Co^{2+}$、$Ni^{2+}$、$Cu^{2+}$、$Zn^{2+}$、$Cd^{2+}$、$Hg^{2+}$或$Sn^{2+}$；$B^{3+}$可以是$Al^{3+}$、$Ga^{3+}$、$In^{3+}$、$Ti^{3+}$、$V^{3+}$、$Cr^{3+}$、$Mn^{3+}$、$Fe^{3+}$、$Co^{3+}$、$Ni^{3+}$或$Rh^{3+}$。其次是$A^{4+}$、$B^{2+}$结合的尖晶石结构，约占15%；阴离子主要是$O^{2-}$或$S^{2-}$。$A^{6+}$、$B^{+}$集合的只有少数几种氧化物系，如$MoAg_2O_4$、$MoLi_2O_4$以及$WLi_2O_4$。

### 5.1.2.2 钙钛矿的晶体结构

这类化合物的晶格结构类似于矿物$CaTiO_3$，可用通式$ABX_3$表示，此处X为$O^{2-}$。属立方晶系，A是一个大阳离子，B位于正立方体的顶点。实际上，极少的钙钛矿型氧化物在室温下有准确的理想型正立方结构（图5-8），但在高温下可能是这种结构。此处A的配位数为12（$O^{2-}$），B的配位数为6（$O^{2-}$），基于电中性原理，阳离子的电荷之和应为+6，故其计量要求为$[1+5]=A^{I}B^{V}O_3$；$[2+4]=A^{II}B^{IV}O_3$；$[3+3]=A^{III}B^{III}O_3$

具有这三类计量关系的钙钛矿型化合物有300多种，覆盖了很大的范围。此外，还有各种复杂取代的结构体以及因阳、阴离子大小不匹配而形成其他晶型结构的实体物，再加上阳离子和阴离子缺陷的物相组成，总共在300多种以上。表5-2列出了用于催化氧化的钙钛矿型催化剂。

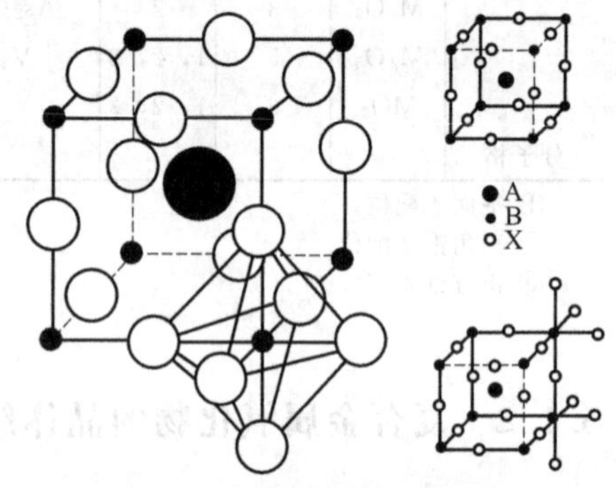


图5-8 理想钙钛矿结构

**表5-2 钙钛矿型氧化物催化剂**

| 催化反应 | 催化剂 | 催化反应 | 催化剂 |
|---|---|---|---|
| $CO+O_2 \longrightarrow CO_2$ | $LaBO_3$（B=3d过渡金属） | $C_3H_3+O_2 \longrightarrow CO_2$，$H_2O$ | $LnBO_3$（Ln=稀有金属；B=Co，Mn，Fe） |
| | $LnCoO_3$（Ln=稀有金属） | | $La_{1-x}Sr_xBO_3$（B=3d过渡金属） |
| | $BaTiO_3$ | | $Ln_{0.8}Sr_{0.2}CoO_3$（Ln=稀有金属） |
| | $La_{1-x}A_xCoO_3$（A=Sr，Ce） | | $La_{1-x}A_xCoO_3$（A=Sr，Ce） |
| | $La_{1-x}A_xMnO_3$（A=Pb，Sr，K，Ce） | | $La_{1-x}A_xMnO_3$（A=Sr，Ce，Hf） |
| | $La_{0.7}A_{0.3}MnO_3+Pt$（A=Sr，Pb） | | $La_{2-x}Sr_xBO_4$（B=Co，Ni） |
| | $LaMn_{1-y}B_yO_3$（B=Co，Ni，Mg，Li） | $i\text{-}C_4H_8+O_2 \longrightarrow CO_2$，$H_2O$ | $LaBO_3$（B=Cr，Fe，Ni，Co，Mn） |
| | $LaMn_{1-x}Cu_xO_3$ | $n\text{-}C_4H_{10}+O_2 \longrightarrow CO_2$，$H_2O$ | $La_{1-x}Sr_xCoO_3$ |
| | $LaFe_{0.9}B_{0.1}O_3$（B=Cr，Mn，Fe，Co，Ni） | | $La_{1-x}Sr_xCo_{1-y}B_yO_3$（B=Fe，Mn） |
| | $Ba_2CoWO_6$，$Ba_2FeNbO_6$ | $CH_3OH+O_2 \longrightarrow CO_2$，$H_2O$ | $LnBO_3$（Ln=稀有金属；B=Cr，Co，Mn，Fe） |
| $CH_4+O_2 \longrightarrow CO_2$，$H_2O$ | $LaBO_3$（B=3d过渡金属） | | $Ln_{0.8}Sr_{0.2}CoO_3$（Ln=稀有金属） |
| | $La_{1-x}A_xCoO_3$（A=Ca，Sr，Ba，Ce） | $NH_3+O_2 \longrightarrow N_2$，$N_2O$，NO | $La_{1-x}Ca_xMnO_3$ |
| $C_3H_6+O_2 \longrightarrow CO_2$，$H_2O$ | $LaBO_3$（B=Cr，Co，Mn，Fe，Ni） | | |
| | $La_{0.7}Pb_{0.3}MnO_3+Pt$ | | |

## 5.2 金属氧化物的催化作用

金属氧化物多数为半导体，所以金属氧化物的催化作用起主导的为氧化物半导体的电子特性。用半导体电子理论讨论金属氧化物催化剂中的电子迁移与催化性能的关系，以及向半导体中掺入杂质组分，对于催化剂的理论发展有重要意义。

### 5.2.1 金属氧化物催化剂的电子特性

与金属不同，金属氧化物的能带结构是不叠加的，形成分开的带，彼此的区别如图 5-9 所示。图中实线构成的能带，已为形成晶格价键的电子所占用，是已填满的价带（或满带）；虚线构成的能带为空带，只有当电子受热或辐射激发从价带跃迁到空带上才有电子，这些电子在能量上是自由的，在外加电场的作用下，电子导电，故此能带称为导带。与此同时，由于电子从满带中跃迁形成的空穴，已与电子相反的方向传递电流。在价带与导带之间，有一能量宽度为 $E_g$ 的禁带。金属的 $E_g$ 为零，绝缘体的 $E_g$ 很大，各种半导体的 $E_g$ 居于金属和绝缘体之间。具有电子和空穴两种载流体传导的半导体，称为本征半导体，在催化中并不重要。因为化学变化过程的温度，一般在 300～700℃范围内，不足以产生这种电子跃迁。

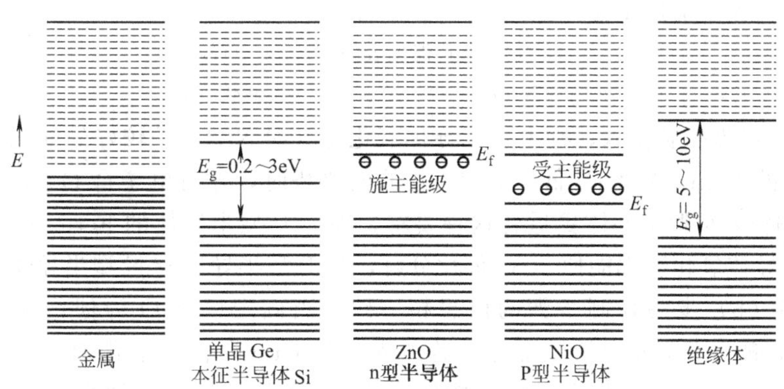


图 5-9 金属氧化物的能带结构示意

催化中重要的是非化学计量的半导体，有 N 型和 P 型两大类。其能带结构如图 5-9 中间的两种所示。在 N 型半导体中，例如，非计量化合物 ZnO，存在过剩 $Zn^{2+}$，它们处于晶格的间隙中，由于晶格要保持电中性，间隙处过剩的 $Zn^{2+}$ 拉住一个电子，在附近形成 $eZn^{2+}$，在靠近导带附近形成一附加能级。温度升高时，此 $eZn^{2+}$ 拉住的电子释放出来，成为自由电子，这是 ZnO 导电的来源。提供电子的附加能级称为施主能级。在 P 型半导体中，例如，NiO 由于缺正离子造成非计量性，引起阳离子空位。为了保持电中性，在空位附近有两个 $Ni^{2+}$ 变成 $Ni^{2+}\oplus$，后者可看作 $Ni^{2+}$ 束缚一个空穴“$\oplus$”。温度升高时，此空穴变成自由空穴，可在固体表面迁移，此为 NiO 导电的来源。空穴产生的附加能级靠近价带，容易接受来自价带的电子，称为受主能级。

Fermi 能级 $E_f$ 是表征半导体性质的一个重要物理量，可用以衡量固体中电子逸出的难易，它与电子的逸出功 $\Phi$ 如图 5-10（a）所示。显然，$E_f$ 越高电子逸出越容易。本征半导体的 $E_f$ 在禁带中间；N 型半导体的 $E_f$ 在施主能级与导带之间；P 型半导体的 $E_f$ 在受主能级与满带之间。

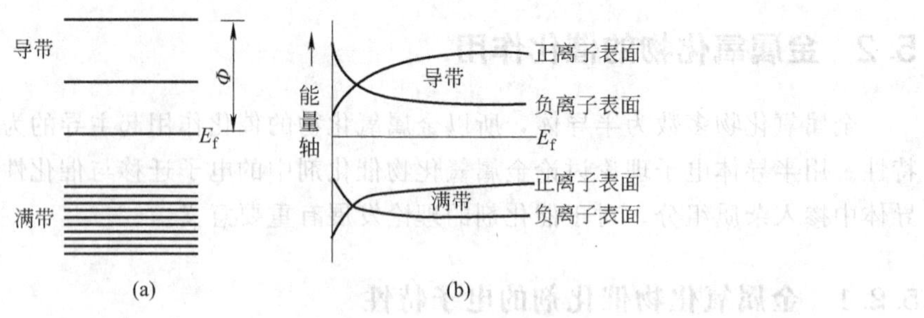


图 5-10　Fermi 能级与电子逸出功

当半导体表面吸附杂质电荷时，其表面呈正电荷或负电荷，导致表面附近的能带弯曲，不再像体相能级呈一条平行直线。吸附呈正电荷时，能级向下弯曲，使 $E_f$ 更接近于导带，即相当于 $E_f$ 升高，使电子逸出变容易；吸附呈负电荷时，能级向上弯曲，使 $E_f$ 更远离导带，即相当于 $E_f$ 降低，使电子逸出变困难，如图 5-10（b）所示。$E_f$ 的这些变化会影响半导体催化剂的催化性能。下面以一氧化亚氮催化分解的探针反应为例进行说明。

$$2N_2O \longrightarrow 2N_2 + O_2$$

反应机理认为是下述步骤：

$$N_2O + e^-（来自催化表面）\rightleftharpoons N_2 + O^-_{吸} \tag{a}$$

$$O^-_{吸} + N_2O \rightleftharpoons N_2 + O_2 + e^-（去催化剂） \tag{b}$$

如果（b）步为控制步骤，则 P 型半导体氧化物（如 NiO）是较好的催化剂。因为只有当催化剂表面的 Fermi 能级 $E_f$ 低于吸附 $O^-_{吸}$ 的电离势时，才有电子自 $O^-_{吸}$ 向表面转移的可能，P 型半导体较 N 型半导体更适合这种要求，因为 P 型半导体的 Fermi 能级更低。实验研究了许多半导体氧化物都能使 $N_2O$ 催化分解，且 P 型半导体较 N 型半导体具有更高的活性，这与上述（b）步为控制步骤的设想相一致。当确定以 NiO 为催化剂时，加入少量 $Li_2O$ 作助催化剂，催化分解活性更好；若加入少量 $Cr_2O_3$ 作助催化剂，则产生相反的效果。这是因为 $Li_2O$ 的加入形成了受主能级，使 $E_f$ 降低，故催化活性得到促进；而加入 $Cr_2O_3$ 形成施主能级，使 $E_f$ 升高，故抑制了催化活性。

从上述 $N_2O$ 催化分解反应的分析可以看出，对于给定的晶格结构，Fermi 能级 $E_f$ 的位置对于它的催化活性具有重要意义。故在多相金属和半导体氧化物催化剂的研制中，常采用添加少量助催化剂以调变主催化剂的 $E_f$ 位置，达到改善催化剂活性和选择性。应该看到，将催化剂活性仅关联到 $E_f$ 位置的模型过于简化，若把它与表面化学键合的性质结合在一起，会得出更为满意的结论。

### 5.2.2　金属氧化物催化剂的氧化还原机理

（1）金属与氧的键合和 M═O 的类型

以 $Co^{2+}$ 的氧化键合为例：

$$Co^{2+} + O_2 + Co^{2+} \longrightarrow Co^{3+}—O_2^{2-}—Co^{3+}$$

可以有三种不同成键方式形成 M—O 的 $\sigma$-$\pi$ 双键结合：金属 Co 的 $l_g$ 轨道（即 $d_{x^2-y^2}$ 与 $d_z^2$）与 $O_2$ 的孤对电子形成 $\sigma$ 键；金属 Co 的 $l_g$ 轨道与 $O_2$ 的 $\pi$ 分子轨道形成 $\sigma$ 键；金属 Co 的 $t_{2g}$ 轨道（即 $d_{xy}$、$d_{yz}$、$d_{xz}$）与 $O_2$ 的 $\pi$ 分子轨道形成 $\pi$ 键。如图 5-11 所示。

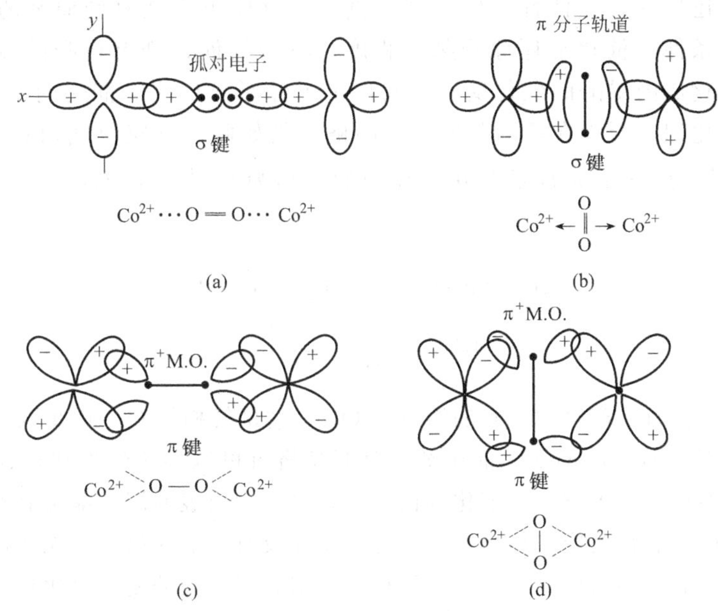


图 5-11 M＝O 键合的形式（M. O. 表示分子轨道）

（2）M＝O 的键能大小与催化剂表面脱氧能力

1965 年第三届国际催化会议提出，复合氧化物催化剂给出氧的趋势，是衡量它是否能进行选择性氧化的关键。如果 M＝O 解离出氧（给予气相的反应物分子）的热效应 $\Delta H_D$ 小，则易给出，催化剂的活性高，选择性小；如果 $\Delta H_D$ 大，则难给出，催化剂活性低；只有 $\Delta H_D$ 适中，催化剂有中等活性，但选择性好。为此，若能从实验中测出各种氧化物 M＝O 的键能大小，则具有重要的意义。Boreskov 在真空下测出金属氧化物表面氧的蒸气压与温度的关系，再以 $\lg p_{O_2}$ 对 1/T 作图，可以求出相应 M＝O 的键能。用 $B$（kJ/mol）表示表面键能，$S$（%）表示表面单层氧原子脱除的百分数。以 $B$ 对 $S$ 作图，在 $S=0$ 处即 M＝O 的键能值。对于选择性氧化来说，金属氧化物表面键能 $B$ 值大一些可能有利，因为从 M＝O 脱除氧较困难一些，可防止深度氧化的可能。

Boreskov 认为，如果以下述过程：

$$MO_n(\text{固}) \longrightarrow MO_{(n-1)} + 1/2O_2(\text{气}) - Q_0$$

此过程的热效应 $Q_0$ 作为衡量 M＝O 键能的标准，则 $Q_0$ 与分子深度氧化速率之间，呈现火山型曲线关系。他从大量的实验数据中总结出，用作选择性氧化的最好的金属氧化物催化剂，其 $Q_0$ 值近于（50～60）×4. 18kJ/mol。

（3）金属氧化物催化剂氧化还原机理

1954 年 Mars 和 Van Krevelen 在研究在 $V_2O_5$ 上萘氧化制苯酐的反应动力学时提出了下述催化循环：

$$M^{n+}—O(\text{催化剂}) + R \longrightarrow RO^{+} + M^{(n-1)+}(\text{还原态})$$

$$2M^{(n-1)+}(\text{还原态}) + O_2 \longrightarrow 2M^{n+}—O^{2-}(\text{催化剂})$$

该催化循环称为氧化还原机理，提出此循环时并未涉及氧的形态，可以是吸附氧，也可以是晶格氧（$O^{2-}$）。但是，大量事实证明，此机理对应的氧为晶格氧，即它直接承担氧化的功能。例如，对于许多复合氧化物催化剂和催化反应，当催化剂处于氧气流和烃气流的稳态下反应，即使 $O_2$ 供应中断，催化反应仍将持续一段时间，以不变的选择性进行。若催化剂还原后，其活性下降；恢复供氧，反应再次恢复到原来的稳定状态。一般认为，在稳态条件下催化剂还原到某种程度，不同的催化剂有自身的最佳还原态。例如，丙烯气相氧化成丙烯醛的催化反应，同位素示踪研究证明，催化剂中晶格氧（$O^{2-}$）是主要的催化氧化剂，至少在烯丙基反应中晶格氧是如此。反应前气相氧为 $O_2^{18}$，$Bi_2O_3$-$MoO_3$ 催化剂的氧为 $O^{16}$；反应后氧化产物中的氧均为 $CO_2^{16}$，$C_3H_4O^{16}$、$CO^{18}O^{16}$ 极少。反应途径如下：

$$CH_2=CH-CH_3 \xrightarrow{O_2} CH_2=CH-CHO$$
$$CH_2=CH-CH_3 \xrightarrow{O_2} CO_2 \xleftarrow{O_2} CH_2=CH-CHO$$

当反应持续进行时，产物中含氧的组分有 $O^{18}$，这是气相的 $O^{18}$ 逐步取代了一部分晶格氧 $O^{16}$ 的结果。对于 $Bi_2O_3$-$MoO_3$ 催化剂，全部晶格氧可以逐步经取代传递到表面，故表面都是有效的；而在 $Sb_2O_5$-$SnO_2$ 催化剂情况下，只有少数表面层的晶格氧参与反应。根据许多复合氧化物催化氧化反应概括出：选择性氧化涉及有效的晶格氧；无选择性完全氧化反应，吸附氧和晶格氧都参与反应；对于有两种不同阳离子参与的复合氧化物催化剂，一种阳离子 $M^{n+}$ 承担对烃分子的活化与氧化功能，它们再氧化靠沿晶格传递的 $O^{2-}$；使另一种金属阳离子处于还原态，接受气相氧。这种双氧化还原机理，完全类似于均相催化的 Wacker 氧化反应。

## 5.3 典型金属氧化物催化剂的应用

### 5.3.1 催化氧化制顺丁烯二酸酐

1）顺酐生产工艺简介

顺丁烯二酸酐又名马来酸酐或 2,5-呋喃双酮，简称顺酐，是一种重要的基本有机原料，是仅次于苯酐、醋酐的第三大酸酐。主要用于生产不饱和聚酯、醇酸树脂，以顺酐为原料还可以生产 1,4-丁二醇、$\gamma$-丁内酯、四氢呋喃、马来酸、富马酸和四氢酸酐等一系列重要的有机化学品和精细化学品，广泛应用于石油化工、农药、医药、染料、纺织、食品、造纸及精细化工等领域。

按原料路线来分，目前工业化生产顺酐主要有苯催化氧化法、正丁烷催化氧化法、$C_4$ 烯烃催化氧化法。1970 年，日本三菱化学开发了以含丁二烯的 $C_4$ 馏分为原料的流化床氧化工艺，建成 20kt/a 的工业装置；1974 年，美国 Monsanto 公司开发了以正丁烷为原料的固定床氧化工艺；20 世纪 80 年代中后期，日本三菱化学、英国 BP 公司和意大利 Alusuisse 公司相继开发了以正丁烷为原料的流化床氧化工艺。该技术的特点是催化剂颗粒在流化床中的流态化运动形成等温操作，不形成热点区。图 5-12 为美国 Lummus 公司和意大利 Alusuisle 公司联合开发的正丁烷流化床溶剂吸收工艺流程示意图（即 ALMA 工艺）。该工艺中正丁烷在流化床氧化反应器中氧化成顺酐，然后在溶剂吸收塔中采用溶剂二异丁基-六氢化邻苯二甲酯选择性吸附顺酐。由于选用的溶剂对顺酐的选择性高，耐热和化学性质稳定，沸点高于顺酐，在回收中蒸出即可。

由于正丁烷价格相对低廉，且环境污染小，因而近年来发展迅速。20 世纪 80 年代全球苯氧化法占 80%左右，1995 年正丁烷法氧化占 70.3%，而苯氧化法仅为 25.7%，其余为苯

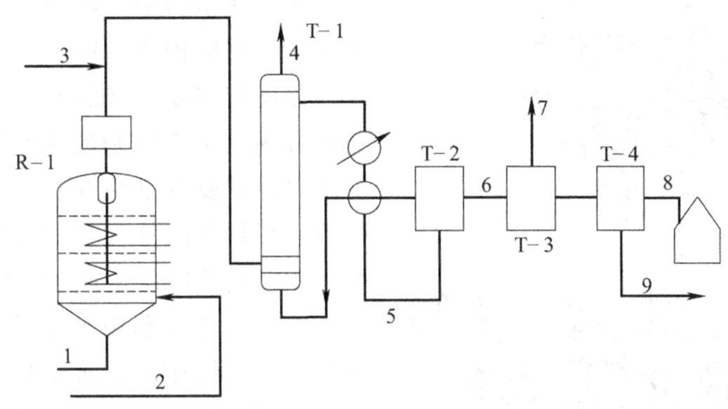


图 5-12 流化床制备顺酐工艺流程示意图

R-1—氧化反应器；T-1—溶剂吸收塔；T-2—溶剂分离塔；T-3—低沸物分离塔；T-4—精制塔；1—空气；2—丁烷；3—空气；4—废气；5—循环溶剂；6—粗 MA；7—低沸物；8—成品 MA；9—高沸物（返回回收系统）

酐的联产。1988 年，天津中河化工厂引进美国 SD 公司正丁烷固定床氧化工艺建成我国第一套正丁烷氧化的顺酐生产装置，其生产能力为 10kt/a。1996 年，山东东营胜化精细化工有限公司引进 ALMA 正丁烷流化床氧化工艺，建成规模为 15kt/a 的生产装置。这些工艺都采用焦磷酸氧钒（VPO）催化剂。

2）焦磷酸氧钒（VPO）催化剂结构和催化机理

正丁烷和空气（或氧气）在 VPO 催化剂上气相氧化生成顺酐。其反应式如下：

主反应：$C_4H_{10}+7/2O_2 \longrightarrow C_4H_2O_3+4H_2O \quad \Delta H=-1261kJ/mol$

副反应：$C_4H_{10}+11/2O_2 \longrightarrow 2CO+2CO_2+5H_2O \quad \Delta H=-2091kJ/mol$

VPO 催化剂是一类较复杂的催化剂体系，迄今对于催化氧化反应历程、催化剂的本质、所涉及的活性相等尚未完全搞清楚。正丁烷在 VPO 催化剂上部分氧化制备顺酐涉及 4 个电子的转移，包括 8 个氢原子的脱去和 3 个氧原子的插入，按氧化还原（redox）机理进行。有人在 DRIFTS 研究中检测到了呋喃，同时推断中间产物呋喃在生成顺酐前可能经过了开环形成含羰基的非环状不饱和物种的过程，因此提出了如下反应机理（图 5-13）：

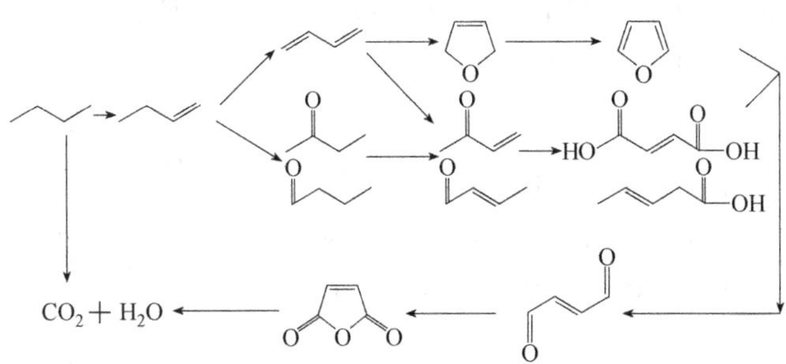


图 5-13 正丁烷在 VPO 催化剂上选择氧化反应机理

大多数研究者认为：在 VPO 催化剂上正丁烷部分氧化制备顺酐主要经历以下步骤（图 5-14）：

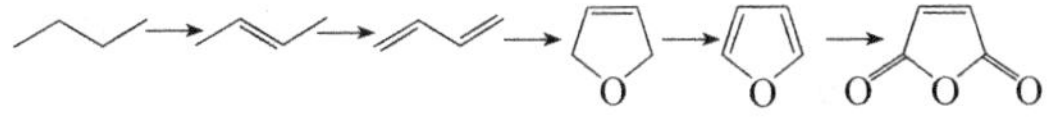

图 5-14 正丁烷在 VPO 催化剂上氧化生成顺酐的过程

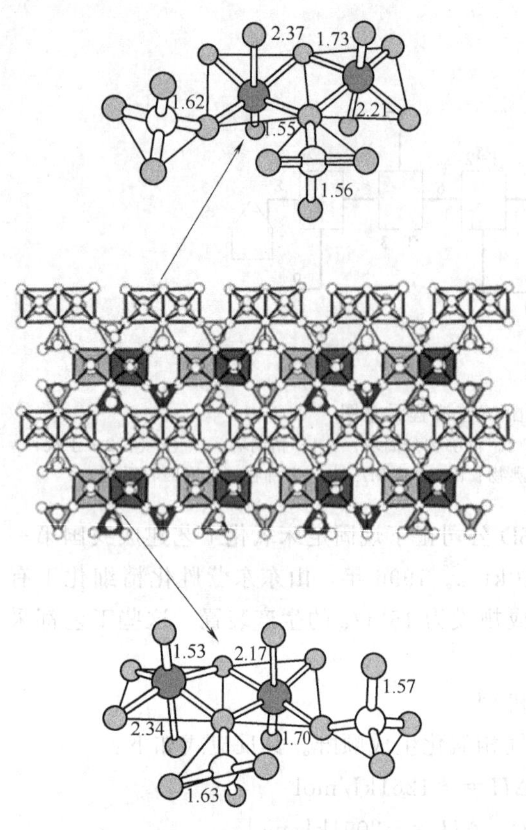


图 5-15 $(VO)_2P_2O_7$ 的晶体结构
（图中标出数字的长度单位为 Å）

在上述步骤中，第一步为正丁烷脱氢生成正丁烯，反应较难进行，是整个过程的控制步骤，该反应需要大量的四价钒，而历程中的中间化合物在正丁烷制备顺酐反应条件下非常容易生成，需要少量的五价钒。因此，在这个过程中，必须有四价钒和五价钒的氧化还原对存在，才会使反应向生成顺酐的方向进行。

Pepera 等还利用氧原子同位素标记实验证明 VPO 催化剂的表面晶格氧是活性氧物种。在 VPO 催化剂的不同物相中，最重要的活性相是 $(VO)_2P_2O_7$，其晶体结构见图 5-15，而且（020）晶面是 $(VO)_2P_2O_7$ 的活性表面，$(VO)_2P_2O_7$ 存在 α、β、γ 三种异构体。活性和选择性的考查结果表明，活性顺序：β＞γ＞α；选择性顺序：α＞γ＞β。当在氧化活性高、顺酐选择性低的 β 相内加入过量磷元素后，催化剂活性下降，选择性升高。

$VOPO_4$ 相也是丁烷氧化制备顺酐过程中重要的活性相，只有在两者的协同作用下，才可对正丁烷进行有效活化，但是两者的比例要控制合适，否则会使丁烷转化率过低或者发生深度氧化副反应。五价钒的作用发生在氧的植入步骤，而且丁烷的活化需要与氧物种联系的五价钒活性位。

在 VPO 催化剂选择氧化正丁烷制备顺酐的反应过程中，$V^{4+}$ 首先被分子氧氧化为 $V^{5+}$，并随之失去了活化正丁烷分子的活性，接下来的反应多是由 $V^{5+}$ 参与进行的（图 5-16）。正丁烷被活化的第一步是 VPO 催化剂上 $V^{5+}$ 位的 O—O 键参与脱去正丁烷分子的 2，3 碳位上的氢原子。整个反应可能的机理见图 5-17。

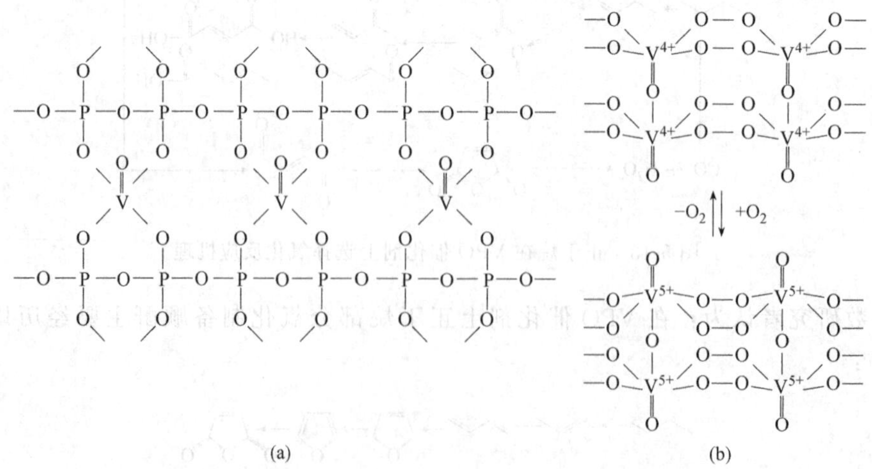


图 5-16 VPO 催化剂的典型结构（a）和活性中心模型（b）

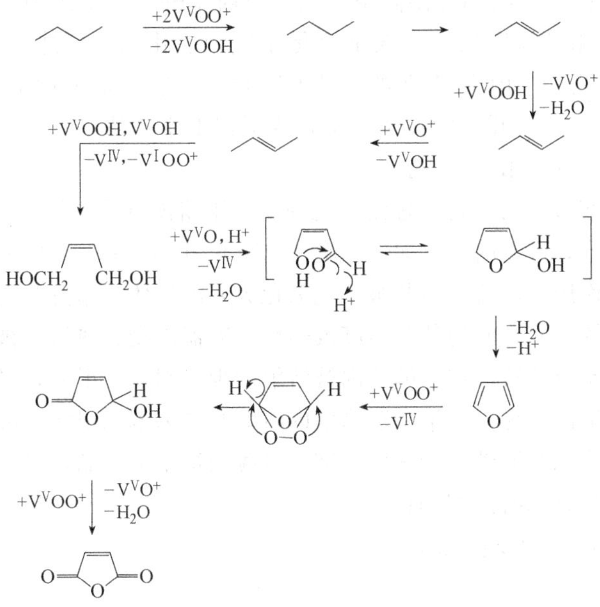

图 5-17 $(VO)_2P_2O_7$ 催化氧化制备顺酐反应路径

## 5.3.2 $V_2O_5$ 催化氧化制邻苯二甲酸酐

1）前言

邻苯二甲酸酐，俗称苯酐、酞酸酐、1，3-异苯并呋喃二酮。苯酐属芳香族羧酸，可代替邻苯二甲酸使用，是一种重要的基本有机化工原料，用途十分广泛，主要用于制造增塑剂、聚酯树脂和醇酸树脂。中国苯酐最主要的用途是用来生产邻苯二甲酸酯类增塑剂，如邻苯二甲酸二辛酯、邻苯二甲酸二丁酯、异辛酯、环已酯和混合酯等，该类增塑剂大量用于聚氯乙烯塑料制品的加工；苯酐还可以用于不饱和聚酯的生产，在染料工业中用以合成蒽醌。

苯酐的生产有萘氧化法和邻二甲苯氧化法两种工艺路线。在中国 20 世纪 80 年代以前，萘氧化法占主导地位，但由于萘原料的来源受到限制，从而影响了苯酐的正常发展；随着我国石油化学工业的发展，目前大都采用邻二甲苯氧化法。

邻二甲苯固定床催化氧化法制备邻苯二甲酸酐技术具有原料易得的特点，现正向低温、高收率、高负荷、高选择性和低空烃比方向发展。催化剂负荷已达到 $200g/(L_{cat} \cdot h)$；进料气浓度从 $60g/m^3$ 提高到 $75 \sim 85g/m^3$，Lurgi 公司开发了进料浓度为 $100g/m^3$ 工艺，采用 Wacker 公司高效催化剂，并于 1996 年进行工业化生产；BASF 公司正在开发进料浓度 $105g/m^3$ 的催化剂。中国从 20 世纪 50 年代中期开始生产苯酐，直至 80 年代仍以萘氧化法工艺为主。从“七五”开始，中国先后引进了国外邻二甲苯氧化法固定床工艺，自行研制的苯酐催化剂已用于万吨级大生产装置。

此外，副反应生成苯甲酸、顺丁烯二酸酐等。该反应为强放热反应，因此选择适宜的催化剂（高活性和高选择性）和移出反应热以抑制深度氧化反应，是工艺过程的关键，该反应一般采用的是以五氧化二钒为主的钒系催化剂，由此开发了多种不同的生产方法。

工业上由邻二甲苯制苯酐主要有 3 条工艺路线，即固定床气相氧化法、流化床气相氧化法和固定床液相氧化法。其中固定床气相氧化法根据采用的催化剂和反应条件的不同，又分低温低空速法、高温高空速法和低温高空速法。目前苯酐生产工艺中，主要采用低温高空速法，以BASF法的应用最为广泛；其次是流化床气相氧化法。新建工厂大都采用固定床低温高空速法节能新工艺。国内引进的邻二甲苯法装置，也都是采用BASF公司低温高空速法，此法系德国BASF公司开发的技术，最初为低温低空速法；1968年改为低温高空速法；近年来，又开发成功60g苯酐新工艺。

低温高空速法工艺过程为：将已过滤净化的空气压缩预热后，与经预热并借助热空气喷射而汽化的邻二甲苯混合，进入内装有活性组分为$V_2O_5/TiO_2$的环形高负荷型催化剂的列管式反应器中，在催化剂作用下，邻二甲苯被空气氧化为苯酐气体。苯酐和空气的混合气，经冷凝器冷凝后送到分离系统，使合成的苯酐经高效热熔冷凝器冷凝、热熔，被热熔为粗苯酐进入贮槽，然后由贮槽泵入预分解器，在分解器内被溶解的少量邻苯二甲酸，经脱水转化为苯酐；然后用泵将其打到连续蒸馏系统，在第一蒸馏塔内将顺酐和邻苯二甲酸在减压下从塔顶馏出，塔底物再经蒸发器进入第二蒸馏塔，经减压蒸馏、冷凝而得苯酐成品，含量≥99.3%。

2）$V_2O_5$催化剂结构和催化机理

邻二甲苯制苯酐的催化反应如下：

$$C_6H_4(CH_3)_2 \xrightarrow[360\sim390℃]{3O_2} C_6H_4(CO)_2O + 3H_2O + 1108.7\,kJ/mol$$

$$C_6H_4(CH_3)_2 \xrightarrow[360\sim390℃]{5O_2} 8CO_2 + 5H_2O + 4379.4\,kJ/mol$$

邻二甲苯完全氧化的反应热为邻二甲苯部分氧化成苯酐的反应热的近4倍，而在列管式反应器内氧化反应所产生的反应热在1300～1800kJ/mol。

总体上可接受的催化氧化制苯酐的反应机理是"Redox"机理：

(1) 氧化态的催化剂（Cat-O）与烃类（R）之间发生反应，氧化态的催化剂被还原：Cat-O＋R $\longrightarrow$ Cat。

(2) 还原态的催化剂（Cat）与气相中的氧反应，还原态的催化剂被氧化：2Cat＋$O_2$ $\longrightarrow$ 2Cat-O。

在稳定状态下，这两步反应的速率是一样的。芳烃的催化氧化是利用空气中的氧进行反应的，属于气-固相催化反应。因此要求催化剂能同时吸附芳烃和氧，且具有将气态氧转化为晶格氧的能力。芳烃的结构特征是苯环比较稳定，一般不易氧化。但若在环上引入一个支链后其氧化倾向性增大，且随着支链的碳链增长、支链数增加，特别当链在环上不对称时，其氧化速率增大。由于苯环具有共轭体系特征，要求其催化剂必须能削弱芳烃中的共轭体系的活性中心，通过对反应物的吸附，催化剂表面的活性中心与反应物络合，削弱芳环的共轭体系，才有利于邻二甲苯的氧化。

从络合催化理论可知，具有前沿d轨道的过渡金属离子能接受电子进行配位络合而削弱共轭体系，这类催化剂为具有前沿d轨道的过渡金属化合物的固体盐或氧化物，它们的晶体结构一般存在着表面缺位（空配位），反应物分子能络合于缺位上并被活化，可适应芳烃氧化制苯酐对催化剂的要求。

最初用于邻二甲苯氧化制苯酐的催化剂是以$V_2O_5$为基础的，但由于该催化剂在邻二甲苯高浓度的情况下效率较低。因此，随后又开发了以$V_2O_5/TiO_2$为基础的球形载体催化剂。随着邻二甲苯氧化工艺中邻二甲苯处理量从“40g”向“60～100g”转移，对催化剂的性能提出了更高的要求，因此，现在邻二甲苯氧化制苯酐的工业催化剂的制备方法为在惰性、无孔的载体上（球形或环形）涂一薄层催化剂，催化剂层的组成为 $V_2O_5/TiO_2$。

$V_2O_5$ 被广泛应用在催化氧化反应中，特别是不饱和键的氧化，这是因为 $V_2O_5$ 是一种缺少负离子的非化学计量化合物。$V_2O_5$ 中的 V∶O 中的原子比不是 2∶5，而是氧缺少些，见图 5-18。

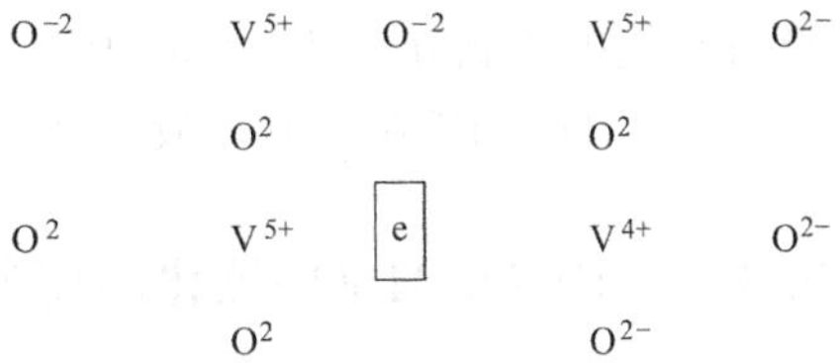

$O^{-2}$　　$V^{5+}$　　$O^{-2}$　　$V^{5+}$　　$O^{2-}$

　　$O^2$　　　　$O^2$

$O^2$　　$V^{5+}$　　e　　$V^{4+}$　　$O^{2-}$

　　$O^2$　　　　$O^{2-}$

图 5-18　含有 $O^{2-}$ 缺位的 $V_2O_5$

当 $V_2O_5$ 中 $O^{2-}$ 缺位出现时，由于晶体要保持电中性，$O^{2-}$ 缺位（符号□）束缚电子形成 e，同时 e 附近的 $V^{5+}$ 变为 $V^{4+}$，e 称为 F 中心。随温度升高，F 中心被束缚的电子更多地变为准自由电子，因此 $V_2O_5$ 是 n 型半导体。在反应过程中，$V_2O_5$ 供［O］后，变为 $V_2O_4$。

$V_2O_4$ 的次外层有一个没成对的 3d 电子，在含有氧的气氛中，它很容易捕获氧分子而使自己氧化成 $V_2O_5$，即 $V_2O_4$ 有“抓氧”的能力。通过 $V^{5+}$ 供［O］和 $V^{4+}$ 对氧的吸附，达到氧化还原平衡，使催化剂的活性得以实现。

由于 $V_2O_5$ 是一种非计量化合物，表面存在缺位（空配位），反应物分子被配位于缺位上，并被活化。$V^{5+}$ 的空 d 轨道具有拉电子能力，通过络合作用对苯环的 π 键产生络合而使化学键松弛，进而发生氧化反应。

$V_2O_5$ 晶体属斜方晶系，每个钒原子与六个氧原子配位，晶体中每个 $V^{5+}$ 周围有六个氧负离子 $O^{2-}$ 构成畸变形八面体，见图 5-19。六个氧原子中，有四个平行于（001）晶面，并

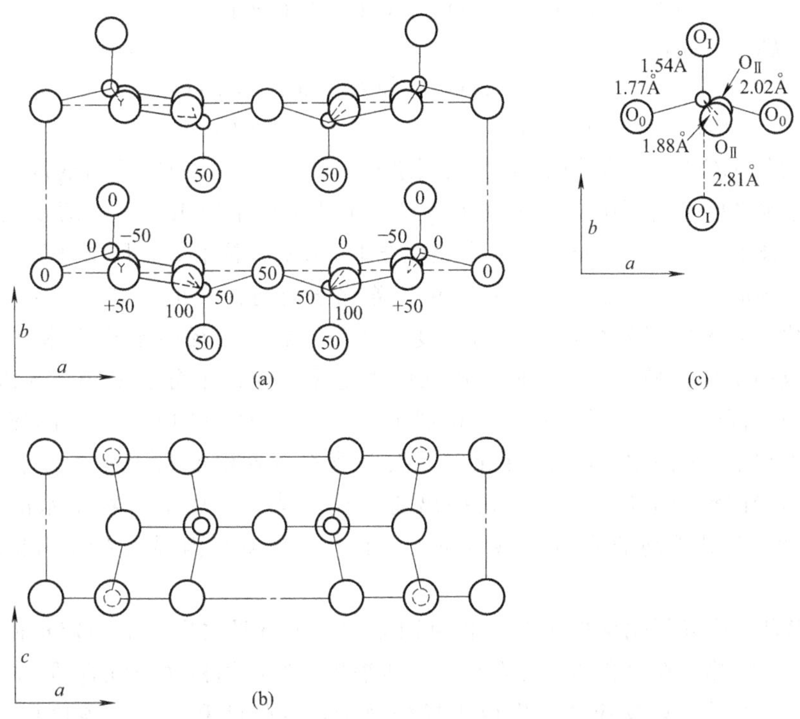


图 5-19　$V_2O_5$ 的晶体结构

(a) 在（001）晶面上的投影，大圆是 O 原子，小圆是 V 原子，数字表示在 C 轴方向的位置；(b) 在（010）晶面上的投影；(c) O 原子与 V 原子的配位，5 个实线表示强 V—O 键，点线表示弱键

通过氧原子相互联成网状结构。六个V—O键分成$O_I$、$O_{II}$、$O_{III}$三种，其中V—$O_I$键最长、最弱，因而最容易断开，长的V—$O_I$断开之后，使V—$O_I$键具有双键的性质，可表示为V═O，这种以双键联结的氧原子，具有较大的氧化能力，容易参与表面上的催化反应，体现了$V_2O_5$的供氧能力。当$V_2O_5$变为$V_2O_4$后，失去晶格氧的$V_2O_4$以其强还原性吸附空气中的氧分子又被氧化为$V_2O_5$，如此交替进行，$V_2O_5$既提供了强的供[O]中心，又提供了$O_2$的吸附中心，故$V_2O_5$是具有良好选择性的催化剂。

### 5.3.3 $Bi_2O_3$-$MoO_3$催化丙烯氧化制丙烯酸

1）前言

丙烯酸是最简单的不饱和羧酸，是重要的有机化工中间体，主要用来生产丙烯酸酯类化合物和共聚物，广泛应用于建筑、造纸、皮革、纺织、塑料加工、包装材料、日用化工、水处理、采油和冶金等领域，还应用于石油开采助剂、油品添加剂、塑料和橡胶的改性剂等方面。丙烯酸的工业生产经历了多个阶段，目前基本采用丙烯氧化法。由于丙烯廉价易得，二步氧化法工艺很快为工业界所接受，其主要反应方程式如下：

第一步的主反应为：

$$CH_2{=}CHCH_3 + O_2 \longrightarrow CH_2{=}CHCHO + H_2O$$

第一步的副反应为：

$$2CH_2{=}CHCH_3 + 7.5O_2 \longrightarrow 3CO_2 + 3CO + 6H_2O$$

$$CH_2{=}CHCH_3 + 4.5O_2 \longrightarrow CH_3COOH + 3CO_2 + H_2O$$

第二步的主反应为：

$$CH_2{=}CHCHO + 0.5O_2 \longrightarrow CH_2{=}CHCOOH$$

第二步的副反应为：

$$2CH_2{=}CHCHO + 5.5O_2 \longrightarrow 3CO_2 + 3CO + 4H_2O$$

$$4CH_2{=}CHCHO + 4H_2O + O_2 \longrightarrow 4CH_2O + 4CH_3CHO$$

1969年美国UCC首先从英国BP公司引进技术建厂生产。中国目前的丙烯催化氧化法制丙烯酸工艺水平已经达到国际先进水平。目前工业生产中应用的丙烯两步氧化技术主要有：日本触媒技术、三菱化学技术、日本化药技术、BASF技术等。最早开发丙烯两步氧化成套工艺的是Sohio公司，之后日本触媒和三菱化学公司开发的工艺技术水平超过Sohio工艺。三菱化学技术的工艺特点是以高浓度丙烯为原料，丙烯酸单程收率高于87%，未反应的丙烯或丙烯醛不循环使用。两台串联的固定床反应器中分别采用Mo-Bi系和Mo-V系催化剂。一步丙烯氧化为丙烯醛的催化剂主要为含有Mo和Bi等元素的复合氧化物催化剂；二步丙烯醛氧化为丙烯酸的催化剂主要为含有Mo和V等元素的复合氧化物催化剂。在粗丙烯酸的精制工艺中，该公司提出通过控制精馏塔底部产物中水的质量分数为0.05%～0.30%和共沸剂的质量分数为6%～15%，来避免丙烯酸在共沸精馏塔中发生聚合。

典型的循环法丙烯氧化反应工艺流程见图5-20，来自吸收塔顶部的定量循环气体与定量新鲜空气（需加热）在混合器1混合后进入压缩机，经压缩机送至混合器2，与丙烯混合成反应原料气。经过一段反应器，生成丙烯醛及少量丙烯酸和乙酸、碳化物$CO_x$等副产物，再经急冷后进入二段反应器，丙烯醛进一步氧化生成丙烯酸，同时伴有多种副产物生成。二段反应后的气体，经冷却器降温后进入吸收塔进行吸收处理。反应热由热载体带出，经过循环泵送至废热锅炉，降温后返回反应器，热量在废热锅炉中以水蒸气的形式被回收。热载体流量由反应温度控制系统根据反应温度要求进行调节。

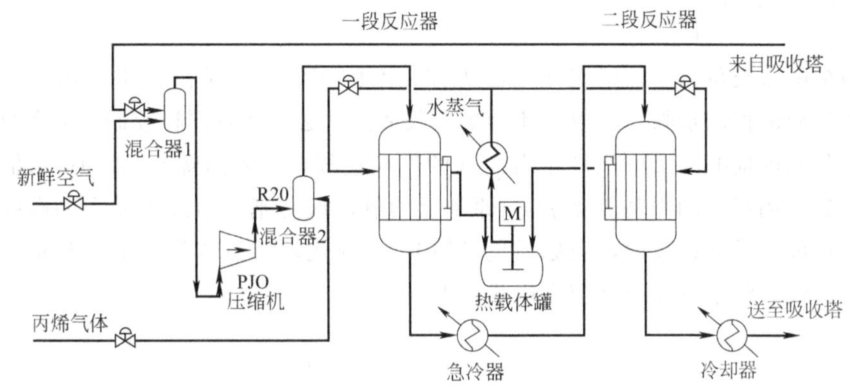


图 5-20 丙烯氧化反应工艺流程简图

工业上主要采用二步反应法，以助于优化催化剂组成和条件，提高催化剂选择性。丙烯转化为丙烯醛的副产物有丙烯酸、$CO_2$、少量乙醛、乙酸等；丙烯醛氧化为丙烯酸的副产物有乙酸、甲醛、丙烯醛、丙酸、顺丁烯二酸、反丁烯二醇、丙烯酸二聚体等。丙烯酸的分离工艺流程中，经过两段反应后的丙烯酸气体一般采用吸收的方法来进行收集，然后经过精馏提纯。

2）催化剂结构及催化机理

丙烯氧化制丙烯醛的 $Bi_2O_3$-$MoO_3$ 催化剂有三种变体：$Bi_2MoO_6$（$Bi_2O_3 \cdot MoO_3$，γ 相），其中 Mo 有八面体；$Bi_2Mo_2O_6$（$Bi_2O_3 \cdot 2MoO_3$，β 相），其中 Mo 有八面体和四面体两种；$Bi_2Mo_3O_{12}$（$Bi_2O_3 \cdot 3MoO_3$，α 相），其中 Mo 只有四面体。它们中活性最高、选择性最好的是八面体结构的钼酸盐离子 $[MoO_6]^{6-}$，具有 Mo＝O 键。当钼酸铋或 $MoO_3$，在 300～500℃与丙烯接触时，产生由还原形成的 $Mo^{5+}$ 离子引起的电子自振共振信号，但丙烯和氧分子两者都存在时则不出现这种信号。铋有双重功能，首先它能被还原，使 Mo 再氧化成 $Mo^{6+}$，其次可保持 Mo 对氧原子的结构状况，有利于 Mo 离子的催化作用。

$Bi_2O_3$-$MoO_3$ 催化剂的结构特征是由 $Bi_2O_3$（用 B 表示）与 $MoO_2$（用 A 表示），通过 $nO^{2-}$（用 O 表示）连接起来的层状结构。在 $MoO_2$ 层面中，$Mo^{6+}$ 离子是六配位。α、β、γ 各相的层面叠构是：

α BOAOAOAOBOAOAOAO…

β BOAOAOBOAOAO…

γ BOAOBOAO…

丙烯氧化生成丙烯酸的催化反应机理目前尚在研究，一般认为，丙烯氧化过程中，丙烯先脱掉一个氢原子而形成烯丙基，然后烯丙基继续脱掉一个氢原子并与催化剂晶格氧作用而生成丙烯酸，即

$$CH_2{=}CHCH_3 \xrightarrow{-H} CH_2{=}CHCH_2 \rightleftharpoons CH_2{=}CHCH_2 \cdot \xrightarrow{[O]} CH_2CHCHO$$

以 Mo-V 体系为催化剂的反应历程首先是丙烯醛以其羰基氧上孤对电子与催化剂 $Mo^{6+}$ 配位，这个步骤活化能几乎为零，钼-丙烯醛配合物形成的同时，丙烯醛醛基上的 C—H 键

因电子的迁移形成氢的质子化，然后羰基碳与催化剂氧发生作用生成一种不稳定的丙烯酸盐类负离子 $\left[\mathrm{H_2C{=}CH{-}C}\begin{smallmatrix}\mathrm{O}\\ \mathrm{O}\end{smallmatrix}\right]^-$。

这种丙烯酸盐类负离子的稳定化中心为催化剂的 $V^{4+}$，丙烯酸盐类负离子解离成丙烯酸的过程为反应的控制步骤。所以要使丙烯酸收率高，必须注意严格控制反应条件及进料组成。丙烯氧化制丙烯醛的反应机理是自由基的反应过程，首先丙烯与 Mo-Bi 系催化剂接触形成 π 键；然后丙烯上的甲基氢吸引 Bi 原子上的氧形成羟基，丙烯甲基上的碳吸引 Mo 原子上的氧，形成丙烯醛；最后，还原后的 Mo-Bi 系催化剂与氧气发生氧化反应，Mo-Bi 系催化剂恢复活性。整个过程的反应方程式如下：

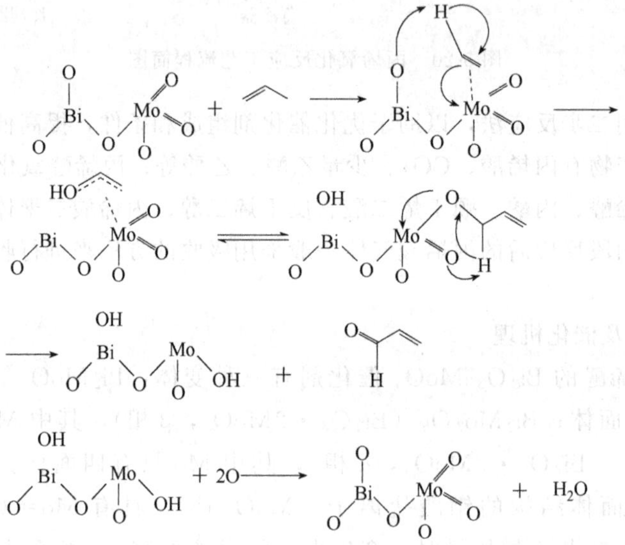

丙烯醛氧化制丙烯酸的反应机理也属于自由基过程，化学反应过程如下：

$$CH_2{=}CHCH_3 \longrightarrow CH_2{=}CHCH_2\cdot + H\cdot$$

$$H_2O \longrightarrow OH\cdot + H\cdot$$

$$O_2 \longrightarrow 2O\cdot$$

$$CH_2{=}CHCHO + OH\cdot \longrightarrow CH_2{=}CH\overset{\overset{\displaystyle O}{\|}}{C}{-}OH + H\cdot$$

## 5.4 典型金属硫化物催化剂的应用

### 5.4.1 金属硫化物催化剂在加氢脱硫中的应用

硫化物催化剂常常以ⅥB族金属（Mo、W）硫化物为主要活性组分或辅以Ⅷ族金属（Co、Ni）硫化物作为助催化剂，该类催化剂是石油炼制加工过程中重要催化剂，这些过程包括加氢脱硫（HDS）、加氢脱氮（HDN）、芳烃加氢（HDAr）、加氢裂化（HC）及润滑油加氢改质等；同时，Co-Mo 硫化物催化剂也是性能优良的耐硫水煤气变换反应催化剂。金属硫化物催化剂上 HDS、HDN 和 HDAr 反应和催化机理是加氢脱硫催化剂开发的理论基础。下面着重介绍加氢脱硫催化剂和水煤气变换催化剂及其工业应用。

油品脱硫方法的选择取决于其中含硫化合物的结构和性质。液体燃料中的含硫化合物分为无机硫和有机硫，其中有机硫是含硫化合物的主要成分，主要有四氢噻吩、噻吩、苯并噻吩（BT）、二苯并噻吩（DBT）、甲基二苯并噻吩（MDBT）和4，6-二甲基二苯并噻吩（4，6-DMDBT）等，同时含有少量硫醚、硫醇和二硫醚。工业上对汽柴油脱硫的主流技术是催化加氢脱硫技术。对于硫醇、硫醚、二硫化物和四氢噻吩等脂肪族含硫物质，其硫原子上的孤对电子密度很高，且C—S键较弱，因此容易进行催化加氢脱硫反应。而对于具有芳香性的有机硫，如噻吩和苯并噻吩类物质，由于硫原子上的孤对电子与噻吩环上的$\pi$电子之间形成了稳定的共轭结构，导致其加氢脱硫活性较低。因此高效加氢脱硫催化剂的研发是实现油品超深度脱硫的关键。

#### 5.4.1.1 加氢脱硫催化剂组成

常规的加氢脱硫催化剂通常由三部分组成，即活性金属、助剂和载体。如何选择适宜的催化剂组分，使其相互配合，是实现清洁油品生产的关键。

一般最常用的加氢精制催化剂非贵金属组分最佳搭配为Co-Mo、Ni-Mo、Ni-W等双组分催化剂以及Ni-Mo-W、Co-Ni-Mo等三组分催化剂。通常认为加氢活性顺序为：Ni-Mo＞Co-Mo；而直接脱硫活性遵循Co-Mo＞Ni-Mo的顺序。因此，对直馏油脱硫，则选择Co-Mo双组分催化剂；需先加氢再脱硫的含硫化合物（如4，6-DMDBT），则一般选择Ni-Mo催化剂。

助剂分为结构性助剂和调变性助剂，结构性助剂是惰性物质，在催化剂中以很少的颗粒存在，分散活性相，避免烧结，从而维持高活性表面不降低。调变性助剂能改变催化剂的化学组成，引起许多化学效应及物理效应。研究较多的是催化剂及载体的金属改性和酸改性。助剂的加入有单一助剂加入，也有多助剂加入。碱金属如Li、Na、K等，碱土金属如Mg、Ca、Ba等，镧系稀土如La、Ce等，以及ⅢB、ⅤB族金属如Sc、Zr等或者其相应的化合物，均可作为助剂添加到催化剂中，以提高催化剂的反应性能。

载体是催化剂的重要组成部分，其为催化反应的进行提供场所并起着担载和分散活性相的作用。载体表面的固体酸性质、结构性质及载体-金属间相互作用与金属分散度和硫化程度密切相关，并且载体性质对催化剂性能有显著影响。一般认为，对于常用的负载型催化剂，活性金属分散度越大，载体与活性金属之间的相互作用要适中，才能有利于活性金属组分的硫化，催化剂的反应活性就越高，一般工业上传统HDS催化剂都是$Al_2O_3$作载体，因其具有良好的机械、再生性能和价格低廉的优点。

也有许多研究者将许多其他类型的载体用于加氢脱硫中，如SBA-15、MCM-48等介孔分子筛材料及改性的$Al_2O_3$等，都取得了很好的加氢脱硫效果。其中$Al_2O_3$改性主要是向$Al_2O_3$中添加含有Zr、Si、Sn、Ti、Mg、P、B及F等元素的物质，通过与$Al_2O_3$形成复合氧化物或是化学键作用等形式以改变$Al_2O_3$表面结构、酸性及电子特性，从而调变$Al_2O_3$载体与活性金属的作用力，提高活性金属在载体上的分散性及可还原性，形成更多的有效活性相，改善催化剂脱硫反应的性能。

#### 5.4.1.2 加氢脱硫催化剂活性相的结构

硫化物催化剂的活性相，一般是由其氧化态母体硫化而成的，其氧化态母体一般没有催化加氢脱硫活性，只有硫化后才有催化活性。一般采用 $H_2S/H_2$ 硫化气体或者 $CS_2$ 液体对氧化态催化剂进行硫化。

迄今为止，提出了十多种关于过渡金属硫化物催化活性相的结构模型，其中典型的模型有以下几种：单层模型、嵌入模型、rim-edge 模型及 Co-Mo-S 模型等，其中影响较大的是 Co-Mo-S 模型和 rim-edge 模型。

(1) 单层模型。催化剂从氧化态变成硫化态以后，表面整体结构保持不变，只是硫原子部分替代了氧原子的位置，其他一小部分氧原子有些被 $H_2$ 还原后留下了空位，有些则保持不变，还有研究者认为，焙烧过的氧化态催化剂，Mo 物种与 $Al_2O_3$ 通过 $Al_2O_3$ 表面的—OH 基团结合形成单分子层。$Mo^{6+}$ 与单分子层上部“覆盖层”中 $O^{2-}$ 结合抵消多余正电荷，钴以 $Co^{2+}$ 形式取代 $Al^{3+}$ 占据 $Al_2O_3$ 表面四面体位置，钴的作用是取代与 Mo 单分子层相邻的表面 $Al^{3+}$，提高 Mo 单分子层的稳定性。硫化后，硫离子（$S^{2-}$）将取代“覆盖层”中的氧离子（$O^{2-}$）。在临氢条件下，移除部分 $S^{2-}$ 使相邻的 $Mo^{6+}$ 还原为 $Mo^{3+}$，$Mo^{3+}$ 被认为是 HDS 反应的活性中心。如图 5-21 所示。

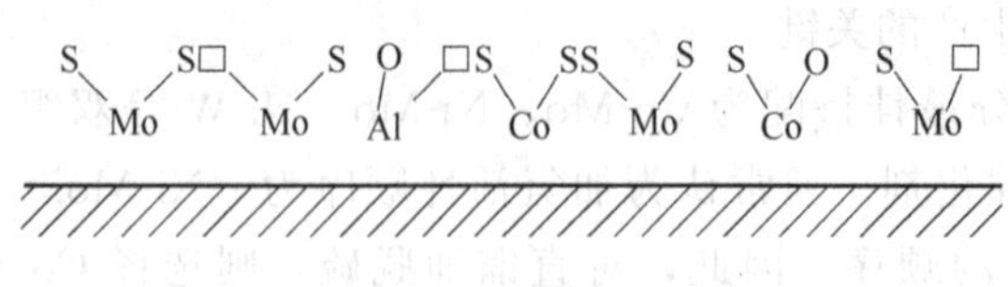

图 5-21 单层模型示意图

(2) 嵌入模型。嵌入模型由 Voorhoeve 等提出，该模型假定在 $Al_2O_3$ 载体表面小片状 $MoS_2$ 中，Mo 原子夹在两层六方形的硫原子平面间（每一层中，硫原子上下呈六方紧密堆积），形成所谓的“sandwich”结构。Co 和 Ni 离子占据位于两层之间范德华势阱处的八面体位。Farragher 和 Cossee 后来指出 Co（Ni）离子插入 $MoS_2$（或 $WS_2$）晶面之间，在能量上不利，对嵌入模型进行了改进，提出了拟嵌入模型，认为 Co（或 Ni）离子嵌在 S-Mo-S 层间边缘的八面体位置（$MoS_2$ 或 $WS_2$ 晶体的边缘）。助剂离子通过引发表面重构反应，提高 $Mo^{3+}$ 浓度实现助催化作用：

$$Co + 2Mo^{4+} \longrightarrow 2Mo^{3+} + Co^{2+}$$

催化活性中心被认为是位于边缘位置暴露的缺硫 $Mo^{3+}$。但是，该模型也有不足之处，如 Karroua 等后来发现将 $CoS_8$ 与 $MoS_2$ 均匀混合后，也表现出良好的助催化效应，就很难用嵌入模型解释。

(3) Co-Mo-S模型。Co-Mo-S 模型认为，在 Co-Mo-S 相中，Co 占据 $MoS_2$ 的棱边位置。但 Co-Mo-S 相的结构并不是单一严格按 Co/Mo/S 化学计量的体相结构，而是一种簇结构。在这些结构中，Co 的浓度范围很宽，可以在纯 $MoS_2$ 和完全覆盖 $MoS_2$ 棱边之间变化。受催化剂制备、活化条件、添加剂、载体种类和金属担载量等条件影响，Co-Mo-S 相还可分为单层（Ⅰ型）和多层（Ⅱ型）两种结构。许多研究表明，Co 位于单层 $MoS_2$ 的侧面具有 Co-Mo-S（Ⅰ）结构，而在多层 $MoS_2$ 中除底层外都具有 Co-Mo-S（Ⅱ）结构。对于 $Al_2O_3$ 负载的催化剂，Ⅰ型 Co-Mo-S 相与载体间相互作用较强，而Ⅱ型 Co-Mo-S 相与载体间相互作用则较弱。在Ⅰ型结构中，还残留有大量 Mo-O-Al 键，Mo 难以完全硫化，而Ⅱ型硫化度很高。Ⅱ型 Co-Mo-S 相是Ⅰ型 Co-Mo-S 相活性的两倍。HDS 反应发生在硫空穴（或称配位不饱和中心 CUS），CUS 可以与进料中的含硫化合物中的硫原子成键。CUS 中心主要位于层状 $MoS_2$ 结构的边角位置。该模型示意图如图 5-22 所示。在活性炭负载的催化剂中，由于活性组分和载体相互作用很弱，Ⅰ型 Co-Mo-S 相也会表现出Ⅱ型 Co-Mo-S 相类似的特性。其中，位于 $Al_2O_3$ 晶格中的 Co（Co：$Al_2O_3$）以及单独存在的 $Co_9S_8$ 相均无活性，只有 Co-Mo-S 相具有 HDS 活性。类似 Co-Mo-S 相，研究者后来又发现了 Ni-Mo-S 相和 Ni-W-S 相结构。

（4）rim-edge 模型。rim-edge 模型认为 $MoS_2$ 片晶上存在“rim”（边缘）和“edge”（棱角）两类活性位，该模型所描述的 $MoS_2$ 堆积类型和“Co-Mo-S-Ⅱ”类似，只是它提出了 rim 和 edge 活性位置，其示意图如图 5-23 所示，加氢反应一般发生在 $MoS_2$ 簇的上下边沿“rim”活性位，而直接脱硫则发生在 $MoS_2$ 侧面的“edge”活性位上。也就是“rim”活性中心被认为有利于空间位阻硫化物先进行芳环饱和反应，再进行氢解脱硫反应，由于加氢反应有利于难脱除的大分子含硫化合物的脱除，因此对于深度脱除大分子含硫化合物来说，“rim”活性位具有更高的 HDS 活性。

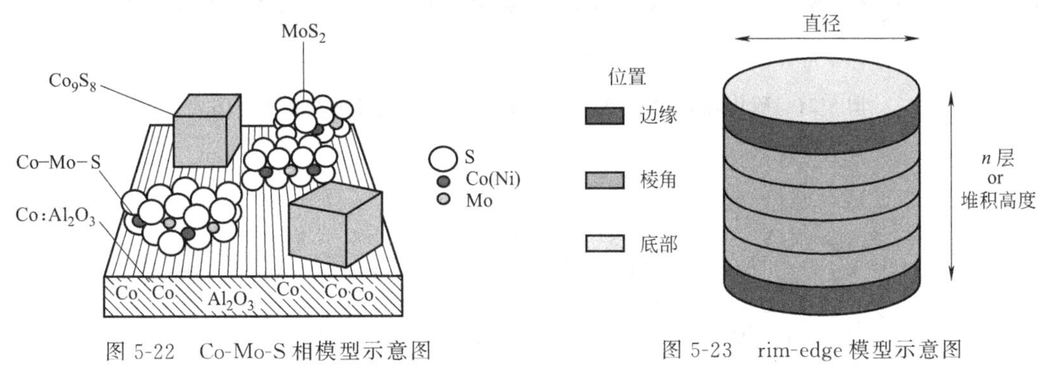


图 5-22 Co-Mo-S 相模型示意图

图 5-23 rim-edge 模型示意图

#### 5.4.1.3 硫化物吸附与反应机理

有研究者利用$^{35}S$示踪法研究 HDS 反应机理，认为在硫化态 $CoMo/\gamma\text{-}Al_2O_3$ 上硫键强度不同（Co-S-Mo 中 S 键强度最弱），硫化催化剂上部分硫为不稳定硫，存在不稳定硫与阴离子空位的相互转化。不稳定硫的量随反应条件变化而变化，在 $MoS_2$ 边缘存在—SH 基，—SH 与空位在邻近位置可互相转化和共存。在 400℃下，部分与 Co、Mo 键合的硫更不稳定，在纯 $H_2$ 下以—SH 形式存在，形成 $H_2S$ 后，即从催化剂脱附，一个阴离子空穴就会产生，同时相邻的 $Mo^{4+}$ 就会部分还原为 $Mo^{3+}$。一般情况下，$Mo^{4+} \longrightarrow Mo^{3+}$ 的还原是困难的，只有在 $H_2$ 存在时才可进行。$H_2S$ 在催化剂上解离吸附，且由于氢原子的高移动性，而与邻近的不稳定硫形成新的—SH 基，旧的空位消失，由不稳定硫形成 $H_2S$，解吸时形成新的阴离子空位。这部分不稳定硫与 HDS 反应有紧密联系，硫交换速率在通常的 HDS 反应条件下很快。硫化态 $CoMo\text{-}Al_2O_3$ 上 $H_2S$ 与不稳定硫的交换以及不稳定硫与空位的转化如图 5-24 所示。可以看出空位在反应条件下不是固定的，而是移动的。

在 $CoMo/Al_2O_3$ 上，$Co_9S_8$、体相中的硫都是稳定的，只有与 Co、Mo 都相连的硫才参与 HDS 反应。Co 对 $Mo/Al_2O_3$ 的提高作用是因为 Co 使 S 更易移动，形成新的活性中心，即 Co-Mo-S 活性相，其中硫键强度最弱。

催化剂表面的硫原子在 $H_2$ 的作用下，形成—SH 基，相邻的—SH 形成 $H_2S$；释放出 $H_2S$ 后，在催化剂表面形成阴离子空位。DBT 通过硫原子吸附在催化剂表面的阴离子空位上，然后发生 C—S 键断裂，联苯释放到气相中，硫原子保留在催化剂上，氢解反应所消耗的 H 大部分来源于催化剂表面的—SH。留在催化剂上的硫在 $H_2$ 的作用下，又可形成—SH 基，同时 $H_2S$ 的释放又可在催化剂表面形成阴离子空位，催化剂表面活性中心的转化就这样发生了。加氢脱硫的反应网络如图 5-25 所示。

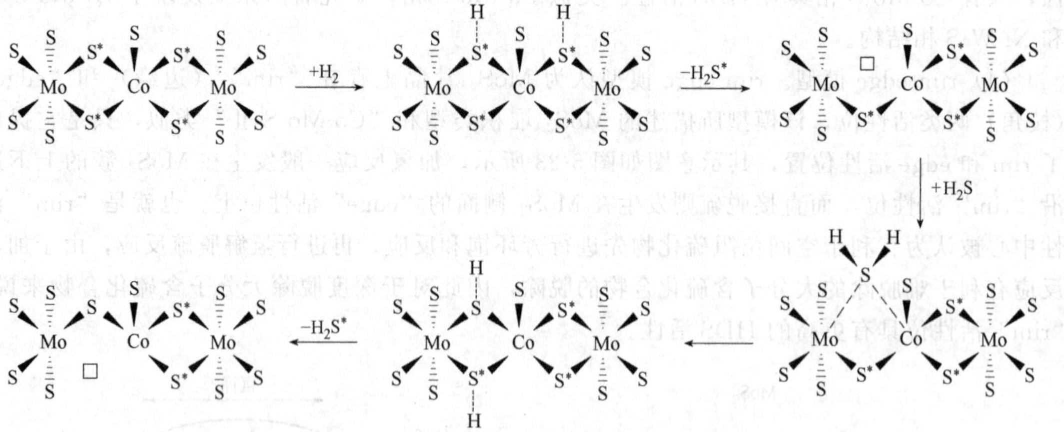

图 5-24　硫化态 $Co\text{-}Mo/Al_2O_3$ 上 $H_2S$ 与不稳定硫的交换示意图

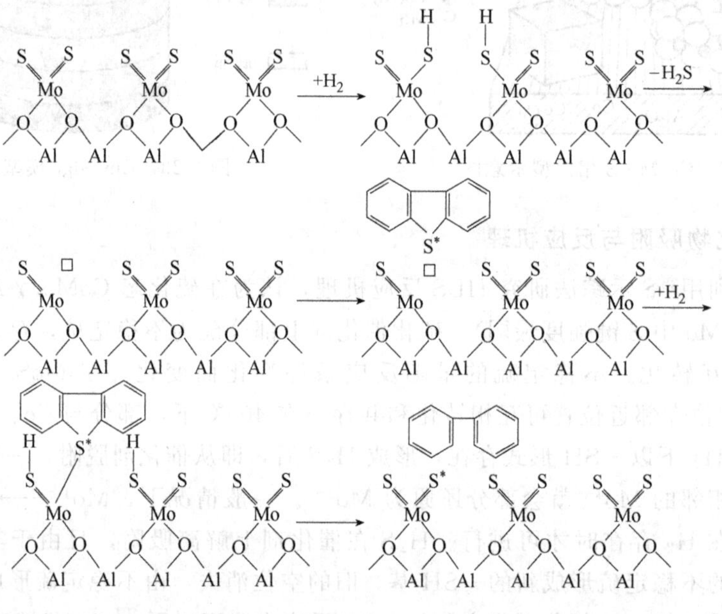

图 5-25　DBT 在 $MoS_2$ 上的 HDS 机理（S＊：$35_S$；□：S空位）

由于金属硫化物催化剂对反应物（$H_2$、有机硫化物、氮化物和芳烃等）的吸附活性低，表面吸附物种浓度小，因此金属硫化物催化剂上的催化作用机理研究十分困难。况且，金属硫化物只有在加氢反应条件下才具有催化活性，由于过去缺乏“原位”反应检测和分析手段，很难得到金属硫化物在反应状态的结构和表面反应物种的直接证据。虽然通过 STM 技术和 DFT 计算对金属硫化物活性相的研究取得了很好的结果，但是由于 STM 实验是以金（Au）作为载体基质，以金属 Mo 和 Co 作为 $MoS_2$ 和 Co-Mo-S 的前驱物，而工业催化剂一般是以 $Al_2O_3$ 作为载体，以 $MoO_3$ 和 CoO 作为 $MoS_2$ 和 Co-Mo-S 前驱物，涉及金属氧化物在载体 $Al_2O_3$ 上的硫化过程，所以当前 STM 的研究结果具有一定局限性。

#### 5.4.1.4 汽油的催化脱硫技术

汽油是由 $C_5$～$C_{12}$ 的脂肪烃、环烷烃和一定量芳香烃组成的馏程为 30～220℃的透明可燃液体，主要用作汽车点燃式内燃机的燃料。车用汽油一般是由几种组分调和而成的，主要有重整汽油、原油常压蒸馏的直馏汽油、烯烃加氢后的烷基化汽油以及催化裂化（FCC）汽油等。其中重整汽油、烷基化汽油和直馏汽油中含有少量硫甚至无硫，这是因为：①原油中的硫化物主要集中在高沸点；②用于烷基化和重整单元的原料一般都是经加氢处理过的。而用于催化裂化单元的原料主要是常压渣油或减压蒸馏的产物，其中含有高达 0.5%～1.5%的硫。虽然 FCC 汽油只占汽油总量的 25%～40%，但是汽油中 85%～95%的硫来自于 FCC 汽油。因此，为了满足日益严格的汽油标准，FCC 汽油的质量升级是车用清洁燃料生产的关键所在。

FCC 汽油中的含硫化合物基本上是有机化合物，硫类型及分布见表 5-3，重馏分主要为苯并噻吩；中馏分主要为噻吩和烷基噻吩；轻馏分主要为硫醇和硫醚。其中噻吩和噻吩类衍生物是影响脱硫效果的关键组分，它们一般约占含硫化合物总量的 70%以上，这类含硫化合物具有类似于芳环的共轭结构，在催化裂化反应条件下比较稳定，很难发生裂化脱硫反应。在催化裂化过程中，含硫化合物脱除的难度次序为苯并噻吩＞烷基噻吩＞噻吩＞四氢噻吩＞硫醚、硫醇。目前国内外炼油工业上主要采用催化加氢脱硫技术作为降低 FCC 汽油硫含量的手段。

表 5-3 FCC 汽油中硫的类型及分布

| 类别 | 含量比例/% | 类别 | 含量比例/% |
|---|---|---|---|
| 硫醇 | 7.80 | 四氢噻吩 | 2.39 |
| 硫醚 | 2.81 | 苯并噻吩 | 0.29 |
| 噻吩 | 6.38 | 未确定类型 | 12.34 |
| 烷基噻吩 | 67.99 | 合计 | 100.0 |

（1）汽油的加氢脱硫原理。汽油中不论是最容易脱除的硫醇还是活性较低的二苯并噻吩，含硫化合物的加氢脱硫反应过程可表示为：

$$RSH + H_2 \longrightarrow RH + H_2S$$

噻吩类含硫化合物与硫醇、硫醚不同，除了直接脱硫的方式外，还有可能先加氢后脱硫，这两条路径分别被称为直接脱硫氢解路径和加氢路径。噻吩加氢脱硫的路径如图 5-26 所示，脱除的 $H_2S$ 气体通过氨溶液吸收除去。

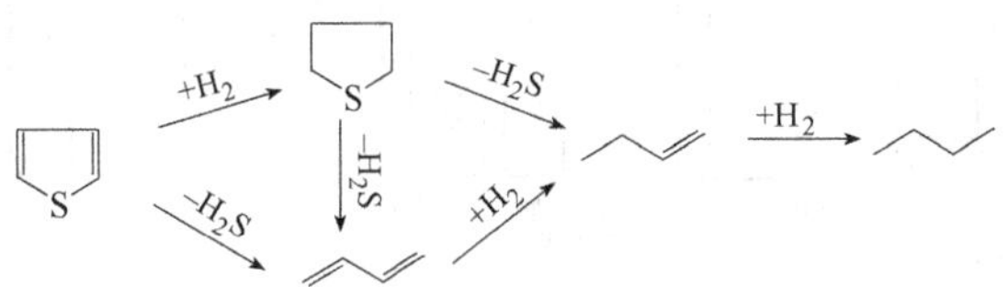


图 5-26 噻吩加氢脱硫反应路径

另外，由于 FCC 汽油中烯烃含量较高，采用常规的催化加氢脱硫技术，在脱硫的同时必然引起烯烃饱和，造成辛烷值损失。因此，适于 FCC 汽油的脱硫技术必须在脱硫的同时尽量减少辛烷值的损失。目前主流的技术路线是采用选择性加氢脱硫催化剂尽量避免或减少烯烃饱和，其基本原理如下：

① FCC 汽油中烯烃主要集中在轻汽油馏分中，而含硫化合物主要集中在重汽油馏分中，因此可以选择适宜的切割点将汽油分为轻汽油馏分和重汽油馏分，在轻汽油馏分中，烯烃含量高，硫含量低，且含硫化合物主要为小分子的硫醇、二硫化物、硫醚等，可以通过碱洗进行脱硫处理；

② 在重汽油馏分中，烯烃含量低，硫含量高，且含硫化合物主要是噻吩类及其衍生物，可以采用加氢脱硫。在加氢脱硫的同时可采用具有异构化和芳构化功能的催化剂，以减小加氢后汽油的辛烷值损失。将处理过的轻重汽油馏分混合在一起，即选择性加氢脱硫的汽油馏分。

(2) 汽油的加氢脱硫催化剂。工业上常用的加氢脱硫催化剂是以 Mo 或 W 的硫化物为主催化剂，以 Co 或 Ni 的硫化物为助催化剂所组成。这些金属的单独硫化物对于有机硫的加氢转化具有一定活性，但是适当组合后显示出很强的协同催化增强效应。Ni-W 和 Co-Mo 体系是加氢脱硫工艺中最常用的金属组合。在脱氮、脱芳烃和深度脱硫等领域，Ni-W 系催化剂是最有效的组合，但在加氢功能上 Ni-W 催化剂还表现出较强的烯烃饱和性能；Co-Mo 体系中，Co 的加入不仅促进加氢脱硫反应，还对异构烯烃的加氢饱和有轻微的抑制，而正构烯烃的加氢饱和受到 Co 的强烈抑制。因此，FCC 汽油选择性加氢脱硫催化剂的活性金属组分多采用 Co-Mo 组合。工业上实际用的催化剂中含 Mo 为 5wt%～10wt%，Co 为 1wt%～6wt%，Co/Mo 原子比为 0.2～1.0，催化剂的活性不仅取决于 Co-Mo 的总量和比例，而且也在于使用时有多少 Co-Mo 组分是有活性的。

(3) 汽油的加氢脱硫工艺流程。选择性催化加氢脱硫技术具有操作条件缓和，汽油收率高且氢耗低，辛烷值损失小等优点，是目前国内外 FCC 汽油催化脱硫技术的主流。法国 Axens 公司的 Prime-G$^+$ 技术和美国 ExxonMobil 公司的 SCANfining 技术代表当前国际先进水平，均以高选择性的催化剂为核心，采用常规连续床反应器，工艺简单，Axens 公司的 Prime-G$^+$ 技术在中国应用较为广泛，能将 FCC 汽油中的硫含量脱除到 $5\times10^{-5}$g/g 数量级以下。

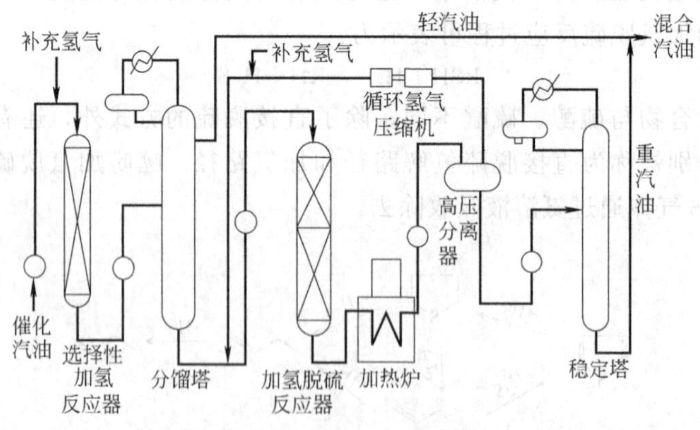


图 5-27 Prime-G$^+$ 技术工艺流程示意图

Prime-G$^+$ 技术的工艺流程如图 5-27 所示，主要由选择性加氢部分和加氢脱硫部分组成。选择性加氢催化剂采用的是 Axens 公司的 HR-845，活性组分为 Mo-Ni；加氢脱硫催化剂用的是 Axens 公司的 HR-806，活性组分是 Co-Mo。两种催化剂的主要性能见表 5-4。

表 5-4 选择性加氢催化剂和加氢脱硫催化剂的主要性能

| 催化剂牌号 | HR-845 | HR-806 |
|---|---|---|
| 活性组分 | Mo-Ni | Co-Mo |
| 颗粒直径/mm | 2-4 | 2-4 |
| 比表面积/($m^2 \cdot g^{-1}$) | 140 | 130 |
| 孔体积/($cm^3 \cdot g^{-1}$) | 0.4 | — |
| 自然装填密度/($g \cdot cm^{-3}$) | 0.84 | 0.46 |
| 抗压强度/MPa | ≥1.55 | — |

将全馏分 FCC 汽油加入选择性加氢反应器，脱除其中的二烯烃，同时轻汽油组分中的轻硫醇与轻硫化物和烯烃发生硫醚化反应转化为较重的硫化物进入重汽油中，该过程无 $H_2S$ 生成、烯烃不被饱和、辛烷值不损失，这是其选择性加氢技术的突出特点，可以最大限度保留轻汽油中的烯烃含量。经过选择性加氢反应的产物经过分离塔进行轻重分离，重汽油组分进入加氢脱硫反应器，通过 Co-Mo 催化剂体系进行深度脱硫反应。加氢脱硫反应器内介质全部为气相，在两个催化剂床层之间设有急冷油以控制反应器床层温升最高不超过25℃，急冷油采用加氢脱硫产品分离罐中的脱硫重汽油。加热炉设置在加氢脱硫反应器出口，用来给稳定塔重沸器提供热源，同时间接控制进入加氢脱硫反应器入口的混氢油温度，可避免在反应器入口设置加热炉造成炉容易结焦的问题。加氢脱硫反应器中的反应压力为1～3MPa，反应温度为 200～300℃。这样整个过程下来，汽油的硫含量可以降低到 $3\times10^{-5}$g/g 数量级以下，而辛烷值损失小。

#### 5.4.1.5 柴油的催化脱硫技术

柴油是 $C_{10}$～$C_{22}$ 的烃类混合物，主要由原油蒸馏、催化裂化、热裂化、加氢裂化、石油焦化等过程生产的柴油馏分调配而成，分为轻柴油（沸点范围约 180～370℃）和重柴油（沸点范围约 350～410℃）两大类。与汽油相比，柴油能量密度高、燃油消耗率低，因此广泛用于重载车辆、船舶的柴油发动机。存在于柴油组分里的含硫化物主要有两类：苯并噻吩及其衍生物类和二苯并噻吩及其衍生物类。与汽油和航空煤油中存在的噻吩、苯并噻吩及其衍生物相比，柴油中主要存在的是二苯并噻吩及其衍生物，该类含硫化合物更难以通过传统的加氢脱硫催化剂脱除。

（1）柴油的催化加氢超深度脱硫。根据加氢脱硫活性的不同，可以将柴油中的硫化物分成四类：第一类是烷基取代的苯并噻吩；第二类是二苯并噻吩及其除在 4 位或 6 位之外有烷基取代基的二苯并噻吩衍生物；第三类是在 4 位或 6 位有一个烷基取代基的二苯并噻吩衍生物；第四类是在 4 位和 6 位同时有烷基取代基的二苯并噻吩衍生物，如 4,6-二甲基二苯并噻吩（4,6-DMDBT）。研究发现，这四类化合物在未加氢柴油中的总硫含量分布分别为 39%、20%、26%、15%（质量分数），它们的相对加氢速率常数分别为 36、8、3 和 1。通过加氢脱硫将柴油中的硫含量降到 $5\times10^{-4}$g/g 数量级时，剩余的主要是第三和第四类硫化物；而在加氢脱硫到 $3\times10^{-5}$g/g 数量级的柴油中只有第四类硫化物存在。因此，要达到新的硫含量标准，其中的前三类化合物必须完全脱除，第四类硫化物也必须绝大部分被脱除。由此可见，要实现柴油的超深度脱硫，4,6-DMDBT 的高效脱除是关键。4,6-DMDBT 的催化加氢脱硫反应如图 5-28 所示。除了直接加氢脱硫外，还有方法着眼于降低 4，6 位甲基取代基的空间位阻效应。其中，最受关注且广泛使用的方法是首先对分子中的一个苯环进行加氢，加氢后的苯环具有一定的可弯曲性，从而减少了位阻效应。

图 5-28　4,6-DMDBT 催化加氢脱硫反应

(2) 柴油的加氢脱硫催化剂。为了实现柴油的超深度脱硫，对原有的加氢脱硫催化剂进行了改进，并开发了一些新型的催化剂。与汽油的加氢脱硫催化剂一样，传统的柴油加氢脱硫催化剂也是以 Co 或 Ni 作为催化剂助剂，以 Mo 或 W 作为催化剂活性组分，采用活性氧化铝作载体，还可以通过添加各种助剂来改善催化剂的性能。一般常见的催化剂有：Co-Mo/$Al_2O_3$、Ni-Mo/$Al_2O_3$、Ni-W/$Al_2O_3$、Ni-Co-Mo/$Al_2O_3$ 和 Co-W/$Al_2O_3$ 等。Ni-Mo/$Al_2O$ 催化剂和 Co-Mo/$Al_2O_3$ 催化剂相比，虽然具有差不多的裂解活性，但是前者的加氢活性是后者的 2.5 倍。另外，Co-Mo/$Al_2O_3$ 和 Ni-Mo/$Al_2O_3$ 催化剂的活性还与原料油中的芳烃含量有关。当油料中存在一定量萘时，由于其对于加氢反应的竞争性，从而对 Ni-Mo/$Al_2O_3$ 催化剂的活性影响很大，而对于 Co-Mo/$Al_2O_3$ 活性的影响则不大，从而说明了 Ni-Mo/$Al_2O_3$ 催化剂主要是通过苯环加氢途径，对 4，6-DMDBT 进行加氢脱硫反应的。另外一种 Ni 为助剂的 Ni-W/$Al_2O_3$ 催化剂也显示出比 Co-Mo/$Al_2O$ 和 Ni-Mo/$Al_2O_3$ 更高的加氢活性。

2001 年，Exxon-Mobil，Akzo Nobel 和 Nippon Ketjen 公司联合开发了一种新型的本体加氢脱硫催化剂（NEBULA），其结构见图 5-29，此类催化剂是一种由 Ni、Mo、W 组成的非担载型催化剂，其活性是现有其他加氢催化剂的 3 倍以上。可使炼油厂家利用其现有的加氢处理器，无需投资即可满足 $1.5\times10^{-5}$g/g 数量级的柴油排放标准。对比试验使用轻瓦斯油与轻循环油的 70∶30 混合油（这是典型的炼厂进料）在传统的工艺条件下，即压力 5.1MPa，温度 327℃，空速 $1.5h^{-1}$，该催化剂取得了硫含量为 $1\times10^{-5}$g/g 数量级的产品。

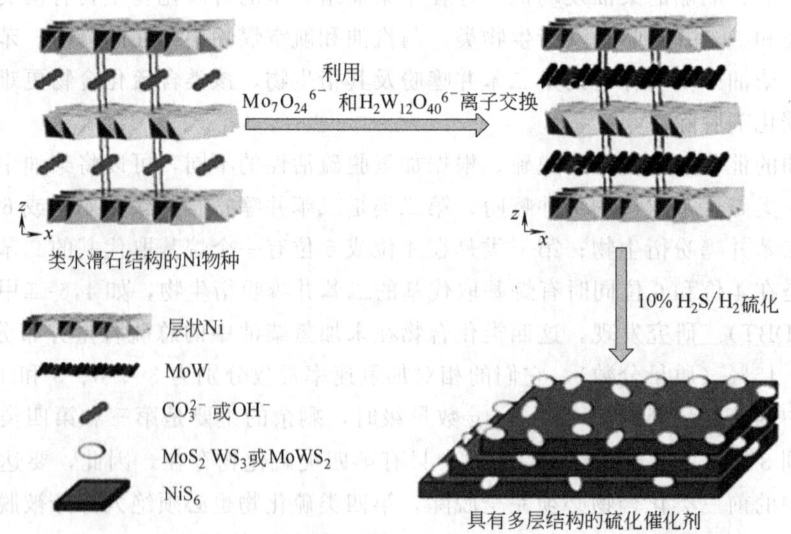


图 5-29　具有层状结构的 Ni-Mo-W 本体催化剂的形成机理

这类催化剂在对柴油的超深度脱硫、脱氮和芳烃饱和方面有着很大的潜在应用，被认为是新一代的加氢脱硫催化剂。

### 5.4.2 水煤气变换催化剂及其工业应用

#### 5.4.2.1 水煤气变换反应（WGSR）简介

水煤气的主要成分是 CO 和 $H_2$。水煤气可作燃料，也可用作合成氨、合成汽油、有机合成、氢气制造等工业的原料。其中，将水煤气通过变换反应提高其 $H_2$ 的含量，进一步用于合成氨工业是水煤气的一个重要应用，其反应方程式为：$CO+H_2O(g) \rightleftharpoons CO_2+H_2$，这一反应被称为水煤气变换反应（water gas shift reaction，WGSR）。该反应为放热反应，在较低温度下进行，有利于平衡向产物方向移动。

在合成氨中，水煤气变换反应的作用主要有两点：一是将原料气中的 CO 变换成 $CO_2$，避免氨合成过程中铁催化剂中毒；二是 CO 与原料气中的水蒸气反应可生成 $H_2$，从而增加合成氨产量。另外，此反应也是大规模工业制氢的一个重要反应，因此，水煤气变换反应是合成氨工业和能源工业中非常重要的催化反应。

#### 5.4.2.2 WGSR 催化体系

水煤气变换催化剂的应用已有近百年历史，在合成氨、合成甲醇、制氢和城市煤气工业中得到了广泛的应用，通常使用的催化剂有三类：铁铬系高温变换催化剂（350～500℃）、铜锌系低温变换催化剂（190～250℃）和钴钼系宽温耐硫变换催化剂（180～500℃）。

铁铬系高温变换催化剂于 1913 年在德国开发成功，20 世纪 30 年代在合成氨厂就得到了广泛应用。传统的 Fe-Cr 型高温变换催化剂，其活性相 $\gamma$-$Fe_3O_4$ 为尖晶石结构，铁铬系催化剂亦称为 $Fe_3O_4$-$Cr_2O_3$ 尖晶石固熔体，其中 $Fe_3O_4$ 是活性相，但在实际应用过程中，高温烧结易导致 $Fe_3O_4$ 表面积减小，引起活性的急剧下降，造成单组分 $Fe_3O_4$ 的活性温区很窄，耐热性差。因此常加入结构助剂 $Cr_2O_3$ 提高其耐热性，防止烧结引起的活性下降。此外，为提高催化剂本征活性，部分型号的催化剂中还添加了 $K_2O$、CaO、MgO 或 $Al_2O_3$ 等助剂。Fe-Cr 系催化剂具有活性高、热稳定性好、寿命长和机械强度高等优点，但是此催化剂在使用中需要大量的过剩水蒸气，以防止催化剂活性组分 $Fe_3O_4$ 被过度还原成金属铁或碳化铁以及在低汽气比下发生费托合成副反应。

随后开发的活性温度较低（190～250℃）的 Cu-Zn 系低温变换催化剂，主要应用于以天然气为原料制合成气的 CO 低温变换工艺中，1963 年首先在美国的合成氨工业中得到应用。Cu-Zn 系变换催化剂的主要活性组分是 CuO，添加了 ZnO、$Al_2O_3$ 或 $Cr_2O_3$ 作结构助剂，最初的低温变换催化剂有两大类型：铜锌铬系和铜锌铝系。但由于铬是剧毒物，在生产、使用和处理过程中对人员和环境造成污染及毒害，因此国内外都进行了无铬变换催化剂的研究。Cu-Zn 系低温变换催化剂也从最初的 $CuO/ZnO/Cr_2O_3$ 完全被 $CuO/ZnO/Al_2O_3$ 所取代。

中国化肥工业是以煤化工路线为主生产合成氨，由于煤制合成气中硫含量较高，要求变换催化剂除具有高活性外，还需要有良好的抗硫性能。Cu-Zn 系低温变换催化剂对硫、氯等毒物非常敏感，不适合中国国情，Fe-Cr 系高温变换催化剂能耐受一定的硫含量，但低温活性较低，钴钼系耐硫宽温变换催化剂是在 20 世纪 70 年代研发的一种宽温耐硫变换催化剂，既能满足以重油、渣油、煤等原料制取合成氨原料气的需要，又具有很高的低温活性及耐硫性能。目前国内外已开发成功的Co-Mo系耐硫变换催化剂，按其性能可分为两大类：一类为适用于高压和高水气比条件的中温变换催化剂（Co-Mo/$Al_2O_3$-MgO）；另一类为适用于低压的低温变换催化剂（Co-Mo-K/$Al_2O_3$）。

#### 5.4.2.3 Co-Mo耐硫催化剂及硫化反应的特点

高效耐硫Co-Mo系变换催化剂通常以ⅥB和Ⅷ族中的某些金属（如Ni、Co、Mo、W等）的氧化物或它们的混合物为活性组分，并添加主族金属（如K和Mg等）为功能性助剂。目前，工业上应用最多的是Co-Mo系宽温耐硫变换催化剂，在使用前将其转化为Co-Mo双金属硫化物，其中$MoS_2$是催化剂的活性相，Co硫化物是催化助剂。

Co-Mo系催化剂在180℃就能显示出优异的活性，与铜系低温变换催化剂相当，其耐热性能与铁铬系高温变换催化剂相当，因此具有很宽的活性温区，几乎覆盖了铁系高温变换催化剂和铜系低温变换催化剂的整个活性温区。Co-Mo系催化剂最突出的优点是耐硫和抗毒性能很强，因而不存在硫中毒问题，不需要预脱除原料气中的硫化物，另外Co-Mo系催化剂还具有强度高、使用寿命长、操作弹性大、使用温区宽（180～500℃）等优点；但其致命的缺点是使用前需要烦琐的硫化过程，使用过程中工艺气体需要保证一定的硫含量和较高的汽气比，以防止催化剂反硫化的发生，特别是在高温操作时更为严重，随着温度的升高，最低的硫含量和汽气比也随之升高，当原料含硫量波动较大时，造成操作过程控制复杂化。

国内外开发成功的Co-Mo系耐硫变换催化剂的品种和型号较多，使用较多的型号主要有：①1969年德国BASF公司开发成功的K5.11型耐硫变换催化剂，首次在BASF公司路德维希氨厂使用，用于重油部分氧化法制合成气流程和加压煤气化制合成氨流程中的CO变换工序，该型号催化剂的主要特点是以Mg-Al尖晶石为载体，硫化后活性高，耐高水蒸气分压，可在高压下使用，抗毒能力强，平均寿命3～5a；②由美国埃克森研究和工程实验室开发成功的SSK型催化剂，后经丹麦Topsoe公司进一步开发，于1974年进行工业应用，主要用于重油氧化法CO变换工艺，该型号催化剂含有较高浓度的$K_2CO_3$促进剂，故低温活性高，同时对毒物不敏感，可耐$1\times10^{-4}$g/g的氯，存在K流失的缺点；③美国UCI公司开发的C25-2-02型新一代耐硫变换催化剂，主要用于低压流程，该型号催化剂的主要特点是含有稀土稳定剂和促进剂，催化剂的结构稳定性好，使用后强度和比表面积保留率高，低温活性好，抗毒能力强。

中国于20世纪80年代开展了耐硫变换催化剂的研制工作，上海化工研究院从1977年开始进行SB系列耐硫变换催化剂的研究，湖北省化学研究所重点研究了EB系列耐硫变换催化剂的制备及硫化方法，这两个系列催化剂均属于Co-Mo-K/$Al_2O_3$耐硫变换催化剂，主要用于中小型氮肥厂中温变换串联低温变换（简称中串低）或全程低温变换（简称全低变）工艺，中国石化齐鲁石化公司1988年开始耐硫变换催化剂的研制，并于1992年采用混合法开发出QCS系列的Co-Mo/MgO-$Al_2O_3$（或Co-Mo/MgO-$TiO_2$-$Al_2O_3$）耐硫变换催化剂，主要用于以煤或渣油为原料高压气化生成的含硫原料气制取合成气和制氢的大型装置，厦门大学于1998年开始开发新型水煤气变换催化剂和变换工艺，采用浸渍法制备了Co-Mo-W-K/$Al_2O_3$和Co-Mo/MgO-$Al_2O_3$等XH系列多元组分变换催化剂及组合式填装方法，并于2006年在多家合成氨厂成功投用，以上述及的典型Co-Mo系耐硫变换催化剂的性能及使用条件见表5-5，国产中温变换催化剂（Fe-Cr）与耐硫变换催化剂性能比较见表5-6。

表 5-5 国内外典型的 Co-Mo 系耐硫变换催化剂的性能及使用条件

| 催化剂型号 | KS-22 | SSK | C25-2-02 | B303Q | QCS-01 | XH-3 |
|---|---|---|---|---|---|---|
| 化学组成（$w$）/% | | | | | | |
| CoO | 3.6 | 3.0 | 2.7～3.7 | 1.8±0.3 | 1.8±0.3 | 1.8±0.3 |
| $MoO_3$ | 9.5 | 10.8 | 11.0～13.0 | 8.0±1.0 | 8.0±1.0 | 5.0±1.0 |
| $WO_3$ | — | — | — | — | — | 2.0±0.3 |
| $K_2CO_3$ | — | 13.8 | — | 8～12 | — | 8～12 |
| $Re_2O_3$ | — | — | 0.9～1.3 | — | — | — |
| $Al_2O_3$ | 52.9 | 余量 | 余量 | 余量 | 50～60 | 余量 |
| 催化剂形状 | 圆柱 | 球状 | 圆柱 | 球状 | 圆柱 | 球状 |
| 颗粒大小/mm | $\phi$4×(7～12) | $\phi$3～6 | $\phi$3.2×(5～10) | $\phi$3～6 | $\phi$4×(8～12) | $\phi$3～6 |
| 堆密度/(kg/m³) | 750 | 900～1000 | 700 | 800～1000 | 750～850 | 800～1000 |
| $S_{BET}$/(m²/g) | 150 | 100 | 122 | ≥80 | ≥60 | ≥80 |
| $V_p$/(cm³/g) | 0.36 | 0.34 | 0.5 | ≥0.30 | ≥0.25 | ≥0.30 |
| 强度/N | 107.8 | 78.4 | 107.8 | ≥70 | ≥100 | ≥70 |
| 压力/MPa | 2.97～7.85 | 2.94～7.35 | 3.43～6.86 | −2.0 | −5.0 | −2.0 |
| 温度/℃ | 270～500 | 200～475 | 230～480 | 160～450 | 200～500 | 160～450 |
| 硫含量/(μg/g) | >600 | >10 | >100 | >100 | ≥100 | ≥100 |

表 5-6 国产中温变换催化剂（Fe-Cr）与耐硫变换催化剂性能比较

| 催化剂 | B116 | B117 | B301Q | B302Q |
|---|---|---|---|---|
| 主要组分/% | $Fe_2O_3$>75<br>$Cr_2O_3$ 1.5～3.0 | $Fe_2O_3$ 73～75<br>$Cr_2O_3$ 4～5 | Co-Mo<br>$Al_2O_3$ | Co-Mo<br>γ-$Al_2O_3$ |
| 形状 | $\phi$9×(5～7) | $\phi$9×(5～9) | $\phi$3～6 | $\phi$3～7 |
| 堆密度/(kg/L) | 1.4～1.6 | 1.5～1.6 | 0.7～0.8 | 1.0 |
| 比表面/（m²/g） | 50～60 | 50～60 | 122～148 | 173 |
| 使用温度/℃ | 300～500 | 300～500 | 180～460 | 180～470 |
| 使用压力/MPa | ≤2.0 | ≤2.0 | 0.7～2.0 | 0.7～2.0 |
| 空速/$h^{-1}$ | 500～1000 | 500～1000 | 500～1200 | 1000～2000 |
| $H_2S$ 含量/(g/m³) | ≤2.0 | ≤2.5 | 无上限<br>>0.1 | 无上限<br>>0.1 |

### 5.4.2.4 WGSR 的工艺流程及特点

耐硫变换反应工艺流程框图及工艺流程简图见图 5-30 及图 5-31。来自造气工序的粗煤气（温度 180℃，压力 2.98MPa）首先通过径向洗涤器和气液净化分离器，以除去气体中的煤尘和焦油等杂质，净化后的粗煤气依次经过换热器 W-301、W-302 和 W-303 进行三次换热，将温度升到 340℃左右，进入第一变换炉（C301）进行一段变换反应。反应后的气体（450～470℃）经过 W-303 换热器与一段变换炉的粗煤气进行换热，将温度降至 310～330℃，进入第二变换炉（C302）进行二段变换，从第二变换炉出来的气体再经 W-301、W-302 与粗煤气换热降温后，连入后续工序。两段变换反应的工艺操作参数见表 5-7。

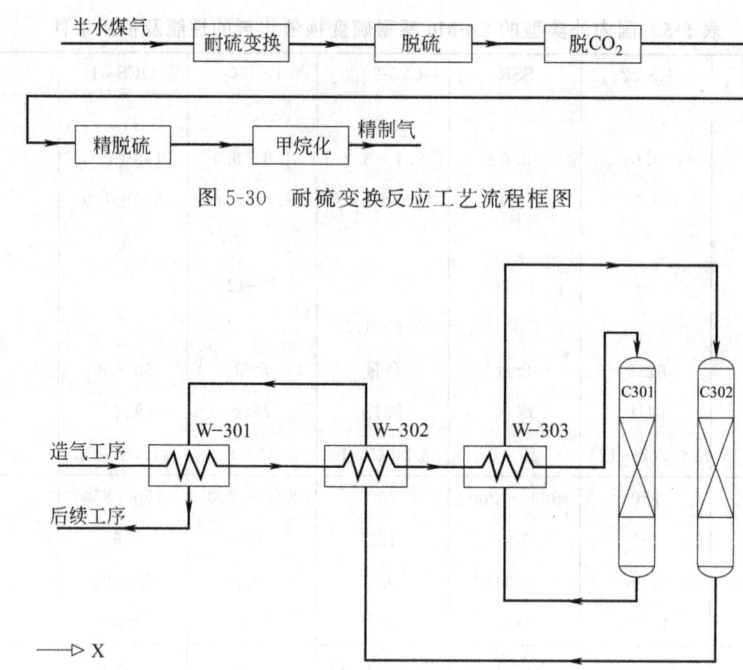


图 5-30　耐硫变换反应工艺流程框图

图 5-31　耐硫变换反应工艺流程简图

**表 5-7　两段耐硫变换反应工艺参数**

| 项目 | 组分 | 体积分数 | 原料气 | 变换气 |
| --- | --- | --- | --- | --- |
| 气体成分 | $H_2$ | Vol%（干） | 34.0 | 54.1 |
|  | CO | Vol%（干） | 45.7 | 1.4 |
|  | $CO_2$ | Vol%（干） | 18.2 | 43.1 |
|  | 惰性气 | Vol%（干） | 1.5 | 1.0 |
|  | $H_2S$ | Vol%（干） | 0.6 | 0.4 |
|  | CoS | Vol%$10^{-6}$（干） | 80.0 | 9.5 |
| 汽气比 |  |  | 0.90 | 0.32 |
| 温度/℃ |  |  | 250 | 272 |
| 压力（表压）/（$kgf/cm^2$） |  |  | 35 | 33.5 |

变换前的总汽气比约为 0.7，蒸汽添加量少于传统的中温变换操作指标（汽气比为 0.90～1.0）。一段变换率控制在 65%左右，由于半水煤气未经脱硫，煤气中 $H_2S$ 的含量达 0.13%（或 $2g/m^3$），因此操作温度在 430℃以下，不存在反硫化问题。在汽气比为 0.7 时，气体中水蒸气的分压为 0.865 MPa，饱和温度为 173℃。因此一段进口温度取 200℃较为合理。

由于 Co-Mo 系耐硫变换催化剂的活性相为硫化态，在使用过程中需要进行预硫化处理，因此催化剂的硫化过程是工业应用中的一个重要环节，而且直接影响着催化剂的变换活性和稳定性。传统的硫化方法基本上采用器内气相硫化工艺，即用原料气配液体 $CS_2$ 高温氢解产生 $H_2S$，进行循环硫化或一次放空硫化；有些厂家采用高硫原料气直接硫化，也有的厂家采用固体硫化剂，即在反应器前串联一个硫化反应器，或将固体硫化剂与催化剂混合填装在加氢反应器内，通入还原气在器内实现硫化剂的热氢解反应产生 $H_2S$，$H_2S$ 再与氧化态 Co-Mo 系催化剂发生硫化反应。硫化反应方程式为：

$$CoO + H_2S \longrightarrow CoS + H_2O + 13.4kJ$$
$$MoO_3 + 2H_2S + H_2 \longrightarrow MoS_2 + 3H_2O + 48.1kJ$$
$$CS_2 + 4H_2 \longrightarrow CH_4 + 2H_2S + 240.7kJ$$
$$CoS + H_2O \longrightarrow CoO + H_2S + 35.2kJ$$

为了满足节能减排的需求，世界上出现了多种降低合成氨能耗的新工艺，特别是合成氨造气工艺加压化技术的发展，高活性低能耗变换催化剂及其催化工艺的开发越来越受到人们的重视，水煤气变换工艺也相应经历了常压变换到加压变换，在加压的基础上又经历了中变，中串低，中低低和全低变几个过程，每次技术革新，节能效果都明显改进，但并不是每一个工艺都完美无缺，它们都有其局限性，但总体来说节能效果越来越好，随着变换催化剂性能的不断改进以及新工艺和新设备的不断出现，这将会促进热能的综合利用，变换系统的水蒸气消耗会大大降低，高效率节能型变换工艺将是今后变换工艺的发展方向。

## 思考题

1. 汽车尾气中含有大量 CO，某些工业过程中也需要将 CO 完全氧化，常用的 CO 氧化催化剂为 NiO。试解释 $CO + O_2 \longrightarrow CO_2$ 在 P 型半导体 NiO 催化剂上的反应机理。

2. 阐述 N 型半导体催化剂 ZnO 利于加氢反应的原因。

3. 过渡金属氧化物的电子性质有哪些？

4. 在氧化羰基化合成碳酸酯的反应中，氯化钯为该反应的催化活性中心，但反应过程中钯容易还原为金属态，请从氧化还原机理角度讨论反应中如何维持催化循环持续进行。

5. 简述钙钛矿型金属氧化物和萤石型金属氧化物的结构特点。

6. 硫化物催化剂的主要工业应用有哪些？

7. 简述加氢脱硫催化剂的组成及常用的载体、助剂及活性金属分别是什么？

8. 简述常见的加氢脱硫催化剂的活性相模型。

9. 在加氢脱硫催化剂活性相的“Co-Mo-S 模型”中，为什么Ⅱ型 Co-Mo-S 相在有空间位阻的硫化物加氢脱硫反应中催化活性较高？

10. 利用加氢脱硫催化剂活性相的“rim-edge 模型”解释：对于有空间位阻的硫化物，“rim”位还是“edge”位的活性位脱硫效果更好，为什么？

11. 简述几种常见的汽油催化加氢脱硫工艺。

12. 简述三类水煤气变换催化剂体系的变化趋势及各自的特点。

13. 简述水煤气变换工艺的发展趋势。

## 参考文献

[1] Bowker M. The Basis and Applications of Heterogeneous Catalysis. London: Oxford, 1998.

[2] Topsøe H, Clausen B S, Candia R. In situ Mössbauer Emission Spectroscopy Studies of Unsupported and Supported Sulfided Co-Mo Hydrodesulfurization Catalysts: Evidence for and Nature of a Co-Mo-S Phase. Journal of Catalysis. 1981, 68(2): 433.

[3] Daage M, Chianelli R R. Structure-Function Relations in Molybdenum Sulfide Catalysts: The "Rim-Edge" Model. Journal of Catalysis. 1994, 149(2): 414.

[4] Dhar G M, Srinivas B, Rana M, et al. Mixed Oxide Supported Hydrodesulfurization Catalysts-A review. Catalysis Today. 2003, 86(1): 45.

[5] 清山哲郎. 金属氧化物及其催化作用. 合肥: 中国科学技术大学出版社, 1991.

[6] 吴越. 催化化学. 北京: 科学出版社, 2000.

[7] 韩维屏. 催化化学导论. 北京: 科学出版社, 2003.

[8] 甄开吉, 王国甲, 李荣生. 催化作用基础. 第3版. 北京: 科学出版社, 2005.

[9] 王桂茹. 催化剂与催化作用. 第3版. 大连: 大连理工大学出版社, 2015.

[10] 黄仲涛, 耿建铭. 工业催化. 第二版. 北京: 化学工业出版社, 2006.

# 第6章 金属催化剂及其催化作用

## 6.1 金属催化剂及其应用

金属催化剂是指催化剂的活性组分是纯金属或者合金的催化剂，其可单独使用，也可负载在载体上。金属催化剂是固体催化剂中研究得最早、最深入、同时也是获得最广泛应用的一类催化剂。例如，合成氨催化剂（Fe）、氨氧化催化剂（Pt），有机化合物加氢催化剂（Ni，Pd，Pt）和异构催化剂（Ir，Pt）及汽车尾气净化三元催化剂（Rh-Pt-Pd）等。其主要特点是具有很高的催化活性和可以使多种化学键发生断裂。发生催化作用需要催化剂和反应物能产生相互作用，这就要求起催化作用的金属的结构、表面化学键满足相应的条件，而过渡金属恰好能满足催化剂的结构、表面化学键的要求，所以几乎所有的金属催化剂都是过渡金属。具体金属适合于作哪种类型的催化剂，要看其对反应物的相容性。相容性是指发生催化反应时，催化剂与反应物发生的相互作用不能深入到体相内。例如，一般金属不能作为氧化反应的催化剂，因为它们在反应条件下很快被氧化，一直深入到体相内部，而只有“贵金属”在相应温度下能抗拒氧化，可作为氧化反应的催化剂。

### 6.1.1 金属催化剂的应用

金属催化剂是催化剂中的重要体系之一，其被广泛应用于化学、化工工业中。如 Pt-Re/$\eta$-$Al_2O_3$ 重整催化剂、Ni/$Al_2O_3$ 加氢催化剂、Cu-Ni 合金加氢催化剂、合成氨熔铁催化剂、汽车尾气净化 Pt-Pd-Rh 催化剂、乙烯氧化 Ag 催化剂、FT 合成 Fe-Mn 系催化剂、合成气合成烃类 $LaNi_5$ 催化剂。表 6-1 列出了工业上重要的金属催化剂及催化反应。

**表 6-1 工业上重要的金属催化剂及催化反应**

| 典型催化剂 | 主催化反应 | 反应条件 | 反应类型 |
| --- | --- | --- | --- |
| Ni，Cu，Pt | 醛（酮）加氢合成醇 | 100～150℃，$3\times10^6$Pa | 加氢 |
| Fe-$K_2O$-CaO-$Al_2O_3$ | $N_2+3H_2 \rightleftharpoons 2NH_3$ | 450～500℃，$2.5\times10^7$～$4\times10^7$Pa | 加氢 |
| Raney Ni 催化剂 | $C_6H_6+3H_2 \longrightarrow C_6H_{12}$ | 200～225℃，$5\times10^6$Pa | 加氢 |
| Ag 催化剂 | $CH_3OH+1/2O_2 \rightleftharpoons CH_2O+H_2O$ | 600℃，$1\times10^5$Pa | 氧化 |
| Pt 网催化剂 | $4NH_3+5O_2 \rightleftharpoons 4NO+6H_2O$ | 900℃，1～$10\times10^5$Pa | 氧化 |
| Pt/Rh 网催化剂 | $CH_4+NH_3+\frac{3}{2}O_2 \longrightarrow 3H_2O+HCN$ | 800～1400℃，$1\times10^5$Pa | 氧化 |
| Ni/$Al_2O_3$ | $H_2O+CH_4 \rightleftharpoons 3H_2+CO$ | 750～950℃，$3\times10^6$～$3.5\times10^6$Pa | 重整 |

续表

| 典型催化剂 | 主催化反应 | 反应条件 | 反应类型 |
| --- | --- | --- | --- |
| Fe-Cu-K/$SiO_2$ 催化剂 | $CO+H_2 \rightleftharpoons C_xH_y+H_2O$ | 200～240℃，$1.5\times10^6$～$2.5\times10^6$Pa | 加氢 |
| Ni/$Al_2O_3$ 催化剂 | $H_2O+CH_4 \rightleftharpoons 3H_2+CO$ | 750～950℃，$3\times10^6$～$3.5\times10^6$Pa | 加氢 |
| Pt/$Al_2O_3$ 催化剂 | $C_6H_6+3H_2 \longrightarrow C_6H_{12}$ | 400℃，$2.5\times10^6$～$3\times10^6$Pa | 加氢 |
| Ni/$Al_2O_3$ 催化剂 | $CO+3H_2 \rightleftharpoons CH_4+H_2O$ | 500～700℃，$2\times10^6$～$4\times10^6$Pa | 加氢 |
| Ag/刚玉催化剂 | $H_2C=CH_2+1/2O_2 \rightleftharpoons C_2H_4O$ | 200～250℃，$1\times10^6$～$2.2\times10^6$Pa | 氧化 |
| Pt/η- $Al_2O_3$ 催化剂 | 催化重整 | 470～530℃，$1.3\times10^6$～$4\times10^6$Pa | 重整 |
| Co(Cu)/$Al_2O_3$ | 腈合成胺 | 100～200℃，$2\times10^7$～$4\times10^7$Pa | 加氢 |
| Pt-Re/η- $Al_2O_3$ 催化剂 | 催化重整 | 480～520℃，1.5～$2.0\times10^6$Pa | 重整 |
| Ni-Cu 合金催化剂 | 油脂硬化 | 150～200℃，$5\times10^5$～$1.5\times10^6$Pa | 加氢 |
| Ni-Cr 合金催化剂 | 己二腈加氢合成己二胺 | 50～100℃，2～$4\times10^6$Pa | 加氢 |

### 6.1.2 金属催化剂的特性

1）金属催化剂具有非均匀的表面

金属催化剂和均相金属配合物催化剂相比，其最大的差异是金属催化剂有裸露的非均匀表面。裸露的表面原子的微环境和体相中的原子不同，至少有一个配位部位是空着的。均相金属配合物在溶液中是可以移动的、可以互相碰撞，金属原子在配体之间可发生交换并保持一种微观的动态平衡。但是固体表面的金属原子则是相对固定的，不能相互碰撞。如果把金属催化剂视为金属配合物催化剂，则其配体是相同的，为金属原子自身。从能量上来说，是不稳定的，金属表面上的原子处于各种各样的亚稳定状态。

2）金属催化剂的金属原子间存在凝聚作用

在金属中，金属原子之间存在相互凝聚的作用，这也是金属之所以具有较大导热性、导电性、延展性以及机械强度等的原因。与此同时，上述性质也反映了金属原子之间化学键的非定域性质，金属化学键的这种非定域性使其获得了额外的共轭稳定性能。金属催化剂是很难在原子水平上进行分散的，其具有较高的热力学稳定性。金属原子之间是通过键能较大的金属键连接在一起的，这从金属原子的原子化热远大于相似配合物的键能得到证明。例如，Cu、Ag、Au 的原子化热分别为 304.6kJ/mol、253.9kJ/mol 和 310.5kJ/mol；Fe、Co、Ni 的原子化热分别为 354.0kJ/mol、382.8kJ/mol 和 344.8kJ/mol；贵金属 Ru、Rh、Pd 的更大，分别为 648.5kJ/mol、556.5kJ/mol 和 351.5kJ/mol。而配合物中金属与配体之间的键能，以最稳定的二环己二烯铁和镍为例，仅分别为 322.2kJ/mol 和 221.8kJ/mol。

3）金属催化剂是以“相”的形式参与反应

当固体金属显示出催化活性时，金属原子总是以相当大的集团，而不是像配合物催化剂那样以分子形式与底物作用，也就是说，金属是以相当于热力学上的一个“相”的形式出现的。例如，通过真空蒸发制得的铜的［100］晶面，当 $H_2$ 和 $O_2$ 于 325℃在其上反应时，20～40nm 的铜膜在反应中都可以呈有序排列。而［110］晶面不同，通过成长变成了别种晶面，而且测得的生成 $H_2O$ 的活性速率常数和铜的蒸发量成正比。说明参与反应的原子集团——“相”因晶面而不同。

在催化反应中，由于金属具有上述非定域化作用，所以金属催化剂的颗粒大小、金属晶面的取向、晶相的种类以及关系到这些性质的制备方法都会对金属催化剂的性质有明显的影响。

## 6.2　金属催化剂的结构

对于加氢和脱氢反应，多采用金属催化剂来催化。金属催化剂有如此特殊性能，是因金属催化剂有其特殊的体相和表面结构。

### 6.2.1　固体表面结构与缺陷

1）固体表面弛豫现象

通常所说的固体表面是指整个大块晶体的三维周期性结构与气相之间的过渡层，一般是一到几个原子层，厚度约为0.5～2.0nm。金属表面相中原子的排列与体相中的不同，首先表现在存在表面弛豫现象。和体相原子不同，表面原子的配位情况发生变化，原子附近的电荷分布也有所改变，表面原子所处的力场与体相原子也不相同。为使体系的能量最低，表面上的原子常常会产生相对于正常位置的上下位移，使表面相中原子层间距偏离体相内的层间距，这种表面相中原子的位移现象称为表面弛豫。

表面弛豫往往不限于表面第一层，还会波及到下面几层，但愈向下弛豫效应愈弱。表6-2列出了某些金属表面弛豫影响键长的数据。产生表面弛豫的原因是表面原子是非紧密堆积的，因相邻原子被移走，表面自由能较大，容易变形，所以表面相的原子要按表面自由能最低原则重新排列。此外，由于相邻原子减少，质点间排斥能减小，原子间轨道重叠增大，配位不饱和部分的键电子向其他键转移，所以某些结晶方向上键长变短。

**表6-2　几种立方金属表面弛豫**

| 晶体表面 | $d/a$ | 填充密度/(g/cm³) | 金属 | $a$/nm | $\Delta d$/nm | ($\Delta d/d$)/% |
|---|---|---|---|---|---|---|
| fcc (111) | 0.5774 | 0.9068 | Ag | 0.404 | 0.005 | 2.1 |
| | | | Pt | 0.392 | 0.002 | 1.0 |
| | | | Cu | 0.359 | −0.010 | −4.6 |
| bcc (110) | 0.7071 | 0.8330 | Fe | 0.286 | 0.00 | 0.00 |
| bcc (001) | 0.500 | 0.5890 | Fe | 0.286 | −0.002 | −1.4 |
| | | | W | 0.316 | −0.009 | −5.5 |
| | | | Mo | 0.386 | −0.021 | −11.0 |
| fcc (110) | 0.3536 | 0.5554 | Ni | 0.352 | −0.006 | −5.10 |
| | | | Ag | 0.409 | −0.010 | −6.6 |
| bcc (111) | 0.2887 | 0.3401 | Fe | 0.286 | −0.012 | −15.0 |

注：$d/a$中，$d$为内层之间的距离，$a$为立方单元晶胞的边长。

2）固体表面重构

在平行于表面的方向上，表面原子的平移对称性与体相内不同，这种现象称为表面重构。为了描述表面重构现象，通常取与表面平行的衬底网格作为参考网格，将表面层的结构与衬底结构做比较，对表面网格进行标定。

图6-1是Pt，Au和Ir重构的（100）晶面上原子的重构图。在重构的表面上，顶层原子以皱缩的六角形排列，它可以是桥状的（左侧），即正常的重构面上的原子置于衬底网格

上的两个原子之间，原子间距比体相的小，因而可在四排原子上放上五排的重构原子。它也可以是顶状的（右侧），即正常的重构面上的网格原子直接置于衬底网格的原子上面，原子间距也比衬底的小，所以也可在四排底部原子上放上五排重构原子。

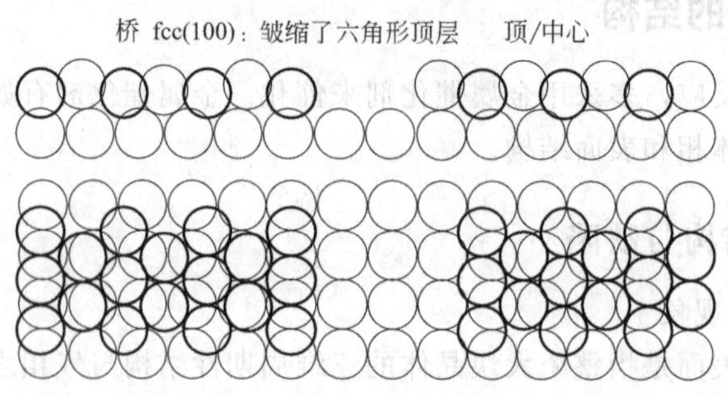


图 6-1 在 Pt，Au，Ir 的重构（100）面上的原子排列

3）表面台阶结构

晶体体相中存在的不完整性在表面上也存在，而这也必然造成表面的能量的不均匀性。通过场离子显微镜（FIM）和低能电子衍射（LEED）对晶体表面结构的研究，在很多金属（如 Cu、Ag、W、Pt、Pd 等）和半导体（如 Ge、Si、Ga、As）以及卤代碱金属晶体的某些邻位面上，都已观察到台阶表面结构，如图 6-2 表示面心立方金属（977）表面（a）和（577）表面（b）的台阶结构。

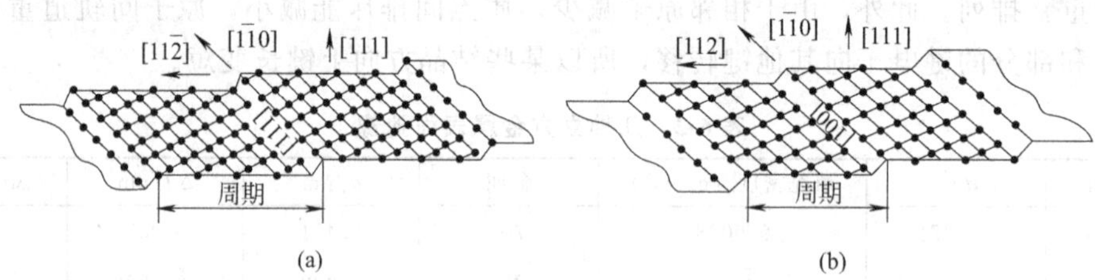


图 6-2 表示面心立方金属（977）表面（a）和（577）表面（b）的台阶结构

晶体表面台阶结构形式很复杂，通常用台面-台阶-扭折（terrace-ledge-kink，简称 TLK）结构的下列模式来表示：R(s)-[$m$(hkl)×$n$(h′k′l′)]-[uvw]。其中，R 表示台阶表面的组成元素；（s）是台阶结构；（hkl）是台面的晶面指标；$m$ 是台面宽度为 $m$ 个原子列（晶列）；（h′k′l′）是台阶侧面的晶面指标；$n$ 是台阶的原子层高度；[uvw] 是台面与台阶相交的原子列的方向。例如 Pt(s)-[6(111)×(100)]-[011] 就表示 Pt 的台阶表面，台面指标为（111），有 6 个原子列宽，台阶侧面指标为（100），高度为 1 个原子层，台面与台阶相交的经历方向为 [011]。

4）晶格位错

位错是晶体中原子排列的线缺陷，在位错线内及其附近有较大应力集中，形成一个应力场，因此在线上的原子平均能量比正常晶格位置要大很多。位错必须在晶体中形成一个封闭的环，或终止在晶体表面或晶粒间界上，但不能在晶体内部终止。位错分为两类：①刃型位错或棱位错；②螺旋位错。

刃型位错的示意图如图 6-3 所示，位错线与它的 Burgers 矢量垂直。刃型位错有正负之分，正刃型位错是晶体上半部中多了半片原子层［图 6-3（b）］，因此上半部晶体受到压缩，下半部晶体受到张力作用。负刃型位错则是晶体下半部中多了半片原子层，因此晶体上半部受张力、下半部受到压缩力。

螺旋位错是位错线与它的 Burgers 矢量平行。螺旋位错的形成如图 6-4 所示，前半部晶体在 $BC$ 处沿 $BC$ 方向受到一个切应力，左右两部分原子上下相对位移一个原子间距。$A$ 点是螺旋位错线的露头处，位错线方向与 $BC$ 平行，从图 6-4（b）的位错线 $ABCDFE$ 的剖面图上可以看出，在螺旋位错线上原子间的联系呈螺旋形，在晶体表面上则形成台阶。

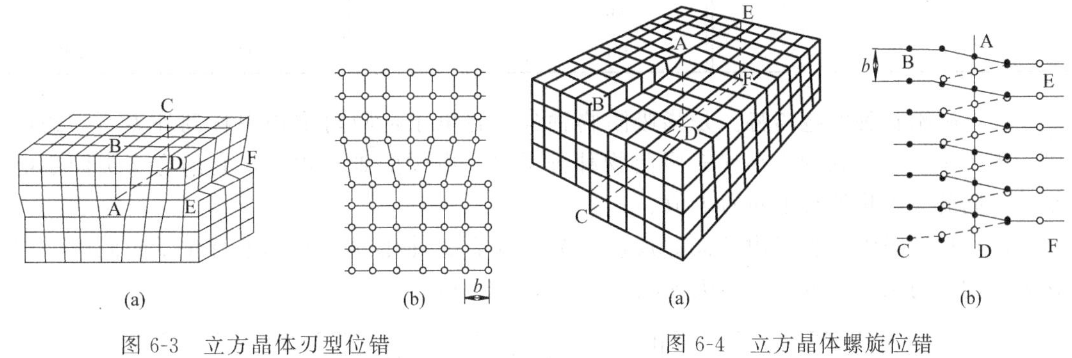


图 6-3 立方晶体刃型位错

图 6-4 立方晶体螺旋位错

### 6.2.2 金属表面的吸附

纯液体降低体系能量的方法是通过改变表面形状来实现的，固体表面不同于液体表面，因其表面原子的迁移速率太慢，所以固体表面降低表面能的方法是通过吸附来实现的。吸附是指物质附着于固体或液体表面上或物质在相界面上的浓度不同于本体浓度的一种平衡现象。

1）两种类型的吸附

吸附作用一般可分为物理吸附与化学吸附两种类型。一般情况下，物理吸附与化学吸附可以同时发生，但因化学吸附需要较大活化能，只有在温度较高时才能以可观速率进行，故通常在低温时常以物理吸附为主，温度升高逐步过渡至化学吸附。这种关系可自吸附等压线上看出，典型曲线如图 6-5 所示，其中 a 以物理吸附为主；b 以化学吸附为主；c 为由物理吸附到化学吸附的过渡（非平衡关系）。

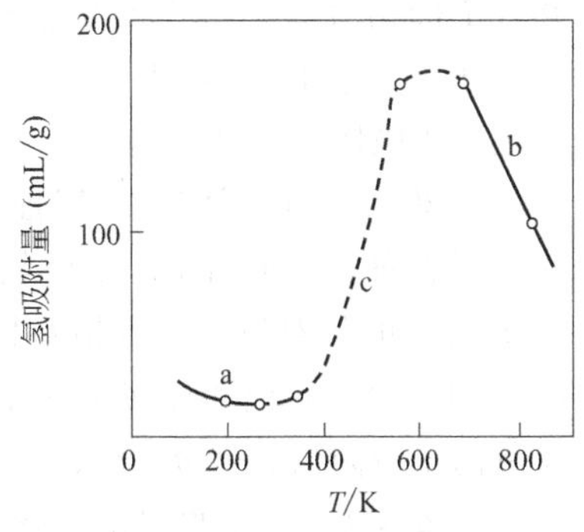


图 6-5 22kPa 下 $MgO-Cr_2O_3$ 对氢的吸附等压线

2）金属表面的化学吸附

因为吸附质与金属表面吸附中心之间有电子交换，吸附物种和金属催化剂表面间形成化学键，结果造成被吸附物种偶极变大，它们分子之间相互作用也随之变大，使它们的间距偏离了 Vander Waals 半径。此外，吸附过程中金属表面金属原子的电子也介入其间，使金属原子的电子状态发生变化，这种变化改变了周边其他吸附中心的微环境。化学吸附的状态与金属催化剂的状态、金属催化剂的逸出功及吸附物种的电离势有关。

（1）金属催化剂的电子溢出功。是指将电子从金属催化剂中移到外界（通常在真空环境中）所需的最小功，或者说电子脱离金属表面所需要的最低能量。在金属能带图中表现为最高空能级与能带中最高填充电子能级的能量差，用 $\Phi$ 来表示。其大小代表金属失去电子的难易程度，或者说电子脱离金属表面的难易程度。金属不同，$\Phi$ 值也不同。表 6-3 给出了一些金属的逸出功 $\Phi$。

表 6-3　一些过渡金属的逸出功

| 金属元素 | $\Phi$/eV | 金属元素 | $\Phi$/eV | 金属元素 | $\Phi$/eV |
|---|---|---|---|---|---|
| Fe | 4.48 | Cu | 4.10 | Ag | 4.80 |
| Co | 4.41 | Mo | 4.20 | W | 4.53 |
| Ni | 4.61 | Rh | 4.48 | Re | 5.10 |
| Cr | 4.60 | Pd | 4.55 | Pt | 5.32 |

（2）吸附物种的电离势。是指吸附物种分子将电子从吸附物种中移到外界所需的最小功，用 $I$ 来表示。它的大小代表吸附物种分子失去电子的难易程度，它的意义类同于电离能，不同的吸附物种有不同的 $I$ 值。

（3）化学吸附键和吸附状态。反应物分子在金属催化剂表面上进行化学吸附时，根据 $\Phi$ 和 $I$ 的相对大小，分为 3 种吸附状态。如图 6-6 所示。

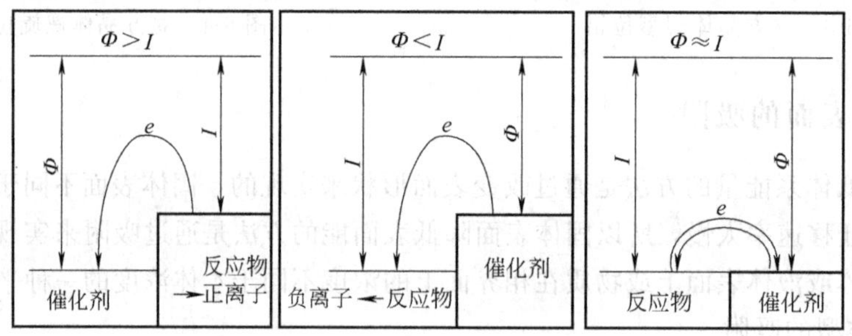


图 6-6　化学吸附时电子转移与吸附状态

① $\Phi>I$。电子将从反应物分子向金属催化剂表面转移，反应物分子变成吸附在金属催化剂表面上的正离子。反应物分子与催化剂活性中心吸附形成离子键，它的强弱程度决定于 $\Phi$ 和 $I$ 的相对值，二者相差越大，离子键越强。这种正离子吸附层可以使 $\Phi$ 减小。例如，当 $C_2H_4$、$C_2H_2$、CO 及含氧、碳、氮的有机物吸附时，把电子转移给金属，使金属表面形成正离子吸附层，使 $\Phi$ 减小。

② $\Phi<I$。电子将从金属催化剂表面向反应物分子转移，使反应物分子变成吸附在金属催化剂表面上的负离子。反应物分子与催化剂活性中心吸附形成离子键，它的强弱程度决定于 $\Phi$ 和 $I$ 的相对值，二者相差越大，离子键越强。这种负离子吸附层可以使 $\Phi$ 增大。例如，$O_2$、$H_2$、$N_2$ 和饱和烃在金属上被吸附时，金属把电子转移到被吸附分子，在金属表面形成负离子吸附层，使 $\Phi$ 增大。

③ $\Phi\approx I$。电子难以由催化剂向反应物分子转移，或由反应物分子向催化剂转移，常常是二者各自提供一个电子形成共价键。这种吸附键通常吸附热较大，属于强吸附。实际上，$\Phi$ 完全等于 $I$ 是不可能的，有时电子会偏向反应物分子，使其带负电，结果使 $\Phi$ 略有增大，有时电子会偏向催化剂，使反应物分子带正电，结果使 $\Phi$ 略有减小。

化学反应的控制步骤常常与化学吸附态有关。若反应控制步骤是生成的负离子吸附态时，要求金属表面容易给出电子，即选择 $\Phi$ 小的金属催化剂，才有利于造成这种吸附态。反之，若反应控制步骤是生成的正离子吸附态时，要求金属表面容易得到电子，即选择 $\Phi$

大的金属催化剂。同样，若反应控制步骤是形成共价吸附时，则要求选择金属催化剂的 $\Phi$ 和反应物的 $I$ 相当为好。金属的 $\Phi$ 可以通过向金属催化剂中添加助催化剂的方法进行调变，目的是在催化剂表面形成合适的活性吸附态，以提高催化剂的活性和选择性。

(4) 金属催化剂化学吸附与催化活性的关系-火山形原理

金属催化剂表面与反应物分子产生活性吸附时，常常被认为是生成了表面中间物种，化学吸附键的强弱或者说表面中间物种的稳定性与催化活性有直接关系。只有产生的表面中间物种的稳定性适中，它强到足以使吸附的反应物分子中的键断裂；但是又不应太强，以使表面中间物仅有一段短暂的滞留时间，并使反应物分子迅速脱附，以便反应能以较大的速率继续进行下去，这样的金属催化剂才具有最好的催化活性。因为若催化剂表面和反应物分子的吸附作用弱，则意味着催化剂对反应物分子的活化作用太小，不能生成足量的活性中间体进行反应；若催化剂表面和反应物分子的吸附作用太强，则意味着催化剂表面上会形成一种稳定的化合物，一方面会阻碍后续反应物分子的吸附，从而终止反应，另一方面可能会覆盖大部分催化剂表面的活性中心，使催化剂的作用减弱，许多催化剂的中毒就属于这种情况。上述吸附强弱和催化活性的关系可用图 6-7 表示，因为它的形状像火山，常被称为火山形曲线，则上述原理称为火山形原理。下面举例说明。

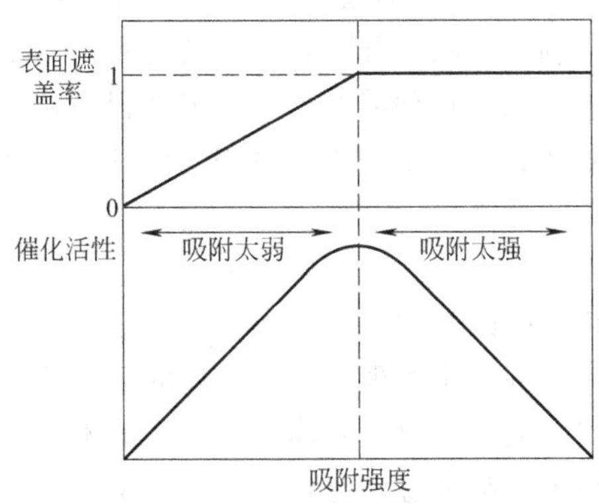


图 6-7　火山形曲线-催化活性随反应物吸附强度的变化

（上半部是表面覆盖度 $\theta$ 随吸附强度的变化）

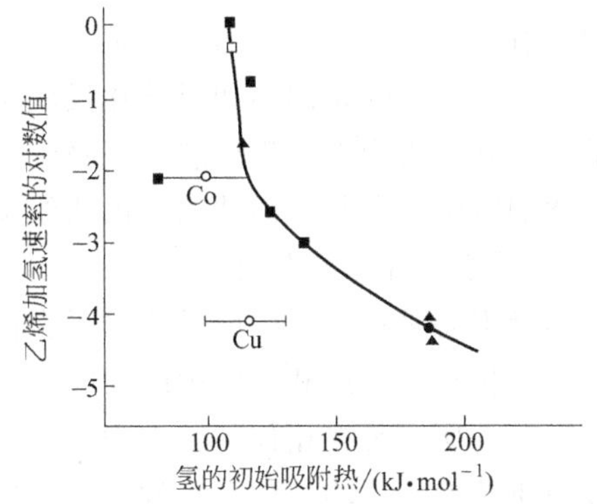


图 6-8　乙烯加氢速率与 $H_2$ 的初始吸附热关系

○—第一过渡周期；□—第二过渡周期；△—第三过渡周期

以 Rh 为基准，取其速率的对数值为零

实心点：金属蒸发膜；空心点：$SiO_2$ 负载金属

**例 1：** 乙烯在金属上的吸附要强于 $H_2$，它会遮盖催化剂的大部分表面，所以 $H_2$ 在表面的浓度则比较小，在这种情况下，$H_2$ 的吸附对整个反应速率起着决定性的影响。将加氢反应速率对 $H_2$ 的吸附热作图，得到图 6-8。从图 6-8 可见，乙烯加氢反应速率随 $H_2$ 的初始吸附热增大而减小，这和图 6-7 中火山形曲线的右半部相对应。图 6-8 中 Cu 的位置偏离曲线很远，这可能和 $H_2$ 在铜上的覆盖度很低有关，而 Co 的偏离可能与它对乙烯的吸附较强有关。金属在乙烯加氢中作催化剂所表现的性质对它们在大多数其他加氢反应中所表现的性质来说是有代表性的，Ⅷ族贵金属总是最活泼的，工业上因经济因素，多用Ⅷ族的 Ni，Cu 等金属作为加氢催化剂。

**例 2：** 甲酸容易吸附于大多数金属表面上，吸附的甲酸与金属生成中间物种，类似于表面金属甲酸盐，继而分解成金属、CO 和 $H_2$。由于表面中间物种类似于要被分解的金属甲酸盐分子，可以预料催化活性应与金属甲酸盐的稳定性有关。金属甲酸盐的稳定性可用其生

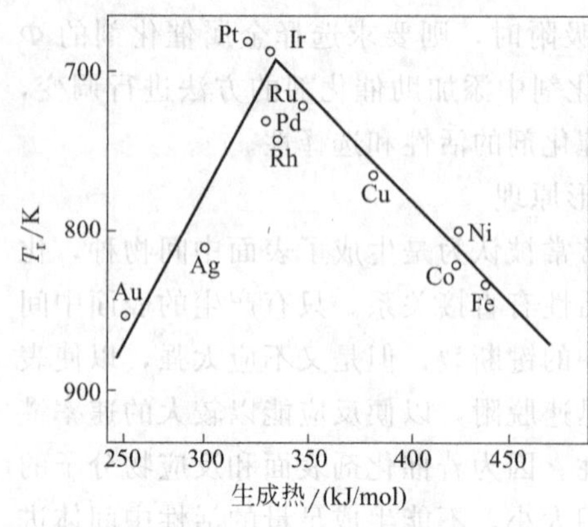


图 6-9 各种金属对甲酸分解的催化活性

成热表示，生成热越大，稳定性越高，图 6-9 是甲酸分解的金属催化活性和相应金属甲酸盐的生成热的关系图。图中用反应温度 $T_r$ 表示催化剂活性。催化活性用反应速率等于 0.16mol 活性位$^{-1}$·$s^{-1}$时的反应温度 $T_r$ 表示。由图 6-9 可见，曲线右边的金属（Fe，Co，Ni）反应速率小，是因为生成热大，说明表面中间物种稳定性好，表面几乎被稳定的甲酸盐所覆盖，不能继续进行化学吸附，而稳定的金属甲酸盐又不易分解。因此，它的分解速率将决定总反应速率。在曲线左边的金属（Au，Ag）反应速率也小，因为吸附表面中间物种生成热小，意味着生成金属甲酸盐的活化能垒较高，因此难以形成足够量的表面中间物种，这样一来表面中间物种生成速率将决定总反应速率。只有火山曲线顶端附近的金属（Pt，Ir，Pd，Ru）才具有高的甲酸分解催化活性。这是因为这些金属甲酸盐具有中等生成热，既可生成足够量的表面中间物种，又容易进行后续的分解反应。

虽然用火山形原理以金属催化剂的吸附热或生成的中间物种能粗略地关联催化剂的活性，但其有一定的局限性。因为在某些情况下，催化剂上中间物种吸附的强度与直接测定的吸附热几乎无关。这是因为如果催化反应中形成的中间吸附物种活性很高、浓度很小，则不易测准。此外，火山形原理还忽略了吸附时的吸附物种的立体化学特性的影响。尽管如此，研究催化剂吸附强弱与其活性的火山曲线关系仍有一定意义。

3）金属表面化学吸附态

化学吸附态是指分子、原子或离子在固体表面化学吸附时的化学状态、电子结构和几何构型。基于化学吸附态和表面中间物的确定对揭示催化剂作用机理和反应机理的重要性，对化学吸附态的研究是多相催化基础理论研究的中心课题之一。由于固体表面固有的不均匀性以及吸附质诱导的不均匀性，一种分子可能有若干种不同吸附态，此外，它还与覆盖度、吸附温度有关。金属表面化学吸附态详细介绍见吸附相关章节。

## 6.3 金属催化剂的电子因素与催化作用

### 6.3.1 金属表面化学键

研究金属化学键的理论方法有三种：能带理论、价键理论和配位场理论，各自从不同的角度来说明金属化学键的特征，每种理论都提供了一些有用的概念。三种理论都可用特定的参量与金属的化学吸附、催化性能相关联，它们是相辅相成的。

1）金属电子结构的能带模型

金属晶格中每个电子的运动状态可以用波函数描述，称为“金属轨道”。每个轨道在金属晶体场内有自己的能级。由于有 $N$ 个轨道，且 $N$ 很大，因此这些能级是连续的，形成能带，如图 6-10 所示。电子占用能级时遵循能量最低原则和 Pauli 原则（即电子配对占用）。故在绝对零度下，电子成对从最低能级开始一直向上填充，只有一半的能级有电子，称为满带，能级高的一半能级没有电子，称为空带。空带和满带的分界处，即电子占用的最高能级称为费米（Fermi）能级。

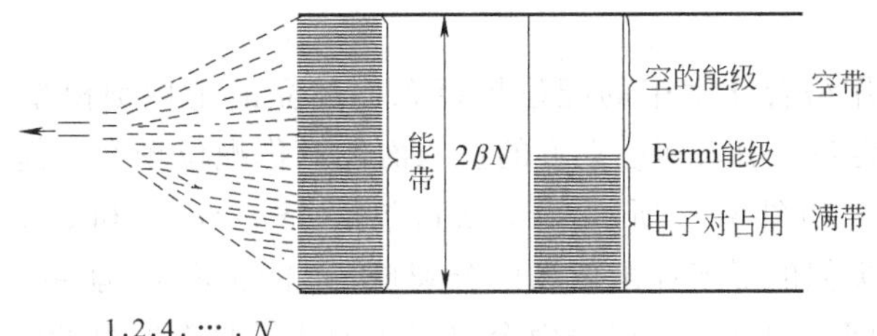


图 6-10 能级示意图

s 轨道组合形成 s 带，d 轨道组合组形成 d 带。因 s 轨道相互作用强，故 s 带较宽，其带宽范围为 6～20eV，d 轨道相互作用弱，带宽较窄，其带宽范围为 3～4eV。因 s 带和 d 带随核间距变化时能量分布的变化快慢不同导致 s 带和 d 带之间有交叠，过渡金属能带交叠尤其显著，如图 6-11 所示。s 带形状为矮且胖，d 带形状为高且窄的原因是：s 能级为单重态，只能容纳 2 个电子；d 能级为 5 重简并态，可以容纳 10 个电子。d 带的能级密度为 s 带的 20 倍。图 6-11 给出了铜和镍的 s、d 带能级填充情况，铜的电子组态为［Cu］($3d^{10}$)（$4s^1$），故金属铜中 d 带电子是充满的，为满带；而 s 带只占用一半。镍原子的电子组态为［Ni］($3d^4$)（$4s^2$），故金属镍的 d 带中某些能级未被充满，称为“d 带空穴”。“d 带空穴”的概念对于理解过渡金属的化学吸附和催化作用是至关重要的，因为要发生化学吸附和起催化作用需要金属表面和吸附物种之间成键，而一个能带电子全充满时就难于成键了。d 带空穴可通过测金属催化剂的磁化率而得到。

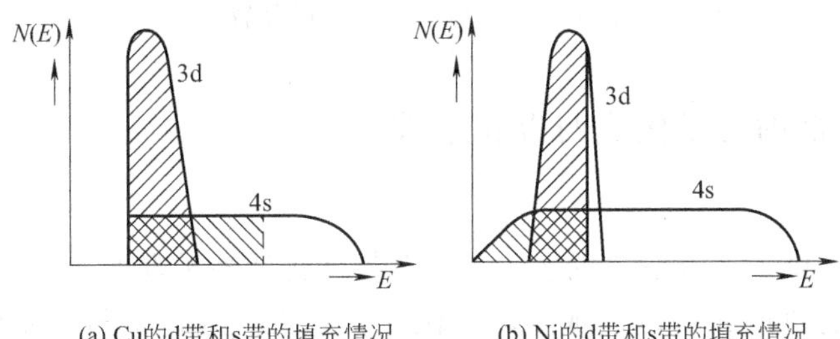


(a) Cu的d带和s带的填充情况　　(b) Ni的d带和s带的填充情况

图 6-11 铜和镍的 s、d 带能级填充及交叠示意图

2）价键模型

价键理论认为，过渡金属原子以杂化轨道相结合。杂化轨道通常为 s、p、d 等原子轨道相互间的线性组合，称为 spd 或 dsp 杂化。杂化轨道中 d 原子轨道所占的百分数称为 d 特性百分数，用符号 $d\%$表示。它是价键理论用以关联金属催化活性和其他物性的一个特性参数。金属 $d\%$越大，相应的 d 能带中的电子填充越多，d 空穴就越少。$d\%$和 d 空穴是从不同角度反映金属电子结构的参量，且是相反的电子结构表征。它们分别与金属催化剂的化学吸附和催化活性有某种关联。表 6-4 列出了一些金属的 $d\%$。

**表 6-4 过渡金属的 $d\%$**

| ⅢB | ⅣB | ⅤB | ⅥB | ⅦB | $Ⅷ_1$ | $Ⅷ_2$ | $Ⅷ_3$ | ⅠB |
|---|---|---|---|---|---|---|---|---|
| Sc | Ti | V | Cr | Mn | Fe | Co | Ni | Cu |
| 20 | 27 | 35 | 39 | 40.1 | 39.7 | 39.5 | 40 | 36 |
| Y | Zr | Nb | Mo | Tc | Ru | Rh | Pd | As |
| 19 | 31 | 39 | 43 | 46 | 50 | 50 | 46 | 36 |

3）配位场模型

配位场模型是借用络合化学中的配位场概念而建立的定域键模型。在孤立的金属原子中，5 个 d 轨道能级简并，引入面心立方的正八面体对称配位场后，简并能级发生分裂，分成 $t_{2g}$ 轨道和 $e_g$ 轨道。如图 6-12 所示，$t_{2g}$ 轨道包括 $dxy$、$dxz$ 和 $dyz$，$e_g$ 轨道包括 $dx^2-y^2$ 和 $dz^2$。d 能带以类似的形式在配位场中分裂成 $t_{2g}$ 能带和 $e_g$ 能带。$e_g$ 能带高，$t_{2g}$ 能带低。因为它们具有空间指向性，所以表面金属原子的成键具有明显的定域性。这些轨道以不同的角度与表面相交，这种差别会影响到轨道键合的有效性。用这种模型，原则上可以解释金属表面的化学吸附。不仅如此，它还能解释不同晶面之间化学活性的差别；不同金属间的模式差别和合金效应。

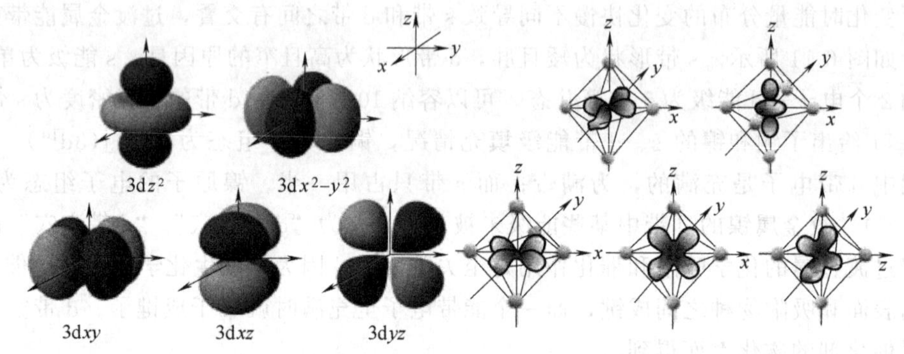


图 6-12　d 轨道的配位场分裂

## 6.3.2　金属催化剂的电子因素与催化活性

1）d 带空穴

金属能带模型提供了 d 带空穴概念，并将它与催化活性关联起来。d 空穴越多，d 能带中未被 d 电子占用的轨道或空轨道越多，磁化率会越大。磁化率与金属催化活性有一定关系，且会随金属和合金的结构以及负载情况的不同而不同。从催化反应的角度看，d 带空穴的存在，使之有从外界接受电子和吸附物种，并与之成键的能力。但也不是 d 带空穴越多，其催化活性就越大，因为过多可能会造成吸附太强，不利于催化反应。

不成对的电子会引起顺磁或铁磁性。铁磁性金属（Fe、Co、Ni）的 d 带空穴数量上等于实验测得的磁矩，分别测得 d 空穴为 2.2，1.7，0.6。例如，金属 Ni 能高效催化苯加氢制环己烷，若向 Ni 催化剂中加入 Cu 组成 Ni-Cu 合金催化剂，则 Ni-Cu 合金催化剂对苯加氢制环己烷的催化性能明显下降，原因是 Cu 的 d 带空穴为 0，形成合金时 d 电子从 Cu 流向 Ni，使 Ni 的 d 带空穴减小，造成加氢活性下降。同样，若向 Ni 中添加 Fe 组成 Ni-Fe 合金，该合金催化剂的加氢活性也将下降，原因是 Fe 的 d 带空穴为 2.22，合金形成时 d 电子从 Ni 流向 Fe，增加 Ni 的 d 带空穴。以上两个例子说明：d 带空穴并不是越多越好。

2）d 带百分数

金属的价键模型提供了 $d\%$ 的概念，并把 $d\%$ 与金属催化活性相关联，尽管如此，$d\%$ 仍然为一经验参数。$d\%$ 与金属催化剂活性的关系，可用如下例子说明。

通过研究各种不同金属催化剂催化同位素（$H_2$ 和 $D_2$）交换反应的速率常数与对应的

$d\%$的关系，结果见图 6-13。从图 6-13 中可以发现：lg$k$ 与 $d\%$有较好的线性关系。

$$D_2 + NH_3 \rightleftharpoons NH_2D + HD$$

对乙烯加氢反应，利用金属薄膜或金属以 $SiO_2$ 为载体作催化剂，分别测定了其加氢反应的速率常数 $k_s$ 和 $d\%$的关系，所选定的金属包括 Fe，Ni，Pd，Pt，Ta，W，Cr，Co，Ru，Ir，Pr，Cu 等。结果如图 6-14 所示。

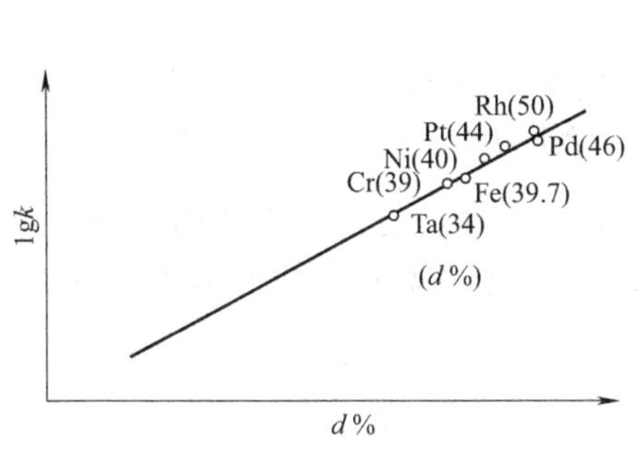


图 6-13 D-H 同位素交换反应的 lg$k$ 与金属催化剂的关系

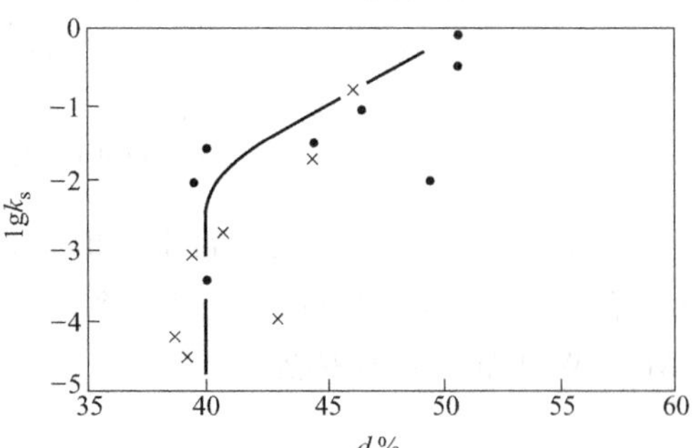


图 6-14 乙烯加氢催化剂活性和 $d\%$的关系

× 金属薄膜；• 金属（载体为 $SiO_2$）

从图 6-14 中可以看出，虽然金属催化剂的种类不同，但对相同金属组分，两种催化剂体系的活性和 $d\%$基本上靠近一条光滑的曲线，前面的例子也说明催化剂的活性和 $d\%$确实存在一定的关联。$d\%$不仅以电子因素关联金属催化剂的活性，而且还可以控制原子间距或格子空间的几何因素来关联金属催化剂的活性。因为金属晶格的单键原子半径与 $d\%$有直接关系，电子因素不仅影响到原子间距，还会影响到其他性质。一般 $d\%$可用于解释多晶催化剂的活性大小，而不能说明不同晶面上的活性差别。

## 6.4 金属催化剂的晶体结构与催化作用

所有的固体可以分为结晶和无定形两类。前者的结构单元在空间上是有序的、周期的排列，后者的结构单元没有形成有序的结构。结晶的特征是短程和长程都有序，而无定形物质中只存在短程有序。

### 6.4.1 金属催化剂的晶体结构

金属催化剂的晶体结构是指金属原子在晶体中的空间排列方式，包括晶格、晶格参数、晶面、原子间的距离和轴角、原子在晶体中的空间排列和在晶面上的几何排列等。

1）晶格

原子在晶体中排列的空间格子（又称空间点阵），叫晶格。不同金属元素的晶格结构不同，即使同种金属元素，在不同温度下，也会形成不同的晶格结构。目前，将晶体分为 14 种晶格。对于金属晶体，主要有 3 种典型结构，分别为面心立方、体心立方和六方密堆积三种典型结构。

(1) 面心立方（图 6-15)。密堆积层的相对位置按 ABCABC 方式做最密堆积，重复周期为三层。在立方体的六个面的中心处各有一个晶格点，配位数为 12。金属 Cu，Ag，Au，Al，Fe，Ni，Co，Pt，Pd，Zr，Rh 等属于这种晶格。

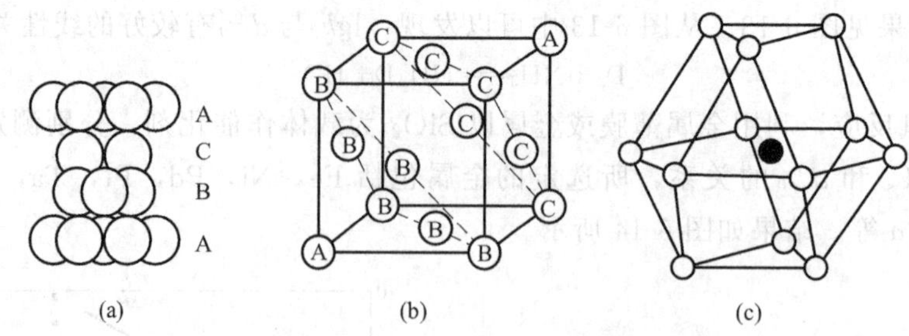


图 6-15　面心立方型密堆积、晶胞及其配位情况

(a) 堆积图示；(b) 晶胞；(c) 配位情况

(2) 体心立方（图 6-16）。每个球均有 8 个最近的配位球，处在正方体的 8 个顶点处，另外还有 6 个稍远的配位球，处于相邻立方体的中心。故配位数可看作 8 或 14。金属 Cr，V，Mo，W 等属于这种晶格。

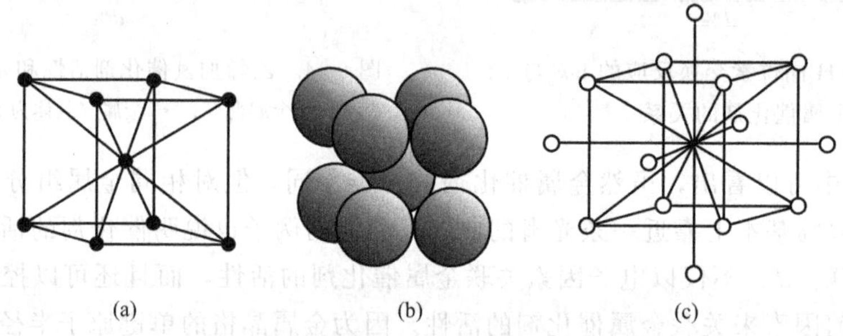


图 6-16　体心立方型密堆积、晶胞及其配位情况

(a) 晶胞；(b) 堆积图示；(c) 配位情况

(3) 六方密堆积（图 6-17）。将密堆积层的相对位置按 ABABAB 方式做最密堆积，重复周期为两层。六方棱柱中有三个晶格点，配位数为 12。

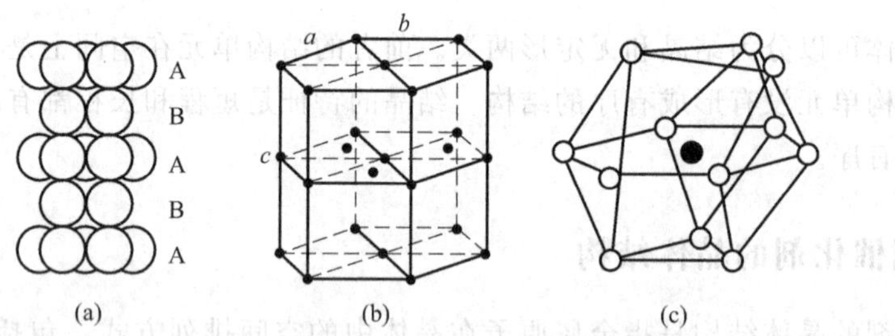


图 6-17　六方密堆型堆积、晶胞及其配位情况

(a) 堆积图示；(b) 晶胞；(c) 配位情况

2) 晶格参数

晶格参数用于表示原子间的间距（轴长）及轴角大小。例如：①立方晶格：晶轴 $a=b=c$，轴角 $\alpha=\beta=\gamma=90°$。②六方密堆晶格：晶轴 $a=b\neq c$，轴角 $\alpha=\beta=90°$，$\gamma=120°$。其他各晶系的定义不在此赘述。金属晶体的 $a$、$b$、$c$ 和 $\alpha$、$\beta$、$\gamma$ 等参数均可用 X 射线测定。

3) 晶面

空间点阵可以从不同方向划分为若干组平行的平面点阵，平面点阵在晶体外形上表现为晶面。晶面通常用 Miller index 表示。不同晶面的晶格参数和晶面花样不同。例如，面心立方晶体金属 Ni 的不同晶面如图 6-18 所示。由图可见，金属晶体的晶面不同，原子间距和晶面花样都不同，100 晶面和原子间距有两种，即 $a_1=0.351\text{nm}$，$a_2=0.248\text{nm}$，晶面花样为正方形，中心有一晶格点；110 晶面，原子间距也有两种，晶面花样为矩形；111 晶面，原子间距只有一种，$a=0.248\text{nm}$，晶面花样为正三角形。不同晶面表现出的催化性能不同。

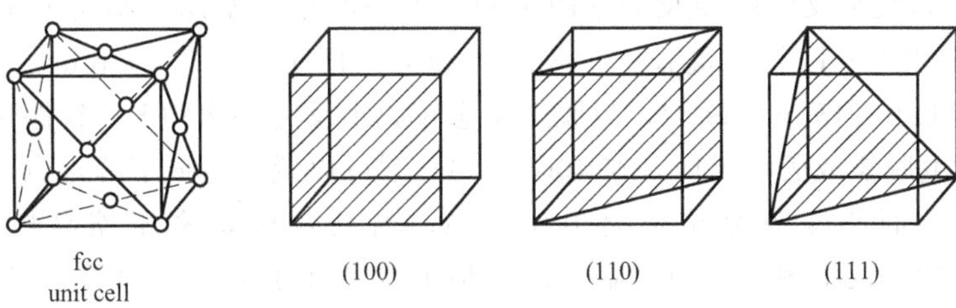


图 6-18 金属 Ni 的不同晶面花样

### 6.4.2 晶体结构对催化作用的影响

金属催化剂晶体结构对催化作用的影响体现在金属催化剂表面的几何因素与能量因素对催化性能的影响上。如 6.2 节所述，根据底物分子在催化剂表面吸附时所占的吸附位数不同分为单位、双位及多位吸附。对于单位吸附，因只有一个吸附位点，所以金属催化剂的几何因素对催化作用影响较小；对于双位和多位吸附，则要求催化剂吸附位的距离与底物分子的结构相匹配，甚至连吸附位的分布也要匹配，才能达到较好的催化效果。对于双位和多位吸附，金属催化剂表面与底物分子的几何适应性和能量适应性的研究称为多位理论。

多位理论是由前苏联科学家巴兰金提出的，对于解释某些金属催化剂加氢和脱氢的反应有较好的效果。多位理论的中心思想是：反应物分子扩散到催化剂表面，首先物理吸附在催化剂活性中心上，接着反应物分子中与催化剂接触进行反应的指示基团与活性中心发生作用使底物分子变形，生成表面中间络合物（化学吸附），通过进一步变换反应生成产物，最后产物解吸到本体中。活性中心每个吸附点的位置称为“位”，每个分子吸附时在催化剂上所占的位数，就是多位理论中的位数。其中，二位是多位理论中研究最多的，下面通过例子对多位理论进行简要说明。

对于丁醇脱氢反应（A）和脱水反应（B），示意图如下：

$$CH_3-CH_2-CH_2-\boxed{\begin{array}{ccc} & K & \\ C & - & O \\ | & & | \\ H & & H \\ & K & \end{array}} \longrightarrow CH_3-CH_2-CH_2-\begin{array}{ccc} & K & \\ C & - & O \\ + & & + \\ H & & H \\ & K & \end{array} \longrightarrow CH_3-CH_2-CH_2-\underset{\displaystyle H}{C}=O+H_2+2K$$

$$CH_3-CH_2-\boxed{\begin{array}{ccc} & K & \\ CH & - & CH_2 \\ | & & | \\ H & & OH \\ & K & \end{array}} \longrightarrow CH_3-CH_2-\begin{array}{ccc} & K & \\ CH & & CH_2 \\ + & & + \\ H & & OH \\ & K & \end{array} \longrightarrow CH_3-CH_2-CH=CH_2+H_2O+2K$$

方框内表示的是反应物的指示基团，有时表示反应历程，可简写为只需写出指示基团部分。如上述两式可简写为：

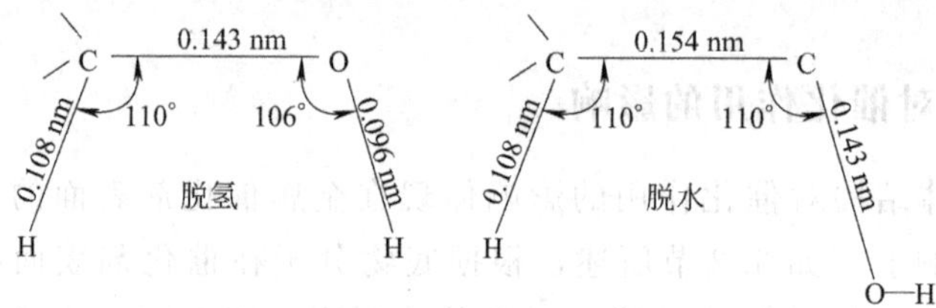

因脱氢反应和脱水反应所涉及的基团不同，丁醇的指示基团吸附构型也不同，如图 6-19 所示。前者要求 C—H 键（键长 0.108nm）和 O—H（键长 0.096nm）断裂，而后者要求 C—O 键（键长 0.143nm）断裂，故脱氢反应较脱水反应要求的 K—K 距离也小一些。丁醇在 MgO 上发生脱氢或脱水反应，在 400～500℃下可以脱氢生成丁醛，也可以脱水生成丁烯。MgO 的正常面心立方晶格值是 0.421nm，当制备成紧密压缩晶格时，晶格值是 0.416nm，此时脱氢反应最快，但当制备的晶格值为 0.421nm 时，脱氢活性降低，而脱水活性增加。这一结果与理论预期吻合得较好。



图 6-19　丁醇在脱氢与脱水时的吸附构型

对于双位吸附，两个活性中心的间距使底物分子的键长和键角不变或变化较小时，并不一定表现出最好的催化活性。如乙烯在金属 Ni 催化剂上的加氢反应。如果乙烯确如上面所述的那样是通过发生双位吸附而活化的，为了活化最省力，原则上除欲断裂的键外，其他的键长和键角力求不变，这样就要求双位活性中心有一定间距。通过计算得到图 6-20 所示的乙烯双位吸附图，C—C 间距离为 0.154nm。Beeck 等取［110］面的原子间距作晶格参数，研究了乙烯在 Fe、Ta、W、Rh 等体心晶格金属膜催化剂上的加氢反应的相对活性和原子间距的关系，结果如图 6-21 所示。活性最高的金属为 Rh，其晶格间距为 0.375nm。可见具有表面化学吸附最适宜的原子间距并不具有最好的催化活性。

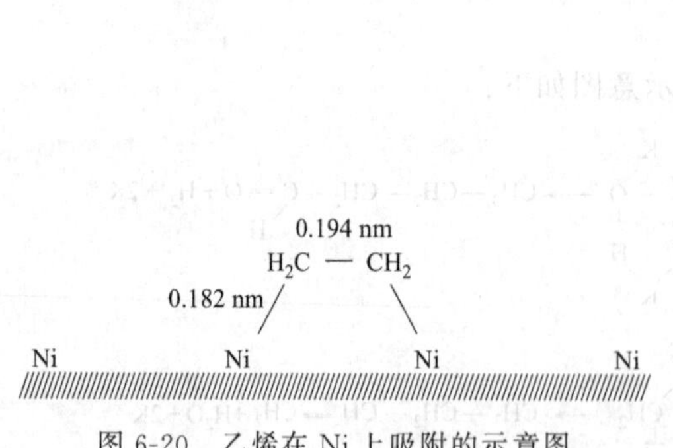


图 6-20　乙烯在 Ni 上吸附的示意图

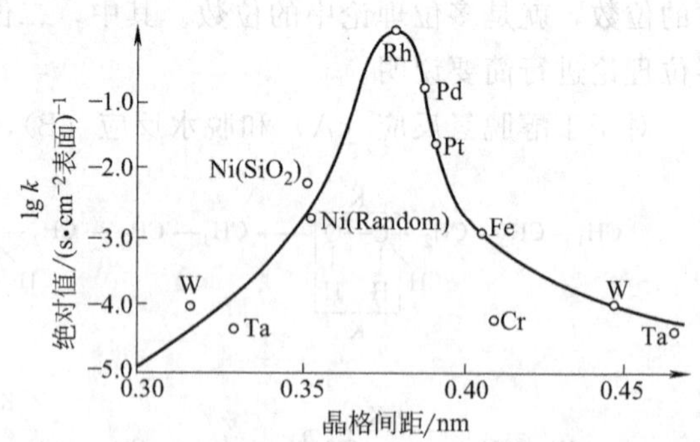


图 6-21　金属膜催化乙烯加氢的活性与晶格中金属原子间距的关系

Beeck 等进一步研究表明乙烯加氢活性最好的 Pd、Pt 及 Rh 等催化剂的原子间距均在 0.375～0.39nm，且这些催化剂上的吸附热最低。由此可见，底物分子和金属催化剂表面既满足几何适应性，又满足能量适应性，才显示出较高的催化活性。多位理论认为最重要的能量因素是反应热（$\Delta H$）和活化能（$E_a$），两者均可从键能数据得到。

总的来说，虽然多位理论较好地解释了一些催化作用，并成功地预言若干催化反应的发生，然而，也有人对此理论提出异议。例如，Clark 认为从更多事实来看，体相晶格参数与催化作用之间的关联正确与否值得怀疑。因为通过低能电子衍射和电子显微镜等观察，发现催化剂表面存在大量缺陷。那么体相晶格参数对表面几何对应的意义就不是很大了，因此还需要进一步研究，以全面阐明催化现象的复杂性和多样性。

### 6.4.3 金属催化剂表面的晶格缺陷和不均匀性

由于制备条件的影响，金属催化剂中金属原子的排列并不是规整的，而是产生了位错和缺陷，这已经从X射线衍射等实验方法得到了证实。同样，真实的晶体有各种各样的不完整性存在，称为晶体结构的缺陷。

1）晶格缺陷及其原因

晶体结构的缺陷产生的原因有：正常占有晶格部位的原子被置换到其他部位或者填隙的位置；存在某些空位；晶体的部分沿着晶面相对于别的部分位移等。晶格缺陷包括四个方面：①点缺陷（晶格空位、晶格间隙原子、杂质、取代原子等）；②复合缺陷（原子簇、剪切结构、超晶格结构）；线缺陷（刃型位错、螺位错）；③面缺陷（晶粒边界、结晶表面、堆垛层错）；④非化学比缺陷及电子缺陷。线缺陷（位错）和固体表面的结构状态（表面弛豫、表面重构、表面台阶结构）已在本章金属表面化学吸附部分介绍。限于篇幅，这里重点介绍点缺陷

如图 6-22（a）表示完整晶格，（b）表示原子离开完整晶格变成间隙原子，（c）表示原子离开完整晶格而移动到晶体表面。

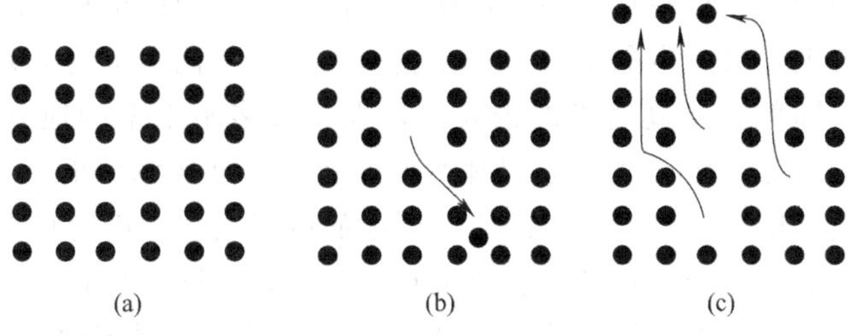


图 6-22 点缺陷

原则上空位和间隙这两类缺陷，在任何晶体中都可能出现，但是在实际晶体中总是某一类缺陷占优势。若离子电价相同、配位类似、则离子半径就是区别的主要因素。若正负离子半径相近时，一般是空位缺陷占优势；若正离子比负离子半径小很多时，则正离子间隙缺陷占优势。由于间隙和空位的产生，在缺陷周围的离子就要出现弛豫现象，以期尽可能地降低体系能量。点缺陷的第三种情况是外来杂质离子进入晶格位置，且与晶格离子不同，为维持电荷平衡，将相应地产生空位或离子变价，这种点缺陷也被称为外来缺陷。例如，一价和三价金属的氧化物 $L_2O$ 与 $R_2O_3$ 分别加到二价氧化物 MO 中，如图 6-23 所示，结果会产生负离子空位和正离子空位。杂质不仅可以是正离子，也可以是负离子。例如，AgBr 中 $Br^-$ 可被 $I^-$、$S^{2-}$ 所取代。

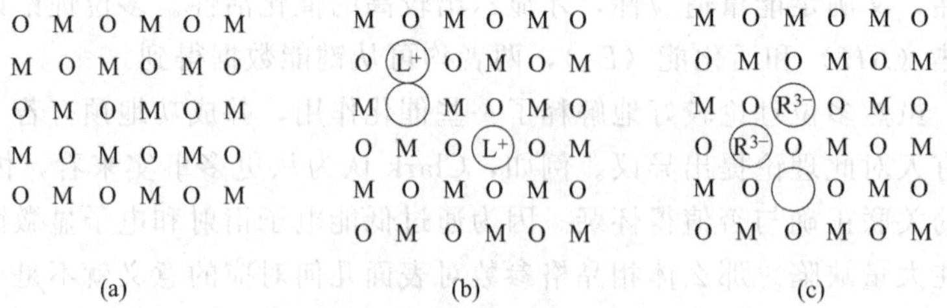

图 6-23　杂质离子产生的点缺陷

(a) MO；(b) $MO+L_2O$；(c) $MO+R_2O_3$

2）晶格缺陷对催化性能的影响

事实上，所有结构单元完整的周期排列的晶体不可能存在，真实的晶体有各种各样的不完整性存在。一般来说，在制备出来的催化剂中位错和点缺陷都同时存在，而这些位错和点缺陷会对催化剂的催化活性有影响。例如，利用 Cu、Pt 和 Ni 作催化剂对肉桂酸加氢、乙烯加氢、乙醇脱水、过氧化氢分解、苯加氢及甲酸分解等反应进行了研究，得到了具有共同性的结果。若将金属催化剂经过冷轧处理，催化剂活性增大；若把催化剂经退火处理，活性降低。一般冷轧是增加位错和点缺陷的，而退火是减少位错和点缺陷的。晶格缺陷对催化剂的性能存在影响可以从能量和补偿效应两个方面进行解释。金属催化剂中，位错或点缺陷附近的原子，具有较高的能量，比较不稳定，容易和反应物分子起作用，成为催化活性位点的可能性大。补偿效应是指在阿累尼乌斯公式中活化能 $E$ 和指前因子呈相同变化趋势。补偿效应的本质是什么，现在仍然没有统一认识，而位错和点缺陷是引起补偿效应的因素之一。此外，需要注意的是，催化剂中有位错和点缺陷时，并非都起活性作用。对某些反应，虽然催化剂中有位错和点缺陷，但对催化活性基本没有影响。

3）金属催化剂表面的不均匀性对催化性能的影响

晶体体相中存在的不完整性在表面也存在，晶体内存在的位错和点缺陷使部分晶格离子不在它们的平衡位置上，会产生晶格应力，在表面上产生其他类型的不完整性，进而造成金属表面的不均匀性。即使是高度磨光的钢表面，也有很多不平整的地方，其高度范围约在 0.1～1μm，甚至更大，如图 6-2 所示，晶体表面上存在台面-台阶-扭折。晶体表面平台上的原子被大量临近的原子所环绕。台阶上的原子周围的原子较少，而弯折上的原子周围的原子更少。任何真实的表面上，分处在平台、台阶和弯折位置的原子都有很大的平衡浓度。表面的这种不均匀性和其催化性能密切相关。通过对过渡金属表面得到的大量实验数据的研究，发现在不同位置上的吸附热以及它们表面断裂键能大的化学键的能力都有很大的差异。例如，有研究表明，在 Ni 表面台阶处 $H_2$ 的解离就不需要活化能，而在平台上则需要 2～8.4kJ/mol 的活化能。此外，在考查 $H\text{-}D_2$ 同位素交换反应和正庚烷脱氢芳构化成甲苯及裂解结焦等反应时，发现 Pt（111）晶面与其他晶面所形成的晶阶对 $H\text{-}D_2$ 反应的催化活性比平坦的 Pt（111）晶面高几个数量级。晶阶对于 H—H，D—D，C—H 键断裂有较高的活性，可能是此处电子云密度较大的缘故；从空间因素来看，晶阶边沿好像“刀口”，要断裂的键碰着刀口上暴露的 Pt 原子，要比碰着平坦晶面（111）上的 Pt 原子时所需克服的排斥力小。此外，在晶阶上进行芳构化也要比在平坦的 Pt（111）晶面上快得多。但是只有在 Pt（111）晶面上形成一层结构规整的焦炭后，才会在晶阶上开始发生芳构化反应。台阶中的弯曲处越多，则伴随的裂解反应深度越大。

## 6.5 各类金属催化剂及其催化作用

### 6.5.1 块状金属催化剂

块状金属催化剂是指金属及合金以整体状态暴露于反应物中，其催化活性与金属特性和金属表面有着本质的联系。常见的块状金属催化剂有电解银催化剂、熔铁催化剂、铂网催化剂等。块状金属催化剂虽种类较少，但在化工生产中发挥了极其重要的作用。例如，铂金属网几乎是氨氧化唯一的催化剂，主要有 Pt-10Rh（称标准催化剂）、Pt -4Pd -3. 5Rh（称三元催化剂）、Pt-Pd-Rh-RE 合金网状催化剂。铂合金网催化剂在使用中不断得到改进，现已推出 Pt-Pd-Rh-RE 新型合金系列催化网。制备氢氰酸使用 Pt -10Rh 合金网催化剂经天然气氧化制得，其使用条件与硝酸工业催化剂的使用相当，也使用 Pd 基金属网作为其捕集网。单层的 Pt-10Rh 网还可用于乙烷、丙烷、丁烷、异丁烷的不完全氧化用催化剂。

### 6.5.2 负载型金属催化剂

负载型金属催化剂主要是指贵金属催化剂，一方面是因其价格昂贵，另一方面化学反应主要在催化剂表面上进行，所以常将贵金属催化剂分散在比表面积比较大的固体颗粒上，以增加金属原子暴露于表面的机会。

1）分散度

分散度是针对金属晶粒大小而言的，晶粒大，分散度小；反之，晶粒小，分散度大。在负载型催化剂中分散度是指金属在载体表面上的晶粒大小。如果金属在载体表面上呈微晶状态或原子团及原子状态分布时，就称为高分散负载型金属催化剂。分散度也可表示为金属在载体上分散的程度。分散度常用“$D$”表示，其定义为：

$$D=\frac{n_s}{n_t}=\frac{\text{表面的金属原子}}{\text{总金属原子}}/\text{克催化剂}$$

金属催化剂分散度不同（即金属颗粒大小不同），其表相和体相分布的原子数不同。当 $D=1$ 时意味着金属原子全部暴露。表 6-5 给出了晶粒大小不同的 Pt 晶体的表面原子分数和晶粒棱边长度的关系。

**表 6-5 晶粒大小不同的 Pt 晶体的相关数据**

| 晶粒棱边原子数 | 晶粒棱边长度/nm | 表面原子分数 | 晶粒的总原子数 | 表面原子的平均配位数 | 晶粒棱边原子数 | 晶粒棱边长度/nm | 表面原子分数 | 晶粒的总原子数 | 表面原子的平均配位数 |
|---|---|---|---|---|---|---|---|---|---|
| 2 | 0.55 | 1 | 6 | 4.00 | 12 | 3.025 | 0.45 | 891 | 8.38 |
| 3 | 0.895 | 0.95 | 19 | 6.00 | 12 | 3.300 | 0.42 | 1156 | 8.44 |
| 4 | 1.10 | 0.87 | 44 | 6.94 | 13 | 3.575 | 0.39 | 1469 | 8.47 |
| 5 | 1.375 | 0.78 | 85 | 7.46 | 14 | 3.875 | 0.37 | 1834 | 8.53 |
| 6 | 1.65 | 0.70 | 146 | 7.76 | 15 | 4.125 | 0.35 | 2256 | 8.56 |
| 7 | 1.925 | 0.63 | 231 | 7.97 | 16 | 4.400 | 0.33 | 2736 | 8.59 |
| 8 | 2.20 | 0.57 | 344 | 8.12 | 17 | 4.675 | 0.31 | 3281 | 8.62 |
| 9 | 2.475 | 0.53 | 489 | 8.23 | 18 | 4.950 | 0.30 | 3894 | 8.64 |
| 10 | 2.750 | 0.49 | 670 | 8.31 | | | | | |

除了分散度外，IUPAC用暴露百分数（P.E.）代替$D$，对于一个正八面体晶格的Pt，其晶粒大小与P.E.的对应关系如下（表6-6）：

**表6-6 Pt晶粒的棱长和P.E.的关系**

| Pt晶粒的棱长/nm | P.E. | Pt晶粒的棱长/nm | P.E. |
|---|---|---|---|
| 1.4 | 0.78 | 5.0 | 0.30 |
| 2.8 | 0.49 | 1000 | 0.001 |

一般工业重整催化剂，其Pt的P.E.大于0.5。

金属在载体上微细分散的程度，直接关系到表面金属原子的状态，影响到这种负载型催化剂的活性。通常晶面上的原子有三种类型：位于晶角上，位于晶棱上和位于晶面上。晶粒大小不同，晶角、晶棱和晶面原子分数也不同，如图6-24所示。显然位于顶角和棱边上的原子较之位于面上的配位数要低。随着晶粒大小的变化，不同配位数位（sites）的比重也会变化，相对应的原子数也跟着变化。涉及低配位数位的吸附和反应，将随晶粒变小而增加；而位于面上的位，将随晶粒变大而增加。

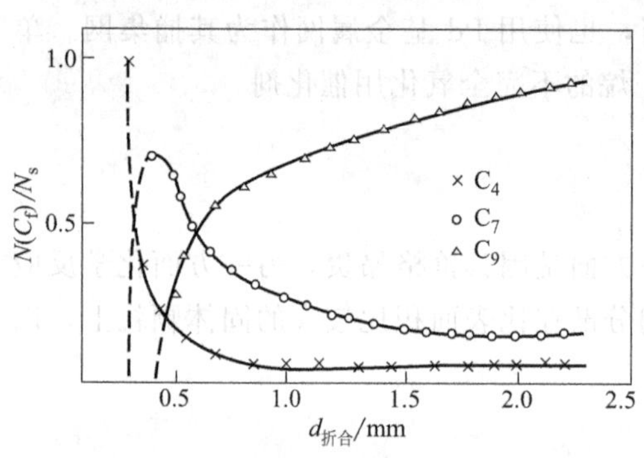


图6-24 Pt八面体微粒中晶角（$C_4$）、晶棱（$C_7$）及晶面（$C_9$）占表面原子百分数与微粒大小的关系

对不同反应要求，金属催化剂具有不同大小的晶粒。例如，鲁宾斯坦曾用$Ni/Al_2O_3$催化剂对醇和环己烷脱氢反应进行了研究，发现晶粒大小在6.0～8.0nm时活性最好。进一步实验表明，分散度是影响催化剂活性的一个主要原因在于催化剂在一定粒度下给出最大有效表面积。但一味地提高分散度会导致晶粒表面能增大，使用过程中易团聚和烧结。所以制备时工业催化剂要加入一些结构型助催化剂，或合金型催化剂，以提高催化剂使用过程中的稳定性。但并不是所有催化剂都要求制成高分散度的，对一些热效应大或者金属催化剂本身活性很高的，常常不要求高分散度。例如，乙烯环氧化制环氧乙烷的Ag催化剂，晶粒为30～60nm。

综上所述，可从下述三个方面考虑金属催化剂晶粒大小对催化作用的影响：

① 几何因素：由于晶粒大小改变，会使晶粒表面上活性部位的相对比例发生变化；

② 载体因素：载体对催化活性影响越大时，金属晶粒就会变得越小；

③ 电子因素：极小晶粒的电子性质与本体金属的电子性质不同，也会影响其催化性质。

2）结构敏感行为

Baudert和Taylor把金属催化反应分为两类：结构敏感反应和结构不敏感反应。结构敏感反应是指反应速率对金属表面的微细结构变化敏感的反应。这类反应的速率依赖于晶粒的大小、载体的性质等。结构不敏感反应是指反应速率不受表面微细结构变化的影响。当催化剂制备方法、预处理方法、晶粒大小或载体改变时，金属催化剂的每单位表面积或每个表面原子的反应速率并不受影响。

为了避免速率常数的某些不足之处，有人采用转换数（turnover number）或转换频率（turnover frequency）来描述催化活性。转换数的定义是单位时间内每个催化活性中心上发生反应的次数。与速率常数相比，这样定义的转换数不涉及速率方程和反应机理，因而也不需要了解反应的基元步骤和速率方程，物理意义更明确，但是目前对催化剂活性中心数目的测量还有一定困难。在实际应用中，人们常以某种主要反应物在给定反应条件下的转化率 $x$（%）来表示催化活性。

催化反应对金属负载型催化剂，影响转换频率的因素有三种：①在临界范围内颗粒大小的影响和单晶取向；②一种活性的第Ⅷ族金属与一种较小活性的ⅠB族金属，如 Ni-Cu 形成合金的影响；③从一种第Ⅷ族金属替换成同族中的另一种金属的影响。根据对这三种因素影响敏感性的不同，催化反应可以分为两大类：一类涉及 H—H、C—H 或 O—H 键的断裂或生成的反应，它们对结构的变化、合金的变化或金属性质的变化敏感性不大，称为结构非敏感（structure-insensitive）反应。另一类涉及 C—C、N—N 或 C—O 键的断裂或生成的反应，对结构的变化、合金的变化或金属性质的变化敏感性较大，称为结构敏感反应。

此外，Schuab 等根据负载金属催化剂的分散度（$D$）和转换频率（$TOF$）的关系把反应分为 4 类，分别为：①$TOF$ 与 $D$ 无关；②$TOF$ 随 $D$ 增大；③$TOF$ 随 $D$ 减小；④$TOF$ 随 $D$ 有最大值。各类典型反应列于表 6-7。

**表 6-7 按 *TOF* 与 *D* 关系分类的典型反应**

| 类别 | 典型反应 | 催化剂 |
|---|---|---|
| *TOF* 与 *D* 无关 | $2H_2+O_2 \longrightarrow 2H_2O$ | $Pt/SiO_2$ |
| | 乙烯、苯加氢 | $Pt/Al_2O_3$ |
| | 环丙烷、甲基环丙烷氢解 | $Pt/SiO_2$，$Pt/Al_2O_3$ |
| | 环己烷脱氢 | $Pt/Al_2O_3$ |
| *D* 小，*TOF* 大 | 乙烷、丙烷加氢分解 | $Ni/SiO_2$-$Al_2O_3$ |
| | 正戊烷加氢分解 | Pt/炭黑，$Rh/Al_2O_3$ |
| | 环己烷加氢分解 | $Pt/Al_2O_3$ |
| | 2,2-二甲基丙烷加氢分解 | $Pt/Al_2O_3$ |
| | 正庚烷加氢分解 | $Pt/Al_2O_3$ |
| | 丙烯加氢 | $Ni/Al_2O_3$ |
| *D* 小，*TOF* 也小 | 丙烷氧化 | $Pt/Al_2O_3$ |
| | 丙烯氧化 | $Pt/Al_2O_3$ |
| | $CO+1/2O_2 \longrightarrow CO_2$ | $Pd/SiO_2$ |
| | 环丙烷加氢开环 | $Rh/Al_2O_3$ |
| | $CO+H_2 \longrightarrow CH_4$ | $Ni/SiO_2$ |
| | $CO+H_2 \longrightarrow C_nH_m$ | $Ru/Al_2O_3$，$Co/Al_2O_3$ |
| | $CO+H_2 \longrightarrow C_2H_5OH$ | $Rh/SiO_2$ |
| | $N_2+3H_2 \longrightarrow 2NH_3$ | Fe/MgO |
| *TOF* 有最大值 | $H_2+D_2 \rightleftharpoons 2HD$ | Pd/C，$Pd/SiO_2$ |
| | 苯加氢 | $Ni/SiO_2$ |
| | 苯加氢 | $Rh/SiO_2$ |

3）金属与载体相互作用

1978 年，Tauster 等发现担载在 $TiO_2$ 上的多种高活性吸附 $H_2$、CO 的贵金属在高温下经 $H_2$ 处理后会完全失去吸附 $H_2$、CO 的活性，而自身在结构上（XRD，TEM）又不发生变化，且可经低温处理恢复原来的活性，他们认为这是金属和载体发生强相互作用的结果

(Strong-Metal-Support-Interaction，SMSI)。后来发现，这种现象并不局限于 $TiO_2$，像 $Nb_2O_5$，$V_2O_5$，MnO 也都存在同样的现象。

最早企图对这一现象进行解释的是 Raker 等提出的“丸盒模型”，如图 6-25 所示：将 Pt 蒸发至厚度为 35nm 的 $TiO_2$ 膜上作为催化剂的模型试样，然后用电镜进行研究，发现模型催化剂经高温（600～800℃）$H_2$ 处理后，$TiO_2$ 被还原成了 $Ti_4O_7$，而 Pt 的电镜像的对比度变低了，再经 $O_2$ 处理时，对比度变高并恢复成原来的粒状。据此，他们提出处于 SMSI 下的状态是部分 $TiO_2$ 被还原成 $Ti_4O_7$，并与 Pt 直接结合的 Pt-Ti，此时 Pt 以薄层状的二维丸盒结构存在于载体表面上。为了进一步解释 SMSI 现象，Raker 等相继提出了半导体模型、氢强吸附模型、氢反溢流模型等，其中最受关注的为涂铺模型。

如图 6-26 所示，涂铺模型认为 SMSI 是由于经 500℃ $H_2$ 还原生成的 $TiO_x$（$1\leqslant x\leqslant 2$）向金属微粒表面迁移并涂铺（有岛型和分子状涂铺之分）而引起的。主要根据首先有 Resasco 和 Haller 等在研究乙烷在 $Rh/TiO_2$ 上加氢分解反应时，发现催化剂活性和氢处理时间之间有如图 6-27 所示的直线关系，以及催化剂用氢原子在室温下处理后可以减少氢的吸附量等。这表明 SMSI 必须有热扩散过程存在，因此才提出了“迁移”这个概念。其次，当他们把Ⅷ族和ⅠB 族元素组成的双金属催化剂的活性和金属组成之间的关系与 SMSI 做对比时，还发现对结构敏感的乙烷加氢分解，活性虽随还原温度下降，但是活化能大体不变。对结构不敏感的环己烷脱氢反应来说，活性并不随还原温度而降低。这和在 Ni 中添加铜有着相同的效果，结果见图 6-28。这是涂铺模型的又一依据，由于 $TiO_x$ 的涂铺作用，氢分解的活性点被破坏了。此外，通过一系列现代物理表征手段，诸如 TPD、TPR、IR、NMR、ESR 等手段对不同的负载型催化剂的研究，获得了一系列有意义的结果，也证明了 SMSI 的存在。

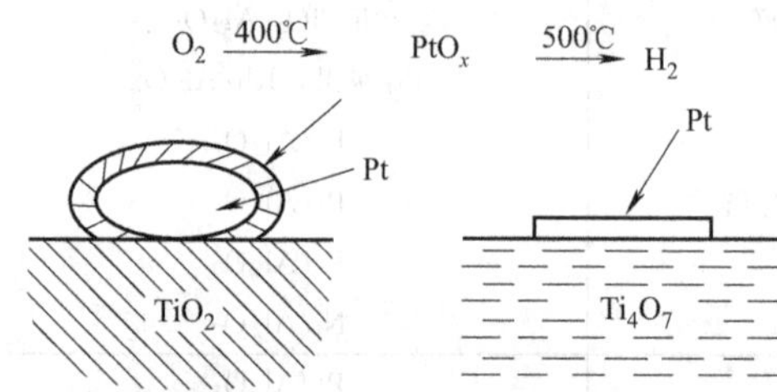


图 6-25　$Pt/TiO_2$ 经高温 $H_2$ 及 $O_2$ 处理后的结构变化（丸盒模型）

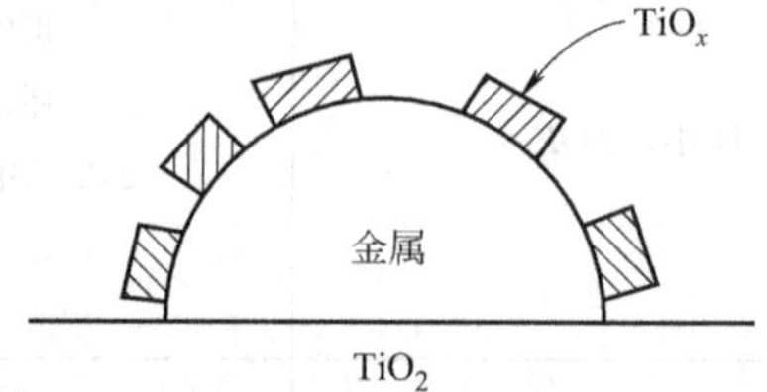


图 6-26　$Pt/TiO_2$ 经高温 $H_2$ 及 $O_2$ 处理后的结构变化（涂铺模型）

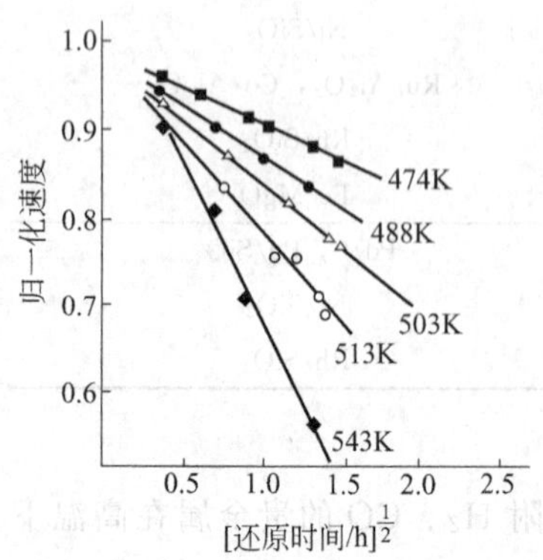


图 6-27　$Rh/TiO_2$ 上乙烷氢解活性和 $H_2$ 处理时间的关系

金属负载催化剂在制备的每步过程中都会发生金属-载体间的相互作用，这种相互作用可分为 3 种，如图 6-29 所示。①SMSI 局限在金属颗粒和载体的接触部位，在界面部位分散的金属原子可保持阳离子性质，它们会对金属表面原子的电性产生影响。这种影响与金属粒度关系很大，对于小于 1.5nm 的金属粒子影响较大，而对较大颗粒影响较小，如图 6-29（a）所示；②当分散度特别大时，分散为细小粒子的金属溶于载体氧化物的晶格中，或生成混合氧化物，这种影响与高分散金属和载体的组成关系很大，如图 6-29（b）所示；③金属颗粒表面被来自载体的氧化物涂饰。载体涂饰物可能与载体的化学组成相同，也可能被部分还原，这种涂饰会导致金属-氧化物接触部位的表面金属原子的电性发生改变，进而影响催化性能，如图 6-29（c）所示。

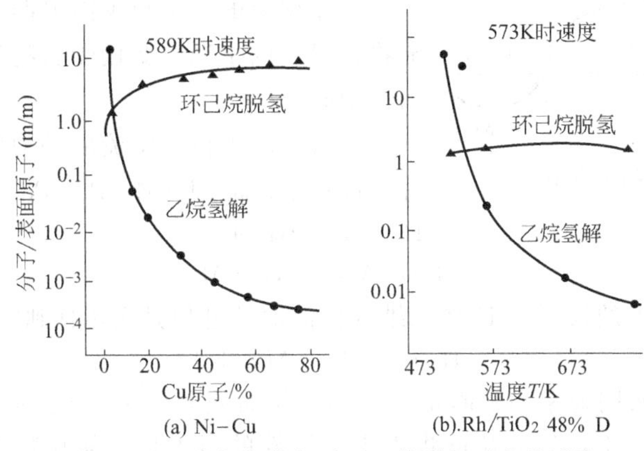


图 6-28 乙烷加氢分解及环己烷脱氢反应的活性

（a）Ni-Cu 催化剂，Cu 浓度的关系；（b）$Rh/TiO_2$ 催化剂，还原温度的关系

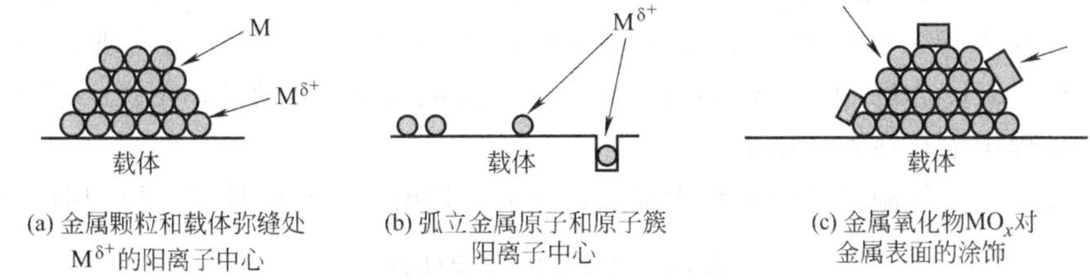


图 6-29 金属-载体相互作用的 3 种情况

此外，SMSI 中的氧化物作为载体，本身也是有催化活性的。例如，在 CO 加氢反应中，$TiO_2$，$Nb_2O_5$ 等作为载体，都会显著地影响到催化剂的活性和选择性。所以，随着对 SMSI 研究的关注，对载体的研究也得到了拓展，除 $TiO_2$ 之外，常用的还有 $Pt/Al_2O_3$，$Ni/SiO_2$，$Ni/Al_2O_3$-$AlPO_4$，$Rh/Nb_2O_3$，$Pd/La_2O_3$ 等。除了载体，添加氧化物对 SMSI 的影响，也成为重要的研究课题。

除上面提到的强相互作用外，还有中等强度的相互作用和弱相互作用。金属与载体的相互作用有利于阻止金属微晶的烧结和晶粒长大。对于负载型催化剂，理想的情况是活性组分既与载体有较强的相互作用，又不至于阻滞金属的还原。金属与载体的相互作用的形成在很大程度上取决于催化剂制备过程中的焙烧和还原温度与时间。例如，温度对负载型催化剂的影响是多方面的，它可能使活性组分挥发、流失、烧结和微晶长大等。大致存在这样的规律：当温度为 0.3Tm（Tm 为熔点）（Huttig 温度）时，开始发生晶格表面的质点迁移；当温度为 0.5Tm（Tammam 温度）时，开始发生晶格体相内的质点迁移。在高于 Tammam 温度以上焙烧或还原，有些金属能形成固熔体。

4）溢流现象

所谓溢流现象，是指固体催化剂表面的活性中心（原有的活性中心）经吸附产生一种离子或者自由基的活性物种，它们迁移到别的活性中心处（次级活性中心）的现象。它们可以化学吸附诱导出新的活性或进行某种化学反应。如果没有原有的活性中心，这种次级活性中心不可能产生出有意义的活性物种，这就是溢流现象。1964 年，古别尔（Khoobiar）第一个用实验直接证明了氢溢流（Spill Over）现象，他把 WO 与 $Pt/Al_2O_3$ 机械地混合后，发

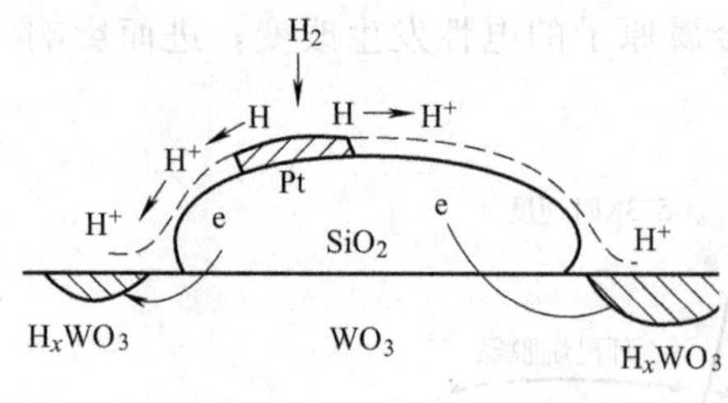

图 6-30　氢溢流的示意图

现在室温下即可被 $H_2$ 还原而生成蓝色的 HWO。其发生氢溢流的示意图如图 6-30 所示。

溢流现象的发生至少需要两个必要的条件：①溢流物种发生的主源；②接受新物种的受体，它是次级活性中心。

以氢溢流为例，溢流的动力学反应步骤如下：氢分子首先被金属 M（M=Pt、Pd、Ni 等）吸附和解离。

$$H_2 + M \rightleftharpoons H_2M$$

$$H_2M + M \rightleftharpoons 2H_a \cdot M$$

然后吸附在金属上的氢原子 H 像二维气体似地越过相界面转移到载体 $\theta$ 上

$$H_a \cdot M + \theta \longrightarrow M + H_a\theta$$

氢溢流可引起氢吸附速率和吸附量的增加，从而使 $Co_3O_4$、$V_2O_5$、$Ni_3O_4$、CuO 等金属氧化物的还原温度下降，氢溢流能将本来是惰性的耐火材料氧化物诱发出催化活性。例如，使 $SiO_2$ 转变为特殊的加氢催化剂，使它在 423K 下就对乙烯加氢有活性，并且不为 $O_2$ 或 $H_2O$ 中毒。氢溢流还能防止催化剂失活，可使沉积在金属活性中心周围和载体上的积碳物种重新加氢而去掉，使毒化贵金属的硫生成 $H_2S$ 而消失。此外，溢流现象不仅发生于 $H_2$，而且 $O_2$、CO、NO 和石油烃类均表现出存在溢流现象。如在 $Pt/Al_2O_3$ 催化剂上沉积焦炭的氧化过程中也存在着氧溢流。

相对于氧溢流，氢溢流的研究较为深入，表 6-8 列出了常见的体相/受体相体系。

**表 6-8　常见的氢溢流体系**

| 受体相 | 给体相 | | |
|---|---|---|---|
| | 初级溢流 | 次级溢流 | 反溢流 |
| $Al_2O_3$ | Pt、Ni、Ru、Fe、Rh、Pd<br>Pt-Re、Pt-Ir、Pt-Ru<br>Pt-Au、Fe-Ir、Fe-Cu | $Pt/SiO_2$ | Pt、Ni |
| $SiO_2$ | Pt、Pd、Rh、Pt-Au | $Pt/Al_2O_3$ | |
| 分子筛 | Pt/NaY、Pt/KA<br>Pt/LTL、Pt/K-LTL<br>Pt/H-LTL | Pt/NaY/HNaY<br>$Pt/SiO_2$、HNaY<br>Pt/NaY/HY、Pt/KA/NaY | ZnO/ZSM-5<br>$Ga_2O_3$/HZSM-5 |
| $TiO_2$<br>$SnO_2$<br>$WO_3$<br>$MoO_3$<br>ZnO | Pt、Ni、Rh<br>Pt、Pd<br>Pt<br>Pt、WC<br>Pt、Co-Cu | $Pt/Al_2O_3$、$Pt/SiO_2$<br>$Pt/SiO_2$<br>$Pt/Al_2O_3$<br>$Pt/Al_2O_3$、$Pt/SiO_2$ | Pt<br>$Pt/SiO_2$<br>$Pt/SiO_2$ |
| 其他氧化物 | Pt/CuO、Pd/CuO<br>$Pd/La_2O_3$、$Pd/Ag_2O$<br>$Ni/Cr_2O_3$ | | |
| C | Pt、Pd、Co、FeS、CuS<br>Ni、Mo、$Ru-Ni/La_2O_3$ | | Pt、Ni |
| Cu | Ni、Ru、Rh、Pd | | |
| 其他体系 | Rh/Sn、Rh/Re、Ru/Mo<br>$Pt/SeRh_6$、$Rh/SeRh_6$<br>$Ni/WS_2$ | $Pt/Al_2O_3/CoCl_2$<br>Pd/C/杂多酸 | |

溢流现象表明催化剂表面上的吸附物种是流动的。溢流现象增加了多相催化的复杂性，但也有助于对多相催化反应的理解。它解释了催化重整中高速率的脱氢反应等。氢溢流现象增加了我们对催化作用的基本理解，可以认为在加氢反应中，活性物种可能不只是氢原子，而应该是 H、$H^+$、$H_2^+$、$H^-$、$H_2^-$ 的混合物。同理，氧化反应中，其活性物种应是 O、$O^-$、$O^{2-}$、$O_2^-$。

## 6.5.3 合金催化剂

当单金属催化剂因加入其他金属形成合金时，合金表面的微环境发生相应的变化，影响表面吸附物种的吸附强度，结果造成其催化活性、选择性和单金属组分有较大的差别。合金催化剂在化学化工工业中发挥了重要的作用，例如，炼油工业中 Pt-Re 及 Pt-Ir 重整催化剂的应用，开创了无铅汽油的主要来源；汽车废气催化燃烧所用的 Pt-Rh 及 Pt-Pd 催化剂，为防止空气污染作出了重要贡献。这两类催化剂的应用，对改善人类生活环境起着极为重要的作用。

1）合金催化剂的分类

合金催化剂根据组成合金的种类可分为双金属合金催化剂及多金属合金催化剂，本文主要介绍双金属合金催化剂。双金属合金催化剂根据组成合金催化剂的族可分为三类：①第Ⅷ族＋第ⅠB族，如 Ni-Cu、Pd-Au 等，该类催化剂主要用于烃类的氢解、加氢和脱氢等反应。②第ⅠB族＋第ⅠB族，如 Ag-Au 、Cu-Au 等，该类催化剂主要用于氧化反应。③第Ⅷ族＋第Ⅷ族，如 Pt-Ir，Pt-Fe 等，该类催化剂主要用于选择氧化反应。

2）合金催化剂的催化特征

合金催化剂和单组分金属催化剂相比，因存在合金组分间的合金化相互作用使其催化性质要复杂得多，不能用加和的原则由单组分推测合金催化剂的催化性能。例如，通过对镍铜催化剂上的甲烷部分氧化的研究发现，当 Cu 的含量为 Ni∶Cu＝1∶0.2 时，催化活性达到最佳点。用密度泛函理论（DFT）的量子力学计算程序模块对 Ni-Cu（111）上甲烷部分氧化制合成气的活性进行了计算。结果也显示，Cu 的加入导致 $H_2$ 在 Ni-Cu（111）的脱附能垒低于 $H_2$ 在 Ni（111）上的脱附能垒。由此可以看出，金属催化剂对反应的选择性可通过合金化加以调变。例如，Ni 催化剂可使环己烷脱氢生成苯，副产物为氢解产物甲烷等低碳烷烃。但是当加入 Cu 组分后对脱氢活性影响很小，而氢解活性明显下降。合金化不仅能改善催化剂的选择性，也能促进其稳定性。例如，向轻油重整的 Pt 催化剂中加入 Ir 后较单 Pt 催化剂的稳定性明显提高，原因是 Ir 的加入形成 Pt-Ir 合金，一方面可以避免或减少催化剂的表面烧结，另一方面 Ir 具有较强的氢解活性，能抑制催化剂表面积碳的生成，增强催化剂的稳定性。

## 6.5.4 非晶态合金催化剂

非晶态合金是一类特殊的非晶态材料，大多是由过渡金属和类金属（如 B、P、Si）组成，其原子排列呈短程有序而长程无序状态，热力学上处于不稳定或亚稳定状态，类似于普通玻璃的结构，因而也称为金属玻璃，被广泛应用于磁性材料和防腐材料。

1）非晶态合金催化剂的特征

(1) 短程有序。非晶态合金的微观结构短程有序区在 $10^{-9}$m 范围内，非晶态合金含有很多配位不饱和原子，富于反应性，从而具有较高的表面活性中心密度。(2) 长程无序。非晶态合金是一种没有三维空间原子周期排列的材料，其表面保持液态时原子的混乱排列，有利于反应物的吸附，而且从结晶学观点来看，非晶态合金不存在通常结晶态合金中所存在的晶粒界限、位错和积层等缺陷，在化学上保持近理想的均匀性，不会出现偏析、相分凝等不利于催化的现象。(3) 非晶态合金的组成可在很大范围内调整，从而可连续地控制其电子、结构等性质。也就是说可以根据需要方便地调整其催化性能。

2) 非晶态合金催化剂的制备

非晶态合金催化剂的制备方法主要有以下几种：

(1) 液体骤冷法。采用特殊手段使熔融的合金液以足够快的速度冷却（>106℃/s），使合金迅速越过结晶温度而快速凝固，形成非晶态结构。

(2) 化学还原负载法。化学还原负载法首先将 Ni 等金属的盐类浸渍在一种多孔的载体材料上，然后将这种多孔材料与还原剂的溶液接触，利用化学还原方法将活性组分均匀还原在催化剂载体表面上。采用此法制备的非晶态合金多为金属-类金属（P 或 B）型，即用强还原剂如 $KBH_4$ 或 $NaH_2PO_4$ 还原可溶性金属盐。

(3) 电化学制备法。电化学制备法就是利用电极还原电解液中的金属离子，析出金属来获得非晶态合金的方法。与液体急冷等物理方法相比，电化学法制备非晶态合金具有以下优点：可获得其他方法所不能得到的非晶态镀层；改变电镀条件可制备不同组成的非晶态合金镀层和多层镀层，可制备形状复杂的非晶态合金材料，制备工艺条件较为简单。

3) 非晶态合金催化剂的应用

(1) 加氢：非晶态合金催化剂是优良的 CO、$CO_2$、不饱和烃类、含氧和含氮化合物加氢催化剂。例如，用急冷法制备的含 P 和 B 的 Fe-Ni 系非晶态合金催化剂对 CO 的加氢反应的催化活性比同组分的晶态催化剂高几倍到几百倍，反应过程中催化剂比表面积基本不变，具有较高的稳定性。用化学还原法制备的 Ni-B、Ni- P 非晶态合金超微粒子催化剂具有很高的苯加氢催化活性，随着反应压力和温度升高，其加氢速率相应提高。在相同反应条件下，Ni-B 非晶态合金催化剂的加氢速率是兰尼镍的 40 倍，且在空气中比 Raney Ni 稳定。

(2) 电极催化作用：由于非晶态合金材料具有半导体、超导体的特性和高机械强度、卓越的抗腐蚀性，因此该材料又是极好的电催化剂。在电解水制氢反应中，用非晶态合金 $Fe_{60}Co_{20}Si_{10}B_{10}$ 制备的电极具有较低的超电势，较高的氢释放活性，因而优于多晶体的 Pt 和 Ni 电极。电解水较好的电极组合是 $Fe_{60}Co_{20}Si_{10}B_{10}$ 作阴极，$Co_{50}Ni_{25}Si_{15}B_{10}$ 作阳极，与 Ni/Ni 电极组合电解水相比，可节省 10% 的能量。

燃料电池对催化剂的要求较高，具有较高的对氢、氧催化活性的同时还要具有较好的物理、化学稳定性。非晶态合金所具有的独特性质正好满足燃料电池对催化剂的要求，从而可以替代贵金属 Pt 催化剂。例如，Silva 等将 Pt 和 Ru 同时用硼氢化物还原，将其均匀分散在碳载体上得到高度稳定的纳米 Pt-Ru/C 催化剂。该催化剂具有较高的催化氢、甲醇及耐 CO 的能力，而且催化剂在酸性或加热条件下的乙醇或甲醇中均有优良的催化活性。

非晶态合金催化剂是金属催化材料中的一个较新的研究领域，随着非晶态合金材料比表面积小、热稳定性和化学稳定性差等缺点的逐步解决，同时新改性方法的不断提出，对助剂的种类和含量、原始合金结构与催化活性之间的构效关系认识的深入，非晶态合金催化剂的应用前景将更加广阔。

### 6.5.5 金属互化物催化剂

金属互化物是一种由金属元素或具金属性质的半金属元素之间，以金属键相结合，构成金属晶格，并可以以一定的化学式表示出来的一类物质。金属互化物的成分虽可以用化学式表示出，但组成并不固定，可以在一定的范围内改变。例如，锌溶入铜中形成 α-黄铜，其具有铜的面心立方晶格，如锌的原子百分比超过 32%时，就会出现新的晶格，其既不同于铜的面心立方，也异于锌的六角密集型结构，具有这种新晶格的合金称为 β-黄铜（Cu-Zn）。若继续增加锌的成分，还可出现 γ-黄铜（$Cu_5Zn_8$）和 ε-黄铜（$CuZn_3$）。则 β-黄铜、γ-黄铜和 ε-黄铜均为铜锌金属互化物。

金属互化物结构介于金属和陶瓷之间，相对于金属，其原子共价键比例增大。它的密度较低，如铝钛金属互化物的密度只有（3.7～4.2）$\times 10^3 kg/m^3$，而且具有耐磨性强、耐腐蚀性能高等特点。在高温下，强度仍然保持稳定。因大多数元素是金属，金属互相反应形成许多金属互化物，其中稀土元素和锕系元素的互化物尤为普遍，含有稀土元素的金属互化物有一千种以上。金属互化物已成为新型结构材料的重要分支，其被广泛用于永磁材料、储氢材料、超导材料、航空材料、催化材料等方面。

金属互化物因其独特的结构和性质特点已形成一个新的催化剂门类，其在烯烃加氢、烃类的异构化、合成氨、合成甲醇及甲烷化等方面都显现出优异的催化性能。例如，当 CO 和 $H_2$（1∶3）通过 225℃以上的粉状 $LaNi_5$ 时，能够快速产生 $CH_4$。常规的合成氨催化剂需要在还原性气氛中使用，而使用 $LaNi_5$ 做合成氨催化剂时，其对氧化气氛有耐受性。

### 6.5.6 金属簇状物催化剂

金属簇合物是指含有金属-金属键并通过这些键形成三角形闭合结构或更大闭合结构的分子配合物。其中的金属多半具有零价态，多个金属原子构成三角形、四面体、正方棱锥形和八面体等簇骨架。骨架内几乎是空穴，骨架上则被朝外的络合于金属原子的配位体所包围。原子簇金属化合物的骨架呈巢形或笼状。图 6-31 分别列出 3 核簇、4 核簇及 5 核簇的立体结构。

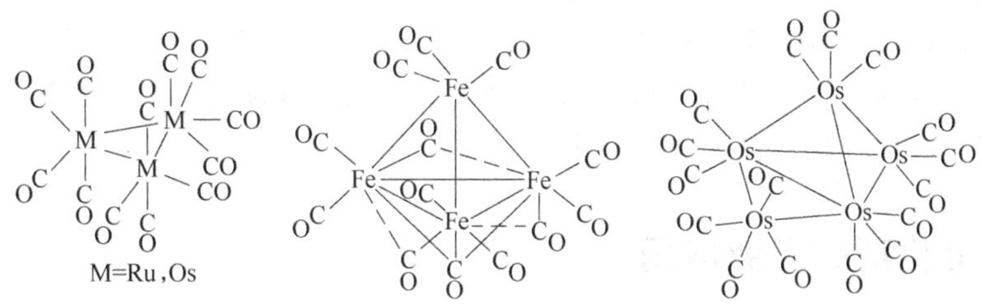


图 6-31　3 核簇、4 核簇及 5 核簇的立体结构

金属簇合物是近年来催化领域最引人注目的一类新型催化剂。金属簇合物可以催化氢化、氧化、异构化、二聚、羰化和水煤气变换等由传统的均相或多相催化剂进行的各种反应，显示出特殊的催化活性，并能使一些看起来不能发生的反应成为可能。在混合金属簇化合物中，不同金属位活性不同，使得同一化合物可催化不同反应。

金属簇 $Ru_3(CO)_{12}$ 和 $Ru_3(CO)_9(PPh_3)_3$ 催化的 1-己烯异构化反应中，只有当簇骨架

保持时才有催化作用，一旦Ru-Ru键断裂则催化作用消失，异构反应停止，主要的异构产物是trans-2-己烯。某些烃次甲基九羰基三钴$RCCo_3(CO)_9$（R为烃基）能引发烯烃的聚合，另外一些这类原子簇则可作为氢化甲醛化催化剂。原子簇金属化合物兼有均相催化剂和多相催化剂的某些优点，比多相催化剂的选择性高。对于甲苯加氢反应，普通的金属催化剂颗粒在1～10nm时，反应是结构非敏感的，但在负载型的$Ir_4$和$Ir_6$簇催化剂的催化中心上，负载的$Ir_4$催化剂的催化反应速率常数数倍于$Ir_6$催化剂，这表明原子簇的结构对催化反应有着很大的影响，表现为结构敏感反应。

### 6.5.7 金属膜催化剂

最早从事膜催化剂研究并且取得成功的是苏联学者B. M. Грязнов，他研制出一种致密的薄壁Pd膜，成功地用于乙烯加氢精制和对加氢选择性要求特别高的合成香料、医药制品与化学试剂等工艺。首先，膜催化剂能将几种分开的化工过程与催化结合在一起，完成对反应选择性的新控制。其次，膜催化剂可以突破传统催化无法突破的平衡限制反应。属于这类反应的有氢、氮合成氨，合成气（$CO/H_2$）合成甲醇，CO与$H_2O$的变换反应，烃高温热裂解制乙烯等。膜催化已属于当代催化学科的前沿研究领域之一。本文限于篇幅，仅讨论金属膜催化剂。

（1）金属膜催化剂：金属膜催化剂包括：①膜材质由金属及其合金组成；②负载金属膜催化剂。目前，关于金属及金属合金膜的研究较多，非金属膜的研究较少。Soga等用过渡金属与稀土金属互化物做成的膜，如$LaNi_5$膜、$LaCo_5$膜以及Ce、Pr、Sm等分别与Co的互化物膜。金属膜催化剂多用于研究加氢、脱氢反应及利用膜作为化学活性基质进行选择性的化学转化等。

（2）膜催化剂的优点及应用：金属膜催化剂与常规金属催化剂相比，它扩散阻力小，温度极易控制，选择性非常高，能够进行不生成副产物的序贯反应；如果制成的膜催化剂具有选择性透过功能，可获得超高纯的产品。例如，Mischenko等开发的加氢工艺，用选择性透过氢的Pd-Ru（92%～97%：3%～8%）膜催化剂，将硝基苯加氢制成苯胺，它用隔膜将反应器分成两室，反应物从膜的一边用泵吸入，经加氢后的产物离开；而$H_2$从另一室加入，经膜扩散、活化，再与反应物结合，有效地提高了$H_2$的浓度，加速反应的进行。膜催化剂加氢，其收率比传统的催化剂提高近100倍。他们将这种研究扩展到烯烃、炔烃以及其他硝基化合物的加氢反应，用半透性多孔合金膜研究了一系列含烯键、硝基和醛基的化合物加氢反应，都得到了高选择性、高收率的产物。

## 6.6 金属催化剂的工业应用

金属催化剂是最早工业应用的催化剂之一，也是目前化学、化工、石油炼制和环境污染治理方面应用最多的一大类催化剂，现就其中几个典型的工业催化过程结合前述的理论知识进行解析。

### 6.6.1 石脑油重整反应及重整催化剂

在有催化剂作用的条件下，将汽油馏分中的烃类分子结构重新排列成新的分子结构的过程叫催化重整。包括以下四种主要反应：①环烷烃脱氢；②烷烃脱氢环化；③异构化；④加氢裂化。其代表的化学反应方程式如下：

$$\text{甲基环己烷} \rightleftharpoons \text{甲苯} + 3H_2 \quad ①$$

$$n\text{-}C_6H_{14} \xrightleftharpoons{-H_2} \text{环己烷} \rightleftharpoons \text{苯} + 3H_2 \quad ②$$

$$\text{甲基环戊烷} \rightleftharpoons \text{环己烷} \quad ③$$

$$n\text{-}C_7H_{16} \xrightleftharpoons{+H_2} n\text{-}C_3H_8 + i\text{-}C_4H_{10} \quad ④$$

反应①、②生成芳烃，同时产生氢气，反应是吸热的；反应③将烃分子结构重排，为一放热反应（热效应不大）；反应④使大分子烷烃断裂成较轻的烷烃和低分子气体，会减少液体收率并消耗氢，反应是放热的。除以上反应外，还有烯烃的饱和及生焦等反应，各类反应进行的程度取决于操作条件、原料性质以及所用催化剂的类型。

催化重整技术是以石脑油为原料，通过催化剂的催化作用，生产高辛烷值汽油调和组分和芳烃类等化工原料的重要手段。催化剂是催化重整工艺的核心，要实现催化重整技术的关键是必须研发出经济、高效、性能好的催化剂体系。工业上常用的催化剂是 Pt 负载于酸性载体上，Pt 的负载量范围为 0.1%～1%，常用 Re 和 Ir 作为结构性助剂。

1）催化重整催化剂的特点

催化重整反应比较复杂，既有电子转移反应，也有质子转移反应。催化重整的主要反应包括六元环烷烃脱氢、五元环烷烃脱氢异构化、烷烃脱氢环化、烷烃异构化、氢解、加氢裂化和积碳等。上述反应的特点要求催化重整催化剂具有普通催化剂的一般特点的同时也要具有相对独特的特征。其特点如下：①重整催化剂多为双功能催化剂（金属功能与酸性功能）；②重整催化剂载体为大比表面积的氧化铝；③还原后的重整催化剂具有很高的活性，为防止催化剂床层升温，进料前须对催化剂进行钝化处理；④重整催化剂要求在氢气环境条件下运转并要求严格的水氯平衡。

2）催化重整催化剂的分类

按照催化剂的活性组分的不同，重整催化剂又可分为非铂、纯铂和铂-金属催化剂。

（1）非铂催化剂。非铂重整催化剂的活性组分主要为铬、钼、钴金属氧化物。如 1933 年拉瑟尔研发了用于环己烷脱氢的 $Cr_2O_3/Al_2O_3$ 催化剂。1940～1949 年中国兰州石化公司分别研发了 $Cr_2O_3/Al_2O_3$ 和 $MoO_3/Al_2O_3$ 催化剂用于油品的重整反应。非铂催化剂的活性及芳构化选择性较低，一般反应 4～12 h 就需要再生，很快就被性能优异的铂系催化剂所取代。

（2）纯铂催化剂。1911 年泽林斯基发现，铂黑对环己烷脱氢生成芳香烃具有较好的催化性能，随后美国环球油品公司（UOP）对单铂催化剂进行了系统的研究并在汽油馏分重整中得到了广泛应用。$Pt/Al_2O_3$ 催化剂比 $MoO_3/Al_2O_3$ 和 $Cr_2O_3/Al_2O_3$ 催化剂活性分别高 10 多倍和 100 多倍，并且具有更好的选择性和稳定性。在 $Pt/Al_2O_3$ 催化剂中，铂含量一般为千分之几，以提供足够的金属中心，铂在 $Al_2O_3$ 上的分散状态、催化剂的金属活性中心和活性组分与载体氧化铝的相互作用成为决定催化剂性能的关键。通过对催化剂的结构的表征发现：$Pt/Al_2O_3$ 催化剂至少有 4 种不同的吸附氢中心。

(3) 铂-金属/$Al_2O_3$ 催化剂。为了改进 $Pt/Al_2O_3$ 催化剂的性能，常采用其他金属作为助剂对催化剂的金属中心和酸性中心进行修饰，进一步提高催化剂的活性、稳定性和选择性，同时延长催化剂的寿命。采用的金属助剂主要有 Re、Sn、Ge、Ir、Rh、Au 以及稀土金属等。特别是 1967 年雪夫龙公司在铂催化剂中加入铼作助催化剂，明显地改善了催化剂的稳定性，是铂系重整催化剂的一次革命性变化。引入 Re 后，铼与铂发生相互作用，使氢解反应加强，脱氢异构及脱氢环化反应受到抑制。铼组分在高温下能产生氢溢流，使积碳前身物发生开环裂解和选择性加氢反应，因而减少催化剂积碳，使催化剂的稳定性进一步提高。此外，通过调整氯含量，可以调节 $Pt-Re/Al_2O_3$ 催化剂的金属-酸性功能，当较易取代的表面羟基被氯取代约 1/2 时，催化剂的双功能为最佳匹配。

3) 催化重整工艺

催化重整工艺流程如图 6-32 所示，根据全馏分石脑油原料的杂质含量情况，原料首先泵入预分馏塔，通过分馏切除其中的轻组分（轻石脑油）。例如，若生产芳烃则切除＜60℃馏分，生产高辛烷值汽油则切除＜80℃馏分，然后依次进入预处理装置（预脱砷及预加氢）、汽提塔，通过加氢精制、汽提的方法脱除硫、氮、砷、铅、铜和水等对催化剂有害的杂质。经预处理后的原料油与循环氢混合，再经换热加热后进入重整塔，从重整塔里出来的重整生成油接着进入加氢反应塔加氢以脱除重整产物中的烯烃。原因是重整生成油中少量烯烃的存在，会使经萃取所得的芳烃以及从抽余油生产的溶剂油质量不合格，因此要求将其深度脱除。然后重整产物进入油气分离器，分离出含 $H_2$ 85%～95%的气体（富氢气体），含氢气体经循环压缩机升压后大部分送回反应系统作循环氢使用，少部分去预处理系统。

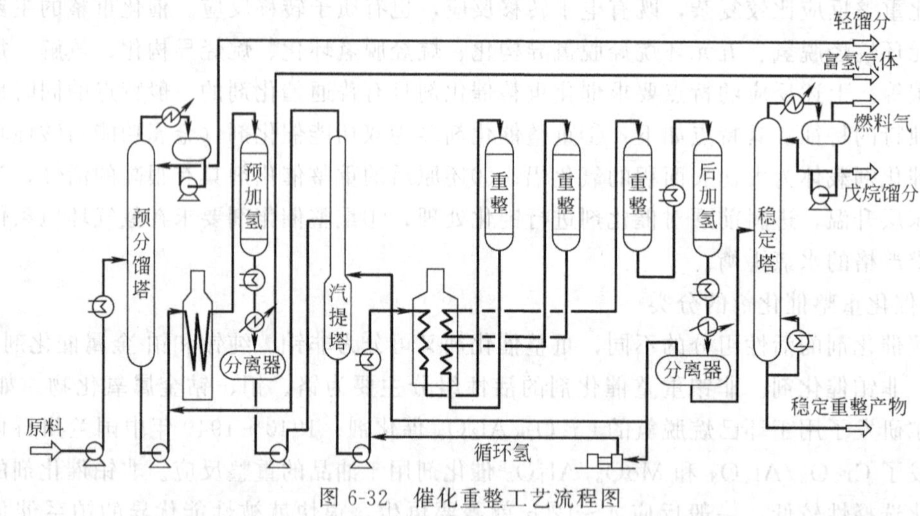

图 6-32　催化重整工艺流程图

根据催化剂的使用和再生情况，催化重整工艺分为半再生催化重整工艺及连续再生催化重整工艺。

(1) 半再生催化重整工艺。根据不同铼铂比重整催化剂性能特点以及重整反应规律，半再生催化重整工艺多采用分段装填技术，前段反应器装填选择性高、抗污染能力强的等铼铂比催化剂，后段反应器装填抗积碳能力强的高铼铂比催化剂，最大程度发挥了两种类型催化剂的优点，使装置效益最大化。半再生催化重整工艺具有反应压力高、温度低、催化剂需要停工再生、操作条件需要根据催化剂的积碳程度进行调节等缺点，虽然通过新催化剂的开发、分段装填技术的应用等诸多努力，但仍不能从根本上解决其自身固有的缺点，因此需要开发出效应更优的连续重整技术。

(2) 连续再生催化重整工艺。连续重整工艺以其液收高、氢产高和芳烃收率高等优点，在高辛烷值汽油和芳烃的生产中受到极大的重视。连续再生催化重整工艺采用移动床，依据催化剂和油品的移动方向分为顺流和逆流两种工艺，均由反应部分、再生部分、催化剂循环部分以及产物分离等部分组成。顺流移动床的反应-再生部分的流程为催化剂首先进入反应部分，依次通过各反应器，与反应物接触反应，到达最后一个反应器底部时，催化剂积碳达到最高，催化剂不断被移除，并输送到再生部分，经过烧焦、氧氯化、焙烧和还原后，催化剂的性能得到恢复，又被输送到反应部分。逆流移动床工艺与顺流移动床工艺的最大不同在于催化剂在反应器间的流动次序。逆流移动床重整工艺的反应物料（实线）从第一个反应器依次流到最末一个反应器，经过再生的新鲜催化剂（虚线）则逆向从最末一个反应器依次流到第一个反应器，催化剂在各反应器之间的流动方向与反应物的流动方向相反，使各反应器中催化剂的活性状态与反应的难易程度相适应。

## 6.6.2 氨合成催化剂

高温高压和催化剂存在下氮气和氢气直接合成氨。其化学反应方程式如下：

$$3H_2+N_2 \xrightleftharpoons[450\sim530℃,32MPa]{\text{催化剂}} 2NH_3 \qquad \Delta H=-92.44\text{kJ/mol}$$

氨合成反应是一个可逆放热及分子数减少的反应。因此，从化学平衡观点来看，要提高氨的平衡产率，应该采取较低的反应温度和较大的反应压力。升高压力就是增大反应气体的浓度，从而增加反应分子间碰撞的机会，加快了反应速率，但压力也不宜过大，否则，不仅增加动力的消耗，而且对设备和材料的要求也较高。一般情况下，设计压力为31.4MPa。反应温度升高时，平衡向着氨的分解方向移动；温度降低，反应向着氨的生成方向移动。但是从化学反应动力学的观点来看，升高温度总能使反应的速率加快，这是因为温度升高，分子的运动加快，分子间碰撞的概率增加，从而增加分子有效结合的概率。

自20世纪初，由Harber和Mittasch等成功开发合成氨的铁基催化剂以来，人们对此反应和催化剂进行了极其广泛和深入的研究。氨合成工业的成功不仅满足了人类因人口增长对粮食的需求，而且还带动了一系列基础理论的发展。例如，化学平衡与质量作用定律的应用、BET方程的建立、选择性吸附、化学计量数及动态反应速率等概念的提出以及高压反应技术、封闭流程操作等。可以说合成氨工业的发展推动了整个化学工业和材料工业的发展，氨合成催化技术研究与开发是化学工程及催化反应工程的里程碑。

氨合成铁催化剂是世界上研究开发的最成功的催化剂之一，是多相催化领域中许多基础研究的起点。因受化学平衡的限制，工业合成氨的单程转化率只有15%～25%，大部分气体需要循环，从而增加了动力消耗，不符合现代化学绿色、节能的原则。为了提高单程转化率，也只有降低反应温度才有可能。因此，合成氨催化剂研究总的发展趋势，就是开发低温高活性的合成氨新型催化剂。本文拟从传统 $Fe_3O_4$ 催化体系、中国的 $Fe_{1-x}O$ 基催化体系及BP公司的钌基催化剂体系三个方面对合成氨催化剂进行介绍。

1) $Fe_3O_4$ 传统熔铁催化剂

从1912年起，在约一年半时间内，研究人员进行了约6500次试验，筛选了2500种催化剂，发现最优的催化剂，其组成与磁铁矿相近，这就是传统的熔铁催化剂。在对铁系催化剂的研究中发现，用天然磁铁矿还原得到的催化剂优于其他铁化合物。为了提高融铁催化剂的耐热性能，研究者添加了氧化铝。后来，又发现添加氧化钾后，铁催化剂的活性大大提高，最终形成了经典的合成氨三元催化剂体系。在合成氨熔铁催化剂的开发过程中，人类对催化剂的认识也大大提高了，分别提出了结构助催化剂以及电子助催化剂的概念。

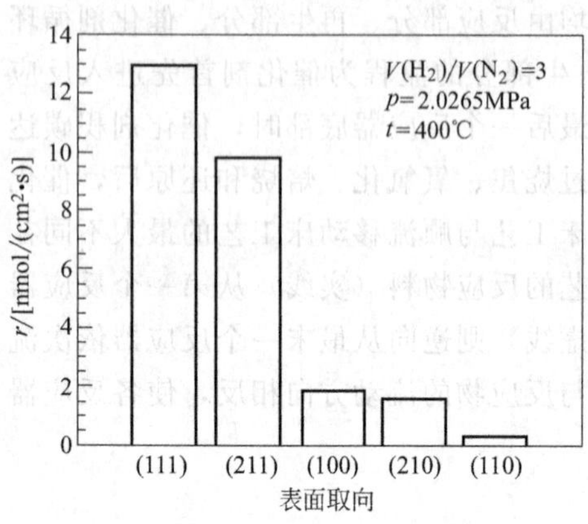


图 6-33　五个铁单晶晶面及其上的合成氨反应速率

借助于现代分析工具，对立方结构的 Fe 五种晶面上的高压合成氨反应进行了研究，晶面和活性的关系如图 6-33 所示。结果发现：(111) 面的催化活性比紧密堆积的 (110) 面高约 430 倍，而 (100) 面的活性亦比 (110) 面高约 32 倍。说明 Fe 系催化剂上合成氨反应是结构敏感反应。为了改变 Fe 系催化剂表面的微观结构，提高催化剂的催化性能，通常加入 $Al_2O_3$、$K_2O$、CaO、MgO、$SiO_2$ 等金属氧化物作为助催化剂。各种助催化之间是互相联系、互相制约的。具体来说：①加入的结构型助剂 $Al_2O_3$ 和电子型助剂 $K_2O$ 在熔融条件下会形成 $K_2Al_2O_4$ 尖晶石，以隔离活化还原后形成的 α-Fe 微晶，防止微晶长大，并束缚表面游离的 $K_2O$，以免 $K_2O$ 覆盖 α-Fe 微晶表面。$Al_2O_3$ 加入量为 2.5%～5.0%。②$K_2O$ 和加入的 $Al_2O_3$ 形成 $K_2Al_2O_4$ 尖晶石，在 α-Fe 微晶周边还可形成微电场，以提高 α-Fe 的 Fermi 能级，降低其电子溢出功。$K_2O$ 加入量为 1.1%～1.8%。③加入 CaO，MgO 以提高 Fe 系催化剂的抗烧结能力、抗毒能力和降低 Fe 原子的电子溢出功。CaO 的加入量为 2.5%～3.5%，MgO/CaO＝25%～50%。④加入少量 $SiO_2$ 可与 $K_2O$ 联合以改进 Fe 系催化剂的物理结构。

2）维氏体 $Fe_{1-x}O$ 基催化剂

通过研究催化活性与铁氧化物及其混合物（以 $R$ 值表征）的关系，得到如图 6-34 所示的熔铁催化剂的驼峰形活性曲线。在 $R<1$ 的范围内，催化活性与 $R$ 值的变化关系同经典的以磁铁矿相组成的传统催化剂的研究结果相一致。当 $R$ 值由 0.5 增至 1 左右时活性下降，当催化活性超过 $R=1$ 时的低谷之后，又开始升高；$R=3.33$ 时，催化剂母体开始形成维氏体 $Fe_{1-x}O$ 相结构，其活性已明显超过 $R=0.5$ 的传统催化剂；当 $R>5$ 时，催化剂母体形成了完全的维氏体结构，熔铁催化剂活性才真正达到最高值。这一结果突破了沿袭多年的经典结论，找到了性能更佳的新的熔铁催化体系维氏体 $Fe_{1-x}O$ 体系，并据此开发了 Fe-O 基催化剂。

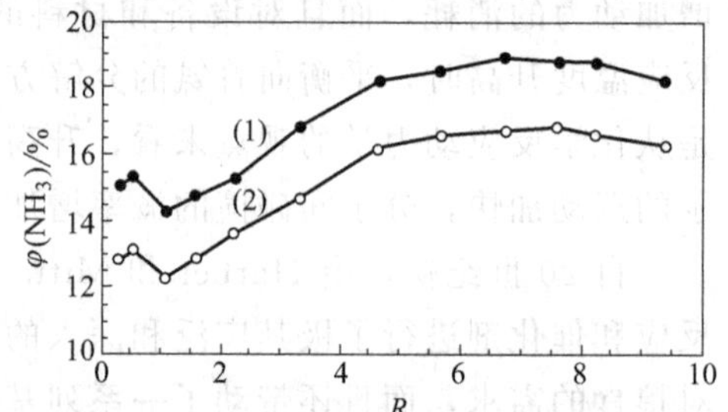


图 6-34　熔铁催化剂的驼峰形活性曲线（助剂 $Al_2O_3$-$K_2O$-CaO，$SV=30000h^{-1}$，$p=15.1MPa$，(1) 425℃，(2) 400℃）

(1) 熔铁催化剂的活性模型。基于熔铁催化剂的驼峰形活性曲线，提出了制备熔铁催化剂的单相性原理和活性模型：①最好的熔铁催化剂母体应该只有一种铁氧化物；②任何两种铁氧化物的混合（掺杂）都会引起催化活性的降低，当两种铁氧化物以等物质的量共存时，活性降到最低点，即混合程度越大，活性越低；③铁氧化物的合成氨活性次序为：$Fe_{1-x}O>Fe_3O_4>Fe_2O_3>$混合氧化物。

(2) 熔铁催化剂的制备。熔铁催化剂通常采用磁铁矿为原料的高温（1500℃以上）熔融法制备。在高温熔融条件下，以 $Fe_3O_4$ 为主要成分且含有少量 $Fe_2O_3$ 的磁铁矿与还原剂

（纯铁或纯碳）发生下列化学反应：

$$Fe_2O_3 + Fe(或\ C) \longrightarrow Fe_3O_4 \tag{6-1}$$

$$Fe_3O_4 + Fe(或\ C) \longrightarrow FeO \tag{6-2}$$

传统熔铁催化剂的制备主要是物理熔融过程，式（6-1）是制备传统熔铁催化剂的主要化学反应，而 $Fe_{1-x}O$ 基催化剂的制备也是采用磁铁矿，用物理熔融与化学反应相结合的制备工艺，主要化学反应式为式（6-2）。

原料中的 $Fe_2O_3$ 在高温（>1000℃）下发生分解反应：生成的 FeO 是 Fe 的低价氧化物，能转变为高价氧化物。在高温和大气气氛中，可能发生下列氧化反应：

$$Fe_2O_3 = (2/3)Fe_3O_4 + (1/6)O_2 \tag{6-3}$$

$$FeO + (1/6)O_2 = (1/3)Fe_3O_4 \tag{6-4}$$

$$FeO + (1/4)O_2 = (1/2)Fe_2O_3 \tag{6-5}$$

因此，磁铁矿与还原剂的比例要高于化学计量比。调节磁铁矿与还原剂的比例，可以制备各种不同化学组成的熔铁催化剂。例如，调节磁铁矿与还原剂的比例使其产物的 $R>3.15$，即可制备 $Fe_{1-x}O$ 基催化剂。因利用式（6-2）得到的 FeO 实际上是非整比的氧化亚铁，通常表示为 $Fe_{1-x}O$。另外，FeO 在热力学上属于亚稳相，不能在 570℃以下生成。当高温冷却时，它会发生歧化反应，而生成 Fe 和 $Fe_3O_4$。因此，用磁铁矿与还原剂为原料，在高温熔融条件下制取 FeO 催化剂时，必须避免 FeO 发生氧化反应和歧化反应。具体的熔铁催化剂的制备过程见催化剂制备章节。

3）钌基催化剂

20 世纪 30 年代，Zenghelis 和 Stathis 首次报道了钌的合成氨催化活性。1972 年 Aika 等发现，以钌为活性组分、以金属钾为促进剂、以活性炭为载体的催化剂对合成氨有很高的活性，从而开创了钌催化剂研究的先河。

与铁催化剂一样，$N_2$ 在钌基催化剂上的解离吸附是 $N_2$ 加 $H_2$ 合成 $NH_3$ 反应的速率控制步骤。钌基催化剂的缺点是：钌基催化剂上 $H_2$ 的吸附对 $N_2$ 的吸附有强烈的抑制作用，而钌基催化剂的优点在于对 $NH_3$ 的抑制并不明显。由于影响 Ru 催化剂性能因素的复杂性，到目前为止，仅以石墨化的碳为载体，以 $Ru_3(CO)_{12}$ 为母体的钌催化剂实现了工业化。

4）氨合成工艺

具体的合成氨工艺流程根据造气原料的不同而不同，对于固体原料煤和焦炭，通常采用气化的方法制取合成气；渣油可采用非催化部分氧化的方法获得合成气；对气态烃类和石脑油，工业中利用二段蒸气转化法制取合成气，如图 6-35 所示，从压缩段出来的合格精炼气，与经过氨冷后的循环气混合进入冷交，分离掉液氨和油水后进入循环机加压，出来经系统油分分离油污后，进入合成塔进行氨合成反应，气体经底部换热器高温部分引出，进中置锅炉与锅炉内的水换热产生蒸汽，进蒸汽总管，而后从中锅出来（200℃左右）进合成塔底部换热器低温部分降温至 140℃左右，引出后进热交、经水冷器冷却至 35℃左右进氨分分离，分离掉液氨后进入冷交上部换热器冷却，而后再进氨冷器进一步冷却到－5～0℃，冷却后的循环气与新鲜气混合进入冷交。如此反复循环，氨分与冷交分离出的液氨送氨贮槽。

### 6.6.3 费托合成

费托合成是由 1923 年德国科学家 Frans Fishcher 和 Hans Tropsch 首先发明的，故称为 FT 合成。费托合成是指将煤、天然气或生物质（纤维素、半纤维素、木质素等）等原料气

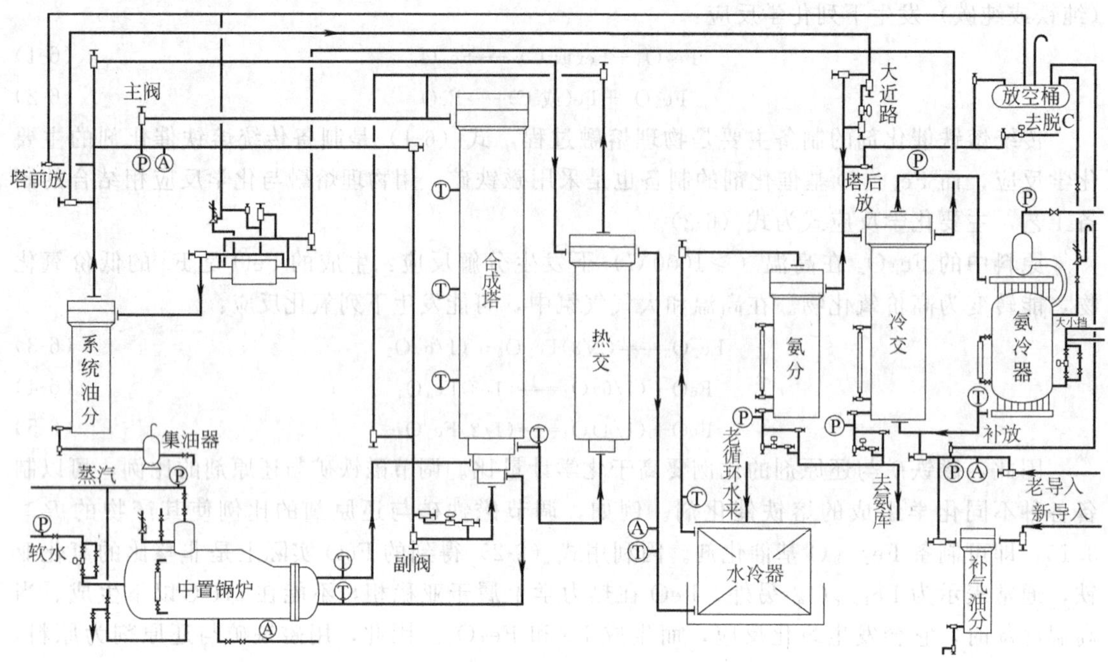


图 6-35 氨合成系统工艺流程图

化得到合成气（$CO/H_2$），再经过催化剂的作用转化为液体燃料的过程。这项技术不仅可以有效地减少大气污染，还可生产超清洁液体燃料，为替代石油资源提供新的途径。自 1923 年以来，由于受化石能源的供给变化和经济、政治的影响，FT 合成过程虽然经历了曲折的发展历程，但是仍然得到了蓬勃的发展。

1）FT 合成的 ASF（Anderson-Schultz-Flory）规则

FT 合成包括的反应式如下：

(a) 烃类（烷烃和烯烃）的合成

$$mCO+(2m+1)H_2 \longrightarrow C_mH_{2m+2}+mH_2O$$

$$mCO+2mH_2 \longrightarrow C_mH_{2m}+mH_2O$$

$$2mCO+(m+1)H_2 \longrightarrow C_mH_{2m+2}+mCO_2$$

(b) 含氧化合物（甲醇及高级醇类）的合成

$$CO+2H_2 \longrightarrow CH_3OH$$

$$nCO+2nH_2 \longrightarrow C_nH_{2n+1}OH+(n-1)H_2O$$

(c) 副反应

$$CO+H_2O \longrightarrow CO_2+H_2$$

$$2CO \longrightarrow CO_2+C$$

$$CO+H_2 \longrightarrow C+H_2O$$

$$C+xM \longrightarrow M_xC$$

由上述可以看出，FT 合成反应复杂，产物多，FT 合成主要受热力学和动力学的控制，热力学限制合成产物的平衡组成。在正常条件下，FT 合成反应平衡的到达是非常慢的，所以选择性和活性主要取决于催化剂的性质和反应条件，利用催化剂促进目的反应的进行以提高过程的选择性。对 FT 合成反应来说，决定选择性的一个重要观念是产物的碳数分布。如果 FT 合成反应可以认为是从单碳物种单元开始的，它的大小将随其他单个碳物种单元的重复加入而逐步增大，那么产物的碳数分布通常可借助键增长概率 $p$ 和与其竞争的链终止概率（$1-p$）来描述，即所谓的 Anderson-Schultz -Flory 分布：

$$\ln(M_n/n)=n\ln p+\ln[(1-p)^2/p]$$

公式中：$M_n$ 是碳原子数为 $n$ 的烃类的质量百分浓度。

一旦参数 $p$ 被确定，整个产物分布也随之被确定。如果将质量浓度对聚合度 $D$（$D=1/(1-p)$）作图，则链增长机理对选择性的影响就变得十分明显（图 6-36）。由图可见，$C_5\sim C_{11}$ 烃（汽油馏分）的选择性不可能高于 50%，对于 $C_9\sim C_{25}$ 烃（柴油馏分）也是如此。只有甲烷和甲醇的选择性可达 100%。这给高选择性地合成液体燃料带来非常严重的限制。

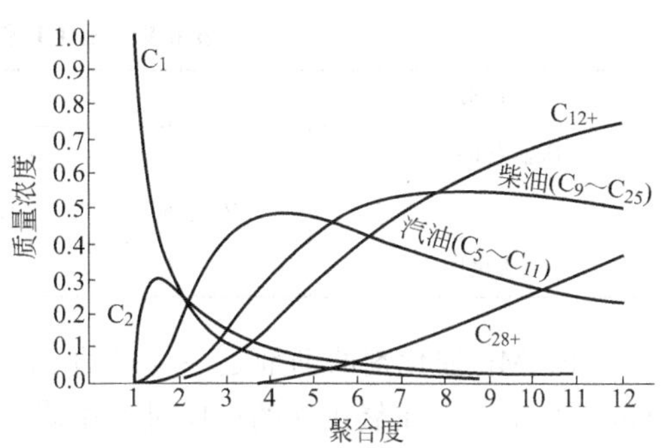


图 6-36　产物的质量浓度与聚合度的关系

2）FT 合成催化剂

FT 合成催化剂的活性组分主要是Ⅷ族的 Fe、Co、Ni、Ru 等金属，出于成本以及产物选择性的考虑，实际上只有 Fe 基和 Co 基具有实际应用的价值。与 Co 基催化剂相比，Fe 基催化剂用于 FT 合成具有的优点是：①由于催化剂具有较高的水气变换反应活性，适用于 $H_2/CO$ 比低的（0.5～0.7）煤基合成气；②催化活性高、价格低廉；③适用于很宽的温度范围；④产物烯烃组分含量高。但是，Fe 基催化剂也有其本身的缺点，如 Fe 基催化剂在使用过程中容易粉化，堵塞反应器，产生大的压力降，并导致催化剂回收困难。主要介绍 Fe 基和 Co 基 FT 合成催化剂。

（1）Fe 基催化剂。工业上用于 FT 合成的铁基催化剂主要有负载铁、熔铁和沉淀铁基催化剂。沉淀铁催化剂具有高比表面积，高孔容，活性较高，可用于低温（220～240℃）固定床反应器和浆态床反应器，主要产品是蜡。熔铁催化剂用于高温（300～350℃）流化床反应器，主要产品是汽油和烯烃。负载铁催化剂虽然具有更强的加氢能力，机械强度高，但是甲烷选择性偏高，寿命较短。

① 负载型铁基催化剂。负载型铁基催化剂的载体主要有活性炭、分子筛、氧化铝和碳纳米管等。负载型铁基催化剂可以有效延缓催化剂的失活，增强催化剂的耐磨性，提高催化剂的稳定性，并有可能通过金属载体相互作用调变催化剂的性能。

相对于沉淀铁催化剂，负载型铁基催化剂通过高温焙烧来减少载体表面的羟基或用在催化剂制备过程中不使用水的方法来避免载体的重新羟基化，从而可以减少金属与载体的相互作用。另外，采用具有双模孔结构的载体也可以提高负载型铁催化剂 FT 合成活性，载体所具有的大孔可以减少扩散限制，提供反应分子快速扩散的通道；小孔具有大的表面积可以使活性组分高度分散，提供更大的活性表面积，从而使催化剂具有更高的催化活性。

目前，负载型铁基催化剂的发展遇到的主要问题是因金属与载体之间的相互作用，导致催化剂的活性较低。但是，选用合适的催化剂助剂可使负载型铁基催化剂达到或超过传统的沉淀铁基催化剂的 FT 合成性能。其中，Cu、Mn、K、碱土金属、稀土金属及 Pt、Pd 等贵金属是常用的 FT 合成催化助剂。金属助剂的添加能改善催化剂的选择性和稳定性，其原因可能是可以在金属-助剂界面上产生新的活性位；促进 CO 分子的活化；产生氢溢流促进金属还原，阻止炭的沉积；增加金属的还原性和分散度等。

② 沉淀铁催化剂。沉淀铁催化剂主要有 Fe-Cu 系及 Fe-Mn 系两大类，其主组分均为 α-

$Fe_2O_3$。Fe-Cu系催化剂添加的助剂有$K_2O$、CuO和$SiO_2$或$Al_2O_3$，主要产物为重质烃，经加工生产柴油、汽油、煤油及硬蜡等。南非Sasol最早工业化的用于低温固定床FT合成，名为ARGE的催化剂就是一种Fe-Cu-K-$SiO_2$催化剂。其组成如表6-9所示，痕量杂质为Zn、Mg、Mo、Al及S。

**表6-9 ARGE催化剂的组成（mol/Fe mol）**

| 成分 | | Si | Cu | K | O | C |
|---|---|---|---|---|---|---|
| 所制备的样品 | | 0.246 | 0.051 | 0.056 | 4.008 | — |
| | 体表面 | 1.3 | 0.05 | 0.3 | 5.4 | 2.0 |
| 活化后 | | 2.5 | 0.3 | — | 10 | 123 |

Fe-Mn催化剂的助剂是一定量的$Mn_2O_3$和少量的$K_2O$，产物中烯烃选择性较高。助剂CuO的作用为在氧化铁的还原过程中降低催化剂的还原温度，Cu能促进铁催化剂的化学吸附，对提高FT合成活性有利。$K_2O$促进CO的化学吸附，增强Fe—C键，削弱C—O键和Fe—H键，促进链增长，使FT产物平均分子量增大，减少甲烷和低碳气态烃的生成。在CuO和$K_2O$双助剂都存在时，可促进铁催化剂碳化物的形成，使Fe-Cu-K催化剂具有较低的预处理温度。$SiO_2$或$Al_2O_3$作为结构助剂，能提高催化剂的表面积，降低催化剂表面活性组分的聚集速度，增强其抗烧结能力。

③ 熔铁催化剂。熔铁催化剂是先将磁铁矿（$Fe_3O_4$）与助剂熔化，然后经还原而成，金属氧化物以固溶体形式存在。常用的助剂有稀土氧化物（La、Ce）、$Cr_2O_3$、MgO及$K_2O$等。特点是活性较小，机械强度高，主要用于流化床反应器。

（2）Co系催化剂。金属Co加氢活性与Fe相似，但与Fe基催化剂相比，Co基催化剂对水煤气变换反应不敏感，因而反应速率不受水分压的影响，生成$CO_2$的选择性低。Co基催化剂反应过程中稳定且不易积炭和中毒，具有较高的FT链增长能力，产物中含氧化合物极少，因而产物中烃类化合物相对较多，产物烃类中又以重质烃为主。Co因储量有限，价格较高，所以具有工业应用价值的钴基催化剂多是负载型催化剂。

研究表明，Co基FT合成反应活性位是金属Co，而且反应活性只与还原后活性位Co的数目有关，而还原后活性位Co的数目又取决于Co颗粒大小、负载量、还原度和分散度等。实际上决定Co基催化剂性能的根本因素是Co与载体之间的相互作用。Co与载体之间的相互作用可以由选择催化剂的制备方法、Co前驱体、载体、助剂等来进行调控。因此，对Co基FT合成催化剂的研究大多集中在如何提高催化剂的转化率和产率。具体包括Co基催化剂前驱体、催化剂制备方法的影响、催化剂助剂的影响、载体的影响等。例如，若想提高$C_5^+$的选择性，可通过选择合适的助剂或添加贵金属来促进链增长，也可以通过使用具有规整孔道分布的中孔载体材料来满足FT合成反应过程中所产生的$\alpha$-烯烃再吸附、长链烃产物的脱附、扩散和及时迁出催化剂孔道。总的来说，Co基催化剂的发展方向是增加催化剂活性和对重质烃的选择性，减少甲烷和$CO_2$排放，催化剂的复合化和多功能化是Co基催化剂的研究趋势。

3）FT合成技术

FT合成技术包括高温FT合成和低温FT合成两种。高温FT合成除可生产汽油、柴油外，还可生产数量可观的乙烯、丙烯等轻质烯烃，是以天然气为原料生产烯烃的技术路线之一。高温FT合成技术又可分为疏相（移动）流化床技术和密相流化床技术。疏相（移动）

流化床技术的优点是合成的初级产物烯烃产量高、在线装卸催化剂容易、装置运转时间长、装置本身热效率高、压降低、回收压缩投资低、反应器径向温差低。其缺陷是：装置结构复杂、投资高、操作复杂、检查维修成本高、装置进一步放大困难、合成气硫含量要求高。密相流化床技术又称改进型 Synthol 工艺。改进型工艺产品的构成可根据局部市场的需要通过改变催化剂和调整装置而变化。低温 FT 合成技术主要采用管式固定床 Arge 反应器和浆态床反应器。浆态床反应器结构比管式固定床反应器更简单，反应物混合好、可等温操作，单位反应器体积的产率高，可在线装卸催化剂，放大更容易。

### 6.6.4 乙烯环氧化制环氧乙烷银催化剂

环氧乙烷（EO）是一种重要的有机合成原料，是乙烯工业衍生物中仅次于聚乙烯和聚氯乙烯的重要有机化工产品。乙烯在银催化剂作用下直接氧化是生产 EO 的主要技术，其化学反应程式如下所示：

$$H_2C{=}CH_2 + 1/2O_2 \longrightarrow \underset{\diagdown\ O\ \diagup}{H_2C{-}{-}CH_2} \qquad \Delta H = -122.2\text{kJ/mol}$$

银作为乙烯环氧化反应催化剂最早是由 Leofrt 在 1931 年发现的。早期的银催化剂采用陶瓷载体，由于其比表面积较小，制得的催化剂选择性、稳定性均不理想。后来银催化剂采用具有较佳孔结构和比表面积的氧化铝作载体，使催化剂选择性有了明显的提高。

1）环氧乙烷合成银催化剂的发展

由于在乙烯环氧化生产 EO 的过程中，原料乙烯通常占生产成本的 70%以上，提高银催化剂的选择性是提高 EO 生产技术水平的核心，Ag 催化剂选择性的提高是逐步发展起来的。20 世纪 60 年代，制备银催化剂的前躯体为乳酸银，EO 的选择性在 70%左右；到 70 年代，改用草酸银，采用 $\alpha$- $Al_2O_3$ 作载体，同时添加碱金属、碱土金属作催化剂助剂，特别是以 Cs 为助剂，催化剂的选择性可提高到 80%左右。80 年代以后，通过添加新的助剂 Re，或在反应气中添加促进剂 $NO_x$，使催化剂选择性高于 85%。进入 90 年代，通过对载体、助剂、及制备方法的改进，银催化剂的选择性已达 90%左右，并且催化剂的活性和稳定性日趋升高。

2）银催化剂

工业 Ag 催化剂是负载型催化剂，其中含银 10%～35%，载体是 $\alpha$- $Al_2O_3$、SiC、低比表面积的 $SiO_2$ 或硅酸铝等，并添加各种助剂。下面从主活性组分 Ag、助剂、载体三个方面对银催化剂进行介绍。

（1）主活性组分 Ag。Ag 的负载分为均匀分布型和非均匀分布型。均匀型银催化剂的制备过程是：用银盐、钡盐、有机胺、助催化剂、蒸馏水配制银胺络合液，用银胺络合液浸渍载体，负载有银胺络合液的载体进行热分解，得成品银催化剂。银胺络合液的配制是银催化剂制备中较为关键的步骤，在此步骤中，各种组分的选择与添加都会影响到成型银催化剂的性能。常用的银起始化合物是草酸银。有机胺的选择大多为乙二胺和杂环化合物恶哇琳等。此外，用银盐的有机物溶液制备银催化剂还可以避免用对催化剂性能有害的水作为溶剂。

为了克服均匀型银催化剂价格偏高的不足，把 Ag 负载于（近）球形 $\alpha$-氧化铝载体上，银组分在催化剂表面形成薄壳型非均匀分布。在 $\alpha$-氧化铝载体上，银含量从表面到内部逐渐减少，银颗粒逐渐稀少，形成梯度分布。薄壳型非均匀分布银催化剂的活性、选择性并未随着银含量的大幅下降而降低，在保证活性及选择性的前提下可较大幅度降低银催化剂中的银含量（与均匀型银催化剂比较），降低了催化剂的成本。

(2) 助催化剂。助催化剂是银催化剂的重要组成部分，可作为助催化剂的元素有碱金属、碱土金属、稀土金属、ⅥB族金属、铼、铊、锰、钴、镍、铪、铌、锆及卤素、硫、硒、磷和硼等。上述元素可单独添加也可2种或2种以上元素同时添加以起到协同助催化的作用。表6-10给出了在比表面积为0.6～3.0$m^2/g$、硅与钠的质量比为2～50的氧化铝载体上渍银、铯、锂和铼时，不同锂含量及各种助剂的协同效应对催化剂性能的影响。

表 6-10 含碱金属催化剂性能比较

| 项目 | 锂含量 | 铯含量 | 助剂含量（以载体为基准） | | | | | 催化剂性能 | | |
|---|---|---|---|---|---|---|---|---|---|---|
| | | | 铼含量 | 铼含量① | 铯铼物质的量比 | 总锂铼物质的量比 | 总锂银质量比 | 最高选择性/% | 反应温度/℃ | 选择性降低率/% |
| A1 | $600\times10^{-6}$ | $1090\times10^{-6}$ | $420\times10^{-6}$ | $300\times10^{-6}$ | 2.5 | 38 | 0.0044 | 86.2 | 244 | 4.8 |
| A2 | $560\times10^{-6}$ | $1090\times10^{-6}$ | $420\times10^{-6}$ | $300\times10^{-6}$ | 2.5 | 36 | 0.0041 | 85.3 | 250 | 8.7 |
| B1 | $60\times10^{-6}$ | $1090\times10^{-6}$ | $420\times10^{-6}$ | $300\times10^{-6}$ | 2.5 | 4 | 0.0004 | 84.0 | 256 | 33 |
| B2 | $170\times10^{-6}$ | $1090\times10^{-6}$ | $420\times10^{-6}$ | $300\times10^{-6}$ | 2.5 | 11 | 0.0012 | 83.4 | 257 | 80 |

①比表面积为1$m^2/g$载体中的铼含量。

注：A1、A2为实施例，B1、B2为比较例。

可以看出，不同助剂间确实存在协同效应，且合适的配比在保持高选择性的同时能显著延长催化剂的使用寿命。稀土金属中钪和铱多用于银催化剂的助催化剂，在与其他元素组合而成的协同助催化剂中效果较佳。其中钪对银催化剂的活性及选择性均有助催化作用，其用量与钙、钡相似，也必须严格控制在适度范围内，如果超量，则会对催化剂产生毒性。

## 思考题

1. 简述金属催化剂的特点。

2. 金属催化剂按制备方法可分为哪些类型？

3. 金属化学键的理论有哪些？

4. 金属催化剂主要催化哪些类型的反应？

5. 什么是d电子特性百分数？它与金属催化剂的化学吸附和催化活性有什么关系。其在解释金属催化剂性能时的局限性在哪里？这一局限性可由什么理论来解释？请举例说明。

6. 试说明金属与载体间的相互作用。

7. 什么是d带空穴？它与金属催化剂的化学吸附和催化性能之间的关系是什么？

8. 金属催化剂为什么大多数制备成负载型催化剂？

9. 负载型催化剂中金属分散度的定义是什么？

10. 举例说明什么是结构非敏感反应和结构敏感反应？

11. 请说明双金属催化剂的主要类型和用途。

12. 什么是溢流现象？其发生的条件是什么？

13. 造成催化反应结构非敏感性的原因有哪几种？

14. 氨合成催化剂的主要组成及活性组分是什么？

15. 试分析熔铁催化剂的主催化剂 $Fe_3O_4$ 的结构，在还原态时，其活性相是什么？
16. 试分析乙烯环氧化的反应机理？
17. 加氢和脱氢反应各有什么特点？
18. 原料气 $H_2$/CO 的比例对费托合成反应有何影响？
19. 何谓催化重整？影响重整转化率的因素有哪些？

## 参考文献

[1] Anderson J R. Structure of Metallic Catalysts. New York: Academic Press, 1975.
[2] Gates B C, Katzer J R, Schuit G C A. Chemistry of Catalytic Process. New York, McGraw-Hill, 1979.
[3] 吴越. 催化化学. 北京：科学出版社，2000.
[4] 王桂茹. 催化剂与催化作用. 第二版. 大连：大连理工大学出版社. 2004.
[5] 黄仲涛，耿建铭. 工业催化. 第二版. 北京：化学工业出版社，2006.
[6] 赵德华，吕德伟，臧雅茹，等. 多相催化中的溢流作用. 化学进展，1997(2)：9.
[7] 刘化章. 合成氨催化剂研究的新进展. 催化学报. 2001，22(3)：304.
[8] 曹淑媛，李金兵. 乙烯环氧化反应机理述评. 工业催化. 北京：化学工业出版社，2000，8(6)：8

# 第7章 均相催化工业应用

## 7.1 概述

化工过程中多相催化占有主导地位，但均相催化的重要性也在持续增长。目前在工业催化过程中，采用过渡金属催化剂的均相催化过程估计占到25%左右。近三十年来，均相催化经历了巨大的发展，许多均相过渡金属催化剂催化的新工艺得以建立，并获得了许多新的产品。如图7-1所示，目前均相过渡金属催化的化学反应几乎遍及了化学工业的各领域。

均相加氢工艺在化工中有许多重要应用，包括苯加氢制备环己烷，丙烯羰基合成醛进而加氢为丁醇（OXO工艺），不对称加氢（左旋多巴，Monsanto工艺），以及其他不饱和化合物如硝基、腈基等催化加氢。均相催化剂另一重要的工业应用是分子氧或过氧化氢对烃的氧化反应，如，乙烯氧化制乙醛，环己烷氧化制环己醇/酮，对二甲苯氧化制对苯二甲酸等。

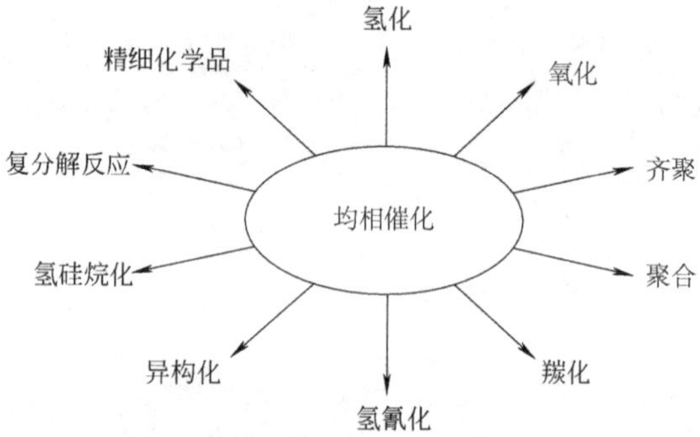

图7-1 均相催化工业应用

过渡金属配位催化剂在聚烯烃领域也有很重要的应用，齐聚反应主要涉及单烯烃或二烯烃，聚合反应有类似的机理。使用可溶或不溶过渡金属催化剂的聚合或共聚主要用来生产聚乙烯和聚丙烯（Ti或Zr基茂金属催化剂）、乙烯-丁二烯橡胶、聚（顺式1,4-丁二烯）等。金属配位催化烯烃聚合反应在高分子合成工业有重大意义。

CO参与的化学反应也是均相催化应用非常重要的领域，是最早的均相催化工业过程之一，德国科学家Walter Reppe（BASF，Ludwigshafen）和Otto Roelen（Ruhrchemie Oberhausen）为均相羰化发展做出了重大贡献。丁二烯和HCN在镍配合物存在下发生氢氰化反应可生成高立体选择性的己二腈，这一反应被杜邦公司开发成工业规模合成己二腈工艺。

异构化反应通常是均相催化工业过程的中间步骤，例如，在Shell羰基合成工艺中，内烯烃转化为伯醇，这一异构化反应发生在CO插入前。上述提到的杜邦己二腈工艺的关键步骤是2-甲基-3-丁烯腈异构成线性腈，其他的例子还有CuCl催化的二氯丁烯的异构化。

单烯烃和二烯烃的复分解反应可在均相和多相催化剂作用下进行，而最重要的涉及复分解反应步骤的过程：SHOP 工艺和 Phillips 三烯烃工艺，都是基于多相催化剂的工业过程。均相催化的复分解反应主要用于降冰片烯（Norsorex，CDF-Chemie）和环丁烯（Vestenamer，Hüls）的开环复分解。

均相催化也用于生产小规模但高附加值的精细化工产品，如医药、香料和农药等。表 7-1 列举了涉及均相催化的最为重要的一些工业过程，表 7-2 是一些从普通商品到特殊用途化学品的生产工艺情况。

**表 7-1 均相催化的工业过程举例**

| 单元过程 | 工艺/产品 |
|---|---|
| 烯烃异构化反应 | 单烯烃异构化(Dimersol 工艺)，丁二烯和乙烯合成 1,4-己二烯(杜邦公司) |
| 烯烃齐聚反应 | 丁二烯三聚合成环十二碳三烯烃(Hüls 工艺)，乙烯齐聚合成 $\alpha$-烯烃(SHOP，Shell 工艺) |
| 聚合反应 | 烯烃、二烯等合成聚合物(齐格勒-纳塔催化) |
| 羰化反应 | 羰化(氢甲酰化，羧基化，Reppe 反应)，甲醇羰化生产乙酸(Monsanto)，醋酸甲酯羰化 |
| 氢氰化 | 丁二烯和 HCN 生产己二腈(杜邦公司) |
| 氧化 | 环己烷氧化，合成羧酸(己二酸，对苯二酸)，环氧化物，乙醛(Wacker-Hoechst) |
| 异构化 | 双键异构，1,4-二氯-2-丁烯转变成 3,4-二氯-1-丁烯(杜邦) |
| 不对称氢化 | 不对称氢化，左旋多巴(Monsanto)，L-薄荷醇(BASF) |

**表 7-2 均相催化生产化学品的生产简介**

| 过程 | 催化剂 | 产量/(t/a) |
|---|---|---|
| 氢甲酰化 | $HRh(CO)_n(PR_3)_m$ | 3700 |
|  | $HCo(CO)_n(PR_3)_m$ | 2500 |
| 氢氰化(杜邦) | $Ni[P(OR_3)]_4$ | ~1000 |
| 乙烯齐聚(SHOP) | Ni(P-O)螯合配合物 | 870 |
| 乙酸(Eastman Kodak) | $HRhI_2(CO)_2/HI/CH_3I$ | 1200 |
| 乙酸酐(Tennessee-Eastman) | $HRhI_2(CO)_2/HI/CH_3I$ | 230 |
| 异丙甲草胺(Novartis) | [Ir(二茂铁基二膦)]I/$H_2SO_4$ | 10 |
| 茚氧化物(Merck) | 手性 Mn-salen 配合物 | 600kg |
| 环氧丙醇(ARCO，SIPSY) | 钛酸异丙酯/酒石酸二乙酯 | 数吨 |

## 7.2 丙烯氢甲酰化

羰基合成（Carbonylation，早期名称 OXO synthesis），或更正式的说法为氢甲酰化（Hydroformylation），是烯烃/CO 在氢气的存在下发生加成反应生成更高一级的醛。这个过程在 1938 年由鲁尔化学公司的 Otto Roelen 发现，并在那里进行首次商业化。该反应无论是在学术还是在经济价值方面都是最重要的均相催化工业应用。最重要的烯烃原料是丙烯，随后通过初始产物丁醛催化加氢转化为 1-丁醇和 2-乙基己醇。反应式如下所示：

$$CH_3CH{=}CH_2 + CO + H_2 \longrightarrow CH_3CH_2CH_2CHO \left(+CH_3-\underset{\underset{CHO}{|}}{CH}-CH_3\right)$$

$$CH_3CH_2CH_2CHO \xrightarrow{H_2} CH_3CH_2CH_2CH_2OH$$

$$CH_3CH_2CH_2CHO \xrightarrow{1.Base;\ 2.H_2} CH_3(CH_2)_3-\underset{\underset{C_2H_5}{|}}{CH}-CH_2OH$$

## 7.2.1 催化体系

氢甲酰化最初采用的是钴催化剂 $HCo(CO)_4$，产物为支链醛和线性醛的混合物。采用膦配体进行修饰后可以增加线性醛的收率。1976 年，美国联碳公司取得突破，采用铑催化剂，如 $HRh(CO)(PPh_3)_3$，工艺条件更为温和，在 100℃左右、$1\times10^6$～$2.5\times10^6$Pa 的压力下即可得到很高的线性/支链产物比。采用更低的反应压力可使合成气在生产条件下被直接使用，节省了压缩机和高压反应器的投资成本。由于催化剂价格十分昂贵，经济性方面的优势更取决于昂贵催化剂的寿命，因此，催化剂的回收也是极为重要的。表 7-3 为工业化的丙烯氢甲酰化工艺。

表 7-3 工业化的丙烯氢甲酰化工艺

| 项目 | 催化体系 | | |
|---|---|---|---|
| | Co | Co/膦配体 | Rh/膦配体 |
| 反应压力/Pa | $2\times10^7$～$3\times10^7$ | $5\times10^6$～$1\times10^7$ | $7\times10^5$～$2.5\times10^6$ |
| 反应温度/℃ | 140～180 | 180～200 | 90～125 |
| $C_4$ 选择性/% | 82～85 | >85 | >90 |
| 正/异-丁醛 | 80/20 | 90/10 | 95/5 |
| 催化剂 | $HCo(CO)_4$ | $HCo(CO)_3(PBu_3)$ | $HRh(CO)(PPh_3)_3PPh_3$ 摩尔比达 1∶500 |
| 主产物 | 醛 | 醇 | 醛 |
| 加氢烷烃量/% | 1 | 15 | 0.9 |

在氢甲酰化反应条件下，真正的活性中间体是氢化金属羰基配合物[$HM(CO)_4$]，其形成和失活过程如图 7-2 所示。

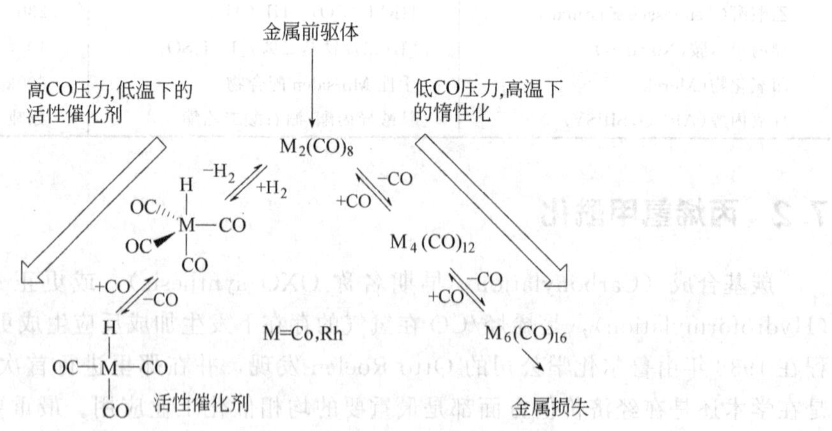


图 7-2 $HM(CO)_4$ 活性中间体的形成与失活过程

## 7.2.2 反应机理

钴催化的氢甲酰化反应机理如图 7-3 所示。在高压 CO 和 $H_2$ 存在下，钴催化剂的前驱体（如乙酸钴）转变成活性中间体，即 $HCo(CO)_4$（Ⅰ）。（Ⅰ）通过 CO 解离反应生成 16

电子的 $HCo(CO)_3$（Ⅱ），（Ⅱ）和烯烃反应生成 $\pi$-配位化合物（Ⅲ），在下一步平衡过程中，$\pi$-配位化合物转变成 $\sigma$-配位化合物（Ⅳ），然后加成 CO 转变成 18 电子物种（Ⅴ）。在下一步循环中，CO 插入 C—Co 键之间，导致醛的形成，完成催化循环。同时（Ⅴ）转变成 16 电子物种（Ⅵ），配位 CO 形成 18 电子物种（Ⅶ），循环的最后一步是加氢解离出活性物种（Ⅰ）。

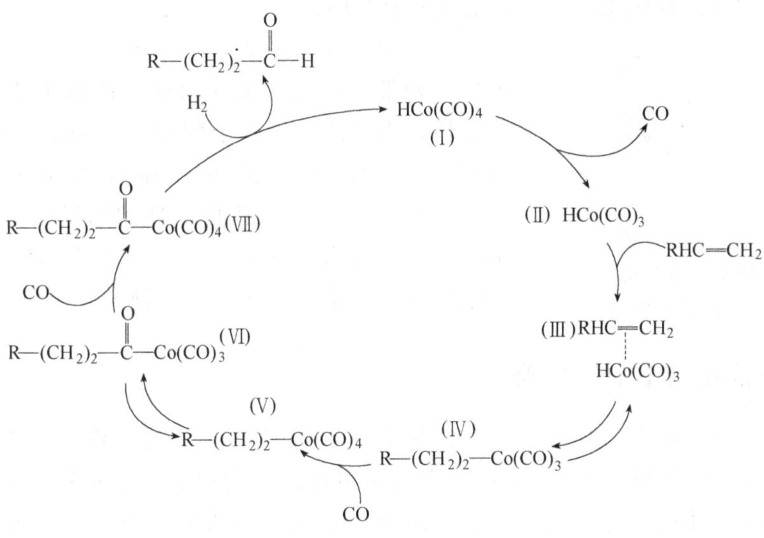


图 7-3　钴催化的氢甲酰化反应机理

以上钴催化反应机理对于铑催化剂也同样适用，需指出的是上述机理是无配体修饰的 Co 或 Rh 的催化机理，当存在修饰配体时（如膦配体），机理会有所不同。

氢甲酰化反应研究的基本内容是控制区域选择性，抑制加氢之类的副反应。而通过优化反应参数，如温度和压力，实现这一目的的可能性有限，通过调节催化剂性能，如加入 $PR_3$（如 $PPh_3$，$PBu_3$）辅助配体更为有效，尤其是对于 Rh 催化剂。

在有过量 $PPh_3$ 配体存在下，Rh 催化氢甲酰化反应机理如图 7-4 所示。

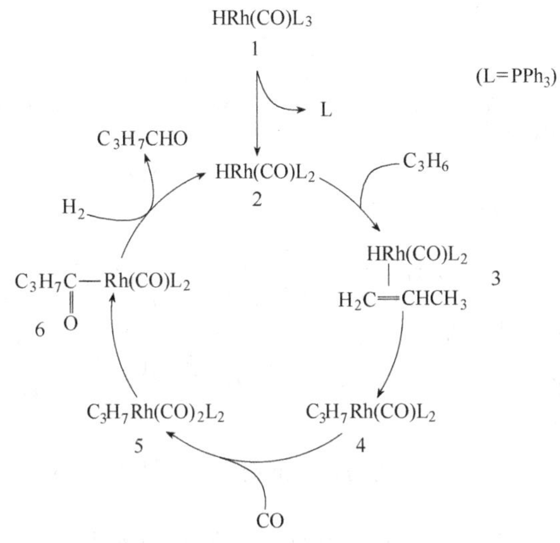


图 7-4　Rh 催化丙烯氢甲酰化反应催化循环

循环由配体解离反应开始，脱除一个配体后转变成 16 电子物种（2），然后烯烃配位形成 $\pi$-配合物（3），随后经烯烃插入，转变成 $\sigma$-配合物（4），这两步反应决定了氢甲酰化反应产物为支链型还是直链型产物，下一步是配位 CO 形成 18 电子物种（5），然后 CO 插入形成 16 电子物种（6），这一插入反应决定了最终醛产物的结构，物种（6）发生氢解及还原消除得到醛产物并恢复成物种（2），完成整个循环。

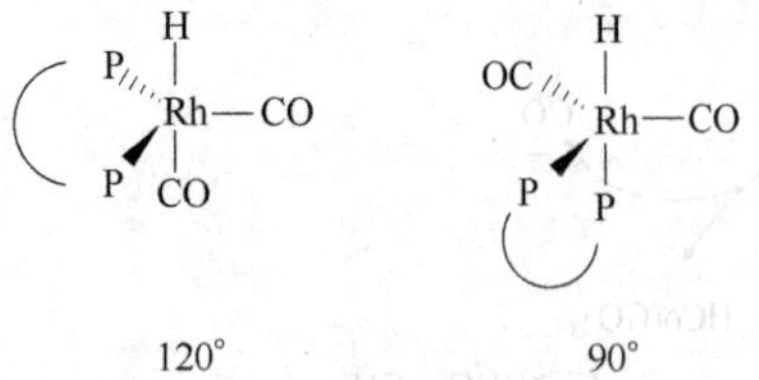

对于单齿配体，如三苯基膦，其托尔曼锥角 $\theta$ 和亲电性 $\chi$ 对催化体系的活性和选择性有重要影响。对于二齿配体，由于能提供两个配位点和过渡金属配位，其所谓螯合角 $\beta$，即配位中心和过渡金属组成的夹角（图 7-5），决定了形成醛的活性和选择性。当配体为赤道平面（螯合角为 120°）时，产物以直链醛为主，在赤道和轴向位置（螯合角 90°），产物为支链醛。



图 7-5　两种不同螯合角的 Rh-二齿配体配合物

### 7.2.3　商业催化剂中配体种类

有机配体的种类很多，但用于工业的只有少数的几种。以钴盐+修饰性膦或亚磷酸酯配体为催化剂的氢甲酰化反应在 1964 年埃索公司申报的专利中有相关描述，但 Shell 公司首次在工业上应用配体修饰的 Co 催化剂是 1970 年，其常用的配体是三丁基膦，商业上其他的含膦配体如图 7-6 所示。这一催化体系仍在 Shell 公司使用，用于生产表面活性剂醇。三苯基膦配体 1965 年由 Wilkinson 发现，在 20 世纪 70 年代用于工业化，被视为 Rh 均相催化的重大突破，该配体用量为 Rh 物质的量 100～200 倍时，端烯烃的氢甲酰化反应的立体选择性很高，如以丙烯为反应物，支链产物的选择性被抑制到低于 10%。这一配体被广泛用于氢甲酰化反应，经磺酰化后能完全溶于水，从而使 Rh 转移到水层，这也是 Celanese 两相法工艺的基础。

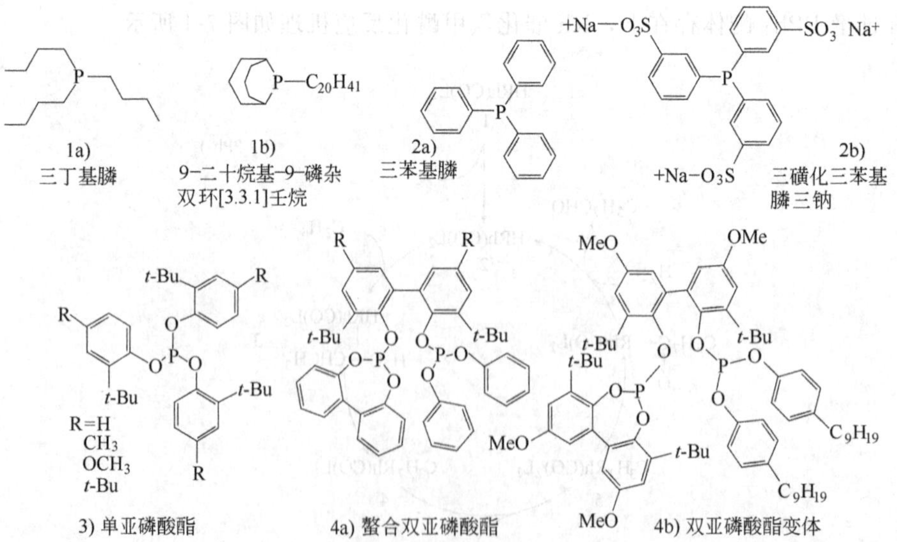

图 7-6　商业上采用的膦配体和亚磷酸酯配体

亚磷酸酯配体被认为是一种比膦配体更好的π-受体，这种更强吸电子性配体增加了反应速率，因为CO从金属中心解离速率比采用膦配体时更快。亚磷酸酯配体的主要缺点是立体选择性低。但对于对氢甲酰化困难的中间烯烃或支链烯烃，采用亚磷酸酯辅助配体可获得合适的反应速率，因此，亚磷酸酯配体通常用于工业上难以实现且对立体选择性要求不高的氢甲酰化反应。

### 7.2.4 工艺流程

图7-7是烯烃氢甲酰化工艺的一般流程。步骤A是第一步，将烯烃、合成气和催化剂溶液混合。需要的装置有合成气排管，静态混合器和喷嘴混合器，B步骤是反应部分，主要根据反应动力学进行设计。如果反应相对较慢，如时空收率在0.1t/(m³·h)级，采用标准搅拌釜反应器。如果是快速反应，更适宜管式反应器，如鼓泡管式反应器，内部装有穿孔层板，有利于液体和合成气的有效混合。由于反应会释放大量热，所以内部还装有热交换器。工业上氢甲酰化通常在一定压力下进行，在C步骤（气体分离）压力会释放，在D步骤，反应器中的反应液和催化剂分离后，进一步处理，未转化的合成气和烯烃回收循环。除了D步骤回收催化剂外，其他各步都或多或少涉及传统的工程问题，D步骤涉及从液态产物中分离溶解的催化剂，其处理方法适合所有工业过程。

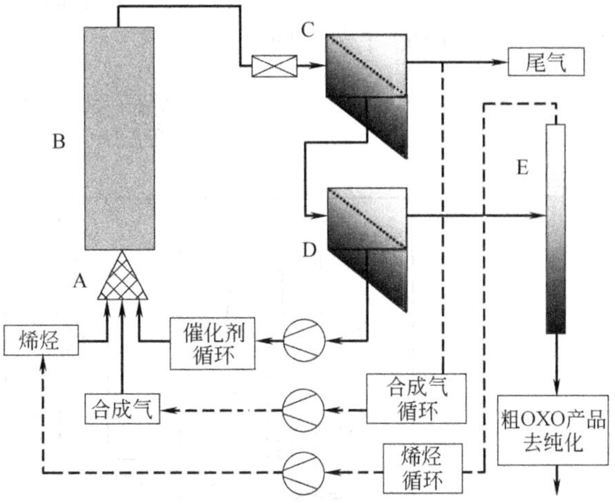

图7-7 烯烃氢甲酰化的一般工业流程示意图

A—混合器（包括外部和内部回收原料过程）；B—反应器（包括搅拌釜，鼓泡塔等）反应部分；C——步分离（未反应合成气从反应混合物中分离）；D—二步分离（催化剂溶液从反应液分离）；E—三步分离（未反应烯烃从粗产物中分离）

由于催化剂价格昂贵，在氢甲酰化中微量Rh损失也会影响经济效益。假设催化剂的损失量为1mg/kg，即每获得1kg产物损失1mg催化剂，则每年将损失约400kgRh，约值1600万美元，同时还要考虑修饰的配体损失，这一数据将进一步提高，假设配体的摩尔质量为1000g/mol，配体和Rh的摩尔比是10/1，对于一个结构不太复杂的二齿配体，合成每公斤配体的价格是500美元，则每年的配体损失约40t或2000万美元。因此必须努力将Rh的损失降低到远小于1mg/kg的水平。根据现行数据，对于一般烯烃氢甲酰化反应，平均消耗Rh用量为50～100mg/t产物水平。

原料中痕量硫化物会使Rh催化剂中毒，以三价P化合物为配体时，其很容易发生氧化反应：$PR_3+[O]\longrightarrow O=PR_3$，在连续工艺中，原料烯烃中痕量过氧化物和合成气中痕量氧气会随时间累积，因此对于使用配体修饰Rh催化剂的工艺过程，必须对原料进行仔细地纯化处理。在更高温度和更低压力下，催化剂会形成金属团聚体或析出金属而失活，因此更需要采用高浓度配体来维持催化剂的稳定性。另一方面，配体本身的失活也会在反应过程中发生，亚磷酸酯的皂化形成游离酸，可在痕量水作用下发生，而痕量水来源于羟醛缩合反应，由于皂化在酸催化下进行，所以这也是一个自催化引发反应。在卸压分离合成气时，起稳定配位作用的CO消失了，金属团聚体的形成成为Rh损失的主要途径。而最危险的是催化剂回收部分，尤其是为了分离高沸点产物需进行真空蒸馏时，不仅要考虑金属团聚体的形成，热分解也会破坏配体。此外，催化剂回收前，通常需用少量气流对反应器进行吹扫，以避免积累如羟醛缩合产物和配体失活产物，在吹扫过程中也有可能造成催化剂损失。原则上，以Co为催化剂的工业过程也有类似的催化剂损失途径，但由于Co和Rh价值上的差异，对于无修饰Co催化剂来说，催化剂损失相对不那么重要，但是金属Co和Co金属簇的沉积会导致喷嘴和阀门堵塞，导致生产线停机。而对于有配体修饰的Co催化剂，同样也存在配体被氧气和过氧化物破坏损失的情形，需对原料进行纯化处理。

丙烯经氢甲酰化制备丁醛是最重要的工业氢甲酰化反应。基于配体修饰的Rh催化的高效化学和立体选择性工艺已经取代了原来的Co催化高压反应工艺，图7-8是工业的低压OXO工艺（LPO工艺）图示。

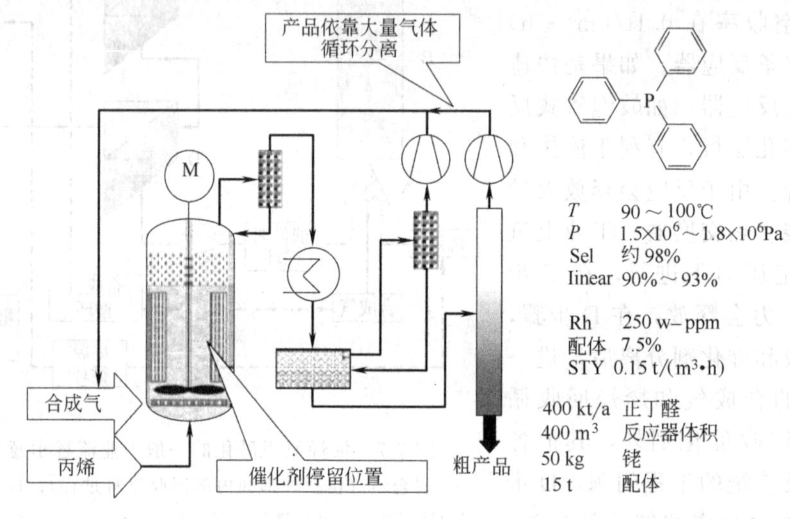


图7-8 工业LPO过程（过量气体循环流程）

反应器采用大型搅拌罐式反应器，内置热交换器以控制反应放热，催化剂溶解在溶液中，和产物的分离十分简单，但很有效。采用过量的合成气使产物和未反应的丙烯分离，由于存在很多泡沫，反应器只有部分体积用于氢甲酰化反应，当合成气携带产物和未反应的丙烯离开反应器时，产物通过浓缩分离，大部分合成气从液态产物中分离，然后通过压缩机回收。气液分离器排出的液态物质中仍含有部分丙烯和合成气，通过柱分离回收。但三苯基膦为配体，相对于Rh过量时（250/1），可促进配体加成平衡反应移向生成$HRh(CO)(PPh_3)_3$的方向。这对于稳定配合物，使支化的2-甲基丙醛的生成降到最低的＜10%是极为必要的，但反应速率会因使用过量配体而减小，时空收率STY大约为$0.15t/(m^3 \cdot h)$（液态体积）。这一工艺由UCC公司开发并授权全世界公司采用，至今仍在使用。这一最为简化和优化的工艺仅用于丙烯的氢甲酰化，因为丁醛的沸点很低（75.7℃），而用于高沸点醛合成时，用于分离产物需要的合成气量十分巨大，使这一工艺不经济。

另一种新的催化循环设计是在20世纪80年代由Ruhrchemie（即Celanese）引入的，对三苯基膦配体在低温下仔细磺化后，配体具有完全的可水溶性，在这一配体作用下，Rh可转移到水相，由于产物难溶于水相，产物和催化剂分处不同液层而得以分离（图7-9）。

和蒸馏过程相比，这一分离过程极大地简化了。合成部分则更为复杂，合成气、液相丙烯和液态催化剂水溶液都需有效混合，以保证充分接触，所以需采用多个搅拌器。由于丙烯在催化剂相中溶解性低，需采用更高压力、更高温度和更高的催化剂浓度。此外，过量的催化剂相（水相）也是必要的，水相中产物的比例大约占5%～10%。时空收率和其他工艺类似，现有的大型正丁醛反应装置有100$m^3$，约有100kt/a的产量。这一工艺的化学选择性很高，而立体选择性稍低，约为95%。但由于副产物异丁醛可用于生产新戊二醇，这一产品市场在不断扩大，所以95%的立体选择性影响不大。

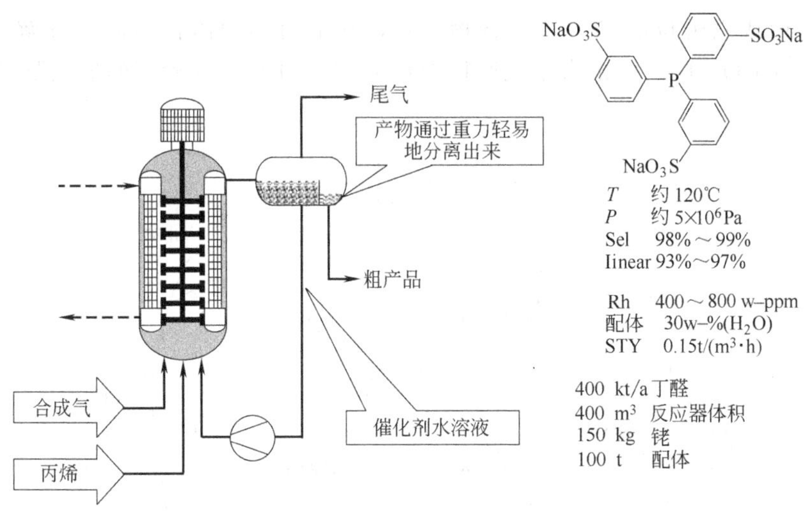


图7-9 Ruhrchemie法水溶性配体两相工艺流程示意图

虽然其他水相磺化配体也具有很好的活性，但尚未用于工业上。这是因为这些配体生产成本过高。还有一种工艺是采用表面活性剂进行微乳化，以获得更高的质量传递面积，最近更提出采用极性非水溶剂的氢甲酰反应，如采用聚乙二醇代替水使烯烃具有更好的溶解性，但缺点是会增加催化剂损失和降低立体选择性。还有一种方法是采用氟代试剂为溶剂用于两相催化，通常适用于特殊的配体，如氟代配体。离子液体则是这一领域的热点，但到目前为止，就这一技术来说，出现重大突破的可能性还为时过早。

## 7.3 甲醇羰基化合成乙酸

甲醇羰基化合成乙酸是目前生产乙酸的主要工业路线，世界上约60%～80%的乙酸由甲醇羰基化生产。

$$CH_3OH + CO \xrightarrow{[RhI_2(CO)_2]^-} CH_3COOH$$

甲醇羰化生产乙酸工艺最早由BASF于1960年实现工业化，采用羰基钴/碘化物共催化剂，在高温和高压下（250℃，6.8×10$^7$Pa）进行，BASF工艺乙酸选择性（基于甲醇）为90%左右。1966年孟山都（Monsanto）开发了Rh催化剂（$[Rh(CO)_2I_2]^-$），在同样以碘化物为共催化剂作用下，基于甲醇有高达99%的乙酸选择性，反应在更温和条件下进行（150～200℃，3×10$^6$～6×10$^6$Pa）。自从1970年实现商业化后，孟山都（Monsanto）工艺已成为生产乙酸的主要工艺。1996年，BP化学公司提出了一种新的甲醇羰化工艺，命名为Cativa™，采用Ru促进的Ir/碘化物催化体系，Cativa工艺对传统的Rh催化剂进行了重大改进，能在更低浓度的水溶液中进行，有更高的反应速率，能减少液态副产物的形成，能提高基于 CO 的收率。

### 7.3.1 反应机理

Rh 催化的甲醇羰基化催化循环（图 7-10）包括氧化加成、配体迁移、CO 插入和还原消除等主要反应，催化循环如图 7-10 所示。阴离子 cis-$[Rh(CO)_2I_2]^-$ (1)是初始活性物种，和底物 $CH_3I$ 反应形成六配位配合物$[(CH_3)Rh(CO)_2I_3]^-$ (2)，动力学不稳定，转变成异构体五配位的乙酰基配合物$[(CH_3CO)Rh(CO)I_3]^-$ (3)（甲基迁移到 CO 配体上），(3) 迅速和 CO 反应形成六配位的二羰基配合物（4），其平面异构体在室温下分解产生乙酰碘 $CH_3COI$ 和$[Rh(CO)_2I_2]^-$，前者生成产物为 $CH_3COOH$ 后者开始新的催化循环。

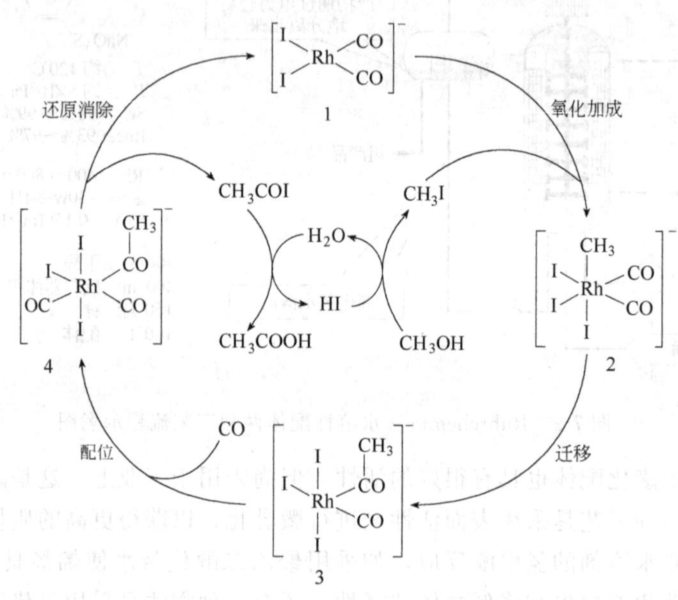


图 7-10 Rh 催化甲醇羰基化催化循环

动力学研究表明甲醇羰化速率取决于 Rh 配合物和 $CH_3I$ 的浓度，和甲醇的浓度及 CO 的压力无关。速控步可能是甲基碘对 Rh 配合物（1）的氧化加成，反应体系中需加入一定量的水（14wt%～15wt%）以获得高催化活性及维持催化剂稳定性。实际上，如果水含量少于 14%，速控步则变成乙酰基物种（4）的还原消除。然而，Rh 还同时催化水-气转换反应（$CO + H_2O \longrightarrow CO_2 + H_2$），反应液中水和 HI 的浓度严重影响副反应形成的 $CO_2$ 和 $H_2$ 的含量。

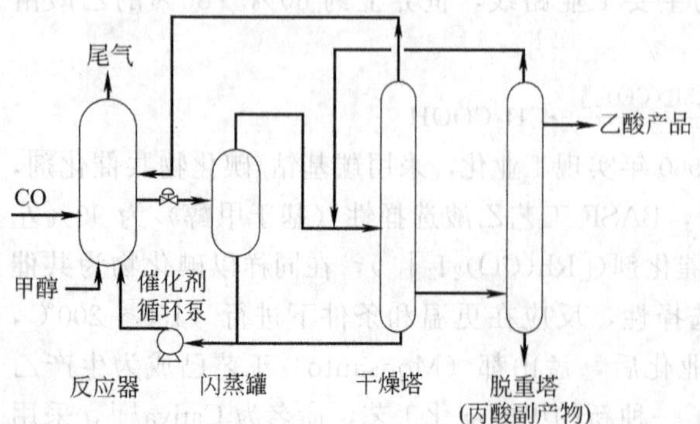


图 7-11 甲醇羰基合成乙酸工艺流程简图

### 7.3.2 工艺流程

甲醇羰基化的简化工业流程如图 7-11 所示。孟山都工艺的显著特点是反应器的工艺参数必须限定在一定范围，以防止昂贵的 Rh 催化剂在下游工序沉淀下来，这些工序为贫 CO 区，如闪蒸罐等，在此区域中，催化剂从产物中分离，然后重新回收到反应器中。为了防止 Rh 流失，反应器中水、乙酸甲酯、甲基碘化物和 Rh 的浓度都需限制在一定的比例，同时还需满足最低 CO 分压。为了防止催化剂沉淀和获得高反应速率，需维持高的水分含量。这些限制也抑制了装置收率和增加了操作成本，因为装置的蒸馏部分需从乙酸产物中除去大部分水并反馈至反应器。同时由于处理低含量的高沸点杂质（主要成分是丙酸）的需要，装置需包括一个大型精馏塔，由此产生极大的设备和操作成本。精馏塔的处理能力也限制了装置产能的提高。

这一工艺中丙酸是主要的液相副产物，是由乙醇羰化形成的。乙醇是甲醇中微量存在的杂质，但除了由甲醇中的杂质乙醇生成的丙酸外，由于 Rh 还能催化生成乙醛，乙醛可被氢气还原生成乙醇，导致实际丙酸的生成量比甲醇中乙醇杂质羰化形成的丙酸量更高。乙醛是通过 Rh-乙酰基物种形成的。二羰基配合物（4）和 HI 生成乙醛和$[Rh(CO)I_4]^-$，后者被认为是形成 $RhO_3$ 沉淀而造成催化剂失活的原因。然而，在商业生产中，这些痕量化合物并不对乙酸收率以及产物纯度有明显的影响。

## 7.4 催化氧化乙烯合成乙醛（Wacker 工艺）

乙烯直接氧化法合成乙醛工艺（Wacker 法），原料来源丰富，工艺过程简单，反应条件温和，选择性高，被认为是已经工业化的方法中最经济的一种方法。故此法在 1959 年工业化以来，受到各国的重视，发展迅速，在许多国家都已成为乙醛的主要生产方法。目前，全球 Wacker 法生产乙醛年产量已达 800 万～1000 万吨，占总产量的 90%。

$$CH_2{=\!=}CH_2+1/2O_2 \xrightarrow{\text{Pd cat.}} CH_3CHO$$

### 7.4.1 反应机理

早在 1894 年人们就发现，将乙烯通入氯化钯水溶液中可生成乙醛和金属钯，但这是大量消耗钯的化学计量反应，无法工业化生产。1959 年 Wacker 工业电化学集团的 Smidt 等成功利用氯化铜将上述反应生成的零价钯重新氧化成二价钯，再用空气将一价铜氧化为二价铜盐，使得上述三个已知的化学计量反应组合成为崭新的催化循环反应。

$$CH_2{=\!=}CH_2+H_2O+PdCl_2 \longrightarrow CH_3CHO+Pd+2HCl$$

$$Pd+2CuCl_2 \longrightarrow PdCl_2+2CuCl$$

$$2CuCl+\frac{1}{2}O_2+2HCl \longrightarrow 2CuCl_2+H_2O$$

总反应方程式为：

$$CH_2{=\!=}CH_2+1/2O_2 \xrightarrow{PdCl_2\text{-}CuCl_2\,cat} CH_3CHO$$

Wacker 工艺完整的催化循环如图 7-12 所示。

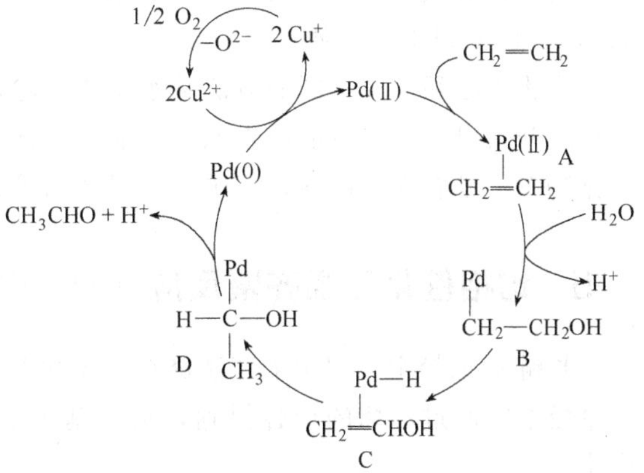

图 7-12 Pd 催化乙烯氧化催化循环

氯化钯为催化剂，首先在溶液中，氯化钯转变成四氯合钯络离子，然后配离子中的两个氯离子分别被一个水分子和一个乙烯分子所取代；然后是整个循环中关键的一步：另一水分子或氢氧根离子向由于配位在 $Pd^{2+}$ 上而活化的乙烯分子亲核进攻，有时这种亲核进攻也可逆向进行，如氧分子从 Pd 配合物外侧进攻，得到的不是乙烯分子插入 Pd—O 键之间的中间体，而是2-氯乙烯产物。Wacker 反应的速率表达式如下：

$$v=k[PdCl_4^{2-}][C_2H_4][H_3O^+]^{-1}[Cl^-]^{-2}$$

### 7.4.2 工艺流程

Wacker 一步法生产乙醛的工艺简图如图 7-13 所示。

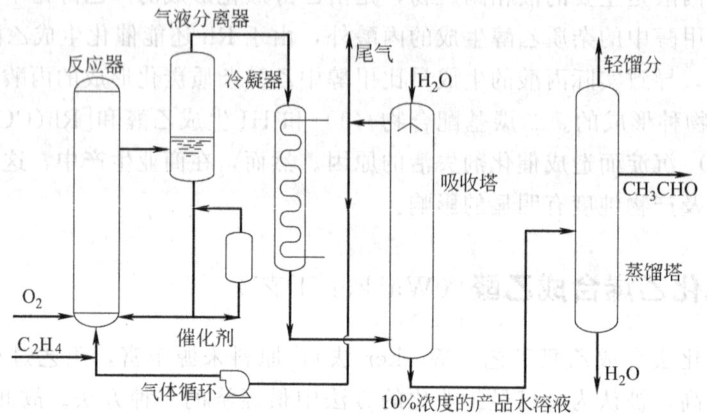


图 7-13 乙烯制乙醛一步法工艺流程简图

氧气和乙烯分别输送到反应器（130℃，$4\times10^5$ Pa），反应器中含有钯和铜氯化物的水溶液。反应器为外循环管式鼓泡塔，在反应器顶部，气液混合物被排出，在气液分离器中，气体和液体分开，热量通过进一步蒸发被带出，气相中含有乙醛、未反应的乙烯和氧气以及副产物，如二氧化碳、烃和水。气相经冷凝器冷凝，然后在吸收塔中以水吸收，反应生成的粗乙醛溶液经过两塔蒸馏，除去轻组分和高沸物，得到纯度大于 99.7% 的乙醛。反应生成的副产物有：乙酸、$CO_2$、巴豆醛、$CH_3Cl$、$C_2H_3Cl$ 和少量高分子聚合物不溶性残渣。当以空气为氧化剂时，气体不能重新回收，因为惰性的氮气会在系统中逐渐积聚，而一步法工艺需要回收气体，因为它含有未反应的乙烯，所以必须以氧气为氧化剂。

Wacker 氧化工艺的一个主要缺点是氯化物催化剂会生成含氯的副产物（如氯乙醛等），这些副产物必须去除，因为它们本身剧毒，不能直接排放。为了除掉副产物，催化剂溶液被加热到 160℃以上，以便在金属氯化物的作用下使含氯醛分解。而从反应器顶部带出的痕量含氯产物则必须采用不同的方法从废水中去除，其毒性使其不能生物降解。尽管不含氯催化剂已经开始研究，但目前还未取得工业化。此外，还有一些缺点如采用贵金属钯为催化剂，氯化物对设备有强腐蚀性，需采用大量的钛等特殊钢材等。

## 7.5 均相催化乙烯齐聚反应（SHOP）

长链 α-烯烃主要用于生产洗涤剂、塑化剂和润滑油，具有非常重要的工业地位。目前，α-烯烃主要通过乙烯的聚合得到，很多基于金属 Co、Ti 和 Ni 的均相催化体系被用于该反应中。

$$nCH_2=CH_2 \longrightarrow CH_3CH_2-(CH_2CH_2)_{(n-2)}-CH=CH_2$$

Ni 催化的 Shell 高级烯烃工艺（SHOP）中，乙烯转化为具有统计分布规律的 α-烯烃混合物，其中主要是较低的低聚物（符合所谓的 Schulz-Flory 分布）。这一过程在 80～120℃、$7\times10^6$～$1.4\times10^7$Pa，以及膦配体 $Ph_2PCH_2COOK$ 配位的镍催化剂存在下进行，产物通过精馏得到 $C_4$～$C_{10}$、$C_{12}$～$C_{18}$ 以及 $C_{20+}$ 各馏分。

### 7.5.1 反应机理

对特殊的 Ni 配合物催化剂的机理研究表明，螯合有 P-O 官能团的镍氢化合物是真正的催化活性物种。金属氢化物和乙烯反应得到烷基镍中间体，随后通过乙烯的插入反应进行链增长，或者通过消除反应得到相应的 α-烯烃，简化的机理如图 7-14 所示。

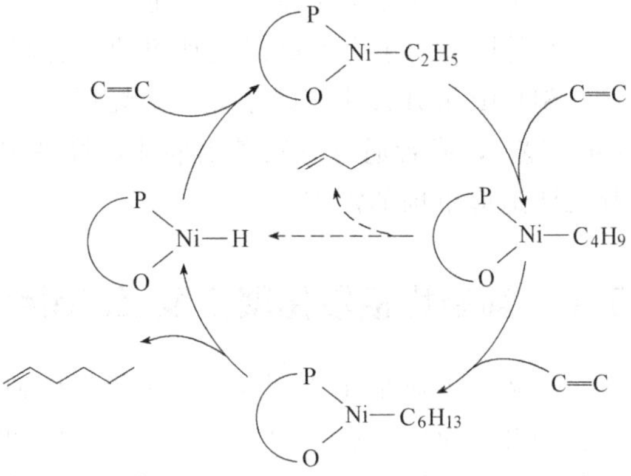

图 7-14 Ni 催化乙烯齐聚催化循环

### 7.5.2 工艺流程

乙烯齐聚的 $C_{12}$～$C_{18}$ 馏分中含有合成洗涤剂工业需要的长链 α-烯烃，而精馏塔顶和塔釜中的烯烃被注入一个异构和复分解反应的组合反应器中，异构产生符合统计分布规律的内烯烃，复分解则产生一组新的 $C_{10}$～$C_{14}$ 的内烯烃混合物，可以通过精馏分离出来。

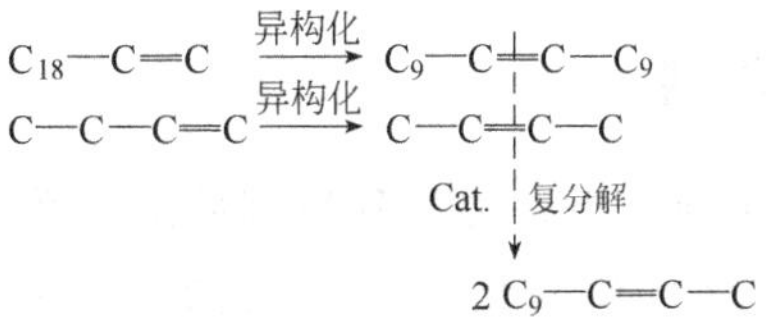

$C_{18}$—C═C $\xrightarrow{异构化}$ $C_9$—C═C—$C_9$

C—C—C═C $\xrightarrow{异构化}$ C—C═C—C

Cat. ↓ 复分解

2 $C_9$—C═C—C

如果内烯烃在多相催化剂（例如 $Re_2O_7/Sn(CH_3)_4/Al_2O_3$）上与乙烯发生裂解反应，可得到没有支链化的端烯烃混合物。副产物如更高级和低级的烯烃进行回收再利用，最终产品中包含有 94%～97%的正构 α-烯烃和>99.5%的烯烃，工艺流程如图 7-15 所示。

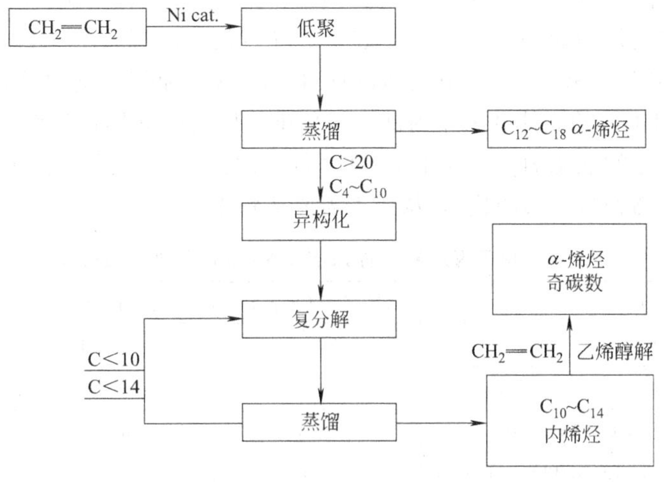


图 7-15 SHOP 工艺流程框图

组合异构和复分解、精馏和回收再循环，提供了一种独特的技术，能够生产出链长分布可控的α-烯烃混合物。SHOP过程最早于1979年在美国Geismar投入生产，目前产能已经达到60万吨/年。随后，在英国、荷兰以及法国都建立了新工厂。SHOP的主要优势在于能够通过调节α-烯烃的生产来满足市场的不同需求。

产品1-己烯、1-辛烯和乙烯通过共聚可以得到高抗拉伸强度的聚烯烃，主要用作包装材料。1-癸烯被用于生产高温发动机油，更高级的烯烃用于制造表面活性剂。

SHOP被开发出来之前，α-烯烃可以通过500℃以上的高温蜡热解反应制备（如Chevron工艺），或者通过三乙基铝催化烯烃齐聚制备（Gulf工艺），但是，这些工艺生产的烯烃都无法适应市场的需求。

## 7.6 烯烃均相催化聚合及Zeigler-Natta催化剂

聚烯烃工业是在20世纪50年代齐格勒-纳塔催化剂（Zeigler-Natta催化剂）和Phillips催化剂开发应用之后蓬勃发展起来的，20世纪80年代和90年代又相继开发了茂金属催化剂和后过渡金属催化剂，形成了当今多种催化剂并存的格局。纵观聚烯烃发展史，聚烯烃材料的发展与其催化剂的发展密不可分，每一种新型催化剂体系的成功开发，都会带来新型聚合工艺和聚烯烃产品的问世，使聚烯烃在更广阔的领域中得到应用。无论从科学还是工业技术角度考虑，聚烯烃工业与齐格勒-纳塔催化剂的研究与开发对于高分子化工及均相催化发展都具有里程碑的意义。

### 7.6.1 Zeigler-Natta催化剂

广义上，Zeigler-Natta催化剂是指一种Ⅳ到Ⅶ副族的过渡金属盐和一种Ⅰ到Ⅲ主族的金属烷基化合物的组合体。前者只是预催化剂，常用的有$TiCl_4$、$TiCl_3$、$CoCl_3$、$V(acac)_3$等；后者为共催化剂或激活剂，常用的有$AlEt_3$、$Et_2AlCl$、$MgEt_2$、$n$-BuLi等，二者反应后产生真正的活性物种。Ziegler-Natta催化剂可以是均相的，或是多相的形式，但考虑该催化体系为配位催化，在此一并以均相催化的范畴进行介绍。

Zeigler-Natta催化剂的发展历史非常具有吸引力，也许没有其他系统比用于等规立构聚丙烯生产的催化剂更好地说明这种进展。表7-4将催化剂的开发分为四个主要阶段：使用$Et_2AlCl$活化的$TiCl_3$（第一代）；用供体改性$TiCl_3$以增加催化剂立体选择性（第二代）；开发$MgCl_2$作为$TiCl_3$的载体并采用内部和外部供体以提高立体选择性（第三代）；最后开发具有精确控制形态的催化剂（主要用于液体丙烯聚合方法），因为它们生产直径在几毫米范围内的球形聚合物颗粒（第四代），从而不需要造粒工序。

**表7-4 用于丙烯聚合的Zeigler-Natta催化剂发展历程**

| 代 | 催化剂 | 活性/(kg PP/g Ti) | 等规指数/% | 工艺后处理 |
|---|---|---|---|---|
| 一 | $\delta$-$TiCl_3/Et_2AlCl$ | 2～4 | 90～94 | 脱灰、脱无规物 |
| 二 | $\delta$-$TiCl_3$/醚/$AlCl_3/Et_2AlCl$ | 10～15 | 94～97 | 脱灰 |
| 三 | $MgCl_2$/酯/$TiCl_4/Et_3Al$/酯 | 15～30 | 95～97 | 无需纯化 |
| 四 | $MgCl_2$/酯/$TiCl_4/Et_3Al/PhSi(OEt)_3$ | >100 | >98 | 无需纯化和造粒 |

第一和第二代Zeigler-Natta催化剂由四种不同几何形状的晶体$TiCl_3$组成：六方晶系

(α)，纤维（β），立方（γ）和混合六方晶系（δ）。这些形式中的三种，α，γ和δ具有高的立体选择性。δ-$TiCl_3$ 配合物对于丙烯聚合具有最高的活性，它以直径从 20 至 40μm（二次颗粒）的多孔颗粒形式存在，其由更小直径在 0.03～0.04μm 范围内的 $TiCl_3$ 颗粒（初级颗粒）团聚而成。在聚合期间，这些催化剂颗粒的可控分散是开发高效的多相齐格勒-纳塔催化剂过程中的主要挑战之一。δ-$TiCl_3$ 颗粒的形态对用于解释烯烃聚合过程中颗粒内质量和传热阻力的单颗粒数学模型的开发具有显著影响，特别是对已确立的多晶型模型。

在聚合期间使用电子给体（路易斯碱）增加了 $TiCl_3$ 的立体选择性和生产率，导致第二代 Zeigler-Natta 催化剂的发现。这两代催化剂由结晶 $TiCl_3$ 形成，其中大多数潜在活性位点位于催化剂晶体内部，不能促进聚合，因为单体分子不能接近；可以预料的是它们的生产率相对低，并且需要后反应器脱灰步骤，以除去嵌入聚合物颗粒中的催化剂残余物。由于第一代和一些第二代催化剂的较低立体选择性，还需要增加从最终产物中提取无规聚丙烯部分的后处理步骤。

消除这两个缺点是第三代 Zeigler-Natta 催化剂开发背后的主要驱动力，当 $TiCl_4$ 负载在多孔 $MgCl_2$ 颗粒上时，如图 7-16 所示，第三代 $TiCl_4/MgCl_2$ 催化剂具有非常高的活性和立体选择性，并且不需要用于去除无规聚丙烯和催化剂残余物脱灰的昂贵、麻烦的后处理步骤。随着形成不需要造粒的球形聚烯烃颗粒的较大催化剂颗粒的发展，进一步改进催化剂颗粒形态控制和供体技术引出第四代 Zeigler-Natta 催化剂。

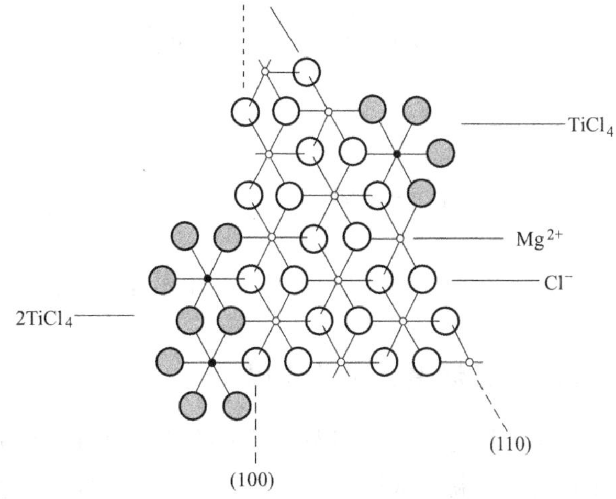

图 7-16 $TiCl_4/MgCl_2$ Ziegler-Natta 催化剂结构示意图

供体被划分为内部和外部两种，在催化剂制备步骤中将内部供体加入系统中，而将外部供体仅引入聚合反应器中。电子供体用于控制 $TiCl_4$ 在 $MgCl_2$ 表面的（100）和（110）面上的分布，如图 7-17 所示。$Ti_2Cl_8$ 通过双核键与（100）面配位以形成等规聚合位点，而电子供体分子倾向于与（110）面上的非立体专一性（更酸性）位点配位。当芳香族单酯和二酯用作内部供体时，烷基铝助催化剂的加入导致内部供体被部分除去；因此，使用外部供体对于维持这些催化剂的高立体选择性是必要的。

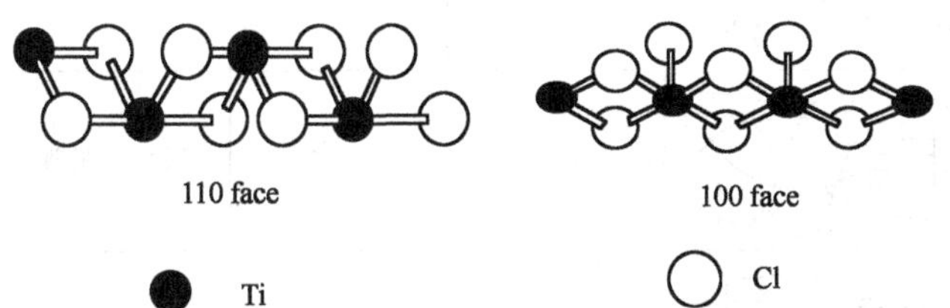

图 7-17 $TiCl_4/MgCl_2$ Ziegler-Natta 催化剂侧面示意图

### 7.6.2 反应机理

如上述所言，Zeigler-Natta 催化剂是一种多相高表面 $TiCl_3$ 材料，其活性位点含有未知价态的钛，很可能表面上的烷基钛基团负责配位聚合。关于 Ti/Al 化合物催化乙烯聚合机理方面（图 7-18），首先 Ti 化合物在烷基铝的作用下进行烷基化得到活性物种，随后经历乙烯的配位和烷基的迁移，这两个步骤重复即进行链的增长，最后通过 $\beta$-消除得到聚合物，活性物种恢复。聚合过程中加入 $H_2$ 气，用以调节聚合物分子量，$H_2$ 还对聚合物的等规度也有一定调节作用。

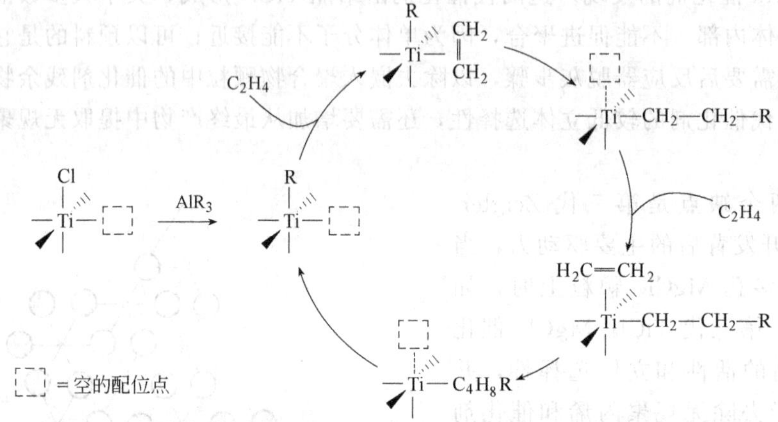


图 7-18 Ti/Al 化合物催化乙烯聚合催化循环机理

### 7.6.3 乙烯聚合工艺流程

聚乙烯是世界上消费量最大的通用塑料，目前产能超过 8000 万吨/年。它是一种无臭、无毒的白色粉末或颗粒，外观呈乳白色，容易着色，耐寒、耐辐射，化学稳定性好，电绝缘性好。聚乙烯主要包括高密度聚乙烯（HDPE）、线性低密度聚乙烯（LLDPE）和低密度聚乙烯（LDPE）三大品种以及近些年兴起的一些具有特殊性能的聚乙烯产品。表 7-5 是不同类型的聚乙烯比较。

表 7-5 不同类型的聚乙烯比较（方框处表示结晶区域）

| 名称 | 结构简图 | 密度/(g/cm³) | 结晶度/% | 其他性质 | 生产方法 |
|---|---|---|---|---|---|
| 低密度聚乙烯（LDPE） | | 0.91～0.93 | 40～50 | 柔软、透明薄膜 | 管式反应器，搅拌釜<br>高压 |
| 线性低密度聚乙烯（LLDPE） | | 0.93～0.94 | 40～50 | 柔软、透明薄膜 | 搅拌釜，流化床<br>低压 |
| 高密度聚乙烯（HDPE） | | 0.94～0.97 | 60～80 | | 搅拌釜，流化床<br>低压 |

1）淤浆（惰性稀释剂）工艺

因为用液态乙烯操作并不实用，所以用于聚乙烯生产的所有淤浆工艺都使用稀释剂来溶解单体、共聚单体和氢气，这是用于生产聚烯烃的第一种工业工艺。基本工艺由一系列串联釜（CSTR）组成，聚合在悬浮于惰性稀释剂中的多相催化剂中进行。在20世纪70年代早期开发了浆料工艺的许多种类。由于这些早期Zeigler-Natta催化剂的活性相对较低，需要一系列CSTR来推动反应完成。催化剂残余物的去除，即脱灰也是必要的，大大增加了该方法的投资费用。随着高活性催化剂的出现，现在可以在一个或两个反应器中完成聚合反应而没有脱灰。虽然是乙烯聚合的第一种工艺，但是淤浆工艺在经济上仍然是可行的，现在仍具有竞争力。

淤浆工艺中，主要有Lyondell Basell（Hostalen工艺）、Equistar-Maruzen（也是Lyondell Basell产品组合的一部分）和Mitsui CX工艺。三种工艺使用由级联和类似操作条件（表7-6）中的两至三个搅拌式高压釜组成的类似反应器构造以制备HDPE。三种工艺都使用己烷作为稀释剂，并且不足以生产LLDPE，因为该聚合物的无定形部分将溶解在稀释剂中，引起反应器结垢。三反应器配置（Hostalen工艺）如图7-19所示。高压釜反应器可以串联或并联操作，其中催化剂与乙烯和氢气一起进料到第一反应器。通常，当使用具有衰减分布的催化剂时，在第一反应器中制备低分子量均聚物。由于使用氢气来控制分子量，并且它可以导致聚合速率减小，所以氢气在催化剂具有其最高的内在活性时被加入。较高分子量的共聚物将在随后的反应器中制备。在第二个和第三个反应器中，通常利用“共聚单体-反应”（少量的α-烯烃共聚单体可以提高乙烯的聚合速率）以保持生产率。催化剂、氢气和共聚单体的添加顺序对于大多数多反应器平台是非常常见的，而不管共聚单体类型或聚合介质相如何，根据所用催化剂的类型，第三反应器可用于生产非常高或超高分子量组分。

表7-6 聚乙烯淤浆工艺典型的反应器参数

| 工艺 | 反应器类型 | 稀释剂 | 反应温度/℃ | 反应压力/$10^5$Pa | 停留时间 |
|---|---|---|---|---|---|
| LyondellBasell（Hostlen） | 2～3个搅拌釜（串或并联） | 正己烷 | 75～85 | 5～10 | 每个反应器1～5h |
| Equistar-Maruzen | 1～2个搅拌釜（串或并联） | 正己烷 | 75～90 | 10～14 | 每个反应器45min～2h |
| Mitsui CX | 2个搅拌釜（串或并联） | 正己烷 | 80～85 | <8 | 每个反应器45min |
| Phillips | 单个环管 | 异丁烷 | 85～100 | 30～40 | 1h |

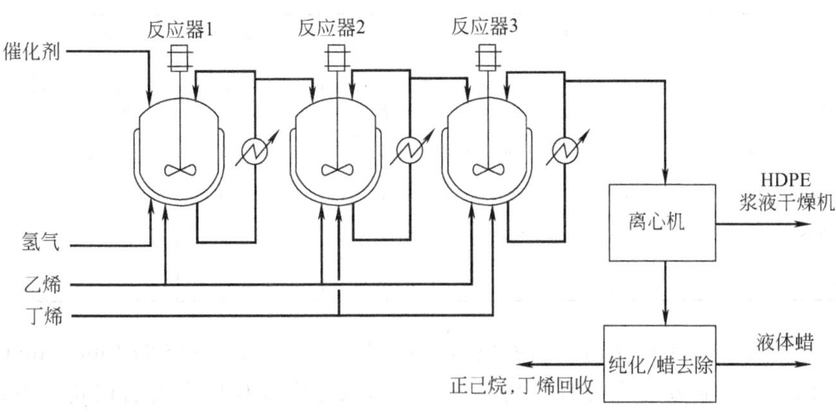


图7-19 Lyondell Basell的新Hostalen聚乙烯工艺流程简图

当并联运行时，反应器可以在相同条件下操作以提高设备产量，或者它们可以在不同条件下操作以产生不同的聚合物。

用于聚乙烯制造的另一个重要淤浆料工艺是 Phillips 工艺，催化剂为 $NiO—Cr_2O_3/SiO_2$；该工艺基于环管反应器，其可以在更高的单体和浆料浓度下操作，并且允许更高的时空收率。

2）气相工艺

联碳公司（UCC），现在是陶氏化学的一部分，是第一家掌握使用流化床（FBR）气相反应器生产聚烯烃工业化的技术（Unipol 工艺）。由于聚合在气相中进行，所以通过闪蒸掉单体可以简单地从聚合产物中分离未反应的单体。形成的任何低分子量聚合物保留在聚合物颗粒中，不需要进一步分离。这意味着气相工艺是能够制造所有类型的聚乙烯树脂的可切换工艺，从线性低密度产品到高密度产品。如图 7-20 所示，该工艺仅需要 FBR、产物排出系统（以将聚合物排出反应器并闪蒸出单体）和清洗塔（以除去任何残余单体和使催化剂灭活）。

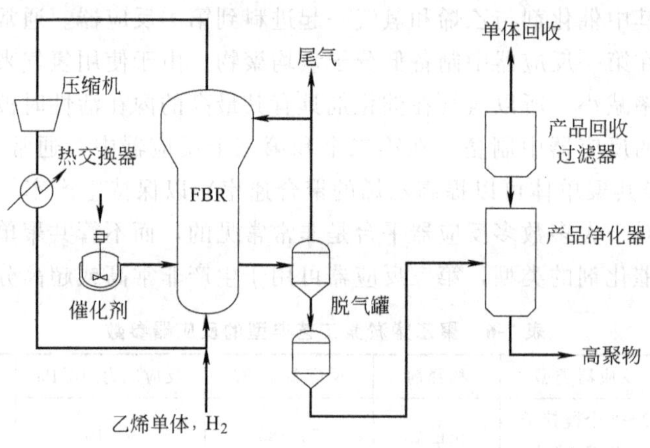


图 7-20 Unipol 聚乙烯生产工艺流程简图

HDPE 和 LLDPE 都可以使用 Unipol 工艺制备，尽管该工艺已经发现更适于 LLDPE 的制备。一些 Unipol 工厂在 HDPE 和 LLDPE 之间以切换模式设计和操作，但大多数工厂仅设计用于生产 LLDPE。表 7-7 列出了聚乙烯气相工艺典型的反应器参数。

**表 7-7 聚乙烯气相工艺典型的反应器参数**

| 工艺 | 反应器类型及数量 | 操作方式 | 反应器温度/℃ | 反应器压力/$10^5$ Pa | 停留时间/(h/反应器) |
|---|---|---|---|---|---|
| Unipol(Univation) | 1-2 个 FBR | 浓缩 | 90～110 | 20～25 | ～2 |
| Spheriline Chrome(LyondellBasell) | 1 个 FBR | 浓缩 | 90～110 | 20～25 | ～2 |
| Spherilene C/S(LyondellBasell) | 1-2 个 FBR | 干燥 | 70～90 | 20～25 | ～1.5 |
| Innovene(INEOS) | 1 个 FBR | 浓缩 | 90～110 | 20～25 | ～2 |
| Evolue(Mitsui) | 2 个 FBR | 干燥 | — | — | 2～3 |

其他几家公司已经开发气相聚乙烯技术。它们包括来自 INEOS 的 Innovene G 方法和来自 Basell 的 Spherilene 方法。所有这些都基于使用流化床气相反应器的相同原理，但是在这些方法中操作模式和条件各有不同。

## 7.7 丙烯催化聚合及茂金属催化剂

聚丙烯是一种应用非常广泛的通用塑料，目前世界聚丙烯的消费量仅次于聚乙烯，是第二大通用塑料品种，年产量达到4000万吨以上。第一代丙烯聚合催化剂为四氯化钛-三乙基铝，是Natta教授将Zeigler催化剂用于丙烯聚合研究时发现的。第二代钛系催化剂属于载体型催化剂，所用载体以氯化镁或碱式氯化镁为主，仍然使用三烷基铝助催化剂。第二代催化剂的活性比第一代高约3个数量级，在这一代催化剂中还包括双载体型和双金属型。这两代催化剂都是Zeigler-Natta催化体系，Zeigler-Natta催化体系得不到纯塑料，因为反应物分子链上会同时出现多个活性中心，而且相互作用时的动力学过程带有明显的随机性，在聚合过程中，因无法严格控制产物的结构和链长，还会产生大小不等的树枝状聚合物分子，黏稠的低分子和僵硬的高分子并存。为了改善塑料的性质，有时不得不采用增加反应步骤和使用昂贵的添加剂的方法，成本将因此大为提高。目前，性能优良的茂金属催化剂成为丙烯聚合的新宠。

### 7.7.1 茂金属催化剂

具有“三明治”夹心结构的茂金属化合物早在20世纪50年代就为人们熟知，但直到1977年Kaminsky发现，当使用三甲基铝作为共催化剂时，添加少量水能够明显增加聚合催化活性，茂金属催化体系才得以发现。茂金属催化剂有理想的单活性中心，能精密地控制分子量、分子量分布、共聚单体含量及其在主链上的分布和结晶结构，催化合成的聚合物是具有高立构规整性的聚合物，分子量分布窄，可以准确地控制聚合物的物理性能和加工性能，使其能满足最终用途的要求。目前已经开发的茂金属催化剂具有普通茂金属结构、桥链茂金属结构和限制几何形状的茂金属结构，过渡金属涉及锆、钛和稀有金属，配位体有茂基、茚基、芴基等。

茂金属化合物和甲基铝氧烷（MAO），在碳氢化合物中都是可溶的，它的每个金属离子就是一个催化活性中心，不需要载体，相比第二代多相钛催化剂活性高出100倍，聚合产物的链长可以调控，而且链长基本一致。MAO激活的$Cp_2ZrCl_2$衍生物用于丙烯聚合如下所示：

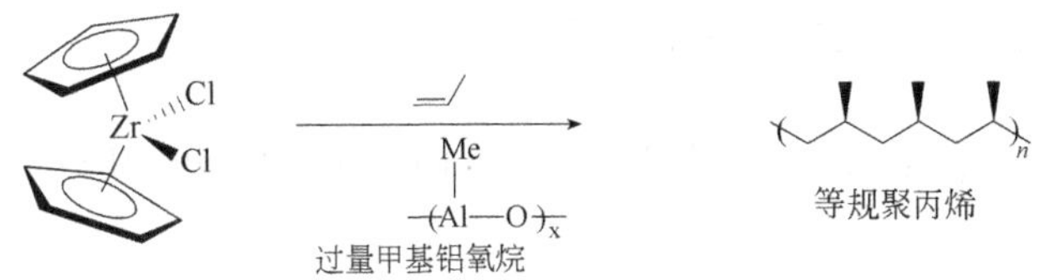


### 7.7.2 反应机理

目前，人们普遍认为活性中心是由茂金属化合物与甲基铝氧烷（MAO）或其他助催化剂反应所生成的茂金属阳离子。对于$Cp_2ZrCl_2$/MAO体系，首先$Cp_2ZrCl_2$被MAO或MAO中的TMA（三甲基铝）快速烷基化形成$Cp_2Zr(Me)Cl$和$Cp_2Zr(Me)_2$，继而$Cl^-$或$Me^-$被MAO中的Al中心摄取，形成活性阳离子中心$[Cp_2ZrR]^+$，弱配位的$[ClMAO]^-$或$[ClMAO]^-$阴离子对其起稳定化作用；二者之间的配位作用很弱，以至于烯烃分子很容易与金属中心配位而形成烯烃分隔的离子对$[Cp_2Zr$-烯烃$]^+[ClMAO]^-$。反应机理如下：

$$Cp_2Zr(Cl)(Cl) \xrightarrow{MAO 或 TMA} Cp_2Zr(Me)(Cl) \underset{}{\overset{MAO}{\rightleftharpoons}} Cp_2Zr^{\oplus}(Me)—Cl—{}^{\ominus}AlH_2(MAO) \longrightarrow Cp_2Zr^{\oplus}(Me) \quad {}^{\ominus}Al(MAO)Cl$$

茂金属催化剂催化烯烃聚合的基元过程主要包括（a）活性中心和烯烃配位；（b）配位烯烃分子插入烷基-金属键中；（c）单体插入后，形成新的烷基金属配合物阳离子，再与另一烯烃分子配位插入，如此重复形成聚合物。和非均相催化一样，烯烃均相聚合链增长反应也是被链转移反应而终止。其中$\beta$-H 消除和$\beta$-H 向烯烃单体转移为主要的链转移反应。

（1）$\beta$-H 消除反应。金属原子上连接的大分子链的$\beta$-H 向金属中心转移，形成 M—H 键合 2-丙烯基终端的聚合物链。产生的 M—H 再与丙烯反应生成 M-正丙基单元，重新开始链增长反应。反应机理如下：

$$M—CH_2CH_2Me—P \longrightarrow \left[ M\cdots H\cdots CMe—P,\ M\cdots CH_2{=} \right] \longrightarrow M—H + H_2C{=}C(CH_3)—P$$

$$M—H \xrightarrow{CH_2{=}CHMe} M—CH_2CH_2CH_3$$

M=过渡金属

P= 高分子键

（2）$\beta$-H 向烯烃单体转移。聚合物链的$\beta$-H 直接转移给配位的烯烃单体而生成 M-正丙基单元和 2-丙烯基终端的聚合物链而不产生 M—H 中间体，反应机理如下式所示：

$$M(H_2C{=}CH—CH_3)(CH_2CH_3Me—P) \longrightarrow \left[ M(H_2C—CH—CH_3)\cdots H\cdots (H_2C{=}CMe—P) \right] \longrightarrow M(CH_2CH_2CH_3)(H_2C{=}CMe—P) \longrightarrow M—CH_2CH_2CH_3 + CH_2{=}C(Me)—P$$

M=过渡金属

P=高分子链

（3）链端向 MAO 转移。即增长的聚合物链从催化活性中心向 MAO 转移形成 M—$CH_3$ 和 Al 终端的聚合物链。这种链转移方式在以 MAO 为助剂的催化体系中，在低温聚合条件下是主要的链终止反应。反应机理如下所示：

$$M—CH_2CH_3Me—P \xrightarrow{MAO} Al—CH_2CH_3Me—P + M—CH_3$$

$$Al—CH_2CH_3Me—P \xrightarrow{H^+} CH_3CHMe—P$$

（4）$\beta$-$CH_3$ 消除反应。在聚合过程中，大分子链的$\beta$-$CH_3$ 转移到金属原子上，形成 M—$CH_3$ 和乙烯基终端的聚合物链。这类消除反应在以大位阻配体体系如 $Cp_2ZrCl_2$/MAO 催化丙烯聚合时占绝对优势。反应机理如下所示：

$$M(\cdots CH_3)—CH_2—CH—CH_2CH_3Me—P \longrightarrow M—CH_3 + CH_2{=}CH—CH_2CH_3Me—P$$

茂金属催化剂能实现丙烯聚合形成聚丙烯（PP）的立体规整性，其原因在于聚合反应的每一步都相当于非对映选择性合成，因此要达到一定水平的立体化学控制，必须存在“手性源”。茂金属催化剂对聚合物立体化学的控制机理属于催化中心控制，即催化剂金属原子的手性环境决定了单体配位和插入的对映选择性。由于配体与金属中心上的聚合物链间的相互排斥作用，强迫一个活性位上的聚合物链采取某种取向，该取向必须有利于它的 $C_\alpha$-$C_\beta$ 部分处于茂金属配体骨架的最开放区域，同时排斥作用使得 $\alpha$-烯烃接近金属-烷基单元时，烯烃的取代基必须远离连接在金属中心上的烷基链 $\beta$-碳，即处于反式，从而决定单体分子以何种方式去配位和插入。这种配体、连接在金属中心的聚合物链以及配位单体之间的相互作用，决定了聚合物的立构规整性。对于 $C_2$ 手性配合物，它的两个配位点上烯烃的对映面取向均相同，结果产生等规聚丙烯。

### 7.7.3 工艺流程

聚丙烯的生产方法主要有浆液法、气相法和浆液-气相法。浆液法是液体丙烯在己烷等烃类溶剂中与催化剂一起以浆液形式进行反应，加入甲醇或其他醇洗涤浆液脱灰，沉降分离溶剂和无规物，然后进行聚合物的混炼和造粒。它需要净化和循环溶剂，对杂质的要求要控制在 $10^{-6}$ 数量级，还需要脱灰及脱无规物。溶液法与浆液法相近，工艺流程复杂且成本较高。浆液-气相法为液相预聚合同液相均聚和气相共聚相结合的聚合工艺，工艺采用高效催化剂，其催化剂生产的粉料呈圆球形，颗粒大而均匀，分布可以调节，既可宽又可窄。可以生产全范围、多用途的各种产品。按反应器类型分为环管反应器和搅拌釜反应器，代表工艺有 Spheripol 工艺、Hypol 工艺和 Borstar 工艺。

1）Spheripol 工艺

Basell 聚烯烃公司是 Spheripol 工艺的创始者，该技术采用的是环管反应器。自 1982 年第一次工业化以来，Spheripol 工艺是目前世界公认最成功的生产工艺，也是迄今为止应用最广泛的聚丙烯生产工艺。全球 30 多个国家都采用该工艺生产，其生产线共有 84 条，采用 Spheripol 工艺的产能占世界总产能的 36.8%。

Spheripol 工艺是一种气相、液相组合式工艺，它是通过液相预聚合、液相均聚合、气相共聚合三种聚合方式相结合的工艺。由于 Shperipol 工艺采用了液相环管反应器，这种反应器结构简单，容积较小，但传热面积大，传热系数大。其设计制造相对简单，对制造的材质要求也偏低，所以投资也较少。而它的单位体积收率并不逊色，由于反应器容积小，反应器内的物料停留时间都较短（2h），收率可以达到每小时每平方米 400kg 聚丙烯（PP），而且产品切换时间短，过渡所需用料少，经济性很强。

Spheripol 工艺采用两步复合工艺来生产嵌段聚丙烯，即第一步采用环管反应器进行丙烯液相均聚反应，第二步采用流化床反应器进行高等规聚丙烯弹性体合成反应。如图 7-21 所示，催化剂被置入环管反应器用于液相均聚反应，形成聚丙烯悬浮液。在进入第二阶段继续反应前，经闪蒸收集固体聚丙烯，然后将聚丙烯固体颗粒输送至流化床反应器，进一步反应生成高等规聚丙烯弹性体。

2）Hypol 工艺

1983 年三井化学公司成功开发了 Hypol 工艺。该工艺主要采用搅拌釜反应器，在聚合过程中不需要脱除聚合物中的无规物和催化剂的残留物，而且可以使生产的 PP 产品的熔体流动速率提高，达到 0.03～0.08kg/min。它是一种多级聚合工艺，把本体法工艺和气相法工艺各自的优点融为一体。Hypol 工艺流程图如图 7-22 所示。首先，单体和催化剂置入聚合釜中，氢气压缩通入聚合釜 D201 中，反应后，未反应的单体经闪蒸器回收，预聚物进入

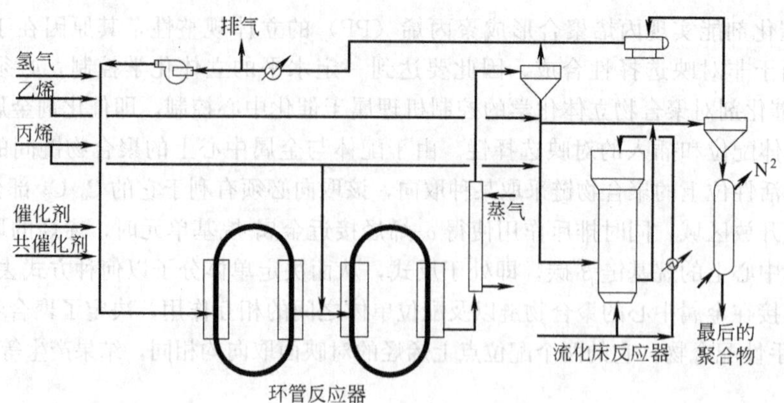


图 7-21　Spheripol 工艺流程简图

聚合釜 D202 进一步反应，反应后的产物进入流化床反应器 D203，得到聚丙烯固体产物。

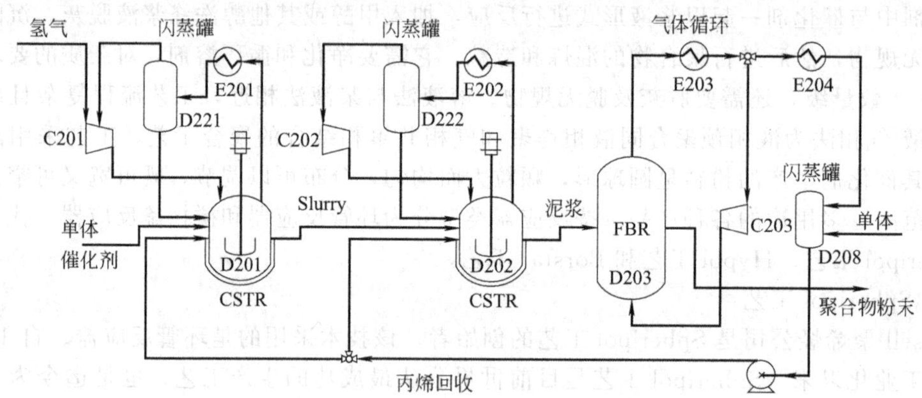


图 7-22　Hypol 工艺流程简图

C201～C203—压缩机；D201～D202—液相聚合反应器；D203—流化床反应器；

D221，D222 和 D208—闪蒸器；E201～E204—热交换器

## 7.8　不对称催化合成：不对称加氢案例

目前，医药、维生素、农药、香精、香料，甚至是功能材料越来越多地以光学纯的化合物形式进行生产，这是由于纯对映体往往有更为优异的性能，尤其对于药物更是如此，对于某些情况，法律上也要求制备和应用纯对映体。如果进一步富集容易，药物领域使用催化剂的对映选择性（用 *e.e.*%表示）应当≥99%；如果不可能进行纯化，对于农用化学品 *e.e.*≥80%通常也是可接受的。不对称催化将小量催化剂中含有的手性信息的经济价值进行放大，倍率可能以百万计，因此，通过过渡金属手性催化合成光学纯的手性化合物具有重大意义。

不对称催化因为其独特的优势成为手性合成中极具吸引力和最富挑战性的研究方向，过去几十年里吸引了很多优秀的科学家投身这一领域。其中三位科学家诺尔斯、野依良治和夏普莱斯因为在该领域里的开创性工作，分享了2001年的诺贝尔化学奖。1968年，美国孟山都的诺尔斯将手性膦配体与铑金属配合物组成的手性催化剂成功地用于取代苯乙烯的不对称催化氢化反应中，实现了不对称催化反应中首例高对映选择性合成，成为不对称催化反应研究的里程碑。后来，该方法被孟山都公司成功地应用于治疗帕金森病的药物——手性多巴胺

的合成中。诺尔斯的成功也极大地鼓励了投身于不对称催化这一研究领域的后来者，而探索催化效果更好的手性催化剂也成为了研究热点。20 世纪八十年代，日本科学家野依良冶等在诺尔斯的基础上开发出了一种被称作 BINAP 的手性化合物，它和金属配位生成的手性催化剂能够将烯烃 100%的不对称还原成手性分子，达到了像酶一样的催化效率，这也成为不对称催化发展史上的又一次历史性飞跃。随后，野依良冶将不对称催化还原应用到衣康酸、脱氢二肽、薄荷醇、降冰片二烯等萜烯类以及某些抗生素药物的合成中，并和日本高砂香料工业株式会社合作，使薄荷醇等合成天然香精得以工业化生产。而美国科学家夏普莱斯在 20 世纪八十年代用手性钛酸酯及过氧叔丁醇成功地实现了烯丙醇不对称环氧化反应，这一合成方法被看作是不对称催化氧化的经典合成，人们称之为“Sharpless 反应”。由该方法合成的中间体被广泛地应用于制备其他手性化合物中，如著名的治疗心脏病的药物“$\beta$-阻断剂”。

### 7.8.1 催化加氢合成左旋多巴（L-Dopa）

Rh(Ⅰ)-膦配合物是具有特别活性的加氢催化剂，研究最为透彻的两种 Rh 加氢催化剂分别是[$RhCl(PPh_3)_3$]（Wilkinson 催化剂）和[$HRh(CO)(PPh_3)_3$]，两者早已工业化生产。Wilkinson 催化剂对膦配体和烯烃底物的性质十分敏感，它被用于实验室规模的有机合成和精细化学品的生产中。均相催化加氢中一个最为成功的工业应用是孟山都左旋多巴生产工艺，左旋多巴是一种用于治疗帕金森症的手性氨基酸。

左旋多巴的手性主要通过不对称加氢反应获得，在这一手性选择性合成中，为了合成具有旋光特性的产物，使用类似于 Wilkinson 催化剂结构的手性催化剂，以手性膦为配体。其要求是作为加氢反应底物的烯烃，必须具备前手性，即它们需有这样一种结构：当配位于金属中心时，能产生（R）或（S）手性。

在孟山都工艺中，乙酰氨基肉桂酸衍生物 A 经不对称加氢后，生成左旋多巴（3,4-二羟苯基丙氨酸）的左旋前驱体，去除 N 原子的乙酰保护基则得到左旋多巴，反应式如下：

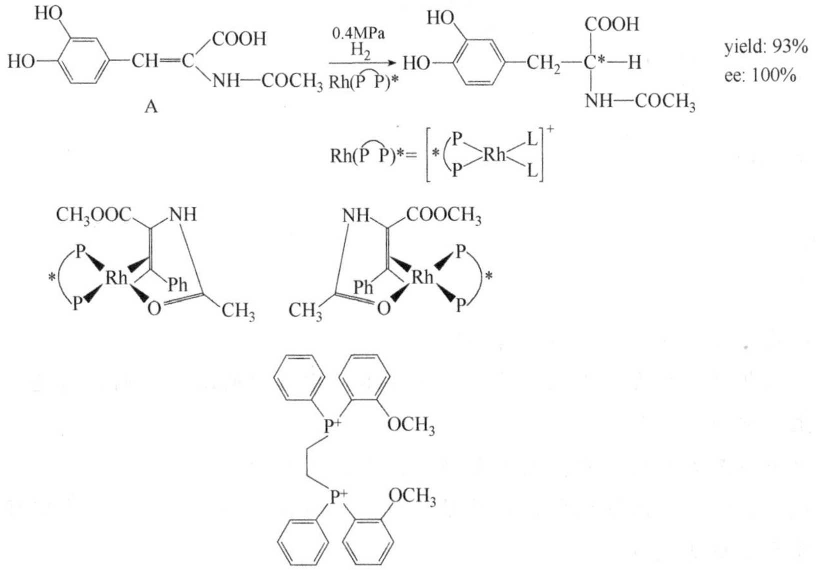

A —(0.4MPa $H_2$, Rh(P P)*)→ 产物　yield: 93%　ee: 100%

DIPAMP

在孟山都工艺中，通过含有手性膦配体的阳离子Rh配合物引入不对称性，不对称的螯合配体对形成不对称配位中心十分有效，形成的不对称配位中心可与烯烃配位，形成的配合物因烯烃配位方式的不同有两种对映体结构。对映体配合物通常有不同的热力学和动力学稳定性，在有利条件下，某一方面的影响将导致不对称产物的形成。以DIPAMP为配体的Rh配合物能将氨基酸前驱体氢化产生具有旋光特性的氨基酸，其对映体选择性高达96%以上（对映体的比例为98：2）。这一工艺特别有趣的地方在于低浓度的非对映体存在会促进生成需要的产物，其原因可能是其存在会降低活化能，提高了转化速率。

## 7.8.2 左旋萘普生的合成

萘普生（Naproxen）是一类2-芳基丙酸型药物，(S)-萘普生是世界上最大销量的消炎镇痛处方药之一。作为药品销售的是纯（S)-异构体，因为（R)-异构体是一种肝毒素。所需的异构体可以通过常规的外消旋体的拆分而获得。最早的大规模生产萘普生是在1970年，产量为500公斤，首先2-甲氧基萘经Friedel-Crafts酰基化反应生成2-乙酰基-6-甲氧基萘，再通过Willgerodt反应转变成萘基乙酸，$\alpha$-甲基化反应可生成消旋的d,l-酸，通过金鸡纳啶进行拆分可得到对映体选择性产物。这一工艺有多种局限：Friedel-Crafts酰基化不具有区域选择性，同时产生右旋对映体，需通过结晶去除；会产生大量需要填埋处理的氢氧化铝废物；需使用环境有害的试剂如硝基苯（用于酰基化反应）、硫化铵（用于Willgerodt反应）、硫化氢和甲基碘。

为了避免拆分所带来的成本提高，人们探索了许多替代途径。其中，不对称加氢工艺是最受欢迎的。以$\alpha$-萘基丙烯酸作为底物，(S)-BINAP-Ru(Ⅱ）氯化物为催化剂，反应在$1.35\times10^7$ Pa氢气压力、过量三乙胺存在下进行，获得光学纯目标产物的收率达96%～98%，反应式如下：

$CH_3O$ COOH $\xrightarrow[CH_3OH]{1.35\times10^7\,Pa\ H_2}$ $CH_3O$ COOH yield: >98% e.e≥98%

Naproxen

Cat: (s)-BINAP-Ru
S/C=215

$P(C_6H_5)_2$
$P(C_6H_5)_2$
(S)−BINAP

## 思考题

1. 均相催化剂在工业上的应用有哪些？

2. 请描述均相催化的主要优点和缺点，基于本章中给出的工业实例，讨论大规模均相催化工业化的主要问题是什么？

3. 工业上庚醛是如何生产的？高级脂肪醇是如何生产的？

4. 通过氢甲酰化和其他催化或化学计量反应，如何在一个或多个步骤中实现以下转化：

(a) 乙烯至2-甲基戊醇；

(b) 丁二烯至1,6-己二醇；

(c) 烯丙醇至丁烷1,4-二羧酸；

(d) 烯丙醇至4-羧酸丁醛。

5. 许多烯烃在水中具有较小溶解度，用Rh-TPPTS催化这些烯烃氢甲酰化得不到足够的速率，并且不能解决催化剂分离的问题。氟化溶剂通常与水和非氟化有机溶剂不混溶，请对在由氟化溶剂和另一有机溶剂组成的两相体系中进行长链烯烃的加氢甲酰化的策略给出一些建议。

6. 在铑配合物催化的甲醇羰基化反应中，如果没有$CH_3I$存在，且处于酸性环境，将会发生什么副反应？

7. 试说明齐格勒催化剂（$TiCl_4$/烷基铝）催化乙烯低压聚合的反应机理。

8. 试说明茂金属催化剂形成高度等规聚丙烯产物的原因。

9. 氢化硅烷化（将$R_3SiH$加成到双键上）是硅氧烷聚合物工业中的重要反应，它通过交联聚合物链使硅橡胶固化。该反应由Pt和Rh配合物催化，遵循下图所示的催化循环。

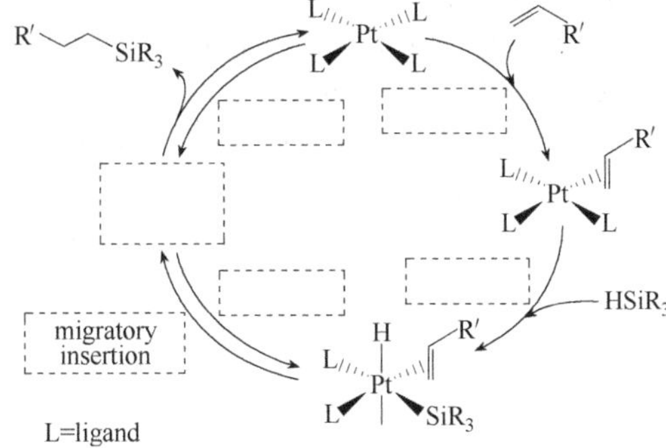


(a) 完成图中所示的循环，填写基元步骤的名称和缺少的催化中间物种。

(b) 在这些催化中间物种中Pt的氧化态是什么？

(c) 1-己烯的氢硅烷化在两个不同的实验中进行：一个具有$Me_3SiH$，一个具有$Me_3SiD$。相对反应速率比（也称为$k_H/k_D$比）为5.4∶1。基于这些信息，循环中的哪个步骤由速率决定？

(d) 聚合物A的氢化硅烷化在作为催化剂前体的$H_2PtCl_6$的存在下进行。催化剂不可回收，因为聚合物形成硬凝胶。如果Pt的价格是每克300元，硬化聚合物的销售价格是每吨14000元，那么经济上可行的工艺的最小催化剂TON是多少？

10. 为什么在表面修饰光学活性物质多相催化不对称反应中不能获得高的光学活性产物收率？

11. 如果你负责一个不对称氧化工艺的放大，制造10t/a的药物中间体，每公斤售价40000元。实验室使用2%（摩尔分数）的Ru-配体配合物催化剂和DMSO溶剂，列出规划放大时必须考虑的因素。如果产品市场价格每公斤400元的聚合添加剂，你的列表又会如何变化？

12. 工业上可用氯乙酸甲酯与一氧化碳在甲醇溶液中经均相催化羰化反应合成丙二酸二甲酯，催化剂为$Na[Co(CO)_4]$，NaOH溶液为中和剂，参考均相催化反应的四个基元过程，画出此催化反应的反应机理循环简图，并加以简单讨论，反应底物还可以有什么？举一例说明。

## 参考文献


[1] Parshall G W, Ittel S D. Homogeneous Catalysis -the Application and Chemistry of Catalysis by Soluble Transition Metal Complexes. New York: Wiley-VCH, 1980.

[2] Cornils B, HerrmannW A. (Eds.). Applied Homogeneous Catalysis with Organometallic Compounds, 2nd Ed., Vol. 1: Application. New York: Wiley, 1996.

[3] Beller M (Ed.). Catalytic Carbonylation Reactions, in: Topics in Organometallic Chemistry, vol. 18. Berlin: Springer, 2006.

[4] Bhaduri S, Mukesh D. Homogeneous Catalysis: Mechanisms and Industrial Applications. New York: Wiley & Sons, 2000.

[5] Behr A. Neubert P. Applied Homogeneous Catalysis. New York: Wiley, 2012.

[6] 蔡启瑞，彭少逸. 碳一化学中的催化作用. 北京：化学工业出版社，1995.

[7] 殷元骐. 羰基合成化学. 北京：化学工业出版社，1996.

[8] Boor J J r. 著，孙伯庆等译. 齐格勒-纳塔催化剂和聚合. 北京：化学工业出版社，1986.

[9] 钱伯章. 聚烯烃高效催化剂的进展. 工业催化，2002，10(5)，42.

[10] 王静，余朦山，义建军等. 乙烯聚合催化剂与聚合技术. 塑料，2014，43(4)，79.

# 第8章 环境保护催化

随着全球人口与资源的矛盾越来越尖锐，环境恶化日益威胁着人类的生存和发展，保护环境成为人类面临的严峻课题。环境保护催化正是以控制和预防环境污染为目的的应用催化技术，目前已经取得了长足发展。在世界催化剂市场，炼油、化工和环保三大领域中，环保催化变得越来越重要。近年来，环保催化市场份额已高达60%以上。环保催化剂主要用于消除或降低工业“三废”，其中最重要的是废气与废水，废气包括$CO_2$、$SO_x$、$NO_x$、挥发性有机物（VOCs）、氯氟烃和黑烟微粒等，它们是地球“温室效应”、酸雨、臭氧空洞和雾霾等“自然灾害”的元凶；废水主要是含有无机盐、酚、氰化物、多环芳烃、芳香胺等的工业及生活污水，它们直接导致了水体污染。环保催化技术正成为提高人们生活质量和社会可持续发展的核心技术。本章将主要介绍有关大气污染防治的工业催化过程。

催化技术能大大降低处理污染物的费用并拓宽消除污染物的途径，在防治环境污染方面发挥着巨大作用，在此基础上发展出一个重要的新概念——环境催化。对于环境催化迄今虽无明确定义，但狭义而言，环境催化是指利用催化技术来控制环境污染物的排放以及消除排放污染物的化学过程，也包括应用催化工艺生产少污染的产物以及能减少废物和副产物污染的新化学过程。广义来讲，凡是利用催化概念和催化技术来解决或提升人类生存环境质量相关的领域均可称为环境催化。

## 8.1 环境保护催化技术的发展趋势

近一个世纪以来，由于人类大量使用化石能源，使得近年来全球每年向大气排放超过300亿吨$CO_2$，近十亿吨有毒、有害其他气体（如$SO_x$、$NO_x$、VOCs）和近千万吨氯氟烃，另外近百亿吨矿物燃烧后变成粉尘和烟雾滞留在空气中，给环境造成了严重污染。

环境保护催化在三方面起着十分重要的作用：①污染源源头生产工艺的绿色化工艺开发，例如，新一代高效燃料油脱硫催化剂及工艺的实施，使得汽油和柴油的深度脱硫成为可能，并由此大大减少了车用尾气中硫的排放对环境的污染；②固定源污染物催化法治理技术，如燃煤电厂排放的大量$SO_x$、$NO_x$催化还原处理，大大减少了排放到大气中的污染物，另外，对于各种工业设施排放的VOCs实行催化燃烧处理工艺，大大降低了VOCs的燃烧温度，减缓了高温下易生成$NO_x$的趋势，避免了二次污染；③移动源污染物催化法治理技术，如在机动车尾气的排放口安装催化转化器，可使机动车尾气中的CO、$NO_x$、$C_xH_y$含量大大降低，甚至接近零排放。目前用于大气污染防治工业催化过程的环境保护催化剂按其用途主要分为机动车燃料油生产中的脱硫催化剂、汽车尾气净化催化剂、工厂烟气脱硫及脱硝用催化剂和有机废气的催化燃烧催化剂等。在本章中将分别对这些重要的环境催化工艺及催化剂进行讨论。对于污水的处理，如催化氧化分解处理方法，在此从略。

由于环境保护工艺的特殊性，对环保催化剂提出了不同于常规工业催化的要求，主要有如下特点：

(1) 待处理有毒有害物质的废气或废液量巨大。例如，600MW 火力发电机组，烟道气量可达 $1.6Mm^3/h$。这就要求环保催化剂具有较高的机械强度，能承受流体反复的冲刷和压力降的反复波动。

(2) 处理的有害物质的浓度往往很小，而处理要求却很高，通常在 $10^{-1}\sim10^4mg/L$ 之间。例如，硝酸尾气中所含氮氧化物的浓度通常在 0.2%～0.4%，而要求脱除率达到 99.98%以上，因此要求环保催化剂具有很高的催化活性。

(3) 被处理的气体和液体中，除了要脱除的目的毒物外，往往含有较多的杂质，如粉尘、酸雾、重金属元素、硫、砷、卤化物等，其中不少是催化剂的毒物。这就要求环保催化剂有较强的抗毒性能和稳定性、较好的选择性。

(4) 环保催化剂本身就是用于治理环境的，因此要求治理过程不产生二次污染，同时也要求环保催化剂本身也必须是无毒的。

(5) 环保催化剂的性能需随着环境标准的不断提高而加以改进。例如，最初的汽车尾气净化催化剂只需对 CO 和 $C_xH_y$ 进行氧化处理，而现在则需处理 CO、$NO_x$ 和 $C_xH_y$，并要求颗粒物也达到超低排放；再如对 $SO_2$ 的排放要求已从单一的浓度控制到浓度与总量的双重控制。

因此，环境催化与常规工业催化之间存在明显的区别，如表 8-1 所示。

**表 8-1　环境催化的特殊性**

| 项目 | 工业催化 | 环境催化 |
| --- | --- | --- |
| 目的与要求 | 利用催化技术生产各类化学品 | 利用催化技术解决环境污染 |
| 毒物的浓度 | 小于 1%(可以完全去除) | 1%～20%(反应物的数百～数万倍,不可能除去) |
| 反应条件 | 选择合适温度(423～773K)<br>合适空速($1000\sim10000h^{-1}$)<br>反应工艺条件稳定可控 | 温度:300～1273K<br>空速:可达 $10^6h^{-1}$<br>反应工艺条件经常变动 |
| 反应物的浓度 | 可大于 90%(常规范围) | $10^{-9}\%\sim10^{-6}\%$数量级 |
| 催化反应器 | 多为固定式反应器 | 固定式 & 移动式 |

## 8.2　汽、柴油催化深度脱硫

当今世界上低硫原油仅占 17%，高硫原油比例高达 58%，并且这种原油高硫化趋势还将进一步扩大。世界范围内，汽、柴油标准将日益严格，生产环境友好的低硫或超低硫油已成为世界各国政府和炼油企业普遍重视的问题。例如，中国于 2017 年开始全面实施国Ⅴ排放标准，要求汽、柴油中硫含量不大于 10mg/L，所以需要通过加氢脱硫工艺将柴油中的硫杂质尽可能多地脱除。加氢脱硫工艺是应对产品低硫化最有效的途径，也是从污染源源头进行治理的环境保护催化工艺。

高活性汽、柴油加氢脱硫催化剂是加氢技术的关键，采用高活性催化剂可以降低汽、柴油加氢装置的操作苛刻度，如降低加氢反应的压力、反应温度和氢油体积比等。在操作条件相同的情况下可以提高空速和装置的处理能力，延长装置的运行周期。汽、柴油的催化深度加氢脱硫原理、加氢脱硫催化剂及加氢脱硫工艺的相关内容参见第五章金属硫化物催化剂部分。

## 8.3 烟气的催化脱硫

2010年中国能源消费总量为36.1亿吨标准煤，占世界一次能源消费总量的22.4%。其中，煤炭消费量为36.5亿吨，是全球第一大煤炭消费国，煤炭消费量占全球一半以上。2013年，全国$SO_2$和$NO_x$排放量分别是2044万吨和2227万吨。其中，电力行业$SO_2$及$NO_x$的排放量分别为780万吨及834万吨。发电厂仍是大气污染物，特别是$SO_2$和$NO_x$排放的重要来源。除电站锅炉外，国内分布广泛而数量众多的工业锅炉、水泥或玻璃窑炉、冶金钢铁烧结炉、化工厂和酸洗设备等对$SO_2$和$NO_x$排放总量的贡献与发电站相当。因此，烟道气的催化脱硫、催化脱硝是$SO_2$和$NO_x$污染控制的重要技术手段，受到了全球广泛关注。

烟气催化脱硫主要分为催化氧化脱硫和催化还原脱硫两类。催化氧化法以气相催化氧化（又称为干式催化氧化）脱硫为主，其基本原理是利用氧化反应把烟气中的$SO_2$转化为$SO_3$，$SO_3$接着与水反应生成硫酸，最终产物硫酸可以直接回收，也可以用碱性物质中和成盐。催化还原法则将$SO_2$部分还原为$H_2S$，再用克劳斯（Claus）法回收单质硫。由于催化氧化法具有较高的综合经济效益，因此特别适合使用于高硫煤的电厂或大机组电厂。催化还原法适合于$SO_2$排放量较小的工厂。

### 8.3.1 烟气的干式催化氧化法脱硫

$SO_2$和$O_2$分子在气相中直接反应的速率很小，甚至在800℃高温下也难以察觉到反应的进行，这归因于该均相气态反应的活化能很高，在800℃时的平衡转化率不到20%。因此，$SO_2$氧化反应必须在有催化剂的条件下才能顺利进行。在钒基催化剂的作用下，$SO_2$可以催化氧化为$SO_3$，该反应属于体积减小、放热的可逆反应：

$$2SO_2 + O_2 \xrightarrow{\text{V基催化剂}} 2SO_3$$

生成的$SO_3$被水吸收后生成硫酸：$SO_3 + H_2O \longrightarrow H_2SO_4$。

1）烟气干式氧化脱硫催化剂

$SO_2$氧化用催化剂大多以$V_2O_5$为活性组分，以碱金属硫酸盐和焦硫酸盐如$K_2SO_4$或部分$Na_2SO_4$为助催化剂，以硅藻土（或加少量的铝、钙、镁等的氧化物）为载体，通常称为钒-钾-钠-硅体系催化剂。在工业使用条件（400～600℃）和有$SO_3$存在的情况下，钒基催化剂的活性组分呈黏度很高且像胶水一般的液相，负载在载体硅藻土表面，因此又称为负载型液相催化剂。起催化作用的是熔融态的碱金属硫代钒酸盐（$K_2O \cdot 2SO_3 \cdot V_2O_5$），它是熔点约为430℃的低共融混合物。一般认为，活性组分以双钒形式的配合物存在，如下所示：

$$\left[\begin{array}{c} \quad O \qquad\quad O \\ \quad \| \qquad\quad \| \\ -V-O-V- \\ \quad | \qquad\quad | \\ OSO_3K \ OSO_3K \end{array}\right]$$

有效的助催化剂能使其中的V═O键减弱，从而降低钒酸盐的熔点，而增大催化剂的活性。催化反应过程可简化为如下过程：

$$V_2O_5+SO_2 \rightleftharpoons V_2O_5 \cdot SO_2 \rightleftharpoons V_2O_4 \cdot SO_3 \overset{+O}{\rightleftharpoons} V_2O_5+SO_3$$

钒基催化剂在工业使用温度下容易发生阻塞和结垢现象，并且会因为砷和氟的存在而永久中毒。生产实践证明，烟气中含砷量越多，催化剂活性下降得也越大。这主要是因为在高于550℃时，$As_2O_3$ 和 $V_2O_5$ 生成 $V_2O_5 \cdot As_2O_3$ 挥发物，使 $V_2O_5$ 随气流带走，从而减少了活性组分的含量。氟对催化剂的毒害与氟的形态和气体中湿气的含量有关，氟易与催化剂载体中的二氧化硅生成 $SiF_4$，使催化剂粉化。当烟气中水汽含量增高、温度升高时，$SiF_4$ 会分解出水合二氧化硅，使催化剂表面结壳，活性下降。$SiF_4$ 与水汽分解放出的 HF，又可能与 $V_2O_5$ 作用生成可挥发性的钒酰氟而引起钒的损失，减少活性组分。

除了钒基催化剂，铜基催化剂在 $SO_2$ 催化氧化脱除中也有较多应用，它是由氧化铜负载在载体上组成的，根据载体的不同，铜基催化剂主要有 CuO/AC 和 $CuO/\gamma\text{-}Al_2O_3$ 两种。$CuO/\gamma\text{-}Al_2O_3$ 干法烟气脱硫的原理为：烟气流过反应器内的氧化铝载体颗粒，烟气中的 $SO_2$ 与负载在氧化铝上的氧化铜发生反应生成 $CuSO_4$（300～500℃），从而达到脱除烟气中 $SO_2$ 的目的，其主要反应为：

$$CuO+SO_2+1/2O_2 \longrightarrow CuSO_4$$

$$CuO+SO_3 \longrightarrow CuSO_4$$

脱硫剂吸收硫饱和后，通入氢气、甲烷等还原性气体进行再生，将 $CuSO_4$ 还原为单质铜。再生后的单质铜能够迅速被空气中的 $O_2$ 氧化为 CuO，从而使脱硫剂完全再生，循环使用。脱硫剂再生释放的 $SO_2$ 经浓缩后可制成硫酸或单质硫。整个再生过程在与硫化反应相同的温度范围内进行，系统无需再加热。其主要反应为：

$$CuSO_4+2H_2 \longrightarrow CuO+SO_2+2H_2O$$

$$CuSO_4+1/2CH_4 \longrightarrow Cu+SO_2+1/2CO_2+H_2O$$

$$Cu+1/2O_2 \longrightarrow CuO$$

$CuO/\gamma\text{-}Al_2O_3$ 催化剂，铜负载量以质量分数 8%～10% 为最佳。$CuO/\gamma\text{-}Al_2O_3$ 脱硫剂在200℃时脱硫活性较低，穿透时间小于3min；温度升至300℃时活性明显提高，穿透时间为20min；400℃时活性继续出现大幅度的提高，此时不仅活性组分 CuO 转化为 $CuSO_4$，部分载体亦转化为 $Al_2(SO_4)_3$，因此 $CuO/\gamma\text{-}Al_2O_3$ 适用于较高温度下的脱硫处理。采用浸渍法制备的 $CuO/\gamma\text{-}Al_2O_3$ 脱硫剂的脱硫效率可达90%，经过多次脱硫-再生循环后，脱硫剂仍能有效脱硫，脱硫剂的比表面和孔结构与新鲜脱硫剂相比变化不大，同时通过 XRD 分析也发现脱硫剂 CuO 微晶粒并没有发生明显的团聚现象，这证明使用 $CuO/\gamma\text{-}Al_2O_3$ 脱硫剂在多次脱硫-再生循环过程中性能可以保持稳定。

用活性炭等体积浸渍硝酸铜溶液制备新型 CuO/AC 脱硫剂用于脱硫试验，结果表明：在200℃下，载铜量5%～15%的 Cu/AC 脱硫剂具有较好的脱硫活性。脱硫剂载铜量低于5%时 CuO 在 AC 表面的覆盖率较低；5%的载铜量为 AC 表面发生单层覆盖的极限量，此时活性组分呈现高分散状态，无体相 CuO 出现；超过5%时，CuO 在表面发生多层覆盖现象，载铜量为10%时，AC 表面出现体相 CuO，活性组分聚集严重；继续增至15%时，脱硫剂微孔堵塞严重，平均孔径增大。当载铜量提高至25%时，大孔亦发生明显的缩径现象，平均孔径又出现降低。根据不同反应气氛和试验条件下脱硫剂的程序升温脱附（TPD）表征结果，提出了一种 CuO/AC 对烟气中 $SO_2$ 的吸附机理，并初步考查了添加金属氧化物助剂（K、Na、Ca、Mg、Fe、Al、V、Ti、Mn、Zn 等）后的脱硫剂的脱硫活性变化。对

CuO/AC脱硫催化剂采用还原剂进行再生的过程研究后发现，在惰性气体中的再生过程实际是活性炭对$CuSO_4$的还原，发生如下反应：

$$2CuSO_4+3C \longrightarrow Cu_2O+2SO_2+3CO$$

$$CuSO_4+2C \longrightarrow Cu+SO_2+2CO$$

$$CuSO_4+2CO \longrightarrow Cu+SO_2+2CO_2$$

催化剂的再生温度一般为400℃，同时由于再生过程中的一些副反应，催化剂被不同程度地还原为金属并发生活性组分的聚集。通过XRD和XPS等表征技术对活性炭担载氧化铜脱硫剂在$NH_3$气氛中的再生行为进行了表征，发现再生过程中$NH_3$仅将硫化所生成的$CuSO_4$中的$SO_4^{2-}$选择性还原为$SO_2$，从而未与$Cu^{2+}$发生反应，保持了铜物种在活性炭表面良好的分散性，从而使其脱硫活性再生。

2）烟气干式催化氧化脱硫工艺

烟气脱硫的干式催化氧化流程是首先除尘，有时还要对烟气再升温至反应温度，才可进入催化转化器。进入吸收塔之前的降温和热量利用，视整个系统情况而定，对锅炉（包括电站锅炉）系统，一般作为省煤器和空气预热器的热源，通常采用一转一吸的流程即可达到90%的净化率。此外，在转化器的设计上，更要注意催化剂装卸简便，以便于清灰。吸收塔的顶部或后面，要加装旋分板或其他除雾装置，以保证它的脱硫率，而系统其他部分的气体温度应控制在露点以上，以减轻设备与管道腐蚀。

### 8.3.2 烟气的催化还原脱硫法：Claus工艺

烟道气中$SO_2$直接催化还原成单质硫是另一种有效的烟气脱硫方法。1883年英国人C. F. Claus提出了从含$H_2S$气体中回收硫的专利，1932年德国法本公司在此基础上提出了改良型Claus工艺，其工艺包括使用活性氧化铝或铁基催化剂使$H_2S$和$SO_2$反应生成S和$H_2O$；或利用煤燃烧过程中不完全燃烧所产生的CO及水煤气变换反应所生成的$H_2$为还原剂，将烟道气中$SO_2$选择性地直接还原成硫元素。反应式如下：

$$2H_2S+SO_2 \longrightarrow 3S+2H_2O$$

$$2CO+SO_2 \longrightarrow S+2CO_2$$

$$2H_2+SO_2 \longrightarrow S+2H_2O$$

这些工艺既能消除烟道气中$SO_2$的污染，又能获得有用的单质硫化工产品。常规的Claus工艺流程如图8-1所示，$H_2S$的氧化被分为两步完成。第一步是将1/3 $H_2S$完全氧化燃烧生成$SO_2$，反应在燃烧炉中进行，反应释放的能量被用来产生蒸汽。

$$3H_2S+\frac{9}{2}O_2 \longrightarrow 3SO_2+3H_2O+521.7\text{kJ}$$

第二步中剩下的2/3 $H_2S$与生成的$SO_2$在催化剂的作用下发生反应：

$$2H_2S+SO_2 \longrightarrow 3S+2H_2O+93.0\text{kJ}$$

Claus工艺工作原理为：$H_2S$酸性气体与少量空气混合后在燃烧炉中燃烧，生成部分$SO_2$，并使炉膛内$H_2S$∶$SO_2$的体积比保持在2∶1，使约50%～70%的$H_2S$与$SO_2$在炉内在氧化铝催化剂床层上发生克劳斯反应。燃烧炉通过废热锅炉副产蒸汽回收热量，再通过冷凝器进一步将通过燃烧炉的气体降温至硫黄露点以下，使得炉内产生的硫黄析出，剩余气体被继续加热至Claus催化反应段要求的温度后送入催化反应器，气体中剩余的$H_2S$和$SO_2$继续进行Claus反应。如此进行二至三级催化反应后，硫回收率达到94%～97%，再

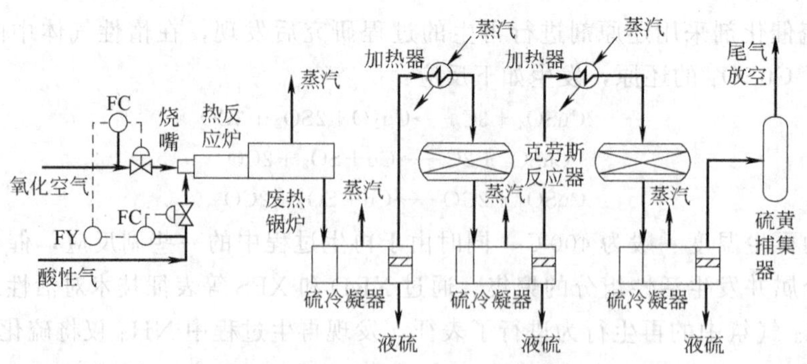

图 8-1 常规 Claus 工艺流程简图

增加催化段对硫回收率已无明显提高。尾气通过液体硫黄捕集器后放空。

常规 Claus 工艺存在以下缺点：①对有机硫的转化率仅有 50%～65%；②对 $H_2S$ 的体积含量要求至少在 25%以上；③尾气不能满足国家现有的气体排放指标。其主要原因是：①酸性气体含量低使得燃烧段的温度较低，造成其他杂质燃烧不完全；②Claus 反应要产生一定量水汽，随着水汽含量的增加，由于逆反应降低了 $H_2S$、$SO_2$ 的含量，影响了 Claus 反应的平衡，阻碍了硫的生成，限制了硫的转化率；③由于酸气中 $CO_2$ 和烃类的存在，在过程中会形成 COS 和 $CS_2$，必须使之发生水解反应，为此，第一反应器的温度要控制在 300～340℃，高温虽然有利于水解反应，但是不利于 Claus 反应的进行，限制了硫的转化率；④常规 Claus 工艺硫的转化率对空气和酸性气体的配比非常敏感，若不能保持 $H_2S:SO_2$ 体积比为 2∶1 的最佳比例，将导致硫的转化率降低；⑤由于常规 Claus 工艺反应受到热力学的限制，硫的转化反应不可能完全，过程气中仍存有少量 $H_2S$ 和 $SO_2$，限制了硫的转化率。上述缺点使得常规 Claus 工艺无法达到理论回收率 96%～98%，实际只能达到 94%～97%。随着环保要求的提高，单独的 Claus 硫回收装置较难达到环保要求（$SO_2$ 小于 960 mg/m$^3$），国内新建的煤化工装置正在逐步采用新型的硫黄回收工艺。

荷兰荷丰公司所开发的 SuperClaus 和 EuroClaus 硫回收工艺在没有气体吸收提浓和复杂尾气处理的情况下，可以使硫回收率达到 99.0%和 99.4%，排放气达到国家标准。目前这两种方法正在国内烟道气硫回收装置中逐步应用，下面以 SuperClaus 为例作简要介绍。SuperClaus 硫回收工艺是传统 Claus 工艺的改进，即在常规 Claus 工艺基础上添加一个选择性催化氧化反应段，其目的是将来自最后一级 Claus 段过程中所残余的 $H_2S$ 选择氧化为元素硫，兼具硫黄回收和尾气处理双重作用，尾气不用另外处理，总硫回收率达 99%以上，其工艺流程见图 8-2。

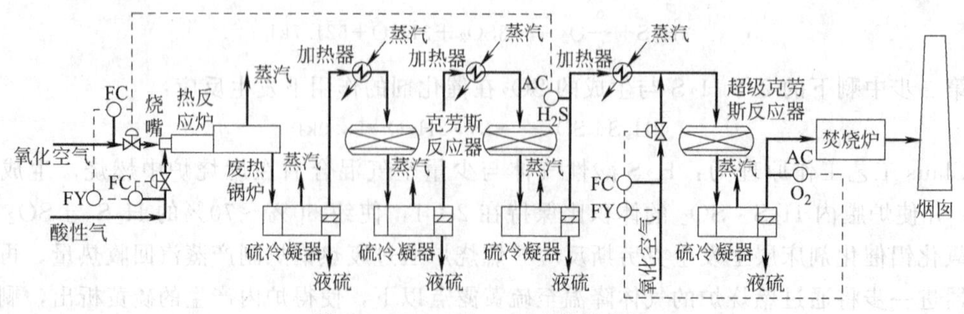

图 8-2 SuperClaus 工艺流程简图

SuperClaus 工艺的 Claus 部分不再像传统 Claus 流程那样控制 $H_2S:SO_2$ 为 1，而是采

用高 $H_2S$ 与 $SO_2$ 比率操作，控制最后一级 Claus 反应器出口的 $H_2S$ 的过量程度。SuperClaus 工艺的主要特点为：①不要求精确控制 $H_2S/SO_2$ 的比例，而是控制最后一级 Claus 反应器出口过程气 $H_2S$ 的体积含量在 0.6%～1.5%；②选择性氧化反应（$H_2S+1/2\ O_2 \longrightarrow 1/n\ S_n+H_2O$）是反应比较彻底的热力学反应，因此可以达到高的转化率；③使用一种特殊的选择性氧化催化剂，该催化剂对水和过量氧气均不敏感，可以将 Claus 尾气中大部分 $H_2S$ 直接氧化为硫元素，其效率可达 85%～95%，且不发生副反应；④由于上游 Claus 采用了 $H_2S$ 过量操作，抑制了尾气中 $SO_2$ 的含量，装置总硫回收率高，所以，SuperClaus 反应段具有硫黄回收和尾气处理的双重作用；⑤SuperClaus 催化剂具有良好的热稳定性、化学稳定性和机械强度，催化剂寿命长；⑥适用的酸性气体含量范围广，$H_2S$ 的体积含量范围为 20%～93%；⑦适用于新建装置和现有 Claus 装置改造，使排放气达到国家现行废气排放和有害气体排放标准。

## 8.4 烟气的催化脱硝

燃煤锅炉在燃烧过程中，在高温下（约 1200℃），由空气中的 $N_2$ 和 $O_2$ 反应生成 $NO_x$，其主要成分是 NO，含量超过 90%，其余 $NO_2$ 约为 5%～10%，$N_2O$ 含量为 1%左右。在烟道气中 $NO_x$ 的含量与 $SO_x$ 相近，但对人类健康的威胁却远远大于 $SO_x$，当 $NO_2$ 超过 200mL/m$^3$ 就会使人瞬间死亡。国外对烟道气脱硝的重视程度远超脱硫。中国规定，2020 年起所有新建电厂氮氧化物排放浓度不得超过 50mg/Nm$^3$。由此可见，为了减少 $NO_x$ 对大气环境及人体健康造成更严重的污染和危害，国家对 $NO_x$ 排放量严加控制。将 $NO_x$ 催化还原为无害的 $N_2$ 和 $H_2O$ 是最受关注的技术，其分为非选择性催化还原法和选择性催化还原法。

### 8.4.1 非选择性催化还原法

在进行 $NO_x$ 非选择性催化还原时，通常可采用 $CH_4$、$H_2$ 或 CO 等作为还原剂，将废气中有害的 $NO_x$ 还原为无害的 $N_2$ 和 $H_2O$。而工业上常选用焦炉气、炼厂气或合成氨弛放气等燃料气为还原剂。还原过程中发生的主要反应如下：

$H_2$ 为还原剂时：

主反应

$$H_2+NO_2 \longrightarrow NO+H_2O$$

$$2H_2+O_2 \longrightarrow 2H_2O$$

$$2H_2+2NO \longrightarrow N_2+2H_2O$$

副反应

$$5H_2+2NO \longrightarrow 2NH_3+2H_2O$$

$$7H_2+2NO_2 \longrightarrow 2NH_3+4H_2O$$

$CH_4$ 为还原剂时：

主反应

$$CH_4+4NO_2 \longrightarrow 4NO+CO_2+2H_2O$$

$$CH_4+2O_2 \longrightarrow CO_2+2H_2O$$

$$CH_4+4NO \longrightarrow 2N_2+CO_2+2H_2O$$

副反应

$$7CH_4+8NO_2 \longrightarrow 8NH_3+7CO_2+2H_2O$$

$$5CH_4+8NO+2H_2O \longrightarrow 8NH_3+5CO_2$$

CO 为还原剂时：

主反应

$$4CO+2NO_2 \longrightarrow N_2+4CO_2$$

$$2CO+O_2 \longrightarrow 2CO_2$$

$$2CO+2NO \longrightarrow N_2+2CO_2$$

从反应中可以看出，红棕色的 $NO_2$ 首先被还原为无色的 NO，再由 NO 还原为 $N_2$。前一步反应通常称为脱色反应，反应过程中大量放热；后一步反应通常称为消除反应。用 $CH_4$、$H_2$ 或 CO 作为还原剂时，在使 $NO_2$ 及 NO 还原的同时 $O_2$ 也被还原。$NO_2$ 还原反应进行得快，而 NO 还原反应进行得慢。因此当燃料气中还原剂含量不足或被处理废气中含氧量过高时，NO 不能被充分还原，达不到完全脱除 $NO_x$ 的目的。因此在进行非选择性催化还原 $NO_x$ 时，应保证有足够的还原剂使 NO 得到充分还原。同时也应控制被处理废气中过剩的氧含量，以减少还原剂的消耗和反应生成的热量。研究表明，若被处理废气中残留 1% 的 $O_2$ 就要消耗相当于发电所用燃料的 5%的 $CH_4$ 还原剂，同时使温度升高 100℃以上。故必须控制废气中的残留氧含量。

1）非选择性还原 $NO_x$ 用催化剂

非选择性催化还原 $NO_x$ 所用的催化剂有贵金属和非贵金属两大类。贵金属催化剂的活性组分有铂、钯、铑和钌，负载量为 0.1%～1.0%。以纯 $H_2$ 作为还原剂时，贵金属的活性顺序是 Ru＞Pt＞Pd；而用 CO 为还原剂时则为 Ru＞(Rh＞)Pd＞Pt。在 500℃以前铂的活性比钯好，在 500℃以后钯的活性超过铂的。以钯作催化剂时，作为还原剂的燃料气的起燃温度低，并且钯的价格较便宜，故国外多用钯作催化剂。但钯的缺点是对硫较敏感，高温易于氧化，因而它多用于硝酸尾气的净化，而对烟气等含硫化物气体的净化，则需预先脱硫。非贵金属氧化物还原 $NO_x$ 的活性顺序为：$CuO \approx Fe_2O_3 \approx V_2O_5 > Cr_2O_3 > MoO_3 > WO_3 > ZnO \approx Co_3O_4 \approx SnO_2 \approx TiO_2 > NiO$，非贵金属含量为 10%～20%左右。催化剂载体通常是活性氧化铝，也有用 $Al_2O_3$-MgO、$Al_2O_3$-$TiO_2$、$Al_2O_3$-$Tb_2O_3$ 和 $Al_2O_3$-$SiO_2$ 等混合氧化物的，载体形状有球形、片形、柱形和蜂窝状等。

2）非选择性催化还原 $NO_x$ 工艺流程

非选择性催化还原法脱除 $NO_x$ 的流程分为一段流程和两段流程两种，其工艺流程图见图 8-3。

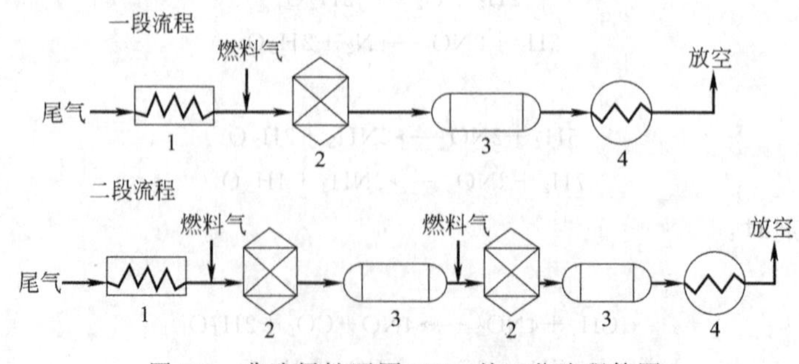


图 8-3 非选择性还原 $NO_x$ 的工艺流程简图

1—预热器；2—反应器；3—废热锅炉；4—膨胀器

两段流程的燃烧气分两次加入系统中，设置两组反应器和两组废热锅炉。当然，两段流程中也有不设置第二组废热锅炉，而是将第二段反应器出来的气体直接引入动力回收装置，但此时要求涡轮机等动力装置的材料能耐受较高的温度，否则只能在动力回收装置前加设废热锅炉以冷却从第二阶段反应器出来的气体温度。因此，在处理工艺选型时，必须考虑反应中由于富氧燃烧而放出的大量热，这是非选择性催化燃烧法的特征之一。选择一段流程或两段流程主要取决于所用还原剂的组分和所处理的尾气中氧含量。例如，设尾气中氧含量为3%，采用一段流程，用 $H_2$ 作还原剂时的反应温度约为627℃；相同条件下用 $CH_4$ 作还原剂时的反应温度约为863℃。由于球形氧化铝载体所能承受的最高温度为815℃，否则将烧坏催化剂，故以甲烷为还原剂，当尾气中含氧量超过3%时，不允许使用一段流程，即在第一段反应器中先消耗一部分氧气，并完成把 $NO_2$ 转变为NO的脱色反应，经废热锅炉将热量回收，冷却后再与另一部分燃烧气进入第二段反应器，在这段内将氧气消耗完，并进行脱除反应。

### 8.4.2 选择性催化还原法

燃料燃烧产物中通常含有 $NO_x$、CO、烃类和过量的 $O_2$。在氧气存在下，使 $NO_x$ 被选择性地还原为 $N_2$ 的催化过程成为近年来脱硝催化研究和应用的主流。选择性催化还原法（SCR法）常用 $NH_3$ 作为还原剂，一般又称为 $NH_3$-SCR。由于较低温度下，$NH_3$ 在铂催化剂或非贵金属催化剂上，只对尾气中的 $NO_x$（包括 $NO_2$ 和NO）进行还原反应，而不与 $O_2$ 发生反应，即反应中不需要同时消耗大量氧气，因而催化床层与出口气体的温度较低，从而避免了非选择性催化还原法的一些技术问题。其主要发生以下反应：

$$4NO+4NH_3+O_2 \longrightarrow 4N_2+6H_2O$$

$$6NO+4NH_3 \longrightarrow 5N_2+6H_2O$$

$$6NO_2+8NH_3 \longrightarrow 7N_2+12H_2O$$

$$2NO_2+4NH_3+O_2 \longrightarrow 3N_2+6H_2O$$

其反应机理是氨在氧化物催化剂表面上先解离成胺（$NH_2$）和氢原子，氢原子再与吸附的氧反应生成水，而胺与NO在催化剂表面反应生成氮气：

$$NH_3 \longrightarrow (NH_2)+H\cdot \xrightarrow{+O} (NH_2)+\frac{1}{2}H_2O$$

$$(NH_2)+NO \longrightarrow N_2+H_2O$$

由于 $NO_2$ 比NO更易为氨所还原，对氨选择性还原 $NO_2$ 为NO的动力学方程为：

$$-\frac{d[NO]}{dt}=\frac{p_{NH_3}p_{NO}}{(\alpha p_{NH_3}+\beta p_{NO})^2}$$

其中 $\alpha$ 和 $\beta$ 为常数。

在以 $NH_3$ 为还原剂对 $NO_x$ 的选择催化还原过程中，还可能发生如下反应：

$$8NO+2NH_3 \longrightarrow 5N_2O+3H_2O+932.7\ kJ$$

$$8NO_2+6NH_3 \longrightarrow 7N_2O+9H_2O+1623\ kJ$$

$NH_3$ 一般不与被处理废气中的氧气发生反应，但当 $NH_3$ 已将被处理废气中的 $NO_x$ 完全还原成 $N_2$ 后，略为过量的 $NH_3$ 也会与废气中的氧气发生反应。处理过的气体中所含残留氨量极少，一般不到 $10mL/m^3$，其反应为：

$$5O_2+4NH_3 \longrightarrow 4NO+6H_2O$$

$$3O_2+4NH_3 \longrightarrow 2N_2+6H_2O+1267\ kJ$$

$$4O_2+4NH_3 \longrightarrow 2N_2O+6H_2O+1103.6\ kJ$$

温度对 $NO_x$ 的选择性还原反应有较大的影响。温度若高于 300℃，则还原剂氨与氧气的反应会显著增加，从而降低了反应的选择性，而温度若低于 210℃，则易生成 $NH_4NO_2$，$NH_4NO_2$ 会阻塞管道并能引起爆炸。其反应方程式为：

$$H_2O+2NO_2+2NH_3 \longrightarrow NH_4NO_2+NH_4NO_3$$

通常情况下，上述副反应发生的概率不大，主要视反应温度的高低和催化剂的性能而定。氨选择性还原 $NO_x$ 的还原率相当高，氮氧化物脱除率最高可达 99%。

1）$NH_3$-SCR 用催化剂

$NH_3$-SCR 用催化剂通常以 $TiO_2$ 或 $TiO_2/SiO_2$ 为载体，以 $V_2O_5$、$MoO_3$、$WO_3$ 和 $Cr_2O_3$ 等为活性组分，其中 $V_2O_5/TiO_2$ 较为常用。在 $V_2O_5/TiO_2$ 催化剂上总的反应方程式为：

$$4NO+4NH_3+O_2 \longrightarrow 4N_2+6H_2O$$

$$6NO_2+8NH_3 \longrightarrow 7N_2+12H_2O$$

除了以上两反应外，还有其他一些副反应。表 8-2 给出了在负载型 $V_2O_5$ 催化剂上发生的反应：

**表 8-2　400℃下负载型 $V_2O_5$ 催化剂上发生不同反应的反应焓**

| No. | 反应 | $-\Delta H$/kJ | No. | 反应 | $-\Delta H$/kJ |
|---|---|---|---|---|---|
| 1 | $4NO+4NH_3+O_2 \longrightarrow 4N_2+6H_2O$ | 1625 | 4 | $4NH_3+3O_2 \longrightarrow 2N_2+6H_2O$ | 1263 |
| 2 | $4NO+4NH_3+3O_2 \longrightarrow 4N_2O+6H_2O$ | 1304 | 5 | $2NH_3+2O_2 \longrightarrow N_2O+3H_2O$ | 553 |
| 3 | $6NO+4NH_3 \longrightarrow 5N_2+6H_2O$ | 1806 | 6 | $4NH_3+5O_2 \longrightarrow 4NO+6H_2O$ | 907 |

SCR 催化剂常用共浸渍法制备，其活性取决于载体上 $V_2O_5$ 的量和分散度。但是，$TiO_2$ 与 $V_2O_5$ 间作用力很强，不利于催化剂活性的提高。为了降低 $TiO_2$ 对活性组分的影响，载体中常引入 $SiO_2$。$V_2O_5$ 催化剂是一种结构敏感的催化剂，（010）面的 V—O 键在反应中起关键作用。但到目前为止，SCR 反应在 $V_2O_5$ 催化剂上的反应机理尚无定论。Langmuir-Hinshelwood（L-H）机理与 Eley-Rideal（E-R）机理是 SCR 催化反应体系中最常见的两个机理模型。与 L-H 机理相比，E-R 机理更为多数研究者认可，其认为 $NH_3$ 强烈吸附在催化剂表面，生成 $NH_4^+$，之后与气相反应物中的 NO 反应生成 $H_2O$、$N_2$ 和 V—OH。后者被晶格氧或气相反应物中的分子氧氧化成 $V^{5+}$═O，方程式如下：

$$NO+NH_3+V{=}O \longrightarrow N_2+H_2O+V{-}OH$$

$$2V{-}OH+O \longrightarrow 2V{=}O+H_2O$$

除 $TiO_2$ 或 $TiO_2/SiO_2$ 担载的 $V_2O_5$ 催化剂外，还有一些新型催化剂，如分子筛催化剂、碳作载体的催化剂、氧化铬催化剂、混合氧化物催化剂等可以用于 $NH_3$-SCR 反应。但是，由于此类装置费用昂贵，存在 $NH_3$ 穿透，造成二次污染，及在富氧条件下（>5%含氧量）会因 $NH_3$ 氧化成 $NO_2$ 造成新的污染等问题，还需进一步开发新的催化技术。

2）$NH_3$-SCR 工艺

$NH_3$-SCR 烟气脱硝技术是 1959 年由 Egelhard 公司首先开发的。在所有的烟气脱硝工艺中，$NH_3$-SCR 占据 90%以上，其中 $NH_3$ 来源除了液氨外还有尿素。中国 1990 年后开始对 SCR 技术进行研究，目前国内越来越多的电力企业在进行脱硝装置安装和技改工程。电厂脱硝采用炉内脱硝和烟气脱硝相结合的方法。炉内脱硝的方式采用 PM 型低 $NO_x$ 燃烧器加分级燃烧（三菱 MACT 内低 $NO_x$ 燃烧系统）脱硝法，脱硝效率可达 65%以上，排放 $NO_x$ 浓度在 180 mg/L 左右。烟气脱硝方式采用日立公司的选择性催化还原技术。液氨从液氨槽车由卸料压缩机送入液氨储槽，再经过蒸发槽蒸发为氨气后通过氨缓冲槽和输送管道进入锅炉区，与空气均匀混合后进入选择性催化还原反应器，选择性催化还原反应器设置于空气预热器前，氨气在选择性催化还原反应器的上方，通过一种特殊的喷雾装置和烟气均匀分布混合，混合后烟气通过反应器内的触媒层进行还原反应。脱硝后烟气经过空气预热器热回收后进入静电除尘器。每套锅炉配有一套选择性催化还原反应器，每两台锅炉共用一套液氨储存和供应系统。

$NH_3$-SCR 法在工程应用中也存在一些问题。由于催化剂的工况条件比较恶劣，所以存在着中毒失效问题，必须定期更换，更换时间一般为一到五年。引起催化剂性能下降的原因主要有：①微孔体积减少；②固体沉积物使微孔阻塞；③碱性化合物（特别是钾或重金属）引起中毒；④$SO_2$ 中毒；⑤飞灰腐蚀。另外，由于实际应用时还可能会遇到一些其他问题，如空气加热器的结渣和堵塞，飞灰、废水或洗涤器中的杂质与 $NH_3$ 形成固体颗粒，由载体循环引起催化剂结构热变形等。目前对烟气脱硝选择性催化还原工业应用的完善仍在不断进行。其主要内容是：①不断改善选择性催化还原反应器的反应条件，严格控制 $NH_3$ 的浓度，减少泄漏，以避免二次污染。②完善选择性催化还原催化剂的性能。由于许多选择性催化还原催化剂本身有毒性，同时生产成本较高，阻碍了大规模的工业应用。因此应不断提高选择性催化还原催化剂的效率及扩大其工作温度范围，以降低成本及延长使用寿命。③可以寻找在中低温工况下具有高选择性催化还原活性的催化剂。

## 8.5 机动车尾气的催化净化处理

汽车产业的发展在给国民生活带来便利的同时，也产生了严重的环境问题，机动车污染防治的重要性和紧迫性也日益凸显。据 2011 年《中国机动车污染防治年报》报道，2010 年中国机动车累计排放污染物 5226 万吨，其中 $NO_x$ 为 599 万吨，$C_xH_y$ 为 487 万吨，CO 为 4080 万吨，颗粒物 PM 为 60 万吨。机动车尾气排放占 $NO_x$ 和 PM 排放总量的 85%，$C_xH_y$ 和 CO 总量的 70%。机动车尾气已成为大气环境污染最突出的问题之一。目前防治机动车尾气污染的途径主要分为机内控制和机外控制。机外控制是主要依靠三效催化剂对尾气的有效催化转化来实现的，将有害的 CO、$C_xH_y$、$NO_x$ 氧化还原为无害的 $CO_2$、$N_2$ 和 $H_2O$，是目前最有效的机动车尾气净化方式。

### 8.5.1 汽车尾气排放的特点

汽油车尾气的主要污染物为 CO、$C_xH_y$ 和 $NO_x$，但柴油车尾气的主要污染物中 CO 和 $C_xH_y$ 的含量有所减少，$NO_x$ 和颗粒物 PM 成为主要排放污染物，因此，本节将主要介绍汽油车尾气的催化净化技术。表 8-3 给出了典型汽、柴油发动机的尾气排放情况。

**表 8-3 汽、柴油发动机的尾气排放情况**

| 尾气组成和排放条件 | 柴油发动机 | 四冲程汽油机 | 四冲程贫燃汽油机 |
|---|---|---|---|
| $NO_x$/(mg/L) | 350～1000 | 100～4000 | 约 1200 |
| $C_xH_y$/(mg/L) | 50～330 | 500～5000 | 约 1300 |

续表

| 尾气组成和排放条件 | 柴油发动机 | 四冲程汽油机 | 四冲程贫燃汽油机 |
|---|---|---|---|
| CO/(mg/L) | 300~1200 | 0.1%~6% | 约 1300 |
| $O_2$/% | 10~15 | 0.2~2 | 4~12 |
| $H_2O$/% | 1.4~7 | 10~12 | 12 |
| $CO_2$/% | 7 | 10~13.5 | 11 |
| PM/(mg/m³) | 65 | | |
| $A/F$ | 26 | 14.7 | 17 |

注：中国汽、柴油的含硫量较高，实际数值应大于表中的数据。

为了严格控制尾气排放，国家不断加大控制标准，从图 8-4 可以看出，在国Ⅴ排放标准中，新增非甲烷烃类（NMHC）要求：68mg/km；考虑到 $CH_4$ 占 THC 的比重一般约为 10%，可理解为 THC 的限值要求实际降低为 75mg，$NO_x$ 的限值降低 25%，同时，对于催化剂的寿命也提出了更高的要求，耐久里程延长到 16 万公里，这些都对催化剂的综合性能提出了新的挑战。下面对涉及燃料燃烧反应以及尾气排放的几个特殊用语定义如下：

化学计量空燃比 $A/F$：当燃烧完全时，即无过量氧气时，空气与燃料组成的混合物称为化学计量混合物，此时的空燃比称为化学计量空燃比。此值也称理论空燃比。

过量空气系数 $\lambda$：燃烧 1kg 燃料实际供给的空气质量与理论上完全燃烧 1kg 燃料所需的空气质量之比。

当量比 $\phi$：燃空当量比（equivalence ratio），指单位质量的燃料完全燃烧所需的理论空气质量与实际供给的空气质量之比。

汽油车排放尾气中污染物 CO、$C_xH_y$ 和 $NO_x$ 的含量与发动机的空燃比（$A/F$）有很大关系。发动机中的燃料完全燃烧时所需的空气量与燃料量的比值称为理论空燃比，理论空燃比约为 14.6。如果空燃比低于这个值，发动机在燃料过量的情况下工作，形成不完全燃烧，废气中会含有较多 CO 和 $C_xH_y$，而 $O_2$ 和 $NO_x$ 的含量较少，称为富燃。如果空燃比高于 14.6，发动机在空气过量的条件下工作，废气中含有的 $O_2$ 较多，称为贫燃。图 8-5 为汽油车排放尾气污染物与空气系数关系示意图。

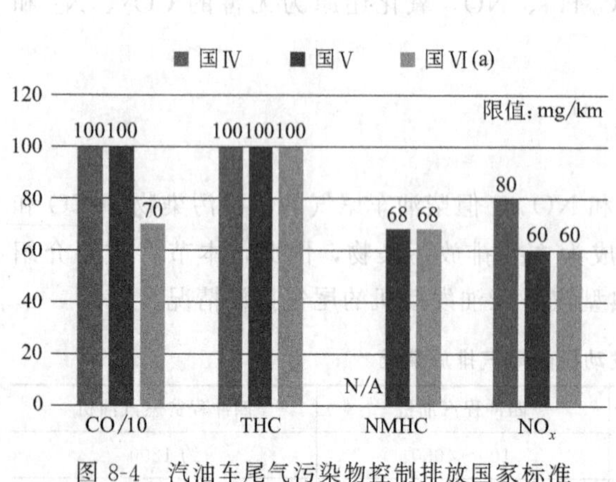

图 8-4　汽油车尾气污染物控制排放国家标准

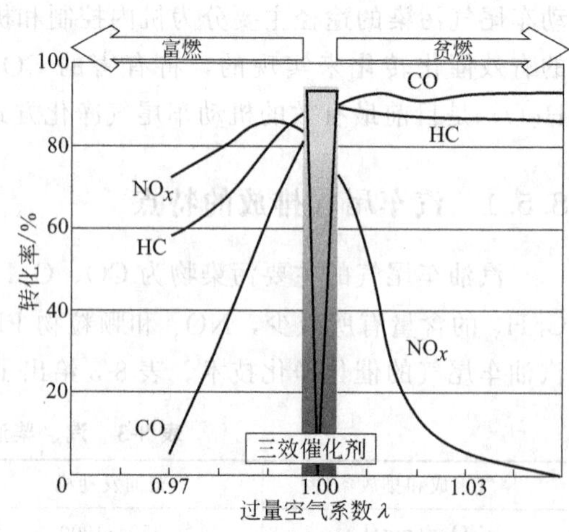

图 8-5　汽油车排放污染物、三效催化剂工作窗口与过量空气系数 λ 的关系

目前，汽油车排气后处理的核心技术是三效催化技术（TWC）。然而，三效催化转化器的工作状态与发动机的空燃比密切相关，三效催化转化器必须在一定空燃比范围内，即在三效催化剂工作窗口中才能正常工作。图8-5也给出了不同空气系数$\lambda$下三效催化转化器对主要污染物$C_xH_y$、CO和$NO_x$的催化转化效果。可以看出，只有发动机在空气系数为1.00附近工作，三效催化剂才能同时将汽车尾气中的主要污染物$C_xH_y$、CO和$NO_x$转化为无害的$CO_2$、$H_2O$和$N_2$。富燃条件下由于氧气不充足，使CO和$C_xH_y$可以完全氧化，而$NO_x$很难被完全还原。

## 8.5.2 汽油车尾气催化净化原理

由表8-3可知，汽油车尾气排放的主要污染物是$C_xH_y$、CO和$NO_x$，其中$C_xH_y$和CO是还原性气体，$NO_x$是氧化性气体。在三效催化剂的作用下，汽车尾气中各气体组分会发生如下反应：

（1）与氧气反应（氧化反应）：

$$C_mH_n+(m+0.25n)O_2 \longrightarrow mCO_2+0.5nH_2O$$

$$CO+0.5O_2 \longrightarrow CO_2$$

$$H_2+0.5O_2 \longrightarrow H_2O$$

氧化反应发生在空燃比贫燃情况下。

（2）与氮氧化物发生还原反应（氧化/还原）：

$$CO+NO \longrightarrow 0.5N_2+CO_2$$

$$C_mH_n+2(m+0.25n)NO \longrightarrow (m+0.25n)N_2+0.5nH_2O+mCO_2$$

$$H_2+NO \longrightarrow 0.5N_2+H_2O$$

以上反应发生在理论空燃比富燃情况下，当然，在富燃情况下还可以发生水汽转化反应：

$$CO+H_2O \longleftrightarrow CO_2+H_2$$

（3）与水蒸气发生重整反应：

$$C_nH_n+2mH_2O \longleftrightarrow mCO_2+(2m+0.5n)H_2$$

水汽转化和水蒸气重整反应有助于汽油车尾气中CO和$C_xH_y$的去除。

（4）与$SO_2$相关的反应：

$$SO_2+0.5O_2 \longrightarrow SO_3$$

$$SO_2+3H_2 \longrightarrow H_2S+2H_2O$$

（5）与NO相关的反应：

$$NO+0.5O_2 \longrightarrow NO_2$$

$$NO+2.5H_2 \longrightarrow NH_3+H_2O$$

$$2NO+CO \longrightarrow N_2O+CO_2$$

汽车尾气排放控制系统设计的任务是促进我们所希望的主反应（1）、（2）、（3）中的反应发生，抑制不利的副反应（4）、（5）的发生。主反应对于机动车尾气中的CO、$C_xH_y$和NO净化的效果取决于催化剂的配方和催化剂的工作条件。

## 8.5.3 汽油车尾气催化转化器

1）催化转化器发展历程

从汽油车尾气排放控制技术发展历史来看，出现过几种尾气排放控制策略。它们分别用于不同历史阶段和不同发动机类型。分别是双段床尾气催化控制技术、氧化型催化剂技术、开环控制的三效催化剂技术、闭环控制的三效催化剂技术及贫燃发动机的尾气污染控制技术。前三种技术因其局限性而不适应现代生产的汽车。这里仅介绍后两种技术。

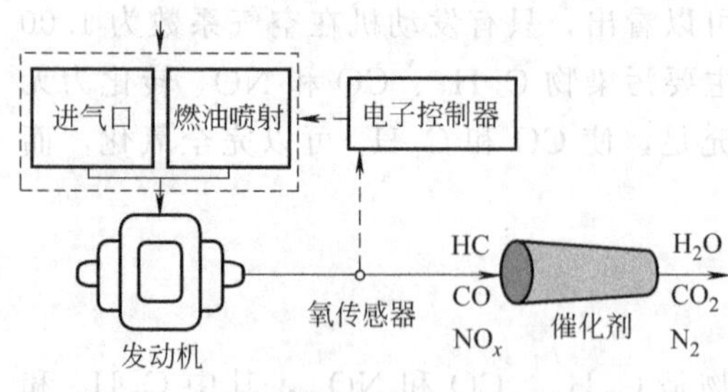


图 8-6　汽车尾气处理闭环控制的三效催化剂技术示意图

（1）闭环控制的三效催化剂技术，三效催化剂在理论空燃比附近催化净化尾气中的 CO、$C_xH_y$ 和 $NO_x$。排气的空燃比控制依靠安装在三效催化转化器上游的 $O_2$ 传感器（也叫 λ 传感器）和电喷控制系统（ECU）而实现。目前，大部分汽油车都采取这种技术控制尾气的排放。具体汽车尾气处理闭环控制的三效催化剂技术示意图见图 8-6。

（2）贫燃发动机的尾气污染控制技术，该技术应用的催化剂为 $NO_x$ 吸附还原催化剂和氧化型催化剂。贫燃发动机大部分工况为贫燃状态，此时 CO 和 $C_xH_y$ 被氧化型催化氧化去除，$NO_x$ 被吸附储存在催化剂中，在几个贫燃工况循环之后，发动机的电控系统给出一个富燃的喷射脉冲循环，在这个富燃循环工况下，储存在催化剂中的 $NO_x$ 被还原为 $N_2$，尾气中 $NO_x$ 的排放得到控制。目前，为了提高燃油经济性和减少 $CO_2$ 排放，贫燃发动机的尾气污染控制技术得到了充分重视。

2）催化转化器的结构

催化转化器是由壳体、减振器和催化剂载体 3 部分构成的。其中催化剂是指载体、涂层和催化活性组分，它是整个催化转化器的核心部分，决定着催化转化器的主要性能指标。最早的催化转化器中的催化剂是以球状氧化铝（$\gamma$-$Al_2O_3$）作载体，稳定剂和活性组分涂覆在表面，然后填装在壳体内，这种载体存在磨损快，阻力大的缺点。后来发展成为蜂窝状的堇青石陶瓷或不锈钢载体上负载涂层和活性组分的整体催化剂，如图 8-7 所示。催化转化器在催化剂外面包裹减振层，最后由不锈钢壳体封装而成。

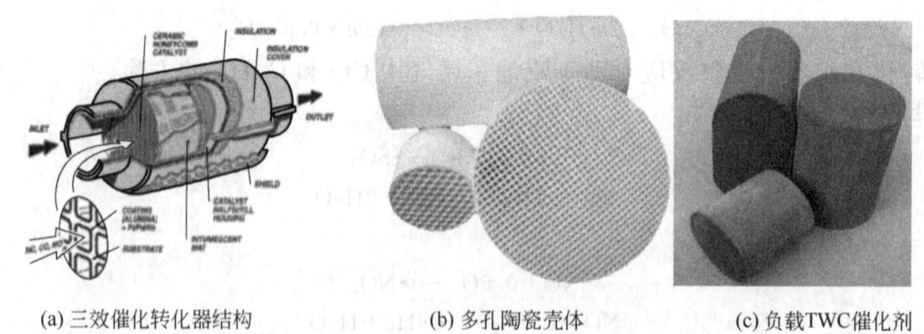


(a) 三效催化转化器结构　(b) 多孔陶瓷壳体　(c) 负载TWC催化剂

图 8-7　车用尾气净化三效催化器结构及载体示意图

（1）壳体。催化转化器壳体一般为不锈钢板材，以防止因氧化壳体脱落造成催化剂的堵塞。许多催化转化器的壳体做成双层结构，用来保证催化剂的反应温度。

（2）减振层。减振层一般有膨胀垫片和钢丝网垫两种，起减振、缓解热应力、固定载体、保温和密封作用。膨胀垫片由蛭石（45%～60%）、硅酸铝纤维（30%～45%）以及黏结剂组成。膨胀垫片在第一次受热时体积明显膨胀，而在冷却时仅部分收缩，这样就使金属壳体与陶瓷载体间的缝隙完全胀死并密封。

(3) 催化剂载体。陶瓷蜂窝载体最早由美国康宁（Corning）公司生产，随后日本NGK公司也掌握了这种技术，并且开始大量生产。陶瓷蜂窝载体的材料为多孔堇青石（$2MgO \cdot 2Al_2O_3 \cdot 5SiO_2$）陶瓷，其化学组成大约为14%（质量分数，下同）MgO、36%$Al_2O_3$和50%$SiO_2$。陶瓷蜂窝载体一般具有蜂窝孔排列状的直通道结构，其孔密度是制备三效催化剂的重要参数。目前世界上汽车用催化器载体90%是堇青石蜂窝陶瓷载体，也有一部分车型的三效催化剂使用金属蜂窝载体，金属蜂窝载体所用合金材料大多为Fe-Cr-Al合金。金属蜂窝载体与陶瓷蜂窝载体相比，具有导热率高、开孔面积大、孔壁薄和机械强度高等特点，对汽油车冷启动阶段的污染排放控制和延长三效催化剂的使用寿命大有裨益。此外，摩托车由于振动颠簸剧烈的原因，其排放污染控制催化剂的载体也多采用金属蜂窝载体。

3）三效催化剂活性组分

贵金属Pt、Rh和Pd在三效催化剂中起着关键的作用，催化反应在Pt、Rh和Pd原子组成的活性中心上进行。通常活性组分的用量为Pt 0.9～2.3g/L，Rh 0.18～0.3g/L，Pd的用量各个厂家差别较大。为了充分发挥贵金属的催化作用，使用时需对活性组分进行负载，最早采用的是球状活性$\gamma$-$Al_2O_3$，随着对催化转化器抗振性能、使用寿命和转化率要求的提高，其被整体型蜂窝载体所替代。

Pt在三效催化剂中的作用主要是催化CO和$C_xH_y$的完全氧化反应。在早期采用的双段催化床的催化转化器中，后端床氧化型催化剂的主要成分是Pt。Pt对NO有一定的还原能力，但是当尾气中的CO浓度较大或者有$CO_2$存在时，Pt对NO的净化效果比Rh差，并且Pt还原$NO_x$的窗口比较窄，在还原气氛中容易将$NO_x$还原为氨气。

Rh是三效催化剂中控制还原$NO_x$的主要活性成分，它在较低温度下可以选择性的还原$NO_x$为$N_2$，同时产生少量氨。在实际的尾气反应中，还原剂可以是CO/$C_xH_y$，还可以是$H_2$。氧气对$NO_x$的还原反应影响很大，在有氧条件下，$N_2$是唯一的还原产物，在无氧条件下，低温下的主要还原产物是$NH_3$气体，高温下的主要产物是$N_2$。此外，Rh对于CO的氧化及$C_xH_y$化合物的重整反应也有重要的催化作用，与Pt和Pd催化剂相比，Rh催化剂对于CO和$C_xH_y$的催化活性比较低。但是，无论如何，Rh在三效催化剂中是不可或缺的，没有Rh时，$NO_x$的排放往往不能达到排放标准。

Pd催化剂在一定条件下具备很好的三效催化活性，早在1975年，Pd就被用来制造汽车尾气污染排放控制的催化剂，到了20世纪90年代中期，Pd的三效催化剂反应活性得到了深入研究，形成了单Pd三效催化剂制备技术。该技术采用分层负载Pd、$CeO_2$以及碱土金属氧化物，使单Pd催化剂具有很好的三效催化活性。实际上，精确的$A/F$控制和对催化剂材料的适当修饰可以保证单Pd催化剂的高$NO_x$转化率，使其三效催化活性可与传统Rh/Pt催化剂相媲美。单Pd三效催化剂的Pd负载量为1.8～10.6g/L，它主要作为密偶催化剂，而安装在发动机排气出口，使催化剂容易起燃，解决发动机在冷启动阶段的污染物排放问题。尽管单Pd催化剂具有很好的初始催化活性，并在汽车工业得到了一定应用，但单Pd三效催化剂还没有得到广泛的应用。

在汽车尾气催化技术研发的初期，因为早期执行的“清洁空气法”中$NO_x$排放标准比较宽松，发动机的废气再循环（EGR）技术就可以满足$NO_x$的排放要求，此时的负载Pt催化剂或Pt-Pd催化剂可以完全氧化去除CO和$C_xH_y$，即使用人们常说的氧化型催化剂就可以满足汽车排放法规的要求。因此，在汽车上首先使用的尾气催化剂是负载Pt催化剂或Pt-Pd催化剂。随着汽车排放标准对$NO_x$排放要求的日益严格，汽车氧传感器和电喷技术的出现，汽车尾气催化剂向着同时可以处理CO、$C_xH_y$和$NO_x$的方向发展，即出现了三效催化剂。这时汽车尾气催化剂的活性组分主要是Pt和Rh。后来在Pt-Rh催化剂体系中又加入了Ce和Ba及其他稀土元素进行改性，或改变催化剂负载工艺，提高三效催化剂上的金属分散度，达到既能满足更严格的排放标准，又不增加贵金属负载量的目的。

到目前为止，市场上的三效催化剂大多数还是以Pt-Rh体系为基础的催化剂，其Pt∶Rh（质量比）约为（5～20）∶1，贵金属负载量约为0.9～2.2g/L。随着贵金属市场价格不断变化，尤其是最近Pt和Rh的价格飙升，催化剂生产商会在保证满足标准的前提下调整贵金属的负载量和比例，或用Pd部分或全部替代Pt，贵金属的比例为Pt∶Pd∶Rh（质量比）=（0～1）∶8～16∶1，典型的贵金属总负载量为2～5.5g/L。在贵金属中，除Pt、Pd和Rh外，Ru和Ir也被大量研究，但是由于其氧化物的挥发性和毒性最终没有得到应用。

## 8.6 有机废气（VOCs）的催化燃烧技术

挥发性有机物（VOCs）是指常温下饱和蒸气压大于70Pa，常压下沸点在260℃以下的有机化合物，包括烃类化合物、含氧、氮、硫、卤素及含磷有机化合物等。排放VOCs的工业生产企业包括化工厂、制药厂、炼油厂、汽车制造厂、金属加工件厂、印刷厂、油漆厂等。大多数VOCs有毒、有气味，一些VOCs还有致癌性，如氯乙烯、苯、多环芳烃、甲醛等，对人体健康产生极大危害；VOCs在阳光作用下还可以与大气中的氮氧化合物发生光化学反应，生成毒性更大的光化学烟雾，甚至大大加速雾霾的产生。近年来VOCs已成为主要大气污染物之一，严重危害自然环境及人们的身体健康，有关VOCs的危害事故逐年增多，因而治理VOCs已经成为社会共识。

### 8.6.1 VOCs的处理技术分类

通常VOCs处理方法可分为两类：一类是所谓非破坏性技术即回收法，一般通过改变温度、压力等物理条件使VOCs富集、分离、净化，如活性炭吸附法、溶液吸收法、冷凝法及膜分离等技术；另一类是所谓破坏性技术，即通过热力燃烧或催化燃烧法使VOCs转化为二氧化碳、水以及氯化氢等无毒或毒性小的无机物，此类方法包括热力燃烧、催化燃烧、生物降解转化、光催化氧化法等常见技术。

催化燃烧、吸附和生物处理是目前应用较多的VOCs处理技术，市场占有率分别为26%、25%和24%，其次是热力燃烧和等离子体技术，市场占有率分别为10%和9%。由于各种方法都有各自的工艺特点，其处理VOCs的工艺条件和要求也就具有不同应用范围和优缺点。例如，冷凝工艺适用于高浓度、小风量的VOCs废气治理，对低浓度、大风量的VOCs废气处理存在投资大、运行成本高、收益小的缺点；吸附法对于低浓度的VOCs废气具有很好的处理效果，但可能导致将污染从气相转移到固相，引起二次污染问题；热力燃烧法适合处理高浓度VOCs的废气，因其运行温度通常达到800～1200℃，设备要求高，能耗成本偏高，且燃烧尾气中易出现二噁英（dioxin）、$NO_x$等副产物，出现严重的二次污染；催化燃烧可以在催化剂作用下，在远低于热力燃烧温度条件下处理低浓度VOCs气体，具有净化效率高、无二次污染、能耗低的特点，是工业上处理VOCs应用最有效的处理方法之一。

### 8.6.2 VOCs的催化燃烧原理

催化燃烧法实际上为完全催化氧化，即利用催化剂的深度催化氧化活性将VOCs组分在燃点以下的温度（250～400℃）与氧气化合，生成无毒$CO_2$和$H_2O$，达到净化目的。同时通过优化催化剂的组分和结构，可实现宽范围的组分和空速操作，可长周期运行，并可回收废热等。由于绝大多数有机物均具有可燃性，因此催化燃烧法已成为有机废气的有效治理手段。国外在1970年代就开始使用催化燃烧法处理VOCs，在500℃以下对VOCs的净化率大于95%。但有些VOCs与$O_2$等组分混合会发生爆炸，故此工艺要求废气中VOCs组分的浓度必须低于该组分爆炸范围下限的1/4。

当VOCs发生氧化时，在催化剂存在下，主要发生以下反应：

$$C_xH_y+O_2 \longrightarrow CO_2+H_2O+Q$$

式中，$x$，$y$为整数；$Q$为反应放出的热量。反应温度范围为200～400℃。

在上述反应中，由于废气中的有机物与氧气反应生成了无害的$CO_2$和$H_2O$，从而达到了治理有机废气的目的。在不用催化剂而直接燃烧的反应中，$4000h^{-1}$的空速下，上述反应温度需要维持在600～800℃；而使用催化燃烧法反应温度只需300℃左右。由于催化燃烧法的氧化温度低，因此生成的$NO_x$和硫氧化物很少，几乎没有二次污染，而且启动能耗低并能回收部分能量。由于需补充大量热量以预热气体，使其达到催化剂的起燃温度，这种方法不适用于低浓度的有机废气，在这种场合往往先用吸附法将废气浓缩、解吸气再用催化燃烧加以净化。

催化燃烧对催化剂的一般要求是：在一定燃烧/空气比下应有尽可能低的起燃温度；在最低预热温度、浓度及最大空速条件下仍能保持完全燃烧；催化剂载体应具有较大比表面积、低阻力和耐热性能、优良的活性和热稳定性；与选择性催化氧化要求的催化剂性质不一样，此处要求有机物全部完全氧化为$CO_2$与$H_2O$。已知各种烃类完全氧化的难易程度如下：

炔>烯>支链饱和烃>直链饱和烃

脂肪烃>环烷烃>芳香烃

同类烃中，碳原子数越多，越易氧化：

$$C_n>C_{n-1}>\cdots>C_3>C_2>C_1$$

### 8.6.3 催化燃烧用催化剂

催化燃烧是典型的气-固相催化反应，它借助催化剂降低了反应的活化能，使其在较低的起燃温度200～300℃下进行无焰燃烧，有机分子在催化剂表面作用发生深度氧化转化为无害的$CO_2$和$H_2O$。通常工业上的催化剂都是由活性成分、助剂和载体等组成，其中活性组分及其分布、颗粒大小、催化剂载体对催化效果和寿命有很大的影响。用于催化燃烧VOCs的催化剂活性成分可分为贵金属和非贵金属氧化物。贵金属是低温催化燃烧最常用的催化剂，其优点是具有较高的活性，良好的抗硫性，缺点是活性组分容易挥发和烧结，容易发生氯中毒，且价格昂贵，资源短缺；非贵金属氧化物催化剂主要有钙钛矿型、尖晶石型以及复合氧化物催化剂等，其价格相对较低，钙钛矿型及尖晶石型高温热稳定性较好，但不足之处在于催化活性相对较低，起燃温度较高。

1）贵金属催化剂

对于完全氧化反应贵金属的活性顺序为：Ru＞Rh＞Pd＞Ir＞Pt。实际使用的只有Pd与Pt。Pd与Pt对不同反应物呈现的活性还有差异。对CO、$CH_4$及烯烃的氧化，Pd优于Pt；对芳烃氧化，两者相当；对$C_3$以上直链烷烃氧化，则Pt优于Pd。贵金属催化剂具有低温高活性和起燃温度低的特点，一旦超过某一温度会使转化率直线上升，只生成$CO_2$与$H_2O$，不存在中间产物。

2）金属氧化物催化剂

有机废气在金属氧化物上完全燃烧的活性顺序大致为：$Co_3O_4$＞$Cr_2O_3$＞$MnO_2$＞CuO＞NiO＞$MoO_3$＞$TiO_2$。常用作完全氧化催化剂的是呈钙钛矿$ABO_3$型结构和尖晶石$AB_2O_4$型结构的复合氧化物。主要体系是：Cu-Cr-O，Cu-Mn-O，Mn-Co-O及Cr-Co-O，即以Cu、Cr、Co、Mn为主要活性组分。贵金属催化剂对烃类完全氧化活性高于复合氧化物，其中Pt活性最高，有时甚至可在低于100℃时使烃类完全氧化。但对酮、醛、醇、酯等含氧有机物，对胺或酰胺等含氮有机物，则两者活性相近。例如，Cu-Mn-O/分子筛对丙酮完全氧化的下限温度为200℃，而分子筛载铂催化剂为280℃，活性不及金属复合氧化物催化剂。又如堇青石涂$Al_2O_3$层后蜂窝载体负载$Cr_2O_3\cdot Co_3O_4$或$La_2O_3\cdot Cr_2O_3$对丙烷燃烧具有良好的活性稳定性。

3）贵金属与金属氧化物复合催化剂

痕量Pt添加到$ABO_3$型复合氧化物催化剂中可提高抗硫性能。$(La_{0.6}Sr_{0.4})(Fe_{0.29}Mn_{0.8}Pd_{0.01})O_3$载于金属蜂窝载体催化剂的活性及稳定性优于0.5%Pd载于金属蜂窝载体。又如在Pd-$Al_2O_3$催化剂中添加$Sm_2O_3$后可降低CO氧化的反应温度，使50%和90%转化率的温度分别下降50℃和80℃，并提高了热稳定性。贵金属与过渡金属或稀土氧化物配合使用是研究的新动向。

4）催化剂载体及助剂

燃烧催化剂中的载体组分一般选用$Al_2O_3$、$TiO_2$、$SiO_2$、$ZrO_2$或其复合物等具有大比表面的多孔材料，通常认为载体对于反应是惰性的，但一些载体也会表现出一定催化活性。一些分子筛负载型催化剂可以更好地吸附VOCs分子，有利于催化燃烧反应进行，表现出较好的催化燃烧活性，所研究的分子筛载体有ZSM-5、β-分子筛、SBA-15、MCM-41等。燃烧催化剂中的助催化剂组分一般为$CeO_2$和$ZrO_2$等氧化物，其主要功能是提高催化剂的储氧性能，从而大大提高催化氧化性能。一般是将助催化剂组分单独溶解后，与活性组分一起浸泡在载体上。

整体式催化剂是由载体、涂层以及催化活性组分组成的许多狭窄的平行通道整齐排列的一体化新型催化剂。整体式催化剂集反应器和催化剂于一体，相比传统颗粒催化剂及固定床反应器，具有催化剂床层阻力小、床层压降低、放大效应小和传质效率高等优点，目前最常用的是蜂窝陶瓷和金属合金等整体式载体。工业上常用堇青石（$5SiO_2\cdot 3Al_2O_3\cdot 2MgO$）作为蜂窝陶瓷载体，其具有很高的机械强度、完好的热稳定性及极低的流体阻力。也有人尝试使用金属基体载体，其一般由卷起的波浪形金属薄片构成，材质通常为铁铬铝合金或铝铬钴合金等。与陶瓷基体相比，金属基体具有机械强度高、起燃较快、耐热冲击等优点，但热膨胀系数较大，难与载体或催化剂涂层匹配，金属基整体式催化剂基体的结构类型有蜂窝状、丝网状和泡沫状等。

5）催化燃烧催化剂的制备

催化燃烧催化剂基本由贵金属Pd、Pt、Rh或过渡金属氧化物CuO、$MnO_2$及助剂

$ZrO_2$、$CeO_2$ 和载体 $Al_2O_3$ 等组成。负载型催化剂一般采用浸渍法制备，此方法是将载体放入有活性组分的溶液中浸泡（活性组分泡到载体内为浸，留到载体上为渍），浸渍平衡后取出载体，经干燥、焙烧和活化制得催化剂。浸泡载体时，要特别注意浸泡温度、浓度、搅拌等因素的影响。负载组分多数情况下分布在载体表面上，利用率高，用量少，成本低。此法更适合于低含量贵金属负载型催化剂，如 $Pd/Al_2O_3$、$Pd/ZrO_2$、$Pt/Al_2O_3$ 等。也有人采用过渡金属氧化物材料，如 Cu、Mn、Cr、Ce 等金属氧化物，其中 Cu、Mn 等金属氧化物对 VOCs 的催化燃烧都具有很好的活性，是活性组分的首选。

催化剂的活性不仅依赖于活性成分和载体的化学状态，还依赖于催化剂活性组分的颗粒大小，一般小颗粒更有利于热传递和内扩散效果。所以，一般认为活性组分颗粒越小，反应的活性越大。另外，在催化剂制备工艺过程中，通常不同的焙烧温度可改变氧化物或金属催化剂颗粒尺寸的大小，从而影响催化剂的催化燃烧活性。有人制备 $Co_3O_4$ 负载型催化剂，随着焙烧温度的升高，$Co_3O_4$ 的晶粒尺寸增大，其活化能呈上升趋势，而催化剂的比活性随活性组分颗粒直径的增大而逐渐降低。

### 8.6.4 VOCs 的催化燃烧工艺

随着 VOCs 催化燃烧在环保方面的广泛应用和人们经济效益意识的增强，在开发高活性、高稳定性的 VOCs 催化燃烧催化剂的同时，VOCs 催化燃烧工艺技术也得到了长足发展。下面介绍几种典型的催化燃烧工艺。

1）通用型催化燃烧工艺

通用型催化燃烧工艺多用于较高浓度的 VOCs 废气处理。含 VOCs 的废气流与装置排出气进行换热后，经预热（热回收率最高达 80%）或加入补充燃料后进入催化剂床层，VOCs 经燃烧后转化成 $CO_2$ 和 $H_2O$。对于含较多硫、氮或卤素等元素的 VOCs 废气的处理，则需增加二次净化装置（如洗涤器），以防止燃烧产物 $SO_x$、$NO_x$ 或 HCl 等造成二次环境污染。催化反应器可采用固定床或流化床。影响催化燃烧效率的因素较多，如温度、空速（或停留时间）、VOCs 化学组成及浓度、催化剂的活性组分、废气中所含催化剂的毒物等。因此，欲达到高 VOCs 去除率必须严格控制这些工艺参数。

某印刷厂建立了一套用于处理干燥车间所生产的 VOCs 的流化床催化燃烧装置。该车间的 10 个干燥室每小时共产生 55 kg VOCs，其中一部分为卤代烃。该装置的工艺操作参数为：实际气体流量为 18700 $m^3/h$，设计处理量为 25500 $m^3/h$，VOCs 含量为爆炸极限的 3%～6%，VOCs 热值为 54～177 $kJ/m^3$，催化剂床层进口温度为 370 ℃，出口温度为 415～445 ℃，床层压力降为 2.5 kPa。其 VOCs 的去除率高于 99%。

2）蓄热式催化燃烧工艺

蓄热式催化燃烧工艺适用于处理废气流量不大且 VOCs 浓度较小的废气流，其主要特点是采用直接与蓄热介质接触的换热方式替代传统换热器，该系统的热回收率高于 90%，从而减少了运行中的燃料费用，但废气处理量较低。1992 年瑞典的 Van Leer 公司安装了一套 MoDo 化工有限公司开发的改进型催化燃烧 VOCs 处理系统，用于去除干燥室中排出的二甲苯和异丁醇等溶剂（处理量为 8500 $m^3/h$），VOCs 的去除率大于 97%。

3）吸附-催化燃烧联合工艺

对于 VOCs 浓度较小（$<$100 mg/L）的高流量（$>$34000 $m^3/h$）废气，可采用活性炭（或活性炭纤维）-催化燃烧联合工艺来进行处理。该工艺的特点是先通过吸附器将 VOCs 的浓度浓缩，脱附后再进行燃烧，从而大大减少了后续催化燃烧的气流量（约为进吸附器流量的1/15），这不仅减少了装置运行时所需投入的燃料量，同时增加了单位时间内VOCs自身的燃烧热。吸附-催化燃烧联合工艺与同样条件下使用的单催化燃烧系统相比，燃烧装置的规模要小得多，需投入的燃料量也大为减少，从而降低了投资和操作费用。

中国在20世纪70年代也开始了VOCs废气净化的研究工作，并相继开发出多种催化燃烧技术，如兰州化学工业公司化工研究院的贵金属LY-C、杭州大学能源与环保催化技术开发中心的NZP系列和金属氧化物BMZ-1、南京化学工业公司催化剂厂的金属氧化物Q101、贵金属蜂窝状TFJF、稀土钙钛矿型氧化物CM系列催化剂、抗硫的RS-1催化剂以及处理含氮VOCs的PCN系列催化剂等。其中Q101催化燃烧技术可用于印刷厂处理其二甲苯等VOCs废气，该工艺使用的催化剂量为500 kg，工艺条件为：废气入口温度为260～300 ℃、出口温度为500～510 ℃，压力$1\times10^5$ Pa，空速3000～6000 $h^{-1}$，VOCs含量为100～5000 $mg/m^3$，氧含量>12%。该催化剂使用2年后，VOCs的去除率还可保持在94%以上。VOCs治理的未来趋势取决于控制设备的研制和控制技术的研发。由于VOCs的种类繁多、组成复杂、其物理化学性质各不相同，任何一种控制技术都不可能完全消除所有的VOCs。因此，人们必须综合考虑VOCs排放源、VOCs类型、VOCs浓度、含VOCs废气流量等影响因素，对各种控制技术进行工艺优化，采用新的组成或耦合技术，进一步提高VOCs的控制效率，降低成本和减少二次污染。

## 8.7 二氧化钛光催化降解气相污染物

光催化技术也是解决日益严重的VOCs污染问题的重要手段，近年来此技术得到了极大关注。1972年，Fujishima和Honda以二氧化钛薄膜为电极，利用光能成功实现了水的分解，该成果被看作是多相光催化新时代开始的标志。自此开始，为了深入探究光催化过程的机理，提高$TiO_2$的光催化效率，大量研究工作广泛开展起来。尽管起初的光催化技术主要用于水体污染物的治理，但是近年来的研究表明，采用该技术治理空气中的污染物可能更加有效。相比在液相体系，气相光催化反应具有很多优点，如：紫外光强度需求值较低；有机物和产物更易扩散；空气对光子的吸附能力较低；光降解量子效率值比液体中高得多；相比溶液反应含有更少的·OH猝灭剂（如$Cl^-$），从而使催化剂的抗失活能力提高。

在已被研究的半导体纳米催化材料中，二氧化钛是使用最广泛的一种，由于其生物无毒性、耐酸碱腐蚀性以及良好的生物相容性，二氧化钛的制备及其光催化性能研究得到了广泛关注。其具有极强的光催化氧化能力，可以将大多数物质完全降解为$CO_2$和$H_2O$，且不会带来二次污染。利用$TiO_2$基催化剂光催化去除气相中的苯系物是当前的一个研究热点。但是，目前普遍存在的问题是催化剂的降解效率不高、容易失活、循环使用性能较低等。研究表明，二氧化钛材料的功能与其微结构调控密切相关。因此，建立微结构催化与性能的关联，对提高二氧化钛已有功能和开发其潜在应用是十分重要的。

二氧化钛通常以四种晶型存在，分别是锐钛矿、金红石、板钛矿和$TiO_2$(B)，其中，锐钛矿、金红石、板钛矿三种晶型目前研究最多。它们的组成单元均是$TiO_2$八面体，差异仅在于八面体的连接方式和畸变程度不同。锐钛矿相$TiO_2$属于四方晶系结构，其晶胞结构中的$TiO_6$八面体共边连接，每一个八面体均连接相邻的八个八面体。由于其具有较高的费米能级和表面富羟基化特性，使其相较于其他几种晶型的$TiO_2$材料具有更好的光催化活性。锐钛矿相 $TiO_2$ 被广泛应用于光催化去污杀菌、光电化学电池以及光解水制氢等领域。

迄今为止，已利用气固光催化技术对近 60 种有机化合物进行了研究，其中大部分为室内常见的有机污染物，文献中对气相光催化的研究主要集中在苯、甲苯、甲醛、丙酮等，其中，苯及苯系物被广泛认为是危害最大的一类污染物。它能使人体造血功能下降，致使血液细胞减少，甚至诱发白血病。人暴露在高浓度的苯系物中，短时间内就能使中枢神经系统麻痹，轻者会产生头痛、头晕、胸闷、恶心等症状，重者可导致昏迷及呼吸循环系统衰竭而死亡。

## 8.7.1 VOCs 光催化降解机理

理想情况下，一种光催化剂需要具有化学和生物惰性，光催化稳定性，生产使用容易，能够有效吸收太阳光，价钱低廉，对人体和环境无害等特点。二氧化钛，不管是原子簇、胶体、粉体甚至是大尺寸的单晶，几乎具有上述所有特征，所以被认为是最理想的光催化剂。对于一个 $TiO_2$ 多相光催化反应，第一步是在 $TiO_2$ 中生成电子-空穴对。当 $TiO_2$ 受到大于或者等于其禁带宽度的光子能量的光照射时，价带上的电子会被激发而跃迁到导带，成为自由电子（$e^-$），价带上会留下相应的空穴（$h^+$），形成电子-空穴对。之后，具体的 $TiO_2$ 光激发过程如图 8-8 所示。

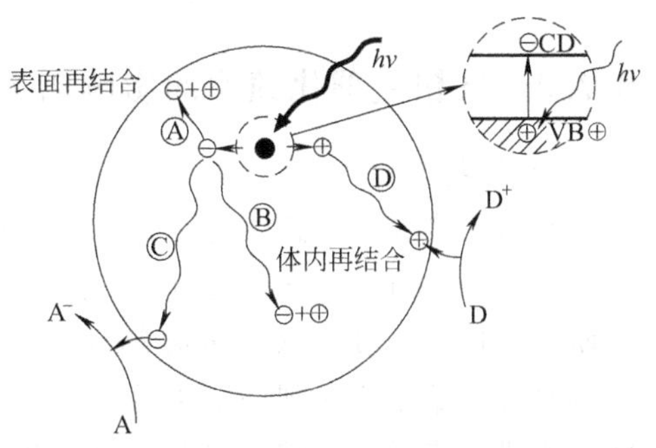


图 8-8 $TiO_2$ 光催化剂的光激发过程

$TiO_2$ 经过光照激发出来的电子和空穴迁移到催化剂颗粒表面，有一部分会发生复合（A），在催化剂内部也可能发生复合（B），以上两种途径都会释放热量。电子和空穴有一部分可以有效分离而不发生复合。当有机分子吸附在 $TiO_2$ 表面时，光生电子具有很强的还原能力，可以有效还原电子受体（C）。空穴具有很强的氧化性，可以夺取这些有机分子的电子（D）。

VOCs 光催化主要过程如下：

（1）光生电子-空穴对的产生：

$$TiO_2 + h\nu \longrightarrow e^- + h^+$$

（2）降解底物在催化剂表面吸附：

$$O_2(g) \longrightarrow O_{2\,ads}$$

$$H_2O(g) \longrightarrow H_2O_{ads}$$

$$VOCs(g) \longrightarrow VOCs_{ads}$$

（3）氧化剂的生成：

$$O_{2ads} \longrightarrow 2 \cdot O_{ads}$$

$$O_{2\,ads} + e^- \longrightarrow \cdot O_{2\,ads}^-$$

$$\cdot O_{ads} + e^- \longrightarrow \cdot O_{ads}^-$$

$$O_{ads}^- + h^+ \longrightarrow O_{ads}$$

$$O_{2\,ads}^- + H_2O_{ads} \longrightarrow HO_2 \cdot_{ads} + OH_{ads}^-$$

$$O_{ads} + H_2O_{ads} \longrightarrow 2 \cdot OH_{ads}$$

$$OH_{ads}^- + h^+ \longrightarrow \cdot OH_{ads}$$

$$HO_2\cdot_{ads}+HO_2\cdot_{ads}\longrightarrow H_2O_{2ads}+O_{2ads}$$

$$H_2O_{2ads}+h\nu\longrightarrow 2\cdot OH_{ads}$$

$$H_2O_{2ads}+O_2^-{}_{ads}\longrightarrow OH^-_{ads}+O_{2ads}$$

(4) VOCs 的光催化分解：

$$\cdot OH_{ads}(HO_2\cdot_{ads},O_{ads}\text{ 或 }h^+)+VOCs_{ads}\longrightarrow(\text{中间产物})_{ads}\longrightarrow CO_2+H_2O$$

以上反应中能够生成·OH，$\cdot O_2^-$ 等强氧化性物种，可以无选择性地降解有机物成为 $CO_2$ 与 $H_2O$ 等小分子，从而使光催化反应呈现高效、无二次污染等特点。

通常认为在光催化降解 VOCs 过程中，吸附在催化剂表面的水分或羟基提供电子，转移给光生空穴后形成具有很高反应活性的·OH 自由基，使催化剂表面吸附的VOCs 氧化降解。但也有人认为，自由基机理主要适用于液相中的光降解过程，气相光降解时，反应物直接作为电子供体与光生空穴发生反应。

## 8.7.2 气相光催化速率的影响因素

1）底物浓度

有机污染物降解速率通常表现出一种饱和行为，即随着降解底物浓度的增大，其降解速率会减小。一方面，光催化行为一般在固体催化剂表面发生，催化剂具有较好的吸附能力可以使反应速率加快。大部分降解反应遵循 Langmuir-Hinshelwood（L-H）动力学模型，在降解底物初始浓度达到一定值后，催化剂表面的大部分活性位点均被占用。这种情况下，底物浓度进一步增大，催化剂表面的污染物实际浓度却不变，这样，实际得到的一级动力学常数会减小。另一方面，光生电子和空穴对首先形成，然后跟有机化合物发生反应。这两步都可能成为整个过程的决速步。当污染物浓度比较小时，后者是决速步，所以降解速率随着污染物浓度的增大而线性增大；但是在污染物浓度比较大的情况下，前者会成为决速步，随着降解底物浓度的增大，反应速率增长放缓。

2）反应温度

温度不仅影响光催化动力学反应，而且对气相污染物在催化剂表面的吸附密切相关。反应速率常数 $k$ 遵循阿伦尼乌斯方程。因此，升高温度对提高反应速率有利。

但在吸附过程中，随着反应温度的升高，污染物在光催化剂表面的覆盖率会减小。吸附平衡常数 $K$ 遵循下式：

$$K\propto \mathrm{f}\left[\exp\left(\frac{-H}{RT}\right)/\sqrt{T}\right]$$

其中，$H$ 是被吸附的污染物的吸附焓。由于光催化反应的最终速率是由动力学反应和吸附过程共同作用的结果，所以存在一个最佳的温度使反应速率达到最大值。

3）光强度和波长

作为诱发光催化反应的主要因素，光强度和波长对光催化反应速率影响很大。通常情况下，波长低于 380nm 的光可以激发 $TiO_2$ 发生光催化反应。由于光照射到 $TiO_2$ 表面才能使其产生电子-空穴对，继而降解有机污染物。有研究者将 $TiO_2$ 均匀涂敷到玻璃片上，发现其降解三氯乙烯的速率随着光强度的增大而增大，但是光强度过大时，电子-空穴对复合概率增大，说明光强度对光催化速率影响很大。

$$I_a=mI$$

其中，$m$ 是过剩系数，$I$ 是光强度。当 $m=1$ 时，反应速率随着光强度的增大而增大。当

$m>1$，光强度超过一个适当值，电子空穴的复合概率急剧增加。随着光强度的增大，反应速率增量会减小，表明光能的利用率减小。

$r=KI^n$（$n=1$，当 $I\leqslant S$；$n=0.5$，当 $I>S$）

式中，$K$ 是常数，$I$ 是 $X$ 射光强度，$S$ 是太阳当量（通常为 $1\sim2\text{mW}\cdot\text{cm}^{-2}$）

4）氧气浓度

氧气浓度也是半导体光催化反应中的一个关键因素。适当的氧气浓度可以降低光生电子-空穴对的复合概率，但是过高的氧气浓度会使催化剂表面羟基化程度过高，从而抑制其对污染物分子的吸附。例如，在气相降解三氯乙烯（TCE）反应中，当氧气浓度低于 $1\times10^{-3}\text{mg/L}$，反应速率会随着氧气浓度的增大而增大，但是当浓度进一步增大，反应速率不再显著增大。

### 8.7.3 光催化降解过程中催化剂的失活和再生

光催化剂应用中，失活是一个很重要的问题。在 $TiO_2$ 光催化中，失活主要是由于光降解过程中生成的中间产物以及一些副产物比被降解底物更容易吸附在催化剂表面并且更加稳定，从而阻碍了光催化过程的进一步发生。例如，苯降解过程中，生成的苯甲酸或者丁酸都可以造成催化剂失活。

由于失活主要在于表面副产物的累积和 · OH 自由基浓度的减小，催化剂的再生需要消除这些副产物或者增大 · OH 的浓度，可能的方法如下：①加热催化剂到一定温度从而消除沉积物。低温条件下，反应产物不容易消除而造成碳沉积，达到一定温度后，这些物质会被破坏，从而使催化剂再生。②将催化剂在干净的空气（最好有一定湿度）中用紫外光照射也可以达到使催化剂再生的目的。这种方法比热处理更加简便实用，但是对于一些比较顽固的污染物，所需要的处理时间可能比热处理方法更长。③在水蒸气存在的情况下向装置中引入 $O_3$，这种方法虽然高效，但由于 $O_3$ 的腐蚀性强，对装置要求较高。

国内外在二氧化钛光催化剂实际应用方面已经有了很多进展，日本、美国、德国、韩国等国不断有相关产品问世，其中，日本在光催化应用方面处于领先地位。日本东陶（TOTO）已经使用二氧化钛等光催化剂生产出抗菌自洁瓷砖和抗菌卫生洁具；日立公司生产出光催化灯具；NISSAN 和丰田汽车公司分别在上市的 CIMA 和 CORONA 车型的侧视镜上进行了二氧化钛处理，使其具备了特殊的防雾功能等。中国的光催化应用领域也正在逐步兴起，各种具有抗菌自洁性能的餐具、室内装饰材料、水处理及大气污染控制设备、抗菌消臭纤维制品、脱臭冰箱等一大批光催化技术产品开始不断问世。

但是，由于光催化体系本身的复杂性，要进一步实现二氧化钛光催化剂的大规模应用，尚存在很多问题，如量子效率低、循环使用性低、可见光源利用率低等。通过深入探讨制备方法、助剂效率、使用条件、材料尺度等与光催化剂之间的关联，是开发活性和稳定性更高的光催化材料的有效方法。这方面尚有很多工作需要开展，以期获得更加完美的工业应用效果。

## 思考题

1. 试说明环境催化与工业催化的主要区别。
2. 烟气氧化脱硫 $V_2O_5$ 催化剂失活的主要原因有哪些？

3. 常规的烟气催化还原脱硫 Claus 工艺有哪些缺点？

4. 选择性催化还原 $NO_x$ 的 $NH_3$-SCR 催化体系工作原理是什么？

5. 说明汽车尾气净化三效催化剂的不同活性组分的作用。

6. 汽车尾气净化三效催化剂反应过程中，为什么要将空燃比控制在 14.7 左右，它有什么意义？

7. 光催化过程中，人们的主要开发目的是要开发出高效的可见光催化体系，为什么？

## 参考文献


[1] Ertl G, Knozinger H, Weitkamp J. Environment Catalysis. Weinheim: Wiley-VCH, 1999.

[2] Janssen F, van Santen R A. Environment Catalysis. London: Imperial College Press, 1999.

[3] Grassian V H. Environment Catalysis. London: Taylor & Francis Group, 2005.

[4] 贺泓等. 环境催化-原理及应用. 北京：科学出版社，2008.

[5] 吴忠标，蒋新，赵伟荣. 环境催化原理及应用. 北京：化学工业出版社，2006.

[6] 戴树桂. 环境化学. 北京：高等教育出版社，1997.

[7] 苏胜等. 铝基氧化铜干法烟气脱硫及再生研究. 燃料化学学报. 2004, 32(4): 407.

[8] 孙锦宜，林西平. 环保催化材料与应用. 北京：化学工业出版社，2002.

[9] 黎维彬. 催化燃烧去除 VOCs 污染物最新进展. 物理化学学报，2010, 26(4):885.

[10] 张金龙，陈峰，何斌. 光催化. 上海：华东理工大学出版社，2004.

# 第9章 催化剂制备工程

催化剂制备过程是工业催化的核心技术之一，既有科学问题，又有反应工程问题，直接影响到催化工艺开发的成败。催化剂制备过程来源于实验室研究成果，主要是为特定的化学反应选择合适的催化剂的活性组分、载体和助催化剂，优化催化剂制备工艺，确定催化剂的形状和大小，使其具有特定的功能结构，以符合催化反应工程要求。为了能有效地进行生产，满足安全生产和环境要求，并最大限度地降低生产成本，需要运用已有的科学和工程研究知识及成果，对催化剂制备工艺和流程进行周密考虑、放大和设计。

进入21世纪，对催化剂制备技术的要求也从传统的高活性、高选择性、长寿命、经济性因素增加了原子经济性、绿色环保和可持续性等方面的考虑。传统的沉淀法、浸渍法、机械混合法、离子交换法、熔融法等制备技术日趋完善，水热法、化学气相沉积、超临界技术等合成新技术不断涌现。然而，目前虽未完全弄清催化剂制备过程中的科学原理，但是制备条件的变化会影响物化性质的变化，以至于催化活性改变的基础理论与技术，对于催化剂的制备仍然具有指导意义。因此，本章介绍了催化剂制备工艺原理、流程及方法，并从催化剂制备过程对催化活性的影响、催化剂制备化学原理及成型过程等方面介绍了催化剂制备工艺及技术。

## 9.1 工业催化剂的制备与放大

### 9.1.1 催化剂制备工程及流程

催化剂制备工程是工业催化的一个重要方面，只有制得性能优良的催化剂并正确使用，才能发挥其最大效能，获得良好的工业催化过程。工业催化剂要求活性高，选择性好，在使用条件下稳定，还要有良好的热稳定性、机械稳定性和抗毒性能，且价格合理、低廉。工业催化剂的活性、选择性和稳定性不仅与催化剂的化学组成有关，还与催化剂的结构有很大关系。要得到性能优良的催化剂，不仅要优化催化剂的组成，还要对催化剂的形状、颗粒大小、密度、表面积、孔结构等物理结构进行深入研究，才能充分发挥其催化性能，这就涉及催化剂的制备工艺。不同工艺制备的催化剂结构差别很大，其性能差别也很大。因此，催化剂制备工程是工业催化创新很重要的一部分。

催化工程研发过程一般经历从实验室小规模-中间试验-工业生产装置考查的开发过程。同样，对催化剂生产制备也相应有实验室-小规模装置-中间试验-工业生产装置应用的开发过程。在小批量生产催化剂时就应该注意到制备过程的特定要求和重要参数，从而为催化剂的工业生产确定生产流程，选择合适的化工单元操作和相应单元过程的相关设备，并制定生产控制的关键条件。一般而言，固体催化剂的制备大致采用如下程序（图 9-1）：

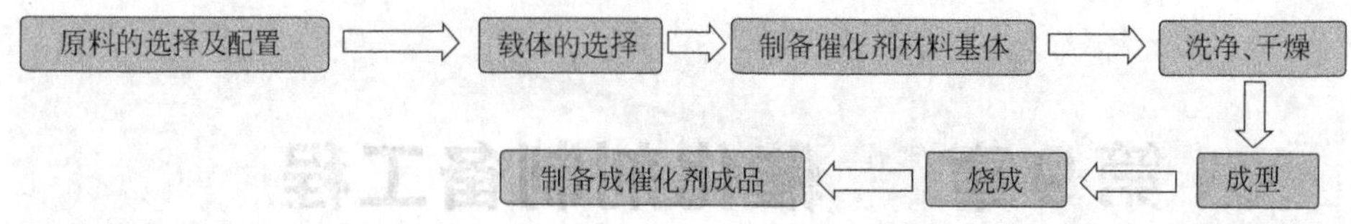


图 9-1　固体催化剂的工业制备流程框图

（1）选择原料及原料溶液的配制。选择原料必须要考虑原料纯度（尤其是毒物的最高限量）及催化剂制备过程中原料互相起化学作用后的副产物的分离或除杂。

（2）通过化学过程，如沉淀、浸渍、离子交换、化学交联、混合等方法，将原料转变为微粒大小、孔结构、相结构、化学组成合乎要求的催化剂材料基体。基体是具备催化剂的必要组分，在结构上各组分间的结合关系已具备了催化剂所需的物理化学结构的雏形。

（3）通过物理方法，如洗涤、过滤、干燥、成型，及化学方法（如加热分解、氧化、还原等）把基体材料中的杂质去除，并加工转变为宏观和微观结构以及表面化学状态都符合要求的催化剂成品。

这些步骤涉及化学过程（沉淀、胶凝、结晶、吸附、离子交换、复分解、表面官能团交联），流体动力学过程（液体混合、悬浮液分离、扩散、沉降），以及热加工过程（加热、冷却、蒸发、干燥）等，最终得到符合要求的催化剂成品。

催化剂制备工艺长期以来被认为依靠经验和手艺，简称“炒菜”，这主要是由于催化剂的制备工艺流程极为复杂，并且在关键步骤上往往技术保密，而且在关键制备步骤上小小的变动都会引起催化性能的极大变化。国内外的生产部门由于竞争激烈，尤其是对大型化工生产装置而言，收率的提高或者催化剂寿命的延长，都意味着巨大的经济效益，同时减少副产物的污染，这些都取决于催化剂的优越性能。

常见的催化剂制备工艺可分为沉淀法、浸渍法、溶胶凝胶法、离子交换法、熔融法及简单混合法等；固体催化剂成型则可大致分为压片法、挤条法、滚球法、喷雾法等；不同的制备方法及成型方法对催化剂活性有很大的影响。对于催化剂的制备工艺，可以依据其采用的化工单元操作和过程，大致包括五种不同的流程：

（1）沉淀法制备工艺是生产流程最长、最复杂的制备工艺。其中沉淀过程受到组分、浓度、加料方式、pH 值、搅拌、加热或冷却方式的控制，还包含水热反应历程、均相沉淀、加压沉淀等，每一步都要求严格控制。得到的沉淀需要经过一系列的陈化、洗涤、沉降、离子交换、过滤处理，以将其中的有害物质除去。然后经干燥、加入助剂、黏结剂，再经密实化或挤压、压片、成粒、焙烧，有时还辅以浸渍工艺，制得满足功能要求的催化剂。

（2）浸渍法制备工艺是应用最广、较为简单、综合性能最好的制备手段。浸渍前载体的预润湿和随后的多次浸渍往往是浸渍技术的关键。浸渍前对载体进行预处理，进而控制活性组分的沉淀、沉积和吸附，用以制备具有不同颗粒度和活性组分分布的催化剂。浸渍后催化剂的干燥速率需要严格控制。焙烧过程要求使活性组分前体均匀分解，因而对焙烧条件有严格的要求。

（3）熔融金属型催化剂需要对所加工的催化剂或金属化合物在电弧炉的高温下进行熔炼，包括金属材料的配比、混合、熔化、铸锭、退火、碎料、过筛，以及最后活化处理。如何保证分批生产过程中的产品性能均匀、生产安全和活化恰当至关重要，都需要严格地控制有关条件。熔融催化剂活性好，机械强度高，生产能力大，缺点是通用性不大，比表面积小，孔容低。

（4）离子交换法用具有离子交换性质的物质作载体，以离子交换形式引入活性组分，制备高分散、大表面积的负载型金属或金属离子催化剂，尤其适用于制备含量低、利用率高的贵金属催化剂，也是均相催化剂多相化和沸石分子筛改性的常用方法，其关键工艺是离子交换剂的制备。为了尽可能彻底地实施离子交换可以多次交换。另外，焙烧促进的离子迁移是可采用的一种结构稳定手段，例如，在稀土离子交换过程中，交换稀土后，焙烧过程中能够促进稀土离子的移动，从容易被反交换的位置迁移至不容易被反交换的位置，从而确保后续交换过程中不会造成已交换离子的流失。

（5）混合法制备工艺是将两种或多种催化剂组分，以粉状细粒子在球磨机或碾压机上经机械混合后成型、干燥、焙烧、还原制得催化剂。混合法设备简单，操作方便，生产能力大，可用于制备高含量的多组分催化剂，尤其是混合氧化物催化剂，但分散性和均匀性较低，粉尘较多，劳动条件差。

在化工生产中，催化剂的几何外形和几何尺寸，对流体阻力、气流速度、床层温度梯度分布、浓度梯度分布等都有影响。为了充分发挥催化剂的催化潜力，应当选择最优的外形和尺寸，这就需要选择最合适的成型方法。同时，利用不同制备技术获得不同外形和尺寸的催化剂也是获得高催化活性和高选择性的关键。如在固定床反应器中，催化剂最好选用一定大小、具有规则或不规则形状的颗粒；对于由内扩散控制的气-固相催化反应，可将催化剂做成小圆柱状或小球状，以利于反应气体的内扩散，提高催化剂的内表面利用率；在流化床内操作的催化剂则常做成微球状，保证优良的流化质量，便于流化床内催化剂的再生和循环利用。因此，催化剂成型工艺要在制备和使用中加以考虑，否则将影响某一特定反应的催化活性以及催化剂的使用寿命，影响反应动力学和流体力学的行为。

工业催化剂在化学性质和物理结构不变的情况下，通过成型可以改善催化性能，提高活性、降低压力降，改善传热。所以，选择最佳催化剂成型方法是非常重要的。早期成型是将块状物质破碎，然后筛分出适当粒度、不规则形状的颗粒，后期逐渐发展出挤条成型、油中成型、喷雾成型等方法，其中四种主要成型方法的特点如下：

（1）工业上应用最早也最普遍的成型方法是压缩成型。压缩成型是将催化剂和载体等物质放入一定体积和形状的模子中，通过压缩而制得成型催化剂。压缩成型可以获得质量均匀、堆密度较高、强度好的催化剂。

（2）挤条成型是将催化剂粉体与适量水混合后，将湿物料加入带有多孔金属网或模头的挤条机中，粉料被挤压入模头的孔中，并以不同形状的挤出物挤出，在离模面一定距离的模头外部装有刀片，将挤出物切出所需的长度。挤条成型法能够得到直径固定、长度分布较广的成型催化剂产品。挤条成型的优点是只要换孔板就能够制备出各种形状尺寸要求的催化剂，生产能力大，成本花费低，可进行连续化生产；其缺点是对成型的技术要求高，还需根据具体的物理特性和反应类型不断进行实验以此来确定成型的最佳条件。

（3）利用喷雾成型可以制得微球形的载体或催化剂。喷雾成型的优点是操作工艺可调、干燥速率快、产品纯度高，解决了原粉难以回收的问题。缺点是成型颗粒太小，不适用于固定床反应器；用于流化床反应器时催化剂磨损率高，物料消耗大。

（4）转动成型是根据固体粉末和黏结剂的毛细管吸力或表面张力凝集成球的原理制备球型催化剂的成型方法。转动成型法所得的产品比较均匀，也是一种比较经济的成型方法，适合于大规模生产。但本法所得产品的机械强度不高，表面比较粗糙。必要时，可增加烧结补强及球粒抛光工序。

综上所述，工业催化剂制备是一种广义的合成技术。催化剂活性组分的状况已较复杂，如何利用化学反应制备出最佳的催化剂配方常常难于控制和把握。另外，成型过程中颗粒内部的微孔结构中，加入各种黏结剂、填充剂和添加剂的影响，以及独特的加工方法使相关的化学加工及成型过程相当复杂。对如此复杂的工艺流程，要制成理想的催化剂，必须力求简化生产流程，严格控制催化剂制备过程中的各项条件，才能确保生产出高性能的催化剂。

### 9.1.2 催化剂制备过程的放大

催化剂制备过程的开发放大，一般指整个生产流程的规模扩大。流程中采用常见的化工单元操作，如化学反应、过滤、焙烧、搅拌等，其放大方法可以借鉴。因为原料不同，其杂质对制备的载体或活性前体的性能影响很大，因此需要严格的成分分析和中间检测。

在实验室试验阶段（小试），一般制备小批量催化剂，如 100g，至多 1kg。这样小批量催化剂的质量较易控制。到了中间试验装置或工业实验验证阶段，需要几十公斤乃至成百上千公斤催化剂，此时必须严格控制产品质量。工业催化剂不仅必须可靠地重现实验室制备出的催化剂性能，而且必须使生产的催化剂均匀一致、经济。尽管催化剂的工业制造与其实验室制备的方法基本相同，但在放大生产过程中，会遇到在实验室制备时没遇到过的、需要考虑的问题。要解决这些问题，需要深刻了解催化剂制备各工序中发生的物理、化学变化的内在规律，认识影响变化结果的外部条件，并应用化学工程原理对工业装置上的各种工程因素可能给这些外部条件带来的影响做出正确的分析和预测，以生产出与小试、中试样品同样质量水平的工业催化剂产品。例如，在用分步沉淀法生产无定形硅铝裂化催化剂的工业放大过程中，需考虑硅凝胶在老化釜内停留时间分布的问题。对于成胶（沉淀）工序中的老化这一步，停留时间的分布将影响老化后粒子大小的分布情况，进而影响催化剂微孔的孔径分布。如果希望得到孔径分布集中的催化剂就要使物料在老化釜内的停留时间分布尽量集中。放大过程中发现，产品的水热稳定性总比国内外同类产品的差，这主要是由于产品孔分布不够集中。为了改善该产品的孔分布，进行了大量小试、中试和生产装置上的试验，发现小试时采取分批间歇式操作能得到较好的孔径分布，中试时如采取分批间歇式操作同样可以得到较好的孔径分布，但如果在中试过程中采用连续操作，所得产品的孔径分布无法满足产品要求。而且在生产装置的老化釜前后分别取凝胶样，在实验室进行后续处理做成催化剂，测其孔分布，结果发现，用老化釜后凝胶做成的催化剂与用老化釜前凝胶做成的催化剂相比，孔分布显著变差。所有的试验结果表明，催化剂产品孔分布不好的主要原因是物料在老化釜内返混严重，致使凝胶粒子在老化釜内的停留时间长短不同，因而老化釜后的凝胶粒子的大小分布不集中。解决这个问题的方法有两种：一是保持连续操作方式，但需改造老化釜的结构，使釜内物料流动尽量接近“活塞流”；二是改为分批间歇式操作。再如，在高铂小球重整催化剂工业化生产时发现，由于浸渍设备的放大，被浸渍载体量的加大、浸渍液在载体颗粒形成的层内各部分的分配情况、接触时间先后等工业放大时都比小试、中试时的差别大，因此，很难保证浸渍后的所有颗粒上活性组分的含量和分布都是相同的。浸渍完毕，排除浸余液后，在浸渍罐内料层的几个部位取催化剂样，分析其铂含量，发现从不同部位所取样的铂含量相差很大。对出现这种浸渍不均匀的原因，采取如下措施：在载体料层中部增加一个各方向都有小孔的盘管，使浸渍液从上、中、下三路同时尽快进入料层。同时，在浸渍的第一个小时内不断进行浸渍液的快速循环，使浸渍罐内各部分物料的铂含量基本均匀。

由上述工业放大中出现的技术问题可见，催化剂工业放大不是小试和中试的简单重复，而是一种将催化剂制备的科学知识与化学工程原理结合起来的创造性工作，是催化剂制备技术开发的重要组成部分。迄今为止，催化剂制备技术的开发和放大仍然主要依靠多次试验和经验。经过催化科技工作者的不懈努力，催化剂的制备正逐步由“技艺”迈向“科学”。

## 9.2 催化剂制备过程对活性的影响

不同的催化剂制备过程决定了催化剂性能的优劣。通过改变催化剂的制备方法，调变催化剂的组成和结构，进而影响催化活性，这是催化研究的一个重要方向。由于催化剂的制备工艺流程极其复杂，其对催化剂性能的影响我们还难以完全掌握。目前，催化剂制备过程对催化剂性能的影响规律还不能从理论上进行全面的分析和总结。催化剂制备过程中的沉淀、浸渍、焙烧等操作都将影响催化剂的最终性能。

**沉淀条件对活性的影响** 沉淀温度通过影响生成沉淀颗粒的尺寸大小、晶体结构等因素决定催化剂的性能。不同的沉淀温度导致形成不同的催化剂前驱体，如并流共沉淀法制备CuO-ZnO催化剂时，当沉淀温度为80℃时形成$CuZnCO_3(OH)_2$前驱体，其中Cu/Zn具有相同的摩尔含量，使得焙烧后形成的晶体可以形成相互分散良好的铜锌固溶体，有利于活性的提升。沉淀时的pH值则可以通过影响催化剂的表面形貌和分散性来决定其活性表现。在适合的pH值下，催化剂晶粒呈现均匀、规则的形状，这解释了其具有高活性的原因。共沉淀时，原料的加料顺序也极大地影响催化活性。

**浸渍条件对活性的影响** 在催化剂制备过程中，常常根据所制备催化剂活性组分分布情况与催化剂性能来选择合适的浸渍方式。浸渍溶剂会影响活性组分的吸附平衡和活性组分在载体上的分散程度，从而影响催化剂的反应性能。例如，采用浸渍法制备活性炭负载Ru催化剂时，$RuCl_3$作为钌活性前驱体，在有机溶剂中一般以$Ru^{3+}$离子形态溶解，而在水溶剂中则会发生水解以胶粒形态存在。从表9-1可以看出，采用水作为钌前驱体的溶剂时，催化剂在相同温度下的活性都要比采用丙酮高出一个到两个百分点，说明活性Ru组分以胶粒形态浸渍效果较好，分散度高，催化活性也更好。浸渍时间也是重要参数，浸渍时间大于扩散时间时，活性组分可以均匀分布，因而在浸渍过程中，活性组分在载体表面具有扩散和吸附过程，为达到尽可能大的分散度及均匀分布，需要充分的浸渍时间。在溶液中，由于载体氧化物表面不能等量吸附$H^+$和$OH^-$而趋向极化，这种现象与溶液的pH值相关。当pH在某一特定值下时，粒子所带正负电荷相等，这一状态称为等电点状态（ZPC）。ZPC反映出不同pH值会导致表面电荷等催化剂的表面性质不同，催化活性也有差异，因此，在催化剂制备过程中也需要根据催化剂表面所带电荷种类的不同，选择带不同电荷的活性物种浸渍液。在浸渍液中除活性组分外，还可加入适当的竞争吸附剂，载体在吸附活性组分的同时，也吸附竞争吸附剂，载体的部分表面被竞争吸附剂所占据，另一部分吸附了活性组分，这就使活性组分不只分布在颗粒外部，也能渗透到颗粒内部。竞争吸附剂加入合适可促进活性组分的均匀分布。

表 9-1 浸渍溶剂对催化剂的氨合成活性与 Ru 粒子分散度的影响

| 浸渍 $RuCl_3$ 所采用溶剂 | Ru 分散度/% | 氨合成活性 $NH_3$/% | |
|---|---|---|---|
| | | 425℃ | 400℃ |
| 水 | 42.79 | 17.96 | 16.98 |
| 丙酮 | 39.56 | 16.84 | 14.26 |

**干燥条件对活性的影响** 干燥是催化剂制备过程不可缺少的一个步骤，干燥过程对催化剂的孔结构、机械强度和活性组分分布都有较大的影响。相较于传统的干燥方式，微波干燥、红外干燥、冷冻干燥等新工艺的出现，有利于进一步提升催化剂的性能。如相比于普通干燥，微波干燥不仅能得到较大比表面积的催化剂，而且在微波作用下能形成新的酸碱性中心，提高催化剂的抗积碳性能和稳定性。干燥温度对催化剂性能的影响最为显著。当干燥温度合适时，溶液蒸发速率大于毛细管内迁移速率，活性组分就会沉积在孔壁或扩散到剩余的溶液中，因此活性组分形成均匀分布。但干燥温度过高，水分除去速率较快，前驱体的龟裂和破碎现象比较明显，催化剂机械强度受损，从而影响了催化剂的性能。

**焙烧条件对活性的影响** 焙烧大多是催化剂制备过程的后期阶段，其影响到催化剂的孔道结构、晶型、微粒大小、机械强度等。在不同焙烧温度下催化剂前驱体发生相应的晶型转变。如：薄水铝石在450℃转变为 $\gamma$-$Al_2O_3$，在1200℃转变为 $\alpha$-$Al_2O_3$，这种晶型转变，除与焙烧温度相关，还与焙烧气氛、焙烧时间有关。

**成型条件对催化剂活性的影响** 同样的物料，由于成型方法和工艺的不同，所制备得到的催化剂的孔结构、比表面积和表面物理结构有显著差别，进而影响其催化性能。有人采用干混法制备乙苯脱氢催化剂，研究了挤条成型条件对乙苯脱氢催化剂性能的影响。结果显示：水粉比控制在0.18～0.24 mL/g，采用先碾压后捏合挤条制得的催化剂的侧压强度和堆密度略高于直接捏合挤条制得的催化剂，但平均孔径略有减小；添加羧甲基纤维素后，与添加炭黑相比，催化剂的孔径增大，活性有所提高，但侧压强度降低很多；相对于实心圆柱体催化剂而言，中空圆柱体和齿轮形催化剂的侧压强度低，活性高。还有学者对低温 SCR 脱硝催化剂的成型工艺及性能进行了研究。首先研究了催化剂的成型工艺，并对添加剂进行了筛选。研究中发现，适量甘油可以起到润滑作用，降低塑性膏体的外部黏性，利于挤出成型；添加适量的玻璃纤维与拟薄水铝石可以使催化剂的机械强度大幅度提升；而添加适量活性炭则可以提高催化剂在低温下的活性。其次优化了低温 SCR 催化剂成型过程中的工艺参数及成型催化剂的操作参数，如煅烧温度、煅烧方式、体积空速、氧气浓度、氨氮比等。对于 Ce-Mn/$TiO_2$ 催化剂体系，经过挤压成型、450℃高温煅烧，空速在1500～3000$h^{-1}$、氧气浓度为3%以上、氨氮比为0.9～1.0的条件下，100℃下的催化活性始终维持在80%以上。

催化剂的制备过程决定了所制备催化剂的性能，随着新方法和新技术的出现，从微观尺度分析催化剂的制备方法对催化性能的影响成为趋势，从原子和分子水平理解催化剂制备过程中的规律，从复杂的影响因素中找出催化剂制备技术的关键突破点，是催化剂制备工程发展的基础。

## 9.3 催化剂制备化学工艺原理

近年来，催化剂制备已逐渐从"艺术"或"经验"方法演化为"科学"或"工程"方法，本节从催化剂制备的共性技术出发，对固体催化剂制备的科学原理、化学基础以及技术进行了梳理和归纳，目的是使催化剂制备能够向科学化和系统化更进一步。

## 9.3.1 沉淀法

### 9.3.1.1 沉淀法的分类

沉淀法是用沉淀剂将可溶性的催化剂前驱体转化为难溶或不溶化合物，经分离、洗涤、干燥、煅烧、成型或还原等工序，制得成品催化剂。沉淀法广泛用于制备高含量的非金属、金属氧化物以及金属盐催化剂或催化剂载体。其基本原理是：在含有金属盐类的溶液中加入沉淀剂，生成难溶盐或金属水合氧化物或凝胶从溶液中沉淀出来，再经过滤、洗涤、干燥、焙烧等处理获得催化剂或催化剂载体。要得到对某一反应具有特殊性能的沉淀物质，则需要精心确定和严格控制各种沉淀形成的条件。沉淀法可分为以下四种类型：

(1) 单组分沉淀法。即通过沉淀剂与一种待沉淀溶液作用以制备单一组分沉淀物的方法，称为单组分沉淀法，它是制备单组分催化剂常用的一种方法。由于沉淀物只含有一种组分，操作比较简单，所以可用来制备非贵金属催化剂或者载体。

氧化铝是最常见的催化剂载体。氧化铝可以形成 8 种晶型，如 $\gamma$-$Al_2O_3$、$\eta$-$Al_2O_3$ 和 $\alpha$-$Al_2O_3$ 等。为了适应催化剂或载体的特殊要求，各类氧化铝变体，通常由相应的水合氧化铝加热失水制得，而水合氧化铝多数都是采用单组分沉淀法制得，分为酸法沉淀法和碱法沉淀法。

酸法以碱为沉淀剂，从酸化铝盐溶液中沉淀水合氧化铝，即：

$$2Al^{3+}+6OH^{-}+(n-3)H_2O \Longrightarrow Al_2O_3\cdot nH_2O\downarrow$$

碱法以酸为沉淀剂，从偏铝酸盐溶液中沉淀水合物，即：

$$2AlO_2^{-}+2H_3O^{+}+(n-3)H_2O \Longrightarrow Al_2O_3\cdot nH_2O\downarrow$$

(2) 共沉淀法（多组分沉淀法）。是将催化剂所需的两个或两个以上组分同时沉淀的一种方法。本法常用来制备高含量多组分催化剂或催化剂载体。其特点是一次可以同时获得几个催化剂组分，而且各组分之间的比例较为恒定，分布也比较均匀。如果组分之间能够形成固溶体，那么分散度和均匀性更为理想。共沉淀法的分散性和均匀性好，是它较之于混合法等的最大优势。共沉淀法又分络合共沉淀法和超均匀共沉淀法。

针对沉淀法和共沉淀法中所得沉淀粒度的大小和组分分布不够均匀等缺点，提出了超均匀共沉淀法。其基本原理是将沉淀操作分两步进行，首先制成盐溶液的悬浮层，然后将悬浮层立刻混合成过饱和溶液，均匀的沉淀可在两步之间数秒至数分钟内生成，个别反应时间达数小时，视溶质的性质和溶液的浓度而不同。此法的关键是混合速度，为防止生成结构或组成不均匀的沉淀，混合速度应尽量快。例如，用超均匀共沉淀法制备硅酸镍催化剂时，可先将密度为 1.3g/cm$^3$ 硅酸钠溶液放到混合器底部，然后将 20%的密度为 1.2g/cm$^3$ 硝酸钠溶液置于其上，最后将密度为 1.1g/cm$^3$ 含硝酸的硝酸镍溶液倒在硝酸钠溶液上面，这样混合器中就有三层液体。准备好后，迅速强烈搅拌使之混合成过饱和溶液，放置一段时间，最终形成均匀的水溶胶或胶冻，然后分离、洗涤、干燥和焙烧，就得到催化剂的前驱体。这样制得的催化剂与一般方法制得的催化剂在结构和性能上有很大不同，这是因为此操作大大缩短了沉淀过程中的时间，并缩小了沉淀空间。苯选择加氢制环己烯的 $Ni/SiO_2$ 催化剂，若用超均匀共沉淀法制备，其活性和选择性都有较大提高。

络合共沉淀法是一种新的有效方法，它是先在活性组分溶液中加入络合剂，形成活性组分的络合溶液，然后与沉淀剂一起并流到沉淀槽中进行沉淀。由于络合剂的加入，控制了活性组分离子的浓度，使得沉淀物的粒径分布更加均匀。典型的络合共沉淀法，如低压合成甲醇用的 $CuO\text{-}ZnO\text{-}Al_2O_3$ 三组分催化剂。将给定比例的 $Cu(NO_3)_2$、$Zn(NO_3)_2$ 和 $Al(NO_3)_3$ 盐溶液混合，再与 $Na_2CO_3$ 并流加入沉淀槽，在强烈搅拌下，于恒定温度与近中性的 pH 值下，形成三组分沉淀。沉淀经洗涤、干燥与焙烧后，即为该催化剂的前驱体。

$$Cu^{2+}+Zn^{2+}+Al^{3+}+CO_3^{2-} \longrightarrow (Cu,Zn,Al)(CO_3)_x \xrightarrow{\text{焙烧}} CuO\text{-}ZnO\text{-}Al_2O_3 \downarrow$$

(3) 均匀沉淀法。均匀沉淀法不是把沉淀剂直接加入待沉淀溶液中，也不是加沉淀剂后立即产生沉淀，而是首先使待沉淀金属盐溶液与沉淀剂母体充分混合，预先形成一种十分均匀的体系，然后调节温度和时间，逐渐升高 pH 值，在体系中逐渐生成沉淀剂，创造形成沉淀的条件，使沉淀缓慢进行，以制得颗粒十分均匀且比较纯净的沉淀物。例如，为了制取氢氧化铝沉淀，可在铝盐溶液中加入尿素，混合均匀后，加热升温到 90～100℃，此时溶液中各处的尿素同时水解，释放出 $OH^-$，与各处的 $Al^{3+}$ 在体系中同步形成均匀的 $Al(OH)_3$ 沉淀。其反应方程式如下：

$$(NH_2)_2CO+3H_2O = 2NH_4^+ +2OH^- +CO_2\uparrow$$

$$Al^{3+}+3OH^- +(n-3)H_2O \longrightarrow Al_2O_3\cdot nH_2O\downarrow$$

调节溶液的温度可以控制 $OH^-$ 的浓度。均匀沉淀法不仅限于中和反应，还可以利用醇类或其他有机物的水解、配合物的分解或氧化还原等方式来进行。常用的均匀沉淀剂和母体见表 9-2。

**表 9-2 常见的均匀沉淀剂和母体**

| 沉淀剂 | 母体 | 化学反应 |
|---|---|---|
| $OH^-$ | 尿素 | $(NH_2)_2CO+3H_2O = 2NH_4^+ +2OH^- +CO_2\uparrow$ |
| $PO_4^{3-}$ | 磷酸三甲酯 | $(CH_3)_3PO_4+3H_2O = 3CH_3OH+H_3PO_4$ |
| $C_2O_4^{2-}$ | 尿素与草酸二甲酯 | $(NH_2)_2CO+2HC_2O_4^- +H_2O = 2NH_4^+ +2C_2O_4^{2-}+CO_2$ |
| $SO_4^{2-}$ | 硫酸二甲酯 | $(CH_3)_2SO_4+2H_2O = 2CH_3OH+2H^+ +SO_4^{2-}$ |
| $S^{2-}$ | 硫代乙酰胺 | $CH_3CSNH_2+H_2O = CH_3CONH_2+H_2S\uparrow$ |
| $CrO_4^{2-}$ | 尿素与 $HCrO_4^-$ | $(NH_2)_2CO+2HCrO_4^- +H_2O = 2NH_4^+ +CO_2\uparrow +2CrO_4^{2-}$ |

(4) 导晶沉淀法。此法是借助晶化导向剂（晶种）引导非晶形沉淀转化为晶形沉淀的快速有效的方法。所谓晶化导向剂就是与所合成目标催化剂的化学组成、结构类型相似的，具有一定粒度的半晶化物质。近年来，它广泛用于制备高硅钠型分子筛，包括丝光沸石、Y 型和 X 型分子筛。该工艺中，分子筛催化剂的晶形和结晶度至关重要，可利用结晶学中预加少量晶种引导结晶快速完整形成的规律，简便有效地解决这一问题。例如，以水玻璃、硫酸铝、偏铝酸钠为原料，按一定配比混合加入导向剂—半晶化丝光沸石，搅拌使其成胶状，然后加热升温至 80℃，停止搅拌使其晶化，可制备得到钠型丝光沸石。

#### 9.3.1.2 沉淀过程和沉淀剂的选择

沉淀法的生产流程见图 9-2。沉淀反应是沉淀法制备催化剂过程中的第一步，也是最重要的一步，它赋予催化剂基本的催化属性。沉淀物实际上是催化剂或载体的“前驱物”，对所得催化剂的活性、寿命和强度有很大影响。

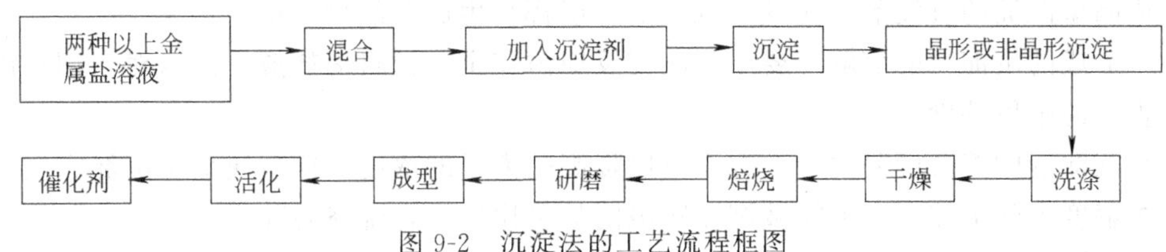


图 9-2 沉淀法的工艺流程框图

沉淀过程是复杂的化学反应过程，当金属盐类水溶液与沉淀剂作用，形成沉淀物的离子浓度积大于该条件下的溶度积时产生沉淀。要得到结构良好且纯净的沉淀物，必须了解沉淀形成的过程和沉淀物的性状。沉淀物的形成包括两个过程：一是晶核的生成；二是晶核的长大。前一过程是形成沉淀物的离子相互碰撞生成沉淀的晶核。晶核在水溶液中处于沉淀生成与溶解的平衡状态，如果在某一温度下溶质的饱和浓度为 $c^*$，在过饱和溶液中的浓度为 $c$，则 $S=c/c^*$ 称为过饱和度。晶核的生成是溶液达到一定过饱和度后，生成固相的速率大于固相溶解的速率，瞬时生成大量晶核。然后，溶质分子在溶液中扩散到晶核表面，晶核继续长大成为晶体，如图 9-3 所示。可以看出，晶核生成是从反应后 $t_i$ 开始，$t_i$ 为诱导时间，在 $t_i$ 瞬间生成大量晶核，随后新生成的晶核数目迅速减少。

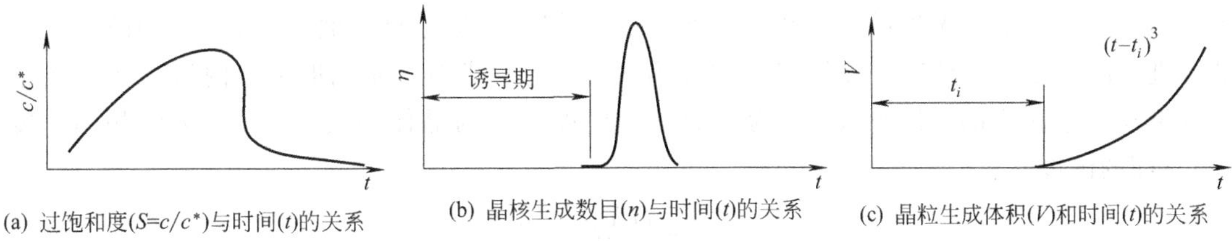


图 9-3 难溶沉淀的生成速率［(c) 中，诱导期过后，晶体沿立体三维方向增长，$V$ 与 $(t-t_i)^3$ 成正比］

应当指出，晶核生成速率和晶核长大速率的相对大小，直接影响生成沉淀物的类型。如果晶核生成的速率远远超过晶核长大的速率，则离子很快聚集为大量晶核，溶液的过饱和度迅速下降，溶液中没有更多离子聚集到晶核上，于是晶核迅速聚集成细小的无定形颗粒，这样就会得到非晶型沉淀，甚至是胶体。反之，如果晶核长大的速率远远超过晶核生成的速率，溶液中最初形成的晶核不是很多，有较多的离子以晶核为中心，依次排列长大而成为颗粒较大的晶型沉淀。由此可见，得到什么样的沉淀，取决于沉淀形成过程的两个速率之比。

此外，沉淀反应结束后，沉淀物与溶液要在一定条件下接触一段时间，在此期间内发生的一切不可逆变化称为沉淀物的老化。由于细小晶体的溶解度较粗大晶体的溶解度大，溶液相对于粗晶体已达饱和状态，而对于细晶体尚未达到饱和，于是细晶体逐渐溶解，并沉积在粗晶体上，如此反复溶解、沉积的结果，基本上消除了细晶体，获得了颗粒大小较为均匀的粗晶体，此时孔隙结构和表面积也相应发生变化。而且，由于粗晶体表面积较小，吸附杂质少，吸留在细晶体之中的杂质也随溶解过程转入溶液。初生的沉淀不一定具有稳定结构，沉淀与母液在高温下一起放置，将会逐渐变成稳定结构。因而，新鲜的无定形沉淀在老化过程中也可能逐步晶化。

在沉淀过程中采用何种沉淀反应，选择何种沉淀剂，是沉淀工艺首先要考虑的问题。在充分保证催化剂性能的前提下，沉淀剂的选择有以下几点原则：

(1) 形成的沉淀物必须便于过滤和洗涤。沉淀可分为晶型沉淀和非晶型沉淀，晶型沉淀的颗粒尺寸一般较非晶形沉淀大，且带入的杂质少，便于过滤和洗涤。由此可见，应尽量选用能形成晶型沉淀的沉淀剂，而碱类沉淀剂一般都会生成非晶型沉淀。

(2) 形成的沉淀物的溶解度要小，沉淀反应愈完全，原料消耗愈少。这对于铜、镍、银等比较贵重的金属特别重要。

(3) 沉淀剂的溶解度要大。一方面可以提高阴离子的浓度，使金属离子沉淀完全，另一方面，溶解度大的沉淀剂，可能被沉淀物吸附的量比较少，洗涤脱除也较快。

(4) 沉淀剂必须无毒，不应造成环境污染。

#### 9.3.1.3 沉淀法的影响因素

(1) 浓度影响。前面已经指出，制备得到何种形状的沉淀物取决于形成沉淀的过程中，晶核生成速率与晶核长大速率的相对大小，而速率又与浓度有关。

① 晶核的生成速率。晶核的生成是产生新相的过程。只有当溶质分子或离子具有足够的能量以克服液固界面的阻力时，才能互相碰撞而形成晶核，一般用式 (9-1) 表示晶核生成速率。式中，$N$ 为单位时间内单位体积溶液中生成的晶核数；$k$ 为晶核生成速率常数；$n=3\sim4$。

$$N=k(c-c^*)^n \tag{9-1}$$

② 晶核长大速率。晶核长大过程和其他带有化学反应的传质过程相似，过程可分为两步：一是溶质分子首先扩散通过液固界面的滞流层；二是进行表面反应，分子或离子被接受，进入晶格之中。扩散过程的速率方程为式 (9-2)，式中，$m$ 为时间 $t$ 内沉积的固体量，$D$ 为溶质在溶液中的扩散系数，$\delta$ 为滞流层的厚度，$A$ 为晶体的表面积，$c$ 为液相的浓度，$c'$为界面的浓度。

$$\frac{\mathrm{d}m}{\mathrm{d}t}=\frac{DA}{\delta}(c-c') \tag{9-2}$$

表面反应速率为式 (9-3)，式中，$k'$为表面反应速率，$c^*$ 为固体表面浓度，即饱和溶解度。

$$\frac{\mathrm{d}m}{\mathrm{d}t}=k'A(c'-c^*) \tag{9-3}$$

由式 (9-2) 和式 (9-3) 联立消去 $c'$，即得到稳态平衡时扩散速率等于表面反应速率式 (9-4)。

$$\frac{\mathrm{d}m}{\mathrm{d}t}=\frac{A(c-c^*)}{\dfrac{1}{k'}+\dfrac{D}{\delta}}=\frac{A(c-c^*)}{\dfrac{1}{k'}+\dfrac{1}{k_\mathrm{d}}} \tag{9-4}$$

式中，$k_\mathrm{d}=\dfrac{D}{\delta}$ 为传质系数。

当表面反应速率远远大于扩散速率时，即 $k'\gg k_\mathrm{d}$，式 (9-4) 改写为

$$\frac{\mathrm{d}m}{\mathrm{d}t}=k_\mathrm{d}A(c-c^*) \tag{9-5}$$

即为一般的扩散速率方程，表明晶核长大的速率决定于溶质分子或离子的扩散速率，这时晶核长大的过程为扩散控制。反之，当扩散速率远大于表面反应速率时，即 $k'\gg k_\mathrm{d}$，式 (9-4) 改写为：

$$\frac{\mathrm{d}m}{\mathrm{d}t}=k'A(c-c^*) \tag{9-6}$$

由式 (9-6) 可知，过程取决于表面反应。有人根据经验提出反应级数应在 1～2 之间，故表面反应控制阶段，其速率式可进一步写成式 (9-7)，式中，$n$ 在 1～2 之间，取值取决

于盐类的性质和温度。过程是扩散控制还是表面反应控制，或者二者各占多少比例，均由实验确定。一般来说，扩散控制时速率取决于湍动情况（搅拌情况），而表面反应控制时则取决于温度。

$$\frac{dm}{dt}=k'A(c-c^*)^n \tag{9-7}$$

由上述讨论可知，晶核的生长速率和晶核的长大速率都与（$c-c^*$）的数值有关，将式（9-1）、式（9-5）和式（9-7）三式进行比较，在扩散控制时 $n=1$，表面反应控制时 $n=1\sim2$，而晶核生成速率控制时 $n=3\sim4$。可以看出，溶液的浓度增大，即过饱和度增大，则更有利于晶核的生成。它们的关系如图 9-4 所示，曲线 1 表示晶核生成速率和溶液过饱和度的关系，随着过饱和度的增大，晶核生成速率急剧增大；曲线 2 示晶核长大速率随过饱和度增加缓慢增大的情况；总的结果是曲线 3，随着过饱和度的增大，生成的晶体颗粒愈来愈小。

因此，为了得到预定组成和结构的沉淀物，沉淀应在适当稀释的溶液中进行，这样沉淀开始时，溶液的过饱和度不致太大，可以使晶核生成速率减小，有利于晶体的长大。另一方面，在过饱和度不太大时（$S=1.5\sim2.0$），晶核长大主要是离子（或分子）沿晶格而长大，可以得到完整的晶体。当过饱和度较大时，结晶速率很快，容易产生错位和晶格缺陷，也容易包藏杂质。在开始沉淀时，沉淀剂应在不断搅拌下均匀而缓慢地加入，以免出现局部过浓现象，同时也能维持一定过饱和度。

（2）温度的影响。前面已指出，溶液的过饱和度对晶核的生成及长大有直接影响，而溶液的过饱和度又与温度有密切关系。对于绝大多数溶液体系，当溶液中的溶质数量一定时，升高温度使溶液的过饱和度减小，使晶核生成速率减小；降低温度使溶液的过饱和度增大，晶核生成速率也增大。但如果考虑能量作用因素，它们之间的关系就变得复杂多了。当温度很低时，晶核生成速率仍很小，而随着温度的升高，晶核的生成速率可达到一个极大值，再继续升高温度，由于溶液过饱和度的减小，同时由于溶质分子的动能增加过快，不利于形成稳定的晶核，因此晶核的生成速率又趋于减小，温度与晶核生成速率的关系见图 9-5。研究结果还表明，对应于晶核生成速率最大时的温度，比晶核长大最快所需的温度低得多，即低温时有利于晶核生成，而不利于晶核长大，故低温沉淀时一般得到细小的颗粒。

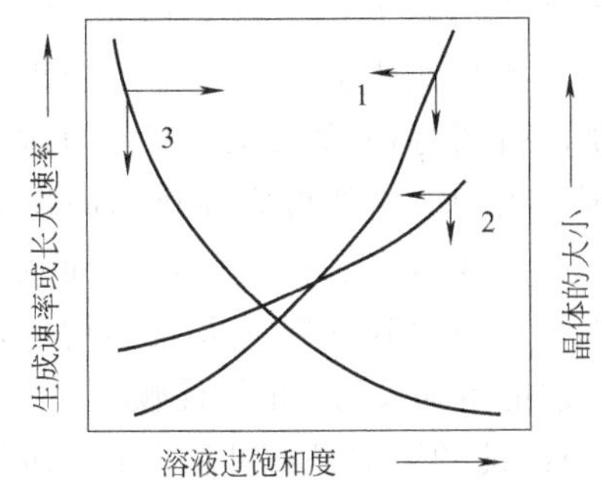

图 9-4 晶核生长速率、晶核长大速率与溶液过饱和度的关系

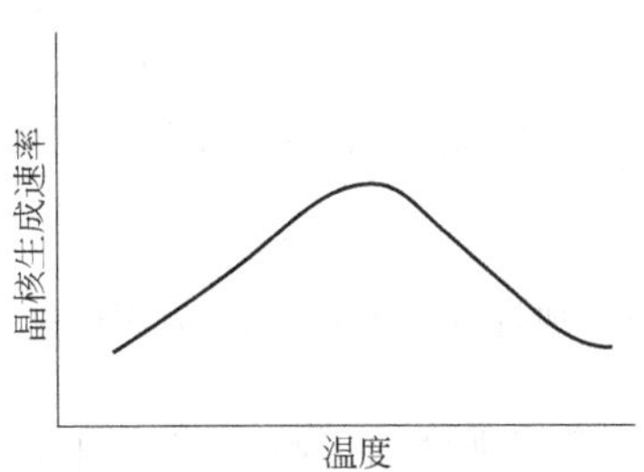

图 9-5 温度与晶核生成速率的关系

（3）溶液 pH 值的影响。沉淀法常用碱性物质作沉淀剂，当然，沉淀物的生成过程必然受到溶液 pH 值变化的影响。如铝盐用碱沉淀，在其他条件相同、pH 值不同时可以得到三种产品。

$$Al^{3+} + OH^- \begin{cases} \xrightarrow{pH<7} Al_2O_3 \cdot mH_2O & \text{无定形胶体} \\ \xrightarrow{pH=9} \alpha\text{-}Al_2O_3 \cdot H_2O & \text{针叶胶体} \\ \xrightarrow{pH>10} \beta\text{-}Al_2O_3 \cdot nH_2O & \text{球状结晶} \end{cases}$$

在生成过程中为了控制颗粒的均一性，有必要保持沉淀过程的 pH 值相对稳定，可以通过加料方式进行控制（表 9-3）。

**表 9-3　形成氢氧化物沉淀所需的 pH 值**

| 氢氧化物 | 形成沉淀物所需的 pH 值 | 氢氧化物 | 形成沉淀物所需的 pH 值 |
|---|---|---|---|
| $Mg(OH)_2$ | 10.5 | $Be(OH)_2$ | 5.7 |
| $AgOH$ | 9.5 | $Fe(OH)_2$ | 5.5 |
| $Mn(OH)_2$ | 8.5～8.8 | $Cu(OH)_2$ | 5.3 |
| $Ce(OH)_3$ | 7.4 | $Zn(OH)_2$ | 5.2 |
| $Pr(OH)_3$ | 7.1 | $Al(OH)_3$ | 4.1 |
| $Co(OH)_2$ | 6.8 | $Sn(OH)_2$ | 2.0 |
| $Pd(OH)_2$ | 6.0 | $Zr(OH)_4$ | 2.0 |
| $Ni(OH)_2$ | 6.7 | $Fe(OH)_3$ | 2.0 |

（4）加料顺序的影响。加料顺序不同对沉淀物的性能也会有很大的影响。加料顺序可分“顺（正）加法”“逆（倒）加法”和“并加法”。将沉淀剂加入金属盐溶液中称为顺加法；将金属盐溶液加入沉淀剂中称为逆加法；将盐溶液和沉淀剂同时按比例加入沉淀槽中则称为并加法。当几种金属盐溶液需要沉淀且溶度积各不相同时，顺加法就会发生先后沉淀，这在制备催化剂时要尽量避免。逆加法则在整个过程中 pH 值为一个变值。为了避免上述情况，要维持一定 pH 值，使整个工艺操作稳定，一般采用并加法，但顺加法及逆加法也采用，应根据具体情况选择加料方法。以 Cu-ZnO-$Cr_2O_3$ 为例，正加法得到 Cu 的碳酸盐稳定，倒加法得到的 Cu 的碳酸盐易于分解为氧化铜；正加、慢加得到催化剂的比表面较小，而其他方法得到的比表面较大；正加、慢加得到的粒子大且不均匀，其他方法能得到较均匀的沉淀颗粒（图 9-6）。

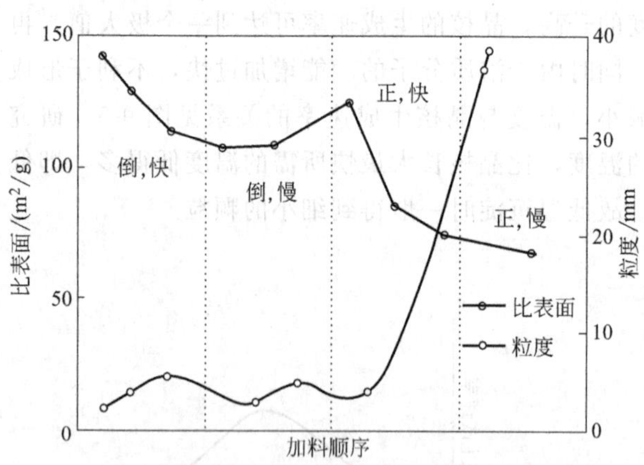


图 9-6　加料顺序对催化剂比表面积和粒度的影响

（5）搅拌强度的影响。沉淀时搅拌是必需的，其对沉淀的影响是不可忽视的。沉淀过程中必须不断搅拌，使沉淀槽中各组分处处均匀，避免发生局部过浓现象，导致沉淀不均匀。同时，搅拌强度大时，液体分布均匀，但长大的沉淀粒子可能被搅拌桨打碎；搅拌强度小，液体不能很好地混合均匀。所以应根据具体情况选择具体的搅拌强度。

总之，影响沉淀的因素很多，也很复杂。在实际操作中，应根据催化剂的性能与结构的不同要求，选择合适的沉淀条件，控制沉淀的类型和晶粒大小，以便得到预定的结构和理想的催化性能。

#### 9.3.1.4 沉淀的后处理过程

(1) 陈化过程。沉淀后要对沉淀产物进行陈化。所谓陈化就是沉淀形成后，将混合物放置一段时间，以便母液中发生一些结晶长大、杂质离子交换等不可逆过程。最简单的陈化就是沉淀后不立即过滤，而是和母液一起放置一段时间，以便得到更稳定、更纯净的沉淀产物。陈化过程中必须考虑陈化时间、陈化温度和 pH 值对沉淀的影响。

前面已经提到，陈化对晶形沉淀的结构的影响是很大的。而对于非晶形沉淀，一般不采用陈化操作，而是加入大量热水稀释后立即过滤，防止沉淀进一步聚集，也避免吸附的杂质夹杂在内部不易除去。

(2) 过滤和洗涤。沉淀过滤后要进行洗涤，主要目的是除去沉淀中的杂质。沉淀中杂质的类型一般有表面吸附的杂质、形成混晶的杂质和机械包藏的杂质。后两者在老化过程中一般都可以除去，前者主要靠洗涤除去。

洗涤操作采用蒸馏水或去离子水，有时要用配制的洗涤液，当然这些洗涤液不能引入新杂质，如可用草酸铵溶液洗涤其他草酸盐沉淀。对于非晶形沉淀，应该选择易挥发的稀电解质溶液，以减少形成胶体的可能性。温热的洗涤液洗涤后易过滤，且可防止形成胶体，但沉淀的损失较多。所以溶解度小的非晶形沉淀宜用温热的洗涤液洗涤，而溶解度大的晶形沉淀宜用冷的洗涤液进行洗涤。

(3) 干燥和焙烧。过滤后的滤饼中仍然含有较多母液和洗涤液，这就要用干燥方法除去。例如，制备低温液相合成甲醇用催化剂时，所得到的滤饼一般在烘箱中 110℃下干燥 12～18h，使其中游离态水完全除去。干燥的温度和时间根据具体情况具体考虑，一般温度从几十度到几百度不等，但不高于 300℃，时间从几小时到几十小时不等。

干燥后的产物一般还不是催化剂所需要的化学状态，还需进行其他处理，焙烧便是一种处理方法，其对催化剂的影响要比干燥大得多。焙烧主要有以下目的：通过物料的热分解，除去化学结合水和挥发性杂质，如 $CO_2$、$NO_2$、$NH_3$ 等，使之转化成所需的化学成分，包括化学价态的变化；借助于固态反应、互溶和再结晶，获得一定的晶形、微粒粒度、孔径和比表面积等；让微晶适度烧结，提高催化剂的机械强度。

焙烧过程是一个复杂的物理化学过程，包括热分解、固态反应、再结晶、烧结等过程。这些过程对成品的影响是多方面的。例如，很多无机化合物在较低温度下就能发生固相反应，而催化剂的焙烧温度通常比较高，所以发生固相反应是可能的。烧结过程通常使微晶聚集长大、孔容增大、比表面积减小、强度升高、所以焙烧温度对产品性能的影响是很大的。温度过低，沉淀分解不充分，没分解的部分就没有活性，且产品的机械强度较差；温度过高，产品烧结严重，比表面积小。因此焙烧温度应选择在沉淀热分解的温度之上，但又不能过高，以免发生严重烧结。同样，焙烧时间也是很重要的。时间短了，沉淀不能完全分解；时间长了，烧结严重，所以应选择合适的焙烧时间。例如，在制备低温液相合成甲醇用铜铬硅催化剂时，焙烧温度在 350℃、焙烧时间为 3h 时活性最好。

(4) 还原。焙烧后的催化剂产品，某些不需要还原就具有催化活性，而另一些必须经过还原才有活性，因为很多固体催化剂的活化态都是金属形态，这个过程也称为活化。一般是把还原性气体，如氢气或一氧化碳，通过加热的催化剂床层，使之进行还原反应。影响还原的因素主要有温度、压力、还原气体组成和空速等。

温度是很重要的影响因素，对于还原过程是放热过程的催化剂，温度低有利于催化剂还原完全，而对于此过程是吸热过程的催化剂，升高温度有利于还原完全。升高温度可以加快催化剂还原的速率，缩短还原时间，但温度过高，容易使催化剂烧结；温度低时还原效率低，且增加了催化剂与水汽的接触时间。

还原气体组成不同，得到的催化剂的性能也会不同。一般来说，还原气体中的水分和氧含量越高，还原得到的晶粒就越粗。同时，提高还原气体的空速和分压有利于催化剂还原完全。

还原是催化剂制备工艺的最后一步，还原后的催化剂就进入使用阶段。绝大多数催化剂是在催化反应器中原位还原的，这样避免了因转移还原后的催化剂与空气接触而被氧化。但是，这样也占用了大型催化反应器宝贵的生产时间，有的催化剂也不能在反应器中直接还原，所以很多厂家专门配备相应的催化剂预还原设备。

#### 9.3.1.5 沉淀法制备活性 $Al_2O_3$ 催化剂

目前，已知 $Al_2O_3$ 共有 8 种晶型，但只有 $\gamma$-$Al_2O_3$ 和 $\eta$-$Al_2O_3$ 具有较高的化学活性（酸性），称为活性氧化铝，是一种良好的催化剂及催化剂载体。而 $\alpha$-$Al_2O_3$（刚玉）因结构稳定（其他变体加热到 1200℃以上都会转变为此变体），是一种耐高温、低表面、高强度的载体。氧化铝的各种结晶及其制备条件如图 9-7 所示。

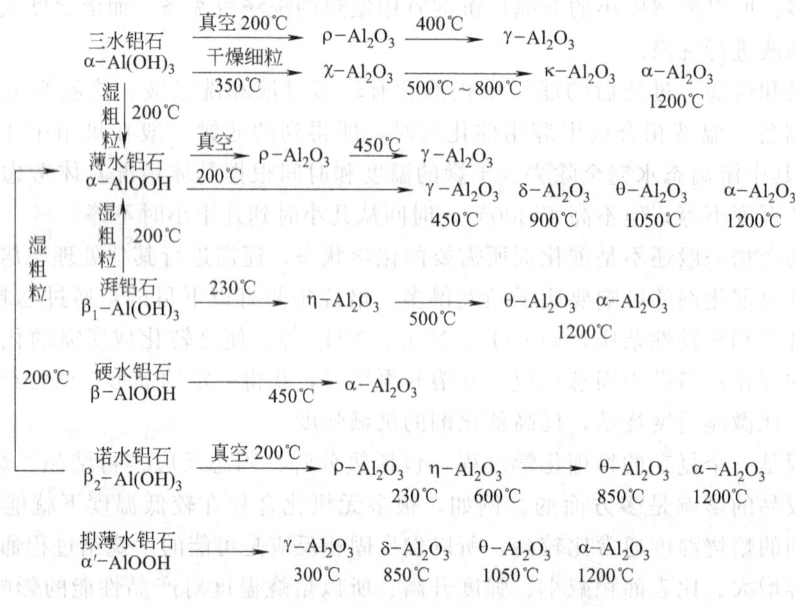

图 9-7 氧化铝的各种结晶及其制备条件

各种变体氧化铝，都是由氧化铝水合物脱水转化而来的。水合氧化铝的化学组成为 $Al_2O_3 \cdot nH_2O$，通常按所含结晶水数目的不同，分为 $Al_2O_3 \cdot 3H_2O$ 及 $Al_2O_3 \cdot H_2O$。依据水合氧化铝生产方法的不同，活性氧化铝的制备也有不同的类型，下面仅以酸中和法及碱中和法说明。

(1) 酸中和法。该法以酸（$HNO_3$）或 $CO_2$ 气体作为沉淀剂，从偏铝酸盐溶液中沉淀水合氧化铝。

用硝酸中和偏铝酸钠制备 $\gamma$-$Al_2O_3$ 的流程示意图如图 9-8（a）所示。将配制好的偏铝酸钠溶液、硝酸溶液，并流加入带有搅拌的中和器内进行反应，生成的沉淀物经过滤、洗涤、干燥、粉碎、机械成型等处理工序，最后在 500℃焙烧活化得到成品活性氧化铝。该法生产设备简单、原料易得，且产品质量较稳定。

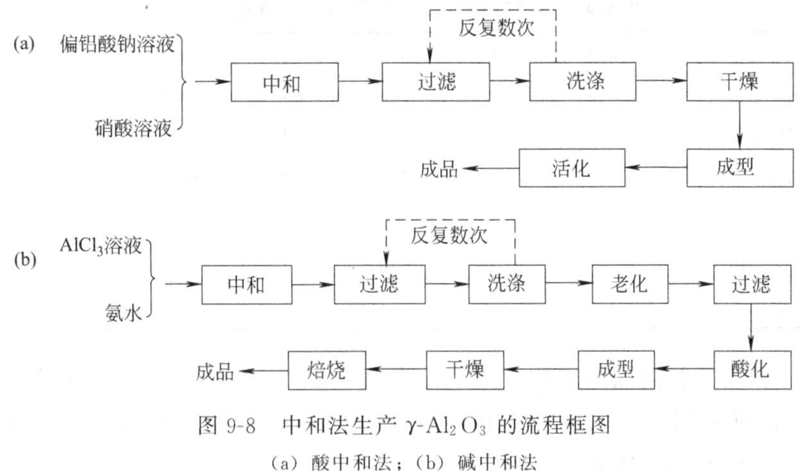


图 9-8 中和法生产 $\gamma\text{-}Al_2O_3$ 的流程框图

(a) 酸中和法；(b) 碱中和法

(2) 碱中和法。将铝盐溶液（硝酸铝、三氯化铝和硫酸铝等）用碱液（氢氧化钠、氢氧化钾、碳酸钠等）中和，得到水合氧化铝。

用氨水中和三氯化铝溶液制备 $\eta\text{-}Al_2O_3$ 的流程如图 9-8（b）所示。将配制好的三氯化铝溶液先导入中和器内，在搅拌下加入氨水，反应完毕即可进行过滤和洗涤，水洗后的滤饼在 40℃、pH＝9.3～9.5 下老化 14h，老化后的滤饼可经油氨柱滴球成型，干燥、焙烧得到成品 $\eta\text{-}Al_2O_3$。该法老化操作非常重要，同时要注意控制老化的温度和 pH 值，才能得到较纯的产品。

用沉淀法制备水合氧化铝各工序的工艺条件，如原料的种类和浓度、沉淀温度和 pH 值、加料方式和搅拌情况、洗涤及老化条件等，都会对产品的质量，特别是结构参数产生影响，下面进行详细讨论。

① 原料种类。用氨水作沉淀剂时，由 $Al_2(SO_4)_3$ 沉淀得到的晶粒，比由 $Al(NO_3)_3$ 和 $AlCl_3$ 沉淀所得到的晶粒小得多，因此 $Al_2(SO_4)_3$ 为原料制成的微球级氧化铝具有更高的机械强度。使用不同沉淀剂从 $Al_2(SO_4)_3$ 溶液中沉淀时，所得晶粒的大小按 NaOH、$NH_4OH$、$Na_2CO_3$ 的顺序由大到小递减。$Al_2(SO_4)_3$ 和 $Na_2CO_3$ 溶液在 pH＝5.5～6.5 时可得到最高分散度的结晶。

② 溶液浓度。在其他条件一定时，用浓溶液所得的沉淀物，晶体粒径较细、比表面积大，但孔径小；用稀溶液所得的沉淀物，晶体粒径较粗、孔径大，但比表面积较小。需要注意的是，用浓溶液沉淀容易增加对杂质的吸附作用，使洗涤工序增加负荷，溶液过浓也会造成沉淀物的不均匀。

③ 温度和 pH 值。pH 值对晶粒大小和晶型的影响，在一般情况下具有下述规律，即在较低温度下，低 pH 值时生成无定形氢氧化铝及假一水软铝石；高 pH 值时生成大晶粒的 $\beta\text{-}Al_2O_3\cdot 3H_2O$ 及 $\alpha\text{-}Al_2O_3\cdot 3H_2O$，在较高温度下还会转变成大晶粒的 $\alpha\text{-}Al_2O_3\cdot H_2O$。例如，pH＜7 时生成无定形沉淀；pH＝9 时，生成假一水软铝石；pH＞9 时，形成 $\beta\text{-}Al_2O_3\cdot 3H_2O$ 和 $\alpha\text{-}Al_2O_3\cdot 3H_2O$。中和沉淀时的温度对 $\alpha\text{-}Al_2O_3\cdot H_2O$ 的生成速率也有重要影响。例如，用氨水中和氧化铝溶液，中和沉淀温度对产品孔径分布的影响见表 9-4。中和温度升高使氧化铝小孔减少，大孔增加，平均孔径增大，孔容也有所增加。

表 9-4 不同中和沉淀温度对氧化铝性质的影响

| 参数 | 50℃ | 60℃ | 70℃ | 80℃ |
|---|---|---|---|---|
| 0～5nm 孔径/% | 44.0 | 35.1 | 30.1 | 27.6 |
| 5～20nm 孔径/% | 47.3 | 45.6 | 50.4 | 51.0 |
| 20～37.2nm 孔径/% | 8.7 | 19.3 | 19.5 | 21.4 |
| 比表面积/($m^2$/g) | 227 | 263 | 253 | 257 |
| BET 孔容/(mL/g) | 0.495 | 0.667 | 0.777 | 0.766 |
| 平均孔容/nm | 4.36 | 5.04 | 6.15 | 6.05 |

④ 陈化可加速凝胶向晶体转化。例如，将 $Al(OH)_3$ 凝胶在 pH≥9 的介质中老化一段时间，即可转化成 β-$Al_2O_3 \cdot 3H_2O$ 晶体。将 $Al(OH)_3$ 凝胶在 pH＞12，80℃下老化，可得到晶型良好的 α-$Al_2O_3 \cdot 3H_2O$。

⑤ 洗涤。用不同的洗涤介质洗涤氢氧化铝凝胶，造成干燥时凝胶毛细管力的不同，影响氧化铝的孔结构。实验证明，用水洗涤氧化铝水合物时，孔容和比表面积都会降低；而异丙醇洗涤时，孔容和比表面积都会增加。使用甲醇、乙醇、正丁醇等醇类洗涤时，也有类似的结果。

### 9.3.2 浸渍法

将含有活性组分（或连同助催化剂组分）的液态（或气态）物质浸润在固态载体表面上，称为“浸”，再将其在一定温度条件下经干燥、焙烧等工艺，使浸润的物质分解留在载体表面，称为“渍”，整个过程即浸渍法。活性物质在溶液里应具有溶解度大、结构稳定且在焙烧时可分解为稳定活性化合物的特性。此法的优点为：可使用商业化的、规格化的成型载体，省去催化剂成型工序；可选择合适的载体，为催化剂提供所需的宏观结构特性，包括比表面、孔半径、机械强度、导热系数等；负载组分主要分布在载体外表面，利用率高，用量少，工艺简单经济。浸渍法广泛用于负载型催化剂的制备，尤其适用于低含量贵金属催化剂。

#### 9.3.2.1 浸渍法的分类

(1) 等体积浸渍法。预先测定载体吸入溶液的能力，然后加入正好使载体完全浸湿所需的溶液量，这种方法称为等体积浸渍法。此法省去了除去过剩液体的操作，增加了测定载体吸附能力的步骤。实际操作中通常采用喷雾法，即把配好的溶液喷洒在不断翻动的载体上，达到浸渍目的。工业上可以在转鼓式搅和机中进行，也可以在流化床中进行。

在浸渍制备多组分催化剂时，要考虑各组分在同一溶液中共存的问题。若各组分的可溶性化合物不能同时共存于同一溶液中，可采用分步浸渍法。同时，由于载体对各活性组分的吸附能力不同，导致竞争吸附，这将影响各组分在载体表面的分布，这也是制备催化剂时必须考虑的问题。

当需要活性物质在载体的全部内表面上均匀分布时，载体在浸渍前要进行真空处理，抽出载体内的气体，或同时升高浸渍液温度，以增加浸渍深度。载体的浸渍时间取决于载体的结构、溶液的浓度和温度等条件，通常为 30～90min。

此法可以间歇和连续操作，设备投资少，生产能力大，能精确调节吸附量，工业上广泛采用。但此法制得的催化剂的活性组分的分散不如用过量浸渍法的均匀。

(2) 过量浸渍法。本方法是将载体浸渍在过量溶液中，溶液的体积大于载体可吸附的液体体积，一段时间后除去过剩的液体，干燥、焙烧、活化后得到催化剂样品。过量浸渍法的实际操作步骤比较简单。首先将干燥后的载体放入不锈钢或搪瓷的容器中，加入调好酸碱度的含有活性物质的溶液，静置或搅拌一段时间，这时载体细孔内的空气依靠液体的毛细管压力而被逐出，一般不必预先抽空。

处理浸渍后多余的液体，可以采用过滤、离心分离、蒸发等方法。过滤和离心分离时，由于分离后的液体中仍然含有少量活性组分，致使活性组分流失，且催化剂中活性组分的含量变得不确定了，而采用蒸发的方法则能克服这些缺点。浸渍后，一般还有与沉淀法相近的干燥、焙烧等工序的操作。多余的浸渍液一般不加处理或略加处理后，还可以再次使用。

(3) 多次浸渍法。该法是将浸渍、干燥和焙烧反复进行多次。通常在以下两种情况下采用此法：浸渍化合物的溶解度小，一次浸渍不能得到足够大的负载量；多组分浸渍时，各组分之间的竞争吸附严重影响了催化剂的性能。每次浸渍后必须干燥、焙烧，使已浸渍的活性组分转化为不溶性物质，防止其再次进入溶液，也可提高下一次的吸附量。例如，加氢脱硫用 $CoO\text{-}MoO_3/Al_2O_3$ 催化剂制备，可将氧化铝用钴盐溶液浸渍、干燥、焙烧后，再用钼盐溶液按上述步骤反复处理。必须注意每次浸渍时负载量的提高情况。随着浸渍次数的增加，每次的负载量将会递减。多次浸渍工艺操作复杂，劳动效率低，生产成本高，一般情况下应避免采用。

(4) 浸渍沉淀法。即先浸渍而后沉淀的制备方法。本法是某些贵金属浸渍型催化剂常用的方法。这时由于浸渍液多用氯化物的盐酸溶液，如氯铂酸、氯钯酸、氯铱酸或氯金酸等，这些浸渍液在被载体吸收，吸附达到饱和后，往往紧接着再加入 NaOH 溶液等，使氯铂酸中的盐酸得以中和，进而使金属氯化物转化为氢氧化物，而沉淀于载体的内孔和表面。这种先浸渍，再沉淀的方法，有利于氯离子的洗净脱除，并可使生成的贵金属化合物在较低温度下用肼、甲醛、双氧水等含氢化合物水溶液进行预还原。在这种条件下所制得的活性组分贵金属，不仅易于还原，而且粒子较细，不产生高温焙烧分解氯化物时造成的废气污染。

(5) 蒸气浸渍法。是借助浸渍化合物的挥发性，以蒸气相形式将其负载于载体上。此法首先应用在正丁烷异构化用催化剂的制备中，所用催化剂为 $AlCl_3$/铁矾土。在反应器中装入铁矾土载体，然后以热正丁烷气流将活性 $AlCl_3$ 组分汽化，并带入反应器，使之浸渍在载体上。当负载量足够时，便可切断气流中的 $AlCl_3$，通入正丁烷进行异构化反应。近年来，此法也用于合成 $SbF_5/SiO_2 \cdot Al_2O_3$ 固体超强酸催化剂，用 $SbF_5$ 蒸气浸渍载体 $SiO_2 \cdot Al_2O_3$。此法制备的催化剂的活性组分容易流失，必须随时通入活性组分蒸气以维持催化剂的稳定性。

#### 9.3.2.2 载体的选择和浸渍液的配制

(1) 载体的选择及预处理。浸渍催化剂的物理性能在很大程度上取决于载体的物理性质，载体甚至还影响催化剂的化学活性。载体主要对催化活性组分起机械承载作用，并增加有效催化反应表面，提供适宜的孔结构；提高催化剂的热稳定性和抗毒能力；减少催化剂用量，降低成本。因此，正确选择载体和对载体进行必要的预处理，是采用浸渍法制备催化剂时首先要考虑的问题。

浸渍前载体的比表面积和孔结构与浸渍后催化剂的比表面积和孔结构之间存在着一定关

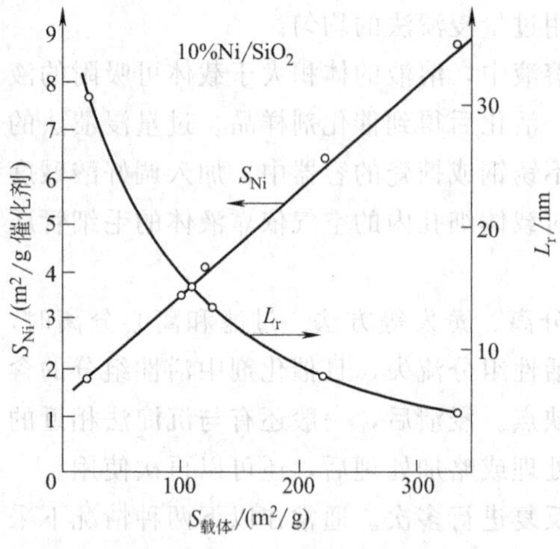

图 9-9 载体的比表面积对 Ni 活性比表面积 $S_{Ni}$、Ni 晶体大小 $L_r$ 的影响

系，即后者随前者的增减而增减。例如，对于 $Ni/SiO_2$ 催化剂，活性组分 Ni 的活性比表面积随载体 $SiO_2$ 的比表面积增大而增大，而 Ni 晶粒的粒径则随 $SiO_2$ 的比表面积增大而减小（图 9-9）。浸渍法对载体的要求一般为：机械强度好，能经受催化反应过程中温度、压力、相变等变化的影响，催化剂不会明显破裂；载体为惰性的，与浸渍液不发生化学反应；适用于反应过程中合适的形状、大小、表面积、孔结构和足够的吸水性；耐热性好；不含使催化剂中毒和导致副反应发生的物质；原料易得，制备简单，不造成环境污染。常用的多孔载体有氧化铝、氧化硅、活性炭、硅酸铝、硅藻土、浮石、石棉、陶土、氧化镁、活性白土等。根据催化剂的用途可采用粉状和颗粒状载体，也可以用成型后的整体载体。

载体的预处理十分必要。通过对载体表面进行处理，不但可以改善催化活性组分的分散状况、改变载体表面的酸碱性、调变金属粒子表面的电子分布以及反应物种的吸附-脱附；另外，由于载体的原料带入杂质的种类和数量的不确定性会造成催化剂性能的波动，因此有必要对载体进行预处理。载体的预处理主要有以下四种方法：

① 焙烧处理。通过微晶烧结提高机械强度；除去载体中的易挥发组分形成稳定结构；使载体获得一定晶型、晶粒大小、孔结构及比表面积。

② 水泡处理。浸渍过程通常会产生大量吸附热，使浸渍液的温度升高，有的浸渍液的 pH 值小，由于酸作用会给催化剂的结构和强度带来不利的影响，采用水泡处理可以减少吸附热的影响。

③ 抽真空处理。提高载体的吸附容量，保证金属负载量。

④ 化学改性处理。例如，活性炭载体表面经不同氧化处理后，可产生大量具有亲水性的基团，提高了对活性组分的锚定作用，使其分散度提高。

（2）浸渍液的配制。进行浸渍时，通常采用活性组分金属盐配成溶液，所用的活性组分化合物应易溶于水（或其他溶剂），且焙烧时能分解成所需的活性组分，或还原后变成金属活性组分；同时还必须使某些对催化剂有毒的物质在热分解或还原过程中挥发除去。因此最常用的是硝酸盐、乙酸盐、乳酸盐等。一般以去离子水为溶剂，但当载体能溶于水或活性组分不溶于水时，则可用醇或烃作溶剂。

浸渍液的浓度必须控制恰当，溶液过浓，不易渗透粒状催化剂的微孔，活性组分在载体上也就分布不均匀，在制备金属负载催化剂时，用高浓度浸渍液容易得到较粗金属晶粒，并且使催化剂中金属晶粒的粒径分布变宽。溶液过稀，一次浸渍达不到所要求的负载量，而要采用反复多次浸渍法。

浸渍液的浓度取决于催化剂中活性组分的含量。对于惰性载体，即对活性组分既不吸附，又不发生离子交换的载体，假设制备的催化剂要求活性组分含量（以氧化物计）为 $a\%$（质量分数），所用载体的比孔容为 $V_p$（mL/g），以氧化物计算的浸渍液的浓度为 $c$（g/mL），则 1g 载体中浸入溶液所负载的氧化物质量为 $V_pc$（g）。因此

$$a\% = \frac{V_p c}{1+V_p c} \times 100\% \tag{9-8}$$

采用上述方法，根据催化剂中所要求活性组分的含量 $a\%$ 以及载体的比孔容 $V_p$，即可确定所需配制的浸渍液的浓度。

### 9.3.2.3 浸渍过程

（1）活性组分在载体上的分布与控制。浸渍时溶解在溶剂中含活性组分的盐类（溶质）在载体表面的分布，与载体对溶质和溶剂的吸附性能有很大关系。

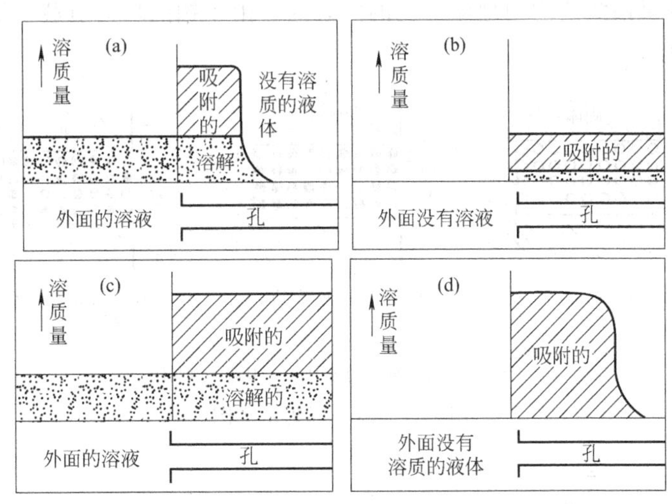


图 9-10 活性组分在孔内吸附的情况

（a）孔刚刚充满液体以后的情况；（b）孔充满了液体以后与外面的溶液隔离并待其达到平衡以后的情况；（c）在过量浸渍液中到达平衡以后的情况；（d）在达到平衡以前外面的溶液中的溶质已耗尽了的情况

活性组分在孔内吸附的动态平衡过程模型如图 9-10 所示。图中列举了可能出现的四种情况，为简化起见，用一个孔内分布情况来说明。浸渍时，如果活性组分在孔内的吸附速率快于它在孔内的扩散，则溶液在孔内向前渗透的过程中，活性组分就被孔壁吸附，渗透至孔内深处的液体完全不含活性组分，这时活性组分主要吸附在孔口近处的孔壁上，如图 9-10（a）所示。如果分离出过多浸渍液，并立即快速干燥，则活性组分只负载在颗粒孔口与颗粒外表面，分布显然是不均匀的。图 9-10（b）所示为到达图 9-10（a）所示的状态后，马上分离出过多浸渍液，但不立即进行干燥，而是静置一段时间，这时孔中仍充满液体，如果被吸附的活性组分能以适当速率进行解吸，则由于活性组分从孔壁上解吸下来，增大了孔中液体的浓度，活性组分从浓度较大的孔的前端扩散到浓度较小的孔的末端液体中去，使末端孔壁上也能吸附上活性组分，这样活性组分通过脱附和扩散，从而实现再分配，最后活性组分就均匀地分布在孔的内壁上。如图 9-10（c）所示，为让过多的浸渍液留在孔外，载体颗粒外面的溶液中的活性组分通过扩散不断补充到孔中，直到达到平衡为止，这时吸附量将更多，而且在孔内呈均一性分布。图 9-10（d）表明，若活性组分浓度较小，如果在到达均匀分布前，颗粒外面溶液中的活性组分已耗尽，则活性组分的分布仍可能出现不均匀。一些实验结果证明了上述吸附-平衡-扩散模型，由此可见，要获得活性组分的均匀分布，浸渍液中活性组分的含量要多于载体内外表面能吸附的活性组分的数量，以免出现孔外浸渍液的活性组分已耗尽的情况，并且分离出过多浸渍液后，不要马上干燥，要静置一段时间，使吸附、脱附和扩散达到平衡，使活性组分均匀地分布在孔内的孔壁上。

对于贵金属负载型催化剂，由于贵金属含量低，要在大表面积上得到均匀分布，常在浸渍液中除活性组分外，再加入适量的第二组分，载体在吸附活性组分的同时必吸附第二组分。新加入的第二组分称为竞争吸附剂，这种作用称为竞争吸附。由于竞争吸附剂的参与，载体表面一部分被竞争吸附剂所占据，另一部分吸附了活性组分，这就使少量活性组分不只分布在颗粒外部，也能渗透到颗粒内部。加入适量竞争吸附剂，可使活性组分达到均匀分布，图 9-11 所示为竞争吸附模型。例如，在制备 $Pt/\gamma\text{-}Al_2O_3$ 重整催化剂时，加入乙酸竞争吸附剂后，使少量氯铂酸能均匀地渗入孔的内表面，由于铂的均匀负载，使催化剂活性得到提高，如图 9-12 所示。

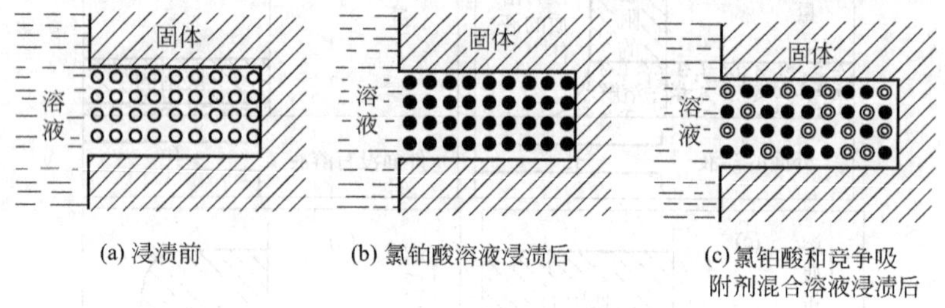


图 9-11　竞争吸附示意图

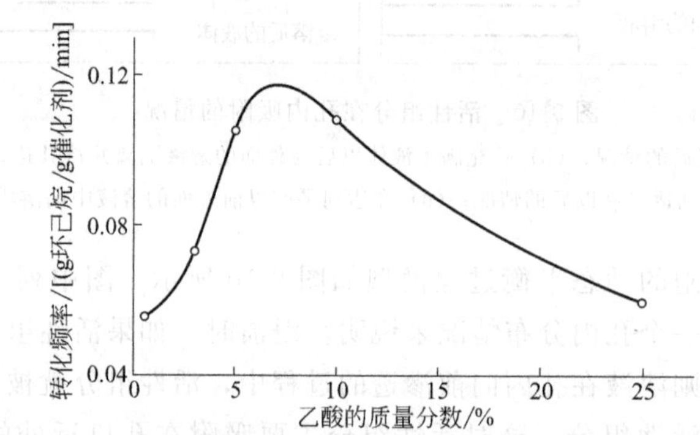


图 9-12　$Pt/Al_2O_3$（Pt 0.36%质量分数）加氢活性与 $H_2PtCl_6$ 溶液中乙酸含量的关系

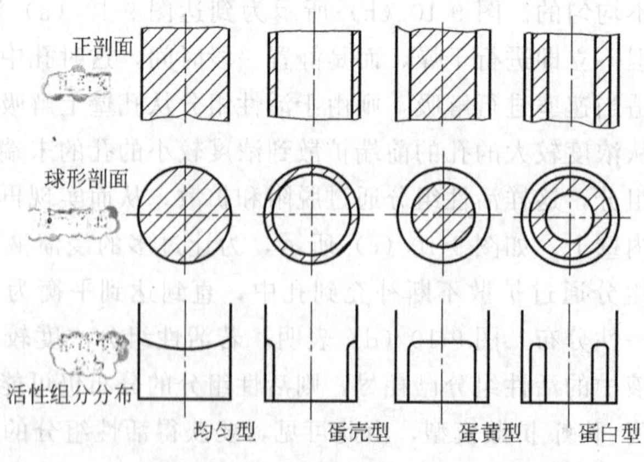


图 9-13　活性组分在载体上的不同分布

还应指出，并不是所有催化剂都要求孔内外均匀负载。粒状载体和活性组分在载体上可以形成各种不同的分布。以球形催化剂为例，有均匀、蛋壳、蛋黄和蛋白型四种，如图9-13所示。在上述四种类型中，蛋白型及蛋黄型都属于埋藏型，可视为一种类型，所以实际上只存在三种类型。究竟选择何种类型，主要取决于催化反应的宏观动力学。当催化反应由外扩散控制时，应以蛋壳型为宜，因为在这种情况下处于孔内部深处的活性组分对反应已无效用，这对于节省活性组分，特别是贵金属更有意义。当催化反应由动力学控制时，则以均匀型为宜，因为这时催化剂的内表面可以利用，而一定量活性组分分布在较大面积上，可以得到较高分散度，增加了催化剂的热稳定性。当介质中含有毒物，而载体又能吸附毒物时，这时催化剂外层载体起到对毒物的过滤作用，为了延长催化剂的寿命，则应选择蛋白型，由于在这种情况下，活性组分处于外表层下呈埋藏型的分布，既可减少活性组分中毒，又可减少由磨损而引起活性组分的剥落。

上述各种活性组分在载体上分布而形成的各种不同类型，也可以采用竞争吸附剂来达到。选择竞争吸附剂时，要考虑活性组分与竞争吸附剂间吸附特性的差异、扩散系数以及用量的影响，还需注意残留在载体上的竞争吸附剂对催化作用是否产生有害影响，最好选用易分解挥发的物质。如用氯铂酸溶液浸渍 $Al_2O_3$ 载体，由于浸渍液与 $Al_2O_3$ 的作用迅速，铂集中吸附在载体外表层上，形成蛋壳型分布。用无机酸或一元酸作竞争吸附剂时，由于竞争吸附，从而得到均匀型催化剂。若用多元有机酸（柠檬酸、酒石酸、草酸）作竞争吸附剂，由于一个二元羧酸或三元羧酸分子可以占据一个以上吸附中心。在二元或三元羧酸区域可供铂吸附的空位很少，大量氯铂酸必须穿过该区城而吸附在小球内部。根据使用二元或三元羧酸竞争吸附剂分布区域的大小，以及穿过该区域的氯铂酸能否到达小球中心处，可以得到蛋白型或蛋黄型分布。由此可见，选择合适的竞争吸附剂，可以获得活性组分不同的分布；而采用不同用量的吸附剂，又可以控制金属组分的浸渍深度，这就可以满足催化反应的不同要求。

（2）浸渍颗粒的热处理过程。

① 干燥过程中活性组分的迁移。用浸渍法制备催化剂时，毛细管中浸渍液所含的溶质在干燥过程中会发生迁移，造成活性组分的不均匀分布。这是由于在缓慢干燥过程中，热量从颗粒外部传递到其内部。颗粒外部总是先达到液体的蒸发温度，因而孔口部分先蒸发使一部分溶质析出。由于毛细管上升现象，含有活性组分的溶液不断从毛细管内部上升到孔口，并随溶剂的蒸发，溶质不断析出，活性组分就会向表层集中，留在孔内的活性组分减少。因此，为了减少干燥过程中溶质的迁移，常采用快速干燥法，使溶质迅速析出。有时亦可采用稀溶液多次浸渍法来改善。

② 负载型催化剂的焙烧与活化。负载型催化剂中的活性组分（例如金属）是以高度分散的形式存在于高熔点载体上的，对于这类催化剂在焙烧过程中活性组分的比表面积会发生变化，一般是由于金属晶粒大小的变化导致活性比表面积的变化。也就是说，由于较小的晶粒长成较大的晶粒，在此过程中表面自由能也有相应减小。图9-14所示为 $Pd/Al_2O_3$ 催化剂金属的活性比表面积与温度的关系。由此图可知，随着热处理温度的升高，金属Pd的比表面积下降。对于金属铂催化剂，也得到了类似结果，如图9-15所示，随着焙烧温度的升高，Pt的平均晶粒大小增加。由图可知，采用离子交换法制备的催化剂，在同样的焙烧条件下较浸渍法制备的更为稳定。对于金属微晶烧结的机理还存在许多争论，到目前为止，没有一种理论能够完全解释在这类催化剂烧结过程中所观察到的现象。有些情况下，载体和金属微晶都可能发生烧结，但更多情况只是活性金属的比表面积减少，而载体的比表面积并不

因此而减少。

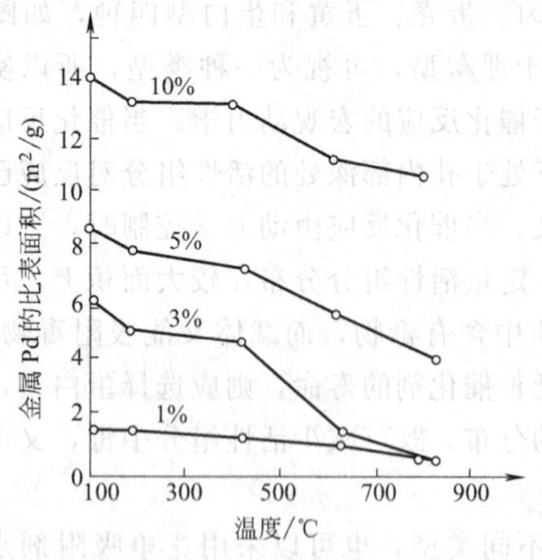


图 9-14 不同负载量 $Pd/Al_2O_3$ 催化剂金属 Pd 的活性比表面积在热处理时的变化

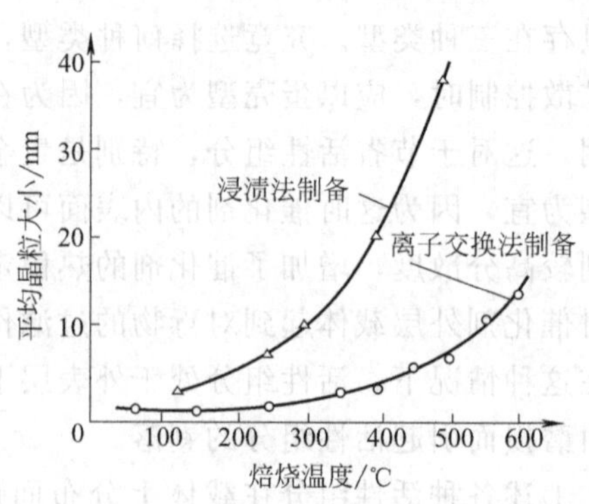


图 9-15 热处理过程中 Pt 晶粒长大的情况

在实际使用中，为了抑制活性组分的烧结，可以加入耐高温的稳定剂起间隔作用，以防止容易烧结的微晶相互接触，从而抑制烧结。易烧结物在烧结后的平均结晶粒度与加入稳定剂的量及其晶粒大小有关。在金属负载型催化剂中，载体实际上也起间隔作用，一般而言，分散在载体中的金属含量愈低，烧结后的金属晶粒愈小；载体的晶粒愈小，则烧结后的金属晶粒也愈小。

对于负载型催化剂，除了焙烧影响金属晶粒的大小外，还原条件对金属的分散度也有影响。为了得到高活性的金属催化剂，希望在还原后得到高分散度的金属微晶。按照结晶学原理，在还原过程中增大晶核生成速率，有利于生成高分散度的金属微晶；而增大还原速率，特别是还原初期的速率，可以增大晶核的生成速率。在实际操作中，可采用下述方法增大还原速率，以获得金属的高度分散。

a. 在不发生烧结的前提下，尽可能提高还原温度。升高还原温度可以大大增大催化剂的还原速率，缩短还原时间。而且由于还原过程中有水分产生，可以减少已还原的催化剂暴露在水汽中的时间，减少反复氧化还原的机会。

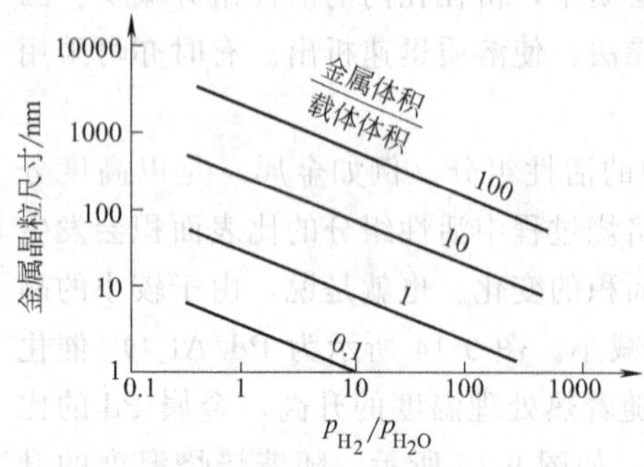


图 9-16 负载催化剂还原时生成的金属晶粒尺寸

b. 采用较高还原气空速，高空速有利于还原反应平衡向右移动，增大还原速率。另外，空速大，气相水汽浓度小，水汽扩散快，有利于催化剂孔内的水分逸出。

c. 尽可能地降低还原气体中水蒸气的分压。一般来说，还原气体中水分和氧含量愈多，还原后的金属晶粒愈大。因此，可在还原前将催化剂进行脱水，或用干燥的惰性气体通过催化剂层等。

还原后金属晶粒的大小与负载催化剂中金属的含量、还原气氛的关系如图 9-16 所示。催化剂中金属含量低，还原气体中 $H_2$ 含量高，水汽分压低，还原所得的金属晶粒小，即金属分散度越好。

#### 9.3.2.4 浸渍法的影响因素

(1) 浸渍时间。当浸渍溶液与多孔性载体接触时，溶液借助于毛细管吸力（毛细压力）的作用，向载体颗粒中心渗透，直至充满微孔为止。根据载体的孔径 $r$（几个埃至几千埃）、溶液的表面张力 $\sigma$ 和接触角 $\varphi$，渗透推动力 $\Delta p$ 可以由下式计算：

$$\Delta p = \frac{2\sigma\cos\varphi}{r} \tag{9-9}$$

其值大约为几百至上千大气压。但是，由于微孔很细，溶液具有一定黏度 $\eta$，渗透阻力也很大，溶液要从孔口渗透到颗粒深处，需要花费一定时间。渗透时间 $t$ 与渗透距离 $x$ 的关系：

$$t = \frac{2\eta x^2}{\sigma r} \tag{9-10}$$

由此可见，渗透时间与黏度系数、表面张力、孔径和粒度有关。对于常用的载体，渗透时间一般只需要半分钟至几分钟。有时，在浸渍前将载体抽真空，赶除孔内的气体，有助于溶液的顺利渗透。看来，只要有一定的接触时间，并不必要进行真空操作。某些载体颗粒的毛细管吸力和渗透时间数据见表 9-5。

**表 9-5 部分载体颗粒的毛细吸力和渗透时间**

| 载体 | 比表面/($m^2$/g) | 毛细吸力/atm | 渗透 2mm 计算时间/s | 渗透 2mm 实测值/s |
|---|---|---|---|---|
| 细孔硅胶 | 650 | 1300 | 210 | — |
| 氧化铝 | 110 | 200 | 35 | — |
| 硅铝小球 | 350 | 640 | 105 | 95±20 |

但是，必须注意，浸渍时间不等于渗透时间，溶液渗透到颗粒的中心，并不意味着溶液分布均匀。如果载体对溶质没有吸附作用，负载全靠溶质浓缩、结晶、沉积，那么可以认为渗透时间就是浸渍时间，如果有吸附作用，要使溶质在载体表面上分布均匀，溶质必须在孔内建立吸附平衡，这就需要一段比渗透时间长得多的浸渍时间。

关于浸渍量与浸渍时间的关系见表 9-6。$Al_2O_3$ 浸渍于硝酸镍溶液的结果表明，浸渍法负载上的硝酸镍量（表中以 NiO 的量表示）是浸渍时间的函数。

**表 9-6 浸渍时间对浸渍量的影响**（1.0mol/L $Ni(NO_3)_2 \cdot 6H_2O$）

| 时间/h | 0.25 | 0.50 | 1 | 3 | 20 |
|---|---|---|---|---|---|
| 吸附的 Ni(以 NiO 的质量分数计) | 2.34 | 3.53 | 4.12 | 4.38 | 4.46 |

由图 9-17 的例子可以看出，载体颗粒内部浸渍物的浓度随浸渍时间增大，而浸渍物浓度的“外壳层”则随浸渍时间的增加而逐渐消失。图中 $R/R_0=1$，代表载体颗粒的外表层位置，$R/R_0=0$，则代表颗粒中心处。

随着浸渍时间的延长，负载量增加并且活性组分在孔内的分布逐渐趋于均匀。一般情况下，适当延长浸渍时间对制备均匀的催化剂是有益的。对于外扩散控制的反应和以贵金属为活性组分的催化剂应适当缩短浸渍时间，尽可能使活性组分分布在催化剂的外表面。

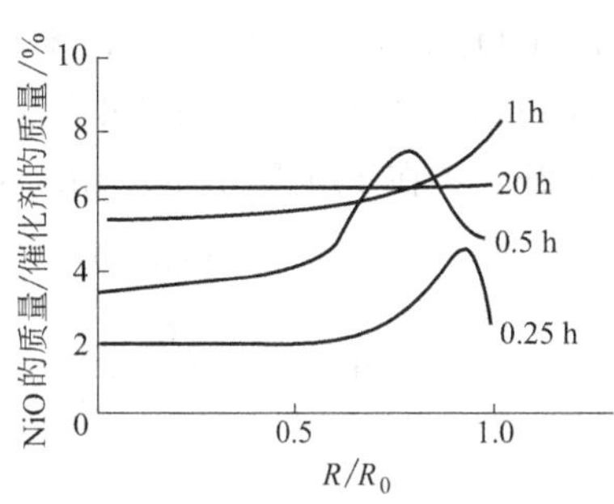


图 9-17 组分在载体颗粒内分布与浸渍时间的关系

（2）浸渍液的浓度。从动力学角度考虑，浸渍液的浓度是影响活性组分分布的重要因素之一。总负载量也取决于浸渍液的浓度。以 γ-$Al_2O_3$ 为载体浸渍硝酸镍溶液为例，表 9-7 给出了有关浸渍液的浓度对活性组分负载量的影响结果。

表 9-7 浸渍液浓度对负载量的影响（浸渍时间 0.5h）

| 浸渍液的浓度/(mol/L) | 0.04 | 0.08 | 0.29 | 0.63 | 0.98 |
|---|---|---|---|---|---|
| 负载的 Ni(以 NiO 的质量分数计) | 0.18 | 0.74 | 1.54 | 2.96 | 4.06 |

溶液浓度较小时，活性组分在孔内分布较均匀，使得溶液进入载体时的浓度梯度较小。溶液刚接触孔时，其浓度相对较大，所以浸渍或吸附在载体上的溶质多，且速率快，造成孔壁上与溶液中溶质的浓度差大，而且孔外面的溶液浓度与里面的溶液浓度相差较大，外层溶液中的溶质快速扩散到内层而被吸附，因此较稀的浸渍溶液和较长时间有利于活性物质在孔内均匀分布。

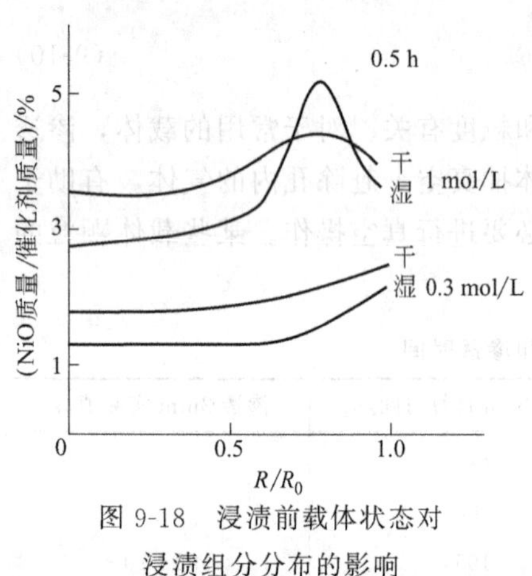


图 9-18 浸渍前载体状态对浸渍组分分布的影响

（3）浸渍前载体处理。在浸渍前，将载体干燥或润湿会产生不同的浸渍效果。如图 9-18 所示，载体状态不同，使组分在载体内部的分布不均匀，且当浸渍液的浓度越大，分布不均匀性越显著。在相同浓度浸渍液条件下，干燥载体内浸渍组分的分布比湿载体时均匀。

### 9.3.2.5 浸渍型镍系催化剂

浸渍型镍系催化剂是应用最广泛的工业催化剂之一，用于由甲烷或石脑油催化水蒸气转化反应，以制取合成气（$CO+H_2$）或氢气。这类催化剂多用预烧结的氧化铝或氧化铝-水泥为载体，多次浸渍硝酸镍水溶液或其熔盐制备，是典型的多次浸渍工艺。

具体的工艺流程见图 9-19。制备过程中，焙烧是在 400～600℃的较高温度下完成镍盐的分解反应的，因而有氮氧化物产生的环境污染问题。NiO 可在反应器中用氢气还原为活性金属镍。

$$Ni(NO_3)_2 \longrightarrow NiO + 2NO_x \uparrow$$

$$NiO + H_2 \longrightarrow Ni + H_2O$$

预烧结型载体的制备方法，可列举一种国产轻油水蒸气一段转化炉中的下段催化剂的典型实例加以说明。用铝酸钙水泥（主要成分为 $2Al_2O_3$-CaO）65 份（此处均是质量），α-$Al_2O_3$ 35 份，石墨 2 份，木质素 0.5 份，经球磨混合 2h，加水 15 份，造粒、压制成 $\phi$16mm×16mm×6mm（外径×高×内径）的拉西环状，用饱和水蒸气加热 12h，100℃烘干 2h，再在 1400℃下焙烧 2h，即制成载体。

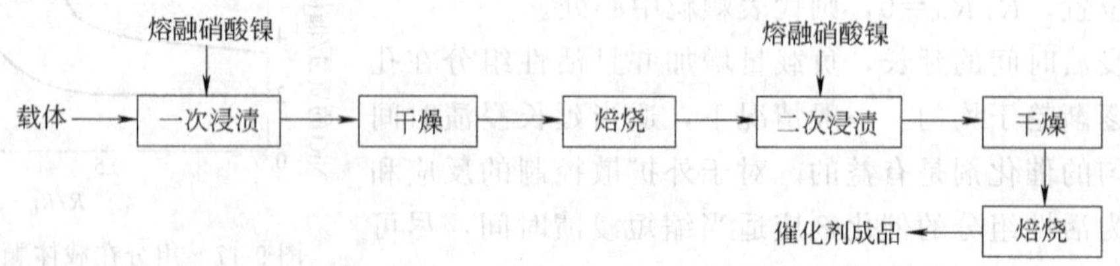


图 9-19 浸渍型水蒸气转化镍催化剂生产流程框图

### 9.3.3 溶胶-凝胶法

溶胶-凝胶技术是20世纪70年代迅速发展起来的一项新技术。由于其反应条件温和、操作简单，制备的催化剂产品纯度高、结构可控且活性高，因而受到人们的关注。此技术在电子、陶瓷、光学、热学、生物和材料等技术领域得到应用。在化学方面，主要用于金属氧化物催化剂、杂多酸催化剂和非晶态催化剂以及无机氧化物分离膜等的制备。溶胶-凝胶法制备催化剂，有以下几方面优点：

① 可以制得组成高度均匀、高比表面积的催化材料；

② 制得的催化剂孔径分布较均匀，且可控；

③ 可以制得金属组分高度分散的负载型催化剂，催化剂活性高。

目前，在溶胶-凝胶法基础上发展起来的气凝胶技术受到人们的青睐。气凝胶具有高比表面积和孔体积，既可作催化剂载体，也是某些反应的良好催化剂。如某些混合金属氧化物气凝胶（或再经一些特殊处理后），就是很好的催化剂，具有良好催化性能的氧化物气凝胶有：$SiO_2$、$Al_2O_3$、$ZrO_2$、MgO、$TiO_2$、$Al_2O_3$-MgO、$TiO_2$-MgO、$ZrO_2$-MgO、$Al_2O_3$-NiO、$Al_2O_3$-$Cr_2O_3$、NiO-$SiO_2$、$ZrO_2$-$SiO_2$、$CeO_x$-$BaO_y$-$Al_2O_3$。

#### 9.3.3.1 溶胶

胶体是物质存在的一种特殊状态。当分散在介质中的分散相的颗粒粒径为1～100nm时，这种溶液称为胶体溶液，简称溶胶。介质为水时称为水溶胶。按分散相与分散介质之间亲和力的大小，溶胶可分为两类：亲液溶胶和憎液溶胶。溶胶是高度分散的非均相体系，有巨大的界面能，在热力学上是不稳定的。

溶胶制备从方式上可分为分散法与凝聚法两种。分散法是利用机械设备、气流粉碎、超声波、电弧和胶溶等各种方法将较大颗粒分散成胶体状态。其中胶溶法是在新生成的沉淀中，加入合适的电解质（如HCl、$HNO_3$等）或置于某一温度下，通过胶溶作用使沉淀重新分散成溶胶的方法。而凝聚法则是利用物理或化学方法使分子或离子聚集成胶体粒子的方法，有以下几种：

① 还原法主要用于制备各种金属胶溶液，例如：

$$Au^{3+}+\text{单宁(还原剂)}\xrightarrow[\text{加热}]{\text{少量}K_2CO_3}Au\text{(溶胶)}$$

② 氧化法用硝酸等氧化剂氧化硫化氢水溶液可得到硫溶胶，例如：

$$2H_2S+O_2\longrightarrow 2S\text{(溶胶)}+2H_2O$$

③ 水解法多用于制备金属氧化物溶胶，例如：

$$FeCl_3+3H_2O\xrightarrow{\text{煮沸}}Fe(OH)_3\text{(溶胶)}+3HCl$$

④ 复分解法常用于制备盐类溶胶，例如：

$$AgNO_3\text{(稍微过量)}+KI\longrightarrow AgI\text{(溶胶)}+KNO_3$$

由凝聚法直接生成的胶粒称为一次粒子（初级粒子），一次粒子往往聚集成较大的粒子，这时粒子称为二次粒子（次级粒子），这种粒子大小对催化剂或载体的比表面积、孔结构有很大的影响。如图9-20所示。

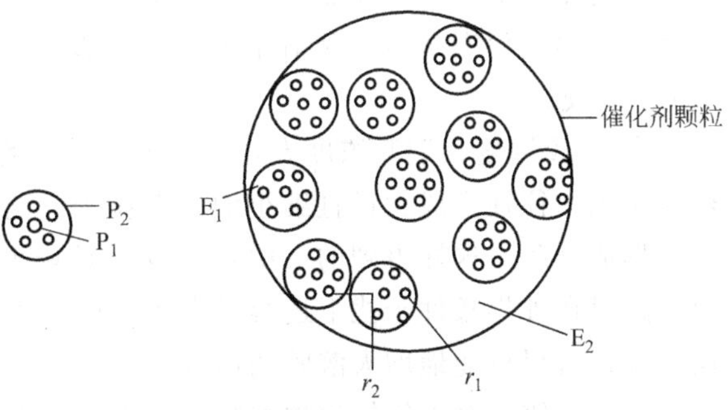


图9-20 二次粒子的结构示意图

$P_1$——一次粒子；$P_2$——二次粒子；

$r_1$——一次粒子半径；$r_2$——二次粒子半径；

$E_1$——一次粒子孔隙；$E_2$——二次粒子孔隙

溶胶的稳定性一般可用扩散的双电层结构理论来解释。改变溶胶的稳定性将导致溶胶的聚沉或胶凝成凝胶。

#### 9.3.3.2 凝胶

凝胶是一种体积庞大、疏松、含有大量介质液体的无定形沉淀。它实际上是溶胶通过胶凝作用，胶体粒子相互凝结或缩聚而形成立体网络结构，从而失去流动性而生成的。凝胶有一定几何外形，显示出固体力学的一些性质，如具有一定强度、弹性、屈服值等。只是从结构来看与通常固体不一样，它是由固-液（或气）两相组成的。按分散介质的不同，又可分为水凝胶、醇凝胶和气凝胶，气凝胶又分为三种，采用普通蒸发干燥方法除去凝胶中的介质液体的称为 xeragel；采用升华方法的称为 cryogel；采用超临界方法的称为 aerrogel。催化剂制备过程中介质液体通常为水，称为水凝胶。在新生成的水凝胶中，不仅分散相（网状结构）是连续相，分散介质（水）也是连续相，这是凝胶的主要特征。水凝胶经脱水后可得到多孔、大比表面积的固体材料。生成凝胶的胶凝过程是沉淀的一种特殊情况，是制备固体催化剂的重要步骤。

凝胶具有三维网状结构，视质点的形状和性质不同，可以分为以下四种类型，如图 9-21 所示。

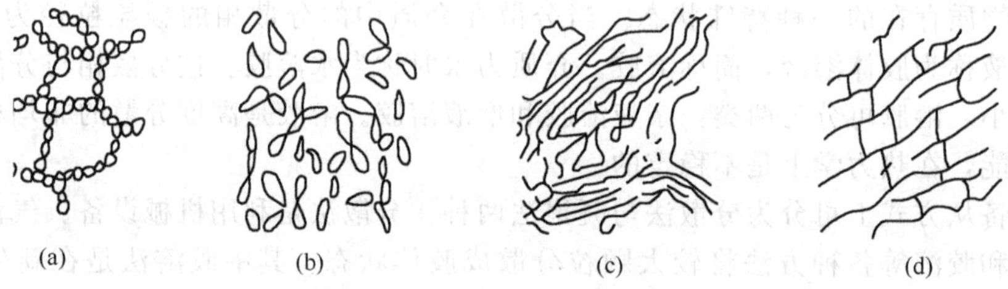


图 9-21 凝胶结构类型

(a) 球形质点连接，如催化剂制备中的 $SiO_2$、$TiO_2$ 等凝胶；(b) 棒状或线状质点连接，如 $V_2O_5$、白土凝胶等；(c) 由线性大分子构成，如明胶等；(d) 由线性分子团化学交联而成，如硫化橡胶等

胶凝过程主要受以下因素影响：

① 加入的电解质。在溶胶中加入适量电解质，破坏了溶胶中扩散的双电层结构，溶胶的稳定性下降，使得胶粒能相互碰撞而凝结，从介质溶液中沉降下来（称为聚沉）。只有与胶粒电荷相反的离子，才能起凝结作用，它不仅与其浓度有关，还与离子价态有关，在相同浓度时，离子价态越高，凝结作用越强。如五氧化二钒溶胶中加入适量 $BaCl_2$ 溶液，可得到 $V_2O_5$ 凝胶。

② 溶胶浓度。溶胶浓度大，胶粒间缩合凝结的机会大，易于胶凝。而且由于开始时缩聚速率大，往往生成大量且细小的一次粒子，这些粒子距离近，在没有充分长大时就连接在一起形成凝胶，这样得到的一次粒子也相对较小且均匀。反之，如果浓度小，则较难胶凝，而且这时在外界条件干扰下还容易发生新的胶溶现象。所以为了缩短胶凝时间，提高凝胶的均匀性，可尽可能地增大溶胶的浓度。

③ pH 值。对于氢氧化物溶胶，增大 pH 值，可增大其水解聚合速率，从而增大溶胶的浓度。此外，$OH^-$ 是胶团的反离子，增大 pH 值还能降低扩散双电层的“电位”，促进氢氧化物溶胶的凝结。

④ 改变温度。一般来说，升高温度可加速胶凝，这是化学反应的基本规律；但如果温

度过高，也可能使缩合的凝胶解聚。

#### 9.3.3.3 溶胶-凝胶法制备催化剂的过程

溶胶-凝胶技术制备催化剂的基本过程是：将易于水解的金属化合物（金属盐、金属醇盐或酯）在某种溶剂中与水发生反应，通过水解生成水合金属氧化物或氢氧化物，胶溶得到稳定溶胶，再经缩聚（或凝结）作用而逐渐凝胶化，最后经干燥、焙烧等后处理制得所要的材料。该技术的关键是获得高质量的溶胶和凝胶。以金属醇盐胶溶法制备溶胶的 Sol-Gel 过程如图 9-22 所示。

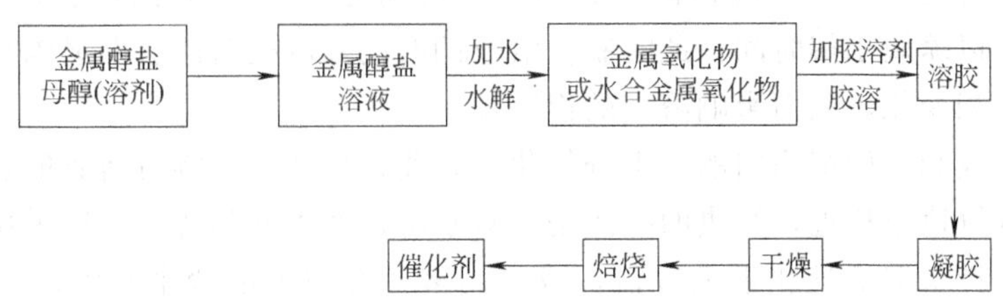


图 9-22 Sol-Gel 法制备催化剂的流程示意图

由上述可知，溶胶-凝胶法制备催化剂主要包括金属醇盐水解、胶溶、陈化、胶凝、干燥、焙烧等步骤。最终催化剂的结构和性能与所采用的原料以及制备工艺各步骤的工艺条件密切相关。

① 原料。金属醇盐首先是制取包含金属醇盐和水在内的均相溶液，以保证金属醇盐的水解反应是在分子水平上均匀进行的。由于一般金属醇盐在水中的溶解度不大，因而常常用与金属醇盐和水都互溶的醇作溶剂，先将金属醇盐溶解。醇的加入量要适当，如果加入量过多，将会延长水解和胶凝的时间。这是因为水解反应是可逆的，醇是醇盐的水解产物，对水解反应有抑制作用，而且醇的增多必然导致醇盐浓度减小，使已水解的醇盐分子之间的碰撞概率减少，因而对缩聚反应不利。如果醇加入量过少，醇盐浓度过大，水解缩聚产物浓度过大，又容易引起粒子的聚集或沉淀，而得不到高质量的凝胶。

通常是将醇盐溶解于其母醇中，例如，异丙醇铝溶于异丙醇中，仲丁醇铝溶于仲丁醇中。在某些情况下，当醇盐不完全溶于母醇时，可通过醇交换反应（醇解反应）进行调整。由于受到空间位阻因素的影响，醇解反应速率依 MeO>EtO>$i$-PrO>$i$-BuO 顺序下降。此外，醇解反应还会受到中心金属原子的化学性质的影响，而同一中心金属原子不同的醇盐，水解速率也不同。例如，用 $Si(OR)_4$ 来制备 $SiO_2$ 溶胶，胶凝时间随烷基中碳原子数的增加而延长，这是由于随烷基中碳原子数的增加，醇盐水解速率减小的结果。在制备多组分氧化物溶胶时，不同金属原子的醇盐水解活性不同，但如果选择合适的醇品种，可使不同金属醇盐的水解速率达到较好的匹配，从而保证溶胶的均匀性。

② 水解。使金属醇盐在过量水中完全水解，生成金属氧化物或水合金属氧化物沉淀，在水解过程中存在两个反应。

a. 水解反应。金属醇盐的水解反应：

$$\rangle Al—OR + H_2O \longrightarrow \rangle Al—OH + ROH$$

b. 缩聚反应。氢氧化物一旦形成，缩聚反应就会发生。缩聚反应又分为失水缩合和失醇缩合：

$$\text{失水缩合}\quad \rangle Al—OH + OH—Al\langle \longrightarrow \rangle Al—O—Al\langle + H_2O$$

$$\text{失醇缩合}\quad \gt Al-OH + RO-Al\lt \longrightarrow \gt Al-O-Al\lt + ROH$$

上述三个反应几乎同时发生，生成物是不同大小和结构的溶胶粒子。影响水解反应的主要因素是水的加入量和水解温度。

由于水本身是一种反应物，水的加入量对溶胶的制备及其后续工艺过程都有重要的影响，如水的加入量对溶胶的黏度、溶胶向凝胶的转化、胶凝作用以及后续的干燥过程均有影响，因而被认为是溶胶-凝胶法工艺中的一个关键参数。

升高水解温度有利于增大醇盐的水解速率。特别是对水解活性低的醇盐（如硅醇盐），常常升高温度，以缩短水解时间，此时制备溶胶的时间和胶凝时间会明显缩短。水解温度还影响水解产物的相变化，从而影响溶胶的稳定性。

对于制备组成和结构都均匀的多组分催化剂，要特别注意在制备溶胶的过程中，要尽量保持各醇盐的水解速率相近，解决的办法是：对水解速率不同的醇盐可以采用适当的水解步骤依次水解；选择水解活性相近的醇盐，或采用多核金属的醇盐来水解；还有采用螯合剂（如乙二醇、有机酸等）的方法降低高活性醇盐的水解速率，以达到同步水解的目的。

③ 胶溶。胶溶过程是向水解产物中加入一定量胶溶剂，使沉淀重新分散为大小在胶体范围内的粒子，从而形成金属氧化物或水合氧化物溶胶。只有加入胶溶剂才能使沉淀成为胶体分散而被稳定下来。胶溶是静电相互作用引起的，向水解产物中加入酸或碱胶溶剂时，$H^+$或$OH^-$吸附在粒子表面，反应离子在液相中重新分布，从而在粒子表面形成双电层。

双电层的存在使粒子间产生相互排斥。当排斥力大于粒子间的吸引力时，聚集的粒子便分散为小粒子而形成溶胶。

在溶胶-凝胶法中，最终产品的结构在溶胶中已初步形成，而且后续工艺与溶胶的性质有直接关系，因此溶胶的质量十分重要。多孔材料可能形成的最小孔径，取决于溶胶一次粒子的大小，而孔径分布及孔的形状则分别取决于胶粒的粒径分布及胶粒的形状。因此，制得超微胶粒，单一粒径分布的溶胶是获得细孔径和窄孔径分布材料的关键。

实际过程中胶溶剂一般多采用酸。实验表明，酸的种类及加入量常影响胶粒的大小、溶胶的黏度和流变性等性能。就不同种类的酸对AlOOH溶胶的胶溶效果而言，发现HCl、$HNO_3$、$CH_3COOH$均能使体系胶溶，但$H_2SO_4$不能。对不同类型的酸对$SiO_2$凝胶孔径分布影响的考查结果表明，随着酸强度的增加，孔径分布范围增大，但平均孔径变小。此外，酸胶溶剂种类对溶胶的黏度和流动性也有影响。例如，在制备AlOOH溶胶中，以盐酸作胶溶剂，溶胶表现出强烈的触变性，并具有较高的黏度，易于胶凝。而以硝酸作胶溶剂，溶胶具有较低的黏度和良好的流动性，无有机添加剂存在时，在室温下长期存放也不会胶凝。酸加入量对溶胶粒子的大小也有影响。如在制备$TiO_2$溶胶时，当酸加入量过少时，会造成粒子的沉淀；而加入量过多又会造成粒子的团聚。只有酸加入量适当时才能制得稳定的溶胶。这时$H^+$（来自酸）与Ti的物质的量之比应在0.1～1.0之间。当溶胶被水稀释时，上述比值范围还可以扩大，这可能是由于稀溶液中粒子距离增加，使得聚集更困难。

为了改善溶胶粒子的结构，制得性能较好的溶胶，可以以一定方式向溶胶体系提供能量，使胶粒的分散与聚集尽快达到相对稳定的平衡，从而使胶体有较为单一的粒径分布和稳定性。该过程包括将醇盐水解生成的醇（如异丙醇或仲丁醇）全部蒸出，然后保持在一定温度、强烈搅拌和进行回流下进行陈化。影响陈化结果的主要因素是陈化时间和陈化温度。

④ 胶凝。溶胶中的胶粒在水化膜或双电层的保护下，可以保持相对独立而暂时稳定下

来。但如果加入脱水剂或电解质，破坏上述保护作用，胶粒便会凝结，逐渐连接形成三维网状结构，把所有液体都包进去，成为冻胶状的水凝胶，这就是胶凝作用。溶胶-凝胶法大致可分为溶胶制备和凝胶形成两个阶段，即原料水解，缩合成溶胶基本粒子和由基本粒子凝集成为水凝胶。这两个阶段并没有明显的界限，缩合反应一直延续到过程的终了。凝结作用也并非基本粒子的机械堆砌，而是缩合反应的中间阶段。溶胶凝结成凝胶后，还处于热力学不稳定状态，其性质还没有全部固定下来，也要经过陈化过程处理。在此阶段的陈化中，若随时间的延长，凝胶中的固体颗粒将发生再凝结和聚集、脱水收缩、粒子重排、凝胶网络空间缩小，粒子间结合得更为紧密，从而增强了网络骨架的强度，如对于 Si、Al、Fe 等高价金属的氢氧化物，则是通过羟基桥连接初级粒子形成网络结构，而羟基桥又能脱水形成氧桥，这对催化剂的制备具有重要意义。

由上述可以看出，溶胶-凝胶法是从原料水解到形成湿凝胶的一个连续复杂的漫长过程。过程中的影响因素众多，各影响因素在前面已经进行过讨论。

⑤ 干燥和焙烧。上一节介绍的干燥和焙烧，其规律和条件一般也适用于湿凝胶的干燥和焙烧。凝胶的干燥过程中需要除去其孔隙中大量的液体介质，干燥的方式直接影响干凝胶的性质。在普通的干燥过程中，凝胶孔中气液两相共存，产生表面张力和毛细管作用力，产生压力的大小可以由平衡静电力计算：

$$2\sigma r\cos\theta = r^2 h\rho g, 即\ P_s = h\rho g = \frac{2\sigma}{r}\cos\theta \tag{9-11}$$

式中，$\theta$ 为液体和毛细管壁的接触角，$\sigma$ 为表面张力，$r$ 为孔半径。若以在半径为 20nm 的圆形直通孔中干燥酒精来计算，乙醇的密度 $\rho = 0.789\text{g/cm}^3$，表面张力 $\sigma = 2.275 \times 10^{-4}\text{N/cm}$，计算出其静液压力为 0.225MPa。这样大的压力，将使干凝胶的孔结构产生壁塌陷，直接影响到最终的孔结构。这里以 $SiO_2$ 凝胶的干燥例子来说明干燥过程对产品宏观结构的影响。

硅胶凝胶干燥阶段形成的结构取决于促使粒子更紧密堆积的毛细管力和低分子量 $SiO_2$ 转变的共同作用。干燥有三个典型的步骤，如图 9-23 所示。

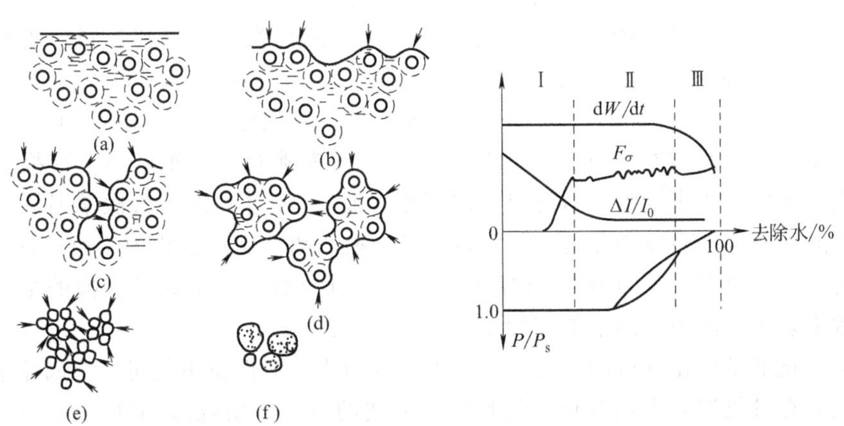


图 9-23 水凝胶干燥过程中胶结构形成图

干燥步骤一［(a)、(b)］；干燥步骤二［(c)、(d)］；干燥步骤三［(e)、(f)］；

$dW/dt$—干燥速率的变化；$F_\sigma$—毛细管收缩力；$\Delta I/I_0$—变形程度；$P/P_s$—相对蒸气压

步骤一：决定干凝胶的总孔容。此阶段一直延续到蒸发表面出现粒子层［图 9-23（a）、

(b)]。表面水分蒸发时形成液体的弯月面，出现毛细管压力 $P_s$。

步骤二：决定孔径大小分布和残余湿含量达到边界值。随着蒸发，表面在粒子聚集体内的迁移，形成单个充满液体的区域 [图 9-23 (c)、(d)]。毛细管压力垂直指向这些区域表面，某些区域局部收缩，总孔容减小。

步骤三：主要影响干凝胶的比表面积。当干燥继续，凝胶粒子聚集体的外壳破裂，造成粒子小球的直接碰撞，在粒子间相撞点上加剧了小分子量 $SiO_2$ 的转化。然后再从松散到紧密堆积、粒子小球长大（所谓的小球共同生长或黏合机理），小分子量 $SiO_2$ 的转化决定着干凝胶的表面和孔隙的形成。在溶胶形成过程中，小分子量的 $SiO_2$ 的转化导致比表面积的减少，而在水凝胶形成阶段则导致总孔容的增大。

所以，采用溶胶-凝胶法制备催化剂，与沉淀法制备催化剂一样，催化剂质量的保证要贯穿到催化剂制备全过程的控制中去。

### 9.3.4 离子交换法

利用离子交换反应作为其主要催化剂制备工序的方法，称为离子交换法。

离子交换反应发生在交换剂表面固定而有限的交换基团上，是化学计量的、可逆的（个别交换反应不可逆）、温和的过程。离子交换法系借用离子交换剂作为手段，以阳离子形式引入活性组分，制备高分散、大表面、均匀分布的负载型金属或金属离子催化剂。与浸渍法相比，用此法所负载的活性组分分散度高，故尤其适用于低含量、高利用率的贵金属催化剂的制备。它能将小至 0.3～0.4nm 直径的贵金属微晶粒子负载在载体上，而且分布均匀。在活性组分含量相同时，催化剂的活性和选择性一般比用浸渍法制备的催化剂要高。均相络合催化剂的固相化和沸石分子筛、离子交换树脂的改性过程也常采用这种方法。

Na 型分子筛和 Na 型离子交换树脂常通过离子交换反应来制得所需的催化剂。例如，氢离子与 Na 型离子交换树脂进行交换反应，得到的氢型离子交换树脂可用作某些酸、碱反应的催化剂。用 $NH_4^+$、碱土金属离子、稀土金属离子或贵金属离子与分子筛发生交换反应，都可以得到相应的分子筛催化剂。

在沸石分子筛制备过程中，通过与各种金属离子的交换，可得到不同形式的沸石分子筛。如把钠型分子筛中的 $Na^+$ 交换成其他阳离子，可得其他形式的分子筛，如 Ca-X、HZSM-5 等。当沸石分子筛与某些金属盐溶液接触时，溶液中的金属阳离子可以与沸石分子筛上的阳离子（$Na^+$）进行可逆交换反应，此过程称为沸石分子筛的离子交换。离子交换时，一般用其他阳离子水溶液（有时也可用其他溶液），经过一次或数次常温浸渍或者动态淋洗，必要时搅拌或加热以强化传质，实现离子交换。离子交换过程中，通常以交换度（即交换下来的 $Na^+$ 量占沸石分子筛中原有 $Na^+$ 总量的百分数）表示离子交换的结果，以阳离子的交换效率表示溶液中阳离子的利用率。

单原子催化剂是催化领域的新贵，其原子分散的均一活性位不仅可使金属原子利用率达到最大，同时有可能架起多相催化与均相催化之间的桥梁。焙烧过的硅酸铝（SA）表面带有羟基，是很强的质子酸。然而这些质子（$H^+$）不能直接与过渡金属离子或金属氨络合离子进行交换，若将表面的质子先以 $NH_4^+$ 代替，离子交换就能进行，过程如图 9-24 所示。硅酸铝的离子交换反应为：

$$H_2SA + 2NH_4^+ \longrightarrow (NH_4)_2SA + 2H^+$$

$$(NH_4)_2SA + M^{2+} \longrightarrow MSA + 2NH_4^+$$

得到的催化剂经还原后所得的金属微粒极细，催化剂的活性和选择性极高。例如，Pd/SA 催化剂，当钯的含量小于 0.03mg/g 硅酸铝时，Pd 几乎以原子状态分布。

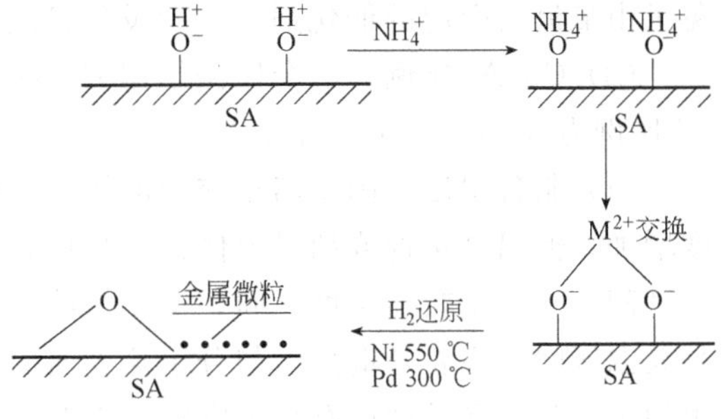


图 9-24 离子交换过程

离子交换速率和交换程度取决于下列因素：交换离子的类型、大小、电荷、浓度、温度、pH 值、与交换离子结合的阴离子的性质、沸石分子筛结构特性与沸石分子筛硅铝比等。例如，当沸石分子筛中硅铝比（物质的量的比）不同时，它的耐酸性和热稳定性等各不相同。一般硅铝比越大，耐酸性和热稳定性越强。要将钠型分子筛转化为氢型分子筛，高硅铝比的丝光沸石和 ZSM-5 分子筛可以直接与盐酸交换，而低硅铝比的 X、Y、A 型分子筛则不能。在离子交换过程中，不同的阳离子交换到沸石分子筛上去的难易程度不同，表明沸石分子筛在离子交换过程中呈现一定选择性，这种选择性与沸石的结构、阳离子的本性（电荷数、离子半径、水合度等）以及交换条件有关。研究表明，一般情况下，一价离子比二价离子或多价离子容易交换。

固态离子交换法自 1973 年首次报道以来，引起了人们极大的关注，它可以将金属阳离子掺入分子筛中，为分子筛的改性和调变开辟了一条新途径。直到 20 世纪 80 年代中期，才对固态离子交换进行了系统地研究报道。此后，H 型分子筛和金属卤化物的固态离子交换反应引起了广泛注意。研究表明固态离子交换反应既可在高温、真空条件下进行，又可在室温、大气环境下进行，该反应是在分子筛中引进金属阳离子的高效方法，可有效地调变分子筛的酸性，改善分子筛的催化性能。

其主要作用原理如下：高温下 CuCl 在固体表面易于自发均匀地分散，将 CuCl 与 H 型分子筛混合后进行热处理，载体表面的 Brönsted 酸位（B 酸）$H^+$ 和 CuCl 中的 Cu 发生固态离子交换反应，形成 Cu(Ⅰ)Ze（$Ze^-$：分子筛骨架负离子）型固体催化剂，而 $H^+$ 与 $Cl^-$ 结合生成 HCl 从固相催化剂体系中挥发。剩余未发生交换的 CuCl 直接升华而脱离固相催化剂体系，如下式。

$$CuCl + H^+ Ze^- \longrightarrow Cu^+ Ze^- + HCl\uparrow$$

固体离子交换制备 Cu(Ⅰ)型分子筛时制备条件的影响如下：

(1) 分子筛类型。Y 型分子筛是一种结构和性能非常稳定的分子筛，ZSM-5 型特殊的三维结构使其具有相当高的比表面积和活性位，MCM-41 和 SBA-15 等介孔分子筛由于具有较大的比表面积和孔径，有利于催化活性组分的分散和反应物的扩散，在一些催化反应中表现出很好的催化性能，但分子筛孔大壁薄，耐热性差，交换的离子不稳定，故在固态离子交换制备的 Cu(Ⅰ)分子筛中以 Y 型和 ZSM-5 型分子筛为主要研究对象。分子筛的硅铝比越低，酸性越强，越有利于目的产物的生成。H 型分子筛硅铝比越小，分子筛中可用以离子交换的 H 数量越多，负载在分子筛上离子交换的铜含量就越大。分子筛的骨架结构也是影响交换量的重要因素，其本身的孔道结构及其他表面性质决定了交换程度。

(2) 铜源。采用固态离子交换制备 Cu(Ⅰ)分子筛的铜源有 $Cu_2O$ 和 CuCl。研究发现，在高温固态离子交换反应中交换铜离子，铜的氯化物比铜的氧化物易于分散。同时，CuCl 比 $CuCl_2$ 更容易自发分散。一般采用 CuCl 作为前体铜源。由于 CuCl 的熔点较低（430℃），在适宜温度下加热数小时，即可在分子筛表面实现自发分散，生成无氯的分子筛催化剂，避免了由氯流失引起的催化剂失活和设备腐蚀问题，故常被用作前体铜源。

(3) Cu/Al 比例。混合比例依据 Cu 对沸石晶格 Al 的比例进行选择，一般采用的 Cu/Al 比例为 (1∶1)～(1∶1.2)。

(4) 制备温度。固态离子交换度依赖于催化剂的焙烧温度，随焙烧温度升高，离子交换度增加，但温度接近或超过前体铜源熔点时便基本不再变化。研究发现一般存在两个焙烧温度区间：一个是较高温度区间，主要是前体铜源与分子筛发生固态离子交换反应；另一个则是高温区间，主要是铜离子与分子筛表面的硅醇基发生交换。制备温度的选择除了和前体铜源相关，分子筛类型也有一定影响。CuY 分子筛通常选择的制备温度为 650～750℃。对于 Cu-ZSM-5 分子筛，在 300℃或 400℃时，分子筛中的 $H^+$ 与 CuCl 进行等量离子交换，然后在真空下加热至 500℃时，剩余的 CuCl 升华。升温速率也对 Cu(Ⅰ)分子筛有较大影响，一般选择 0.5～1℃/min。升温速率过快会导致 CuCl 升华严重，不利于 CuCl 的分散与交换。

(5) 制备时间。通常选择的时间为 15～20h。焙烧时间短，不能保证交换完全，时间过长，也会交换过度，影响催化剂的活性。制备时间过长易使 CuCl 发生水解，生成 $Cu_2O$ 或 $Cu(OH)_2$，导致交换度下降。

### 9.3.5 混合法

混合法是工业上制备多组分固体催化剂常采用的方法。它是将几种固体组分用机械混合的方法制成多组分催化剂，混合的目的，一是促进物料间的均匀分布，提高分散度；二是产生新的物理性质（塑性），便于成型，并提高机械强度。因此，在制备时应尽可能使各组分混合均匀。尽管如此，这种单纯的机械混合，组分间的分散度不如其他混合方法。为了提高机械强度，在混合过程中一般要加入一定量黏结剂。

混合法设备简单，操作方便，产品的化学组成稳定，可用于制备高含量的多组分催化剂，尤其是混合氧化物催化剂。此法的分散性和均匀性较低，但在合适的条件下也可与其他经典方法相当。为改善这种方法分散性差的弱点，可以加入表面活性剂、分散剂等一起混合，或改善催化剂后处理工艺。

混合法的薄弱环节在于多相体系混合和增塑的程度。固-固颗粒的混合不能达到像两种液相流体那样的完全混合，只有整体的均匀性而无局部的均匀性。为了改善混合的均匀性，增加催化剂的表面积，提高丸粒的机械稳定性，可在固体混合物料中加入表面活性剂。由于固体粉末在与表面活性剂溶液的相互作用下增强了物质交换过程，可以获得分布均匀的高分散催化剂。

混合法又分为干法和湿法两种。干法操作步骤最为简单，只要把制备催化剂的活性组分、助催化剂、载体或黏结剂、润滑剂、造孔剂等放入混合器内进行机械混合，然后送往成型工序，滚成球状或压成柱状、环状，再经热处理后即为成品催化剂。例如，天然气蒸气转化制合成气的镍催化剂，就是通过典型的干混法工艺制备的。湿混法的制备工艺要复杂一些，活性组分往往以沉淀得到的盐类或氢氧化物形式，与干的助催化剂或载体、黏结剂进行湿式碾合，然后进行成型。经干燥、焙烧、过筛、包装即为成品。如湿混法制备固体磷酸催化剂，在 100 份硅藻土中加入 300～400 份 90%的正磷酸和 30 份石墨。石墨使催化剂易于成型，且传热快，能防止局部过热。充分搅拌使之混合均匀，然后放在平瓷盘中 110℃干燥，用成型机使之成型，然后在马弗炉中焙烧活化。这样制得的固体磷酸催化剂的活性由于载体的形态、磷酸的含量、热处理方法、温度和时间等条件的不同而差异显著。对湿混法而言，混合后的热处理温度是催化剂中无定形物质脱水和晶化得到所希望晶体类型及其数量的重要参数。湿混法制备固体磷酸催化剂的研究发现，低温下固体磷酸催化剂的活性随着含磷量的增加而降低，因为低温下含磷量低的样品易脱水生成焦磷酸。高温焙烧样品的活性随着处理温度的上升而提高，500℃时达最大值，当温度大于500℃时，催化剂成品主要由焦磷酸硅组成。中温热处理过程中部分磷酸与硅藻土反应生成了水溶性的磷酸二氢硅盐。高温焙烧过程中组成变化很大，磷酸二氢硅盐消失，磷酸与硅藻土进一步反应生成大量 $SiP_2O_7$ 和少量 $Si_3(PO_4)_4$，随着催化剂含硅磷酸盐的含量增加，催化剂的寿命增加。

### 9.3.6 熔融法

熔融法是借高温条件将催化剂的各组分熔合成为均匀分布的混合体、氧化物固体溶液或合金固体溶液，以制取特殊性能的催化剂。一些需要高温熔炼的催化剂都用这种方法。典型的实例有氨合成熔铁催化剂、费-托合成催化剂、Raney（雷尼）骨架催化剂的制备。

熔炼温度、环境气氛、冷却速度或退火温度对产品质量都有影响。固体溶液必须在高温下才能形成，熔炼温度显得特别重要。提高熔炼温度，还能降低熔浆的黏度，加快组分间的扩散。采用快速冷却工艺，让熔浆在短时间内迅速淬冷，一方面可以防止分步结晶，维持既得的均匀性；另一方面可以产生内应力，得到晶粒细小的产品。退火温度对合金的相组成影响较大。例如，在Ni-Al合金中 $NiAl_3$ 和 $Ni_2Al_3$ 的组成与退火温度有关，提高温度会增加 $Ni_2Al_3$ 的含量。沥滤（溶出）Ni-Al合金中的Al组分时，碱液的浓度、浸溶时间和浸溶温度对骨架镍的粒子大小、孔结构、比表面和催化活性均有影响。

熔融法的核心步骤为高温熔炼。这是一个类似于平炉炼钢的较复杂和高能耗的过程，因此温度是关键性的控制因素。熔融温度的高低，视金属或金属氧化物的种类和组分而定。本法的特征操作工序为熔炼，通常在电阻炉、电弧炉等熔炉中进行，熔炼的温度、熔炼次数、环境气氛、熔浆冷却速度等因素对催化剂性能都有影响。提高熔炼温度，不但可以降低熔浆的粘度，还可以加快各组分之间的扩散，促进组分均匀分布。增加熔炼次数，也能提高各组分的分散度，但这样也增加了能耗。有些催化剂在熔炼时应避免与空气接触，或采用低氧分压的熔炼和冷却。快速冷却时，熔浆内会产生一定内应力，这样就可以得到晶粒细小、晶格缺陷较多的晶体，也能防止不同熔点的组分分步结晶，以制得分布均匀的混合体。

固体熔融法一般制备程序包括：固体的粉碎、高温熔融或烧结、冷却、破碎成一定的粒度、活化。例如，目前合成氨工业中使用的熔铁催化剂，就是将磁铁矿（$Fe_3O_4$）、硝酸钾、氧化铝于1600℃高温熔融，迅速冷却后破碎、球磨和筛分，然后在氢气或合成气中还原即得 $Fe\text{-}K_2O\text{-}Al_2O_3$ 催化剂。在氨厂的合成塔外，另行用氢气进行还原，再用少量氧气进行催化剂外表面氧化而得到的催化剂称为预还原催化剂，预还原催化剂在工厂的合成塔内的还原时间大大减少，有利于提高经济效益。

1925年，美国科学家Raney首次制得了具有高比表面积和可变残余铝的镍晶体聚集体—骨架镍催化剂。骨架镍催化剂的制备主要包括：Ni-Al合金制备、合金的展开（也称为活化）和催化剂贮存三个阶段。在制备催化剂过程中，只要制备条件有微小的变化，都将导致催化剂活性的较大改变。三个阶段具体描述如下：

（1）合金的制备。合金的制备经常在电阻炉、电弧炉、感应炉或其他熔炉中进行。显然，除催化剂配方外，熔炼温度、熔炼次数、环境气氛、熔浆冷却速度等因素，对催化剂的性能均有影响。提高熔炼温度，一方面可以降低熔浆的黏度，另一方面可以增加各组分质点

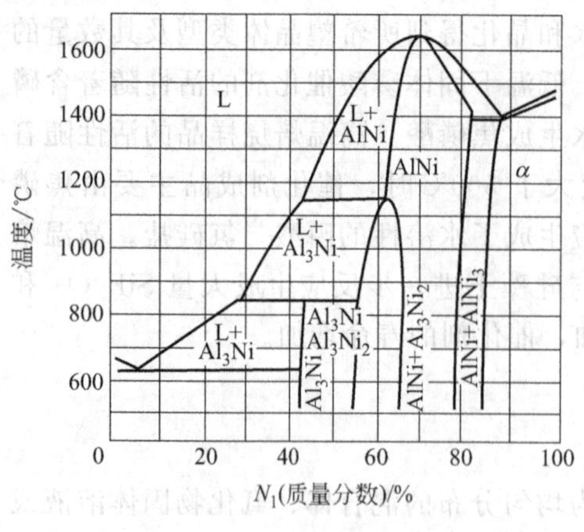


图 9-25　Ni-Al 合金相图

的能量，从而加快组分间的扩散，弥补缺乏搅拌的不足，高频感应电炉，有利于组分的均匀分布。有些催化剂熔炼时要尽量避免与空气接触，这时就要在低氧分压条件下熔炼并冷却；有时在熔炼后快速冷却，使熔浆在短时间内淬冷，以产生一定内应力，得到晶粒细小、分布更均匀、缺陷更多的固溶体，同时防止不同熔点组分的分步结晶。熔炼合金时，Ni、Al 的配比和合金熔体的冷却速度对催化剂活性有明显的影响。根据 Ni-Al 二元系相图（图 9-25），配比和冷却速度不同，熔炼所得的 Ni-Al 合金相组成也不同。一般认为，用富含 Ni-Al（化合物）和低共熔物的合金制备的催化剂，其活性低。此外，合金中的某些添加剂有时对提高催化剂的活性会起到重要作用。

(2) 合金的展开。所谓合金展开，是将制备好的 Ni-Al 合金与碱液作用，以溶去大部分铝而形成骨架镍的过程。合金展开对催化剂活性影响最大。而合金展开的温度、合金的粒度、反应时间、反应压力、催化剂中残留的铝量、碱液的浓度与用碱量，是影响催化剂性能的主要因素。展开时的主要反应为：

$$2Al(\text{金属化合物相})+2OH^-+6H_2O \longrightarrow 2[Al(OH)_4]^-+3H_2$$

(3) 催化剂的储存。经过展开的骨架金属具有高的比表面积和很高的活性，若暴露在空气中，极易与氧气发生反应，甚至燃烧，所以 Raney 镍催化剂通常保存在乙醇或其他惰性溶剂中，以保持其活性。但无论采取何种贮存方式，随着贮存时间的延长，催化剂的活性都将逐渐降低。因此，采取有效的技术措施减缓催化剂的氧化速度，尽量保持其活性，是 Raney 镍催化剂贮存的关键所在。

图 9-26 所示典型的熔融-淬冷工艺流程如下：将一定质量比的镍和铝混合后加入石英管中。在氩气保护下，在高频炉中将样品加热至 1300℃，使样品形成合金；用氩气把熔融的合金从石英管中压到高速旋转的水冷铜辊上甩出，使合金以 106K/s 以上的速度进行冷却，得到一定尺寸的合金条带；将合金粉碎后活化，即可得到骨架镍催化剂。在 Ni 和 Al 的前驱体中，Ni 的质量分数为 10%～60%；制成催化剂后，Ni 的质量分数为 70%～95%，镍以单质形式存在，铝以单质和氧化态形式存在。

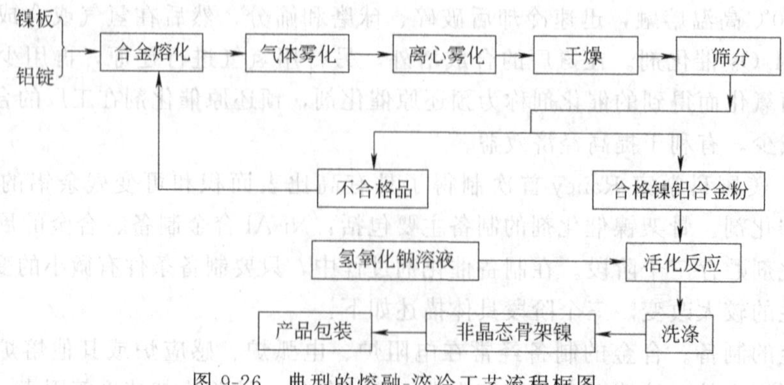


图 9-26　典型的熔融-淬冷工艺流程框图

## 9.4 催化剂成型技术

催化剂成型是指各类粉体、颗粒、溶液或熔融原料在一定外力作用下互相聚集，制成具有一定形状、大小和强度的固体颗粒的单元过程。固体催化剂不论以何种方法制备，最终均以不同形状和尺寸的颗粒在催化反应器中使用，成型是催化剂制备中的重要工序，对催化剂效能的发挥有重要影响。

催化剂的几何形状和颗粒大小是根据工业过程的需要而定的，因为它们对流体阻力、气流的速度梯度、温度梯度及浓度梯度等都有影响，并直接影响实际生产能力和生产费用。因此，必须根据催化反应工艺过程的实际情况，如使用反应器的类型、操作压力、流速、床层允许的压降、反应动力学及催化剂的物化性能、成型性能和经济因素等综合起来考虑，正确地选择催化剂的外形及成型方法。

工业催化剂的成型主要考虑因素如下：①催化剂的形状必须服从使用性能的要求，目前市售的固体催化剂多为颗粒状或微球状，便于均匀填充到工业反应器中；②催化剂的形状和成型工艺影响催化剂的性能，尤其是对活性、床层压力降和传热产生影响，如烃类水蒸气转化催化剂（催化反应是内扩散控制）由多年沿用的传统拉西环状改为七孔形和车轮形等“异形转化催化剂”（外表面积大）。压片活性炭性能优于柱状活性炭，因其中孔发达，在水净化、脱硫和脱色方面有更佳的使用效果，催化剂的化学性能与物理结构无需改动，即可提高活性，减小压降，改善传热；③催化剂的形状、尺寸和机械强度必须与相应的催化反应过程和催化反应器相匹配，如流化床用催化剂，为保持稳定的流化状态，催化剂必须具有良好的流动性能，流化床常用直径20～150 μm或更大直径的微球颗粒。而对于悬浮床用催化剂，反应时为了使催化剂颗粒在液体中易悬浮循环流动，通常用微米级至毫米级的球形颗粒。

催化剂常用的形状有圆柱状、环状、球状、片状、网状、粉末状、条状及不规则状等（图9-27），近年来还相继出现了许多特殊形状的催化剂，如碗状、三叶状、车轮状、蜂窝状及膜状等。催化剂对流体的阻力主要由固体的形状、外表面的粗糙度和床层的空隙率所决定。具有良好的流线形的固体阻力较小，一般固定床中球形催化剂的阻力最小，不规则形状催化剂的阻力则很大。对于生产上使用的大型列管式反应器来说，使流经各管的气体阻力一致是非常重要的。因此必须十分认真地进行催化剂的填充，要求催化剂的形状和大小基本一致。从实际使用来看，当粒径与管径之比小于1/8时容易避免壁效应、沟流和短路现象，使各管阻力基本一致，流体在反应器内均匀分布。但粒径过小又会增加床层阻力，通常要求粒径与管径之比小于1/5。为了提高反应器的生产能力，希望单位反应器的容积具有较高的填装量。一般球形催化剂的填装量最高，其次是柱形催化剂。对于柱形催化剂需同时考虑强度和填装量，常采用高度/直径为1的形状。流化床反应器则采用细粒或微球状催化剂，要求催化剂具有较高的耐磨性。

催化剂的成型方法通常有破碎、压片、挤出、滚动、凝聚成球及喷雾。成型催化剂可分为以下几种。

① 片状和条状催化剂是由催化剂半成品通过压片或挤条制取的。压片制得的产品具有形状一致、大小均匀、表面光滑、机械强度高等特点，适用于高压、高流速固定床反应器。而挤出成型则可得到固定直径，长度可在较广范围内变化的颗粒。与压片成型相比，挤出成型生产能力大得多。

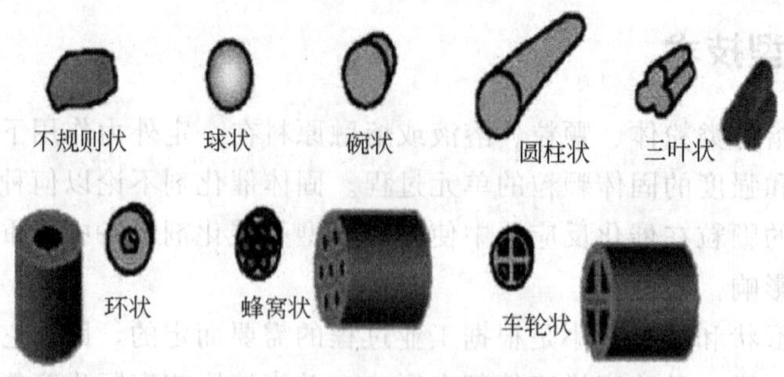


图 9-27　常用催化剂的形状

② 球状催化剂可采用凝聚成球法成型，将溶胶滴入加热的油柱中，利用溶胶的表面张力形成球状催化剂。也有些球状催化剂采用滚动造粒法，在盘式或鼓式造粒机中通过滚动成球。微球状催化剂的成型，则是将催化剂半成品溶胶喷雾干燥制成，流化床反应器中使用的微球催化剂常用此法制得。

③ 不规则形状的催化剂多采用破碎法制得，所得的催化剂大小不一且有棱角，使用前要进行筛分，并在角磨机内磨去棱角，筛分出适当粒度、不规则形状的颗粒。这是早期的催化剂成型方法，制得的催化剂因其形状不定，在使用时易产生气流分布不均匀的现象。同时大量被筛下的小颗粒甚至粉末状物质不能被利用，造成浪费。随着成型技术的发展，许多催化剂大都改用其他成型方法，但也有催化剂因成型困难目前仍使用该方法，如合成氨用熔铁催化剂和加氢用骨架金属催化剂等。

④ 粉状催化剂，将干燥后的块状催化剂粉碎、磨细即得。

⑤ 网状催化剂，一般是将丝织成网状，如铂丝网催化剂等。

## 9.4.1 喷雾成型

### 9.4.1.1 基本原理

喷雾成型是应用喷雾干燥原理，利用类似奶粉生产的干燥设备，将悬浮液或膏糊状物料制成微球形催化剂的成型方法。通常采用雾化器将溶液分散为雾状液滴，雾化的目的在于将浆液分散成平均直径 20～60 $\mu m$ 的微细雾滴，雾滴与热风接触时，雾滴迅速气化，干燥成粉末或颗粒状产品。

目前，流化床用催化剂大多采用喷雾成型法制备，主要优点：①物料进行干燥的时间短，一般只需要几秒到几十秒，由于雾化成几十微米大小的雾滴，单位质量的比表面积较大，水分蒸发快，一定程度上可以改善催化剂的性能。例如，通过控制干燥速率≤0.2kg·$(kg·h)^{-1}$，干燥机进口温度≤300℃，出口温差≤150℃，可使成型 SAPO-34 分子筛催化剂的磨损指数控制在≤0.5%·$h^{-1}$。②改变操作条件，选用适当的雾化器，容易调节或控制产品的质量指标，如颗粒直径和粒度分布等。采用连续共沉淀与喷雾干燥成型技术相结合的方法制备的微球形 Fe-Cu-K-$SiO_2$ 催化剂，催化浆态床 FT 合成反应性能明显优于无定形催化剂。提高催化剂平均粒径使催化剂在浆态床 FT 合成反应中的失活速率明显减慢，蜡产物与催化剂的在线分离较容易，提高了催化剂的运行稳定性和寿命。③根据要求可将产品制成粉末状产品，干燥后不需要进行粉碎，缩短了工艺流程，易实现自动化和改善操作条件。

#### 9.4.1.2 工艺简介

喷雾成型装置包括空气加热系统、料液雾化及干燥系统、成型干粉收集及气固分离系统。图 9-28 示出了喷雾成型的一般工艺流程。由送风机 1 送入的空气经燃烧炉 2 加热后作为干燥介质送入喷雾成型塔 4 中，需要喷雾成型的浆液由泵 9 送至雾化器 3，雾化液与进入塔中的热风接触后水分迅速蒸发，经干燥后形成粉状或颗粒状成品。废气及较细的成品在旋风分离器 5 中得到分离；最后由抽风机 7 将废气排出。

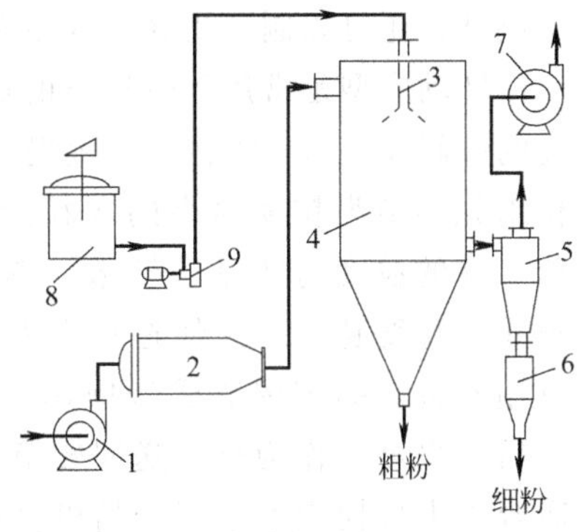


图 9-28 喷雾成型工艺流程

1—送风机；2—燃烧炉；3—雾化器；4—喷雾成型塔；5—旋风分离器；6—集料斗；7—抽风机；8—浆液罐；9—送料泵

根据料液及不同雾化方式可将喷雾成型分为压力式喷雾成型、离心圆盘式喷雾成型、气流式喷雾成型三种方式。

（1）压力式喷雾成型。这是利用高压泵使料液具有很高压力（2～20MPa），并以一定速度沿切线方向进入喷嘴旋转室，或经有旋转槽的喷嘴心再进入喷嘴旋转室，形成绕空气心旋转的环形薄膜，然后再从喷嘴喷出，生成空心圆锥形的浓雾层，雾化程度受下列因素影响：

①操作压力增加，雾滴直径变小，滴径分布均匀；②喷孔越小，雾滴直径越小；③料液黏度越大，平均雾滴直径越大，黏度过高时难以雾化；④料液表面张力增大，雾滴变大。

由于压力式雾化器的喷嘴孔很小（如有的孔径为 0.6～1.0mm），故用于雾化的料浆需经过过滤，且过滤后的物料输送需用不锈钢管道，以防止产生铁锈，堵塞喷嘴。

（2）离心圆盘式喷雾成型。这是将有一定压力（较压力式的料液压力低）的料液，送到高速旋转的圆盘上，由于离心力的作用，液体被拉成薄膜，并从盘的边缘抛出，形成雾滴。

在料液量大，转速高时，料液的雾化主要靠料液与空气的摩擦来形成，这时称为速度雾化；在料液量小、转速低时，料液的雾化主要靠离心力作用，这时称为离心雾化。一般情况下，这两种雾化同时存在，但在工业生产中，大都采用高速旋转圆盘大液量操作，液体的雾化以速度雾化为主。在进料量一定时，液滴雾化均匀性受下列因素影响：①圆盘运转时振动越大，雾化越不均匀；②圆盘的转速越高，越均匀；③圆盘表面越平滑，越均匀；④进料越稳定及分配越均匀，雾化也越均匀；⑤离心圆盘的圆周速度小于 50m/s 时，雾化不均匀。

（3）气流式喷雾成型。这是利用速度为 200～300m/s 的高速压缩气流对速度不超过 2m/s 的料液流的摩擦分裂作用，达到雾化的目的。雾化用压缩空气的压力一般为 203～709kPa。

### 9.4.2 转动成型

#### 9.4.2.1 基本原理

根据固体粉末和黏结剂的毛细管吸力或表面张力凝集成球的原理，把干燥的粉末放在回转着的、倾斜 30°～60°的转盘里，喷入雾状黏结剂（例如水），润湿了的局部粉末先黏结为粒度很小的颗粒，称为核；随着转盘的连续运动，核逐渐成长为圆球，较大的圆球摩擦系数小，浮在表面滚动，符合粒度要求时便从转盘下边沿滚出。利用不同的粉料和黏结剂，可分层成球，还可以制备蛋壳型或蛋黄型催化剂。

转动成型是常用和较经济的成型方法，适用于球形催化剂的成型，将干燥的粉末放入回转的倾斜30°～60°的转盘，慢慢喷入黏合剂（如水），由于毛细管吸力的作用，润湿的局部粉末先黏结为粒度很小的颗粒成为核，随着转盘的继续运动，核逐渐滚动长大，成为圆球。球的粒度与转盘的转数、深度和倾斜度有关，加大转数和倾斜度，粒度下降，转盘越深，粒度越大。为使造球顺利进行，最好加入少量预先制备的核。在造球过程中也可以用制备好的核调节成型操作，成品中夹杂的少量碎料及不符合要求的大、小球，经粉碎后，也可以作为核，送回转盘回收再用。转动成型法所得产品粒度较均匀，形状规则，适合于大规模生产，但产品机械强度不高，表面较粗糙，必要时，可增加烧结补强及球粒抛光工序。

如上所述，转动成型是将细粉加到转动的容器中，同时由喷嘴供给适量的水分（或黏合剂），容器中的细粉由于受到摩擦和离心力的作用而被带到上部，然后在重力作用下又使其向下滚落，利用这种转动作用将细粉互相黏合长大成为球形颗粒。这种成球过程主要分为下面几个阶段。

(1) 核生成。在转动容器中粉体粒子与喷洒液体相接触时，液体在一些粉体粒子的接触点四周形成不连续的凹透镜样架桥，使得局部粒子黏结成松散的聚集体，称为核［图 9-29 (a)］，随着容器转动，粒子互相压紧而空隙减小。这种聚集体进一步与喷洒液体及粉体粒子相接触时，又能进一步生成更大的聚集体［图 9-29 (b)］。这种聚集体有时也称为“种子”，并将这种长“种子”阶段称为核生成阶段。由此形成的“种子”就成为下一阶段小球生长的核心。工业上有时也采用挤出造粒再经整形而制成细小的“种子”。

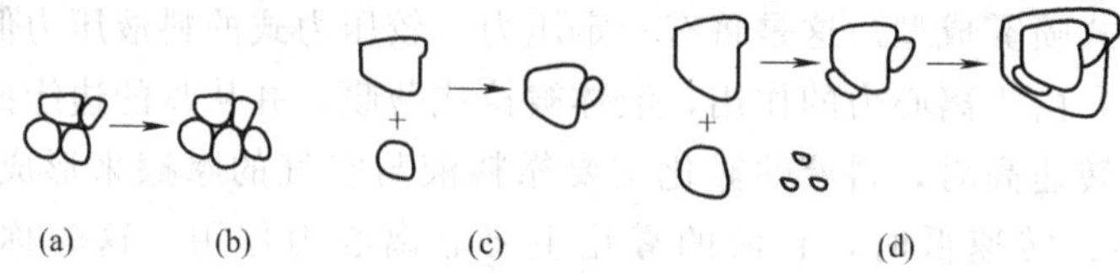

图 9-29　核形成及长大

(2) 小球长大。生成的“种子”，如粒子间隙的液体量分布均匀，就具有可塑性，由于液体表面张力及负压吸引作用，粉体直接附着在转动的“种子”湿润表面上，使“种子”不断长大成小球［图 9-29 (c)］。同时由于旋转运动及生成小球的压实作用，使成型物一边长大一边压得更密实，并成长为球形颗粒［图 9-29 (d)］。这一阶段就是小球长大阶段，也是转动成型的主要过程。为了获得符合要求的产品质量，要在这一过程中认真控制操作参数。

(3) 生长停止。生长的圆球，随着球体直径长大，摩擦系数随之减小，转动过程中逐渐浮在表面。转盘成球时，符合粒度要求的小球便自动从圆盘的下边沿滚出，成为所需产品。这一阶段称为终止阶段。

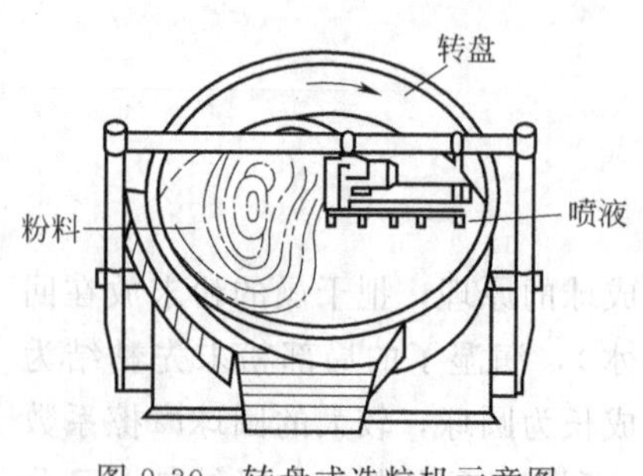

图 9-30　转盘式造粒机示意图

### 9.4.2.2　工艺简介

转动成型典型的设备有转盘式造粒机（图 9-30），倾斜的转盘上放置粉状原料，成型时，转盘旋转，同时在盘的上方通过喷嘴喷入适量水分，或放入含适量水分的物料“核”。转盘中的粉料由于摩擦力和离心力的作用，上下转动，粉料之间互相黏附，产生一种类似滚雪球的效应，最后成为球形颗粒。较大的圆球粒子摩擦系数小，浮在表面滚动，球形颗粒长大到一定尺寸，从盘边溢出，变为成品。赵云鹏等使用转动造粒机，利用QCY-602型颗粒强度测定仪和游标卡尺对5A分子筛原粉进行造粒，考查转盘倾角、转速和黏合剂用量等因素对催化剂颗粒抗压强度的影响，研究发现，转动造粒机转盘的水平倾斜角及转速对球形颗粒成型有较大影响，黏合剂羧甲基纤维素钠溶液的质量分数为0.4%时，催化剂具有较好的机械稳定性。

与压缩成型法与挤出成型法相比较，转动成型产品的强度较差。而且在成型时要加入大量水或其他溶液作黏结剂，因而单位产品的除水量要较挤出成型及压缩成型的除水量多些。为了使转动成型产品获得较好的机械强度及形态保存性，就必须认真控制工艺条件参数。

(1) 粉体原料的影响。粉体粒子为球形或接近球形粒子时，在粉体转动成型的互相压实过程中，由于空隙率较高，因此颗粒成长速度慢，难以获得高强度成型产品。采用无规则形状的粉碎粉料有利于转动成型。

Rumpf提出，转动成型所得球形产品的强度可用下述经验式来表示：

$$\sigma=\alpha\cdot\frac{1-e}{\varepsilon}-\frac{1}{d}\cdot f(\cos\delta)\varphi(\psi) \tag{9-12}$$

式中　$\sigma$——形成小球的聚集体拉伸强度；

$\alpha$——黏结剂表面张力；

$e$——小球孔隙率；

$\delta$——黏结剂对固体粒子的接触角；

$\varphi$——黏结剂充满度；

$d$——粉末颗粒直径；

$\varepsilon$——颗粒配位数，是粉体堆积中与某一颗粒接触的颗粒个数。

从式(9-12)可知，在其他参数不变的情况下，小球强度与粉体粒径$d$成反比。随着原料中细粉比例增大，小球抗压强度也随之增大。但实际上由于动力消耗等原因，工业粉体原料不可能全采用微粉，而是含一定量粗粉的粉体原料。从实际操作来看，粒度大小较为一致的粉体成型时，由于压紧程度较差，较难成型。而细粉比例增大，具有一定粒度分布的原料就容易成型。细粉聚集在粗粉四周，进而长大成球。如果粗粉过多，小球成长速度虽快，但液膜结合力变小，使产品强度降低。细粉比例对小球抗压强度的影响见图9-31。

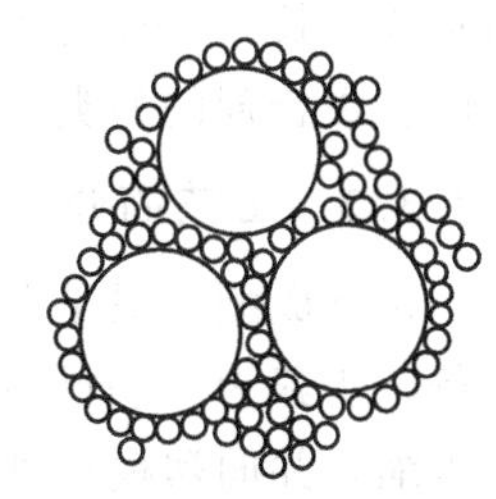

图9-31　细粉比例对小球抗压强度的影响

在转动成型时，粉体适宜的水分量范围比较窄，因而水分的调节十分重要。在这种情况下，物料中既包含原料，又包含水分，成型时又供给水分，其平衡关系相当复杂。有时加入一些保水性较好的助剂，如淀粉、羧甲基纤维素、聚乙酸乙烯酯等，可起到使成型使用范围扩大的效果。

加入黏结剂的目的是使粉体粒子在转动时互相黏结在一起，并提高成型产品的强度。使用的黏结剂可以是固体粉末，也可以是液体。粉末黏结剂预先混入成型用粉体原料中。液体黏结剂则是直接喷洒在转动粉料上。黏结剂的用量与粉体的比表面积及孔容有关。

在转动成型中，液体黏结剂的作用主要有以下几个方面：①填充粉体粒子孔隙，起基质作用；②在粉体粒子四周形成液膜，兼有黏结剂及润滑剂的作用；③与粉体反应生成另一种物质。

在转动成型中，粉末在回转容器中随之转动，与此同时上部喷洒水或黏结剂。这时可看作是固体、液体及气体三相共存的状态。水分少时，水在粒子接触点中心附着，液相是不连续的，随着水分增加，粒子表面形成水膜，特别当水分量增大时，固液两相就变为黏性状态。

所以，转动成型时，存在黏结剂最适宜加入量，其量的大小决定于粉体的性质及操作条件。黏结剂添加量不足时，难以成球，即使勉强成球状，在离开成型机时就会破碎。而当黏结剂量过多时，球形产品变软发黏。

(2) 操作条件的影响。

操作条件对球的孔隙率的影响。转动成型产品要求具有一定强度及形状保持性。而球的孔隙率越小，则因粒子间黏结剂的毛细作用越强，球的强度也就越好。孔隙率小，黏结剂的用量相应减少，这有利于成球产品缩短干燥时间及减少能源消耗。但若孔隙率过小，则在快速加热干燥时，由于析出气体受到抑制，容易使产品发生龟裂。影响孔隙率的因素，除了粉体原料的粒度分布及比表面积等性质以外，成型时的停留时间及转盘倾角等操作条件也影响很大。

操作条件对球的大小的影响。转动成型产品的球形状较好，而球的大小则受多种因素支配。如黏结剂加入量越多，停留时间越长，则球的尺寸越大，而停留时间与转盘倾角有关。倾角加大时，球的尺寸相应减小。

## 9.4.3 挤条成型

### 9.4.3.1 基本原理

挤条成型是利用活塞或螺旋杆迫使泥状物料从具有一定直径的塑模（多孔板）挤出，并切割成等长、等径的条形圆柱体（或环柱体、蜂窝形断面柱体等），其强度决定于物料的可塑性、黏合剂的种类及加入量。

### 9.4.3.2 工艺简介

挤条成型一般是在卧式圆筒形容器中进行的，挤条成型分为原料的输送、压缩、挤出和切条，步骤为：①料斗将物料送入圆筒；②压缩阶段，物料受到活塞推进或螺旋挤压的力量而压缩，并向塑模推进；③物料经多孔板挤出而成条状；④切成等长的条形粒。挤条成型主要用于塑性好的泥状物料如铝胶、硅藻土、盐类和氢氧化物的成型。成型原料为粉状时，需在原料中加入适当的黏合剂，并碾压捏合，制成塑性良好的泥料。如果捏合后的物料塑性好，也可以直接挤条，不加黏合剂。粉末粒越细，水（黏合剂）加入越多，物料越易流动，越容易成型，但黏合剂量过大，挤出的条形状不易保持。因此，要使浆状物固定，并具有足够的保持形状的能力，应选择适当的黏合剂加入量，另外还要考虑挤条成型后的干燥操作，黏合剂的含量越多，干燥后收缩越大。干燥温度与干燥速率对催化剂的成品率影响较大，干燥温度过高，水分挥发快，导致成型样品开裂。

常见的挤条成型装置是螺旋挤条机（单螺杆）。挤条机能连续而均匀地向物料施加足够压力，使物料强制穿过一个或数个孔板。滤饼或粉末加入适当黏结剂，经碾压捏和之后便形成塑性良好的泥状黏浆。利用活塞或螺旋迫使浆料通过多孔板，切成几乎等长等径的条形圆柱体或环柱体，经干燥、煅烧便得产品。碾压、捏和常在轮碾机中进行，以获得满意的黏着性能和润湿性能。无论是哪种结构，挤出成型过程大致可分为输送、压缩、挤出、切条四个步骤。图 9-32 所示为挤条机的大致结构。

(1) 输送粉体物料经料斗送入圆筒后，经旋转螺杆（或活塞）将粉料向前推动，其推进速度决定于螺杆速度、螺杆叶片的轴向推力和粉体与螺旋叶片间的摩擦力大小，在输送段筒内压力较低且较均匀。

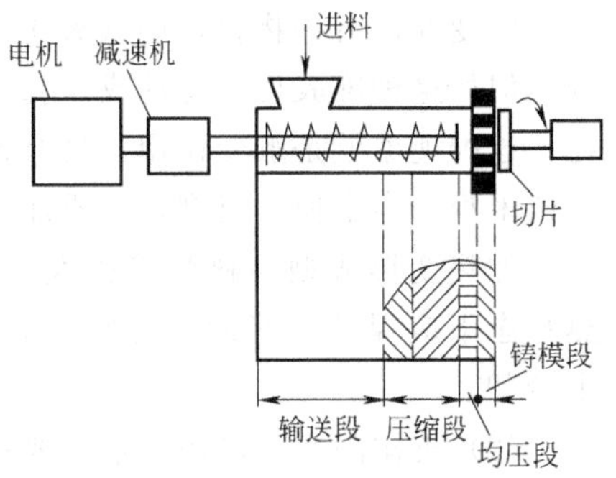

图 9-32 挤条机的结构及挤出过程

(2) 压缩随着粉体物料向前推进，螺旋叶片对粉体产生很强的压缩力。这种压缩力可剪切和推动物料，剪切应力一方面在物料和螺杆间展开，另一方面又在粉体和圆筒之间扩大，且后者的作用大于前者，致使物料受到压缩，紧密度增加。这样物料就以低于或等于螺杆本身的速度向前推进，筒内压力逐渐增大。为了保证模头四周挤出速度与中心处挤出速度相近，并得到长度和密度均匀的制品，在螺杆及筒体结构上应使物料的压力在模头前有大致相等的均压段。

(3) 挤出粉体物料经压缩、推进到模头时，物料经多孔板挤出成条状，这时物料的压力迅速下降，并产生少量径向膨胀。

(4) 切条从模头挤出的条状催化剂或载体，常选用特制的切条装置将条切成等长的条柱状。

影响挤出成型的因素也较多，主要分为原料因素和机械因素两大类（图 9-33）。

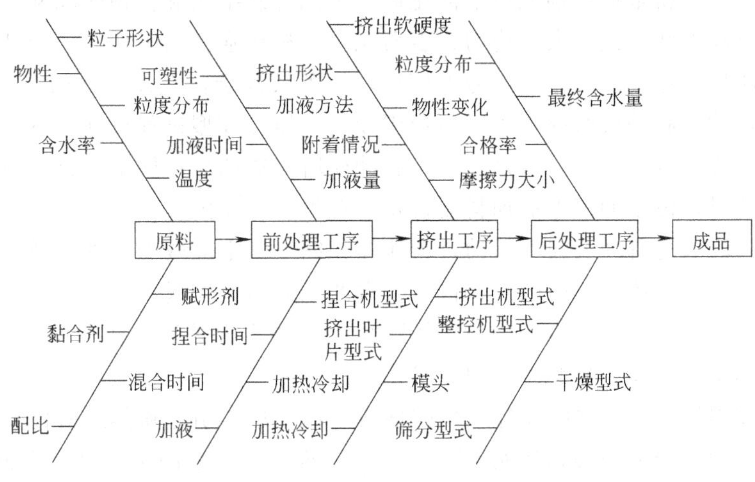

图 9-33 影响挤出成型的各种因素

(1) 原料的影响。

粒度。与转动成型等方法相比，原料粉体粒度对挤出产品性能的影响并不突出。一般来说，粉体粒子直径大于模头孔径就难以挤出。粉体粒度细时容易挤出成型，而且有利于强度提高。

流动性。流动性是粉体的特性之一，它与液体的流动性不同，也与固体的塑变性不同。在挤出成型时，流动性也是影响产品性能的一种因素。一般情况下，粉末流动时的阻力是由粉末粒子间相互直接或间接接触而妨碍其他粒子自由运动所引起的。这主要由粒子间的摩擦系数决定。由于粒子间暂时黏着或聚合在一起，从而妨碍相互运动，因此，这种流动时的阻力与粉末种类、粒度及其分布、形状、所吸收水分等因素有关。挤出时，由于湿度及温度变化，而使粉体粒子搭桥而引起固结现象，固结会使产品失去均一性，粉体预干燥、调湿均匀有利于克服固结现象。

触变性。有些物料，如氢氧化铝凝胶中加入少量硝酸胶后，放置一段时间就会胶凝成冻胶，但如这种冻胶再经搅动或振荡后，又可以恢复溶胶状态，而且这种状态反复多次也无变化，这种现象就是触变作用。具有这类触变性的物质，如 $Fe(OH)_3$、$Al(OH)_3$ 挤出成型往往较困难，为了便于成型，需添加赋形剂或黏合剂之类物质。

加热变形成型物料受挤压及从模头挤出时，由于摩擦生热，因此挤出成型物料在受热状态下应保持良好的黏合性，对热敏性物料挤出成型时，应在螺杆部分用夹套通冷却水冷却。

(2) 机械因素。机械因素主要指成型机的结构。以螺杆挤条机为例，螺杆是挤条机的关键部件，螺杆的长径比是一项重要技术参数。增加长径比能改善产品的外观和内在质量，提高机械强度。再如，螺槽深度对成型物的质量及产量也有影响，螺槽深度浅，挤出量均匀。一般螺槽深度取决于成型物的流动性及热稳定性。流动性好的采用浅螺槽螺杆为好，热稳定性差的采用深螺槽螺杆。

## 9.4.4 压片成型

### 9.4.4.1 基本原理

压片成型是广泛采用的成型方法，与西药片剂的成型工艺接近，应用于由沉淀法得到的粉末中间体的成型、粉末催化剂或粉末催化剂与水泥等黏结剂混合物的成型。压片成型法制得的产品具有颗粒形状一致、大小均匀、表面光滑和机械强度高等特点，产品适用于高压和高流速的固定床反应器。缺点是生产能力较低，设备较复杂，直径 3mm 以下的片剂不易制造，成品率低，冲头和冲模磨损大，成型费用较高。压片成型过程机理如下：

(1) 充填阶段。压缩成型一般是由冲头和冲模所构成的压片机来完成。当压片机的机头以一定速度旋转时，位于冲模上的加料器将粉料充填至空模内。

(2) 增稠阶段。随着冲头向下移动，粉体体积缩小，空隙减少，密度增大，由上冲头所施加的压力大部分为粉体颗粒所吸收，传至底端的压力增大较慢。

(3) 压紧阶段。压力进一步增加，粉体颗粒的架桥现象破坏，颗粒压紧而形成黏结键，键强决定于粉体水含量及颗粒的大小和形状。

(4) 变形或损坏阶段。这时粉体发生弹性或塑性变形，引起粉体致密化及孔隙闭合。

(5) 出片阶段。当上冲头到达死点时，压力突然下降，上冲头上升，下冲头向下推移，将成型物顶出。这时根据粉体的性质及压缩变形情况，也会产生微小的弹性膨胀，即所谓的弹性后效。

### 9.4.4.2 工艺简介

压片成型设备主要有旋转式压片机或压环机，压片机的主要部件包括若干对上下冲头、冲模、供料装置以及液压传输系统等。待压粉料由供料装置预先送入冲模，经冲压成型后，被上升的下冲头排出，通过进料系统，控制进入冲模中物料的装填量和冲头的冲程，可以调整颗粒的长径比，调整成型压力可以控制产品的相对密度和强度。加入模腔中的物料量取决于固体粉末的密度和流动性，也取决于片剂的几何尺寸。用压片机成型的原料粉末，须先在球磨机或拌粉机中混合均匀，有的物料还需要进行预压和造粒（粉料中含一定微粒状物料），以调整物料的堆积密度和流动性。原料粉末可以完全干燥，也可以保持一定湿度，压片机的成型压力一般为 100～1000 MPa，催化剂颗粒的大小范围较宽，圆柱形的外径为 3～10 mm，通常高和直径基本相等。

压片成型在催化剂制备过程中是较为关键和复杂的步骤，诸多因素影响成品的质量和生产效率，如模具的材质和加工精度、粉料的组成和性能、成型压力与压缩比以及预压条件等。成型压力对催化剂性能的影响在各种影响因素中最大，成型压力提高，在一定范围内，催化剂的抗压强度随之提高，因为压力使催化剂更加密实，但超过此范围，强度增势渐趋平缓，因此，使用过高成型压力，不能继续提高强度，经济上也浪费。而对于刚性粉末，在压片前需要加入塑性黏结剂，借以改善凝结效果。对初始充填的粉体容积而言，压缩成型时容积减少率越大的粉体，一般越难成型。对这类粉体进行压缩时，冲头压缩速率要慢。充填粉体进行成型时，颗粒间的间隙越小，越能获得理想的成型物。

## 思考题

1. 固体催化剂常用哪些方法制备？
2. 沉淀法制备催化剂的原理是什么？金属盐和沉淀剂的选择原则是什么？
3. 浸渍法分为哪几类？简述浸渍法制备催化剂的一般过程。
4. 简述干燥速度对活性组分在载体颗粒中分布的影响。
5. 制备 $Pt/Al_2O_3$ 催化剂时，采用什么方法可使 Pt 更多地分散在载体的孔内？
6. 简述骨架镍催化剂的制备方法及过程。
7. 在制备贵金属负载型催化剂时，采用离子交换法相比于浸渍法有什么优势？
8. 催化剂的成型方法有哪些？
9. 催化剂失活的原因有哪些？如何恢复失活催化剂的活性？
10. 催化剂颗粒的外形和尺寸对催化剂的性能可能产生哪些影响？
11. 浸渍法制备催化剂过程中存在四种类型的竞争吸附沉淀机理如下图，我们要分别制备催化氧化苯制顺丁烯二酸酐 $V_2O_5/SiC$ 催化剂及 Pd/C 催化苯甲酸加氢催化剂，取何种浸渍方式最佳？为什么？

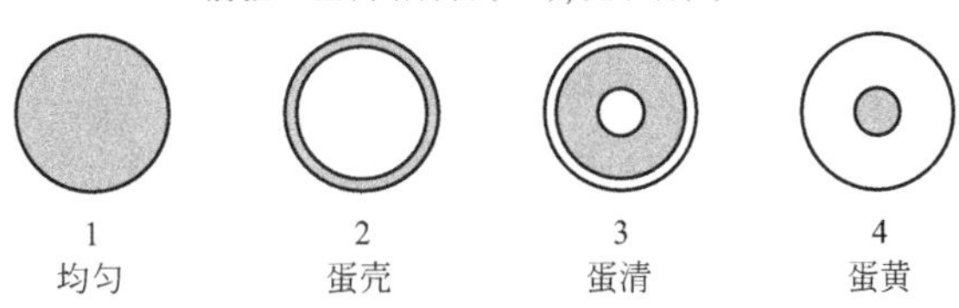


1: MC和A亲和力大致相同
2: 高亲和力MC；无竞争者
3: 高亲和力A，低亲和力MC；A/MC比率低
4: 高亲和力A，低亲和力MC；A/MC比率高

## 参考文献

[1] Richardson J T. Principles of Catalyst Development. New York: Plenum Press, 1989.

[2] Stiles A B. Catalyst Manufacture: Laboratory and Commercial Preparations. New York: Marcel Dekker, 1983.
[3] Ertl G, Knözinger H, Weitkamp J. Preparation of Solid Catalysts. Wiley Online Library, 2008.
[4] Poncelet G. Preparation of Catalysts I. Amsterdam: Elsevier, 1987: 1-854.
[5] 张继光. 催化剂制备过程技术. 第二版. 北京：中国石化出版社，2011.
[6] 朱洪法. 催化剂制备及应用技术. 北京：中国石化出版社，2011.
[7] 陈诵英. 固体催化剂制备原理与技术. 北京：化学工业出版社，2012.
[8] 许越. 催化剂设计与制备工艺. 北京：化学工业出版社，2003.
[9] 朱洪法. 催化剂成型. 北京：中国石化出版社，1992.
[10] 王尚第. 催化剂工程导论. 北京：化学工业出版社，2001.

# 第10章 催化活性测试及催化反应器

评价一个工业催化剂的性能，通常有四个重要的指标：活性、选择性、稳定性（或寿命）和价格。对催化剂的性能进行评价，可根据不同的目的，采用不同的活性测试方法。具体评价方法要随催化剂的品种而异，也要随研究开发不同阶段及研究者经验而异。

理论上，催化剂活性实验室测定的条件应与催化剂的使用条件完全相同，由于经济的、方便的原因，催化剂活性评价往往在实验室内小规模地进行。在小规模装置上评价的活性，常常不可能用来准确地估计大规模装置内的催化性能，必须将两种规模下获得的数据加以关联。因此，催化剂活性评价时必须弄清催化反应器的性能，以便正确判断所测数据的意义。了解典型工业催化反应器的结构和操作特点，特别是工业催化反应器中催化剂的实际操作运行情况，对于工业催化剂的开发应具有指导意义。

工业反应器一般总是在空速较大的条件下操作，因此外扩散效应基本上可以消除。固定床所用的固体催化剂颗粒较大，微孔中的扩散距离相应增加，内扩散效应影响明显，颗粒内各点的浓度和温度分布不均匀，这就导致催化剂内各点的反应速率不同，因而影响催化反应的活性和选择性。在工业催化剂评价过程中，为了获得催化剂的本征活性，需要选择合适的操作条件，排除内、外扩散的影响，使反应过程在动力学控制区进行。因此，深入了解内、外扩散对反应的影响以及消除其影响的方法是必要的。

本章首先详细介绍了催化剂活性测试方法和实验室催化反应器，讨论了内、外扩散对反应的影响及消除内、外扩散影响的方法，并列举了几种催化剂活性测试的实例。最后，扼要介绍了几种典型的工业催化反应器。

## 10.1 催化剂活性测试

### 10.1.1 催化剂活性测试目标

催化剂活性测试是通过各种实验来完成的，就其所采用的装置和所获信息的完善程度而言也有很大差别。因此，必须十分明确最终的催化剂活性测试目的。常见的催化剂活性测试目的如下：

（1）催化剂生产商或用户对催化剂进行的常规质量控制检验。这种检验包括在标准化条件下，在特定催化剂上进行的反应。

（2）对大量催化剂进行快速筛选，以便为特定反应确定一个催化剂评价的优劣。这种试验通常是在比较简单的装置和实验条件下进行的，根据单个反应参数来确定。

(3) 更详尽地比较几种催化剂。要在最接近于工业应用的条件下进行测试，以确定各种催化剂的最佳操作条件。

(4) 研究特定的反应机理。这有助于提出合适的动力学模型，或为探索改进催化剂提供有价值的线索。

(5) 研究特定催化剂上的反应动力学，包括失活或再生的动力学。这些信息是设计工业催化反应装置所必需的。

上述这些测试目标，有些是为了开发新的催化剂，有些是为特定反应寻找催化剂的最佳使用条件，还有的是在现有催化剂的基础上加以改进，使改进后的催化剂具有更好的催化活性。

### 10.1.2 催化剂活性评价参数的选择

由于催化剂活性测试涉及很多不同的反应，因此要选择不同的参数对催化剂进行评价。对于参数的选择，存在以下多种可能的表达方式：

① 在给定的反应条件下原料达到的转化率；

② 原料达到某一给定的转化率时所需要的温度；

③ 原料达到给定的转化率时产物的选择性；

④ 在给定的原料转化率条件下催化剂的稳定性；

⑤ 给定条件下的总反应速率或转化频率；

⑥ 特定温度下对于给定的转化率所需要的空速；

⑦ 根据实验研究数据所推导的动力学参数。

上述试验项目，有些构成新型催化剂开发的条件，有些成为为特定过程寻找最佳现存催化剂的条件。显而易见，催化剂测试可能是很昂贵的，因此，事先仔细考虑试验的程序和实验室反应器的选择是很重要的。

活性表达参数的选择，将依所需信息的用途和可利用的工作时间而定。例如，在活性顺序的粗略筛选试验中，最常采用第①种表达方式。而寻求与反应器设计有关的数据，则需要在规定的条件下进行精确的动力学试验。不论测试的目的如何，所选定的条件应该尽可能切合实际，尽可能与预期的工业操作条件接近。

### 10.1.3 活性表示方法

催化剂的活性，是表示催化剂加快化学反应速率程度的一种度量。由于反应速率还与催化剂的体积、质量或表面积有关，所以必需引进比速率的概念。

体积比速率$=\frac{1}{V}\cdot\frac{d\xi}{dt}$，单位为 mol/(cm$^3$ · s)

质量比速率$=\frac{1}{m}\cdot\frac{d\xi}{dt}$，单位为 mol/(g · s)

面积比速率$=\frac{1}{S}\cdot\frac{d\xi}{dt}$，单位为 mol/(cm$^2$ · s)

其中 $V$、$m$、$S$ 分别为固体催化剂的体积、质量和表面积；$\xi$ 为反应进度；$t$ 为反应时间。

在工业生产中，催化剂的生产能力大多数以催化剂的单位体积为标准，并且催化剂的用量通常都比较大，所以这时反应速率应当以单位容积表示。

在某些情况下，用催化剂单位质量作为标准，以表示催化剂的活性比较方便。譬如说，一种聚乙烯催化剂的活性为“十万倍”，意思即为每克催化剂（或每克金属 Ti）可以生产 10 万克聚乙烯。

对于活性的表达方式，还有一种更直观的指标，即转化率。工业上常用这一参数来衡量催化剂的性能。转化率的定义为：

$$转化率(X_A)=\frac{反应物\ A\ 已经转化的物质的量(mol)}{反应物\ A\ 起始的物质的量(mol)}\times 100\% \tag{10-1}$$

用这种参数时，必须注明反应物料与催化剂的接触时间，否则就无速率的概念了。为此工业实践中还引入下列相关参数。

(1) 空速。在流动体系中，物料的流速（标准状态下，单位时间的体积或质量）除以催化剂的体积就是体积空速或质量空速，单位为 $s^{-1}$。空速的倒数为反应物料与催化剂的平均接触时间，以 $\tau$ 表示，单位为秒（s）。$\tau$ 有时也称空时。

$$\tau=\frac{V}{F} \tag{10-2}$$

式中，$V$ 是催化剂的体积；$F$ 为物料流速。

(2) 时空得率，即常用指标 STY。时空得率为每小时、每升催化剂所得产物的量。该量虽然直观，但因与操作条件有关，因此不十分确切。上述一些量都与反应条件有关，所以必须同时注明。

(3) 选择性和选择性因素（选择度）。从某种程度说，选择性比活性更重要，在活性与选择性之间取舍时，往往决定于原料的价格，产物的分离难易程度。其影响因素和活性基本相同，如果反应中有物质的量变化，则必须加以系数校正。

$$选择性(S_A)=\frac{所得目的产物的物质的量(mol)}{已经转化的反应物\ A\ 的量(mol)}\times 100\% \tag{10-3}$$

由于催化反应过程中不可避免地会伴随有副反应的产生，因此选择性总是小于 100%。

选择性因素。用真实反应速率常数比表示的选择性因素称为本征选择性，用表观速率常数比表示的选择性因素称为表观选择性。这种选择性因素的表示方法在研究中用得较多。

$$选择性因素(s)=\frac{k_1}{k_2} \tag{10-4}$$

对于一个催化反应来说，催化剂的活性和选择性是两个最基本的性能，人们在催化剂研究开发过程中发现，催化剂的选择性往往比活性更重要，也更难控制。因为一个催化剂尽管活性很高，若选择性不好，也会生成多种副产物，这样给产品的分离带来很多麻烦，大大地降低催化过程的效率和经济效益。反之，一个催化剂虽然活性不是很高，但若选择性非常高，仍然可以用于工业生产中。

(4) 收率（$Y$）。

$$Y=\frac{产物中某一指定的物质总量}{原料中对应于该类物质的总量}\times 100\% \tag{10-5}$$

例如，甲苯歧化反应，计算芳烃的收率就可估计催化剂的选择性。因原料和产物均为芳烃，且无物质的量变化。

(5) 单程收率。

$$Y=\frac{\text{所得目的产物的物质的量(mol)}}{\text{起始反应物的物质的量(mol)}}\times 100\% \tag{10-6}$$

单程收率有时也称得率，其与转化率和选择性有如下关系：

$$Y=X\cdot S \tag{10-7}$$

(6) 稳定性。催化剂的稳定性，通常也称寿命，是指其活性和选择性随时间变化的情况。寿命是指催化剂在反应条件下维持一定活性和选择性水平的时间（单程寿命），或者加上每次下降后经再生而又恢复到许可水平的累计时间（总寿命）。测定一种催化剂的活性和选择性费时不多，而要了解其稳定性和寿命则需花费很多时间。工业催化剂的稳定性主要包括化学稳定性、热稳定性、抗毒稳定性和机械稳定性四个方面。

a. 化学稳定性：催化剂在使用过程中保持其稳定的化学组成和化合状态，活性组分和助催化剂不产生挥发、流失或其他化学变化，这样的催化剂有较长的稳定活性时间。

b. 热稳定性：一种良好的催化剂，应能在苛刻的温度条件下长期具有一定水平的活性。少数催化剂如氨氧化制硝酸的铂催化剂、烃类转化制氢的镍催化剂，能分别在900℃和1300℃下长期使用。然而，大多数催化剂都有极限使用温度，超过一定的温度范围，活性便会降低，甚至完全丧失，影响使用寿命。温度对催化剂的影响是多方面的，它可能使活性组分挥发、流失，使负载金属或金属氧化物烧结或微晶粒长大等，这些变化使比表面积、活性晶面或活性位减少而导致失活。

衡量催化剂的热稳定性，是从使用温度开始逐渐升温，看它能够忍受多高的温度和维持多长的时间而活性不变。耐热温度越高，时间越长，则催化剂的寿命越长。

c. 抗毒稳定性：由于原料气中混杂的有害杂质（毒物）存在，使催化剂的活性、选择性或稳定性降低、寿命缩短的现象，称为催化剂中毒。催化剂对有害杂质毒化的抵制能力称为催化剂的抗毒稳定性。这些毒物包括含硫、氧、磷、砷的化合物，卤素化合物，重金属化合物以及金属有机化合物等，它们大多数情况下是原料或原料中的杂质，也有可能是反应中产生的副产物。

催化剂的中毒现象可粗略地解释为：表面活性中心吸附了毒物后，或进一步转化为较稳定的表面化合物，钝化催化剂的活性位，降低其催化活性；或加快副反应的速率，降低催化剂的选择性；或降低催化剂的烧结稳定性，使晶体结构受到破坏等。

催化剂中毒有暂时性（可逆中毒）和永久性（不可逆中毒）之分，其中可逆中毒可以通过再生而恢复活性。由于结焦积碳引起催化剂衰变（失活）的现象也属稳定性范畴，有时也归入可逆中毒之列。不过，这类失活与中毒失活在作用机理上有所区别。

d. 机械稳定性（机械强度）：固体催化剂颗粒有抵抗摩擦、冲击、重力的作用以及耐受温度、相变应力的能力，统称为机械稳定性或机械强度。

## 10.2 实验室催化反应器

实验室催化反应器是大型工业催化反应器的模拟和微型化。由于实验室反应器的目的在于研究而不是生产，因此在观察和量度催化反应时，较工业反应器有更高、更严的要求，因而在设计、操作和控制上，便不得不有更加周密的考虑。已经开发的多种实验室反应器，正是考虑到其与工业反应器不同的各种特殊要求而特别设计的。

正确选择反应器是任何催化剂活性测试的决定性步骤。任何一个体系不可能总是理想的，选择实验室反应器最适合的类型，主要取决于反应体系的物理性质、反应速率、热性质、过程条件、所需信息的种类和可得到的资金。在普通工业多相催化反应器中，其所得的数据都程度不同地存在着化学反应和物理传输（传热、传质）的耦合。若从这种耦合的数据中比较、评价催化剂性能的优劣，甚至探求提高催化剂性能的途径，则会较为困难。这就需要通过适当的研究工具和条件，对化学反应和物理传递进行解耦，从而分别得出正确的催化反应本征的动力学参数和物理传递参数。在这里，关键是把化学过程和物理过程相隔，即解耦。实验室反应器的分类方法有多种。为便于后面的讨论，图 10-1 给出了实验室反应器的分类。

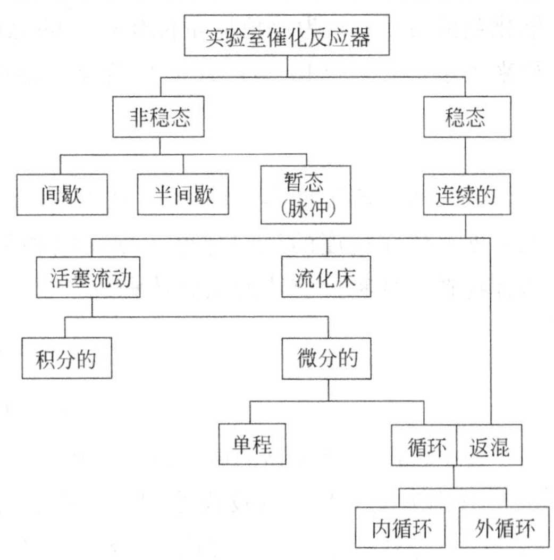


图 10-1　实验室反应器的分类

实验室各种反应器间最本质的差别是间歇式和连续式之间的差异。目前，在催化研究中应用最多的是连续式反应器，而采用间歇式反应器进行催化动力学研究得比较少。这些体系，大多用于必须使用压力釜的高压反应，作为初步筛选试验之用。在这种场合下，催化剂的活性，通常直接按给定的反应条件和反应时间下的转化率来评价。

实验室反应器，是催化剂评价和动力学测定装置的核心。国内外现已开发出各种用途和特色的这类反应器。

### 10.2.1　两种理想反应器

(1) 连续进料搅拌釜式反应器（CSTR）。该反应器是全返混的，器内各点物料的组成、温度和性质均相同，流出物料亦相同，这时总体反应速率与各点的反应速率一致。在这种反应器中，进料单元之间存在着停留时间分布。分析的基点是反应器的稳态物料平衡。如图 10-2 所示。

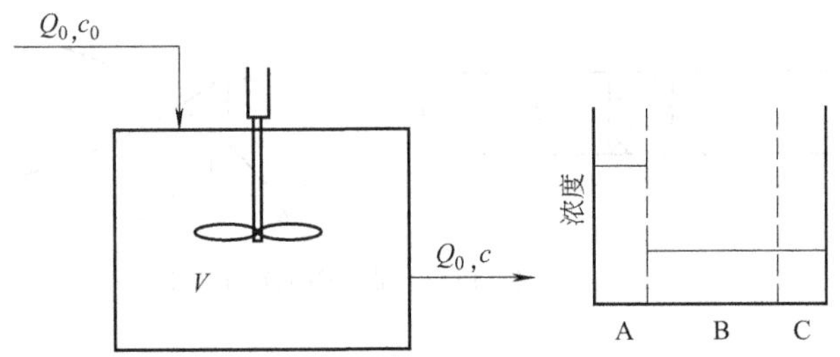


图 10-2　连续搅拌釜式反应器（CSTR）示意图

反应物进入反应器的流速＝反应物流出反应器的流速＋反应物在反应器中因化学反应而消失的速率，根据物料平衡写出计算式并化简得到的反应速率为：

$$r=\frac{c_0-c}{W/Q_0} \tag{10-8}$$

式中，$c_0$、$c$ 为反应物进入和流出反应器的浓度；$Q_0$ 为体积进料速率；$W$ 为反应器中催化剂的质量；$r$ 为单位质量催化剂上的总反应速率。另一方面，也可以用单位催化剂的体积来表示，如式（10-9），式中 $V$ 为反应器内所装填催化剂的体积。

$$r=\frac{c_0-c}{V/Q_0} \tag{10-9}$$

（2）活塞流反应器（PFR）。在理想的活塞流管式反应器中，假定没有轴向混合，而且无浓度或流体速度的径向梯度，则反应物的浓度只是反应器长度的函数。如图 10-3 所示。结合物料衡算和反应器的微分体积有：

$$r=\frac{-\mathrm{d}F}{\mathrm{d}V} \tag{10-10}$$

$$F=F_0(1-x) \tag{10-11}$$

式中，$F$ 为反应物的摩尔流量；$V$ 为催化剂体积；$r$ 为单位催化剂体积的反应速率。$F_0$ 和 $F$ 分别为反应物进入反应器和反应器中任一截面的摩尔流量。$F_0$ 也是进入反应器的反应物的摩尔进料速率；$x$ 为转化率；结合（10-10）和（10-11）两式得到：

$$r=\frac{F_0\,\mathrm{d}x}{\mathrm{d}V} \tag{10-12}$$

与 CSTR 相比，PFR 不能直接测量反应速率，只有在转化率小到可以用 $\Delta x$ 代替 $\mathrm{d}x$ 时才能直接测量反应速率。这意味着使用极少量的催化剂，该反应器称为微分反应器。可用下式替代：

$$r\approx\frac{\Delta x}{\Delta(V/F)} \tag{10-13}$$

式中，$\Delta x$ 是增量 $\Delta(V/F)$引起的单位质量中组分转化率摩尔分数的变化值。

循环式无梯度反应器是理想的微分反应器，因为这种反应器使用了很高的循环比，也就是说使出料大部分返回，进料很少，这样就几乎消除了床层前后的浓度和温度梯度，整个床层近似以一个速率值反应，这与积分反应器内沿床层速率逐渐变化有明显的区别。

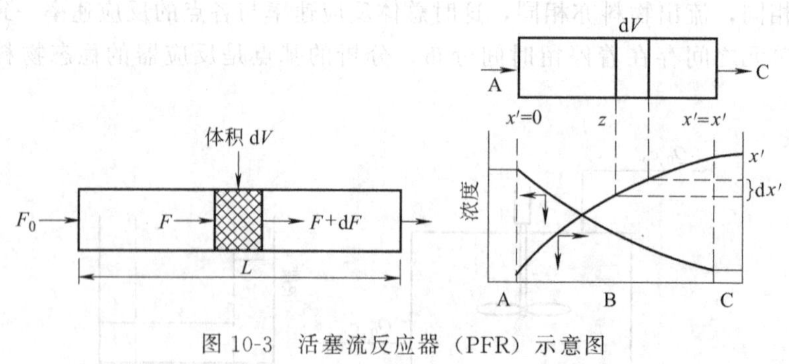


图 10-3 活塞流反应器（PFR）示意图

### 10.2.2 积分反应器

积分反应器即一般实验室常见的微型管式固定床反应器。在其中装填足量（一般数十至数百毫升）的催化剂，以达到较高的转化率。由于在这类反应器中进口和出口物料在组成上有显著的不同，不可能用一个数学上的平均值代表整个反应器中物料的组成。这类实验室反应器，催化剂床层进出口两端的反应速率变化较大，沿催化剂床层有较大的温度梯度和浓度梯度。利用这种反应器获取的反应速率数据，只能代表转化率（或生成率）对时空的积分结果，因此称为积分反应器。如图 10-4 所示。

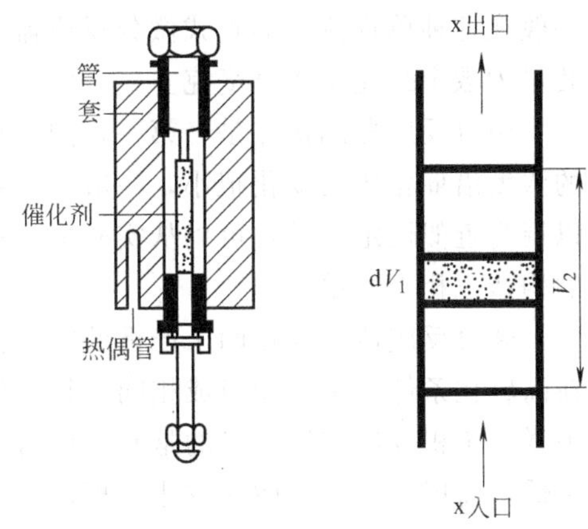


图 10-4　积分反应器示意图

积分反应器的优点是：它与工业反应器十分相近，常常是后者按比例的缩小；对某些反应可以较方便地得到催化剂评价数据的直观结果；而且由于床层一般较长，转化率较高，在分析上可以不要求特别高的精度。但由于热效应较大，因而难于维持反应床层各处温度的均一和恒定，特别是对于强放热反应更是如此。对于所评价催化剂的导热系数相差太大时，床层内的温度梯度更难确切设定，因而反应速率数据的可比性较差。在动力学研究中，积分反应器又可分为恒温的和绝热的两种。

恒温积分反应器，由于简单价廉，对分析精度要求不高，故只要有可能，一般总是优先选择它。为克服其难于保持恒温的缺点，曾设计了很多办法，以期保证动力学数据在整个床层均一测得的温度下取得。一是减小管径，使径向温度尽可能均匀；二是用各种恒温导热介质；三是用惰性物质稀释催化剂。

管径减小对相间传热和粒间传热影响颇大，是较关键的措施。管径过小会加剧沟流所致的边壁效应，而使转化率偏小。但据许多研究者的实际经验估计，在管径为催化剂粒径 4～6 倍以上时，减小管径对恒温性的改善仍是主要倾向。

对于导热介质，可用熔融金属（如铂-铅-锡合金）、熔盐、整块铝-铜合金或高温的流砂浴。熔融金属和熔盐在导热性方面是很好的，但可能存在安全问题。通过整块金属或流砂浴间接供热，是目前多用的方法。

对于强放热反应，有时需用惰性、大热容的固体粒子（如钢玉、石英砂）稀释催化剂，以免出现热点，并保持各部分恒温。有人提出沿管长用非等比例稀释的方法，即在入口处加大稀释比，入口再往下，随转化加深，线性地递减稀释比。据说，这可使轴向温度梯度接近于零，而径向梯度亦近于可忽略。

作为评价装置，积分反应器有时也使用变温固定床，如烃类水蒸气转化催化剂，测定 500℃（入口）至 800℃（出口）的累积转化率，这是它对工业一段转化炉变温固定床的模拟。

绝热积分反应器为直径均一、催化剂装填均匀、绝热良好的圆管反应器。向此反应器通入预热至一定温度的反应物料，并在轴向测出与反应热量和动力学规律相应的温度分布。但这种反应器数据采集和数学解析均比较困难。

### 10.2.3　微分反应器

微分反应器与积分反应器的结构形状相仿，只是催化剂床层往往更短、更细，催化剂的装填量更少，而且有较积分反应器低得多的转化率。

如通过催化剂床层的转化率很低，床层进口和出口物料的组成差别少得足以用其平均值来代表全床层的组成，然而又大到足够用某种分析方法确定进出口的浓度差时，即 $\Delta c/\Delta t$ 近似为 $dc/dt$，并等于反应速率 $r$，则可以从这种反应器求得 $r$ 对分压、温度的微分数据。

一般在这种单程流通的管式微分反应器中，转化率应在5%以下，个别允许达10%，催化剂装量为数十毫克至数百毫克。

微分反应器的优点是：第一，因转化率低、热效应小，易达到恒温要求，反应器中组成的浓度沿催化床的变化很小，一般可以看做近似于恒定，故在整个催化剂床层内反应温度可以视为近似恒定，并且可以从实验上直接测得与确定温度相对应的反应速率；第二，反应器的构造也相当简单。

微分反应器也存在两个严重的问题：第一是所得数据常是初速，而又难以配出与该反应在高转化条件下生成物组成相同的物料作为微分反应器的进料。对此，有人在微分反应器前串联一个积分反应器，目的是专门供给高转化率的进料。第二是分析要求精度高。由于转化率低，需用准确而灵敏的方法分析，而若用较为落后的方法，就很难保证实验数据的重复性和准确性。这一困难，常常限制人们对微分反应器的选用。近年来，德国的研究者，成功使用了各种超微型的实验室微分反应器，其前提是有高精度的色-质联用分析仪与之配套。又如国内实验室的热压釜式反应器，容积约为数百毫升，德国则用5mL釜，而其管式气-固相反应器，也较国内同类反应器的容积大大缩小。

总之，不论是积分反应器，还是微分反应器，其优点是装置比较简单，特别是积分反应器，可以得到较多反应产物，便于分析，并可直接对比催化剂的活性，适合于测定大批工业催化剂试样的活性，尤其特别适用于快速便捷的现场控制分析。然而积分和微分反应器均不能完全避免在催化剂床层中存在速度、温度和浓度的梯度，致使所测数据的可靠性下降。因此，在测取较准确的活性评价数据，尤其是在研究催化反应动力学时，以采用下述较为先进的无梯度反应器更为适宜。

### 10.2.4 无梯度反应器

无梯度反应器从问世至今，已有四十多年历史。这期间，由于化学动力学研究和化学反应工程学发展的需要，出现了许多这类反应器变种，形式繁多。但从本质上看，都是为了达到反应器流动相内的等温和理想混合，以及消除相间的传质阻力。同时，在消除了温度、浓度梯度的前提下，无论从循环流动系统，还是从理想混合系统出发，导出的反应速率方程式都应是一样的。因此，可以把它们归成一类，而冠以同一名称。

无梯度反应器的优点是：可以直接而又准确地求出反应速率数据，这无论对于催化剂评价，还是对于其动力学研究，都是最有价值的。从某种意义上讲，无梯度反应器是集中了积分反应器和微分反应器的优点，而又摒弃其各自的缺点而发展起来的。此外，由于反应器内流动相接近理想混合，催化剂颗粒和反应器之间的直径比，就不必像管式反应器那样严格限制。因此，它可以装填工业用的原粒度催化剂（不必破碎、筛分），甚至可以只装一粒工业催化剂，即可测定工业反应条件（即存在内扩散阻力）下的表观活性，研究宏观动力学，进而可以求出催化剂的表面利用系数。这就为工业催化剂的开发和工业反应器的数学模拟放大提供了可靠的依据。这一点是其他任何实验室反应器所望尘莫及的。由此可见，它是一类比较理想的实验室反应器。也可以说，它是微型实验室反应器的发展方向。

各种无梯度反应器，按气体的流动方式，大体可以分为外循环式、连续搅拌釜式、内循环式三类反应器。

(1) 外循环式无梯度反应器。外循环式无梯度反应器亦称塞状反应器或流动循环装置。其特点是反应后的气体绝大部分通过反应器外回路进行循环。推动气流循环的动力，一种是采用循环泵（如金属风箱式泵或玻璃电磁泵）；另一种是在循环回路上造成温差，靠气流的密度差推动循环，后一种又称热虹吸式无梯度反应器，是比较简陋的一种，已近于淘汰。外循环反应器系统示意图如图 10-5 所示。

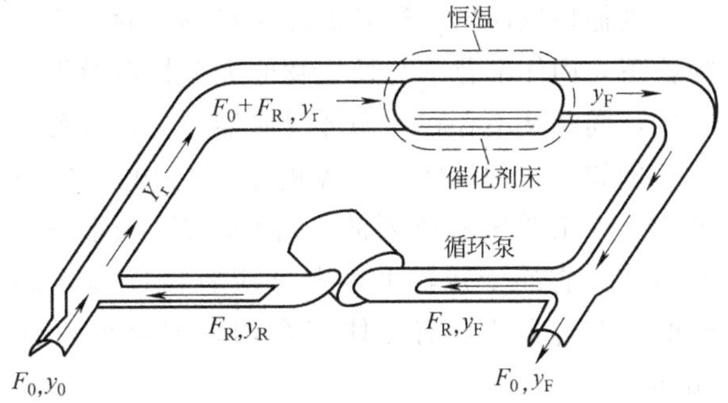

图 10-5 外循环式无梯度反应系统示意图

在这种外循环反应器系统中，连续引入一小股新鲜物料 $F_0$，并同时从反应器出口放出一股流出物，使系统维持恒压。如循环量为 $F_R$，$F_0$ 中反应组分 B 的摩尔分数为 $y_0$，入催化床前（$F_0+F_R$）中 B 的摩尔分数为 $y_{in}$，出口物中的为 $y_F$，按物料衡算，可得：

$$x=y_F-y_{in}=\frac{y_F-y_0}{1+F_R/F_0} \tag{10-14}$$

当 $F_R \gg F_0$ 时，$y_{in} \to y_F$，$y_F-y_{in} \to 0$。

设反应器中催化剂的量为 $m$，反应速率为 $r$，进料速率为 $F$，$r$ 在进入催化反应区内反应速率有 $\mathrm{d}x$ 的变化，可推得 $r \cdot \mathrm{d}m=F \cdot \mathrm{d}x$

$$r=\frac{\mathrm{d}x}{\mathrm{d}m(F_0+F_R)} \approx \frac{y_F-y_0}{(1+F_R/F_0)/(F_0+F_R)}=\frac{y_F-y_0}{m/F_0} \tag{10-15}$$

将 $F_R/F_0$ 定义为循环比，一般约为 20～40，远大于 1。这就相当于把 $y_F-y_{in}$ 这以微差放大成较大差值 $y_F-y_0$，从而易于分析准确。

由于通过床层的转化率很低，床层温度变化很小；又由于通过催化床层的循环流体量相当大，线速大，外扩散影响可以消除。这就是外循环反应器可使其中的温度和浓度达到无梯度的原因。

外循环反应器相比于单程流通的管式微分反应器，是很大的进步。由于多次等温反应的循环叠加，解决了在温度不变的条件下获得较高转化率的问题，克服了分析上的困难，这是一切循环反应器的关键设计思路。

但外循环反应器也有一些不足之处。这种装置免除了分析精度方面的麻烦，取之而来的却是循环泵制作方面的麻烦。它对泵的要求很高：不能沾污反应混合物；滞留量要小；循环量要大（一般在 4 L/min 以上）。要全面满足这三项要求，用热虹吸泵、磁铁驱动的金属或玻璃活塞泵、鼓膜泵等，都会存在一些制作上的困难，或者性能上的缺陷。例如，循环气需冷却到泵体所能忍受的温度后再返回，可是出泵后，在与新鲜进料混合进入催化床以前，却又需再预热到反应温度。冷却较易完成，而大量循环气预热往往给加热设备带来新问题。这又使得“自由体积/催化剂体积”的比值变得相当大，大 10～100 倍，即死空间太大。再者若由一个操作条件变换到另一操作条件，需较长时间方能达到稳态，而这期间可能又有利于副反应进行。

(2) 连续搅拌釜式反应器。连续搅拌釜式反应器是 1964 年以后发展起来的一类反应器，其特点是通过搅拌作用，使气流在反应器内达到理想混合。按搅拌器结构的不同，这类反应器又可分为旋转催化剂筐篮、旋转挡板等多种结构。其中以旋转催化剂筐篮的反应器应用较广。

内循环反应器，当其循环比足够高时，实际上是一种连续进料搅拌釜式反应器。在高速搅拌下，固体催化剂与反应物的充分接触及混合，有力消除了反应体系内的温度梯度和浓度梯度，同时又不存在外循环反应器中的巨大死空间以及时间上的滞后。

例如，一种转篮反应器的基本结构如图 10-6 所示。催化剂颗粒装在金属网编织的筐篮中（一般是整齐排列的）。筐篮有不同形状，常见的为十字交叉放置的扁矩形筐箱或圆柱筒体，它连于转轴上，在反应容器中高速旋转。这样，流入反应器中的反应流体，在瞬时内与容器内原有流体完全均匀混合后再到出口时，在组成上便可和流出物达到完全相同。

以后，在这种基本结构基础上，又有各种局部改进的设计。例如，提高转速；改用磁驱动搅拌，以防止普通机械搅拌的沾污和泄漏；加挡板，固定筐篮，并使容器高速旋转的办法，改进侧温和加大流体穿透催化剂的相对速度；使容器内的气体产生往复振荡，以进一步改进气体搅拌效果等。

（3）内循环式无梯度反应器。内循环式无梯度反应器是继连续搅拌釜式反应器之后发展起来的最新的一类，目前国内外都应用较多。其特点是借助搅拌叶轮的转动，推动气流在反应器内部作高速循环流动，达到反应器内的理想混合，以消除其中的温度梯度和浓度梯度。搅拌器一般都用磁驱动，把动密封变为静密封。而在进料大部循环这一点上，与前述两种无梯度反应器是一致的。图 10-7 是一种国外较新的内循环无梯度反应器的示意图。

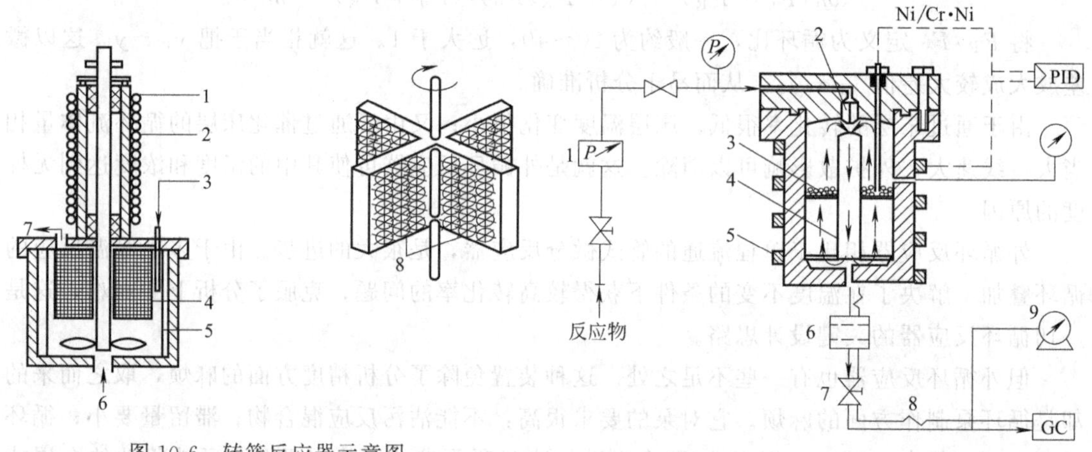


图 10-6　转篮反应器示意图

1—聚四氟乙烯轴承；2—冷却水盘管；3—玻璃热偶导管；4—不锈钢筐篮；5—挡板；6—气体进口；7—气体出口；8—催化剂小球

图 10-7　高压内循环无梯度反应器系统示意图

1—质量流量计；2—内部可调的喷嘴；3—金属网上的催化剂粒子；4—中心管；5—500W 加热带；6—微型过滤器；7—精密进料阀；8—补充加热器；9—气体流量表

## 10.2.5　滴流床反应器

如前 10.1.3 所述，滴流床反应器属于气-液-固三相反应器。虽然在滴流床反应器中，气、液两相的流动形式除了气、液相自上而下同向流动外，还有多种其他流动形式，如气、液相自下而上同向流动，与气、液相逆流接触，但实际上应用得最多的是气、液相向下并流形式。近年来，滴流床反应器迅速发展，已广泛用于石脑油、煤油、燃料油及重馏分的加氢脱硫；重燃料油及常压蒸馏残余油的加氢裂解；润滑油的加氢处理以及其他加氢过程。

对于气、液相向下并流的滴流床反应器，根据气体及液体相应的流速，可分为不同的流区，如图 10-8 所示。该流区分布图由 Hofmann 等提出。

从图 10-8 可以看出，滴流区气体及液体的流速较低，此时气相为连续相，液相为分散相。液体附着在固体表面形成液膜，或在固体的间隙中形成滴状或溪流，增大气体流速导致脉动流，此时气体作用于液体的曳力增大，部分液膜可被气体冲刷掉。液滴也可以将部分孔道堵塞。在给定的液体流速下，若气体流速增加较快，则将得到喷雾流。若液体以更高的流速流过，则液相将连续，而气相分散，即鼓泡流动。在这种情况下，增加气流速度将首先导致分散泡沫流，进而是脉动流。由于液相的组成也是很重要的，相应于两个不同流区的分界线不应看得非常严格。但在实验室研究中，应根据有关计算来判断反应器的操作状态。滴流床反应器的主要优点有：

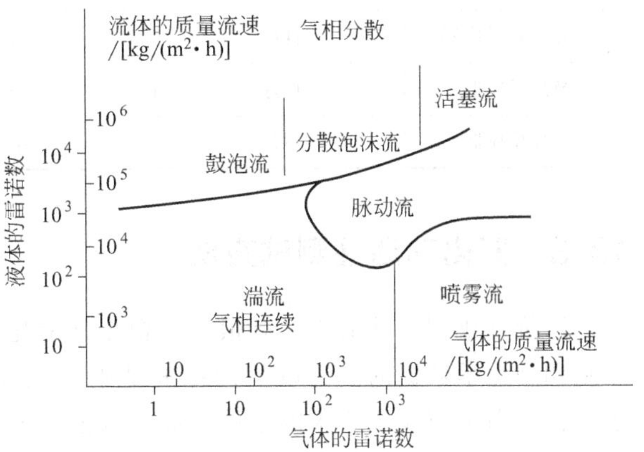


图 10-8 向下并流操作时催化剂填料床中的流区分布

① 流动状态接近于活塞流，转化率较高；

② 液体与固体的量相比很少，可以减少原料在均相下产生的副反应；

③ 液相以膜的形态附着在固相表面，气相扩散到固体表面的阻力较液相为连续相时为小；

④ 对于反应热大的放热反应，可以采用液体产品回流或在反应器周围加急冷物料的方法吸收产生的热量，比较容易控制温度；

⑤ 节省能量。

滴流床反应器的主要缺点有：

① 径向传热较差；

② 当液体流量过小时，在床层中易发生沟流；

③ 催化剂颗粒不能过小，否则床层压降过大。但采用较大的催化剂颗粒往往会使内扩散成为控制因素，催化剂的表面利用率低。

因为在滴流床反应器中存在两相流体，与单纯的气-固相催化反应器相比，主要差别在流体力学方面。此外，传热及传质现象更为复杂，必须考虑阻力可能存在于气相、液相及进行反应的固体催化剂内。还要考虑一些特殊的问题，如液体的分布、液体在床层中的存积量、催化剂的润湿效率以及流动形态等。这些使建立反应器的数学模型变得更困难了。直至目前，有关滴流床的许多现象和机理还没有弄清。因此，现有的许多方法都是不够成熟的，绝大部分的计算公式都属于经验性的。

以上简介的几种实验室用反应器，已较为全面地代表了迄今为止这方面的开发、设计和应用情况。表 10-1 是几种主要实验室反应器性能的比较，可供比较选择时参考。

表 10-1 几种主要实验室反应器性能的比较

| 反应器 | 温度均一明确程度 | 接触时间均一明确程度 | 取样、分类难易 | 数据解析难易 |
|---|---|---|---|---|
| 内循环反应器 | 优良 | 优良 | 优良 | 优良 |
| 外循环反应器 | 优良 | 优良 | 优良 | 优良 |
| 转篮反应器 | 优良 | 良好 | 优良 | 良好 |
| 微分管式反应器 | 良好 | 良好 | 不佳 | 良好 |
| 绝热反应器 | 良好 | 中等 | 优良 | 不佳 |
| 积分反应器 | 不佳 | 中等 | 优良 | 不佳 |

## 10.3 催化剂活性测试方法

评价催化剂活性的方法有很多。根据新催化剂的研制、现有催化剂的改进、催化剂生产控制和动力学数据的测定以及催化剂基础研究等目的的不同，可以采用不同的活性测定方法；也可因反应及所要求的条件不同（强烈的放热和吸热反应、高温和低温、高压和低压），采用不同的活性测定方法。

大体上可以把催化剂活性的测定方法分为两大类，即流动法和静态法。流动法的反应系统是开放的，供料连续或半连续；静态法的反应系统是封闭的，供料不连续。半连续法，如某些气-液-固三相反应所用的，原料气体连续进出，而原料液体和催化剂固体则相对封闭。流动法中，用于固定床催化剂测定的有一般流动法、流动循环法（无梯度法）、催化色谱法等。

在实验室中使用的管式反应器，通常随温度和压力条件的不同，可采用硬质玻璃、石英玻璃或金属材料，将催化剂样品放入反应管中。催化剂层中的温度，用热电偶测定。为了保持反应所需的温度，反应管安装在各式各样的恒温装置中，例如，水浴、油浴、熔盐浴或电炉等。

原料加入的方式，根据原料的性状和实验目的，也各有不同。当原料为常用气体时，可直接接钢瓶，通过减压阀送入反应系统，例如，$H_2$、$O_2$、$N_2$ 等。当然对于某些不常用的气体，需要增加发生装置。在氧化反应中常用空气，除可用钢瓶装精制空气外，还可用压缩机将空气压入系统。若反应组分中有液体时，可用鼓泡法、蒸发法或微型加料装置，将液体反应组分加入反应系统。

根据分析反应产物的组成，可算出表征催化剂活性的转化率。在许多情况下，只需分析反应后混合物中一种未反应组分或一种产物的浓度。混合物的分析可采用各种化学或物理方法。为使测定的数据准确可靠，测量工具和仪器，如流量计、热电偶和加料装置等，都要严格校正。

催化剂评价方法本质上是对工业催化反应的模拟。而由于工业生产中的催化反应多为连续流动系统，所以一般流动法应用最广。流动循环法、催化色谱法和静态法主要用于研究反应动力学和反应机理。

(1) 催化剂颗粒直径与反应管直径的关系。如果要对一种催化剂进行活性评价，必须将其应用于某一具体的反应中，也就是对催化剂进行活性测试。现在广泛采用的催化剂活性测定方法是流动法，用这种方法评价催化剂活性时，要考虑气体在反应器中的流动状况和扩散现象，才能得到关于催化剂活性的正确信息。因此，为了获得关于催化剂活性的准确数据，就需考虑影响活性测试的各种因素以及如何消除其影响。

已经提出了应用流动法测定催化剂活性的原则和方法，利用这些原则和方法，可将宏观因素对测定活性和对研究动力学的影响，减小到最低限度。其中为了消除气流的管壁效应和床层的过热，反应管直径（$d_T$）和催化剂颗粒直径（$d_p$）之比应为 $6<d_T/d_p<12$；当 $d_T/d_p>12$ 时，可以消除管壁效应。但也有人指出，当 $d_T/d_p>30$ 时，流体靠近管壁的流速已经超过床层轴心方向流速的 10%～20%。另一方面，对于热效应不很小的反应，$d_T/d_p>12$ 时，给床层散热带来困难。因为催化剂床层横截面积中心与其径向之间的温度差由式（10-16）决定。

$$\Delta t_0=\frac{vQd_T^2}{16\lambda^*} \tag{10-16}$$

式中，$v$ 为单位催化剂体积的反应速率，$Q$ 为反应的热效应，$d_T$ 为反应管的直径，$\lambda^*$ 为催化剂床层的有效传热系数。由式（10-16）可知，温度差与反应速率、热效应和反应器直径的平方成正比，与有效传热系数成反比，由于有效传热系数 $\lambda^*$ 随催化剂颗粒减小而减小，所以温度差随颗粒减小而增大。为了消除内扩散对反应的影响而降低粒径时，则增强了温度差升高的因素。同时，温度差随反应器直径的增大而迅速升高。因此，要权衡这几方面的因素，以确定最适宜的催化剂粒径和反应管的直径。

（2）外扩散限制的消除。应用流动法测定催化剂的活性时，要考虑外扩散的阻滞作用。为了避免外扩散的影响，应当使气流处于湍流条件，因为层流会影响外扩散的速率。要确定外扩散的影响是否存在，可如图 10-9 所示那样，在反应管内先后放不同质量（如 $W_1$ 及 $W_2$）的催化剂，然后在同一温度下改变流量（$F_{A0}$）（进料组成不变），测其转化率（$x_A$），如两者的数据按 $x_A$-$W/F_{A0}$ 作图，良好地落在同一曲线上［图 10-9（a)］，即表明在这两种情况下，虽然有线速度的差别，但不影响反应速率，因此就可能已不存在外扩散影响；如实验曲线分别落在不同曲线上［图 10-9（b)］，则外扩散影响还未排除；如在高流速区域，两者才一致［图 10-9（c)］，那么实验应选择在这一流速区间内进行，才能保证不受外扩散的影响。

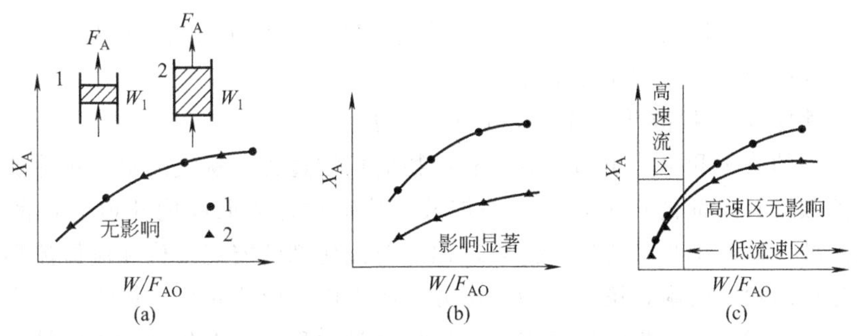


图 10-9 判定有无外扩散影响的实验方法（● 实验 1；▲ 实验 2）

另一个检验法是同时改变催化剂的装填量和进料流量，但保持 $W/F_{A0}$ 不变，如无外扩散影响存在，则以转化率对线速度作图将是一条水平线。否则表示有外扩散影响存在。不过上述这些检验方法，在 $Re_p(=d_pu\rho/\mu)$ 小于 50 时，是不甚敏感的，这一点亦应引起注意。

(3) 内扩散限制的消除。内扩散阻力和催化剂的宏观结构（颗粒粒度、孔径分布、比表面积等）密切相关。反应体系和微孔结构不同，颗粒内各点浓度和温度的不均匀程度也不同。有关内扩散阻力对反应速率的影响，将在10.4.3.2节详细讨论。这里主要介绍内扩散限制消除的方法。

检验内扩散是否存在，可改变催化剂的粒度（直径 $d_p$），在恒定的 $W/F_{A0}$ 下测转化率，以 $x_A$ 对 $d_p$ 作图（图10-10）。如无内扩散影响，则 $x_A$ 不因 $d_p$ 而变，如图中 $b$ 点左边的区域那样。在 $b$ 点之右，$d_p$ 增大，$x_A$ 减小，这就表示有了内扩散的影响，因此试验用的 $d_p$ 应比 $b$ 点时为小才好。

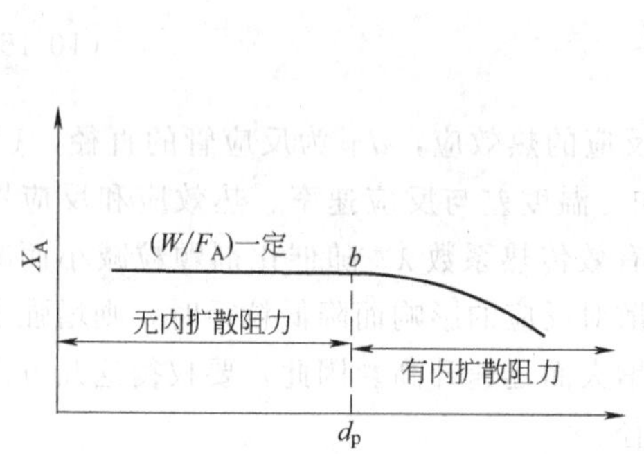


图10-10　判定有无内扩散影响的实验方法

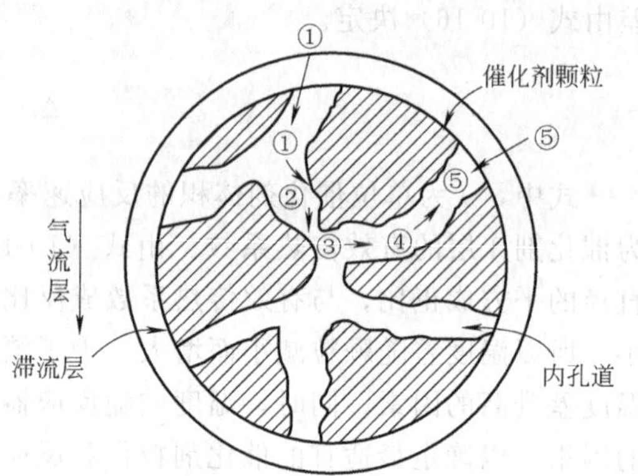


图10-11　多相催化反应各步骤示意图

## 10.4　多相催化反应的传质效应

### 10.4.1　多相催化反应的步骤及传递特征

在多相催化反应过程中，从反应物到产物一般经历下列步骤（图10-11）：

① 反应物分子从气流中向催化剂表面和孔内扩散；

② 反应物分子在催化剂内表面上吸附；

③ 吸附反应物在催化剂表面上相互作用或与气相分子作用进行化学反应；

④ 反应产物自催化剂内表面脱附；

⑤ 反应产物在孔内扩散并扩散到反应气流中去。

上述步骤中的第①和第⑤步为反应物和产物的扩散过程，从气流层经过滞流层向催化剂颗粒表面的扩散或其反向的扩散，称为外扩散。从颗粒外表面向内孔道的扩散或其反向扩散，称为内扩散。这两个步骤均属于传质过程，与催化剂的宏观结构和流体流型有关。第②步为反应物分子的化学吸附，第③步为吸附分子的表面反应或转化，第④步为产物分子的脱附或者解吸，②、③、④三步均属于表面进行的化学过程，与催化剂的表面结构、性质和反应条件有关，也称为化学动力学过程。多相催化反应过程，包括上述物理过程和化学过程两部分。

上述两步扩散中，内扩散较之外扩散更为复杂，既有容积扩散（以容积扩散系数 $D_B$ 表示），又有努森（Knudsen）扩散（以努森扩散系数 $D_K$ 表示）。前者是分子间的碰撞远大于与催化剂孔壁碰撞时出现的扩散，后者是分子与催化剂孔壁间的碰撞，且孔道的平均直径小于分子平均自由程时出现的扩散。Satherfield 的专著论述了 $D_B$ 和 $D_K$ 分别与温度 $T$、总压 $p_T$ 和孔半径 $r_p$ 的关系。即：

$$D_B \propto \frac{T^{3/2}}{p_T} \tag{10-17}$$

$$D_K \propto T^{1/2} r_P \tag{10-18}$$

由于催化剂内孔构造的复杂性，通常是用实验测出有效扩散系数 $D_{eff}$，再通过平均扩散系数 $\overline{D}$ 与 $D_B$、$D_K$ 关联起来。

$$D_{eff} = \frac{\overline{D}\varepsilon_P}{\tau} \tag{10-19}$$

$$\overline{D} = \frac{D_B D_K}{D_B + D_K} \tag{10-20}$$

式中，$\varepsilon_P$ 为孔隙率，一般为 0.3～0.8；$\tau$ 为孔道的形状因子，一般为 3～4，与扩散体系的性质有关，包括改变扩散路径和截面积造成的影响。通常采用 $D_{eff}=0.25\overline{D}$。

对于分子筛类型的催化剂，其内孔结构尺度与分子大小线度属于同一数量级，分子在这种孔道中的相互作用非常复杂，还可能存在表面迁移作用，目前尚未建立有效的理论分析。这种扩散效应对催化反应的速率和选择性影响很大，属于择形催化。Weisz 称为构型扩散（以构型扩散系数 $D_c$ 表示），引起很多研究工作者的极大兴趣。

### 10.4.2 本征动力学和宏观动力学

**本征动力学方程**：多相催化反应系统的特点是反应只在局部进行。这是指反应实际进行的场合。如使用固相催化剂进行催化反应，反应有可能只在催化剂外表面进行。反应速率只取决于反应实际进行场所的浓度和温度。当采用幂函数型动力学方程时，可表示为：

$$-r_A = A_i e^{-E_i/RT_s} c_{As}^{n_i} \tag{10-21}$$

这种排除了传递过程影响的动力学方程为**本征动力学方程**，其中的参数 $A_i$、$E_i$ 和 $n_i$ 分别称为本征频率因子、活化能和反应级数，$c_{As}$ 为反应实际进行场所的浓度。

**宏观动力学方程**：在多相催化反应过程中，反应实际进行场所的温度和浓度往往难以测定。容易测定的是非反应相（如气-固相催化反应中的气相）主体的温度 $T_b$ 和反应物浓度 $c_{Ab}$。由于传递阻力，$T_b$ 和 $T_s$，$c_{Ab}$ 和 $c_{As}$ 一般并不相等。为了克服这种温度和浓度不均一带来的困难，通常采用两种工程处理方法来表示表观反应速率：效率因子法和表观动力学法。这两种方法的核心都是利用主体的浓度和温度来表示实际反应速率。这种没有排除传递过程影响的动力学方程又称为**宏观动力学方程**。

效率因子法系用非反应相主体的温度 $T_b$ 和反应物浓度 $c_{Ab}$ 代替式（10-21）中的温度和浓度项，但乘以效率因子 $\eta$ 来校正传递过程对反应速率的影响：

$$-r_A = \eta A_i e^{-E_i/RT_b} c_{Ab}^{n_i} \tag{10-22}$$

考虑外部传递影响的效率因子称为外部效率因子，考虑内部传递影响的效率因子称为内部效率因子，同时考虑两者影响的为总效率因子。

表观动力学法则将非反应相主体的温度、反应物的浓度与反应速率直接关联得动力学方程：

$$-r_A = A_a e^{-E_a/RT_b} c_{Ab}^{n_a} \tag{10-23}$$

式中，$A_a$、$E_a$ 和 $n_a$ 分别为表观的频率因子、活化能和反应级数。虽然，表观动力学方程和本征动力学方程在形式上并无区别，但方程中参数的物理意义则不相同。本征动力学方程中的 $A_i$、$E_i$ 和 $n_i$ 仅由反应特性决定，而表观动力学方程中的 $A_a$、$E_a$ 和 $n_a$ 则由反应特性和传递特性共同决定。

无论采用效率因子法还是表观动力学法，在反应器的物料衡算和能量衡算方程中均只出现非反应相主体的温度和浓度，所以这两种处理方法都属于拟均相的处理方法。这两种方法的区别在于：效率因子法将反应特性和传递特性对表观反应速率的影响作了区分，而表观动力学法则将两者交融考虑。显然，前者有益于剖析，后者便于应用。

### 10.4.3 传质的影响

#### 10.4.3.1 外扩散的影响

为了定量描述外扩散对反应速率的影响，定义外部效率因子为：

$$\eta_e=\frac{\text{有外部传递影响的反应速率}}{\text{无外部传递影响的反应速率}} \tag{10-24}$$

相间质量传递和表面反应是一串联过程，在定态条件下，两者的速率必然相等，对于简单反应 $A \rightarrow B$ 有：

$$k_g a(c_{Ab}-c_{As})=kc_{As}^n=r_A \tag{10-25}$$

式中，$c_{Ab}$ 和 $c_{As}$ 分别为气相主体和催化剂表面的反应物浓度，$k_g$ 为气相传质系数，$k$ 为反应速率常数，$a$ 为单位体积催化剂的外表面积。

由于存在传质阻力，$c_{As}<c_{Ab}$，导致表面反应速率减小。只有当 $k_g a$ 足够大，（$c_{Ab}-c_{As}$）趋近于零，即 $c_{As}=c_{Ab}$ 时，表面速率达到最大值 $kc_{Ab}^n$，相间传质的影响才可忽略。

对一级反应，式（10-25）中的 $n=1$，于是可解得：

$$c_{As}=\frac{c_{Ab}}{1+k/k_g a}=\frac{c_{Ab}}{1+Da} \tag{10-26}$$

式中，$Da$ 称为 Damköhler 数，对一级反应有：

$$Da=\frac{k}{k_g a}=\frac{kc_{Ab}}{k_g a c_{Ab}} \tag{10-27}$$

式中，分子表示表面浓度等于主体浓度时的反应速率，即本系统可能的最大反应速率，分母表示表面浓度为零时的传质速率，即本系统可能的最大传质速率。Damköhler 数的物理意义为可能的最大反应速率和最大传质速率之比。于是，对 $n$ 级反应可得：

$$Da=\frac{kc_{Ab}^n}{k_g a c_{Ab}}=\frac{kc_{Ab}^{n-1}}{k_g a} \tag{10-28}$$

在等温条件下，采用幂函数型动力学方程，外部效率因子可表示为：

$$\eta_e=\frac{kc_{As}^n}{kc_{Ab}^n}=\left(\frac{c_{As}}{c_{Ab}}\right)^n \tag{10-29}$$

对一级反应，由式（10-26）不难得到：

$$\eta_e=\frac{kc_{Ab}/(1+Da)}{kc_{Ab}}=\frac{1}{1+Da} \tag{10-30}$$

$Da$ 小表示极限反应速率小或外部扩散时间小，主体浓度和表面浓度接近，系统的行为接近均相反应系统，当 $Da$ 趋近于 0 时，表面浓度 $c_{As}$ 趋近于主体浓度 $c_{Ab}$，表示十分缓慢的反应。反之，$Da$ 大表示极限反应速率大或外部扩散时间大，主体浓度和表面浓度的差别大，系统的行为充分表现出非均相的特点，当 $Da$ 趋近于无穷大时，表面浓度趋近于零，表观反应速率完全取决于传质速率，表示反应远较传质快。十分明显，当过程由外扩散控制时，表观速率对于主体浓度呈一级关系，由传质速率决定，表观活化能很小，可视为接近于零。如为反应控制，则表观动力学与本征动力学一致。

### 10.4.3.2 内扩散的影响

催化剂内部的传质和化学反应与前面讨论的外部传递问题不同，不是简单的串联过程，而是传递和反应同时发生并交互影响的过程。但是催化剂内部的传递过程同样会改变实际反应场所的浓度和温度，从而影响表观的反应结果。内部传递对反应速率的影响，通常用内部效率因子 $\eta_i$ 表征，其定义为：

$$\eta_i=\frac{\text{催化剂颗粒的实际反应速率}}{\text{催化剂内部和外表面浓度、温度相等时的反应速率}} \tag{10-31}$$

对不可逆反应 $A\rightarrow B$，要计算等温条件下的内部效率因子，需先确定催化剂颗粒内组分 A 的浓度分布。在图 10-12 所示的球形催化剂颗粒内，取一半径为 $r$，厚度为 $dr$ 的微元壳体，在定态条件下，扩散通量和扩散面积的乘积对微元体积的导数必等于反应速率：

$$\frac{d(\text{扩散通量}\times\text{扩散面积})}{dV_p}=\text{反应速率} \tag{10-32}$$

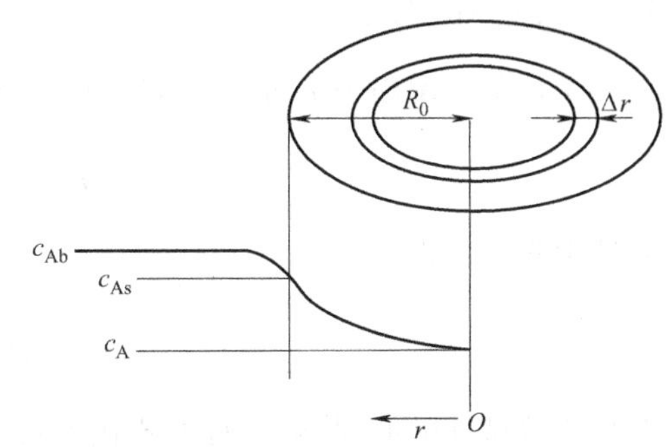


图 10-12 球形催化剂颗粒内反应物 A 的浓度分布

在上述微元内，扩散面积为 $4\pi r^2$，微元体积为 $4\pi r^2 dr$，设有效扩散系数为 $D_e$，则扩散通量和反应速率分别为 $-D_e\frac{dc_A}{dr}$ 和 $-kc_A^n$，代入式（10-32）有：

$$\frac{d[-D_e(dc_A/dr)4\pi r^2]}{4\pi r^2 dr}=-kc_A^n \tag{10-33}$$

即：

$$D_e\left(\frac{d^2c_A}{dr^2}+\frac{2}{r}\frac{dc_A}{dr}\right)=kc_A^n \tag{10-34}$$

令：

$$\varphi^2=\frac{R_0^2kc_{As}^{n-1}}{D_e} \tag{10-35}$$

$\varphi$ 称为 Thiele 模数。Thiele 模数的物理意义为：

$$\varphi^2=\frac{kc_{As}^n}{D_e/R_0^2c_{As}}=\frac{\text{可能的最大反应速率}}{\text{可能的最大颗粒内传质速率}} \tag{10-36}$$

由 Thiele 模数的物理意义可见，$\varphi$ 大表示最大反应速率大于最大内部传质速率，内部传质影响大，$\varphi$ 小表示最大反应速率小于最大内部传质速率，内部传质影响小，在 $\varphi=0$ 的极限情况下，内部传质对反应没有影响。

对于一级反应，$n=1$，求解方程式（10-34），可得

$$c_A=\frac{R_0\sinh(\varphi r/R_0)}{r\sinh\varphi}c_{As} \tag{10-37}$$

此即为颗粒内部的浓度分布方程，可标绘成图 10-12 下部的曲线。将式（10-37）对 $r$ 求导得浓度梯度：

$$\frac{dc_A}{dr}=\frac{[r\varphi\cosh(\varphi r/R_0)-R_0\sinh(\varphi r/R_0)]c_{As}}{r^2\sinh\varphi} \tag{10-38}$$

把 $r=R_0$ 代入上式，可得催化剂外表面的浓度梯度：

$$\left(\frac{dc_A}{dr}\right)_{r=R_0}=\frac{\varphi c_{As}}{R_0}\left(\frac{1}{\tanh\varphi}-\frac{1}{\varphi}\right) \tag{10-39}$$

所以，组分 A 扩散进入催化剂的速率，亦即存在内扩散影响时的反应速率为：

$$4\pi R_0^2D_0\left(\frac{dc_A}{dr}\right)_{r=R_0}=4\pi R_0D_e\varphi c_{As}\left(\frac{1}{\tanh\varphi}-\frac{1}{\varphi}\right) \tag{10-40}$$

若不存在内扩散影响，则整个催化剂颗粒内组分 A 的浓度均等于外表面浓度 $c_{As}$，这时反应速率为：$\frac{4}{3}\pi R_0^3kc_{As}$。

由内部效率因子 $\eta_i$ 的定义式（10-31）可知两者之比即为催化剂的内部效率因子：

$$\eta_i=\frac{3}{\varphi}\left(\frac{1}{\tanh\varphi}-\frac{1}{\varphi}\right) \tag{10-41}$$

对球形颗粒，设：

$$\Phi=\varphi/3=\frac{R_0}{3}\sqrt{\frac{kc_{As}^{n-1}}{D_e}} \tag{10-42}$$

$\Phi$ 称为改型 Thieler 模数。将上式代入式（10-41）可得：

$$\eta_i=\frac{1}{\Phi}\left(\frac{1}{\tanh(3\Phi)}-\frac{1}{3\Phi}\right) \tag{10-43}$$

此式常被作为普遍化的效率因子计算式，即使对不规则形状的催化剂，它也是适用的，改型 Thieler 模数 $\Phi$ 和内部效率因子 $\eta_i$ 的关系可分为三个区域：当 $\Phi<0.4$ 时，$\eta_i$ 接近 1，即在这一区域内颗粒内部传质对反应速率的影响可忽略，表观动力学方程和本征动力学方程相近，所以表观反应级数和本征反应级数接近，表观活化能和本征活化能亦接近。当 $0.4<\Phi<3$ 时，内扩散对反应速率的影响逐渐显现。而当 $\Phi>3$ 时，内扩散对反应速率有严重的影响。

比较式（10-42）和式（10-43）可以看出，颗粒直径 $d(=2R_0)$ 大，则 $\Phi$ 大，即内表面利用率减小。对于小孔、反应快、$\Phi$ 大而内表面利用率低，内扩散限制显著；反之，$d$ 小、大孔、慢反应，内表面利用率增大，达到 $\eta\approx1$ 时，可以忽略内扩散限制，属于化学动力学区。

综上所述，多孔催化剂的活性与催化剂的内表面利用率成正比（即与催化剂的颗粒半径成反比，与有效扩散系数的平方根成正比），这对实际工作有重要意义。因为如果希望提高催化剂的生产能力，就必须减小催化剂的粒径，或者改变催化剂的孔结构以便最大限度地增大有效扩散系数，又不降低比表面积。

## 10.5 典型的工业催化反应器

根据物料在反应器内的相态，可以将工业催化反应器分为均相和非均相两类。非均相反应器是本章研究的重点。非均相反应器有气-液、气-固、液-液、液-固和气-液-固等类型反应器。其中，气-固催化反应器是在固体催化剂存在下进行气相反应，是应用最多的一类工业反应器。根据反应器的操作方式，可以将反应器分为间歇式反应器、连续操作反应器和半间歇操作反应器。在间歇式反应器中，反应物料一次性加入反应器中，经过一段时间达到规定转化率时停止反应，卸出全部物料，反应器内的工艺参数随时间变化，是一个非定常态操作过程。在连续操作反应器中，反应物料连续通过反应器，反应器内的工艺参数不随时间变化，属于定常态操作过程。在半间歇操作反应器中，采用间歇操作与连续操作的组合，即一部分物料分批加入反应器中，另一部分物料连续加入，经一段反应时间后，取出反应产物；或分批加入反应物料，用蒸馏等方法连续移走部分产品。现代化大规模生产中多采用连续操作。

除以上分类方式外，还可以根据反应器的一些特征进行分类，比如，对于采用固体催化剂的工业反应器，根据催化剂颗粒床层的特性，可将工业催化反应器分为固定床催化反应器、流化床催化反应器和气-液-固三相床催化反应器等。由于气-固催化反应的重要性，上述三种反应器实际上是最重要的工业催化反应器。本节将分别介绍这三种典型的工业催化反应器的特性。

### 10.5.1　固定床催化反应器

凡是流体通过静止不动的固体物料所形成的床层而进行反应的装置都称为固定床反应器。工业上以气相反应物通过固体催化剂所构成的床层进行反应的气-固相固定床催化反应器最为重要。如基本化学工业的氨合成、天然气转化、石油化学工业的乙烯氧化制环氧乙烷、乙苯脱氢制苯乙烯，炼油工业的催化重整、异构化等反应过程，均采用固定床催化反应器。

固定床催化反应器按催化床的换热方式可分为绝热式和连续换热式。绝热式又可分为单段绝热式和多段绝热式［图 10-13（a）］。连续换热式固定床催化反应器多为列管（多管）式反应器［图 10-13（b）］。

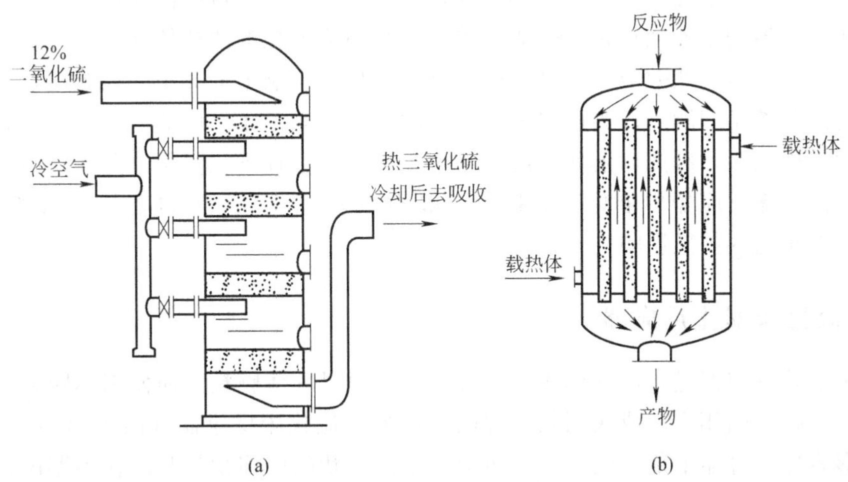


图 10-13　多段绝热式固定床反应器（a）和列管式固定床反应器（b）

绝热式固定床催化反应器的特征是反应在绝热情况下进行，如果所要求的转化率不高或反应过程的热效应不大，可采用单段绝热式。如果反应的热效应相当大，以至于出口处催化剂超温或反应物系的出口组成受平衡组成的影响很大，可采用多段绝热式［图 10-13（a）］。对于放热反应，段间可通过间接换热器降温或与冷流体混合降温；对于吸热反应，段间可通过间接换热器升温或与热流体混合升温。

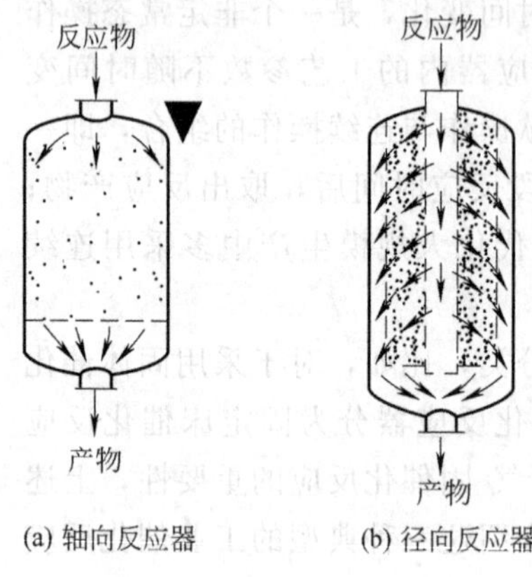


图 10-14　轴向反应器和径向反应器

绝热式固定床反应器按气体流动方向与反应器主轴方向的关系，可分为轴向反应器和径向反应器。轴向绝热式固定床反应器，如图 10-14（a）所示。这种反应器的结构最简单，它实际上就是一个容器，催化剂均匀置于床内，预热到一定温度的反应物料自上而下流过床层进行反应，床层同外界无热交换。径向绝热式固定床反应器，如图 10-14（b）所示。径向反应器的结构较轴向反应器复杂，催化剂装载于两个同心圆筒构成的环隙中，流体沿径向流过床层，可采用离心流动或向心流动。径向反应器的优点是流体流过的距离较短，流道截面积较大，床层阻力降较小。径向反应器适用于要求气流通道截面大，但床层较薄的情况。这时如采用轴向床，反应器的直径将过大，气流均布也较困难。

连续换热式固定床反应器的特征是同时进行催化反应及与外界换热。对于放热反应，催化剂可放于多根管内，与管外冷流体换热而冷却，称为外冷列管式或简称为管式或壁冷式。催化剂也可以放置在冷管之间，冷管内有需预热的未反应气体流动，称为内冷自热式。对于吸热反应，催化剂放置于多根管内，与管外热流体以辐射或对流方式换热而升温。管径的大小应根据反应热和允许的温度情况而定，一般为 25～50mm 的管子，但不宜小于 25mm。催化剂的粒径应小于管径的 8 倍，通常粒径为 2～6mm，不小于 1.5mm。

固定床反应器的主要优点是床层内流体的流动接近活塞流，可用较少量的催化剂和较小的反应器容积获得较大的生产能力，当伴有串联副反应时，可获得较高的选择性。此外，结构简单、操作方便、催化剂机械磨损小，也是固定床反应器获得广泛应用的重要原因。

固定床反应器的主要缺点是传热能力差，这是因为催化剂的载体往往是导热性能较差的物质。化学反应多伴有热效应，而且温度对反应结果的影响十分灵敏，因此对热效应大的反应过程，传热与控温问题就成为固定床技术中的难点。固定床反应器的另一缺点是操作过程中，催化剂不能更换，因此对催化剂需频繁再生的反应过程不宜使用。此外，由于床层压力降的限制，固定床反应器中催化剂的粒度一般不小于 1.5mm，对高温下进行的快速反应，可能导致较严重的内扩散影响。

### 10.5.2　流化床催化反应器

流化床催化反应器是利用气体或液体自下而上通过固体颗粒层而使固体颗粒处于悬浮运动状态，并进行气固相反应或液固相反应的反应器。流化床反应器（图 10-15）通常为一直立的圆筒形容器，容器下部一般设有分布板，细颗粒状的固体物料装填在容器内，流体向上通过颗粒层，当流速足够大时，颗粒浮起，呈现流化状态。由于气固流化床内通常出现气泡相和乳化相，状似液体沸腾，因而流化床反应器亦称为沸腾床反应器。在流化床催化反应器中，可根据催化剂颗粒性状变化的速度决定是否设置催化剂连续进出料装置。如果催化剂的性状变化很快，则需设置催化剂连续进出料装置；如果催化剂的性状在相当长时间内（如半年或一年）不发生明显变化，则可不设置催化剂连续进出料装置。

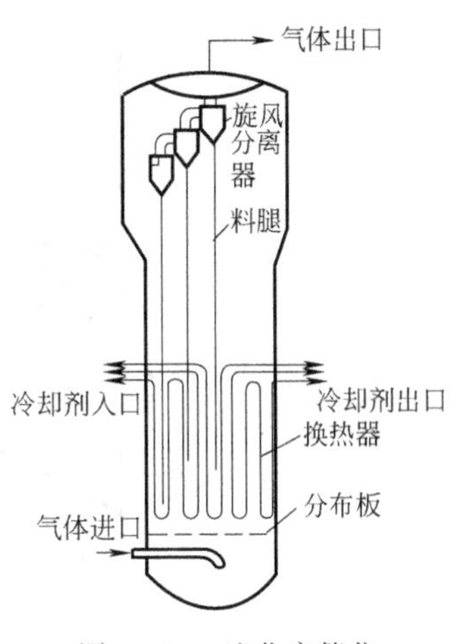

图 10-15 流化床催化反应器示意图

流化床的形成过程、流态化的形式与气体流速 $u$，以及与床层压降 $\Delta p$ 的关系如图 10-16 所示。开始时，$\Delta p$ 随 $u$ 的增加而增加，床层的颗粒是静止的，反应器的床层属于固定床。当 $u$ 继续增大，床层开始膨胀，床层空隙率增大，进而粒子开始运动，这时压降反而减少了一些。$\Delta p$ 的数值相当于单位床层截面积上颗粒的质量。相应的表观气速称为临界流化速度 $u_{mf}$。气速继续增大，床层随之膨胀，颗粒也不断流化。若流体为液体，粒子在床内分布比较均匀，$\Delta p$ 波动也不大，基本上等于开始流化时的数值，这种状态称为散式流化；若流体为气体，在床层中会出现气泡，$\Delta p$ 有较大波动。气泡在上升过程中不断增大，在床层中明显形成两个区域：一个是粒子聚集的浓相区；另一个是气泡为主体的稀相区。大部分气体都由气泡短路流出。这种流态称为聚式流化。在聚式流化中，气、固相间的接触较散式流化差。为了提高反应器的效率，许多工作者开展了聚式流化的散式化研究，这一工作日益受到学者们的重视。在聚式流化中，当气泡胀大到与反应器的直径相等时，便会出现固体层与气泡层相间的情况，整个床层呈柱塞状移动。移动了一段距离后气泡破裂，固体颗粒纷纷落下，随即又生成大气泡。如此继续，床层压降发生很大的波动，这种情况称为节涌。在节涌中气、固接触不良，应尽量避免反应器在节涌情况下操作。采用液体为流体以及反应器的直径很大，就不会发生节涌。当床高与反应器的直径之比较大或颗粒间的附着力较大时，也可能在稍大于临界流速时便发生节涌。图 10-16 是示意图，主要描述可能发生的流态以及各种流态下的 $\Delta p$ 变化。对于某种颗粒或同一类型的反应器，各种流态不一定都存在，也不一定按图中所示的次序出现。例如，在节涌后，也可能出现聚式流化。聚式流化又分为两种情况：在气速较低时，床层中有大量气泡，称为鼓泡区；随着气速增大，床层的湍动程度加剧。由于气泡生成与破裂的速度很快，大气泡反而减少，压力波动减小，有人把这种情况称为湍动区。湍动区经常在节涌后出现。在更高气速下，气体与固体颗粒间的相对流速加大，颗粒湍动程度更激烈，也有人把这种流化床称为快速流化床，但划分的定义不是很严格。当气速达到或超过颗粒的自由沉降速度后，粒子便被气流带走，这时的床层称为输送床。粒子开始被带出的气体流速称为带出速度 $u_t$。在快速流化床和输送床中气、固接触良好，而且气速较高，处理量大。在输送床中气、固的流动接近于活塞流，最近许多流化床反应器都设计在这两种床中操作。例如，催化裂化过程的反应器就是一根垂直的气流输送管，在输送催化剂的过程中同时完成了原料的裂化反应。这样的反应器也称为提升管反应器。

目前，流化床催化反应器已在化工产品的生产过程中得到广泛应用，如石油裂化、加氢反应、丙烯腈生产、烯烃的氧氯化反应、萘氧化制苯酐、合成乙酸、乙烯、甲苯和二甲苯的氨氧化以及高密度和低密度的聚乙烯生产等。

与固定床反应器相比，流化床反应器的优点是：

（1）流体和颗粒的运动使床层具有良好的传热性能。这包括床层内部的传热以及床层和传热面之间的传热。当气速远超过临界流化速度时，由于固体颗粒的快速运动和大热容，床层内部的传热极为迅速，据估计，流化床内的有效导热系数为银的 100 倍。

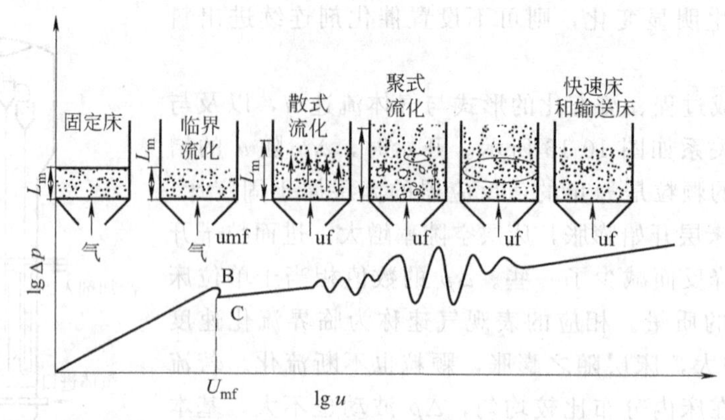


图 10-16 流态化的各种形式和流速与压降的关系示意图

(2) 比较容易实现固体物料的连续输入和输出。在流化条件下，固体颗粒犹如流体一样具有流动性，可连续进入反应器和从反应器中排出。

(3) 可以使用粒度很小的固体物料或催化剂。在固定床反应器中，固体颗粒的直径很少有小于 1.5mm 的，以避免床层压降过大。而在流化床反应器中床层压降仅与单位截面床层的颗粒质量有关，因此可以使用粒度仅为几十微米的细颗粒。

但是，在具有上述突出优点的同时，流化床反应器也存在一些严重的缺点是：

(1) 气固流化床中，不少气体以气泡形式通过床层，气固接触严重不均，导致气体反应很不完全，其转化率往往比全混流反应器还小，因此，不适用于要求单程转化率很大的反应。

(2) 固体颗粒的运动方式接近全混流，停留时间相差很大，对固相加工过程，会造成固相转化率不均匀。固体颗粒的混合还会夹带部分气体，造成气体的返混，影响气体的转化率，当存在串联副反应时，会降低催化剂的选择性。

(3) 固体颗粒间以及颗粒和器壁间的磨损会产生大量细粉，被气体夹带而出，造成催化剂的损失和环境污染，必须设置高效的旋风分离器等粒子回收装置。

(4) 流化床反应器的放大远较固定床反应器困难。主要原因是小直径低床层的实验室反应器中和大直径高床层的工业反应器中，气泡的行为往往迥然不同。

### 10.5.3 气-液-固三相鼓泡淤浆床催化反应器

气-液-固三相反应是反应工程中的一个新领域，具有巨大的现实及潜在应用价值。在化工及生物生产过程中，经常遇到有气相、液相和固相参与的三相反应，如石油加工中的加氢反应和煤化工中的煤加氢催化液化反应，均为使用固体催化剂的三相催化反应。工业上的气-液-固三相催化反应器按床层的性质主要分为两类：一是催化剂颗粒固定不动的固定床反应器，如滴流床反应器即属于三相固定床反应器；二是催化剂颗粒悬浮于液相中的悬浮床反应器。悬浮床反应器又可分为两类：一是机械搅拌悬浮式三相反应器；二是不带机械搅拌，而以气体鼓泡搅拌的三相鼓泡淤浆床催化反应器。三相鼓泡淤浆床催化反应器从气-液鼓泡反应器演变而来，将细颗粒催化剂加入气-液鼓泡反应器，依靠气体托起，而呈悬浮状态，强化了床层传热及易于保持等温。相比于机械搅拌悬浮式三相反应器，三相鼓泡淤浆床催化反应器具有装置结构简单且不存在动密封问题等优点，是三相催化反应器中使用最广泛的反应器。

三相鼓泡淤浆床催化反应器中颗粒催化剂的宏观反应过程包括下列几个过程：（1）气相反应物从气相主体扩散到气-液相界面的传质过程；（2）气相反应物从气-液相界面扩散到液相主体的传质过程；（3）气相反应物从液相主体扩散到催化剂颗粒外表面的传质过程；（4）催化剂颗粒内同时进行反应和扩散的宏观过程；（5）产物从催化剂颗粒外表面扩散到液相主体的传质过程；（6）产物从液相主体扩散到气-液界面的传质过程；（7）产物从气-液界面扩散到气相主体的传质过程。上述过程没有考虑到液相主体的混合和扩散过程，显然，它是以气-液间的传质的双膜理论为基础的。图 10-17 给出了三相反应器中气、液相反应物的浓度分布图。

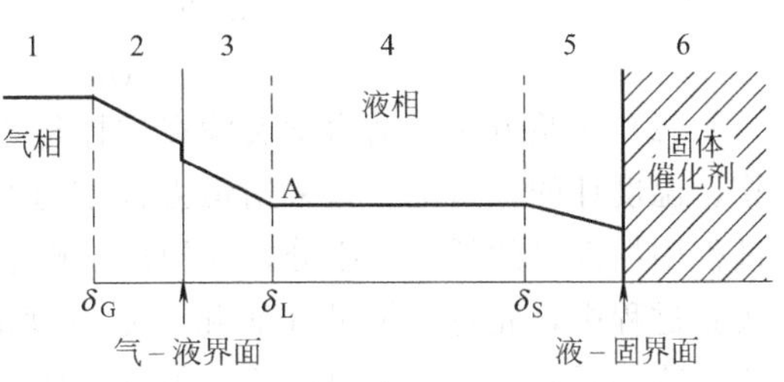


图 10-17 三相反应器中气相反应物的浓度分布

1—气相主体；2—气膜；3—液膜（气-液间）；4—液相主体；5—液膜（液-固间）；6—固体催化剂

作为催化反应器时，鼓泡淤浆床反应器有下列优点：

（1）使用细颗粒催化剂，充分消除了大颗粒催化剂粒内传质及传热过程对反应转化率、收率及选择性的影响。

（2）反应器内液体滞留量大且热容量大，并且淤浆床与换热元件间的给热系数高，容易移走反应热，温度易于控制，床层可处于等温状态，在较低空速下可达到较高出口转化率，并且可以减少强放热多重反应在固定床内床层温升对降低选择率的影响。

（3）可以在不停止操作的情况下更换催化剂。

（4）催化剂不会像固定床中那样产生烧结。

鼓泡淤浆床反应器作为催化反应器时有下列要求及缺点：

（1）要求所使用的液体为惰性，不与其中某一反应物发生任何化学反应，在操作状态下呈液态，蒸气压低且热稳定性好，不易分解，并且其中对催化剂有毒物质含量合乎要求。

（2）催化剂颗粒较易磨损，但磨损程度低于气-固流化床。

（3）气相呈一定程度返混，影响了反应器中的总体速率。

气-液-固三相反应器在石油加工、化工冶金、基本有机化工、煤化工、生物化工和环境保护等领域得到广泛的应用。

## 10.6 催化剂活性测试实例

### 甘油和碳酸二甲酯酯交换反应合成甘油碳酸酯本征动力学研究

（1）反应原理。甘油和碳酸二甲酯酯交换反应生成甘油碳酸酯是当前绿色化工中的一个重要反应，利用生物柴油副产的甘油与碳酸二甲酯反应可以生产甘油碳酸酯，其反应式如式（10-44）所示。该反应是一个弱吸热反应，298.15K 下的标准摩尔反应焓为 13.57kJ/mol。在碱性催化剂催化作用下，该反应具有反应条件温和（压力为常压，温度低于 100℃）、反应速率快、反应过程无污染的特点。主要的副反应是甘油碳酸酯的分解反应，副产物为缩水甘油，并放出 $CO_2$，如式（10-45）所示。目前开发的催化剂分为均相催化剂（如 NaOH 和 KOH 等）、非均相催化剂（如 CaO/MgO 等）及脂肪酶催化剂等。其中，非均相碱催化剂活性高且易于从反应体系分离，是工业应用的首选。动力学实验采用的催化剂是 $K_2O$/

$CaO/Al_2O_3$ 复合氧化物催化剂，该催化剂活性高，稳定性好，抗流失性能强，成本低。

$$HOCH_2CH(OH)CH_2OH + H_3C{-}O{-}C(=O){-}O{-}CH_3 \rightleftharpoons \text{(glycerol carbonate, OH)} + 2CH_3OH \tag{10-44}$$

$$\text{(glycerol carbonate, OH)} \longrightarrow \text{(epoxide, OH)} + CO_2 \tag{10-45}$$

(2) 实验方法。动力学实验在搅拌釜式反应器中进行，该反应器是带有磁力搅拌、冷凝管、温度计的三口烧瓶，采用恒温油浴进行加热。安装冷凝管（<310K）的目的是将反应过程中挥发出的低沸点组分，如甲醇、碳酸二甲酯等冷凝返回到反应器，以维持物料平衡。实验过程中，先将一定量甘油和一定粒度的催化剂加入反应器，然后封闭反应器并进行加热。待体系升温到预定温度后，加入碳酸二甲酯，启动磁力搅拌，开始计时。反应过程中维持温度恒定，并在规定时间取样分析。反应结束后，立即停止搅拌，迅速冷却反应器至室温，收集反应残液并称重。

由于本实例进行的是本征动力学研究，所以需要排除内、外扩散的影响。实验过程中，在最高反应温度下，先分别考查搅拌速度和催化剂粒径对初始反应速率的影响，从而选择对反应没有明显影响的搅拌速度以排除外扩散的影响，并选择合适的催化剂粒径，以排除内扩散的影响。然后在排除内、外扩散影响的条件下，在 328.15～348.15K 温度范围，分别考查反应温度、物料配比、催化剂用量、反应时间等参数对反应的影响规律，获得多套实验数据。

图 10-18、图 10-19 分别给出了搅拌速度和催化剂粒径对甘油转化率的影响。由图 10-18 可见，在反应 20min 时，搅拌速率为 600r/min 时的甘油转化率明显低于 900r/min 时的甘油转化率，说明搅拌速率为 600r/min 时，外扩散影响还存在；同时也发现，搅拌速率为 1200r/min 时，甘油转化率略低于 900r/min 时的甘油转化率，这可能与搅拌速率过快时，部分催化剂颗粒被甩出反应区而黏附于反应器壁有关。所以，选择搅拌速率为 900r/min，既可以排除外扩散的影响，又不至于由于搅拌速率过快而将催化剂甩出反应区。由图 10-19 可见，催化剂粒径为 80 目和 100 目时，催化剂粒径对甘油转化率几乎没有影响。所以，可以认为催化剂粒径为 80 目时已排除了内扩散的影响。实验中最终确定的搅拌速率为 900r/min，催化剂粒径为 100 目。

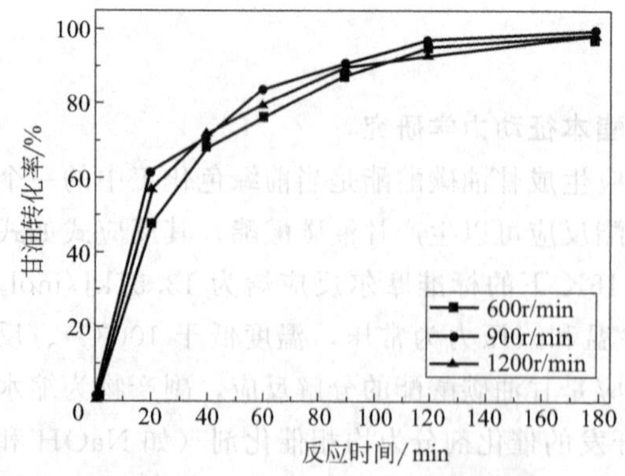


图 10-18 搅拌速度对甘油转化的影响

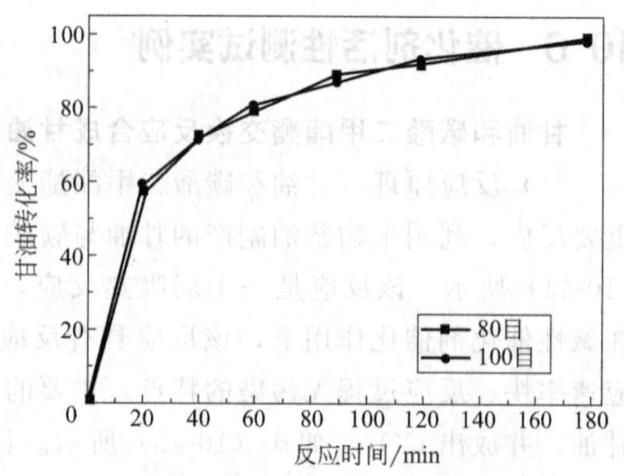


图 10-19 催化剂粒径对甘油转化的影响

（3）本征动力学模型。本例动力学模型基于 L-H（Langmuir-Hinshelwood）机理建立。设 A、B、C、D、E 分别表示甘油、碳酸二甲酯、甘油碳酸酯、甲醇、缩水甘油，并假设表面反应为速率控制步骤，则表面反应速率即是本征反应速率。根据 L-H 机理，对反应式（10-44），可列写如下机理反应方程式：

$$A+\sigma \underset{k'_A}{\overset{k_A}{\rightleftharpoons}} A\sigma \tag{10-46}$$

$$B+\sigma \underset{k'_B}{\overset{k_B}{\rightleftharpoons}} B\sigma \tag{10-47}$$

$$A\sigma+B\sigma+\sigma \underset{k_{f_2}}{\overset{k_{f_1}}{\rightleftharpoons}} C\sigma+2D\sigma \tag{10-48}$$

$$C\sigma \underset{k_C}{\overset{k_C}{\rightleftharpoons}} C+\sigma \tag{10-49}$$

$$D\sigma \underset{k_D}{\overset{k_D}{\rightleftharpoons}} D+\sigma \tag{10-50}$$

上述各式中，$k_i$，$k'_i$（$i$=A，B，C，D，$f_1$，$f_2$）分别表示各反应的速率常数。

由于基元反应式（10-48）为速率控制步骤，所以有：

$$-r_A=k_{f_1}\theta_A\theta_B\theta-k_{f_2}\theta_C\theta_D^2 \tag{10-51}$$

由 Langmuir 吸附等温式，有：

$$\theta_i=\frac{K_iC_i}{1+\sum K_iC_i} \tag{10-52}$$

式中，$K_i$ 表示各物质的吸附常数，$C_i$ 为各物质的摩尔浓度，单位为 mol/L。

将其代入上式，得：

$$-r_A=\frac{k_{f_1}K_AK_BC_AC_B-k_{f_2}K_CK_DC_CC_D^2}{(1+\sum K_iC_i)^3} \tag{10-53}$$

由于甘油的转化率在 95%以上，所以此处忽略了反应式（10-44）的逆反应，有：

$$-r_A=\frac{k_1C_AC_B}{(1+\sum K_iC_i)^3}(i=A,B,C,D) \tag{10-54}$$

同理，假设副反应式（10-45）表面反应为速率控制步骤，可得副反应的反应速率为：

$$r_E=\frac{k_2C_C}{1+\sum K_iC_i}(i=C,E) \tag{10-55}$$

式中，$r_A$、$r_E$ 分别表示 A 和 E 的反应速率，单位为 mol/(g·min)。$k_1=k_{f_1}K_AK_B$、$k_2$ 分别表示反应式（10-44）和反应式（10-45）的表观反应速率常数，单位分别为 $L^2$/(g·min·mol) 和 L/(g·min)。由于反应式（10-45）进行程度较小，所以此处忽略了反应式（10-44）各组分的吸附对反应式（10-45）的影响。

对反应器进行物料衡算，可得各组分浓度随时间的关系如下：

$$\frac{dc_i}{dt}=r_i \cdot \frac{w_{cat}}{V}(i=A,B,C,D,E) \tag{10-56}$$

式中，$w_{cat}$ 表示催化剂的质量，单位为 g；$V$ 为反应混合物的体积，单位为 L；$t$ 为时间，单位为 min。采用如下目标函数对动力学参数进行拟合：

$$\psi=\sum_{j=1}^{N}\sum_{i=1}^{c}(c_{j,i}^{exp}-c_{j,i}^{cal})^2 \tag{10-57}$$

式（10-54）～式（10-57）构成了本例反应过程的本征动力学模型。

（4）结果。上述本征动力学模型的求解过程属于数学最优化问题。关于数学最优化问题的求解方法可参阅相关文献。本例采用非线性最小二乘法和龙格-库塔法对上述方程进行求解，可得动力学参数如表 10-2 所示。采用阿累尼乌斯方程进行拟合，可得反应（10-44）的表观活化能为 38.46kJ/mol。

**表 10-2 本征动力学方程参数**

| 参数① | 328.15K | 338.15K | 348.15K |
|---|---|---|---|
| $k_1$ | 0.3315 | 0.4673 | 0.7462 |
| $k_2$ | 0.0139 | 0.0223 | 0.0241 |
| $K_A$ | 0.0220 | 0.0307 | 1.6320 |
| $K_B$ | 0.0896 | 0.3658 | 0.8280 |
| $K_D$ | 4.0080 | 2.9043 | 1.3266 |
| $K_E$ | 22.1190 | 39.3780 | 50.8324 |

① 由于 $K_C$ 数值极小，所以此处忽略。

## 思考题

1. 催化剂活性测试的目的有哪些？
2. 催化剂活性有哪些表示方法？
3. 活性表示中，转化率与选择性哪个重要？为什么？
4. 请列举几种实验室进行催化剂活性测试的反应器并比较其性能。
5. 催化剂活性测试中如何排除内、外扩散对反应的影响？
6. 多相催化反应有哪些传质步骤？简述其传质特征。
7. 均相催化反应器的特点是什么？
8. 什么是本征动力学？什么是宏观动力学？
9. 固定床反应器和流化床反应器各有哪些优缺点？如何选用？
10. 三相淤浆床反应器内有哪些传质过程？该反应器有哪些优缺点？

## 参考文献

[1] Anderson R B. (Ed), Experiment Methods in Catalytic Research Vol. 1-3. New York: Acid. Press, 1968, 1976.

[2] Froment G F, Bischoff K B, Wilde J D. Chemical Reactor Analysis and Design. 3rd Edition, Weinheim: Wiley-VCH, 2011.
[3] 辛勤. 固体催化剂研究方法. 北京：科学出版社，2004.
[4] 赵地顺. 催化剂评价与表征. 北京：化工出版社，2011.
[5] 李国英. 尹元根. 多相催化剂的研究方法. 北京：化工出版社，1988.
[6] 刘维桥，孙桂大. 固体催化剂实用研究方法. 北京：中国石化出版社，2000.
[7] 刘希绕. 工业催化剂分析测试表征. 北京：中国石化出版社，1990.
[8] 王辛宜. 催化剂表征. 上海：华东理工大学出版社，2008.
[9] 朱炳辰. 化学反应工程. 第五版. 北京：化学工业出版社，2012.
[10] 袁渭康. 化学反应工程分析. 第一版. 上海：华东理工大学出版社，1996.